氢

化学品、能源和能量载体

HYDROGEN
CHEMICALS, FUEL
AND ENERGY CARRIER

陈诵英
陈　桥
牛卫永　等 编著

化学工业出版社
·北京·

内容简介

《氢：化学品、能源和能量载体》详细介绍了快速发展的氢能技术及其在未来智慧能源网络系统中的重要作用，其内容涵盖氢能的多个技术领域及其进展，几乎涉及氢经济发展的所有方面：氢燃料、氢燃料电池技术及其应用、氢的可持续生产技术、氢存储技术特别是移动应用储氢技术以及氢燃料运输分布和安全方面的内容。本书对作为化学品、能源和能量载体的氢气作了较全面叙述，延伸到氢在可持续发展战略和未来智慧能源网络系统中的重要性，内容广泛而丰富，且具有相当的新颖性。

本书可以作为新能源、氢能、电力、交通工具等相关工业和设备制造技术研发和设计的科技人员、工程师和管理人员的重要参考书，也可以作为高等院校能源特别是可再生能源和氢燃料电池领域新材料、运输，以及化学、化工、环境等相关专业本科生、研究生和教师的专业参考书和教材。

图书在版编目（CIP）数据

氢 : 化学品、能源和能量载体 / 陈诵英等编著. 北京 : 化学工业出版社，2024. 12. -- ISBN 978-7-122-46360-9

Ⅰ. TK91

中国国家版本馆CIP数据核字第2024G2R663号

责任编辑：成荣霞
文字编辑：毕梅芳　师明远
责任校对：宋　夏
装帧设计：王晓宇

出版发行：化学工业出版社
（北京市东城区青年湖南街13号　邮政编码100011）
印　　装：北京盛通数码印刷有限公司
787mm×1092mm　1/16　印张 $28^1/_2$　字数683千字
2025年3月北京第1版第1次印刷

购书咨询：010-64518888　　售后服务：010-64518899
网　　址：http://www.cip.com.cn
凡购买本书，如有缺损质量问题，本社销售中心负责调换。

定　　价：198.00元　

前言
PREFACE

氢能源和氢燃料电池是未来可持续能源网络系统和建立未来可再生能源体系的关键领域，也是实现“碳中和”目标的关键。氢燃料电池技术应用领域非常广泛，包括固定、移动和便携式等很多应用领域。氢燃料电池发展历史已经超过200年，经历了多次高潮和低潮。随着科学家和工程技术人员的不断努力研究，氢燃料电池在不同领域取得一个又一个突破，到21世纪已经进入场地试验和步入商业化。现在它与常规的功率单元竞争市场仍然是不容易的，因为氢燃料电池仍然有一些完全商业化的障碍需要克服，特别是成本和耐用性问题。使用的氢能燃料也是燃料电池商业化的重要壁垒之一。

笔者爱做梦，一个催化工作者的梦。追梦是一大乐趣。梦想的实现需要持之以恒地付出。笔者自2010年以来坚持每天撰写一两千字，追逐着“催化丛书”和“燃料电池三部曲”的梦想。现已圆了“催化丛书”的梦，已出版催化基础7册和应用4册。在撰写完成“燃料电池三部曲”前两部后，终于写完最后一部《氢：化学品、能源和能量载体》，即将实现自己的梦想。

笔者之所以会坚持写有关燃料电池的书籍，是因为与燃料电池技术有颇深的缘分。早在20世纪80年代末、90年代初，为中国科学院煤炭化学研究所筹建“煤转化国家重点实验室”期间，在实验室的远期计划中就有开展燃料电池技术研究的远期规划。作为第一届实验室主任自己身体力行，让研究生开展了把制备超细粒子的技术应用于制备固体电解质氧化钙稳定氧化锆的尝试和研究，结果非常令人鼓舞。在浙江大学工作期间，有机会继续与研究生和访问学者一道重新开始中温固体氧化物电解质材料的制备研究。21世纪初我们的这些研究成果和进行继续研究的思路获得了台湾某财团法人的青睐，受邀与台湾大学化学系进行合作研究。于是笔者带领一位博士后到台湾做制备中温固体氧化物燃料电池电解质材料的研究。由于笔者对燃料电池材料和技术的偏爱和热衷，不仅在台期间阅读浏览了大量燃料电池研发的最新成果和进展，而且回浙江大学后仍然非常关注这方面技术的发展。直到几年前，在阅读燃料电池最新文献时，国外一篇文献叙述了我国燃料电池企业存在的弊端，于是激起了笔者立时写有关燃料电池技术书籍的冲动和渴望，这得到了化学工业出版社的大力支持并予以正式立项。20多年来在这方面的知识累积和材料制备的研究经验，以及近些年大量阅读有关氢燃料电池技术进展的资料文献，为“燃料电池三部曲”的撰写打下广泛而坚实的基础。笔者自2015年起就开始“燃料电池三部曲”的写作。到2018年底已经完成了“燃料电池三部曲”中的两部，即《低温燃料电池：快速商业化技术》和《固体氧化物燃料电池》的撰写工作，交由化学工业出版社出版。

长期以来氢气是作为化学品使用而获得巨大发展的。在化学品合成中，需要有大量的氢气，为此已形成了较为成熟的氢化学品应用、生产和运输分布的完整体系。虽然把氢气作为能源燃料使用也有一些研究，但直到相对近期在寻找化石燃料资源有可能用尽的解决办法时，才意识到二次能源氢气具有替代化石能源的巨大潜力。这是由于能源需求量的快速膨胀导致不可再生化石能源大量消耗，并带来严重环境影响，人们逐渐意识到必须寻找缓解和解决化石能源资源耗尽和产生严重环境污染问题的有效方法，发现把氢作为能源和能量载体应用可能是一个很好的选择。同时，燃料电池技术的巨大进展使氢能源和氢能量载体的重要性大为增加。这些都使得对氢能源产生了巨大的兴趣。由于氢能源与燃料电池密切相关，因此把氢作为“燃料电池三部曲”的第三部是顺理成章的。在构思和撰写的过程中，发现近期有不少有关氢能源和燃料电池方面的书籍。为了避免雷同，使本书具有自己的特色且具有较大参考价值，笔者利用自身在催化和化学品合成领域的知识储备，突出氢在未来能源体系中具有的巨大潜力，在撰写过程中考虑了氢气既具有化学品又具有能源和能量载体的功能这一发展现实，衍生出本书相对新颖的思路：从氢的化学品功能开始，再详细描述氢（清洁和可持续性）的能源和能量载体功能，内容涵盖了氢这三个功能及其密切相关的氢生产、应用、运输、存储、配送分布和安全等内容，突出了氢能的广泛应用、可持续产氢技术和储氢技术。

全书共分11章。第1和第2章重点介绍氢气的性质、氢化学品应用领域以及利用化石能源生产氢化学品的技术，包括烃类重整、煤炭气化、净化和提纯技术。为从社会发展能源需求、能源资源利用历史发展、环境影响、能源革命、低碳和无碳能源技术以及可持续能源供应等多个方面较为全面和详细论述发展氢能（氢经济）的战略性要求及其必然性和重要性，在第3章分析了人类利用和消耗的能源资源、地球上可供利用以获得能量（次级能源）的能源资源——初级能源，包括不可再生的三大化石能源［石油、煤炭和天然气（包括页岩气）］、核能和生物质能，以及可再生的水力、太阳能、风能、地热能等能源资源，指出了利用可再生能源资源替代化石能源的必然趋势。第4章介绍了人类社会利用能量的最重要形式——次级能源电力，并介绍了缓解不可再生能源生产电力的环境挑战的方法，如提高发电厂效率、发展零碳发电技术（即利用可再生初级能源资源来生产电力），及已发展的各种能量（电力）存储技术，如机械储能、电磁储能、热储能和电池储能，并引入氢储能的概念。在第5章能源变革和氢能源中，从人类利用能源的历史趋势（从高含碳到低含碳再到无碳）、全球能源革命和必须使用可持续的能源几个方面论证了氢能在可持续发展战略中的作用和贡献，以及发展和使用氢能的必然性和紧迫性，并介绍了发展氢能和氢经济的国际平台以及世界一些国家推动氢能发展的政策和氢能发展的现状。在第6和第7章中全面和详细地分别介绍了氢作为燃料（氢燃料）和能量载体（氢燃料电池）在广泛领域中的应用和带来的一些特殊问题。第8章介绍了未来可持续智慧能源网络（由电网、燃料网和热量网构成）及其基本特色和特征后，重点介绍了氢能在未来智慧能源网络中承担的重要的燃料和能量载体角色，广泛应用于固定、便携式和运输领域，特别着重地论证和强调了氢能在缓解和解决可再生电力间断性和波动性问题中的特殊储能作用，最后讨论了氢能中心的区域性问题。本书的最后三章（第9～11章）是氢能的可持续生产技术、存储和运输分布（加气站）技术。第9章氢能可持续生产技术的重点是利用可再生能源电力的水电解、以水为原料的生物产氢和利用生物质的产氢技术如气化和生物技术。第10章氢能存储技术的重点是移动应用中的储氢，包括气氢和液氢存储以及固体储氢技术，对固体储氢技术予以详细介绍，包括金属氢化物、多孔碳材料、沸石、金属有机骨架材料和化合物储氢技术，也对储氢材料的集成加工技术和固体储氢技术理论作了介绍。第11章的主要内容是氢能运输配送及分布网络技术，除道路运输和管道输送分布技术外，对分布氢的充氢站基础公用设施的建设发展现状和前景作了介绍，并讨论了氢能生产、运输、配送分布和使用环节的安全问题与相应的法律法规和标准、编码。

除封面所列三位作者外，王琴也参与了本书的编写。笔者衷心感谢淄博齐航环保科技有限公司的资助，也感谢中科合成油技术有限公司、浙江大学催化研究所和浙江新和成股份有限公司的朋友们在本书写作过程中给予的关心、帮助和支持。同时感谢浙江大学化学系资料室以及陈林深博士在文献资料收集中给予的帮助，感谢在资料收集和写作过程中家人给予的帮助、支持和理解。

由于笔者水平和经验所限以及时间相对仓促，书稿难免存在不足，敬请同行专家学者以及广大读者批评指正，不胜感谢。

陈诵英
于浙江大学西溪校区

目录
CONTENTS

1 氢性质和氢化学品

1.1 概述

氢，hydrogen，元素符号为H。氢元素（H）位于元素周期表中第一周期的首位，原子量1.00794，原子序数Z=1，是地球主要组成元素之一，也是宇宙中最常见的元素。氢气沸点−252.77℃，熔点−259.2℃。氢是一种星际元素，也是主序星的主要成分，约占宇宙中所有原子数量的90%。在行星如地球上，氢大量存在于水、甲烷和有机物等化合物中。无论是在动植物还是在固体化合物中，都有氢的存在。氢气的分子式是H_2，分子量是2.016。氢气是宇宙中含量最丰富的物种。氢的同位素有氘和氚，氢元素的原子核只有一个质子，核外有一个电子（氘和氚在原子核中分别多了一个和两个中子）。核外电子处于角动量最低时的基态（表示为1s），具有2.18×10^{-18} J的能量（以原子核和电子的距离为无限远时的能量为零）。地球上氢同位素^{2}H（氘）和^{1}H（氢）的自然丰度比值为1.5×10^{-5}。氢气是气体中重量最轻、导热性和燃烧性最好、燃烧最清洁的物质。

氢的名字来自希腊词“Hydro”，意思是水和geinomai（源），即带出水的元素。氢是由英格兰人Henry Cavendish在1766年发现的，由Lavoisier命名。它是形成水的关键元素，水覆盖地球表面60%以上。虽然氢在水、生物质和烃类（如化石燃料、天然气、甲醇和丙烷）等中广泛存在，但在地球上没有原子形式的氢。在常温和常压条件下，氢气是无色、无气味、无味道、无毒性的可燃气体。自发现氢元素以来，人类对氢的各种性质进行了广泛深入的研究。迄今为止，人类对氢气性质的了解和掌握是最为透彻的。

由于氢在地球上主要以化合态的形式存在，因此单质形态的氢气可以从水、化石燃料等含氢物质中提取，氢是制造化学品的重要原料。氢与氧反应释放能量并生成产物水。因此，氢是一种洁净和环境友好的燃料（能源），也是有效的能量载体。人类很早就试验了使用氢燃料的内燃（IC）引擎，并立刻认识到，由于氢气的特殊性质和安全问题，对使用氢燃料的IC引擎需要做更多研究。

氢气、甲烷、丙烷和汽油在标准条件下的性质比较见表1-1。从该表中能够观察到，氢具有一些独特和期望的燃烧性质，如宽的可燃极限、低引发能量和非常快的火焰速度（确保能够瞬时引发）。但同时，低密度和相对宽的可燃极限也带来了氢能源的安全和存储问题。应该特别指出，广泛使用的钢铁材料对氢是敏感的，钢材会发生氢脆现象。氢的低密度对燃料存储系统如车辆上车载储氢是一个很严重的挑战。

表1-1　氢气、甲烷、丙烷和汽油在标准条件（NTP）下的性质比较

项目	氢气	甲烷	丙烷	汽油
热力学性质				
分子式	H_2	CH_4	C_3H_8	$C_{7.6}H_{16.2}$
分子量	2.016	16.04	44.09	107.0
NTP下的密度/（kg/m^3）	0.0824	0.643	1.767	730
LHV/（MJ/kg）	120	50	46.3	44.8
LHV/（MJ/m^3）	9.9	32.6	81.2	32.704
燃烧热（空气）/（MJ/kg）	3.48	2.90	3.14	3.05
NTP下气体比热容 c_p/[kJ/(kg·K)]	14.89	2.22	—	1.62
NTP下的气体比热容比 γ	1.383	1.308	—	1.05
NTP下空气中扩散系数/(cm/s)	0.61	0.16	0.1	0.005
NTP下气体黏度/[10^{-3}g/(cm·s)]	0.0875	0.110	—	0.052
燃烧性质				
空气中自燃极限（体积分数）/%	4～75	4.3～15	2.2～9.3	1.4～7.6
可燃极限	0.1～7.1	—	—	0.7～3.8
最小引发能量/mJ	0.02	0.29	0.3	0.24
自引发温度/℃	585	540	495	228～470
火焰速度/(m/s)	2.65～3.65	0.37～0.45	0.42～0.48	0.37～0.43
熄灭距离/mm	0.64	2.1	2.0	2.0
空气中化学计量组成（体积分数）/%	29.53	9.48	4.03	1.76
空气-燃料化学计量比（质量基）	34.12	17.23	14.75	14.7
空气中绝热火焰温度/K	2318	2148	2267	2470

长期以来，氢气主要作为化学品使用，氢气是非常重要的化学品。氢气也能够作为能源使用，氢能是氢在物理与化学变化过程中释放出来的能量。只是在近些年来，人们才认识到，氢是清洁可持续的二次能源，具有来源广、燃烧热值高、能量密度大、可储存、可再生、可持续、可产生电力、可燃、零污染、零碳排等优点，可作为燃料用于发电，也可在各种交通工具和家庭中使用，还能作为储能介质。氢被誉为21世纪控制地球温升、解决能源危机的“终极能源”，是未来可持续清洁能源和能量载体的重要部分。

自18世纪60年代发现氢元素以来，氢气一直作为重要的化学品长期应用于化学工业中，合成各种重要化合物，如氨、甲醇和许多精细化学品。在石油炼制工业中，氢气供应和需求在最近几十年中发生了巨大的变化。在20世纪80年代，对氢气的需求低，其需求量低于生产的数量，大多数石油炼制工厂把氢气作为副产品出售。在实际运营中，石油炼制工厂常通过反应的仔细平衡来生产它们自己所需要的氢气。由于油品燃料中通常都含有微量杂质，它们燃烧后产生多种污染物，如硫氧化物、氮氧化物、低级烃类等。随着社会

文明的发展，对车辆尾气排放控制愈来愈严格并不断提高排放要求，要求石油炼制工厂必须不断提高所产油品的质量。为确保油品质量能满足愈来愈高的要求，石油炼制工厂使用成熟的加氢脱硫/脱氮/脱金属等技术愈来愈广泛，所消耗的氢气量愈来愈多。例如，早先石油炼制工厂生产苯产品（为提高汽油辛烷值）时副产大量氢气，而现在已经对汽油中许可的苯含量予以限制，因此其产氢量减少；而要求扩充的加氢处理容量使耗氢量大幅增加。因此，石油炼制工厂由出售氢气变为购买氢气，由过去的氢气生产供应者转变为现时氢气的重要消费者。为此，世界上许多主要石油炼制工厂都建立起独立的产氢工厂。对氢气供应和需求的长期预测显示（未包括氢作为能源和能源载体使用的发展趋势，仅仅是从氢气化学品使用分析的结果），由于大量使用各种加氢净化和精制工艺，未来氢气供应和需求之间将出现相当大的缺口，在图1-1中分别示出了西欧和美国石油炼制工厂现时和未来的氢气供应和需求。另外，在食品工业中，氢气化学品也被作为化工原料大量广泛地使用。为了获得数量巨大的氢化学品，已发展出不少生产氢气的技术。虽然获取氢气的来源很多，但在化学和石油炼制工业中使用的氢气主要来自煤炭气化、烃类重整、饱和烃类脱氢（石油炼制中的重整过程）以及若干工业的副产氢气。

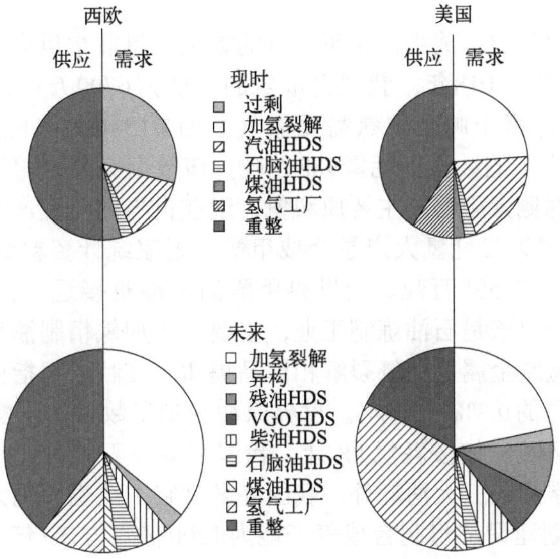

图1-1 石油炼制工厂对氢气的供应和需求

大宗化学品如氨和甲醇等的生产需要消耗数量非常巨大的氢气。为生产运输用液体燃料也要消耗大量氢气［原油和油品加氢精制，如加氢脱硫（HDS）、加氢脱氮（HDN）、加氢脱金属以及烃类加氢裂解等］。预计未来不同工业部门对氢气的需求每年将增加10%～15%，表1-2中示例性地给出了美国各工业部门对氢气需求的增加。在石油炼制工厂中，氢气用于生产各类油品和提高油品质量（包括燃料油和润滑油）；化学工业使用氢气生产大宗化学品、精细化学品和专用化学品，如甲苯二胺、过氧化氢、氨、甲醇、高碳醇、各类药品等。1988年，甲醇合成和其它化学品生产占总氢气消耗量的6.7%。氨合成工厂消耗的氢气占世界消费总量的40%。因此，这些合成工厂实际上也是大量氢气的生产者。由于氨生产量的超大容量，生产合成氨的工厂转化为生产氢气的工厂是容易且很有吸引力的。

此外，在钢铁工业中也大量使用氢气。在电子工业中通常使用氢气作为保护气体（使其处于还原气氛中）。食品加工工业也大量使用氢气，特别是用于加氢脂肪和油类。除了上述作为化学原料使用氢气外，也有大量氢气是作为燃料使用的，如一般家用煤气中就含有大量氢气。氢气也作为氢氧焰燃料用于金属的焊接，氢气还用作航天飞机的推进剂。美国1994年和2000年非炼油工业应用的氢气量见表1-2。

表1-2　美国非炼油工业对氢气的需求　　单位：十亿立方英尺

市场	1994年	2000年
化学加工	82	128
电子部门	9	15
食品加工	4	5
金属制造业	3	4
其它市场	13	17
合计	111	169

1英尺=0.3048m。

在我国，大宗化学品的合成中，使用氢气的数量也是非常巨大的。统计资料显示，最大的耗氢大户是合成氨：2018年，我国合成氨的产能为6700万吨，实际生产的合成氨数量为5601万吨。理论计算一吨合成氨需要氢气量为3/17=0.1765吨，如开工率100%则耗氢1182万吨，按实际生产的数量则耗氢988万吨。该数据充分说明氢化学品的最重要应用是氮加氢合成氨。作为氮素肥料的主要原料氨，现在世界的年生产量已超过一亿吨，耗氢量超过1700万吨。我国第二耗氢大户是合成甲醇，国家统计资料给出2018年我国实际生产甲醇4756万吨，耗氢约595万吨。全世界甲醇的产能也接近一亿吨，耗氢超过1250万吨。我国第三耗氢大户应该是石油炼制工业，主要用于加氢精制油品的各类过程，如加氢脱硫、加氢脱氮、加氢脱金属、加氢裂解和油品提质。文献数据指出，石油炼制过程中的耗氢量约为加工石油量的0.8%～1.4%。世界原油的加工数量达十多亿吨，而我国2018年加工的原油数量为6亿吨，如按耗氢1%计，我国消耗在石油加工上的氢气达到600万吨之多。除上述氢气化学品的三大消耗外，我国许多其它工业也消耗大量氢气。例如煤制合成气，据统计我国计划建设的煤制合成气产能为1200亿立方米/年（一吨氢气大约为1.12万立方米），如全部建成则耗氢将超过1000万吨。我国2018年消耗的氢气化学品估计在2300万～2400万吨。与西方发达国家不同，我国化学工业使用的氢气有很大一部分来自煤炭气化。

氢气作为清洁能源使用是相对近期的事情。一方面是环境压力所致，另一方面也是高效洁净的燃料电池技术发展的结果，一般把氢气作为燃料使用。在20世纪后期在世界范围提出了所谓的“氢经济”概念，期望在21世纪中后期能够进入洁净的氢经济时代。因此，世界各国对有关氢能的问题，包括生产、运输、储存、使用和安全等，给予了足够的关注和重视，在涉及的各个方面都进行了大量研发和部署，如针对性很强的研究（如车载制氢）。

预测指出，氢气很可能成为未来能量的主要来源。分子氢是一种清洁能源，可作为燃烧燃料。氢能够以液体或其它形式储存，通过管道输送和分布。氢气能够替代目前使用的天然气，因此也是一种清洁的能量载体，特别是随着燃料电池技术的发展，氢能必将是未来能源网络系统中的主要组成部分。鉴于此，本书《氢：化学品、能源和能量载体》，在简要介绍氢气基本性质及氢化学品应用及生产技术后用很大篇幅阐述初级能源资源和次级能源、未来能源发展和氢能、氢燃料、氢燃料电池技术及其应用、氢能源在未来能源网络系统中的重要作用、氢的可持续生产技术、氢能的存储技术、氢能的运输分布和安全。

1.2 氢的一般性质

（1）氢的主要性质

通常情况下氢是无色无味的气体，在水中的溶解度很小，沸点和熔点都很低，在大气压下分别为−252.77℃和−259.2℃。标准状态下1L氢气重0.0899 g。空气的分子量是28，因此1L氢气的质量是空气的1/14。自然界中氢几乎都以化合物状态存在，特别是水和烃类化合物。氢在地壳中的质量分数为0.01。氢分子小，具有强的渗透性和快速扩散的性质。常温常压下，氢气在空气中的燃烧范围为4% ～ 75%。氢的物理常数总结于表1-3中。

氢能够以三种常规形态存在：气态、液态和固态。

表1-3　氢的物理常数

序号	性质	条件或符号	单位	数据
1	原子序数		1	
2	原子量	H	1.008	
3	分子量	H_2	2.016	
4	颜色、味道	通常情况下	无色无味	
5	原子半径		pm	28
6	共价半径		pm	37.1
7	离子半径	鲍林（Pauling）离子半径	pm	203
8	范德华半径		pm	120
9	气体密度		g/L	0.089882
10	液体密度	−252℃	kg/L	0.0709
11	固体密度	−262℃	kg/L	0.0807
12	摩尔体积	标准状况下	L/mol	22.42
13	熔点		℃	−259.2
14	沸点		℃	−252. 77
15	熔解热		kJ/mol	0.117
16	汽化热		kJ/mol	0.903
17	汽化熵		kJ/(mol · K)	0.04435
18	H—H键能		kJ/mol kJ/mol	436 104.207
19	H—H键长		μm	0.07414
20	升华热	13.96K	kJ/mol	1.028
21	折射率	在标准状况下		1.000132

续表

序号	性质	条件或符号	单位	数据
22	介电常数	气氢20℃，0.101MPa	F/m	1.000265
		气氢20℃，2.02MPa	F/m	1.00500
		液氢20.33K	F/m	1.225
		固氢14K	F/m	0.2188
23	电负性	元素（鲍林标度）		2.20
24	磁化率	20℃	cm^3/g	-2.0×10^{6}
25	平均扩散速度	25℃	m/s	1770
		1000℃	m/s	3660
26	迁移率	正离子	$cm^2/(V\cdot s)$	6.70
		负离子	$cm^2/(V\cdot s)$	7.95
27	扩散系数	0℃，133.3Pa		
		在同种气体中		
		正离子	cm^2/s	98
		负离子	cm^2/s	110
28	电离能	氢分子（H_2）	kJ/mol	1489.5
29	原子的电子亲和势		eV	0.80
30	氢原子的电离电位	V_i	V	13.6
31	氢原子的激发电位.	V_e	V	10.2
32	氢分子的电离电位	V_i	V	15.4
33	氢分子的激发电位	V_e	V	7.0
34	燃烧最高温度	在空气中	℃	2045
		在氧气中	℃	2525
35	临界温度	常态	K	33.19
36	临界压力	常态	MPa	1.315
37	临界密度	常态	g/cm^3	0.0310
38	临界体积	常态	L/mol	0.0650
39	临界温度	平衡态	℃	−240.17
40	临界压力	平衡态	atm	12.77
41	临界密度	平衡态	g/cm^3	0.0308
42	蒸发热	1atm	kcal/kg	108.5
43	热导率	0℃ ,1atm	$kcal/(m\cdot h\cdot ℃)$	0.140
44	氢的热导率	10K	$W/(m\cdot K)$	5.99×10^{3}
		20K	$W/(m\cdot K)$	1.45×10^{2}
		100K	$W/(m\cdot K)$	6.75×10^{2}
		200K	$W/(m\cdot K)$	1.32×10^{3}
		273.16K	$W/(m\cdot K)$	1.73×10^{3}
		300K	$W/(m\cdot K)$	1.83×10^{3}

续表

序号	性质	条件或符号	单位	数据
45	氢的黏度	10K	Pa·s	5.0×10^{7}
		20K	Pa·s	1.09×10^{6}
		50K	Pa·s	2.49×10^{6}
		100K	Pa·s	4.21×10^{6}
		200K	Pa·s	6.81×10^{6}
		300K	Pa·s	8.96×10^{6}
		500K	Pa·s	1.27×10^{6}
		1000K	Pa·s	2.01×10^{6}
46	氢的定容体膨胀系数	0～100℃，101.325kPa		3662.7×10^{-6}/K
		133.322kPa		3673.5×10^{-6}/K
47	氢的定压体膨胀系数	0～100℃，101.325kPa时		3660.3×10^{-6}/K
		133.322kPa	145.987×10^{-6}/K	
48	比定压热容（c_p）	100℃，1 atm	cal·g·℃	3.428
49	比定容热容（c_V）		cal·g·℃	2.442
50	氢的扩散系数	H_2-SiO_2	cm^2/s	9.5×10^{-4}
		H_2-O_2　295K	cm^2/s	0.697
		H_2-N_2　294.8K	cm^2/s	0.766
		H_2-CO　273K	cm^2/s	0.651
		H_2-CO_2　293K	cm^2/s	0.629
		H_2-NO_2　273K	cm^2/s	0.535
		H_2-SO_2　273K	cm^2/s	0.480
		H_2-CS_2　273K	cm^2/s	0.369
		H_2-CH_4　298K	cm^2/s	0.726
		H_2-C_2H_4　273K	cm^2/s	0.602
		H_2-C_2H_6　298K	cm^2/s	0.537
		H_2-C_6H_6　273K	cm^2/s	0.2940
		H_2-$(C_2H_5)_2O$　273K	cm^2/s	0.2960
		Xe-H_2　274K	cm^2/s	0.508
		Ne-H_2　274K	cm^2/s	0.974
		Ar-H_2　295K	cm^2/s	0.739
51	溶解度	0℃, 101.325kPa, 100mL水	mL	2.1
		20.9℃　100mL丙酮	mL	8.99
		25.0℃　100mL乙醇	mL	7.84
52	蒸气压	−243.6℃	kPa	0.133
		−256.3℃	kPa	26.664
		−252.5℃	kPa	101.325
		−241.8℃	kPa	1013.250

注：1cal=4.184J。

（2）气态氢

由于氢是原子量最小也是最轻的物质，因此常规条件下它总是以气体形式存在。常规化学品应用几乎都是使用气态氢气。因此，当与氢反应的反应物是液体而又要在催化剂存在下进行时，氢参与的化学反应多是三相反应，如油品的加氢精制（脱硫、脱氮、脱金属、异构、裂化）和精细化学品的各类加氢反应。它们都要使用三相反应器，这会带来一些工程问题。

（3）液态氢

把温度降低到氢的临界温度以下和适当地加压，气态氢被液化，转变为液态氢。由于氢的液化温度很低，需要在很低温度（20.4 K）条件下才能使气态氢转变为液态氢，氢液化需要消耗不少能量。

作为燃料和能量载体使用（例如作为航空燃料）时，液氢是有利的，因存储方便且体积小。为使用液氢，氢的液化就成为开发氢能应用的重要环节之一。气体氢液化的最常用方法是：把温度降低到20.4 K以下再通过节流膨胀方法使气态氢转化为液态氢。

对液氢，应该特别注意的一个问题是：氢中含75%的正氢和25%的仲氢，液化产生的液氢中正仲氢也是这个比例。但是，由于液氢处于很低的温度，有可能改变正仲氢间的平衡比例。为保持这个平衡值，液氢中会发生正氢到仲氢间的自发转变。这个转变是放热的，因此会导致液氢的汽化。实践数据说明，这类自发转变释放的热量可在24h内使液氢的蒸发量达到18%，而100h的蒸发能达到总量的40%。因此最好的办法是使正-仲氢转变发生在氢液化过程中。

常用的液氢生产技术路线有三条：节流氢液化循环（也称林德或汉普森循环）、膨胀机空气液化循环（也称克劳特循环）和氦冷却氢液化循环。就单位液化氢消耗能量而言，林德循环最高，膨胀机空气液化循环最低，而氦冷却循环居中。以液氮预冷膨胀机的空气液化（液氮）循环能耗作为基准，林德循环的能耗要高50%，氦冷却氢液化的能耗也要高25%。所以，在需要大量液氢时几乎都采用膨胀机空气液化循环，而对只需要少量液氢的情形，常采用简单无低温运转部件且运行可靠的林德循环。尽管氦冷却氢液化循环无高压氦和运行安全可靠，但该循环的制冷系统设备复杂，因此应用不多。

为克服液氢作为燃料特别是火箭燃料的一些缺点，如低密度、高蒸发速率和可能的不稳定，提出了在液氢中添加胶凝剂或固体氢以形成胶化液氢（gelling liquid hydrogen ）或浆态氢(slush hydrogen)的方法，目的是提高液氢密度、增加安全性和稳定性、减少蒸发损失。这样也能提高火箭的比推力和发射能力。

（4）固态氢

固态氢具有许多特殊性质，它是科学家多年追求的目标。当把液氢进一步冷却到−259.2℃，就能获得固体氢。在很高压力（3.3×10^{11}Pa）下固体氢具有金属特性，而更进一步的要求是希望其转变为超导体。虽然在需要特殊制冷设备的场合（如天文应用），固体氢是很好的冷却器，但固体氢的最可能应用是作为高能燃料和高能炸药。

（5）氢同位素

氢有两种同位素：氘和氚，这是由于在它们的原子核中各增加了一个和两个中子。氘和氚分别于1931年和1934年发现。表1-4中比较了氢、氘、氚若干主要性质，表1-5中比较了水和重水的主要性质。

表1-4 氢同位素的性质

同位素	英文名	元素符号	原子量	单质沸点/℃	丰度/%	半衰期/年
^{1}H	hydrogen	H	1	−252.77	99.9844	—
^{2}H	deuterium	D	2	−249.57	0.0156	—
^{3}H	tritium	T	3	−248.12	10^{-17}	12.26

表1-5 水和重水的一些性质

物质	H_2O	D_2O
20℃时的密度/(g/mL)	0.917	1.017
沸点/℃	100	101.42
最大密度时的温度/℃	4	11.6
凝点/℃	0	3.82
20℃时的介电常数/(F/m)	82	80.5
25℃时NaCl的溶解度/(g/100g)	35.9	30.5
25℃时$BaCl_2$的溶解度/(g/100g)	35.7	28.9

氘同位素的主要应用是作为示踪剂，用于研究化学反应机理和测定地质年代。另一个重要应用是作为热核反应的原料。

1.3 氢作为能源和能量载体的特点

目前，虽然绝大多数氢作为化学品用于合成不同的重要大宗化学品。但是，把氢作为能源和能量载体使用（也就是氢能）是不可逆转的发展趋势。特别是随着燃料电池技术的快速发展和成功示范，氢能的大规模使用和进入寻常百姓家的日子不会太远了。因此了解氢能源和能量载体的特征非常必要。

氢元素资源极其丰富，取之不尽、用之不竭，燃烧热值高而产物仅是水，不会对环境造成任何污染。这些优点和特点是不可再生化石能源（煤炭、石油和天然气等传统能源）不可比拟的，氢能源必将成为未来整个社会绿色能源体系中的重要组成部分。

氢气能在空气中安静地燃烧，其火焰几乎是无色的，产物水也是无色无味的。当氢气和空气接触时，会快速均匀混合而形成均匀的混合物，遇到火种或被引发时氢氧间的化学反应能在极短的时间内完成，释放出大量热量，温度急剧升高，在限制气体体积的容器空间内急剧膨胀，导致爆炸的发生。氢气和氧气间的反应可表示如下：

$$2H_2\,(g) + O_2\,(g) \longrightarrow 2H_2O\,(l) \qquad \Delta H = -571.6\text{kJ/mol}$$

式中的反应热包含了水蒸气冷凝为水释放的热量，这个热值一般称为可燃气体的高热值（HHV）；而扣除水蒸气冷凝释放的热所获得的反应热值通常称为可燃气体的低热值（LHV）。氢氧反应的高热值和低热值以不同单位表示的值列于表1-6中。

表1-6 氢的热值

低热值	3.00 kW·h/m³	2.359 kW·h/L	33.33 kW·h/kg	10.8 MJ/m³	8.495 MJ/L	120.0 MJ/kg
高热值	3.54 kW·h/m³	2.79 kW·h/L	39.41 kW·h/kg	12.75 MJ/m³	10.04 MJ/L	141.86 MJ/kg

氢气在常温常压下的爆炸限为：空气中为4.1%～74.2%，纯氧气中为4.65%～93.9%。表1-7中给出氢气在氧气和空气中的缓燃极限和爆炸极限。

表1-7 氢与氧、氢与空气的缓燃极限和爆炸极限

体系	贫燃料/%		富燃料/%	
	缓燃	爆炸	缓燃	爆炸
氢气和氧气	4	15	94	90
氢气和空气	4	18	74	59

氢氧（空气）混合气体在受到太阳光照射时，也具有发生爆炸的危险。氢氧混合气体的燃烧速度为9 m/s，而氢空气混合气体的燃烧速度为2.7 m/s。它们都高于碳氢化合物氧（空气）混合物的燃烧速度。

对作为化学品和能源能量载体使用的氢气，其生产、运输和存储技术有完全通用的但也有差别。一段时期以来，氢化学品生产主要使用的是若干成熟技术，世界范围内它们所占比例示于图1-2中。而作为能源和能量载体使用的氢气，其可能采用的生产路径（当前使用和未来使用的）和使用范围要广泛得多，如图1-3所示。

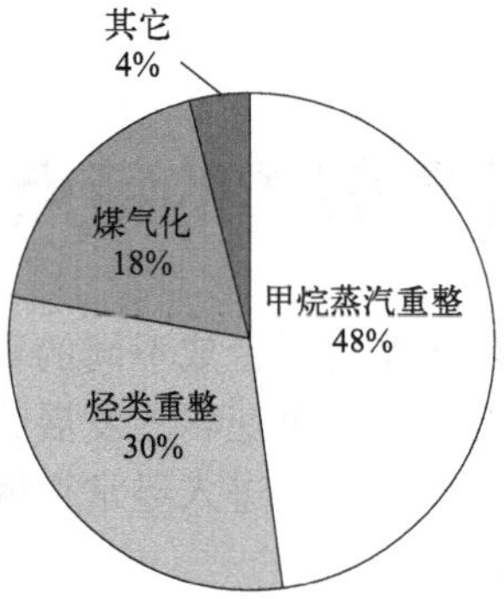

图1-2 生产氢气使用的初级能源分布比例

氢作为能源和能量载体，是因为它具有如下有利特点。

（1）来源多样

虽然自然界中并不存在可直接利用的氢气，但含氢的物质非常多且数量巨大。到目前为止，已经发展出从含氢的几乎任何原料（可再生或不可再生）生产氢气的技术。因此可认为，氢气是像电力一样资源极其丰富的二次（次级）能源和能量载体。

作为二次能源，氢不仅可以通过化石能源（煤炭、石油、天然气等）重整、生物质热裂解或微生物发酵等途径制取，还可利用来自焦化、氯碱、钢铁、冶金等工业的副产气体获得氢气。当然也可利用电力电解水获得氢气，而电力生产可用化石能源也可用可再生能源（如风能和太阳能等）。当用可再生电力电解水生产氢气时，不仅能实现全生命周期内的绿色清洁能源循环，且拓宽了可再生能源的利用方式。

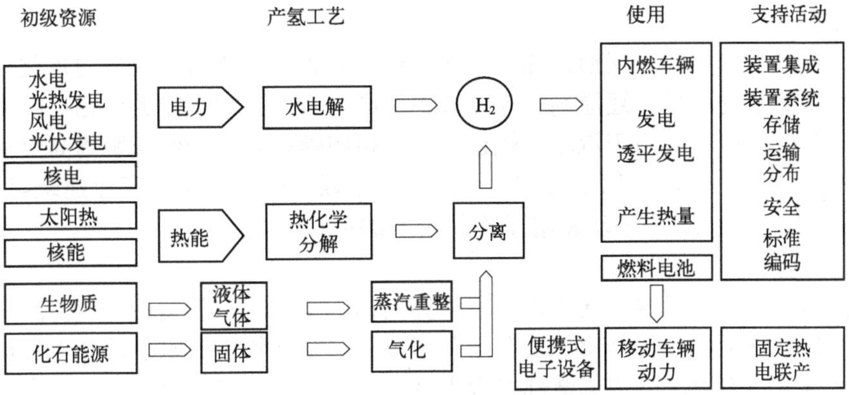

图1-3 氢能生产和使用的可能路径

如图1-3所示，氢的特殊之处在于其生产可利用资源的多样性，几乎可用所有能源资源来生产氢气。可用的可再生能源资源包括生物质、太阳光、风能、水电、地热能和海洋热能等。应该特别提及的是，氢能可作为存储能量的介质存储水力发电厂生产的过量电能，然后在电力需求高峰时再消费。

氢能的特征允许每个国家选择利用适合自己的氢能生产存储和利用方法。利用可再生能源资源生产氢能是一个低环境影响、高过程效率和可持续的循环。

（2）氢能源清洁低碳

不论氢燃烧还是通过燃料电池的电化学反应，氢释放能量后的产物只有水，没有传统能源释放能量时产生的污染物及碳排放。生成的水可循环反复用于制氢，实现真正的低碳甚至零碳排放，有效缓解温室效应和环境污染问题。氢能是世界公认的清洁能源，在全世界受到非常广泛的关注。美国、日本、加拿大、中国及欧盟等都已经制定了氢能发展规划，并投入大量财力、物力和人力支持氢能领域相关问题的研发和应用示范。许多国际跨国能源公司和汽车公司也纷纷跟进，展开对氢能和燃料电池技术的研究和开发。

（3）氢能源灵活高效

氢的热值很高（140.4 MJ/kg），是同质量焦炭、汽油等化石燃料热值的3～4倍，通过燃料电池可实现的综合转化效率在90%以上。氢能可以成为连接不同形式能源和能量（气、电、热等）的桥梁，很容易与电力系统发挥互补协同作用，因此是跨能源网络协同优化的理想互联媒介。氢是未来燃料，是下个世纪的理想能源。除了能降低对石油等化石能源的依赖、减少运输和避免碳排放等长期潜在的益处外，氢也有高能量（122 kJ/g）的优点，比烃类燃料高2.75倍。

在运输部门应用所需要的能量转换中，氢是最有效的燃料和能量载体之一。氢的能量转换效率是汽油的2.5倍（因其密度小，0℃和大气压下0.0899 kg/m^3）。应用氢能也是缓解化石燃料在固定应用或车辆应用中引起的环境问题（如温室气体排放，特别是大城市中的大气污染）的一个非常有效的方法。在需要时氢能可容易高效地转换为电力和热能。另外，氢能的使用可使全球世界各国能源供应系统是长期可持续的，保证了能源的安全供应。

据估算，1 kg氢中存储的能量高于2.75 kg汽油的能量。使用氢能燃料的研究工作正在发展中，现在已经能够在市场上看到由氢提供动力的示范轿车。

（4）氢能源应用领域广泛

氢可广泛应用于能源、交通运输、工业、建筑等领域。既可以直接为炼化、钢铁、冶金等行业提供高效的原料、还原剂和高品质的热源，有效减少碳排放；也可经由燃料电池生产电力和热能，广泛应用于汽车、轨道交通、船舶等领域，降低长距离高负荷交通对石油和天然气的依赖；还可应用于分布式发电、热电联产，为住宅、商业建筑等供电供暖。总之，氢在固定、便携式和移动领域等各个方面都能够应用。

（5）氢储量丰富

氢是自然界分布最普遍的元素之一。估算指出，氢占宇宙质量的75%，除在宇宙大气中含有氢气外，氢主要以化合物形式存储于水或其它化合物中。水是地球上最广泛分布的物质，据测算，如把海水中的氢全部提取出来，其所含的总能量是地球上所有化石燃料燃烧产生能量的9000多倍。水是地球上无处不在的“氢矿”。显然可利用所有种类的不可再生能源［煤炭（包括煤层气）、石油、天然气等］和可再生能源（太阳能、风能、水力、潮汐能、地热能、核能、生物质等）来获取氢能源，当然氢气也能通过电力电解水来获得。

（6）氢的燃烧热值高

氢燃烧释放的热量很大。除核燃料外，氢燃烧的热值是所有化石燃料、化合物和生物燃料燃烧热值中最高的。在图1-4中给出了不同燃料的能量密度，可以看到，氢的能量密度极高，达120 MJ/kg，单位质量氢燃烧产生的热量约为汽油的3倍、焦炭的4.5倍。不同形态的氢、甲烷、甲醇和乙醇的能量密度比较于表1-8中。

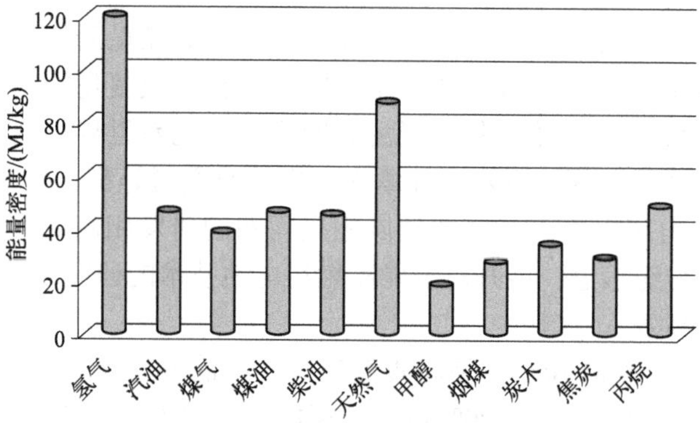

图1-4　不同燃料的能量密度

表1-8　不同形态氢、甲烷、甲醇、乙醇以质量和体积计的能量密度和质量密度

存储形式	能量密度		密度
	kJ/kg	MJ/m³	kg/m³
氢，气态（0.1MPa）	120000	10	0.090
氢，气态（20MPa）	120000	1900	15.9
氢，气态（30MPa）	120000	2700	22.5
氢，液态	120000	8700	71.9
氢，在金属化合物内	2000 ～ 9000	5000 ～ 15000	
氢，在典型的金属化合物内	2100	11450	5480
甲烷（0.1MPa）	56000	37.4	0.668

续表

存储形式	能量密度		密度
	kJ/kg	MJ/m³	kg/m³
甲醇	21000	17000	0.79
乙醇	28000	22000	0.79

（7）氢是优秀的能量载体

氢具有大规模能量存储载体（二次能源）的特征，能够以多种形式储存能量。与不能够以大规模长时间大量储存的电能和热能不同，氢能可以气态、液态或固态（如金属氢化物等）等多种形式长期存储，这为大规模存储能量提供了一种可行方法。氢能源的生产是可持续的，很适合于储存和运输，能够满足在各种领域中的应用要求，其无污染物排放的特点完全满足了环境要求。就储能方法而言，氢能存储与电池有很好的互补作用。

（8）氢能源的可转换性强

能源的使用通常必须转换成满足使用要求的多种其它能量形式，如热能、电力、机械能等，因此燃料能量的可转换性也是衡量燃料实用价值的一项重要指标。表1-9为氢燃料和化石燃料能量的可转换性。从表中可以看到，化石燃料仅能够通过燃烧途径来实现能源的利用，而氢燃料则可以通过多种方式加以利用，除了燃烧外，还能经由（电）化学反应转换成热能和电能（燃料电池），因此具有其它能源不具有的多转换性。

总之，氢是优秀的次级能源和能量载体，在未来能源系统中占有重要地位。

表1-9　氢能和化石能量的可转换性

转换形式	氢能	化石燃料
燃烧	可	可
直接转换成蒸气	可	否
催化燃烧	可	否
化学反应	可	否
电化学	可	否

（9）氢是相对安全的能源

作为能源和能量载体使用的氢能，安全性问题将在第11章中作详细叙述。这里只对氢能的安全性作简要叙述。

燃料或能量的安全性包括两个方面：一是燃料及其燃烧产物的毒性；二是燃料本身的可燃性。就氢能源而言，本身及其燃烧产物（水）是无毒无害的。相反，一般烃类燃料本身就具有相当甚至很大的毒性，如甲醇，它们的燃烧产物包含一氧化碳、二氧化碳、碳氢化合物甚至粉尘，都是对环境有害的污染物（具有毒性或是温室气体）。从无污染物排放的角度看，氢是非常安全的燃料，是人类未来希望使用的能源。

燃料都包含有能量，为释放其能量都要与氧发生反应，会燃烧且具有爆炸危险。例如，常规的天然气、汽油、液化石油气等燃料都具有潜在的着火和爆炸危险。从可燃性角度考虑安全性，其危险性（燃烧或爆炸）与燃料的性质密切相关。由于氢的特殊性质，其安全性也具有一些特点。与其它任何燃料相比，氢能源是一种安全性相对较高的燃料。这是因为，氢的比体积小，很轻，容易向上逃逸使事故发生的范围小很多。氢的快速挥发（与其它气体燃料相比）非常有利于安全。例如，把3m^3的液氢、甲烷和丙烷洒在地面上进行蒸发的试验指出，在相同条件下它们的影响范围分别为1000m^2、5000m^2和13500m^2，液氢影响范围最小，仅有丙烷的$\frac{1}{13}$、甲烷的$\frac{1}{5}$。也就是液氢的安全性比甲烷和丙烷要好很多，当然液氢的超低温也容易导致冻伤。

氢很轻，扩散速率很高，在大气中很容易快速逃逸，而其它燃料如汽油蒸气挥发后容易滞留，不易在空气中扩散。使用不同燃料的汽车着火试验（见图1-5，汽油车和氢燃料汽车着火照片）指出：对氢燃料汽车，燃料氢气泄漏着火仅3s其火焰就直喷上方；而对汽油车，则因泄漏的汽油在车下面着火。着火1min后，氢燃料汽车泄漏的氢气在车上部空间燃烧，未出现大问题；而对汽油车，泄漏的汽油使整个汽车燃烧成火球，以至于烧掉整个汽车。对比着火照片后发现，氢燃料汽车比汽油车安全很多。此外也应该注意到，氢火焰辐射率小，仅有汽油燃烧火焰辐射率的十分之一，因此其周围的温度并不高。在后备箱中氢气燃烧的类似试验指出，氢燃料汽车后玻璃安然无恙，窗内温度不超过20℃，产物是水也不污染环境。

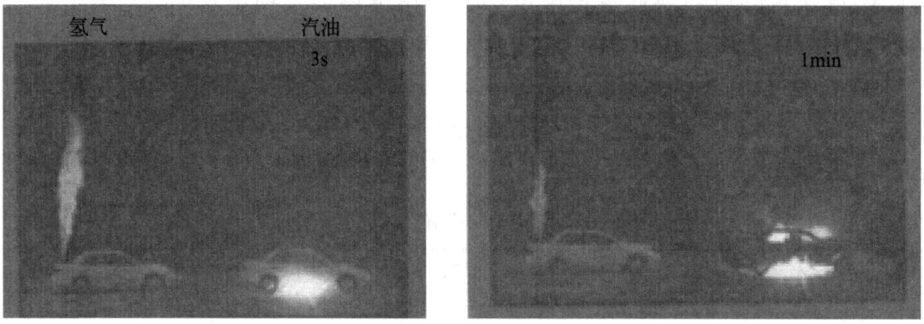

图1-5　氢能汽车和汽油车着火燃烧的对比试验

同时也应该指出，氢燃料也具有不利于安全的一些特点。一是氢着火需要的能量很小，在空气中仅0.019mJ，在氧气中0.007mJ，因此极易被点燃，例如与化学纤维衣服摩擦产生静电放电的能量就足以使氢着火，说明氢的危险性是很高的。氢能源的另一个危险性是，在空气中的爆炸限范围很宽，4%～75%（体积分数）范围内的氢空气混合物都具有爆炸性。因此，虽然氢具有快速扩散能力，但也绝不应该对氢的爆炸危险放松警惕和掉以轻心。

为保证使用氢气的安全，在含氢场所必须配备检测氢气浓度的检测装置，这一点非常重要。现代技术的发展已经能做到对氢浓度进行快速检测，且检测装置（检测器）很小，安装使用都非常方便。

总而言之，氢能源是一种相对安全的燃料。在室内外氢能源长期操作的经验告诉我们，只要严格遵守安全规定，发生氢气安全事故的概率是很小的。更多重要燃料（包括氢）的安全属性（参数）列于表1-10中。

表1-10　燃料的安全属性

项目	氢气	甲醇	甲烷	丙烷	汽油
点火最小能量/mJ	0.02	—	0.29	0.25	0.24
火焰温度/℃	2045		1875		2200

续表

项目	氢气	甲醇	甲烷	丙烷	汽油
空气中自动点火温度/℃	585	385	540	510	230～500
最大火焰速度/(m/s)	3.46	—	0.43	0.47	
空气中可燃范围/%	4～75	7～36	5～15	2.5～9.3	1.0～7.6
空气中爆炸范围/%	13～65		6.3～13.5		1.1～3.3
空气中扩散系数/($10^{-4}m^2/s$)	0.61	0.16	0.20	0.10	0.05

1.4 氢化学品的合成应用

作为化学品大规模应用的氢气，一般原则是原位生产原位使用，这样能有效避免氢气的运输和存储问题。所需氢气的生产一般在使用地进行，临时存储于气柜或气罐中。如果使用的氢气量较小，氢化学品生产使用的原料通常是便于运输的含氢液体化学品如甲醇。建设在使用地的产氢车间利用生产装置（包括重整、分离、净化等单元）生产所需的合格氢气，避免了相对麻烦的氢气存储和长途运输问题。在实验室，通常使用存储于钢瓶中的氢气。氢气钢瓶既是存储设备也是可用于车辆运输的氢储槽。在石油炼制工厂集中地，因使用氢气的数量巨大，几乎都是用自备生产装置生产氢气，生产的氢气通常用厂区内自建的管道来输送，为此配套建有较大储气罐以供存储和调节氢气之用。

众所周知，氢气是最轻的气体，容易泄漏，扩散速度快，而且易燃易爆。因此，为保证氢化学品的安全使用，通常把氢气作为烃类易燃易爆气体处理。对安全警报装置，最重要的是必须使用专用氢传感器。从经济角度看，氢化学品的生产、运输和存储技术都具有其实用性和经济性特征，氢气的成本约数元人民币每立方米。

合成化学品使用的多数氢气通常来自合成气。合成气是氢和一氧化碳的混合气体，用它可以合成许多化学品和燃料，如图1-6所示。从图可见，氢化学品可以用于合成的化学品和燃料是多种多样的，包括烃类、醇类、醛类、有机酸类和多种油品。经由甲醇合成的化学品超出了本书的范围，这里不作介绍。

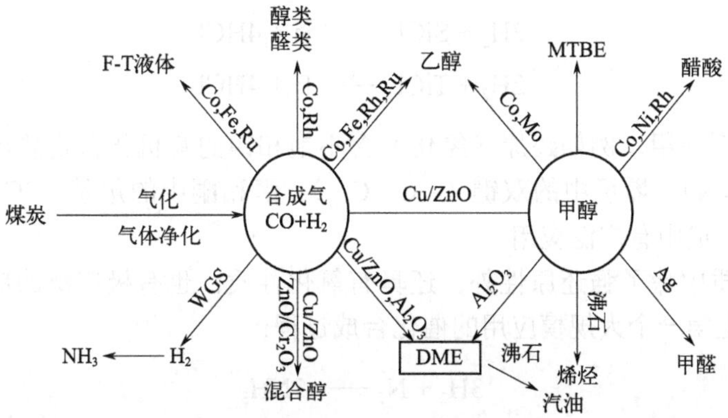

图1-6 合成气生产燃料和化学品

使用氢气合成的化学品中，最重要的有合成氨、含氧化合物（特别是甲醇）、二甲醚、乙二醇等以及油脂的提质（加氢）。氢化学品也大量用于合成燃料，如合成天然气和经F-T反应合成烃类混合物，再提炼出柴油、汽油等油品。氢化学品也大量用于煤浆高压加氢生产燃料油，包括航空煤油等。

氢化学品用于合成大宗化学品和燃料的技术，几乎都是已经发展非常成熟的技术，在不少专著中有介绍，这里只是非常简要地介绍使用氢化学品合成氨、甲醇、二甲醚等化学品，合成烃类（F-T）甲烷（合成天然气）的反应过程，催化剂和合成工艺以及一些特别需要介绍的问题。

1.4.1 氢的化学性质

自氢发现以来，一直作为一种物质研究其性质，目的主要是应用。氢最重要的应用（至少目前是这样）是作为化学品，参与各种化学反应合成不同的物质。氢的结构使其具有很强的还原性质，可以还原多种元素，合成不同的化学品和烃类（碳氢燃料）。目前使用氢气合成的最主要化学品是氨，其次是甲醇及其同系的醇类，以及（经一氧化碳）合成烃类（主要是甲烷）。目前，全球的氢气生产量每年超过6000万吨，而中国就占三分之一以上。

氢原子只有一个电子，需要与另一个电子形成稳定的化学键。两个氢原子形成稳定的氢分子，因为两个原子的电子成对形成了稳定的键，其键能是相当大的，所以氢分子在常温下是很稳定的。在室温下，氢与卤素中的氟与氯反应形成氟化氢和氯化氢，但与其它元素反应一般需要高温。在较高温度下，氢是相当活泼的，能够与许多金属和非金属元素发生化学反应形成氢化物。例如：

$$H_2 + Ca \longrightarrow CaH_2$$

$$H_2 + S \longrightarrow H_2S$$

由于氢的强还原性，一般能够把金属氧化物还原为金属并生成水。例如：

$$H_2 + CuO \longrightarrow Cu + H_2O$$

$$4H_2 + Fe_3O_4 \longrightarrow 3Fe + 4H_2O$$

氢能够取代非金属卤化物中的卤素。例如：

$$2H_2 + SiCl_4 \longrightarrow Si + 4HCl$$

$$2H_2 + TiCl_4 \longrightarrow Ti + 4HCl$$

氢常被作为还原剂使用，例如还原（氢化）含不饱和键的有机化合物炔烃和腈基中的三键（$-C\equiv C-$和$-C\equiv N$）、烯烃中的双键（$-C=C-$）、醛和酮中的羰基（$>C=O$）等，这些反应在精细化学品合成中有广泛应用。

氢的化学性质中除了强还原性外，还具有氧化性质，也有极广泛的应用。例如，氨的合成，这是工业上第一个大规模应用的催化合成过程：

$$3H_2 + N_2 \longrightarrow 2NH_3$$

又如，烃类合成和含氧化合物(甲醇)合成的大规模工业应用过程：

$$nCO + (2n+1)H_2 \longrightarrow C_nH_{2n+2} + nH_2O$$

（n是整数，n=1时称为甲烷化过程，统称为F-T合成过程）

$$CO + 2H_2 \longrightarrow CH_3OH$$

当氢被氧化时会释放大量能量，因此氢被认为是一种像电力那样的二次能源和能量载体（因为自然界不存在可为人类利用的氢气，需要用其它含氢化合物制备）。这在工业上有非常广泛的应用。

氢和氧间的反应可用于产生高温。在高温和催化剂作用下，氢气能被解离成原子，这对工业应用有重要意义。另外，氢气还具有无毒性和无腐蚀性等特殊的化学性质。

1.4.2 氨的合成

在工业上，生产的氢气大约40%用于生产合成氨，这是最早发展也是了解最为深入的催化过程。氨合成使用的催化剂一般是熔铁，助剂是钾，稳定剂是氧化铝。也已发展出使用负载钌催化剂的氨合成工艺。熔铁催化剂已经使用超过100年，由于氨合成是分子数减少反应和需要活化相对惰性的氮分子，因此采用的是高温高压工艺。

用于生产合成氨的原料是氢氮混合气体，其H_2∶N_2摩尔比为3∶1。氨合成反应式为:

$$N_2 + 3H_2 \longrightarrow 2NH_3 \qquad \Delta H^0 = -107\ \text{kJ/mol}（425℃和21\ \text{MPa}） \tag{1-1}$$

氢氮混合气的生产原料是煤炭或天然气或其它烃类原料。通常使用空气和水蒸气混合气在高温下经由热重整和气化生成合成气，典型的是煤气化或天然气重整过程。国际上，合成氨所需的含氮合成气主要以天然气为原料，经天然气重整和水汽变换反应在净化后获得；而在我国，主要基于“富煤、贫油、少气”的资源禀赋，大量采用煤气化加水汽变换反应生产所需的合成气。为获得满足纯度要求的合成气，一般都需要对生产的合成气进行净化和提纯，如除去夹带的颗粒物质和副产的二氧化碳以及微量的硫化物和一氧化碳等。合成气中的CO经水汽变换转化为氢气以增加合成气中的氢气含量。合格的氢氮混合气经专用压缩机压缩和加热达到氨合成所需的压力和温度（所用催化剂不同，合成塔中压力和温度稍有不同）。

氨合成工艺和催化已经研究和发展100多年，因此是非常成熟的。其催化过程和反应机理是催化过程中研究得最清楚的催化反应之一。过程性能指标是合成每吨氨所消耗的能量。应该特别指出的是，在氨合成高效催化剂的发展中，浙江工业大学刘化章团队在氨合成催化剂制备亚铁基原料选用上，作出了重要贡献。

含氧化合物如甲醇、二甲醚、乙二醇等化学品的合成，以及烃类燃料如甲烷、汽油和柴油等的合成，也都是以合成气（氢和一氧化碳的混合气体）为原料，从一氧化碳加氢获得，只是使用的催化剂和相应的合成反应及工艺有所不同。下面简要列举甲醇、二甲醚和烃类合成（F-T）。

1.4.3 甲醇的合成

甲醇合成反应:

$$CO+2H_2 \rightleftharpoons CH_3OH \quad \Delta H^{\ominus} = -90.77\ \text{kJ/mol} \tag{1-2}$$

$$CO_2+3H_2 \rightleftharpoons CH_3OH+H_2O \quad \Delta H^{\ominus}=-49.58\ kJ/mol \tag{1-3}$$

$$CO_2+H_2 \rightleftharpoons CO+H_2O \quad \Delta H^{\ominus}=+41.19\ kJ/mol \tag{1-4}$$

高压工艺首先由BASF在1923年开发，保持技术优势超过45年。原始高压工艺操作条件为250 ~ 350atm和320 ~ 450℃，应用相对抗毒的催化剂ZnO/Cr_2O_3。对厚壁容器的工厂设计，需要的投资大、操作成本高、耗能相当大。低压工艺首先由英国ICI公司在20世纪60年代开发。使用新的高活性Cu基催化剂配方［铜、锌和铝氧化物催化剂（$CuO/ZnO/Al_2O_3$）］和无硫合成气。高活性铜基催化剂的发展为低压过程商业化奠定了基础。低压工艺的操作压力在50 ~ 100 atm之间，操作温度为200 ~ 300℃。低温操作对受平衡限制的甲醇合成反应是有利的，但过低的温度对催化剂活性有负面效应。表1-11给出了世界上甲醇生产技术的主要供应者。

表1-11 甲醇生产技术供应者

技术供应者	温度/℃	压力/atm	备注
ICI（Synthesis）	219 ~ 290	50 ~ 100	现时有四种专利反应器：弧形、管式冷却、等温Linde和Toyo
Lurgi	239 ~ 265	50 ~ 100	管式、等温反应器
Mitsubishi	235 ~ 270	50 ~ 200	管式、等温反应器
Kellogg			圆形反应器
Linde AG	240 ~ 270	50 ~ 150	
Haldor-Topsoe	200 ~ 310	40 ~ 125	到现在尚未有该工艺的商业工厂

1.4.4 二甲醚的合成

二甲醚的合成分直接方法和间接方法两种。直接方法从碳氧化物加氢直接获得：

$$3CO+3H_2 \longrightarrow CH_3OCH_3+CO_2 \tag{1-5}$$

$$2CO+4H_2 \longrightarrow CH_3OCH_3+H_2O \tag{1-6}$$

合成气直接合成二甲醚是在一个反应器中完成的。合成反应由四个不同反应步骤组成。

从CO合成甲醇：

$$CO + 2H_2 \longrightarrow CH_3OH \qquad \Delta H^{\ominus}_{298K} = -90.4\ kJ/mol \tag{1-7}$$

从CO_2合成甲醇：

$$CO_2 + 3H_2 \longrightarrow CH_3OH + H_2O \qquad \Delta H^{\ominus}_{298K} = -49.4\ kJ/mol \tag{1-8}$$

除直接使用合成气中的氢气外，部分氢气是从水汽变换反应获得的：

$$CO + H_2O \longrightarrow CO_2 + H_2 \qquad \Delta H^{\ominus}_{298K} = -41.0\ kJ/mol \tag{1-9}$$

从甲醇合成二甲醚：

$$2CH_3OH \longrightarrow CH_3OCH_3 + H_2O \tag{1-10}$$

合成二甲醚的间接方法使用两个分离的反应器，在第一个催化反应器中首先合成甲醇［式（1-8）］。分离出甲醇后，在第二个反应器中使用酸催化剂使甲醇脱水生成二甲醚。在第二个反应器中不直接消耗氢气，氢气是在第一个合成甲醇的反应器中消耗的。

1.4.5　油脂加氢

在食品工业中使用大量的油脂，主要是植物油和动物脂肪。植物油来自植物种子，一般用压榨和抽提植物种子的方法生产植物油。在植物油中通常含有多个不饱和双键，需要加氢饱和只留下一个双键，这是食用植物油的要求。植物油的精制过程都是使用氢气部分饱和植物油的。因食用植物油消耗量巨大，因此氢化过程使用的氢化学品数量相当大。植物油氢化所用的催化剂一般是雷尼镍，当然也可以使用贵金属催化剂。由于植物油氢化过程包含植物油（液相）、催化剂（固相）和氢气（气相）三相，因此氢化反应一般在三相浆化反应器中进行，使用的反应温度和压力不是很高。

1.4.6　精细化学品的合成

氢化学品大量用于精细化学品的合成，包括不饱和碳碳键（炔烃、烯烃、二烯烃、芳烃、杂环芳烃、手性化合物）加氢、含氮和含氧官能团的加氢（羰基、硝基、腈基等）和加氢裂解（C-O、C-C、C-N、C-S、C-Se、C-X、N-O、N-N、Si-S）等反应。

精细化学品合成中使用最广泛的一般是金属加氢催化剂，特别是贵金属催化剂。加氢试剂一般多使用氢气。氢化过程是把原料分子中的一种官能团转化为另一种官能团的主要方法之一。当氢加在π键上时，一般称为氢化（加氢或还原）；而当氢加在σ键上时则称为加氢裂解。

碳-碳三键（炔烃）和双键（烯烃）的转化是精细化学品合成中使用最广泛的多相催化过程之一，由于这类反应物和催化剂的活性很高，该领域最关心的是催化剂的加氢反应选择性。生产化学品数量很大时，还必须考虑过程的经济性、得率和零排放。炔烃加氢是很重要的，大规模工业应用首先是在烯烃原料中除去痕量或微量的炔烃，其次是合成顺式烯烃。炔烃选择性加氢要求只对两个π键中的一个进行加氢（半加氢），炔烃半加氢虽然也能够使用其它催化剂，但通常在中毒的Pd催化剂上进行。烯烃加氢是相对容易的，但当分子中含有使贵金属催化剂中毒的元素时，催化剂的消耗量大为增加。含氮和含氧官能团的加氢以及加氢裂解反应的进行视具体反应物的反应性和要求的目标产物的不同，选择活性和选择性有很大不同的催化剂，但要达到高选择性一般是不容易的。

1.5　氢化学品在气体和液体燃料（油品）生产和提级中的应用

1.5.1　合成天然气

我国呈现“富煤、贫油、少气”的能源资源特征，发展煤制清洁能源产品被认为是应对能源和环境挑战的有效路径之一，具有重要的战略意义。煤制合成天然气、煤制油是煤炭清洁利用的重要途径。其中，煤制合成天然气的加氢气化过程以及煤制油直接和间接液化过程中都需要耗用大量氢气。仅以神华煤炭直接液化项目为例，按照优化后的工艺计算，每小时处理250t干煤的耗氢量就高达19.186 t/h。

《能源发展战略行动计划（2014—2020年）》中明确指出，要稳妥实施和推进煤制合成天然气、煤制油示范工程和技术研发。目前，我国已投产的煤制合成天然气项目产能约40亿立方米。对于煤制油，仅2014年就有多个百万吨级甚至600万吨级的项目获得国家发展和改革委员会的批准，已经建设的煤制油年产能接近千万吨。随着示范项目的陆续成功投产，煤制合成天然气、煤制油项目的投入力度将进一步加大，届时氢气的需求量将大幅增加，对推动氢气的规模化利用作用明显。类似于油品质量升级过程中的氢气源，随着煤制清洁能源产业进一步发展，使用可再生能源制氢应该是最好的选择。在现有条件下，油品质量升级及煤制清洁能源工艺基本完善，考虑到其过程对大量氢气的需求，氢气作为化工原料在该领域的应用成为现有条件下推进氢能源规模化利用的最佳方式。

煤制合成天然气对天然气资源缺少的我国具有实际意义，据统计我国煤制合成天然气规划建设的容量达到每年1200亿立方米。原料煤炭首先在高温下使用水蒸气-氧气（混合气化剂）气化能够获得所谓的合成气，再使用富含氢气的合成气在催化剂上进行甲烷化反应获得合成天然气。对我国，按年产合成天然气1200亿立方米计算，年消耗氢气将超过1000万吨。

在合成气甲烷化过程中发生如下多个反应。

反应编号	反应方程式	$\Delta H^{\ominus}_{298K}(CO)/(kJ \cdot mol)$	反应类型
①	$CO+3H_2 \longrightarrow CH_4+H_2O$	−206.1	甲烷化
②	$CO_2+4H_2 \longrightarrow CH_4+2H_2O$	−165.0	CO_2甲烷化
③	$2CO+2H_2 \longrightarrow CH_4+CO_2$	−247.3	逆CH_4+CO_2重整
④	$2CO \longrightarrow C+CO_2$	−172.4	歧化反应
⑤	$CO+H_2O \longrightarrow H_2+CO_2$	−41.2	水煤气变换
⑥	$CH_4 \longrightarrow C+2H_2$	−74.8	CH_4裂解
⑦	$CO+H_2 \longrightarrow C+H_2O$	−131.3	还原
⑧	$CO_2+2H_2 \longrightarrow C+2H_2O$	−90.1	CO_2还原
⑨	$nCO+(2n+1)H_2 \longrightarrow C_nH_{2n+2}+nH_2O$		烃类合成
⑩	$nCO+2nH_2 \longrightarrow C_nH_{2n}+nH_2O$		烃类合成

图1-7给出了煤制合成天然气的一个简化工艺流程。其中第一步煤加氢气化也可以是煤炭气化，用以获得合成气。

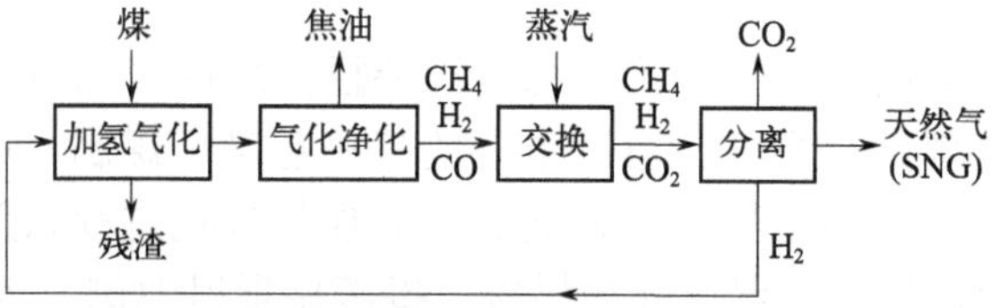

图1-7　煤制合成天然气工艺流程简图

甲烷化反应使用的催化剂一般是负载氧化铝上的镍催化剂（高镍含量）。但由于甲烷化反应放热量很大，为保持催化剂的稳定性，有使用金属镍作为催化剂载体的甲烷化催化剂。

1.5.2 合成烃类（F-T合成反应）

使用F-T反应（FTS）合成烃类也以合成气为原料，使用的催化剂有两类：铁系和钴系。在催化剂上合成气转化为含不同碳数的烃类。FTS是煤的间接液化过程，在南非已经商业操作多年。在FTS中，一氧化碳氢气加氢生成范围广泛的烃类产物，主要是含不同碳数的烷烃和烯烃以及少量不同碳数的含氧化合物。

我国中科合成油技术股份有限公司研发的浆态床F-T合成油工艺，分别用于伊泰16万吨/年、潞安16万吨/年和神华18万吨/年3套工业化示范装置。3套装置均已实现安全稳定和长期高效的运行，所产油品是高质量的柴油，十六烷值高且无硫，既可作为成品油直接销售，也可作为优质油品调和剂使用。在示范装置取得成功的基础上，于2013年9月28日开工建设的神华宁煤集团400万吨/年F-T合成油项目，现已经建成投产数年。我国用自有技术实现了煤间接制油的大规模产业化。此外，伊泰集团不仅正加紧其内蒙古基地200万吨/年费托（F-T）合成油项目的前期工作，还同时在新疆启动了2套300万吨/年煤间接制油项目，该公司最终将形成1000万吨/年煤制油生产能力；兖矿陕西未来能源化工公司110万吨/年费托合成油项目现已步入设备与管道安装期，该公司鄂尔多斯340万吨/年煤间接制油项目也在加紧前期准备工作；山西潞安集团180万吨/年煤基油品项目正在加紧建设，最终目标将建成540万吨/年煤制油生产能力。

F-T合成反应是把CO加氢生成高级烃类或/和含氧化合物，主要是直链烃类。对合成烃类的反应可以表示成：

$$nCO + 2nH_2 \longrightarrow \left[CH_2\right]_n + nH_2O \qquad \Delta H^{\ominus}_{298K}(CO) = -204\ kJ/mol \tag{1-11}$$

$$2nCO + nH_2 \longrightarrow \left[CH_2\right]_n + nCO_2 \qquad \Delta H^{\ominus}_{298K}(CO) = -166\ kJ/mol \tag{1-12}$$

对第二个化学计量反应，最适合使用具有高水汽变换反应活性的催化剂，如铁。对CO加氢，所有第Ⅷ族金属都显示有很高活性，但选择性各不一样。其中，Co、Fe和Ru对生成高级烃类具有最高活性和选择性。Fe基催化剂价格便宜，加上其高的活性和好的选择性，是工业上最常用的F-T合成催化剂，这是由于它们对F-T合成的高活性、对线性产物的高选择性、比较高的稳定性、低水汽变换反应活性，而价格要比Co和Ru基催化剂低很多。在要求较低反应温度和希望获得较长链的烃类时，Co基催化剂是F-T合成反应较好的选择。但钴的价格相对较高，为了降低Co催化剂的成本，通常使用负载钴催化剂，最常用的载体是氧化硅、氧化钛和氧化铝。这些载体的一个缺点是它们具有与活性金属反应的活性，在制备或催化反应期间会生成只能够在高温下才能被还原的化合物。除了这些金属氧化物载体外，在基础研究中也使用了碳材料载体如活性炭、碳纳米管和介孔碳。

F-T合成过程是指把合成气转化为合成粗油的总过程，产品中包含有轻烃气体、石蜡烃和含氧化合物。F-T合成反应是强放热的，每1mol转化的CO平均放热为140～160 kJ。合成粗油中产物组成按碳数目的分布通常使用Anderson-Schulz-Flory（ASF）分布模型表述：

$$x_n = (1-\alpha)\alpha^{n-1} \tag{1-13}$$

式中，x_n是碳数目为n的产物分子的摩尔分数；α是链增长概率，它是对F-T合成催化剂催化链增长概率（其反面是链终止）的直接测量。

1.5.3 煤浆直接加氢制油

低阶煤炭富含氢元素，当把其制成煤浆进行直接高压加氢时，煤中的大分子能够断裂形成高分子量的烃类（类似于原油）。再对所产高分子量烃类进行油品炼制（也要使用大量氢气）能获得有用的油品。我国神华公司在内蒙古建立了世界上第一个工业化煤浆直接加氢制油品的100万吨级工厂，自开车成功以来一直在运行。煤直接液化简化工艺流程示于图1-8中。

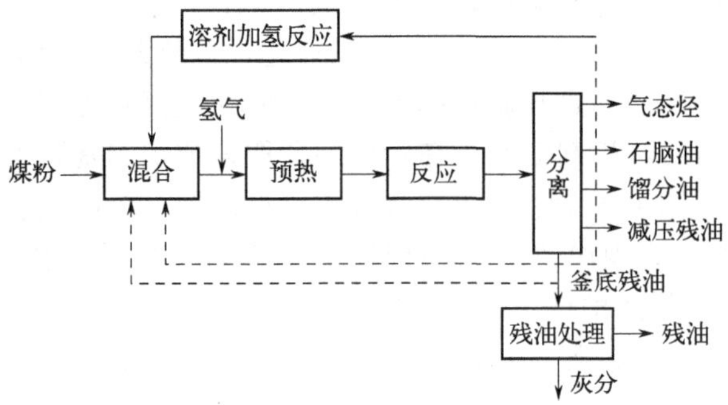

图1-8　煤直接液化制油工艺流程简图

1.6 氢化学品在油品炼制中的应用

氢气是化石能源清洁利用的重要原料。进入21世纪，环境污染成为全球性的危机，主要责任归咎于化石能源的使用。为了清洁能源的高效利用，控制碳排放量，化石燃料的清洁利用变得至关重要。油品质量升级和煤制清洁能源是化石能源清洁利用的主要途径，而加氢则是这些过程中的重要环节。

原油是现代工业的命脉，然而因其不可再生性使之储量日益减少，开采难度逐渐加大且质量不断降低。特别是最近十年，我国炼油行业加工高硫和重质原油的比例越来越大，原油重质化和劣质化的趋势越发明显，但与此同时考虑到环境效益，对油品质量提出了更高的要求，因此迫切需要提高原油加工深度以提高油品质量。

氢气是炼油企业提高轻油收率、改善产品质量必不可少的原料。炼油过程中的耗氢主要集中在催化重整和加氢精制工艺，如图1-9和图1-10所示。整个过程的氢耗一般在原油质量的0.8%～1.4%之间。如果按照现在我国超过7亿吨的炼油能力计算，当氢耗取原油质量的1%时，耗氢量高达700万吨。而随着石油炼制工厂各种临氢工艺的快速发展，加氢装置数量的不断增多，需氢量将进一步增加。目前，氢气成本已是石油炼制工厂原料成本中仅次于原油的第二位成本要素。面对如此巨大的氢气需求量，选择经济的制氢方式至关重要。目前，全球范围内炼油企业中90%制氢装置都采用烃类蒸汽重整转化技术，但考虑到化石能源的减少以及可再生能源制氢成本的下降，使用可再生能源生产的氢气有望在未来成为主要的氢气来源，这不但具有潜在的成本优势，而且环境效益明显。

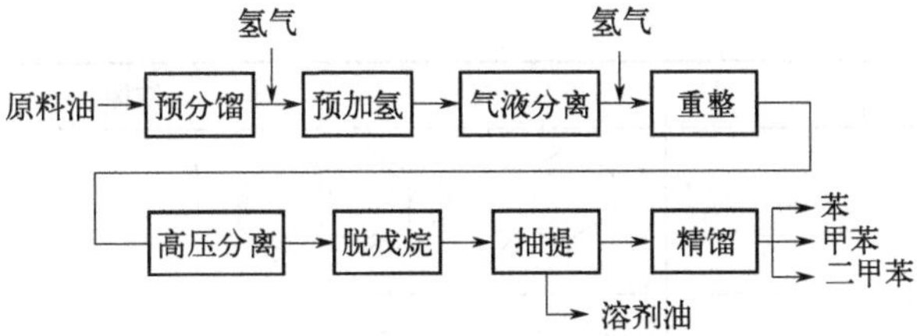

图1-9 加氢精制工艺流程简图（一）

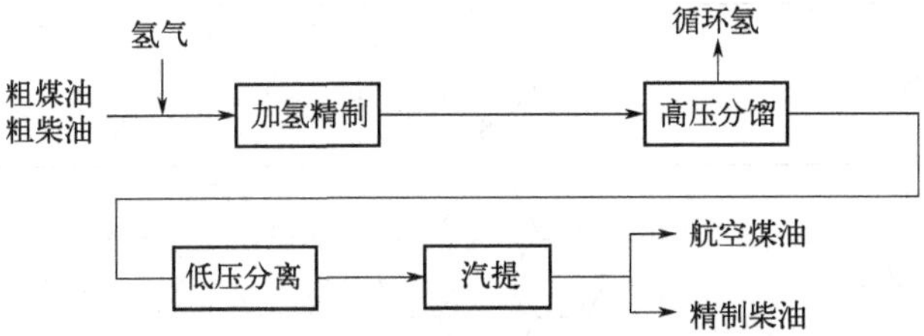

图1-10 加氢精制工艺流程简图（二）

由于原油日益重质化、劣质化，含硫原油使用比例增大的发展趋势以及环境要求日益提高（汽油、柴油硫含量低于0.03%和0.05%），迫使石油炼制加工深度不断提高。为提高油品质量，在石油加工中加氢精制的规模愈来愈大，消耗的氢气愈来愈多。加氢精制工艺应用范围非常广，从轻油到重油甚至石蜡或地蜡均可采用。在加氢精制工艺条件下进行的化学反应主要有加氢脱硫、加氢脱氮、加氢脱氧、烯烃饱和、芳烃部分饱和、加氢脱金属等。代表性的典型反应简述如下。

（1）加氢脱硫

原油中含有不少含硫分子，主要有硫醇类、硫化物类和噻吩类等（见表1-12）。硫化物的加氢脱硫反应主要有：

硫醇 $RSH + H_2 \longrightarrow RH + H_2S$

硫醚 $R\text{-}S\text{-}R + 2H_2 \longrightarrow 2RH + H_2S$

二硫化物 $RSSR + 3H_2 \longrightarrow 2RH + 2H_2S$

噻吩类 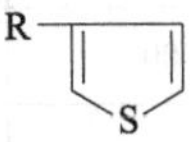 $+ 4H_2 \longrightarrow R\text{-}C_4H_9 + H_2S$

硫芴 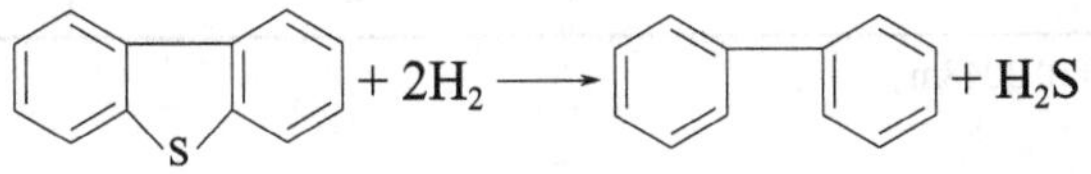

表1-12 原油中的含硫化合物

化合物类别	结构
硫醇类	RSH
二硫化物	RSSR′
硫化物	RSR′
噻吩类	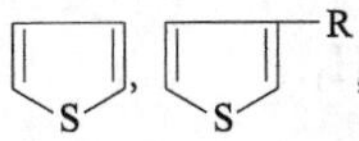，等

续表

化合物类别	结构
苯并噻吩类	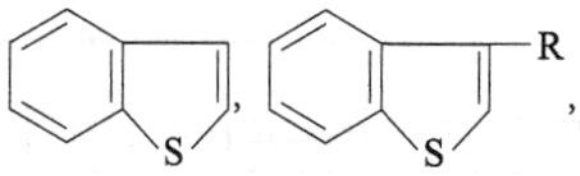，等
硫芴类	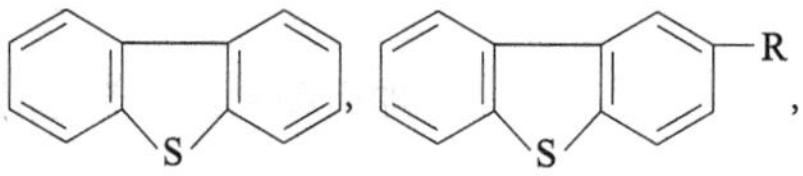，等
苯并萘并噻吩类	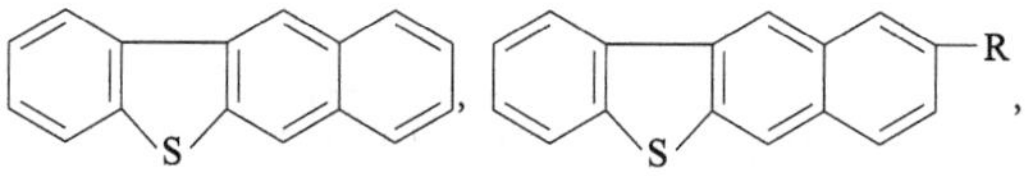，等
苯并（def）硫芴类	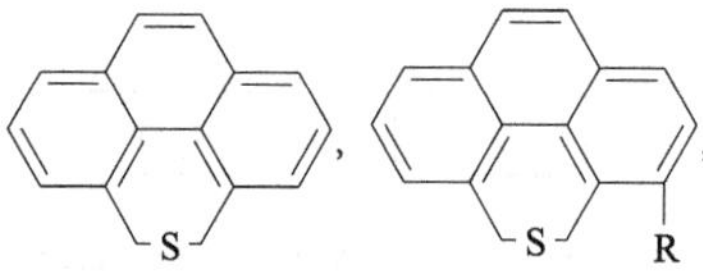，等

加氢脱硫反应的活性因硫分子结构（和催化剂）不同而异。一般而言，烷基硫化物大于环状硫化物，环状硫化物脱硫活性又随环上取代基的增加而下降，其一般顺序如下：

$R_2S_2 \approx R_2S \approx RSH \gg$  > 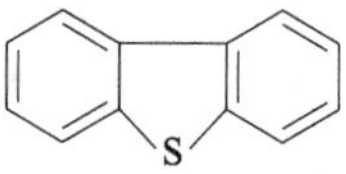

催化加氢脱硫的一般工艺条件示于表1-13中。

表1-13 催化加氢脱硫的工艺条件

工艺条件	原料		
	轻质油品（馏出物）	重质油品（馏出物）	煤
温度/℃	40～300	340～425	100～460
压力/MPa	35～70	55～170	135～270
LHSV（每小时每毫升催化剂的原料量）/mL	2～10	0.2～1	～1
H_2循环速率，ft^3/B（桶）	300～2000	2000～10000	>25000
催化剂寿命/年	～10	0.5～1	不确定

注：工艺条件是综合多个文献确定的。1ft=0.3048m。

（2）加氢脱氮

在石油中含有多种氮化合物，如烷基胺、吲哚、吡咯、吡啶和喹啉等，它们的加氢脱氮反应如下：

① 烷基胺：$R-CH_2-NH_2+H_2 \longrightarrow R-CH_3+NH_3$

② 吲哚：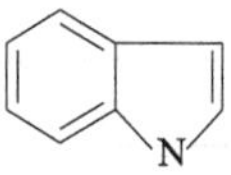 $+6H_2 \longrightarrow$ 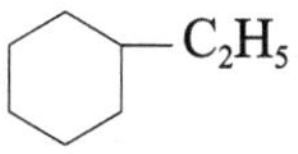 $+NH_3$

③ 吡咯： $+4H_2 \longrightarrow C_4H_{10}+NH_3$

④ 吡啶：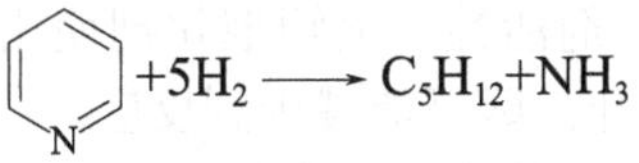

⑤ 喹啉：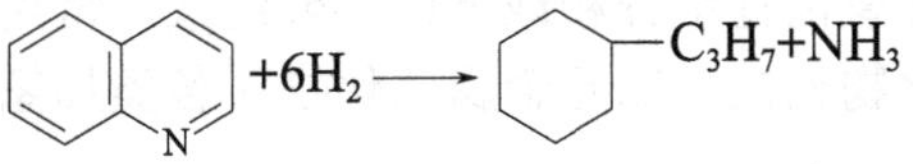

氮化物的脱氮反应活性因分子结构（和催化剂）而异，其差异性很大。氮化物的脱氮反应活性一般顺序为：

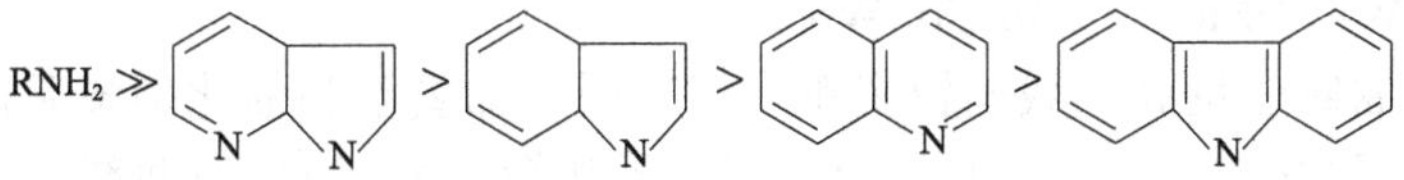

（3）加氢脱氧

酚类和环烷酸的加氢脱氧反应如下：

① 酚类：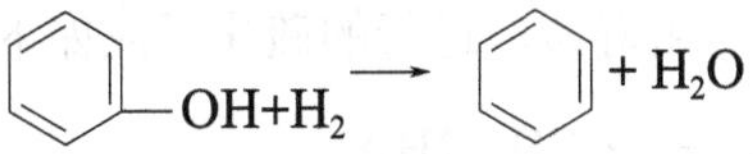

② 环烷酸：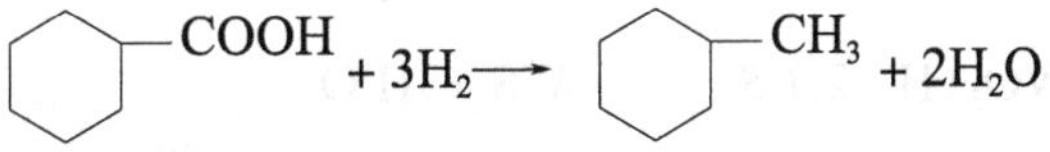

（4）烯烃、芳烃加氢饱和

单烯烃、双烯烃和芳烃的加氢饱和反应如下。

① 单烯烃：$R-CH=CH_2+H_2 \longrightarrow R-CH_2-CH_3$

② 双烯烃：$R-CH=CH-CH=CH_2+2H_2 \longrightarrow R-CH_2-CH_2-CH_2-CH_3$

③ 芳　烃：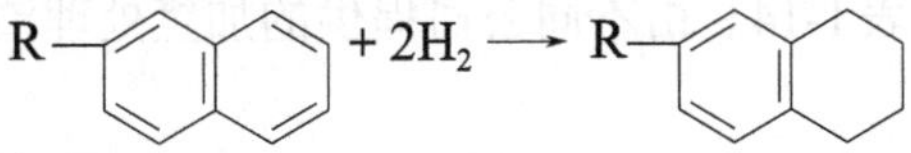

（5）加氢脱金属

在石油中含有一些金属有机化合物，主要是镍和钒化合物。加氢脱金属反应发生于金属有机化合物中弱的碳-金属（C-M）键，使其断裂，被还原后的金属沉积在催化剂上。例如，卟啉类金属镍化物的氢解反应如下：

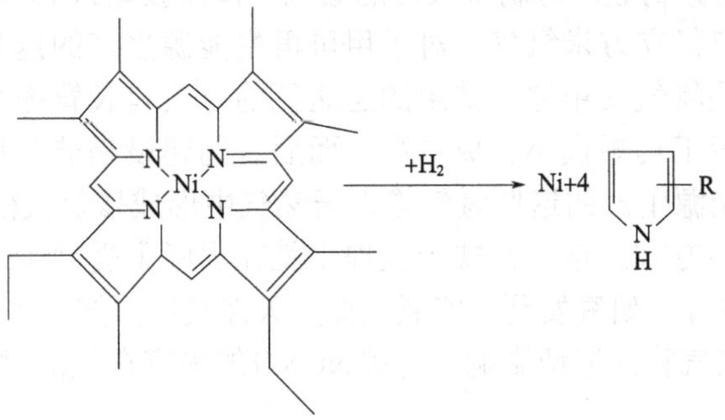

上述五类加氢精制反应的相对活性顺序如下：

脱金属、脱氧>脱硫>烯烃饱和>脱氮

其加氢精制反应的速度与反应物分子大小有关，随着油品变重，反应速度减慢，使用的反应条件也逐渐变得严苛。

除上述主要加氢精制反应外，还伴随有加氢裂解和缩合反应产生积碳和生焦的副反应。

前者降低精制油品收率、增加氢耗；后者降低催化剂活性、缩短催化剂使用寿命。为此必须控制加氢精制（放热）反应的温度，防止温度上升，尽可能减少副反应。

加氢精制反应使用的催化剂都由加氢活性组分和载体两部分组成。常用的催化剂活性组分由钼、钴、钨、镍中的两元素硫化物构成。二元金属硫化物对各类加氢反应的活性顺序如下。

加氢饱和：W-Ni>Mo-Ni>Mo-Co>W-Co

加氢脱硫：Mo-Co>Mo-Ni>W-Ni>W-Co

加氢脱氮：W-Ni>Mo-Ni>Mo-Co>W-Co

由于国产原油氮含量高和我国钨资源丰富，因此加氢精制催化剂多采用W-Ni为活性组分。加氢脱硫采用Mo-Ni为活性组分（Mo是主要组分、Ni或Co为助剂），载体一般是氧化铝。为使表面呈弱碱性，氧化铝中添加少量SiO_2（4%～8%）。生产的催化剂是氧化物形式，使用前要预硫化（在H_2、H_2S存在下进行硫化和还原），使高价氧化物转变为硫化物，这样催化剂活性和稳定性都得以提高，并延长了使用寿命。进行的硫化反应如下：

$$CS_2+4H_2 \longrightarrow CH_4+2H_2S$$

$$WO_3+H_2+2H_2S \longrightarrow WS_2+3H_2O$$

$$MoO_3+H_2+2H_2S \longrightarrow MoS_2+3H_2O$$

$$3NiO+H_2+2H_2S \longrightarrow Ni_3S_2+3H_2O$$

$$9CoO+H_2+8H_2S \longrightarrow Co_9S_8+9H_2O$$

三种典型加氢精制催化剂比较见表1-14。由不同公司提供的加氢处理渣油的催化剂见表1-15。

1.7 天然气中掺氢气

我国利用可再生能源制氢，可制得大量的氢气。按照我国2013年的“弃风电”量计算，保守估计可以生产23.7亿立方米氢气。对于用可再生能源生产的这类氢气，必须解决输运问题，因为产氢地不是氢气使用地。常用的运送氢的方式有长管拖车、液氢罐车及管道输送。但是，前两种输运工具规模小、成本高，而后者的建设是非常耗时耗财的。因此，有人提出，将用可再生能源生产的这些氢气掺入天然气中形成掺氢天然气（HCNG），再通过现有天然气管网输送的方式。这一方式一经提出就在国际上受到了广泛关注，被认为是目前大规模输氢的最佳选择。研究发现，将氢气掺入天然气中，如掺入的体积分数控制在17%以下，基本不会对天然气管网造成影响。有关NCNG的内容在氢能燃料一章（第6章）有详细的讨论。

国际上专门针对HCNG开展了一些研究工作。在2004～2009年间，由欧洲委员会支持的“NATURALHY”项目比较系统地研究了掺氢对天然气系统的影响。2008～2011年，在荷兰的Ameland进行了有关将风电氢掺入当地天然气管网的研究，其中2010年年均氢气掺入体积分数高达12%。此外，美国能源部（DOE）也对HCNG进行了大量的研究。在德国的Falkenhagen，一个具有2MW“电转氢”能力的示范电厂于2013年投入运行，生产的氢气

表1-14 三种国产加氢催化剂的组成和性质

催化剂	化学组成（质量分数）/%				助剂	载体	比表面积/(m^2/g)	孔容积/(mL/g)	形状	粒度/mm
	WO_3	MoO_3	NiO	CoO						
481-3	—	15.5 ～ 16.5	4.5 ～ 5.5	0.08 ～ 0.12	—	γ-Al_2O_3/SiO_2	180	0.4	小球	ϕ1.5 ～ 2.5
RN-1	23.6	—	2.6	—	4.5	γ-Al_2O_3	164	0.29	条，三叶草	ϕ(1.6 ～ 1.8)×(3 ～ 9)
FH-5	17 ～ 19	8 ～ 10	3 ～ 5	—	3 ～ 5	γ-Al_2O_3/SiO_2	136	0.26	小球	ϕ1.5 ～ 2.5

表1-15 渣油加氢处理催化剂

制造者	选用的金属	SiO_2-Al_2O_3中SiO_2的质量分数/%（加其它成分）	堆密度/(g/cm^3)	平均孔体积/(cm^3/g)	平均孔直径/Å	比表面积/(m^2/g)
埃索	Ni+Mo或Co+Mo	1 ～ 6	<0.70	>0.25	30 ～ 70为主	>150
环球油品	Ni+Mo	10 ～ 40，10 ～ 25①	0.625 ～ 0.875	0.3 ～ 0.5	60 ～ 100	150 ～ 250
印第安纳，美孚油	Co-Mo②	1 ～ 10	—	>0.5	100 ～ 200	150 ～ 500 300 ～ 350①
海湾	Mo+Co+Ni	0	—	0.46	0 ～ 240正态分布；平均直径140 ～ 180	165 ～ 220
德士古	Ni或Co+Mo或Ni+W	2 ～ 30	0.5 ～ 0.7	0.6 ～ 0.8	—	300 ～ 800
环球油品	Ni+Mo	10 ～ 90（磷酸硼③）	0.15 ～ 0.35	1.23	125	
壳牌	Ni-Co-W-Mo	70 ～ 90①	0.71	—	90	292
切弗隆	Ⅵ和Ⅷ族	实际上没有（+金属磷酸盐）	—	孔隙率>60%	>60	>100
日本油公司	Co-Mo或Ni-W	0	—	>75Å的孔占0.3	多数孔为1000 ～ 50000	—
烃类研究	Co-Mo(+Ni)	0 ～ 100	—	0.45 ～ 0.5	60% ～ 70%>1000Å的通道	260 ～ 355
格德勒G-35B	Co- Mo	—	商业0.96	样品0.22	<200为主	270
普洛催化剂公司，法国石油研究所HR -304B，	Co- Mo	—	0.5	0.78	10000以前正态分布+大孔	283
戴维森化学公司	Ni -Co -Mo	—	0.64	0.39	高峰在400	222

① 择优的。
② 可能含沸石。
③ 磷酸硼或许用来提高低密度催化剂的机械强度。

直接送入天然气管网中。法国环境与能源控制署（ADEME）赞助的GRHYD项目也是将利用可再生能源制取的氢气掺入天然气管网中供充氢站和居民使用，掺氢的体积分数最高达到20%。然而，天然气管网输送HCNG，仍然要受管道材料、管道配件、天然气成分及地理环境的影响，因此选取合适的掺氢体积分数就成了研究的重点。HCNG用途广泛，可作为交通燃料、清洁燃气和工业炉燃料。其中，作为交通燃料使用是当前的研究重点。研究发现，使用氢体积分数20%的HCNG，我国国产内燃机排放仍然可达到国Ⅳ标准的要求。倘若实现了大规模HCNG利用，不仅能够带来良好的环境效益，更有希望缓解我国东部地区天然气储量不足的现状。

2 氢化学品生产方法

2.1 概述

氢是一种气体物质，作为化学品广泛使用。但由于在自然界中并没有单质氢存在，因此与其它化学品一样只能够通过天然资源（包括生物资源）和其它化学品或燃料来生产。

2.1.1 生产氢化学品的原料和技术

理论上讲，所有含氢元素的物种都可以作为制取氢化学品的原料，其范围包括天然化石燃料如煤炭、石油和天然气及其衍生化学品和燃料，如甲醇等醇类，合成氨，各种油品如汽油、柴油等。然而，就目前成熟的工业应用制氢技术而言，原料仍然以烃类为主。这是由于利用化石燃料制氢，现在不仅是最成熟的技术而且其成本低廉。从20世纪80年代至今，天然气是世界产氢的主要原料，天然气生产氢气量约占总氢量的50%（见表2-1），而且这个比例仍在增加。但是，从环境影响角度考虑，最有吸引力的制氢技术似乎应该是水电解。不过现在水电解制氢的占比很小约4%，原因很简单，成本较高。电解水制氢的经济性极大地取决于电力价格，因此该技术具有极强的地区性特征，局限于有便宜水力发电资源的可利用电力的地区，即地域性很强（局限于世界某些特定地区）。鉴于世界各国区域性资源分布情况极大地不同，用于生产氢气的原料也有很大不同。例如，对北欧国家，水电解制氢的占比较高，而对我国，因煤炭资源丰富，煤气化制氢的比例相对较高。

表2-1　不同资源的产氢占比

资源	天然气	石油	煤炭	水（电解）
产氢量占比/%	48	30	18	4

目前，在全世界生产氢气的总量中，约95%来自不可再生的化石能源。其中最主要的技术是天然气蒸汽重整制氢。该技术是在催化剂作用下于高温（800～1000℃）进行的吸热过程，因此天然气既是产氢原料也是提供热量的燃料（提供使催化剂具有重整活性所需要的高温），后者占总天然气使用量的3%～20%。如按此比例计算，每产1t氢气释放的CO_2

达2.5t。如以煤为原料产氢，其对环境的影响要比天然气严重得多，每产1t氢气释放的CO_2高达5t。为了降低煤气化产氢的总成本，可考虑与电力联产。

类似于天然气，烃类燃料如汽油和柴油也可以作为生产氢气的原料。使用的技术可以是蒸汽重整技术也可以是部分脱氢产氢技术（吸热过程）。脱氢产氢技术生产的氢气纯度一般很高，可达99%，同时副产燃料。烃类脱氢反应一般在贵金属催化剂如铂上进行，反应温度400℃，压力0.1MPa。以汽油和柴油为原料进行部分脱氢生产氢气时，每公斤催化剂的产氢量分别能达到1800 NL/h和300 NL/h。催化剂寿命对汽油约300h，对柴油29h。

为降低产氢过程对环境的影响，正在研发一些新的制氢技术。例如，烃类热解、等离子重整和水相重整等。如利用生物质原料产氢，采用的技术一般是先气化生产合成气（主要是H_2和CO气体混合物），再经水气变换把CO转化为氢气。生物质气化制氢过程与煤气化制氢过程极为相似。利用生物质原料产氢也可利用生物化学过程（正在研发的技术）。以水为原料的产氢技术，除水电解外，正在研发的技术有热化学裂解、光解或光电解等制氢技术。对一些工矿企业和单位，其使用的氢气量并不大，常使用以化学品如甲醇和氨为原料来制取氢气，使用的技术是甲醇重整和氨重整。

现在使用和发展中的制氢技术，所用原料、制氢过程效率和技术成熟程度等方面的情况简要总结于表2-2中。

表2-2 制氢技术总结

技术	原料	效率	技术成熟程度
蒸汽重整	烃类	70% ~ 85%①	商业化
部分氧化	烃类	60% ~ 75%①	商业化
自热重整	烃类	60% ~ 75%①	近期
等离子重整	烃类	9% ~ 85%②	远期
水相重整	碳水化合物	35% ~ 55%①	中期
氨重整	氨	NA	近期
煤、生物质气化	煤、生物质	35% ~ 75%①	商业化
光解	太阳光+水	0.5%③	远期
避光发酵	生物质	60% ~ 80%④	远期
光发酵	生物质+太阳光	0.1%⑤	远期
微生物电解池	生物质+电力	78%⑥	远期
碱电解器	水+电力	50% ~ 60%⑦	商业化
PEM电解器	水+电力	55% ~ 70%⑦	近期
固体氧化物电解池	水+电力+热	40% ~ 60%⑧	中期
热化学水分解	水+热	NA	远期
光化学水分解	水+太阳光	12.4%⑨	远期

①热效率，基于HHV。②不包括氢的纯化消耗。③太阳能经水裂解到氢，不包括氢纯化。④理论值是1mol葡萄糖4mol醛，给出的是其百分数。⑤太阳能通过有机材料到氢，不包括氢的纯化。⑥包括电能和基质能量的总能量效率，但不包括其纯化。⑦生产氢的LHV除以输入电解池的电能。⑧高温电解效率取决于操作温度和热源的效率，如使用核反应器的温度操作，效率可达到60%，不考虑输入热量时效率可达90%。⑨太阳能经水到氢，不包括氢纯化。NA表示没有可利用的数据。

2.1.2 氢作为化学品和能源在生产技术上的选择和差别

氢气作为化学品使用已经有很长时间了，而作为能源和能量载体使用则是相对近期的事情。为了合成重要的含氢化学品及获得氢气，已发展出多种产氢技术，它们都是相对成熟的。这些成熟的产氢技术使用的原料几乎都是化石燃料，因此从本质上看并不适合于氢能源生产技术。这是因为，作为化学品使用的氢气和作为能源和能量载体使用的氢气之间存在着一些明显的差别：①氢气作为能源和能量载体使用时，在数量上必将远超氢化学品；②在消费者可接受的价格上，作为化学品使用时的可接受价格通常要高于能源产品价格；③就生产技术对环境影响方面，生产能源产品要求一般要严于化学品的生产，因为数量上的巨大差别；④作为能源和能量载体的氢气，在对可再生资源利用和可持续性要求上要远高于氢化学品；⑤合成化学品几乎都在固定位置的工厂中进行，也就是氢化学品使用在固定场合，而能源和能量载体的使用除了固定应用外，很大部分作为移动应用的能源，特别是在交通运输领域。显然对不同的应用场合，在氢气的生产、运输和存储上存在较大的差别。因此，当氢气作为能源和能量载体大规模使用时，其所采用的生产技术应该与作为化学品氢气使用的生产技术是有所差别的。

虽然从理论上看，氢气既可作为化学品使用也可作为能源和能量载体使用，不管其生产时采用的是何种技术。但如上所述，在氢气作为能源和能量载体使用时，在数量上肯定要比氢化学品使用量大很多，如现在利用石油生产油品和天然气、煤炭作为燃料使用的数量，要比它们用于生产化学品的数量大得多（例如在中国煤炭生产的95%以上是作为燃料烧掉的，仅有低于5%的煤炭用于生产化学品）。一般而言，作为化学品使用时，氢产生的经济价值要比作为燃料要高。因此，就氢气生产技术而言，作为化学品使用时可接受的经济成本可高于甚至大大高于作为氢燃料和能源载体使用时。最重要的是，从长远角度看，为使能源具有可持续性，作为能源和能量载体使用的氢，使用的生产原料必须是可再生的能源资源，其生产过程也必须是可持续的，只有这样才符合可持续发展战略。

上述理由足以说明，把氢化学品生产技术与作为能源和能量载体的氢能生产技术加以区分似乎很有必要。一般而言，前者以三大化石能源为主要原料，使用的技术主要是烃类重整；而后者则必须采用以可再生能量资源作为起始原材料的可持续氢能生产技术，主要是以可再生能源生产的电力进行水电解制氢、生物质气化制氢以及直接使用可再生能源的其它制氢技术。而在可再生制氢技术尚未充分发展和成本较高的过渡时期，可适当使用以化石能源资源为原料的制氢技术以满足需求。本章重点介绍作为化学品使用的制氢技术，而可持续的制氢技术将在第9章中详细介绍。

2.1.3 氢化学品的热生产工艺

作为化学品使用的氢气，几乎都是从含氢的烃类和煤炭生产的（占氢气总产量的96%）。为满足对氢化学品的需求，科学家和工程技术人员在过去的100多年中已经发展出成熟的产氢技术。氢化学品生产的成熟技术路线主要有：煤炭气化产氢技术，这是我国最重要的路线；烃类（特别是天然气）重整制氢技术；以焦炉气、氯碱尾气、丙烷脱氢为代表的工业副产氢气技术，以及精细化学品企业常用的化学品（如甲醇、氨等）重整制氢技术。除工业副产氢气外，其余技术路线都要首先通过热重整生产氢气和一氧化碳混合气体（合成气），为提高氢气得率再经水气变换把其中的一氧化碳转换为氢气，再经分离提纯获得纯氢气。

2.1.4 氢气的生产成本和价格

氢气价格在很大程度上取决于原料价格。当以天然气为原料时，如产氢工厂容量每天500万立方英尺（SCF）氢，氢气的价格约为2.00美元/百万BTU（英制热量单位）；对高纯氢气，成本约2.5美元/1000 SCF。天然气成本为0.89美元每1000 SCF氢。

2.2 烃类重整制氢

烃类重整制氢技术能够分为三大基本热过程：蒸汽重整（SR）、部分氧化（POX）和自热重整（ATR）。三类烃类重整工艺生产的都是合成气，含大量一氧化碳。这说明烃类重整过程具有类似性，产生的都是含氢、CO和CO_2等称为合成气的混合气体（含少量水和甲烷）。一氧化碳也是潜在的氢源，经水汽变换（WGS）反应可把一氧化碳转化为氢气。在实际生产中一般使用一个或多个WGS反应器，通常是一个高温变换（HT）反应器和一个低温变换（LT）反应器。HT反应器操作温度高于350℃，使用的催化剂通常是铁-铬，虽然有快的反应动力学，但能转化的CO受热力学限制。LT反应器操作温度在210 ～ 330℃之间，一般使用铜基催化剂，CO的热力学转化率可使其浓度降低到1%以下。利用煤炭和烃类原料生产氢气，每生产1t氢气向大气排放的CO_2分别为5t和2.5t，以石油为原料时排放CO_2的数量在这两者之间。

在三类烃类重整制氢的过程中，SR的理论产氢是最大的，但烃类与水蒸气间的重整反应需要使用催化剂。最广泛使用的催化剂是负载在氧化铝上的镍，可含或不含助剂。烃类蒸汽重整制氢反应是强吸热的，需要外部供热。其中SR技术是目前生产合成气和氢气最经济的工艺，不使用氧气，操作温度比POX和ATR工艺都低。产生的合成气中H_2/CO比约3∶1，有利于生产氢气。目前该工艺生产的氢气约占世界产氢总量的48%。

烃类部分氧化（POX）过程指烃类被氧部分氧化生成合成气的工艺。燃料在贫氧条件下进行不完全燃烧反应生成合成气，热量由部分烃类燃烧提供，无需外部供热。该过程一般并不使用催化剂。未反应剩余的烃类数量是最小的，且比SR和ATR两类工艺耐硫。虽然操作和设备都比较简单，但其氢得率是三类烃类重整反应中最低的，而二氧化碳排放则是最高的。POX过程需在高温下进行，有烟雾生成，生成的合成气H_2/CO比在（1∶1）～（1∶2）之间，特别适合于烃类合成如F-T过程使用。为了降低操作温度，POX过程也可使用催化剂（一般是负载的Ni、Co和Ru金属），此时称为催化部分氧化（CPOX）。该过程是使燃料在催化剂上贫氧条件下发生部分氧化反应。CPOX虽然反应温度降低，但在有效操作管理上相对比较困难。

ATR是POX和SR两类过程的组合，它是一个热中性过程，有利于氢气产量的增加。它的操作压力一般比POX过程低，未反应剩余烃类很少。由于有放热的POX反应发生，自热重整过程（ATR）无需外部供热。ATR过程一般使用催化剂（CPOX和SR过程的组合），通常是含助剂的Pt、Pd、Re、Mo和Sn催化剂。虽然ATR过程的氢气得率低于SR，但它的热力学中性性质使它成为三类烃类重整反应中最好的。ATR工艺的一大缺点是需要有昂贵和复杂的空分单元来提供纯氧，因为当使用空气时产生的合成气会被氮气稀释。SR过程给出的粗重整气中氢气浓度较高达70% ～ 80%，而CPOX和ATR为40% ～ 50%。从实际工业应用考虑，使用烃类蒸汽重整工艺生产氢气是比较理想的。

对这三类烃类重整制氢反应和过程都进行了大量的理论和实验研究。在表2-3中对蒸汽重整、部分氧化和自热重整三类过程的优缺点做了简要的总结和比较。

表2-3 烃类重整制氢技术比较

优缺点	蒸汽重整	自热重整	部分氧化
优点	有最多的工业使用经验；不需要氧气；过程操作温度最低；对氢气生产有最好的H_2/CO比	工艺操作温度比部分氧化低；甲烷漏出率低	对脱硫的要求低；无需催化剂
缺点	排放高	有限的商业经验；需要氧气	低H_2/CO比；非常高的工艺操作温度

对烃类制氢的反应器设计，应该使其具有最大的氢生产和最小的碳生成，且使用合适的操作条件（温度、压力、停留时间等）和催化剂。在表2-4中以异辛烷作为原料从最小碳生成角度比较了各类烃类重整制氢过程在不同O/C比条件下不生成焦（碳）的最低反应温度。

表2-4 异辛烷重整反应在平衡条件下避免焦生成所需要的最低反应温度

重整反应	重整技术	O/C比	不产生焦的最低反应温度/℃
$C_8H_{18}+4(O_2+3.76N_2)$	POX	1	1180
$C_8H_{18}+2(O_2+3.76N_2)+4H_2O$	ATR	1	1030
$C_8H_{18}+8H_2O$	SR	1	950
$C_8H_{18}+4(O_2+3.76N_2)+8H_2O$	ATR	2	575
$C_8H_{18}+8H_2O$	SR	2	225

因蒸汽重整（SR）技术是吸热的，在大规模制造过程中使用燃烧式锅炉，温度约800℃以上，压力高达3MPa。停留时间一般在秒数量级，气体空速2000～4000/h。因处于强的传热传质控制区，催化剂有效因子低于0.05，对催化剂活性要求不严格。通常使用的催化剂是便宜的负载在耐火材料如α-氧化铝或铝酸镁上的镍，添加助剂氧化镁和/或碱金属是为降低结碳。结焦会使催化剂失活，使用的水碳比不能太低。虽然也可使用活性更高的钌催化剂，但成本太高。

部分氧化（POX）可以使用或不使用催化剂，因过程的氢气得率较低，一般使用纯氧原料，压力3～10MPa、火焰温度高达1300～1500℃，部分氧化区域的温度约1000℃，原料选择范围宽、对原料杂质不敏感。过程相对复杂，使用催化剂后虽然温度较低但温度控制困难。催化剂一般是第Ⅷ族贵金属如铂、钯、铑、钌以及钴、镍、铱等，可负载在耐火氧化物上或使用没有载体的金属线和筛网。

自热重整（ATR）可以看成是部分氧化和蒸汽重整的组合，它不是一个新概念，20世纪就在生产城市煤气中使用，无需外热源。为发展无需间接加热的燃料加工器，对CPOX和ATR重整过程投入了大量的研发努力。

当为燃料电池用燃料生产氢气时，重整反应化学过程的选择与其应用密切相关。对移动应用如车辆应用，CPOX和ATR的快速启动和好的瞬态应答是非常有利的，但它们生产的氢燃料质量对燃料电池应用是不利的。这是因为相对于固定应用，运输应用对燃料加工的要求更多和更高。例如，SR重整技术适合于固定应用而不适合于运输应用，原因如下：该重整过程速率受传递过程控制且反应温度高、启动时间长；对功率需求变化应答缓慢；当功率需求快速降低时，催化剂可能过热，导致催化剂烧结而损失活性。对ART技术，由于引发反应所需热量都在重整反应器内产生，因此对功率需求变化的应答较快且启动/停车也很快。此外ART所需反应温度较低，这有利于运输应用：①因需要的外部供热量很少，ATR重整反应器设计不复杂且重量轻；②其结构材料选择范围宽；③启动期间燃料消耗少。CPOX技术与ATR技术类似，其优点甚至比ATR更明显，但其安全性相对较差，需仔细考虑。

对小燃料电池使用的车载重整制氢，采用何种技术取决于很多因素，特别是操作特性如可变功率需求、快速启动、能频繁停车/开车等。对此，美国能源部先进汽车技术办公室（DOE-OAAT）对功率50kW以Tier 2汽油燃料为原料制氢的客车和轻载车辆主推进功率，提出的目标要求包括：有多次启动/停车能力、从冷启动达到最大功率的时间在1min内，在1s内应答功率需求从10%到90%的变化，功率密度达到800 W/L等。

对作为化学品使用的氢气，烃类重整制氢实际上主要是天然气重整制氢，也就是甲烷蒸汽重整（SMR）制氢。下面对SMR技术作较为详细的介绍和讨论。

2.3 甲烷蒸汽重整

甲烷（天然气）不仅储量非常丰富且含氢比例是烃类中最高的，因此最适合作为产氢原料。甲烷蒸汽重整（SMR）是蒸汽重整（SR）中最重要的技术，特别适合于生产作为氢化学品使用的氢气。

2.3.1 SMR反应和催化剂

天然气（NG）最主要成分是甲烷（CH_4）。CH_4虽然也能够来自有机废物消化和生物降解，但绝大多数甲烷都来自NG气井。NG资源常储藏于煤炭或石油储藏地附近。统计数据显示，到2013年未50%左右NG的储藏地位于伊朗、俄罗斯和沙特阿拉伯。在世界范围内，已探明的天然气储量有185.7 Tm^3。按现时的消耗速率将在60年内耗尽。但新天然气的储藏仍然在不断开发，特别是近期页岩气和可燃冰的发现。

NG蒸汽重整也就是SMR生产氢气的成本极大地取决于NG的价格。而NG的价格取决于NG的质量，尤其是它的高热值（HHV），当然也取决于SMR工厂的生产容量和热效率。报道指出，当产氢工厂配备有碳捕集封存（CCS）装置时，其产氢成本有相当的增加。目前，SMR产氢工艺是最广泛应用的技术，利用SMR工艺生产的氢气约占世界总产量的50%。甲烷与高温蒸汽反应是一个吸热催化反应，需要使用催化剂加速该重整反应。SMR产氢的主反应是：

$$CH_4 + H_2O \longrightarrow CO + 3H_2 \qquad \Delta H(H_2)= 206\ \text{kJ/mol}\ (15℃) \qquad (2\text{-}1)$$

甲烷蒸汽重整反应是强吸热且分子数增加的反应，在热力学上高温低压条件对产氢有利。但是，下游使用氢气合成化学品的过程一般都需要有一定压力。因此，从实际应用角度考虑，SMR一般也在一定压力（低于2 MPa）下进行。尽管式（2-1）指出每个甲烷分子转化仅需要一个水分子，但过量水蒸气的使用是必须的，目的是使反应避免碳的生成，降低副产物碳的生成和沉积。用天然气原料产氢采用的水蒸气碳比通常在2.5～3之间。SMR需要在压力下操作的另一个原因是分离提取纯氢。现代制氢工厂都使用变压吸附单元（PSA）分离工艺，该工艺在高压下操作是比较有效的。因SMR过程是吸热的，操作温度一般高于800℃。在这样极端高反应温度和近2 MPa压力的操作条件下，SMR反应器不仅需要设计成厚壁管式的，而且需要昂贵的金属合金材料制造，目的是降低因CO引起金属粉尘化产生的潜在危险。为加热反应管内的催化剂需要耗用大量燃料，产生的热量需通过重整器管壁传入，因此热量平衡也成为SMR技术的关键挑战之一。

对实际的SMR过程，除式（2-1）所示的主反应外，还同时发生若干催化反应，如水汽变换反应、分解反应和脱硫反应等。

水汽变换反应：$CO + H_2O \longrightarrow CO_2 + H_2 \quad \Delta H(H_2)= +41.2\ kJ/mol$（15℃） （2-2）

二氧化碳加氢反应：$CO_2 + H_2 \longrightarrow CO + H_2O$ （2-3）

一氧化碳变比反应：$2CO \longrightarrow CO_2 + C \quad \Delta H = +172.4\ kJ/mol$ （2-4）

甲烷分解反应：$CH_4 \longrightarrow 2H_2 + C$ （2-5）

痕量高级烃类重整反应：C_nH_m + 蒸汽 $\longrightarrow CO + H_2$ （2-6）

甲烷二氧化碳蒸汽重整反应：$CO_2 + 2CH_4 + H_2O \longrightarrow 3CO + 5H_2$ （2-7）

甲烷二氧化碳重整反应：$CO_2 + CH_4 \longrightarrow 2CO + 2H_2$ （2-8）

脱硫反应：$ZnO + RSH \longrightarrow ZnS + ROH$ （2-9）

完整的SMR产氢工艺包含多个步骤，需要使用多个催化剂或吸附剂，它们的操作温度也是完全不同的。各步骤使用的催化剂或吸附剂及其操作温度分别如下：加氢脱硫（钴钼/氧化铝催化剂，290～370℃）、吸附脱H_2S（ZnO，340～390℃）、吸附脱氯化物（Al_2O_3，25～400℃）、预重整（Ni或贵金属基催化剂，300～525℃）、甲烷蒸汽重整（镍基催化剂，850℃）、高温水汽变换（Fe-Cr催化剂，340～360℃）、低温水汽变换（铜基催化剂，200℃）、甲烷化（贵金属催化剂，320℃）和移去NO_x（SCR过程，350℃）。当然，对一个特定工艺，上述步骤不一定都使用。最后，需要分离提纯氢气，现在多数SMR工艺使用的提纯工艺是变压吸附（PSA）技术。下面重点讨论SRM中的重要步骤如预重整、蒸汽重整、工艺流程、催化剂积碳和常规烃类的蒸汽重整。对制氢过程相对通用的步骤如脱硫、水汽变换和分离纯化步骤，在下文将单独介绍。

2.3.2 预重整单元

天然气中常含有较高级的烃类，这是通常容易被忽略的一个重要特征。较高级烃类蒸汽重整反应活性远高于甲烷。在传统的SMR镍催化剂上，这些较高级烃类很容易转化为焦，使镍催化剂快速失活。因此，为防止重整催化剂的快速失活，通常在蒸汽重整主反应器前附加预重整过程，用于移去这些较高级烃类并增加回收的热量。预重整反应在较低温度下在绝热反应器中进行，把原料中所有较重烃类进行重整转化，生成甲烷、二氧化碳、氢和蒸汽。预重整能够降低主SMR单元中总蒸汽碳比，因为使催化剂结焦的组分已经被移去，结焦趋势已大为降低。蒸汽使用量的减少不仅降低了反应器的压力降而且增加了工厂效率。

由于不同地区生产的天然气组成是不同的（在表2-5中给出了世界主要天然气生产国家生产的天然气的典型组成）。为了使SMR工厂能够使用不同组成的天然气进行操作，预重整步骤是必须的，用以确保主SMR反应器单元的进料组成是恒定的。同时，因预重整器操作温度（500℃）要比主重整器低很多，因此其需要的部分反应热可由工厂自产的蒸汽提供。预重整器单元的典型进出口物料组成和温度示于表2-6中。从表中可以看到，预重整器在转化所有重质烃类的同时也生产氢气产品。公开的文献显示，预重整器使用的催化剂的镍含量（>25%）通常要高于常规SMR催化剂。例如，英国气体公司发展的在300～525℃使用的预重整催化剂Ni含量是非常高的。

表2-5　不同地区的天然气组成（体积分数）

单位：%

地区	甲烷	乙烷	丙烷	H_2S	CO_2
美国加州	88.7	7.0	1.9	—	0.6
加拿大阿尔贝塔	91.0	2.0	0.9	—	—
委内瑞拉	82.0	10.0	3.7	0.2	
新西兰	44.2	C_2～C_5=11.6	—	—	
伊拉克	55.7	21.9	6.5	7.3	3.0
利比亚	62.0	14.4	11.0	—	1.1
英国Hewett	92.6	3.6	0.9	—	—
俄罗斯Urengoy	85.3	5.8	5.3	—	0.4

表2-6　预重整器单元进出口物料的典型温度、压力和主要组成

物料	温度/℃	压力/atm	CH_4含量/%	C_2H_6含量/%	C_3H_8含量/%	H_2含量/%	CO含量/%	CO_2含量/%
进口	500	33.5	93.9	2.1	1.0	3.0	0	0
出口	441	33.0	71.6	0	0	22.0	0.1	6.3

蒸汽碳比=3/1，催化剂是负载于氧化铝上含助剂的镍。

2.3.3　主蒸汽重整单元

SMR工厂的蒸汽重整单元是最重要的，该单元中蒸汽与甲烷在催化剂上进行高温反应生成CO和H_2。如前所述，实际发生的反应除蒸汽与甲烷反应外还发生多个竞争反应，包括甲烷的蒸气和二氧化碳重整、水汽变换反应、甲烷化和碳生成反应。生成的混合气体（合成气）由CO_2、CO和H_2以及未反应的CH_4构成。天然气蒸汽重整需要的热量，部分来自NG燃烧，部分来自纯化氢尾气的燃烧。在SMR工厂中约有3%～20%的天然气是作为燃料消耗掉的。

甲烷蒸汽重整催化剂一般是负载在不同载体上的Ni（NiO含量12%～20%）。载体通常是耐火材料如α-氧化铝。在SMR催化剂中通常含有多种助剂，其中关键助剂是钾和/或钙碱金属离子，它们的主要作用是压制过度的碳沉积。这类高镍催化剂的连续操作寿命通常在5年以上（>50000h）。世界上SMR催化剂的重要生产厂家包括ICI/Synetix、Dycat、和United Catalysts等。为增加几何表面积体积比（用以降低反应器的压力降），SMR催化剂常做成不同形状（所谓异形催化剂）。例如条形催化剂，必须具有足够强度来支撑催化剂自身

重量且具有防止磨损和粉碎的能力。重整反应器中SMR反应速率由反应动力学、气固（流体到催化剂颗粒表面）传质和传热速率控制，SMR催化剂的有效因子一般是非常小的。虽然SMR催化剂是很成熟的，但仍然有若干问题没有完全了解清楚：如在非常高雷诺准数下填料床层中的传热；催化剂Ni晶粒烧结及其对催化性能的影响；碱助剂的初始效应、优化和控制；积碳形成机理等。

现时使用的SMR反应器中的高镍合金钢管长约45英尺，内径5英寸（1英尺=0.3048m，1英寸=0.0254m），内填催化剂的反应管通常置于由大长方形框装配成的大炉盒中（因此很容易识别石油炼制工厂中SMR装置的位置）。因管内催化剂需要加热到780～880℃，使用的管材必须是能耐受极端操作条件的合金钢。在高温下反应管必须有足够强度以应对启动或进料非稳定态（催化剂暴露于含硫原料或过度碳沉积）产生的剪应力。由于SMR是耗能很大的工艺，因此提高其能量利用效率和提高经济性的努力一直没有停止。主要是在以下几个方面：①为供应SMR反应所必需的热量，需燃烧大量天然气（热量的50%用于重整反应），为提高过程的能量利用效率，要努力回收废热用于预热进料和产生蒸汽；②改善反应器内气流分布以提高其传热性能从而提高反应性能；③装填额外的催化剂（虽然受平衡限制）来增加甲烷的转化率；④在允许较高操作温度下努力降低反应管壁的厚度，不仅节约成本而且有利于传热；⑤提高操作中的传热通量以满足特殊单元的生产要求，这样有可能减少反应管子的数目且能降低成本。

2.3.4 SMR工艺流程

由于甲烷蒸汽重整制氢是开发多年的成熟工艺，再加上采用的预重整过程和氢分离提纯技术［以变压吸附（PSA）替代溶剂抽提和CO甲烷化］，现在实际使用的SMR工艺流程有多个变种。在图2-1中给出了典型SMR产氢工艺流程（包含了碳捕集单元）框图，而在图2-2中给出的是没有预重整且采用较老溶剂淋洗除CO_2和甲烷化提纯氢气的制氢工艺流程图。在实际操作的甲烷蒸汽重整产氢过程中，使用了大量的水蒸气（由SMR工厂自身提供），这是由于SMR是高温过程，能够产生大量高质量蒸汽（每生产1t氢气产生的蒸汽约有10～12t）。因此，在SMR工厂的设计中，都包含以蒸汽方式回收过程热量的装置，以供工厂其它操作单元使用，如有多余，也可卖给附近需要蒸汽的用户。

为控制氢气生产过程的碳排放，在以化石能源为原料的重整制氢过程中需要配备碳捕集与封存（CCS）单元。CCS作为一项化石能源革命性的低碳利用新技术，是未来减少CO_2排放、保障能源安全和实现可持续发展的重要手段之一。这对以煤炭能源为主的我国更是特别重要。根据《中国碳捕集利用与封存技术发展路线图》，当前国内CCS成本约在350～400元/t，2030年和2050年规划分别降低到210元/t和150元/t。国内的CCS技术目前仍处于探索和示范阶段。煤制氢路线基础上配备CCS单元后，一般会使在煤制氢成本增加到15.85元/kg。因此，需要发展和完善CCS技术（包括CO_2利用技术）使其能耗和成本进一步显著下降。配备CCS单元虽然使制氢工艺效率有相当的降低，但它可使SMR成为清洁的产氢工艺。

2.3.5 SMR催化剂上的碳沉积

在烃类重整产氢的任何操作中，催化剂上都会有碳的沉积。当碳沉积快速形成时会迫使过程停车，因此必须控制碳在催化剂上的沉积，这是非常重要的。对催化剂上碳沉积比较一致

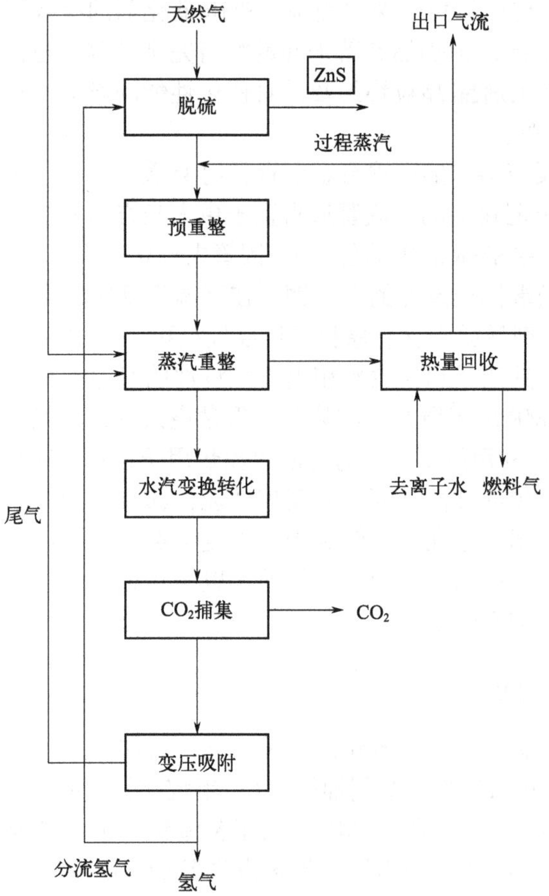

图2-1 天然气蒸汽重整工艺流程框图

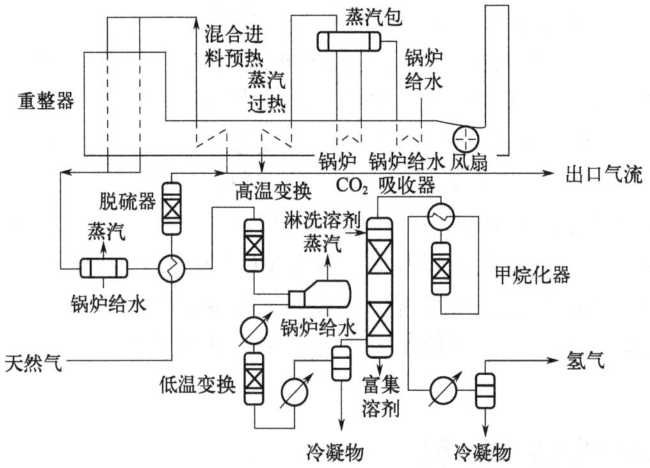

图2-2 用常规溶剂淋洗和甲烷化的老SMR工艺流程图

的看法是，主要通过CO变比（$2CO \longrightarrow CO_2 + C$）和甲烷（烃类）热分解（$CH_4 \longrightarrow C + 2H_2$）的反应路径产生。催化剂上形成碳沉积是过程动力学、工艺条件和重整器设计共同作用的结果，在碳沉积与其它重整反应间有着微妙的平衡。烃类蒸汽重整条件下形成碳的反应包括：

$$C_mH_n \longrightarrow C_{m-x}H_{n-2x} + xH_2 + xC \quad （\Delta H 与使用的烃类有关） \tag{2-10}$$

$$2CO \longrightarrow C + CO_2 \quad \Delta H = +172.4\ kJ/mol \tag{2-11}$$

$$CO + H_2 \longrightarrow C + H_2O \tag{2-12}$$

虽然仍有争论，但实际上工作状态下的还原态Ni催化剂表面都覆盖有干燥的碳层。在实验室短时间的操作不足以试验研究碳的沉积。Ni催化剂可能因烧结或碳沉积而失活。因此，新催化剂在工业实际使用前必须用真实构型反应器在模拟工艺条件下试验数月。对SMR催化剂的改进研究，必须在高压（>10atm）下持续试验若干时间，因为操作压力对碳沉积有严重影响。也必须注意到：商业SMR操作使用的是绝热反应器，在整个催化剂床层中有温度梯度形成。在典型蒸汽碳比2.6条件下操作，重整器出口温度接近730℃；在反应产物离开催化剂床层后仍可能发生进一步的热反应。甲烷蒸汽重整催化剂对毒物是非常敏感的，高操作温度使Ni合金反应器管的寿命受到限制；制备很差的催化剂有可能腐蚀工厂下游用钢材制造的设备。因此，有关催化剂的任何改进都需要像新催化剂那样在真实SMR反应器中进行性能的考核。为降低SMR工厂的CO_2排放，很有必要配备碳捕集和封存系统（CCS）。

2.3.6 常规烃类的蒸汽重整

烃类蒸汽重整反应可以用如下通式表示：

$$C_mH_n + mH_2O \longrightarrow （m+\frac{1}{2}n）H_2 + mCO \quad （\Delta H 与使用的烃类有关，吸热反应）$$

对大部分常规烃类的蒸汽重整制氢过程，需要的重整温度一般大于500℃，但对燃料如甲醇、二甲醚和其它含氧烃类，需要的重整温度仅稍高于180℃，因为它们很容易活化。烃类蒸汽重整使用的催化剂可分为两大类：非贵金属（典型的是镍）和Ⅷ族贵金属（典型的是铂或铑）。在常规烃类蒸汽重整反应条件下，其反应动力学和催化剂活性极少成为速率控制因素，过程速率通常都受传热和传质速率控制，催化剂有效因子一般小于0.05。为此，工业上总是选择使用便宜的镍催化剂。为有效地克服传热和传质限制，已经发展出微通道反应器，它们可用于研究烃类蒸汽重整反应的本征动力学。在这类微通道反应器中使用的催化剂是高活性的Ⅷ族贵金属铑催化剂，它的活性远高于镍催化剂。但Rh的成本太高（2021年铑金属的价格已达500万元/kg），因此发展较便宜的高活性替代催化剂似乎是必需的。使用贵金属催化剂的最大优点是积碳程度远低于镍催化剂。烃类蒸汽重整反应需要的中高温度下，镍催化剂极易积碳，为限制积碳，一是采用高的蒸汽碳比（约2.5或更高），二是在载体中添加助剂如氧化镁或钾或其它碱组分。作为参考，异辛烷重整反应在平衡条件下避免焦生成需要的最低反应温度列于表2-4中。必须注意的是，重整的烃类原料不一样，生成的合成气组成也不一样，后续步骤的设备配置也应有所差别。

2.4 部分氧化重整

在烃类的部分氧化（POX）重整中，使用的蒸汽碳比为零（$H_2O/C=0$）。其产氢的主反应为：

$$C_mH_n+\frac{1}{2}mO_2=mCO+\frac{1}{2}nH_2\qquad (\Delta H\text{与烃类有关})\tag{2-13}$$

$$CH_3OH+\frac{1}{2}O_2=CO_2+2H_2\qquad \Delta H=-193.2\ \text{kJ/mol}\tag{2-14}$$

此外还发生CO和氢气的氧化副反应：

$$CO+1/2O_2\longrightarrow CO_2\qquad \Delta H=-283\text{kJ/mol}\tag{2-15}$$

$$H_2+1/2O_2\longrightarrow H_2O\qquad \Delta H=-242\ \text{kJ/mol}\tag{2-16}$$

式中的焓变（ΔH）是常温常压下的反应焓变。

烃类部分氧化（POX）和催化部分氧化（CPOX）重整技术的最初应用领域是移动应用，设计车载产氢装置为燃料电池车辆生产氢气燃料。如果生产的氢气是作为化学品使用时，一般极少使用POX和CPOX重整方法。虽然生产的是氢燃料，但为了烃类重整方法的完整性和连贯性，仍把它们放在氢化学品生产方法一章中叙述。

烃类（非催化）部分氧化反应是指在氧存在下于火焰温度1300～1500℃下发生的不完全燃烧反应。它可以确保烃类被完全转化且很少生成烟雾或碳。使用催化剂可以降低部分氧化过程的操作温度，但催化部分氧化（CPOX）过程使体系变得难以控制，且因反应放热难以避免催化剂碳沉积和床层热点的形成。同样，对POX工艺，因高温操作（>800℃，通常>1000℃）有安全方面的问题，可能使紧凑实用装置的使用变得困难（因热量问题难以管理）。

对以天然气为原料的CPOX，使用的催化剂一般是金属Ni或Rh。镍具有很强的结焦趋势，而Rh的成本又很高。但对高级烃类如癸烷、十六烷和柴油原料产氢，CPOX工艺过程已被成功使用。

有代表性的POX过程操作工艺参数为：用纯氧不用蒸汽作氧化剂，操作压力3～10Mpa，温度1300℃左右。POX操作一般在特殊的内衬耐火材料的燃烧器中进行。因产氢原料通常是高浓度高级烃类如汽油或柴油，容易生成很多焦类副产物。部分氧化反应是在高还原性条件下进行的，因此不会生成NO_x或SO_x等含氧污染物。如使用原料含硫，会生成含硫化合物如H_2S和COS，它们必须在净化单元操作中连同烟雾一起移去。烃类部分氧化产生的CO必须经高温水汽变换（HTS）把CO转化为氢气。为获得纯氢气，变换产生的CO_2必须除去，剩下的痕量CO可通过甲烷化步骤移去。由此不难看出，POX工艺操作可能是十分复杂的。其能量效率比SR（蒸汽重整）低，对低级烃类如甲烷，POX的热效率一般在60%～75%（HHV）之间，SRM技术是81%。POX排放的CO_2副产物也比SR多。POX工艺生产合成气的流程简图示于图2-3中。为生产纯氢气，除了图中所示部分，还必须有纯化合成气产物、热量回收生产蒸汽和获得纯氢的纯化等单元。POX工艺的一个明显缺点是：要使用大量的纯氧，因此需要有空分工厂，从而会增加大量投资。

POX制氢工艺的一个突出优点是使用的烃类不受限制，可以使用任何类型的烃类原料，例如，可以处理大量桶底原料，这是非常有吸引力的。该类部分氧化工艺作为次级重整过

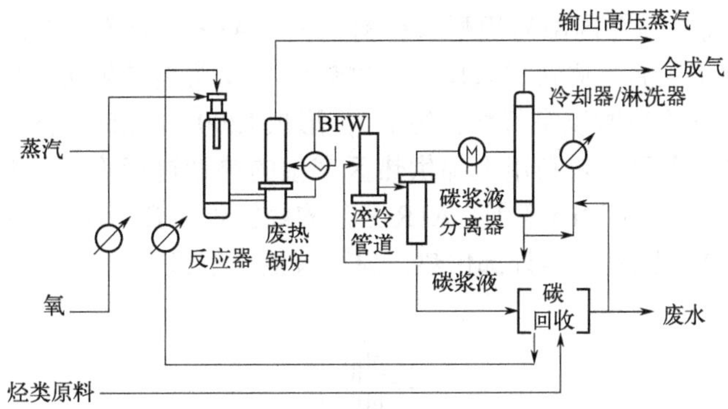

图2-3 POX工艺流程图

程在有高氢需求的氨合成工厂中已经得到应用：在主重整过程SMR重整器的出口气流中添加空气与残留甲烷在次级重整单元进行反应，能够提供需要的热量并产生CO，而空气中的氮正好可提供氨合成需要的氮元素。

2.5 自热重整

烃类重整的第三个方法是SR和POX的组合，称为自热重整（ATR）。在ATR技术中，SR需要的热量来自烃类原料的部分氧化，它是一个热中性过程，原料的氧碳比和水碳比都不等于零。在ATR过程中发生的反应有：

$$C_mH_n + m/2O_2 = mCO + n/2H_2 \quad (\Delta H\text{取决于烃类原料，部分氧化}) \tag{2-17}$$

$$C_mH_n = xC + C_{m-x}H_{n-2x} + xH_2 \quad [\Delta H\text{取决于烃类原料，碳生成反应（结焦）}] \tag{2-18}$$

$$2CO = C + CO_2 \quad (\Delta H = +172.4\ \text{kJ/mol，CO变比反应}) \tag{2-19}$$

$$CO + H_2 = C + H_2O \quad (\text{生碳反应}) \tag{2-20}$$

$$CO + H_2O = CO_2 + H_2 \quad [\Delta H = -42.1\ \text{kJ/mol，水汽变换反应（WGS）}] \tag{2-21}$$

ATR过程使用的原料除烃类外还有氧和蒸汽，蒸汽被添加到催化部分氧化重整的区域中，利用POX或CPOX热区产生的热量在其下游区域进行蒸汽催化重整。这使得ATR反应器的温度分布具有如下特征：在烃类部分氧化区（供热区）温度急剧上升，在进行催化蒸汽重整的区域温度稳步下降。由于POX能够产生所需要的热量，ATR过程是无需外部供热的，这不仅简化了系统而且可使启动时间大为缩短。这是ATR技术相对于SMR工艺具有的一个显著优点。ATR工艺能够快速启动和停车，其产氢量要比POX工艺多。

有效操作ATR反应器的一个关键是：必须在所有时间都能够合适地控制系统的碳氧比和蒸汽碳比。这是有效控制反应温度和产品气体组成及防止焦生成所必需的。一般来讲工业企业都倾向于ATR工艺，原因是其生产的气体组成非常适合于作为F-T合成原料使用。此外，ATR工艺的优点还包括相对紧凑的装置、低投资成本和具有规模经济的潜力。

当以甲烷为重整原料时，ATR工艺的热效率与POX过程类似，在60%～75%（HHV）之间，都稍低于SMR的热效率。以水冷夹套冷却的自热重整反应器结构示意图列于图2-4

中。为使反应器耐高温，在内部衬用耐火材料衬里。ATR反应器中的反应过程如下：烃类（可用重烃类如汽油和柴油）原料进入反应器供热区与O_2混合并发生非催化的部分氧化反应（为氨合成生产合成气原料时以空气替代纯氧），形成1200～1250℃的高温；位于燃烧供热区下游的是Ni催化剂床层，它利用上部供热区产生的热量进行吸热的蒸汽重整反应。ATR过程的操作压力约在2～7 MPa范围。ATR工艺的经济性对O_2不像POX那样敏感，因为使用的O_2量远少于POX。因其无需外部供热，原料灵活性很大。

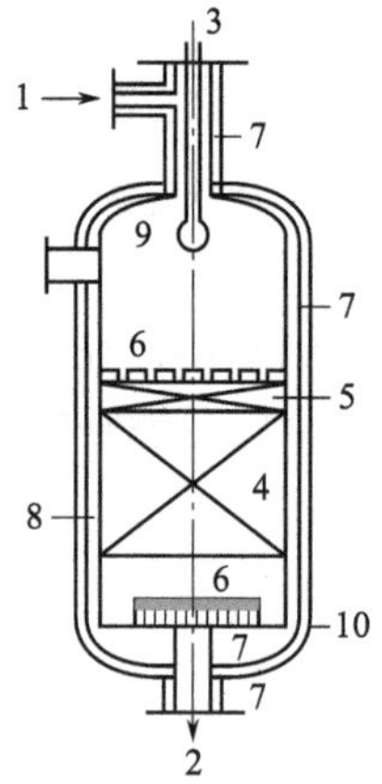

图2-4　带水冷的自热重整器

1—气体原料进入；2—重整产品气体；3—空气/氧气和蒸汽进入；4—催化剂；5—高温催化剂；6—惰性材料；7—内部绝缘；8—附加绝缘层；9—燃烧室；10—水夹套

总之，在用于制取氢的化石原料中，最常用的是天然气。当用天然气原料制氢时，蒸汽重整是最普遍使用的成熟技术，也是国际上的主流制氢方式。其中天然气原料占制氢成本的比例高达70%以上，因此天然气价格决定了制氢成本。由于中国“富煤、缺油、少气”的资源禀赋，国内仅有少数地区可采用天然气制氢工艺。

2.6　甲烷二氧化碳重整和水相重整

2.6.1　甲烷二氧化碳重整（干重整）

因涉及CO_2排放的环境问题以及对生产不同CO/H_2比合成气兴趣的增加，甲烷CO_2重整工艺受到了一些关注。虽然使用这个方法来生产氢气，对二氧化碳排放数量几乎没有影响，不能解决二氧化碳排放问题，但该方法的吸引力源于对较纯CO_2副产物的利用以及使所产氢气中含更多CO。即便用水汽变换转化CO为H_2，CO_2仍然是要生成的。

CO_2-CH_4重整的净反应式可表示为：

$$CO_2 + 2CH_4 + H_2O \longrightarrow 3CO + 5H_2 \tag{2-22}$$

显然，该重整过程的生碳潜力更大。反应式（2-22）所产H_2/CO比实际为1.3/1。为避免碳的过度生成，必须在CH_4-CO_2混合物原料中添加蒸汽，也就是说CO_2重整甲烷时必须有蒸汽的辅助。

对甲烷二氧化碳重整，已发展出不同的工艺，如CALCOR和SPARG 工艺。前者使用单段催化剂，所得产物的H_2/CO比为0.4/1。后者使用部分硫化的镍催化剂，CO_2作为原料使用外仍需要添加一些新CO_2。为使碳的生成最小，需对常规活性镍催化剂进行选择性中毒，也就是在催化剂中添加硫，这不会降低催化剂的重整活性也不会影响总的生产率。由于原料中含CO_2，高压操作有利于焦的生成，因产品中CO含量较高。为防止过量焦生成（最终可导致过程停车），实际使用的催化剂必须具有控制碳沉积的能力。使用二氧化碳甲烷重整工艺的目的之一是希望生产更多CO，但同时会导致更多地生成碳。因此避免碳的生成是该过程的关键问题。催化剂改进的重点也是在减缓碳副产物的生成。但是应该指出，改进的新催化剂必须在高压下长时间运转来验证，以确定是否真正具有低碳生成速率和长时间运转下低的总焦水平。

如图2-5中所示，CO_2-CH_4重整过程的生焦与温度和原料CO_2/CH_4比密切相关。图中三条不同CO_2/CH_4比的生碳曲线清楚地说明：压力、温度和CO_2/CH_4比对甲烷CO_2重整生焦有极大的影响。随温度和压力升高碳生成量增加；随CO_2/CH_4比的降低生碳趋势降低。当在低CO_2/CH_4比时，限定生碳量的重整操作有可能在较高温度下进行。为了在富CO_2条件下运行，同时又要有低的碳生成，产品中常含有过量的CO_2，因此要特别关注产品的循环和纯化。必须引起注意的是，CO_2在作为原料使用后，留下了多个需要处理的问题：一是产物氢气中必然含有CO_2，为获得纯氢需要分离CO_2；二是CO_2原料中可能含有使催化剂严重中毒的杂质（如来自发电厂的外源CO_2），使用前必须进行纯化；三是CO_2非常惰性，为获得合适的活性必须采用高压和高温条件；四是必须保证CO_2原料在运行时间内的恒定输入速率连续供应；五是大多数CO_2供应地都远离H_2工厂生产地，必须把其运输到生产位置。

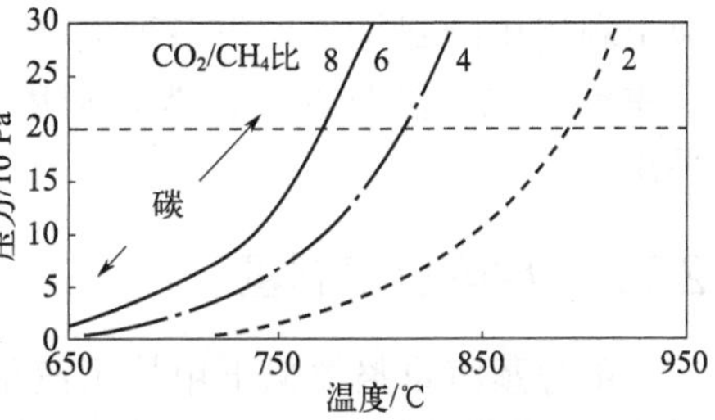

图2-5 甲烷二氧化碳干重整时的碳生成区域

2.6.2 水相重整

水相重整（APR）是刚开始发展的技术，主要用于含氧烃类或碳水化合物（液体）的重整制氢。APR反应器的操作压力通常很高，在25 ～ 30 MPa，操作温度在220 ～ 270℃范围。虽然APR过程中发生的反应相当复杂，但它仍然遵循了烃类重整和水变换两类反应路径。现在水相重整过程的研究重点是催化剂，发现在负载Ⅷ族贵金属催化剂中Pt具有最高活性。APR工艺具有的主要优点有：原料水无需蒸发成蒸汽，省掉了该类设备；能够加工不能被蒸发的含氢原料如葡萄糖；过程在相对低的温度下进行，有利于变换反应的进行，并获得高氢得率，限制了CO浓度；其重整和变换能够在单一反应器中进行。

APR技术的倡导者认为：它对转化生物质原料特别有效，且能生产显著数量的氢。例如，以葡萄糖和甘油水溶液为原料时，使用浓度可达10% ～ 60%。在APR工艺条件下生成甲烷的反应在热力学上是有利的，因此为避免甲烷化反应，应该谨慎选择催化剂。有文献报道指出，水相重整60%葡萄糖水溶液的效率可高于55%，虽然在长期试验中（进料200天）催化剂的稳定性仍然不够。为获得中等时空得率，APR反应器相对是比较大的。但如果使用微反应器技术，这个问题能够得到很大改进。就APR技术而言，需要进一步研究的是提高催化剂的活性和耐用性。

2.7 化学品重整制氢

氢气作为重要化学品，在工业上用途非常广泛。近年来随着精细化工、粉末冶金、油脂加氢、林产品和农产品加氢、生物工程、石油炼制等的迅速发展，对纯氢化学品的需求急速增加。采用传统方法以石油类、天然气或煤为原料生产氢气需要巨大投资，只适用于为大规模用户生产氢气，如氨和甲醇的合成工厂以及石油炼厂。对中小用氢用户，电解水制氢技术是方便的，但该过程能耗大，每立方米氢气耗电约达6 kW·h，且氢纯度不够理想，杂质多。对电解制氢规模的扩展有时也会受到限制，为此国内许多原用电解水制氢的厂家近期纷纷进行技术改造。替代的一般是以化学品为原料（如甲醇或氨）的制氢技术。工业上利用甲醇制氢可采用多种途径，如甲醇分解、部分氧化和甲醇蒸汽重整。其中甲醇蒸汽重整制氢因氢收率高、能量利用合理、过程控制简单、便于工业操作而被工业界广泛采用。

2.7.1 甲醇重整制氢

甲醇蒸汽重整类似于甲烷蒸汽重整，是吸热反应，主要由甲醇裂解和水汽变换两反应组成。甲醇分解在220～280℃下于催化剂上进行，生产含氢和二氧化碳的气体，发生的反应可表示如下。

主反应：$CH_3OH \longrightarrow CO + 2H_2 \quad \Delta H = +90.7\ kJ/mol$ （2-23）

$CO + H_2O \longrightarrow CO_2 + H_2 \quad \Delta H = -41.2\ kJ/mol$ （2-24）

总反应：$CH_3OH + H_2O \longrightarrow CO_2 + 3H_2 \quad \Delta H = +49.5\ kJ/mol$ （2-25）

副反应：$2CH_3OH \longrightarrow CH_3OCH_3 + H_2O \quad \Delta H = -24.9\ kJ/mol$ （2-26）

$CO + 3H_2 \longrightarrow CH_4 + H_2O \quad \Delta H = -206.3\ kJ/mol$ （2-27）

甲醇制氢过程获得的气体典型组成为：H_2 73%～74%，CO_2 23%～24.5%，CO约1.0%，CH_3OH 0.03%与饱和水蒸气。可直接进入变压吸附装置进行分离纯化获得纯氢气。

其典型的工艺流程框图示于图2-6中。包括分离净化的变压吸附和甲醇蒸汽重整的工艺流程见图2-7，现场装置照片如图2-8所示。

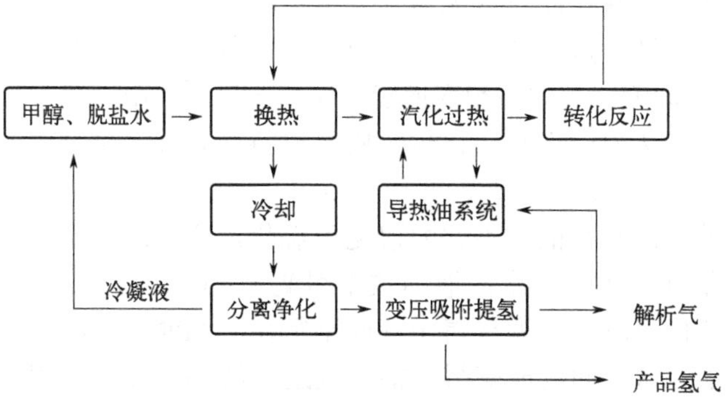

图2-6　甲醇重整制氢流程框图

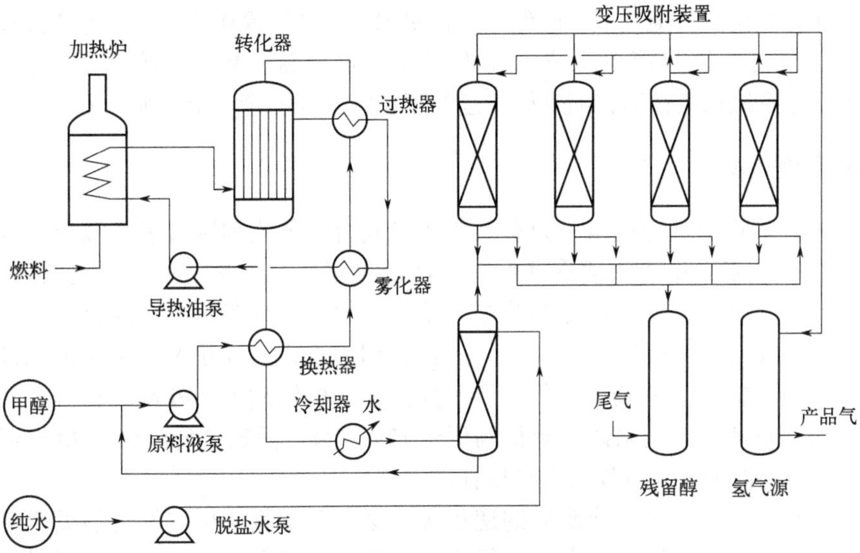

图2-7　含分离净化的甲醇裂解制氢工艺流程图

图2-8　甲醇裂解制氢装置的现场照片

甲醇蒸汽重整的反应条件为：温度250～300℃，压力1～5MPa，H_2O/CH_3OH摩尔比1.0～5.0。甲醇蒸汽重整过程可以等温或绝热形式进行，多使用管式反应器。对甲醇蒸汽重整产物分离净化，变压吸附（PSA）及膜分离是非常实用的技术。变压吸附可获得纯度高于99.99%的氢气产品，氢回收率在70%～87%之间。现在很少使用溶剂洗涤、CO催化转化、甲烷化等分离净化工艺。

甲醇蒸汽重整是一个多组分气固催化反应系统，技术已经非常成熟。目前装置的产氢容量在20～5000 m^3/h范围，国内可提供成熟的工艺设备，以及完整的甲醇蒸汽裂解制氢装置设计、安装指导、人员培训、开发，并提供成套的工程装置，如设备、电气、仪表等的硬件装备。实践证明，工艺技术是先进的，无三废问题且环保经济。

甲醇蒸汽重整制氢工艺的技术特点包括：①甲醇蒸汽重整专用催化剂具有活性高、选择性高、操作温度低、寿命长等特点；②可采用加压操作，无需进一步加压即可直接送入变压吸附分离装置，降低了能耗；③与电解水制氢技术相比，电耗下降90%以上，生产成本可下降40%～50%，且生产氢气纯度高；④与煤气化制氢技术比，工艺装置简单、操作方便稳定、污染低，非常适合于中小规模用户；⑤以导热油作为循环供热载体，不仅满足工艺要求，而且投资少，能耗低，降低了操作费用；⑥装置操作弹性大，可达30% ～ 110%；⑦PSA分离提纯工艺流程简单可靠、吸附剂利用效率高、氢气回收率高、氢气单耗低；⑧启动程序操作系统稳定性高、刚性好、运行平稳、动作安全可靠、使用寿命长、噪声低。

2.7.2 氨重整制氢

小规模的氨重整制氢普遍用于为实验室研究氨合成催化剂制备氢氮混合气，避免了烦琐的配气问题，近来则用于为便携式燃料电池提供氢燃料。氨是一种便宜的大宗化学品，大量用于生产农业肥料，已有广泛的分布系统，有数以千计英里的输送管线。纯氨的能量密度为8.9kW · h/kg，高于甲醇（6.2kW · h/kg），但小于柴油或JP-8（13.2kW · h/kg）。氨有强烈的气味，检漏简单，危险性降低。但作为聚合物电解质膜（PEM）燃料电池应用的燃料，为确保长期寿命要求把氨浓度降低到低于10^{-9}量级，因氨会使酸性PEM电解质的性能遭受严重和不可逆的损失，且损失是累积性的。

氨裂解是吸热的，是氨合成反应的逆反应。氨裂解制氢使用的催化剂类似于氨合成催化剂，以铁氧化物、钼、钌和镍为主。氨裂解的操作温度在800 ～ 900℃，与氨合成不同，低压操作比较理想。高温可以从燃烧氨裂解产生的氢或燃烧其它燃料如丙烷或丁烷获得。

工业中，氨合成是在约500℃和25MPa压力下进行的，其合成反应：

$$N_2(g) + 3H_2(g) \longrightarrow 2NH_3(g) \qquad \Delta H=-92.4\ kJ/mol \qquad (2\text{-}28)$$

其它含氢化学品重整制氢技术的发展几乎都是作为氢能供低温燃料电池应用的，因此将在第9章叙述。

2.8 煤炭气化

有国际组织公布，2013年末世界上已证明的煤炭储量最大的几个国家是：美国26.6%、俄罗斯17.6%、中国12.8%。考虑每个国家的储量和消耗，在假设有恒定消耗速率下，美国可使用234年、俄罗斯500年、中国45年（肯定被低估了）。就全世界而言，保持现在的煤炭供应能够维持133年。以煤炭直接燃烧获取能量（主要是火电厂使用）时要向大气排放大量CO_2和其它污染物。开采煤炭引起的生态和地层改变也是使用煤炭能源的主要负面影响。从全球气候变化和变暖潜力（由于GHG排放）以及产生灾难性人类健康（生命年限）影响的角度看，煤炭比天然气的影响要大两倍多。为最大限度降低污染物特别是GHG的排放，已经发展出碳捕集与封存（CCS）技术，这是降低煤炭气化和采矿技术对环境影响的有效手段，虽然要付出经济代价。

在煤炭气化制氢技术中，煤炭首先在高温下被气化成称为合成气的混合气体，其主要成分是氢、CO、CO_2、水蒸气和其它杂质气体，同时生成固体杂质灰渣和少量碳。气化产物再经必要的净化除去杂质，再分离纯化获得纯的氢气。煤炭气化生产的合成气可作为氨、甲醇、液体燃料、合成天然气等多种产品的合成原料，它们被广泛应用于煤化工、石化、钢铁等领域。为使合成气适合于这些不同的下游应用，气化产生的合成气产品中氢和CO的比例是需要调节的（如使用水汽变换处理）。关于合成气和净化提纯以及它们在不同领域中的应用，笔者已在所著的《煤炭能源转化催化技术》一书中分别作了做了详细的分析和介绍，这里不再赘述。为把煤气化合成气中的大量CO转化为氢气，常使用的是水汽变换反应；而分离提纯氢气最常用的是变压吸附技术。煤炭气化制氢的技术路线非常适合于我国“富煤、贫油、少气”能源资源禀赋。我国作为化学品使用的氢气生产技术，煤炭气化路线占有很重要的地位，占比很大。例如，耗氢量很大的合成氨和甲醇，约世界总产量的一半以上是由中国生产的，所耗用的大量氢气（多达2000万吨）在中国多以煤炭气化路线生产。

煤炭气化制氢路线历史悠久，技术成熟且高效，不仅可大规模稳定生产，而且是当前生产成本最低的制氢方式。现在工业上大规模使用的煤炭气化技术（气化炉）有多种，主要是直接以粉煤进料在氧和水蒸气中于高温下的气化技术和以水煤浆形式进料在高温下的气化技术。

原料煤是煤炭气化制氢工艺最主要的消耗性原料，约占制氢总成本的50%。例如，使用技术成熟的煤气化技术，在国内每小时产能为$5.4\times10^5\ m^3$合成气的装置，当原料煤（2.52×10^7J，含碳量80%以上）价格为600元/吨时，制氢成本约为8.85元/kg。研究比较了十种不同设计工厂以煤炭为原料生产氢气的价格。其中使用了不同的气化技术、生产规模，配备或不配备CCS，与不同数量电力的联产，净化和氢提纯技术使用先进膜技术或常规变压吸附（PSA）技术等。从比较研究中获得了如下结论：①对不同的煤基产氢技术，其所产氢气价格范围有相当大的差别；②为降低所产氢气成本，生产设施所需蒸汽必须尽可能采用回收热量产生蒸汽的技术（HRSG）；③采用逆固体氧化物燃料电池系统的产氢成本是最低的，但投资成本高；④联产电力能在相当程度上提高工厂的总包经济性；⑤配备CCS单元的常规技术其所产氢气成本是最高的，CCS系统使每公斤氢的净价格增加22%，不过煤炭产氢速率能够上升约8.5%。

2.9 制氢原料中硫化物的脱除

不管氢气是作为化学品使用还是作为能源和能量载体使用，其生产过程总是包含有多个步骤，其中的一些重要步骤（如烃类重整、水汽变换）需要使用催化剂。一般而言，这些催化剂对物料几乎都是敏感的，因为含硫化合物会使催化剂中毒，导致活性降低甚至完全丧失。

作为化学品使用的氢气，其生产原料一般为烃类燃料如天然气、汽油、柴油、甲醇和煤炭。这些烃类原料通常都是含硫的，因此硫化合物的除去成为生产氢气过程中的必要步骤。虽然各国政府对油品中硫含量标准要求愈来愈严格（例如对汽油早先要求硫含量降低到3×10^{-4}以下，到2006年已要求降低到不超过8×10^{-5}）。即便在产氢的重整过程中使用极低硫含量原料，在重整过程的还原气氛下，它们仍被转化为硫化氢（H_2S）。也就是重整气体中总会有硫化氢的存在，虽然有时含量极小（约10^{-6}）。对天然气原料，由于安全原因（检测漏气）通常会在其中添加极微量的有气味的硫醇，因此天然气重整气中也会含有硫化氢。天然气重整获得的粗合成气组成实际上基本类似于煤气化获得的合成气。为使生产的氢气不含硫，脱硫工艺是必需的。

2.9.1 制氢原料的脱硫

现在生产的氢气绝大部分来自天然气。但随着氢气应用范围的不断扩大，使用其它燃料生产氢气也变得重要了，如甲醇、丙烷、汽油和物流燃料如Jet-A、柴油和JP-8燃料。除甲醇例外，所有其它燃料都含有硫，不同燃料的含硫量和硫物种是不同的。应该指出，即便使用所谓超低硫洁净燃料（如汽油<1.5×10^{-5}或柴油<3.0×10^{-5}）来生产氢气，原料脱硫仍然是必需的。脱除产氢原料中的硫可采取两类不同方法：①用金属脱硫剂选择性吸附移去重整原料中的硫；②用金属氧化物脱硫剂如ZnO移去重整或气化产生的合成气中的硫化氢。对第一类脱硫工艺，用金属脱硫剂选择性吸附移去气体或液体燃料中硫，不消耗氢气，过程在常温下进行，但有必要进一步提高现使用脱硫剂的吸硫容量。对第二类脱硫工艺，由于硫化物都已经被转化为硫化氢，因此可以用硫捕集剂ZnO移去硫化氢。对作为化学品和燃料电池应用的氢气，都需要用更加有效的吸附或吸硫材料进行深度脱硫。

重整原料和合成气中的硫可以以无机硫或有机硫的形式存在。对有机硫，移去的方法有两类：化学反应技术和吸附技术。

化学反应技术包括加氢脱硫（HDS）和烷基化。大多数商业规模应用使用HDS，并对脱硫工艺和催化剂进行了优化。对HDS过程，催化剂在高压临氢条件下（钴-钼催化剂，290 ～ 370℃）把硫化物部分和完全转化为H_2S，然后再通过ZnO吸硫床层除去产生的H_2S（温度340 ～ 390℃）。对选择性烷基化脱硫技术，虽已进行了中试规模的示范，但仍未大规模商业化。在该技术中含硫分子的重量是增加的，因此也增加了其沸点，用蒸馏方法来移去烷基化后的硫化物。烷基化脱硫方法的优点是无需用高压氢气，但由于燃料中烯烃含量是变化的，有时需要在燃料中添加烯烃（或醇）以使含硫分子完全转化，同时也达到燃料要求的所有物理和化学特性。有证据表明，烷基化在HDS操作中也有一定程度发生。

吸附技术脱硫使用吸附剂来移去燃料中的硫。最常用的吸附剂有两类：①用多孔材料活性炭、改性沸石或其它材料吸附除去全部含硫分子；②用金属（或金属氧化物）如镍进行表面吸附，形成硫化镍，回收其余所有烃类。在概念上多孔材料吸附方法操作是十分简单的，从原理上讲在室温和常压下使用常规固定床设备就能实现。吸附方法的缺点是受吸附剂和床层吸附容量的限制。对含硫量高的烃类燃料如JP-8和柴油，吸附需要耗用大量的吸附剂。为连续操作需要双床层（可同时进行吸附和再生步骤）进行床层间的切换。废吸附剂的分散也是重要问题。对低硫燃料（硫<5×10^{-5}）如天然气，吸附剂是非常实用的，性能与吸附剂和反应器容量有关。对气相硫化物，如天然气中所含硫，一般选用活性炭吸附剂。吸附材料对含硫分子类型一般具有选择性，所以，需要用试错方法以确保选用的吸附剂能移去所有的硫。用金属的吸附反应方法相对比较复杂，需要用流化床在高温高压下操作运行。

2.9.2 天然气中硫杂质的脱除

大多数天然气中都含有少量的含硫化合物。由于它们是镍基转化催化剂的不可逆毒物，必须除去。为脱除天然气中硫杂质，在其进入重整催化剂床层前需要有一个脱硫单元进行净化。如表2-5数据所指出的，不同地区所产天然气的组成是不同的。天然气原料组成与产地密切相关，一些天然气中含高浓度H_2S、CO_2或较高级烃类。

2.9.3 天然气中其它杂质的脱除

如果天然气原料中含有氮化合物，它们能被氧化生成污染物NO_x。天然气在重整器加热管和燃烧器中燃烧时也会产生相当数量的NO_x。为了满足NO_x排放控制要求，即便是低浓度，它们也必须除去。移去NO_x通常选用氨选择性催化还原NO_x技术。有些天然气原料中也会含有痕量卤化物，通常使用Al_2O_3床层来移去。

2.10　水汽变换技术

2.10.1　引言

以三大化石燃料和含氢化学品为原料生产氢气的基本工艺是类似的，先进行重整或气化生产由氢气和CO以及N_2、Ar、残留甲烷构成的合成气。各组分浓度与所用原料及性质、进料量、操作条件密切相关。合成气不仅用作生产氢气的原料，其本身就有很广泛的应用。对不同下游应用要求的合成气组成是不一样的。例如，用于氨合成时要求氢氮比例为1∶3且不能含有碳化合物；当用于甲醇和F-T合成时，要求合成气的CO-H_2比为1∶2。由于烃类重整和气化过程生产的合成气通常含显著量CO，5%或更多，为满足下游应用的不同要求，对利用化石原料生产的合成气，其组成需要做一定调变。例如，为提高合成气的氢气含量，需要把潜在氢组分CO全部或部分转化为氢气，该转化可以使用催化水汽变换反应（WGS）来完成。WGS是从合成气生产纯氢气的一个关键步骤，在降低CO含量的同时提高了氢气含量。

当然，为了防止水汽变换催化剂（和后续步骤催化剂）中毒，合成气在进入水汽变换反应器前首先要除去所含的一些杂质，如硫化物、氮化物和其它杂质。对用于氨合成和生产氢气的合成气，还需移去其中的碳氧化物。

2.10.2　水汽变换反应

CO和H_2O间的水汽变换反应（WGS）及其逆反应（RWGS）方程式可分别表示如下：

$$\text{WGS: } CO + H_2O \longrightarrow CO_2 + H_2 \qquad \Delta H = -41.1\ \text{kJ/mol} \tag{2-29}$$

$$\text{RWGS: } CO_2 + H_2 \longrightarrow CO + H_2O \tag{2-30}$$

WGS是一个放热反应，受热力学平衡限制。CO和蒸汽的平衡浓度随温度的降低而降低，而CO_2和H_2的浓度随温度上升而提高。由于反应前后有相同的分子数，其平衡常数与反应的总压力无关。

$$K_p = \frac{p_{CO_2}\, p_{H_2}}{p_{CO}\, p_{H_2O}} \tag{2-31}$$

平衡常数与温度间的经验关系为

$$K_p = e^{\left(\frac{4577.8}{T} - 4.33\right)} \tag{2-32}$$

对甲烷蒸汽重整，在重整反应条件下气体的典型平衡组成为10.4% CO、6.3% CO_2、41.2% H_2、42% H_2O和少量甲烷。次级重整反应器出口的典型温度值为1000℃气体组成与温度间计算的理论平衡关系示于图2-9中。

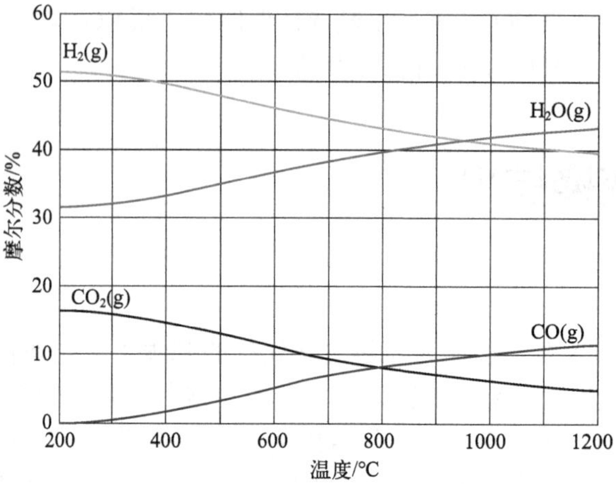

图2-9　合成气平衡浓度与温度间的关系

WGS反应器几乎都是采用绝热操作。因反应放热，随反应进行床层温度升高直到反应达到平衡。因此变换后反应器出口的气体组成是出口温度（而不是进口温度）下的平衡值。绝热反应器出口气体中CO含量总要比等温反应器的含量要高。只要CO含量在3%或0.3%以下都不会影响变压吸附（PSA）的分离提纯操作。在使用PSA提纯氢气的工厂中，提纯后的尾气中含有未反应的甲烷和CO，常被作为燃料烧掉回收热量。

在采用石油通过最常用工艺生产氢气的工厂中，通常只有单一的绝热变换反应器［高温变换（HTS）或中温变换（MTS)］。但对氨合成工厂，使用的合成气必须完全无氧，常要用两个串联的高温和低温变换反应器（中间带冷却装置），典型的操作温度分别为350～450℃和190～235℃。在图2-10中，给出了在不同温度下WGS的平衡曲线和两段绝热变换反应器系统的操作线［选择的HTS温度为380℃和低温变换（LTS）单元温度为190℃］。这样的两段操作模式有利于在HTS中得到高反应速率和在LTS中获得低CO含量。

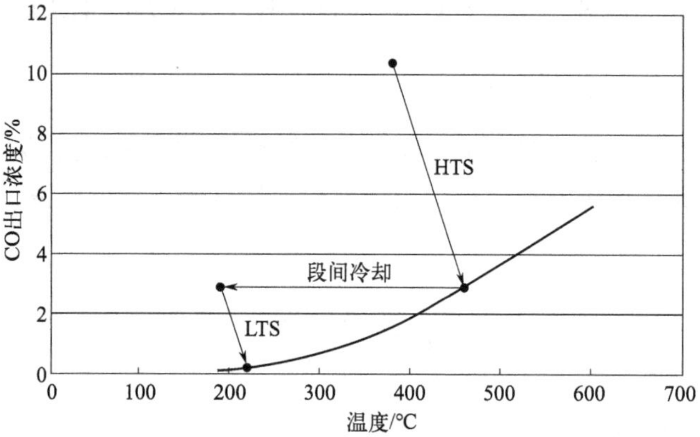

图2-10　两段绝热WGS反应器体系的平衡和操作曲线

2.10.3　水汽变换催化剂

因WGS是一个放热过程，使用催化剂具有的共同特征如下：有可利用的氧空穴、有解离水分子的活性位和低强度吸附CO的能力。WGS催化剂的特征随制备和反应条件而异，为使其具有新工业WGS催化剂的特征，常添加助剂来调整其特征。

WGS是可逆反应，高温下虽然达到平衡比较快但其CO转化率受热力学限制。低温WGS催化剂虽然具有高的CO平衡转化率，但反应速率低，反应进行比较慢，有可能导致CO的深度转化。为使WGS反应进行得快且有高的CO平衡转化率，在工艺中常使用装有不同催化剂的两个串联WGS反应器：高温WGS催化剂和低温WGS催化剂。模拟计算结果指出，在宽的温度范围内双催化剂体系得到的CO转化率高于单一催化剂体系。

在表2-7中给出了工业实际使用的不同类型的高温和低温WGS催化剂。除高温和低温WGS催化剂外，还发展出中温变换的Cu基催化剂（MTS）。当把MTS催化剂作为高温WGS催化剂使用时，要求的活性、机械强度和热稳定性要远高于LTS催化剂。为了达到最优的MTS催化剂性能，常采用复合装填法，即在反应器的顶部和底部装填性能不同的MTS催化剂。因此，使用的催化剂类型可按反应器中不同的反应条件来进行配置，以显著增加复合催化剂的寿命。

表2-7 水汽变换反应催化剂类型

类型	活性相	载体	助剂
高温	Fe-Cr氧化物	无	Cu、Ca、Mg、Zn、Al
中温	Cu	ZnO/Al_2O_3或ZnO/Cr_2O_3	
低温	Cu	ZnO/Al_2O_3	碱金属
酸气变换	CoMoS	ZnO、Al_2O_3、MgO及其组合	碱金属
燃料电池应用	贵金属	CeO_2、ZrO_2、TiO_2及其组合	

普遍使用的HTS工业催化剂是铁-铬催化剂，它是含5%～10%氧化铬稳定剂的磁性铁氧化物。其使用的温度和压力范围常在310～450℃和2.5～3.5MPa之间，入口温度取340～360℃。虽然Fe-Cr催化剂也会失活，但其使用寿命可达2～5年，原因是铬能防止和延缓催化剂的烧结失活。现在工业上使用的Fe-Cr HTS催化剂常含有1%～3%的Cu助剂。铜助剂有两个重要作用：①降低甲烷的生成，即Fe-Cr-Cu催化剂上生成的甲烷要比Fe-Cr催化剂低很多，且基本不生成高级烃类；②显著降低催化反应的活化能（活化能测量在本征动力学区进行，压力范围在0.1～2.7MPa之间，数据是可靠的）。对Fe-Cr催化剂，测得的活化能为（118±9）kJ/mol，而对Cu-Fe-Cr催化剂仅有（80±10）kJ/mol。

工业中普遍使用的LTS催化剂是负载在Al_2O_3上的Cu-Zn混合氧化物催化剂，含约30% CuO、33% ZnO和33% 氧化铝。LTS催化剂的操作温度在210～240℃之间，入口温度约200℃，能转化进料中几乎所有的CO。催化剂的使用寿命可达2～4年。但是，该催化剂对硫毒物极度敏感（导致快速失活），要求原料气体中的含硫量降至很低（10^{-9}级）。

变换反应器出口的气体混合物组成，一般含大量H_2、CO_2及少量杂质如CO和未反应的甲烷。它们可以直接进入下游单元进行净化和分离提纯得到氢气。对净化和分离提纯，可采用的技术包括碱溶液化学吸收捕集分离CO_2获得富氢产物和变压吸附（PSA）技术。现在，几乎所有产氢工厂都采用PSA分离提纯技术。对分离提纯氢气的技术将在下文作较为详细的介绍。

对水汽变换反应及其使用的催化剂有很多精彩的评论文献，详细评述了WGS催化剂的新近发展，其重点针对满足燃料电池应用的各种WGS催化剂。在《非均相催化手册》中有专门的WGS催化专题（就实际应用而言，催化剂手册是非常有用的）。对一些新发展的

WGS催化剂如活性炭基、铈基、铂基以及新铁基和铜基催化剂仍在努力研发，试图推出满足工业要求的新高温/低温水汽变换催化剂。有关水汽变换催化剂的详细内容，有兴趣的读者可在笔者的《煤炭能源催化转化技术》一书的第六章中找到。

2.11 氢气的最后净化和提纯

2.11.1 引言

为了满足氢化学品的使用要求，通常需要对合成气先进行初步净化，再经水汽变换反应提高氢气浓度，最后还要进行分离和提纯等操作步骤。在经水汽变换反应后的粗氢气中约含1%左右的CO，这对绝大多数下游应用仍然过高，需要进一步降低CO含量。为获得高纯度的氢气，使杂质浓度降低到10^{-6}量级，可选用的分离纯化技术有多种，如变压吸附（PSA）、钯合金膜分离、CO优先氧化（PROX）和CO选择性甲烷化等。

在较老的甲烷蒸汽重整（SMR）制氢工厂中，使用烷基胺如单乙醇胺溶剂吸收CO_2，把其含量约从22%降低到约0.01%。副产的CO_2通常被放空到大气中。而现在的SMR工厂已不再使用溶剂分离CO_2的技术，普遍使用的提纯和分离氢气的技术是成熟和经济的PSA技术，因为它具有可完全替代溶剂除CO_2的功能和甲烷化单元。PSA技术简化了SMR工厂的操作，只需HTS反应器而无需LTS反应器，既节约设备费用又使氢气纯度能够达到99.95%以上。

由于氢化学品几乎都是在固定场合使用的，选用的分离纯化技术都是PSA。但是，当把氢气作为燃料在燃料电池中应用时，特别是在移动和运输装备中应用时，选用优先氧化（PROX）和甲烷化技术似乎更为合适，因PSA技术装置过于庞大，并不适用。PROX和甲烷化技术各有优缺点。PROX虽然反应器是紧凑的，但会使体系的复杂性增加且必须仔细测量进入系统的空气浓度（过量引入空气将消耗宝贵的氢气）；甲烷化技术的反应器虽然也是简单的且无需空气，但是，甲烷化反应中一个CO分子将消耗3个氢气分子，而且CO_2也会与氢气反应消耗氢气，因此需要严格控制反应器条件以减少氢气的消耗。现在，优先氧化是正在发展中的技术。这两种技术使用的催化剂几乎都是贵金属如铂、钌或铑，载体一般是氧化铝。

当使用烃类原料产氢时必须注意，CO_2是H_2生产中的重要副产物，因为几乎所有制氢技术都副产CO_2。从表2-8中能够看到，每生产1 mol H_2副产CO_2的数量与所用化石燃料类型和技术有关。从反应方程式中可看到，SMR副产的CO_2最少，随烃类原料含碳数增加副产CO_2的数量也增加。部分氧化（POX）技术因难以避免过度氧化而副产更多CO_2。从副产物CO_2角度考虑，SMR副产CO_2比POX少，最不希望用煤炭作为产氢原料。除原料因素外，影响副产CO_2的因素还必须考虑为获得热量而燃烧掉的燃料数量，因为必须为烃类重整或煤炭气化过程提供足够热量（SMR是吸热反应，而POX需要热量以保持反应区域的高温）。但是应该了解：①不要对副产CO_2太过关注，因为世界产氢工厂副产CO_2的数量与发电厂和移动车辆排放的巨大数量CO_2比较是非常小的；②在有一个新的成本有效的产氢方法以前（向氢经济的过渡时期），烃类重整和煤炭气化技术仍然是产氢技术可行且经济的方法。

除PSA、PROX和甲烷化技术外，除去CO的方法还可以使用膜（陶瓷或更普遍的钯合金）技术。其中PSA和膜技术都能生产非常高纯度的氢气（>99.9999%）。下面分别介绍这些净化分离提纯氢气的技术。虽然PROX和甲烷化技术是为氢气的移动应用而发展的，为便于比较，在此处集中介绍氢气分离提纯技术。

表2-8 副产物CO_2随烃类原料的改变

原料和技术	甲烷蒸汽重整	戊烷蒸汽重整	甲烷部分氧化	重油部分氧化	煤炭部分氧化
CO_2/H_2	0.25	0.31	0.33	0.59	1.0

2.11.2 变压吸附

变压吸附（pressure swing adsorption，PSA）净化是使用吸附分离替代常规制氢中的CO低温变换、化学吸收脱CO_2和CH_4三个工序，这不仅简化了工艺流程还能够获得氢气纯度达99.9%以上的工业氢气。

利用固体吸附剂选择性吸附的特点，可吸附除去含氢气体中相对较重的组分如CO、CO_2、CH_4等，从而提纯氢气。用于PSA的常用吸附剂有活性炭和5A分子筛，它们对不同气体组分吸附的强弱顺序为：

$$H_2O>CO_2>CH_4>CO>N_2>H_2$$

因吸附剂对水的吸附能力很强，而中温变换反应器流出气体中含有大量水蒸气，因此必须经过多次换热和冷却将气体温度降低至35～40℃，使绝大部分水蒸气被冷凝分离除去。这样进入PSA吸附单元的气体含水量只是吸附温度下的饱和含水量。

PSA吸附分离过程之所以称为变压吸附是因为塔内的压力是不断变化的。吸附过程在较高压力下进行，以使气体中杂质能够被选择性吸附除去，排出高纯氢气。待吸附塔吸附杂质的数量接近饱和时，开始逐渐降低操作压力直至接近常压，这样杂质在低压下被脱附解吸使吸附剂得以再生。

PSA分离纯化单元由多个装填有吸附剂（如分子筛、活性炭、氧化铝等）的床层构成，按预先编排好的程序让每个床层分别进行不同压力下的吸附、清扫、脱附等循环操作。通常一个分子筛吸附床层在约2MPa压力时能够移去粗氢气中的所有非氢气组分。在床层的吸附操作中，粗氢气从床层下部进入，因为吸附使气体中的杂质浓度梯度沿床层向上游移动，在床层出口可获得纯氢气。当整个床层吸附的杂质接近饱和（即饱和区域到达床层顶部）时，对床层进行减压和再生操作。减压和再生是在一个床层中平行进行的，因此操作程序是间断性的。为使操作保持连续性且能够使产物气体连续流出，可以安排多个吸附床层，让它们分别同时进行吸附、脱附和再生操作。床层中吸附剂的再生需要经降压脱附再用高纯氢气吹扫等步骤才能完成。用纯氢清扫出来的气体压力约0.0335MPa，含氢气体可作为燃料在主重整器炉中燃烧以回收热量。对于PSA技术，当进料压力为2.7～3.4MPa和扫出气体压力为0.033MPa时高纯氢回收率为80%～92%。据测算，对SMR工厂，采用PSA技术，产氢工厂的总能量利用效率很高，热效率达81%。

PSA是成熟的分离提纯技术，已在工业上有大规模广泛应用，特别是在分离空气生产高纯氮气和从合成气分离提纯生产纯氢气的工厂中。该技术很适合于大容量中心生产工厂使用。用于分离空气生产医用氧气和高纯氮气的PSA过程可分为两大类：一类是使用沸石吸附剂，利用的是平衡吸附条件下氮优先吸附的热力学特性；另一类是使用碳分子筛吸附剂，利用的是氧扩散比氮快的动力学特性。这两类工厂在循环形式、操作条件和产品纯度上是有很大不同的。它们的产品回收率和纯度通常是相互制约的（见图2-11）。为提高回收率可用一个等压步骤替代床层的直接吹扫。

最简单的PSA过程由2个床层构成，如图2-12所示。按预定的程序进行加压和减压操作。但在目前的大规模空气分离和氢气提纯工厂中，为降低过程的能量消耗（能量利用对PSA是非常重要的），其循环提纯过程常使用3或4个甚至更多床层（图2-13是四床层PSA空气分离系统，其操作程序示于图2-14中）。在相对低负荷下操作时，吸附质处于吸附等温线的线性区域内，因此具有最高的分离选择性，这特别适合于快速循环操作。为了使吸附容量和吸附性能最大化，希望在低温下而不是冷冻条件下操作。用产品气体使吸附的杂质脱附和再生吸附剂的吹扫步骤是PAS分离操作中的基本步骤。逆流且足够的吹扫操作能确

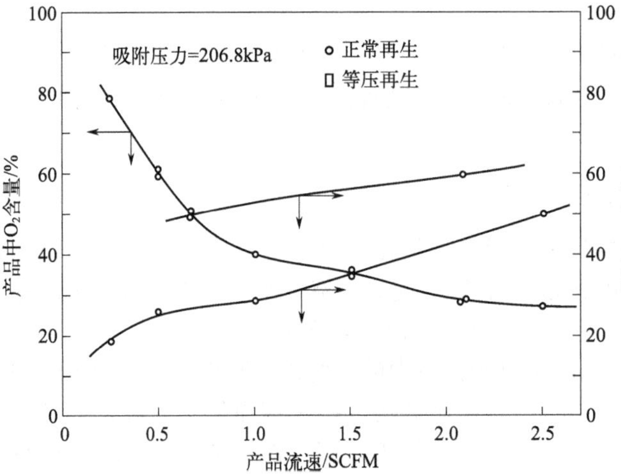

图2-11　不同操作时产品纯度和回收率

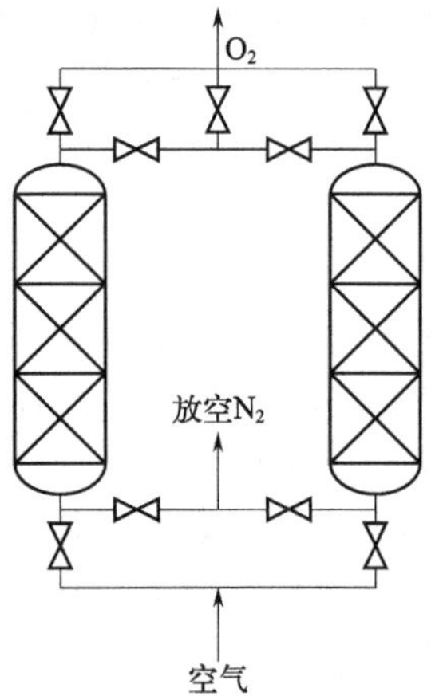

图2-12　两床层变压吸附系统

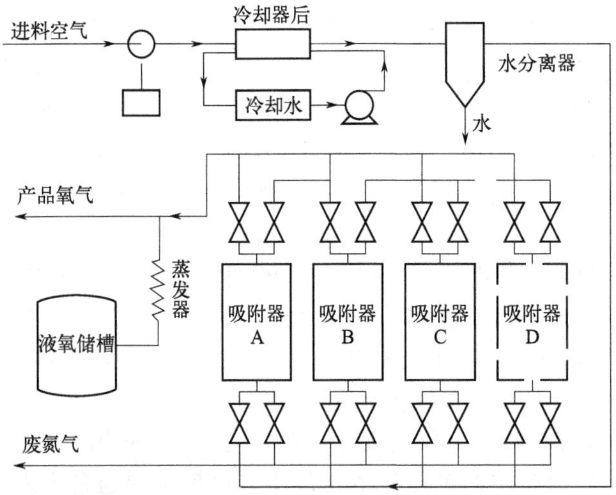

图2-13　四床层PSA空气分离系统

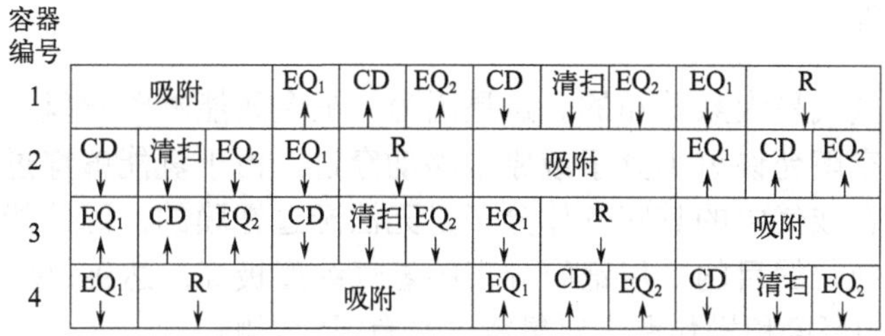
容器编号
1 吸附 EQ1 CD EQ2 CD 清扫 EQ2 EQ1 R
2 CD 清扫 EQ2 EQ1 R 吸附 EQ1 CD EQ2
3 EQ1 CD EQ2 CD 清扫 EQ2 EQ1 R 吸附
4 EQ1 R 吸附 EQ1 CD EQ2 CD 清扫 EQ2

图2-14 四床层PSA空气分离系统的循环操作程序

EQ—等压；CD—顺流/逆流脱压；R—再加压；↑—顺流流动；↓—逆流流动

保把强吸附物种推向床层进口处，保证不会对抽出产品气体造成污染。产品纯度随吹扫次数增加而增加，但达到某一点后再增加吹扫次数意义就不大了。实践经验指出，吹扫气体体积（低压下测量）一般是进料气体体积（高压下测量）的1～2倍。但用于吹扫的产品气体体积分数是很小的，且随操作压力增加而减小。

从合成气中分离提纯氢气要比分离空气容易，因氢气对多数吸附剂是惰性的，基本不吸附，如所有类型沸石、氧化铝和碳吸附剂。氢气对合成气中其它组分气体如CO、CO_2、CH_4和轻烃类的分离系数相对来说是很大的，因此PSA操作能够获得纯度高达99.999%以上的氢气。吸附剂的选择一般不是问题。分离提纯氢气的四床层PSA的循环操作类似于空气分离（见图2-14）。

为分离提纯氢气，PSA的固定床吸附塔的下部（约占三分之二）装填活性炭，主要用于吸附水蒸气和二氧化碳。上部（约占三分之一）装填5A分子筛，主要用于吸附一氧化碳和甲烷。原料气体从塔底部进入，净化后气体从塔顶部排出。随吸附时间的延长，吸附饱和的区域自下向上移动。当接近于顶部时停止进料，开始泄压脱附，脱附结束后用含氢气体吹扫干净后，升压开始新的循环吸附。对每个吸附塔而言，在吸附-再生周期内应该会经历吸附、泄压、排放、吹扫、升压和充压等步骤。在工业上为了充分利用各个阶段泄压时排出气体中的氢和压力能量，会把它们合理用于脱附之后的吹扫和升压阶段，因此常采用多个吸附床层的串联操作。如常用的十床PSA，每个吸附塔都是吸附和再生交替进行。但对整个系统来说，气体净化提纯过程是连续的，总有三个床层在进行吸附和七个床层在进行再生。在图2-15中示出了PSA分离提纯氢气的工业装置照片。

图2-15 变压吸附分离提纯氢气的工业装置照片

2.11.3 钯膜分离

使用钯膜分离氢气是大家熟知的。这是因为：钯金属能够溶解氢，把氢分子解离成氢原子，钯金属晶格空隙允许氢小分子或原子移动穿过。由于氢能够穿过钯膜，从膜的一边渗透到另一边，而合成气中的其它气体分子是无法透过钯膜的，因此能够达到把氢从混合气体中分离出来并纯化的目的。用钯膜分离的氢气纯度极高，达99.9999%，超过任何一种分离氢的方法。膜的厚度和操作温度对氢渗透量有很大影响。

纯钯膜的强度不高，因此实际使用的是钯合金膜，这样不仅增加了钯膜的强度而且对氢渗透没有大的影响。用于制备钯合金的常用金属有银、铜、金、铈和钇等，其中最常用的是钯-银合金。不同合金金属组分及其含量对氢渗透量的影响示于图2-16中。合金膜是致密膜，其稳定性主要取决于合金本身的性质；而膜厚度不仅影响膜稳定性也影响其强度。从渗透量角度考虑，分离膜愈薄愈好；但太薄，不仅使膜两边可使用的压力差受影响，而且稳定性也下降。为增强膜的强度和降低成本，实际使用的合金膜通常被负载在载体上（负载合金膜），常用的膜载体是多孔陶瓷或α-氧化铝。在制备负载合金膜时必须考虑金属与载体间可能发生的反应和热膨胀系数间的匹配，这是因为两种物质的界面上可能产生热剪切应力，影响膜的强度，导致金属组分偏析。

混合气体中氢浓度和膜两边的氢气压力差对氢渗透通量有显著影响，如图2-17所示。应该注意，气体中某些杂质有可能使合金膜失活。对应用于分离氢气的负载钯膜和负载合金膜，其制备方法多采用化学镀技术。但对分离膜的大规模广泛应用，仍然需要解决负载膜的稳定性、生产放大工艺、高温模束烧制技术和制造成本等诸多问题。

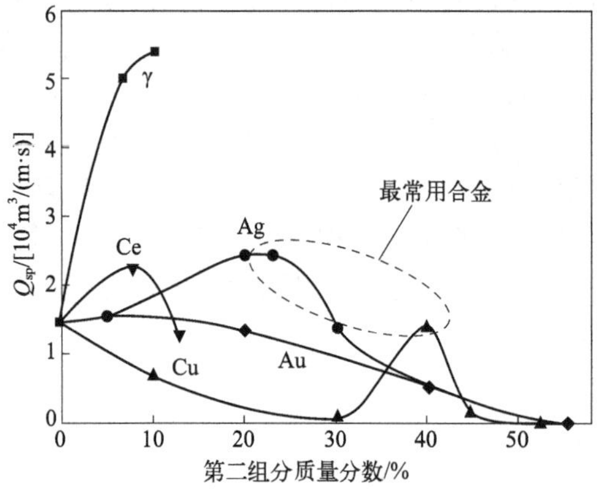

图2-16 Pd中添加第二组分对氢渗透量的影响

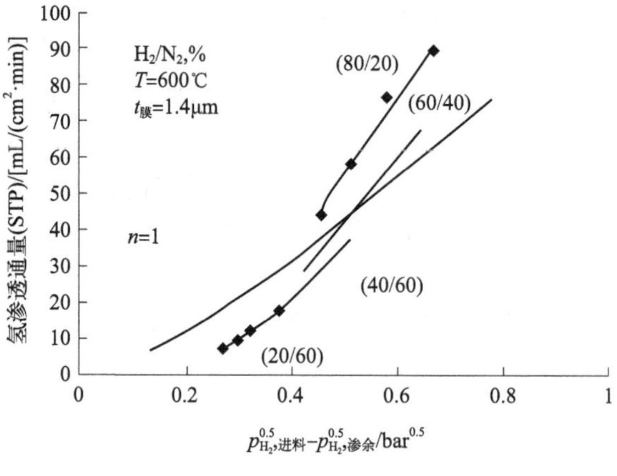

图2-17 含氢比例和氢压力差对氢渗透通量的影响

2.11.4 甲烷化

虽然变压吸附已大规模应用于生产氢气的中心工厂，钯合金膜也应用于固定应用的氢气生产工厂中，但对移动应用如移动车辆中使用，上述两种脱CO方法都是不适用的。移动应用的氢燃料需要有装置非常紧凑的技术来脱除痕量CO。对低温燃料电池所需要的燃料氢气，只允许极低的CO含量。对氨合成工厂使用的氢气则必须除去其中的痕量CO_2。对这些场合，氢气中碳氧化物的除去，选用催化甲烷化技术是理想的。甲烷化方法是降低氢气中

CO含量最有效方法之一。为转化氢气中的痕量CO，在较老的甲烷蒸汽重整（SMR）工厂中配备的是甲烷化单元。CO甲烷化催化剂一般是负载在氧化物载体上的镍金属（或贵金属如钌），其操作的入口温度为320℃。由于CO甲烷化要消耗宝贵的氢气，因此在新SMR工厂设计中几乎都采用PSA单元而不再采用CO甲烷化反应器。

碳氧化物的催化甲烷化单元是蒸汽重整的逆反应：

$$CO + 3H_2 \rightleftharpoons CH_4 + H_2O \qquad -\Delta H_{298K}=-206\ kJ/mol \tag{2-33}$$

$$CO_2 + 4H_2 \rightleftharpoons CH_4 + 2H_2O \qquad -\Delta H_{298K}=-165\ kJ/mol \tag{2-34}$$

甲烷化是放热和体积收缩反应，这意味着在热力学上低温和高压是有利的。但甲烷化反应不是由热力学而是由动力学控制的。在实践操作中，一般使用非常低的蒸汽压力，这样痕量碳氧化物能容易地转化为甲烷，使其浓度降低到10^{-6}量级。甲烷化反应的进行常伴有WGS反应。

Ⅷ族金属对甲烷化反应都具有活性。但工业上使用的通常是Ni催化剂，不仅因它的活性高且价格也是中等的。甲烷化催化剂的载体几乎都选用金属氧化物，如氧化铝、硅胶、碳酸钙、氧化镁和铝酸钙等。重要的是要利用甲烷化催化剂活性位性质、催化反应机理和动力学方面的理论来优化催化剂配方。在近些年中，对甲烷化反应的结构敏感性和速率控制步骤较为关心，强调高不饱和配位活性位的重要性。也就是说甲烷化反应主要发生于催化金属的阶梯-褶皱活性位上。实验也已发现：CO甲烷化速率随镍晶粒减小而增加；甲烷化反应的速率控制步骤是CO经COH中间物的解离（这得到了DFT计算结果的支持）。因此，催化剂制备条件的选择必须以获得尽可能小的镍晶粒为目标；在反应过程中要极力避免高化学亲和力毒物如硫和钾在活性位上吸附；要选择在操作条件下有强度高和寿命长的材料作为催化剂的载体。由于在金属催化剂上碳氧化物的甲烷化本征反应是快速的，催化剂的织构性质应该尽可能避免传质传热限制且能够确保反应器的低压力降和足够催化剂强度。这表明，甲烷化催化剂的颗粒需要有尽可能大的外表面积，为此商用甲烷化催化剂做成了不同的形状，如带孔圆柱或颗粒，颗粒大小一般为5mm。

2.11.5 优先CO氧化

为除去氢气中的CO，催化优先氧化（PROX）也是可选用的技术。对含CO的氢气，可同时发生两个氧化反应，氢氧化和CO氧化［见反应式（2-35）和式（2-36)］。让氧优先氧化CO分子，这就需要依靠催化剂。

$$CO + 1/2O_2 = CO_2 \qquad \Delta H_{298K} = -283\ kJ/mol \tag{2-35}$$

$$H_2 + 1/2O_2 = H_2O \qquad \Delta H_{298K} = -242\ kJ/mol \tag{2-36}$$

水汽变换反应只能使合成气中CO含量降低到约1%左右。这个水平CO含量的氢燃料可用于磷酸燃料电池（PAFC），因为它的阳极能耐受约2%的CO，但不能用于低温质子交换膜燃料电池（PEMFC），因这样高的CO含量会使燃料电池的贵金属催化剂快速中毒，导致性能快速下降。它能够耐受的CO含量很低，$<10\times10^{-6}$。对此类移动应用，氢中痕量CO的除去可采用两种催化方法：甲烷化和优先氧化。甲烷化要消耗3倍CO的氢气且生成了稀释

氢气的甲烷。因此对车载和便携式移动应用，优先氧化可能是更好的选择，因为该催化系统具有紧凑、重量轻、能量需求低的优点。

优先氧化，需把少量空气（通常约2%）加到经水汽变换后的富氢气流中，CO在催化剂上被空气中O_2催化选择性氧化成CO_2。使用PROX方法能把氢气中的CO浓度降低到满足PEMFC使用要求的水平。PROX过程催化剂可分为两大类：负载在金属氧化物上的Pt、Ru、负载在氧化铜上的纳米Au贵金属、负载在可还原金属氧化物（特别是CeO_2和铈锆混合氧化物）上的非贵金属如Cu。使用的反应温度一般在80～160℃范围，与PEMFC操作温度非常匹配。在图2-18和图2-19中示出了车载4L两段PROX反应系统装配图和在实际燃料加工系统中使用的外面涂有热交换材料的PROX反应器。装置非常紧凑，可以方便地安装于燃料电池车辆的燃料加工系统中。

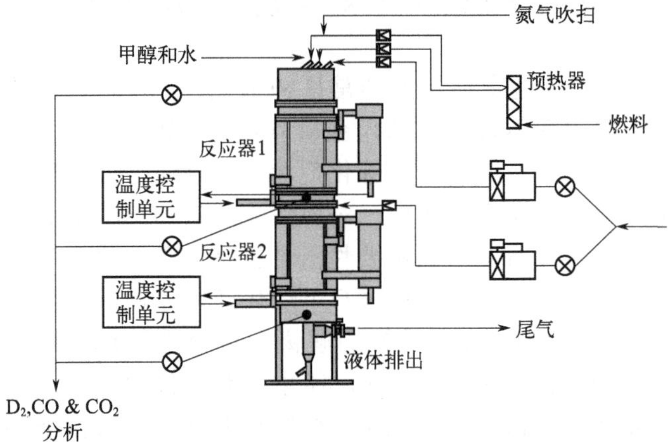

图2-18 PROX反应系统的装配图

图2-19 外面涂有热交换材料的PROX反应器

对移去CO的优先氧化，有文献称其为“词选择性氧化”，应该说这是不准确的。选择性氧化指CO在燃料电池中的还原，特别是在PEMFC中；而优先氧化发生于燃料电池外面的反应器中。

优先氧化和甲烷化技术各有优缺点。虽然优先氧化反应器紧凑，但增加了体系的复杂性，因为必须仔细测量添加空气的浓度，如引入过量空气会烧掉宝贵的氢气。甲烷化反应器比较简单，无需空气，但需消耗3倍CO的氢气分子。CO_2也会与氢气反应，因此始终要仔细控制反应器条件，以降低不必要的氢气消耗。目前，优先氧化是正在发展中的技术。

2.12 工业副产氢气

2.12.1 概述

在化工和钢铁等行业中有副产大量氢气的工厂，如盐水电解（生产烧碱）、焦炭生产、炼铁炼钢工业等。它们副产的含氢气体可经净化提纯后作为氢化学品使用。这样既能提高资源利用效率和经济效益，又可降低大气污染和改善环境。中国是全球最大的焦炭生产国

（2020年生产4.71亿吨）。每产1吨焦炭可产生焦炉煤气350～450m^3，这类焦炉煤气中的含氢量达54%～59%。除了部分回炉用于燃烧、作为城市煤气和供发电之用外，仍有一大部分可通过变压吸附（PSA）回收提纯生产高纯氢气作为化学品使用。

我国烧碱年产量基本稳定在每年3000万～3500万吨之间，副产氢气达75万～87.5万吨。其中约60%用于生产聚氯乙烯和盐酸，有约28万～34万吨氢气剩余。我国甲醇生产的驰放气达百亿立方米，含氢数十亿立方米；我国合成氨工业每吨合成氨产生驰放气150～250 m^3，每年可回收氢气约100万吨/年。我国的丙烷脱氢工业副产氢气37万吨/年。这些工业所产合成气的含氢量在60%～95%之间，经提纯后可获得满足燃料电池应用要求的氢气。此外，甲烷直接芳构化（DMA）过程中甲烷被直接转化为苯和氢，没有氧的参与，其反应式如下：

$$6CH_4 \rightleftharpoons C_6H_6 + 9H_2 \tag{2-37}$$

该过程具有好的选择性，在生成芳烃时释放大量氢气。因此对副产氢气而言，该工艺有一定的发展前景。关键是要发展出性能优良的高活性催化剂。虽然在石油炼制工业的铂重整过程和脱氢过程中副产大量氢气，但其它炼制工艺过程消耗的氢气更多，副产已经远远不够自己使用，因此需要额外建立烃类重整工厂来生产氢气。

工业副产氢气的提纯成本，在中国目前在0.3～0.6元/kg，再加上副产气体本身的成本，氢气最终成本约在10～16元/kg。因工业副产提纯的氢气数量可达百万吨级，这能为氢能源产业发展初期提供低成本的分布式氢能源。但工业副产氢路线仍然存在碳捕集与封存问题，从中长期看，钢铁、化工等工业领域需要引入低碳或无碳制氢技术替代化石能源实现深度脱碳，将氢的供给方转变为需求方。

2.12.2 中国氢气供给结构预测

目前，国内氢化学品市场发展是成熟的，也非常巨大。但氢能源产业尚处于市场导入阶段，除部分气体公司外，市场化供氢渠道有限。不同技术路线制氢的产能、经济性以及碳排放情况，不同地区需根据资源禀赋进行选择。整体而言，中国氢气市场在2020～2025年，氢气年均需求量超过3000万吨，主要作为氢化学品使用，作为氢燃料的数量很有限。煤气化、烃类和化学品重整、工业副产氢气因接近消费市场，成本具有竞争性，是有效供氢的主力。在可再生能源丰富地区，可探索开展可再生能源电解制氢的示范项目。2025～2030年的中国氢气市场，年均需求量增加到超过4500万吨，主要仍然作为化学品使用，但氢燃料的使用量将有大幅增长。主要产氢技术可能将是：匹配CCS的煤气化制氢技术和可再生能源电解水制氢技术。积极推动生物制氢和太阳能光催化分解水制氢等技术的示范，将实现氢气长距离大规模运输。随着氢燃料使用技术特别是燃料电池技术的愈来愈成熟，作为氢能源使用的数量将在氢气总消耗量中占相当比例，因此氢气年均需求量将在2050年增长到超过7500万吨。因此，中国能源结构将从以传统石化能源为主转向以可再生能源为主的多元格局，可再生能源电解水制氢将成为生产氢气的主要技术，匹配CCS的煤制氢、生物制氢和太阳能光催化分解水制氢等技术成为有效补充，氢气的供给充裕，有可能实现千万吨级绿色氢的出口。图2-20中给出了未来预测的中国不同供氢技术产氢所占比例。

结合未来可再生能源发电装机容量，通过年度储能调峰电量需求测算，2030年和2050

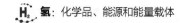

年季节储能调峰电量潜力分别约为0.99万亿kW·h和2.14万亿kW·h，由此产生的制氢规模将分别达到1800万吨和4000万吨。

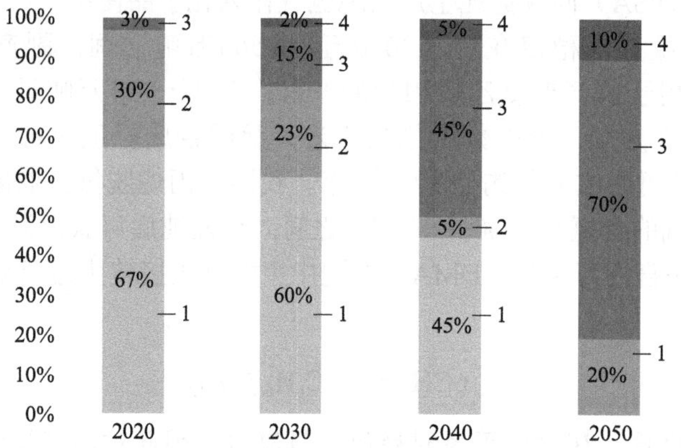

图2-20　中国未来不同供氢技术产氢所占比例的预测

1—化石能源制氢；2—工业副产氢；3—可再生能源电解制氢；4—生物制氢等其它技术

3 初级能源资源

3.1 引言

地球在长期的历史演化中形成了其内部的地热能，地球长期接受来自太阳的辐射并逐渐累积收到的部分太阳能量。在地球上累积和存储的太阳能量形成了我们现在使用的重要化石能源资源（燃料），以人类寿命的时间尺度计它们被认为是“不可再生的”。太阳通过辐射照射把能量源源不断地输送给地球，地球也源源不断地在接收来自太阳的能量。这说明在地球上除了有累积下的化石能源资源（不可再生）可利用外，还有多种来自太阳的能量资源可以利用，例如太阳能、风能、水力、潮汐波浪能、地热能等。从人类寿命的时间尺度看，这些被认为是可以再生的（因太阳时时刻刻都在连续地向地球供应这类能源）。总之，不管是不可再生的化石能源还是可再生的来自太阳的能源，对人类利用来说它们都是能源的原始形式，被统称为初级能源资源或一次能源资源。也可这样定义一次能源资源：以一定形态存在于自然界（地球上）的能源资源，包括煤炭、石油、天然气、核能、生物质、太阳能、风能、潮汐能、波浪能、地热能等。初级能源资源分为两大类：可再生和不可再生。前者包括太阳能、风能、潮汐能、波浪能、地热能等；后者一般是指煤炭、石油、天然气三大化石燃料资源。生物质和核能稍有不同，生物质属含碳能源但它是可再生的，而核能是非碳能源但是不可再生的。

原始形式的初级能源是一种丰富存在的自然资源，其直接使用与人类需求的大部分功能是不兼容和不匹配的。把自然形式的初级能源转化为方便于工业、运输和人们使用的能量形式，并在数量上满足需求，这是能源相对近期的发展。因为人类现在需要的是能量形式是多种多样的，更多的是转化自初级能源的多种形式的次级能源。随着人们生活水平的不断提高，能源的转换速率和效率以及利用效率也在不断改进和提高，使受益的人口不断增加，受益面不断扩大。人类在其发展进步的历史中，特别是近数百年中，为使能量转换技术与能量需求间很好地匹配，已经发明和发展出多种类型的能量转换和利用技术。能量利用的新模式要求能量具有“较高质量”的形式，例如电力。

次级或二级能源是指初级能源经加工转化后得到的可以作为能源和能量载体使用的

产品，例如电力、汽油、柴油、液化石油气、氢等，它们都是重要的次级能源和能量载体。文献上把次级能源分为“过程性能源”和“含能能源”两类。前者最重要的例子是电能，它是应用最广泛、最典型的过程性次级能源；后者的例子是众所周知的应用于运输的多种油品，如应用非常广泛的汽油、柴油和航空煤油等。氢气（氢能）也是重要的次级能源，它既具有电能那样的过程性次级能源特征，又是像汽油、柴油那样的含能能源。也就说，氢既可作为次级能源使用又可作为能量载体使用。氢气是宇宙中最轻也是最丰富的元素，因此是人类能够从地球获取的储量最丰富且高效清洁的能源。氢气也被认为是优秀的能量载体。研究预测，氢将成为未来整个可持续清洁能源体系中不可或缺的重要组成部分。

平均而言，世界范围的能源消费，20世纪80年代中期到90年代中期年均增长约为1.55%/年。美国的能源消费增长为1.7%，中国增长5.3%，印度增长6.6%。三大化石燃料煤炭、石油和天然气及其衍生固体、液体和气体燃料的燃烧都会产生大量污染物，再加上制造工厂产生的污染物排放，因此大量能源消耗已经造成了全球的环境问题。污染物不仅仅是NO_x、SO_x和颗粒物质，温室气体（GHG）如二氧化碳和甲烷也是重要的污染物。由于对全球气候变化产生了影响，降低GHG特别是CO_2排放越来越受到关注。一方面由于发展的转换技术无法跟上世界各国快速上升的能量需求，另一方面化石能源的消耗导致环境问题。尽管使用能源产生的某些环境问题已经解决或已有很大减轻，但也发现另一些环境问题才刚刚开始了解，有的甚至还未被探索过。除了对使用大量能源引起的环境问题给予极大关注外（因为环境问题涉及的是人们生活质量的大问题），解决能源使用引起环境问题的最好办法是发展利用可再生能源。

3.2 能量和人类社会的发展

面对全球的能源和环境问题，在如何能够做到能源高效利用的同时把对环境影响降低到最小，这是世界各国现在面对的最重大挑战，即必须力争达到既能保持有足够的能源供应又有良好的生活工作环境。

能量是人类生活最基本的需求，它支配着我们的一切活动。人们的生活水平与能量消耗有着极强的关联。对于人类福祉，能量在我们社会中的排序是最高的。例如，耗能很大的快速工业化建立起我们现代的经济体系；投入大量能量后才使粮食产量有大幅增加；只有消耗大量能量后才能为我们提供干净的饮用水，使饮用水达到使用的安全标准；对我们不可缺少的运输、照明和通信以及空调等现代社会必需品，也都是以消耗大量能源为代价的。为保持和继续进行工业生产，必须消耗大量能源，工业化必然是以快速增加的能源消耗为代价的。一些传统的初级能源如三大化石燃料（石油、煤炭和天然气）正在以较快的速度被消耗。

在人类文明发展的历史长河中，20世纪显示有若干突出特征：世界范围内能源消耗爆炸性增长和世界人口快速增长（见表3-1）；新技术和人造材料出现前所未有的增加和扩展；出现了最伟大的运输革命，轿车、卡车、火车、船舶和飞机及其使用的动力引擎创生出全新的世界，因此社会对烃类燃料如汽油、柴油和航空燃料的依赖不断增加。发电厂、家用电器、个人电脑和手机以及世界的电气化，全都需要足够的能源支持；高压氨合成和含氮、磷和钾的化学肥料生产及谷物生产也都需要引擎和动力机械来支持。同时，全球人口的大量增加导致能源消耗的快速增加。当前，使用的绝大部分能源来自化石（碳基）燃料如煤炭、石油和天然气及使用它们生产的电力。这些事实充分说明，人类社会的生存和发展极大地取决于能源的利用和消耗。

表3-1 20世纪全世界的能源使用、人口和每种能源的消耗

能源资源	1900年使用能源百万吨油当量①②	1900年各种能源使用量	2001年使用能源百万吨油当量②③	2001年各种能源使用量
煤炭	501	55%	2395	24%
石油	18	2%	3913	39%
天然气	9	1%	2328	23%
核能	0	0%	622	6%
可再生能源④	38.3	42%	750	8%
合计	911	100%	10048	100%
人口①②	1762	百万	6153	百万
人均使用能源	0.517	TOE⑤	1.633	TOE
总CO_2排放②③	534	MMTCE⑤	6607	MMTCE
人均CO_2排放	0.30	MTCE⑤	1.07	MTCE
大气$CO_2$⑥	295	ppmv⑤	371	ppmv
生活指数⑦	47.3	年	77.2	年

①1900年能源资料来源：Flavin C, Dunn S. World watch Institute (State of the World,1999). ②资料来源：美国2003年统计摘要2001年数据（国家数据手册，美国商务部，2004）；1900年人口和CO_2数据来自美国人口普查局世界人口历史推算，使用直到1950年的不同资料来源（美国人口普查局，1999）。③2001年CO_2数据来源：国际能源年会2002（能源信息署，2004）。④包括水电、生物质、地热、太阳能和风能。⑤单位：吨油当量（TOE）；百万吨碳当量（MMTCE）；吨碳当量（MTCE）；体积百万分之一（ppmv）。⑥二氧化碳信息分析中心（Keeling 和 Whorf, 2005）。⑦数据来自美国国家健康统计中心。

当前各国政府最关心的两件主要事情是能源和环境。人们物质生活的提升要依靠消耗能源来维持，而化石能源的大量消耗对环境已经产生严重影响，即消耗化石能源的同时副产污染物，污染物的排放污染环境。因此各国政府努力进行着人们物质生活水平提高和保持环境不被污染间的平衡。因此可以说，一定意义上人类社会发展的历史就是人类发展能源使用技术和利用能源的历史。

3.2.1 GDP与能源消耗

如果以工业生产率、农业丰收、洁净水、运输方便与人类舒适和健康作为衡量人们生活质量的标准，就能明确给出能耗和人们生活质量间的关联。一个国家的国内生产总值（GDP）愈大，消耗和使用的能源肯定愈多。研究显示，人均国内生产总值GDP与人均能源消费间有很好的关联。发达国家的能源消费要比发展中和贫困国家高若干数量级，其人均GDP要高于发展中国家，因此发达国家人均能耗也高于发展中国家。虽然发达国家经济生产率增长与总能量利用效率稳定提高密切相关，但发达与发展中国家间人均能耗仍然存在明显差距。应该指出，虽然中国近些年的快速发展消耗能源也快速增加，但中国人均能量

消耗仍然是相当低的，有数据指出，它仅有日本的四分之一、美国的六分之一。人均GDP增加人均能耗必定会上升，尤其是在国家发展的早期阶段。表3-2中的数据取自中国国家统计年报中给出的中国在2005～2019年的GDP和总能源消耗（以吨标准煤计量）及其年增加率数据。可清楚地看到GDP的增加与能源总消耗量增加是正相关的。随着中国经济的发展和体量增大，总能源消耗有减缓的趋势。这一趋势与发达国家发展趋势（如美国、欧盟和日本等发达经济体已经发生的情形）是一致的：随着经济成熟、能源利用效率的提高，总能源消耗的增加速率放缓。人均能耗（GJ）增加缓慢但人均GDP却继续明显增加，如图3-1和图3-2中所显示的若干发达国家和发展中国家的人均能耗与人均GDP间的关系。这样的发展趋势只能用能源效率的显著提高来解释，能源效率提高标志着能源转化和利用效率的提高，包括技术进步使得能源节约。要保持和提高人们生活质量，就必须确保能源连续稳定地供应，这在一定程度上取决于需求能源的时间和价格。因此应该使人们意识到，浪费能源对环境是严重有害的。

表3-2　2006～2019年中国GDP和总能源消耗数据

年份	GDP		总能源消耗	
	总值/万亿元	年增长/%	总值/亿吨（标准煤）	年增长/%
2006	20.94	10.7	24.6	9.3
2007	24.66	11.4	26.5	7.8
2008	30.07	9.0	28.5	4.0
2009	33.54	8.7	31.0	6.3
2010①	39.80	10.3	32.5	5.9
2011	47.16	9.2	34.8	7.0
2012	51.93	7.8	36.2	3.9
2013	56.88	7.7	37.5	3.7
2014	63.65	7.4	42.6	2.2
2015	67.67	6.9	43.0	0.9
2016	74.41	6.7	43.6	1.4
2017	82.71	6.9	44.9	2.9
2018	90.03	6.6	46.4	3.3
2019	99.09	6.1	48.6	3.3

① 此后核算基准有改变。

3.2.2 初级能源市场发展

BP公司发布的2019年世界能源报告指出，2018年初级能源消费增长2.9%，是2010年以来的最高增速。初级能源消费增长主要是天然气消费的快速增加，贡献超过40%。可再生能源是第二大驱动因素，所有燃料增速都超过了过去十年的平均速度。中国、美国及印度三国贡献了全球能源需求增长的三分之二。美国的初级能源需求增长创三十年来新高。由此而来的碳排放增长了2.0%，为近七年最高增速。

对化石能源，2018年全球石油消费增长1.5%，中国和美国是最主要消费增长源。2018

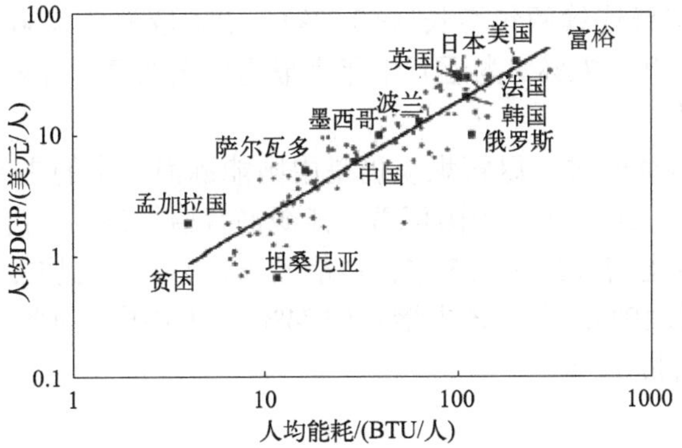

图3-1　若干发达和发展中国家的人均能耗和人均GDP

1 BTU=1.055kJ。人均能耗是2003年数据，人均GDP是2004年数据，以2000年美元计

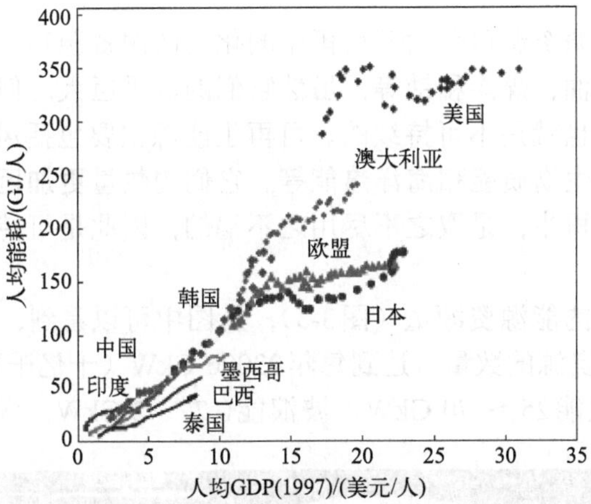

图3-2　人均能耗与人均GDP关系图

年全球石油产量增加220万桶/日。几乎所有净增长都来自美国。2018年天然气消费增长1950亿立方米，增速达5.3%，为1984年来最快年增速之一。消费增长主要来自美国以及中国、俄罗斯和伊朗。2018年全球天然气产量增长1900亿立方米，增速达5.2%，美国贡献几乎一半，俄罗斯、伊朗和澳大利亚也有所增长。液化天然气也有增长，约一半液化天然气进口增长来自中国。2018年煤炭消费增长1.4%，主要来自印度和中国。经济合作与发展组织国家（OECD）的煤炭需求降至1975年以来的最低水平。煤炭在一次能源消费中所占比重下降至27.2%，为近十五年来最低。

2018年可再生能源增长了14.5%。其中太阳能发电增长3000万吨油当量，风能发电增长3200万吨油当量，两者贡献了超过40%的可再生能源增长。中国是可再生能源增长的最大贡献者，超过了OECD增量总和。水电增速达3.1%。全球核电增长2.4%，为2010年以来的最快增速。中国的贡献几乎占了四分之三的增长，其次是日本。

中国的一次能源消费在2018年增长4.3%，为2012年以来的最高增速。过去十年的平均增速为3.9%。2018年，中国占全球能源消费量的24%和全球能源消费增长的34%。中国连续18年成为全球能源增长的最主要来源。中国化石能源消费增长主要是天然气（+18%）和石油（+5.0%）；煤炭消费连续两年增长（+0.9%）。中国成为全球第一大油气进口国。2018年，中国石油对外依存度达72%，为近五十年来最高；天然气对外依存度为43%。对能源安全风险的担忧继续上升。

中国的能源结构持续改进。尽管煤炭仍是中国能源消费中的主要燃料，但2018年其占比为58%，创历史新低。2018年，中国可再生能源消费增长29%，占全球增长的45%。在非化石能源中，太阳能发电增长最快达51%，风能增长24%，生物质能及地热能增长14%，水电增长3.2%。核电增长19%，全球核电增量的74%来自中国。因此2018年中国因能源使用产生的二氧化碳排放增长2.2%。

3.3 能源消费的现在和未来

3.3.1 地球上的能源资源

地球上的可利用能源资源可分为不可再生的化石能源资源和可再生的能源资源。化石能源主要是天然气、石油、煤炭和铀等，虽然它们的数量巨大，但是由于其不可再生性特征，总有用完的一天，也就是不可持续的。可再生能源主要包括风能、波浪能、水力、地热、潮汐能、太阳能、生物质能和海洋热能等。它们的数量更加巨大，而且只要有太阳辐照的存在，它们就能够再生，是取之不尽用之不竭的，因此是可持续的，未来的能源应该依靠它们。

有人估计了地球上的能源资源量（图3-3），从图中可以看到，太阳能的资源量是最大的，远远超过其它能源资源的数量，达到每年23000 GkW（十亿千瓦）。其它可再生能源每年的资源量分别为：风能25～70 GkW，波浪能0.2～2 GkW，潮汐能0.3 GkW，地热能

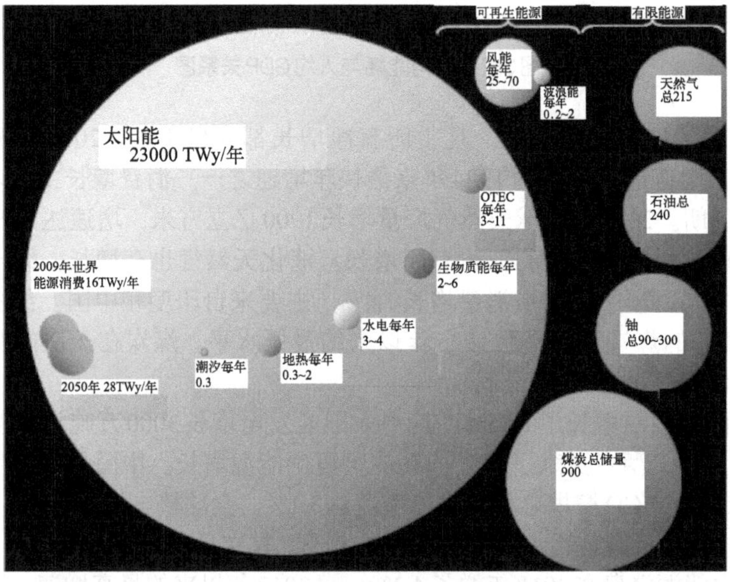

图3-3　地球上有效和可再生能源

TWy：太拉瓦特（10^{12}瓦特/年=吉千瓦/年=GkW/y）。对有限（不可再生）能源，用总地质储量表示，对可再生能源用每年的资源量表示

0.3 ～ 2 GkW，水电3 ～ 4 GkW，生物质能2 ～ 6 GkW、海洋热能3 ～ 11 GkW。相比之下，地球上全部化石能源资源（包括天然气、石油、煤炭和铀）的总量才1655 GkW。因此，只要能够研发出经济地利用可再生能源技术，可再生能源的资源量完全能够满足未来人类对能源的需求。

为了更有效地使用能源，对其的开发和利用技术进行了长期和坚持不懈的研发努力，已经发展出高效且环境友好的多种新技术，包括各种能源资源如煤炭、生物质、太阳能、原油和天然气等的转化技术，其中包括了使用能量的技术，如排放控制、运输车辆、装置改进等方面的技术。独特的未来能源研发课题包括燃料电池、光伏电池、电化学能源转化/存储、生物质转化、能源以化学品如氢气存储、电池等。

虽然可再生能源资源量是特别巨大的，但为使这些能源的转化技术（如太阳能转化技术）具有与化石燃料（石油、煤炭和天然气）技术竞争的价格可能需要数十年。在可再生能源替代化石能源的过渡时期内，能源需求量仍然要增加，仍然主要由化石能源来提供。可再生能源资源提供的数量在过渡时期内逐渐增加直至完全替代化石能源。

一个必须回答的基本问题是：为满足全球能量需求，是否有足够数量的可再生能源资源（太阳能、风能、波浪能、潮汐能、水力、生物质能和地热能）可经济地利用和部署，以满足地球上人口的继续增长和人们生活质量的不断提升（特别是发展中国家）。对利用可持续可再生能源资源的预测和计算指出：2050年全球对初级能源需求量约为2005年能源消费量的2.5倍，这一需求完全能够由可再生能源满足，主要是太阳能、风电及其它可再生能源。但要经济地利用这个数量的可再生能源，其需要的公用基础设施建设（包括广泛的传输网络）投资将是非常巨大的。因为这些可再生能源所在的地区通常远离能源消费中心区域。然而为减少这类公用基础建设的投资，可以发展高度脱中心化的可持续能源经济及传输线路（能源的区域化策略）。

为以经济有效方式利用可再生能源并满足全球2030年对可持续初级能源的需求，对可再生能源资源中的风能、水能和太阳能（WWS）做了相对完整的研究和评估。其中参考了美国能源信息署（2008）给出的数据，包括世界能源现时消费平均速率，即从2008年的12.5 TW［10^{12}W=10^{9}kW（GkW）］上升到2030年的16.9 TW；该评估中使用的主要初级能源仍然是化石燃料，核能和可再生能源的使用量相当较少。但是，在2008 ～ 2030年期间初级能源资源的使用是变化的，其重要趋势是：可再生能源正在逐步替代不可再生的化石能源；正在以电力和氢能作为能量载体。如果在所有能源使用部门要求强制采取提高能源效率的措施，可使2008年的全球能源需求从12.5TW降低到11.5 TW，比实际消耗减少了8%。科学家指出：满足2030年全球能源需求的可以是可再生能源组合体（见图3-4），也就说全球所需的能源全都能够利用可再生能源资源满足（风能、波浪能、水能、地热能、光伏电和太阳热发电）。该评估指出，太阳能发电装置需要占用大量土地；估算了利用可再生能源要占用的土地总面积，占用的土地仅占全球总陆地面积的1%。其中也包括了水电站、离岸

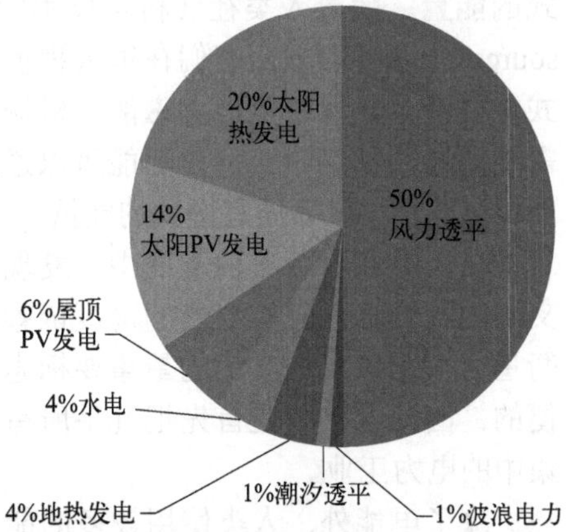

图3-4　满足2030年全球初级能源总需求的可再生能源组合体

风力电站、波浪和潮汐发电装置占用的空间。因此可以认为，全部使用可再生能源资源应该是可行的。

全部使用可再生能源的可持续能源战略中，其突出特点是不再考虑核电或碳捕集封存（CCS）技术。核电不仅其资源储量无法满足人类对巨大数量能源的需求，而且存在诸多挑战，包括高经济成本、政治障碍、长操作时间、缺乏安全性的存储以及需要分散高放射性废物、存在释放严重有害和腐蚀性物种的危险（特别是在天然灾害、恐怖攻击或战争事件中）。同时，和平利用核能计划无法完全与敏感的核武器扩散问题分开。就碳排放而言，核能比风能要多5～25倍。关于CCS，在燃煤发电厂附近一般不会有合适的地理位置来存放巨大数量的二氧化碳。而且一旦把CCS成本全部计入，燃煤发电的经济性就变得不利了。

虽然太阳能是一个很巨大的能源资源（图3-3），但为使太阳能技术具有与化石燃料石油、煤炭和天然气技术竞争的价格可能需要数十年。这说明到完全使用可再生能源资源需要有一个逐步增加使用比例的过渡时期，在该过渡时期内仍然需要由化石燃料来满足增长的部分能源需求。有预测指出，辐射到地球的太阳能具有实际发电500亿千瓦的潜力（1亿kW·h能满足85000个家庭的电力需求），而生物质发电潜力仅有5～7亿千瓦、风能发电潜力2～4亿千瓦、潮汐和水力发电潜力<2亿千瓦。一小时太阳光约相当于14亿千瓦/年，而对生物质，按生物质基技术的现时效率，需要全球土地的30%才能生产20亿kW·h的电力。新近的乐观报道指出，美国西部地区的可再生能源成本，到2025年就能变得十分有竞争力（与天然气发电厂比较）。在美国的California、Arizona、Nevada，具有丰富的太阳能资源；Idahe有丰富的地热资源；Montana、Wyoming、Colorado 有非常丰富的风能。这些地区具有剩余可再生能源，每一个区域可重点开发生产其最有利的可再生能源资源，这取决于输送成本、聚集中心需求和新的技术。同样的情况也发生于中国西部地区，如新疆、甘肃、内蒙古、青海、宁夏等地的太阳能或风能发电成本近几年已有显著下降，具备了相当的竞争力。

3.3.2 人类使用能量的形式

地球上的所有生物都在消耗、利用和/或转换和生产能量，涉及的主要能量形式是热能、光能和化学能。最高等的生物人类就不一样了，他们有智慧，能够掌握和使用多种形式的能量。随着人类社会科学技术的发展，人们逐渐认识到能量（energy）或能源(energy source)有多种形式，它们在很大程度上是可以相互转换的。已知的可为人类使用的能量形式主要有：热能、电能、磁能、机械能、化学能、光能、声能等。它们间的相互转换一般需要通过某种媒介，例如热能可以通过机器转化为机械能、机械能可以转换为电能，而电能可以转换成几乎所有形式的能量，包括热能、光能、机械能、声能、化学能等。

在人类文明历史的发展中，发现和发明了最方便利用和转化的能量形式：电能。高度文明的社会离不开对电能的高度依赖，因此人类社会使用的电量以及人均使用的电量成了衡量一个国家发达文明的最重要标志之一。由于电能使用和转换为其它形式能量是非常方便的，因此人类总是首先把几乎所有能够利用的初级能量资源都转化为电力，形成了强大集中的电力工业。

除了电能外，人类使用较多的能量形式还有热能，一般由燃料包括气体、液体和固体燃料直接燃烧产生。此外，人类文明的发展大大增加了人们的交流和移动，发展出不少高效的交通运输工具，这需要有把化学能转化为机械能的工具，这些工具需要消耗大量液体燃料（化学能载体）。因此在人类社会的发展中，也发展出把重要能量源转化为液体燃料的所谓炼制工业。也就是说，大量初级能源主要是被消耗于电力和液体燃料生产的工业领域。当然，人类取暖也要消耗许多能产生热能的燃料。总之，人们的衣食住行都是需要有能量支持的，以能源消耗为代价的，生活水平愈高消耗的能源愈多。

3.3.3 目前能源消耗情况

世界现在每年消耗的能量多于440 EJ（1 EJ=10^{18}J），且消耗速率还在稳步上升。第二次偏离正常能量消耗的增长发生于21世纪初。按照国际能源协会（IEA）统计，2003年世界总发电容量接近于14 TW（1TW = 0.086 Mtoe，百万吨油当量），美国为3.3TW。在现时消费的总能量中，虽然使用了多种能源资源但主要仍然是化石燃料：①接近82%的能量来自化石燃料（石油、天然气和煤，使用的非常规化石能源资源非常少，如油砂）；②10%来自生物质，主要是农业和动物产品，大部分通过燃烧转化为热能；③核裂变、水力和其它可再生能量资源，如地热能、风能和太阳能，组成现时能源框架中的其余部分。国际能源署在2005年给出的世界能源展望报告给出了1970～2030年的世界能源消费（包括预测的），如图3-5所示。

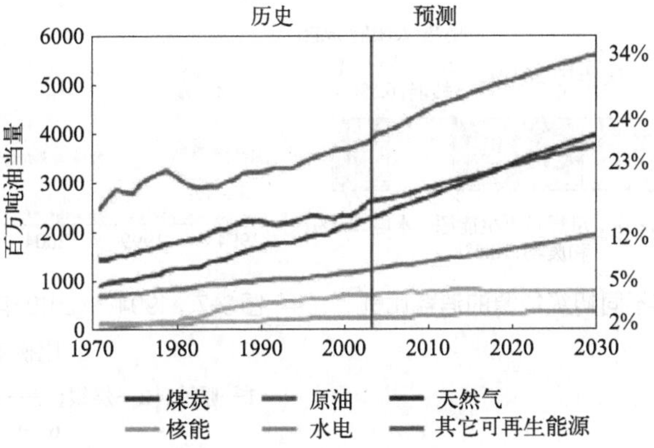

图3-5 自1970年到2030年的世界能源消费

按照这一报告，预计在21世纪末世界的总发电容量可能超过50 TW，这是人口增加和生活水平上升所致，尤其是发展中国家，随着能源使用强度的提高（定义为单位能耗的国内生产总值）和燃料碳强度的降低（定义为每使用单位质量碳产生的能源），使用能源总量不断增加。虽然因人口增长稳定且利用能源效率的提高，发达国家的能源消耗增长速度已经逐渐变得缓慢，但该速度减慢已被发展中国家能源消耗速度的快速增加所抵消。能源消耗大幅增加只在150年前的工业革命才开始，此后为发现和利用更多初级能源已发展出很多技术，包括在多个领域直接和间接利用能源的技术，例如运输、光照、空调和计算机等。

3.3.4 初级能源消耗分布

图3-6是IEA所编制的2004年世界初级能源消耗分布，其总量为11059 百万吨（油当量）/年，相当于462 EJ/年。按总热能当量计算，在现时使用的化石燃料中，原油消耗量占第一位，接着是煤和天然气。大部分原油被运输部门消耗，大部分煤用于发电，天然气的消费在快速上升。在世界范围的总能源消耗中，按IEA的数据，也是原油消耗比例最大，

约34.3%，然后是天然气和煤，分别占20.9%和25.1%。应该指出，在计算中IEA对每一种形式化石燃料使用了所谓的电力转换因子，把所有能源折算成油当量（常规能量单位，1吨油当量 = 41868 TJ）：对原油，平均来说其油当量为1（1吨原油为1吨油当量），对煤，其油当量几乎只有0.5。而且也考虑了利用效率，例如对地热能源效率为10%。对核能和可再生能源，如产生电力的水力那样，也是按一定效率把其转化为热能。在图3-7中给出了1994～2019年全球消费的各种初级能源比例的变化曲线。

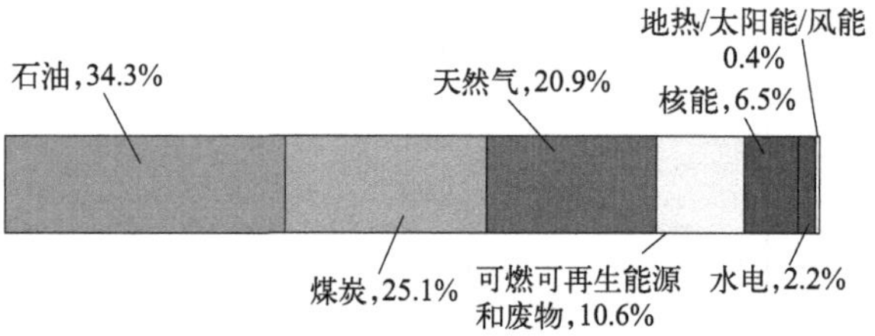

图3-6　2004年世界不同初级能源的消耗比例

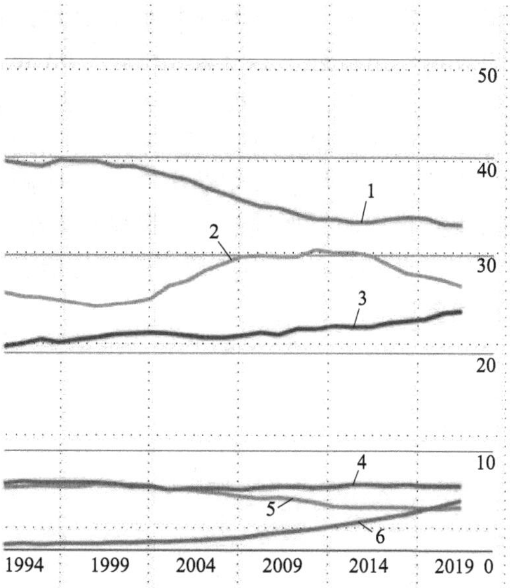

图3-7　1994～2019年全球消费不同一次能源的比例变化曲线

1—原油；2—煤炭；3—天然气；4—水电；5—核能；6—可再生能源

国际组织世界经济合作与发展组织（OECD）也关注全球能源消耗，它在2018年公布的全球能源状况示于图3-8中。图3-8（a）给出的是1971～2017年主要初级能源供应数量的变化曲线；图3-8（b）中分别给出了1973年和2017年不同初级能源生产数量在初级能源生产总量中所占份额。从图中所示的统计数据可看到，传统化石能源煤炭和天然气供应总量实际上仍然在小幅上升，而石油供应量总体上降幅明显。例如，1971年煤炭供应占比为24.5%，到2016年，该占比提高到27.1%。天然气，占比则从16%上升到22.1%。而石油供应占比则从1971年的46.2%下降到2016年的31.9%。在可再生能源方面，水电增幅不大，从1.8%增加到2.5%，这是由于水电资源有限，适合开发的早已开发。值得注意的是生物质能源供给比例是降低的，虽然降幅不明显，从10.5%降至9.8%，这可能与各国对生物质利用的政策调整有关。

从以上不难看到，OECD对世界能源供应总量分析得出的大趋势与世界能源总供应占比的实际数据（趋势）并不完全一致。实际的供应数据是：对三大化石燃料，石油从1973年占比52.6%下降到2017年的35.9%，天然气从18.9%增加到27.1%，煤炭降幅较大从22.8%降至16.7%；水力略有0.2%的微幅增加，而生物质能则增幅明显从2.3%增加到6%。

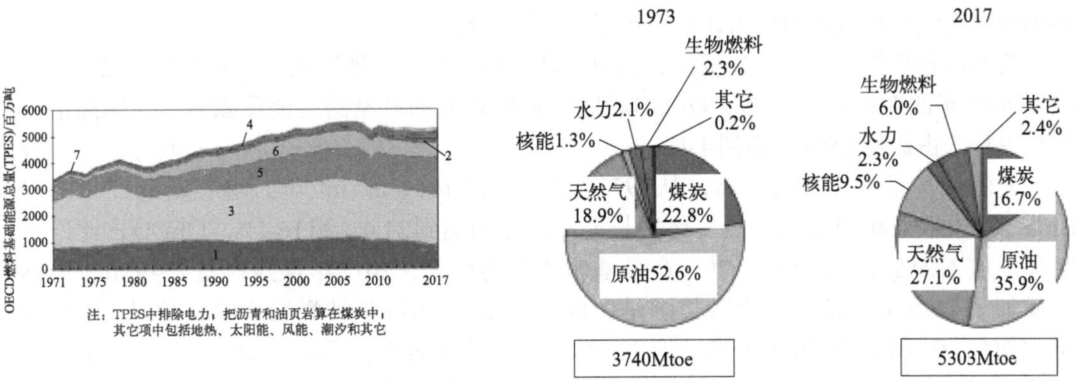

(a)世界经济合作组织（OECD）总燃料初级能源供应

(b) 1973年和2017年基础能源燃料份额

1—煤炭；2—水力；3—原油；4—生物质燃料和废物；5—天然气；6—核能；7—其它

图3-8　2018年OECD公布的全球能源状况

图（a）其它项中包括电力交易；煤炭一项中包括沥青和油页岩。图（b）其它项中包括地热能、太阳能、风能、波浪潮汐能、热能和其它。Mtoe为百万吨油当量

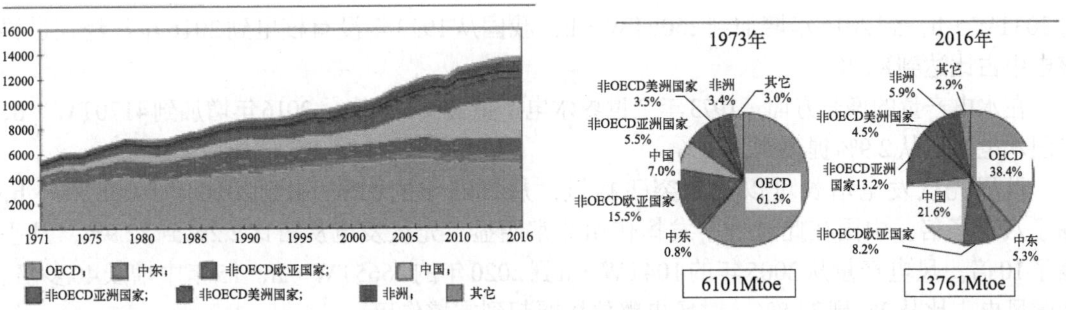

(a)1971～2016年按地区供给的世界初级能源总量

注：Mtoe百万短油当量；TPES 基础能源总量

(b)1973年和2016年不同地区占世界初级能源总量的份额

图3-9　世界初级能源总量按地区分布的发展曲线（a）与1973年和2016年不同地区所占世界初级能源总量的份额（b）

非OECD亚洲国家中不包括中国；其它项中包括国际航空和海运

由OECD给出的不同地区供应初级能源数据示于图3-9中：图（a）是不同地区在1971～2016年的初级能源供应曲线，图（b）是各地区在总初级能源供应中分别在1973年和2016年所占的份额。可以清楚看到，OECD的影响力有所降低，其能源供应占比从1973年的61.3%降至2016年的38.4%；而中国所占比例增幅非常明显，1973年中国在世界总能源供应中的占比仅7%，而2016年已增加到21.6%，说明中国在世界能源供给方面，发挥越来越重要的作用。按世界几大洲能源供应量占比来看，亚、欧、美三足鼎立的情况发展至今，亚洲几乎占据了半壁江山。1990年，亚洲在世界能源总供应中的占比只有29.3%，而到2016年，亚洲占比已达47.7%；欧洲和美洲的占比则分别下降了14.7个和5.6个百分点。在OECD内部，亚洲和大洋洲增幅明显，从1973年的11.1%增加到2017年的17%，美洲和欧洲经合组织占比都有不同程度的降低。2017年欧洲经合组织占比33%，而1973年是36.8%，

美洲经合组织一次能源供应占比也下降了2.1个百分点。

按不同初级能源产量来分析，石油有近成倍的增长，全球原油产量从1973年2869 Mt增加到2017年的4365Mt。中东、OECD和欧盟仍然是原油产量的主要贡献者。中国原油产量也有提升，占比从1.9%提高到4.4%。

天然气产量增幅更为显著，从1973年的1224 Bma（10^9 m^3/年）增长到2017年的3768 Bma，其中欧盟和中东地区的占比增长最高，分别达到21.4%和16.4%。OECD占比则降幅明显，从71.5%降至35.9%。煤炭产量增幅也较为明显，2017年煤炭产量7549Mt，比1973年增加了4475Mt。煤炭主要增长源是中国，1973～2017年其煤炭供给占比从13.6%增加到44.7%。在可再生能源生产的电力中，大多数是水力发电，贡献总能量的2.2%。IEA使用100%效率来表示电力的能量含量。核能贡献总初级能源的6.5%。IEA使用33%的效率转换核电到热能。其余部分为生物质能、地热能、太阳能和风能。因此，现时的世界范围，从核能和水力资源产生的电力在数量上几乎是相同的。生物质能量资源贡献可再生能源的大部分，但其绝大部分在农村地区使用，是供热和烹饪的重要能量来源。非水力和非生物质可再生能源的贡献仅占0.4%。应该指出，对风能和太阳能的利用已经开始快速急剧地增长。生物质到液体燃料的转化在发达国家也获得一些发展。

核电领域的增长更是惊人地实现了从三位数到四位数的剧变，1973年世界核电产量只有203TW·h，到2016年增加到2606TW·h，我国从1973年没有核电到2016年已经在世界核电中占比达到8.2%。

在水电产量的增长方面，1973年全世界水电产量1296TW·h，2016年增加到4170TW·h，我国水电占比从2.9%提高到28.6%。

世界光伏发电增长可以说是突飞猛进，从2005年的4TW·h到2016年的328TW·h，翻了八十多倍。中国在此过程中发挥作用非常明显，光伏发电从占比2.2%到22.9%，几乎翻了10倍。风电产量从2005年的104TW·h到2020年的4665TW·h，15年中增长40多倍。我国风电占比从2%到24.8%，对风电整体增幅起到支撑作用。

在图3-10中显示了21世纪15年中世界上主要国家不同初级能源平均消费比例。可清楚看到，我国初级能源消费比例与国际平均比例有很大的不同，煤炭在我国的初级能源消费中占约70%。能量价格上涨推动着效率提高和能耗下降技术的发展，影响通常会持续较长一段时间。在国民经济发展的过渡时期，仍然处于能源的快速消费阶段且该趋势不会减缓。发展中国家都会通过工业化、农业现代化和公用设施大规模改进来改善经济条件，因此能源消耗会以较快速度增长。例如，世界上两个人口最多的发展中国家中国和印度，已经历了经济活动快速上升、能源生产和消费快速增加的阶段。由于人口众多，仍有很大部分尚未享受到经济快速发展带来的好处，因此其人均能源消费水平不能很快达到稳定状态。但不言而喻，这些发展中国家经济体的快速变化是世界范围总能源生产消费和CO_2排放增长的最大推动力。

能源消费场景的变化可以是很大的，这取决于经济、局部气候和人口密度以及其它多种因素。例如，占世界能源总消费25%的美国（人口占世界总人口的比例小于5%），在2007年消费能源100 EJ，这几乎是中国能源消费的两倍和印度的四倍。在美国总能源消费中，28.64%是被运输部门消费的，31.18%用于工业生产，18.14%商业建筑，21.4%居民建筑物。美国总能源消费的84.89%由化石燃料提供，8.26%来自核能，其余来自可再生资源，包括生物质、水电和GWS（其中G表示地热能、W表示风能和S表示太阳能）。在未来25年，美

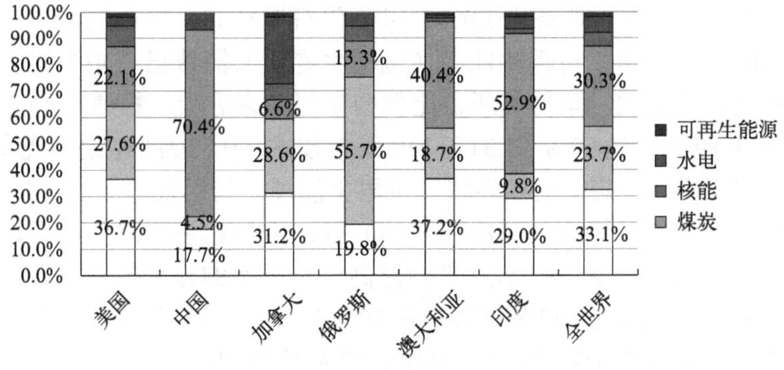

图3-10 世界上主要国家的初级能源消费比例

国的能源消费肯定要继续上升，其中化石燃料占比将上升到89%。相对于发达国家美国的另一极端是，现在仍有世界人口的25%还没有用上电力，约40%的人口使用的主要能源是生物质。需要特别指出的是，提高这些落后和发展中国家人们的生活水平和质量，其消耗能源的模式和方法完全没有必要照搬发达国家。这是因为，对发展中国家几乎不可能达到和实现发达国家的平均能源消费水平和速率；它们能够在能源消耗强度低于现时发达国家标准条件下达到较高的发电转化和电力利用效率。可以预期，在发展中国家的人均电力消费增长的早期阶段，即在远离高电力消费速率条件下，是能够使联合国人类发展指数HDI（包括反映人口物理、社会、经济健康和幸福数据，如人均GDP、教育、长寿、技术使用和性别发展等数据）有快速上升的。这也就是说，发展中国家的能源消费水平在达到其“饱和点”前就有可能获得更好的生活水平而无需消耗更多能源（转化为电力）。能够观察到的一个趋势是：全球人均能源消费达到一“阈值”后，能在近似恒定能源消耗下使人均GDP仍继续上升。

3.3.5 使用能源资源类型的转变

人类社会的早期，使用的能源几乎都是自然界大量存在的生物质。随着社会的发展，使用的主要能源资源由生物质转变为固体煤炭，它的发现和使用引发了第一次工业革命。而后，随着运输车辆的大量使用，所使用的主要能源由固体煤炭转变为液体石油。而后，作为生物气体燃料的天然气异军突起。当然，世界上不同国家使用的主要能源类型转变取决于各自的自然资源。但直到现在，煤炭、石油和天然气三大化石燃料在每个国家的总能源供应中仍然占有支配地位，不管是发达国家还是发展中国家。统计数据指出，世界能源需求的60%仍然是由化石燃料供给的。但问题是现在急切要求改变大量使用化石能源资源的情形。近年来，国际上对可再生能源的推动主要是由于化石能源使用的可持续性问题和产生的环境约束。虽然在近些年中，太阳能、风能和水力能使用有快速的发展，但现在使用的可再生能源中仍以生物质为主，尤其是在相对落后的发展中国家（发达国家美国使用的生物质也占了总可再生能源使用量的几乎一半）。

世界上的所有发展中国家都渴望增加能源使用数量以保持其经济的持续增长。中国和印度就占了2012年世界总能源消费增长量的90%。有专家预计，到2040年全世界能源需求将增加56%，其中90%由发展中国家贡献。但应该指出，世界上能源消费的主要国家主要仍然是发达国家。2010年全球能源消费达到124.77亿吨油当量，其中石油占33%、天然气占24%、煤炭占30%、可再生能源占1.9%。尽管化石燃料的全球总储量（资源量）是巨大的，但总有耗尽的一天。虽然可再生能源（包括生物质）消费已有相当增长，但对全球消费总能源的贡献仍然是小的，虽然其所占比例会变得愈来愈大。报道指出，在2012年的新增能源中可再生能源占比达50%（1.31万kW风电技术，0.33万kW太阳光伏能）。预计在未来增长的能源需求中，一定会更多地依靠可再生能源，包括太阳能、生物质能、地热能、废物转化、水电和海洋能（流动、潮汐和波浪）等，因目标是要降低对环境的影响。非碳可再生能源的增长极大地取决于技术进步和提高以及成本的显著下降。例如，在中国，可再生能源主要是风电和太阳能，总装机容量在2016年已经达到了2.3亿千瓦；2019年可再生能源发电量占总发电量的27.3%，2020年该比例增大到28.8%。

在图3-11中示出了全球1860～2040年使用的主要初级能源资源占比的变化（2020～2040年为预测数据）。从图中可清楚看到，人类使用主要初级能源转变的趋势是：在19世纪前以生物质为主；在19世纪最后一二十年使用的主要初级能源发生转变，煤炭替代了生物质成为占优势的初级能源；到20世纪五六十年代，转变为石油和天然气，逐渐替代了煤炭的优势地位直到现在；无碳的氢能源正在逐步兴起。由于近些年来技术的发展和进步，利用的煤、原油和其它可再生能源相对比例发生了巨大变化。但是我们也必须看到，能源市场的地位因部门而异，例如运输部门已经并将继续极大地依赖于石油，而工业部门使用的能源则是变化的：发电部门从煤炭转变为天然气或太阳能；化学品生产从煤炭改变为生物质或天然气等。目前最大的三种能源资源石油、煤炭和天然气在世界能源利用中仍占优势，其持续时间可能要超过40年。目前使用的优势初级能源资源虽然仍然是石油，但天然气所占比例在不断上升，大有替代石油的趋势。根据预测，到2040年可再生能源资源的使用占比会超过不可再生的化石能源。在2020年发布的《BP世界能源统计年鉴》中披露了如下信息：能源消费在2019年仅增加1.3%，而2018年增幅为2.8%；在增量中可再生能源和天然气消费贡献占四分之三，中国是最大的贡献者占全球净增长的四分之三以上。

最后，有必要了解一下发达国家使用能源资源类型的转变。以美国为例，在图3-12中示出了过去65年美国对不同能源利用的变化曲线；而在图3-13中给出了美国在2011年和2012年消费的主要能源所占比例。

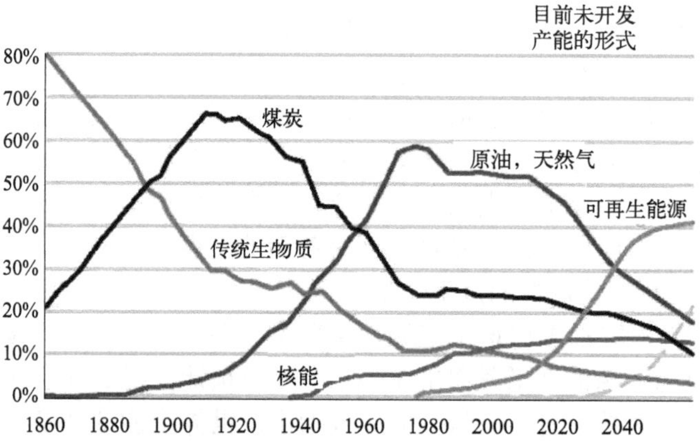

图3-11　能源资源使用随时间改变的曲线

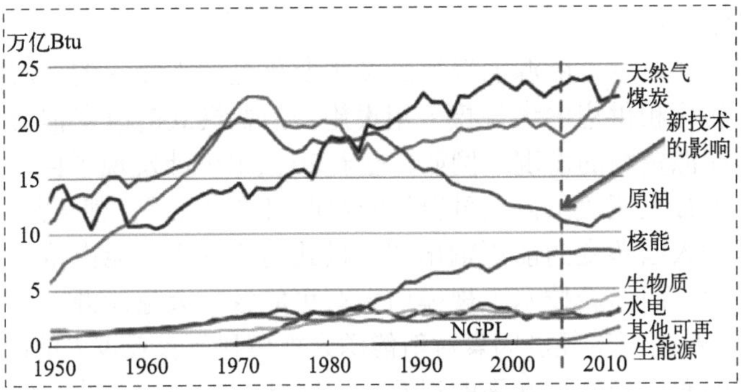

图3-12　1950 ~ 2100年美国主要能源生产

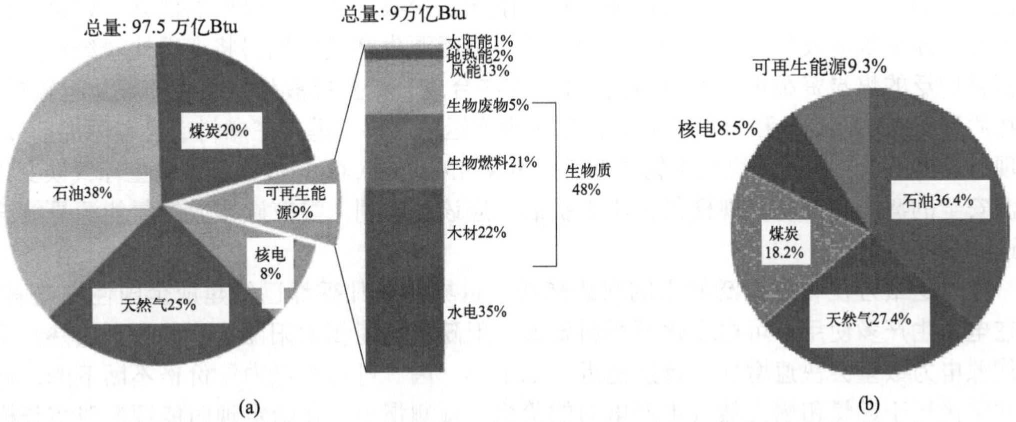

图3-13　2011年（a）和2012年（b）美国消费的主要能源

3.4　能源资源分析

为深入了解能源领域的严重挑战并提出可能的解决或缓解途径，在对人类消费的能源资源（现时状况和预测未来）、全球能量平衡和碳氢元素循环（携带能量的最主要两个元素）讨论的基础上，较为详细地介绍各类初级能源，包括石油、煤炭和天然气以及各种非化学或非碳能源例如水力、风能、波浪能、潮汐能、地热能等。前面的石油、煤炭、天然气通称为不可再生的化石能源（燃料）；可再生能源利用比例正在不断增加，因为只要有太阳存在它们就能够源源不断再生。但更确切地应该被称为非化学或非碳能源。例外的是生物质能和核能，两种都属于化学能，但在一定程度上都是可再生能源。

3.4.1　使用能源数量的预测

按照IEA的预期，世界范围总能源消费量在未来25年将上升超过50%，而各种初级能源占总能源消费量的比例虽然稍有变化但变化不大，并预测：化石燃料所占份额预期会有增加，因发电厂中使用天然气不断增长，天然气份额将超过煤炭；液体石油仍将是运输燃料的最大供应源，因为大部分运输燃料生产都是以它作为基本原料。在给定能源供应和需求条件下考虑经济和人口增长影响的大矩阵，并以此来预测能源消费增长及其可利用性，虽然预测的不确定性较大。

能源使用历史趋势显示：能源消费模式发生变化是相当缓慢的，因为现时已经建成了完整的能源开采、转化和供应的大规模公用设施，消费模式的改变需要巨大投资。模式的改变通常是由于新能源资源的发现。例如，随着20世纪中叶发现了巨大的石油储量，石油利用快速上升；又如21世纪美国巨大页岩气的发现和成功开采，使天然气的应用大幅上升，美国有可能从能源输入国转变为能源输出国。模式的改变也可能由重大技术突破和广泛接受的可利用性所引发，因为新技术大规模引入有可能替代大量能源。例如，成熟核能或光伏能技术的引入。这种情况下经济因素对新能源大规模利用有着极大的决定意义。

随着社会文明的发展和生活水平的提高，运输部门愈来愈发达，使用液体燃料数量不断增加。为解决液体燃料的供应问题，除以石油作为原料生产外，也能利用其它能源资源，如油砂或油页岩，未来它们可为运输燃料贡献一定份额，取代部分原油消耗。如果原油价格上升和原油供应发生安全问题，利用重质烃类能源生产液体燃料将变得比较经济。分布丰富且广泛的煤炭资源也可通过间接液化（F-T合成）和直接液化技术生产液体运输燃料。生物质资源在生产热量和电力的同时，也可生产运输燃料乙醇（主燃料或燃料添加剂）。虽然现时规模不大，但因有巨量生物质资源可利用和相对低CO_2排放，且受到全球气候变化和能源安全的激励和推动，规模仍在不断扩展。应该注意到，没有碳排放的氢能源是能够作为运输燃料使用的。

电力是最方便和最广泛使用的次级能源，世界各国几乎都已经建成全国性供电网络。现在电力生产多使用不可再生化石燃料资源，但随着风能和太阳能技术的逐渐成熟，可再生能源电力数量会快速增加，特别是近一二十年。因“可再生电力”价格不断下降，现在已非常接近于燃煤和燃天然气生产电力的价格。预测指出，在给定现时能源消费增长模式下，未来25年间CO_2排放也将增长50%。在满足能源增长需求的同时不显著增加碳排放，必须扩大可再生能源的使用。但对核能而言，要超过现时情形的增长似乎是不可能的，因对核废料的储存和安全问题还没有令人满意的解决办法。

化石燃料储存量定义为已知存在的量，即已经发现和使用现有技术能够经济地开采的数量。化石燃料资源量定义为已发现的数量，但使用现有开采技术是不经济的，需要发展更先进技术才能利用它们。不过，即便把储存量和资源量加在一起，化石燃料也只能使用有限时间，或许100～300年，取决于燃料资源类型、开采速率、探矿和生产技术、开发和消耗速率。有预测指出，原油储存量可用50～75年，而资源量则能够持续使用150年；对天然气，预期寿命约为原油的两倍；对丰富的煤炭，预期至少能够坚持数百年。当然这些预测只能是近似的，因为能够发现的储存量很强地取决于可利用的开采技术、成本和消费模式。按现时的存储量和资源量估计，煤能够坚持的时间最长，油的消耗最快。世界上许多快速发展的发展中国家，如中国和印度，煤炭都是可以大量利用的。再考虑其它一些重质烃类能源资源，如油页岩和油砂，生产液体燃料的资源量将持续增加。例如已经证明，加拿大的原油存储量接近10亿桶，其油砂存储量可产生17亿桶油；美国的油页岩也可生产2亿桶油。但应该特别指出，利用油砂和油页岩生产轻质烃类对环境影响也可能是很显著的。其它烃类资源包括页岩油气和深海水合甲烷（可燃冰，它被认为是一个巨大的能源资源）。页岩气已经成功开采，可燃冰的利用需要发展不干扰其初始状态或海洋健康的开采技术。已经开始研究在深海底层中生成非生物基（非有机）甲烷以及如何开采利用，如证明可行，将是另一个巨大能量资源。

3.4.2 太阳辐射到地球的能量

地球上所有储存的能源资源包括煤炭、石油、天然气等化石燃料，是太阳辐射到地球上的部分能量的累积，是在长时间内形成的。按人类寿命年限计算，是不可再生的。太阳能辐射同时也产生瞬时可再生的能源资源，如风能、太阳能、潮汐能、生物质能。因此，了解太阳辐射到地球的能量数量是有意义的，因为它是地球能源资源的主要来源。

太阳辐射到达地球和从地球散发出的能量流量，以及它们以辐射方式通过大气的变化示于图3-14中。由于太阳表面的高温（接近6000℃），太阳辐射集中于短波区（可见光0.4 ～ 0.7 μm范围），有小部分太阳辐射在紫外区（波长低于0.1μm）和红外区（约3 μm）。平均而言，入射太阳辐射的30%被地球大气和地球表面反射出去，20%被不同高度的大气层散射掉，余留的50%到达地球表面并被地球地面和水吸收。进入地球大气被吸收或散射部分太阳光光谱进行了选择：紫外辐射被平流层中的臭氧和氧气吸收，红外辐射被对流层（底层大气）中的水、二氧化碳、臭氧、氧化亚氮和甲烷吸收，由冷地球表面反射出去的辐射集中于长波长区，在4 ～ 100 μm范围。到达地球表面的大部分辐射能量被用于蒸发海洋中的水。

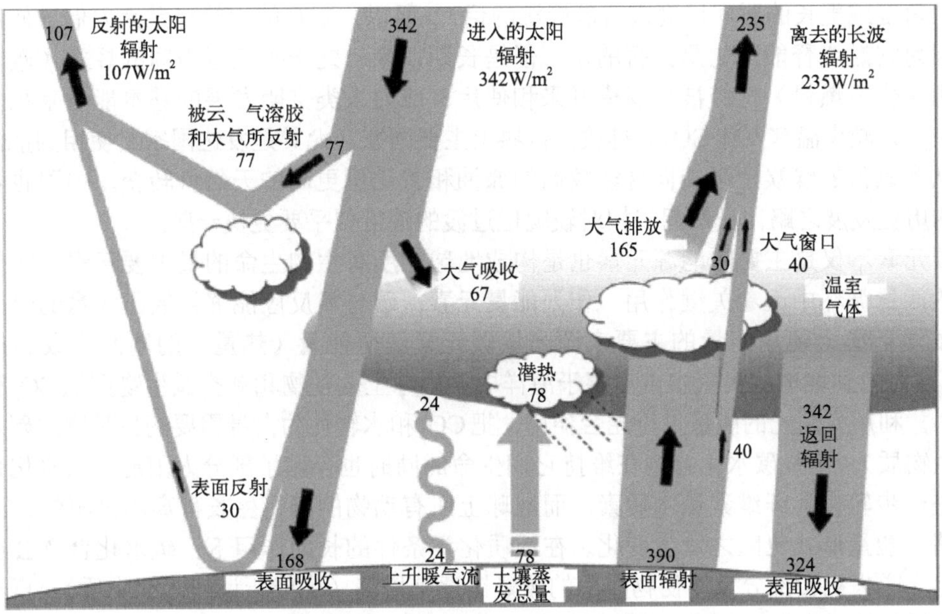

图3-14 太阳能通量如何到达地球表面

所有值是地球表面的平均值，单位W/m²

对温室气体（主要是二氧化碳和水蒸气）吸收的部分辐射，4 ～ 7 μm波长范围辐射被水分子吸收，13 ～ 19 μm波长范围辐射被二氧化碳吸收。部分吸收能量再被透射到地球表面，其余部分被反射到外空间。温室气体辐射能量的变化主要来自气体中心的强制辐射，它们对地球表面的贡献取决于温室气体在大气中的浓度、辐射和再吸收系数。这些辐射能量的净作用是使地球表面保持暖和（地球平均温度接近于15℃）。从这个角度看，地球大气层犹如覆盖在地球表面的一块大毯子，如没有它地球温度可能下降到低至−19℃。强制辐射效应随温室气体浓度增加而增加。而温室气体浓度快速增加是由于存在有多种反馈机制，如极地冰融化（反映有更多偶然辐射返回到空间中）和大气中水蒸气增加（较高温度使水蒸发增强）。除水蒸气的强制辐射外，二氧化碳是已知温室气体中强制辐射最强的。大气中水蒸气的浓度是很低的，受人类活动影响和控制。

3.4.3 地球上碳和氢元素的循环

在讨论地球上的能源资源时，必须了解能存储和释放能量的化学元素（氢和碳）及其化合物在地球上的循环。在各种能量形式中，只有化学能能以化学物质形式长期存储能量。能长期存储化学能量的最主要元素是碳和氢及其化合物（烃类）。烃类与氧反应在生成化合物水和二氧化碳的同时释放出所存储的大量化学能。所谓“化石能源”几乎都是碳或它与氢形成的烃类，这些化石能源资源就是在历史长河中以化学能形式存储下来的太阳辐射到地球的部分能量。人类利用它们就是让它们释放出以化学能形式存储下来的太阳辐射能量。显然，为了让碳和氢元素把存储的化学能释放出来，必须让它们与氧元素结合，它们结合生成的产物H_2O和CO_2都被认为是温室气体，特别是CO_2，是造成“地球气候变暖”的元凶。研究认识到，在地球大气中CO_2浓度应该并已开始受到限制，也就是对化石能源的使用施加了限制（虽然这仍然是一个争论中的问题，如果不是从人类寿命时间尺度而是从地球历史的角度或更长的时间尺度来看碳能源的话）。所以，现在的大趋势是大力倡导使用氢能源，因为它燃烧释能产物是无害的水。但是长期以来，处于碳和氢中间的烃类（碳氢）能源资源（化石燃料）已经被大规模开采和使用，成为人类文明发展的基本能量来源。近几十年来，为减少温室气体CO_2的排放，世界上主要国家（尤其是发达国家）使用的能源资源正在从含氢低的煤炭逐渐转向含氢较高的原油和氢比例更高的天然气转变。中国也正在走这样的历史发展之路，虽然起步相对较晚但过渡的速度似乎要更快一些。

碳元素不仅是主要的能源元素也是构成地球上所有生物生命的最重要元素，它们在地球上的能量循环中起着关键作用。作为能量元素，碳与氧反应能够释放出大量的热量，是人类发展历史上使用能量的主要来源。从碳元素获得能量（热量）的同时生成的产物是CO_2，被释放到地球的大气中或溶解于海洋中。地球上的植物和藻类微生物则以CO_2和水作为原料，利用太阳光的能量进行光合作用，把CO_2和水转化为自身需要的生长物质碳水化合物（生物质），这些碳水化合物在维持它们生命的同时也存储了部分太阳能。碳水化合物被植物进一步转化为纤维素和木质素，而地球上所有动物的繁衍生长都离不开植物，因此它们存储的能量形式也随之发生变化。在地质化学条件的长期作用下，碳水化合物会逐渐演化转化，脱去氧和部分氢，使物质中的碳氢比逐渐增高（生成所谓的烃类物质），直至形成碳氢比极低的煤炭资源。而这些物质又被氧化生成CO_2和水，CO_2和水又被植物利用生成碳水化合物，在地质年代尺度上形成化石能源资源。这样的碳循环在地球上无时无刻不在进行，辐射到地球上的部分太阳能被植物和藻类利用，把CO_2和水光合成碳水化合物，大量碳水化合物（生物质）在长期地质化学作用下进行复杂物理化学转化过程形成了沉积的化石能源资源［甲烷（天然气）、碳氢化合物（石油）和碳（煤炭）］。这足以说明，这些化石能源是历史长河中存储下来的辐射到地球的部分太阳能，也就是我们现在利用的三大化石能源是被存储下来的古代辐射到地球的极少量太阳能，碳元素在地球上处于循环之中的能量元素，这个碳循环伴随着能量转移，把太阳能转变为生物质和燃料（CO_2和水经光合作用生成），而生物质和燃料中的碳与氧反应又生成了CO_2，同时释放出能量。从地球上的碳循环角度看，元素碳和二氧化碳同样是能量转移不可或缺的载体。

氢元素也是地球上的能量元素，与碳元素类似，氢在地球上也进行着无时无刻的循环，氢与氧反应在生成水的同时也释放其存储的能量。虽然氢元素在地球上并没有像碳元素那样以自然形式存在，但它大量存在于水中。而水同样是植物和藻类利用太阳能的光合作用合成碳水化合物的基本原料之一。它们经过长期地质物理化学作用与碳元素一起形成三大化石能源资源煤炭、石油和天然气。地球的演变历史清楚地告诉我们，碳元素和氢元素是自然界存储太阳能的载体或介质，虽然它们在地球上存储太阳能的数量与辐射到地球上的能量数量相比是微不足道的。但这已经足以说明“自然界要比人类高明”，早已（部分）解决了太阳能的长期存储问题。虽然人类需要的能量存储时间尺度与自然界存储时间尺度有很大差别，但自然界存储能量的事实清楚地告诉我们，只有化学能存储能量的形式才是能够长期存储太阳能的。三大化石能源资源（化学能）是地球上长期存储的来自太阳光辐射的部分能量，而碳-二氧化碳和氢-水是地球上产生和存储能量最基本的两对存储介质或载体。从这个角度看，CO_2和水都应该被认为是不可或缺的能量载体。

评估指出，现在化石燃料燃烧产生的碳已经达到几乎6 GtC/年［“GtC/年”指每年十亿（giga）吨碳，用于衡量进入大气中的所有含碳物质中的碳］。碳和二氧化碳的分子量分别为12和44，1 GtC等当于44/12=3.667 Gt CO_2。文献数据指出，现时化石燃料燃烧产生碳的数量与其它来源/碳池（sinks）数量是可以比较的，这说明人类活动已经使得大气中CO_2浓度增加。进入大气中的CO_2也有很大部分来自动植物呼吸以及废物和死生物质的分解。CO_2通过光合成以及海洋浮游植物呼吸被固定而除去。呼吸排放的碳为60 GtC/年，而光合作用移去的碳约为61.7GtC/年，碳池的平衡为1.7GtC/年。生产和消费间碳源/碳池平衡在90～92.2 GtC/年之间。海洋作为“碳池”贡献了2.2GtC/年的净吸收量，在陆地上产生的碳增加量（可变的，如砍伐森林）和生态交换产生的碳移去量在1.4～1.7GtC/年之间，其净碳池平衡为0.3GtC/年。从上述数据可得出，大气中总包碳净增值在3.6 GtC/年左右，因此化石燃料燃烧（少量来自水泥）产生的碳贡献看来不是无足轻重的。同时也必须指出：①给出的上述碳数量存在相当的不确定性，因此对碳总包平衡的不确定量，估算值达1～2GtC/年；②由于所述体系的总容量极端巨大，肯定会存在尚未很好了解的一些可能变化；③就不同来源数量而言，同样存在不确定性。但是不管怎样，一个清楚的证据是，自工业革命以来由于化石燃料消耗速率的显著增长，大气中CO_2浓度确实已经上升，这是最可见的信号。估算指出，大气中每引入2.1GtC，CO_2浓度上升1 μL/L，而CO_2在大气中的平均寿命为100～200年。

3.4.4 化石能源消耗和CO_2排放

在有关能源及其消耗情况的讨论中指出：由于世界人口不断增加再加上生活质量的不断提高对能源的需求快速膨胀，而化石能源的快速消耗导致CO_2排放量持续增加。由于目前降低CO_2排放量的手段不多，大气中CO_2浓度上升导致全球气候的不可逆变暖和对环境造成严重的危害。

要解决面对的这个问题必须有效利用现有技术和发展新的实用技术。具有最高优先性的研发技术目标是保护和节约能源资源，同时降低对环境的负面影响，即显著提高能源转化效率（供应侧）和终端能量使用效率（需求侧）。

能源转化和利用几乎涉及所有领域，而使用有效技术解决这些领域中面对的问题必须有经济的激励和获得政府公共政策的支持。在能源转化和应用领域中应用技术的效率仍有相当的改进和提高的空间。从减少能量损失和尽可能利用废能量到全面提高转化和利用过程效率。当然，提高能量转化和利用效率是需要付出代价的，也就是需要新的投资和操作成本的增加。但这类付出能够从效率提高后的燃料节约获得补偿。能源领域的技术革新和新技术研发推广都会得到政府的支持和社会的激励。

降低和消除温室气体CO_2排放的一个直接方法是把化石燃料燃烧产生的CO_2捕集封存起来。这是一个有效技术，能够使丰富煤炭和其它重烃能源资源的利用清洁化。这样的清洁化有利于这类能源资源继续利用而不被很快淘汰，由于它们价格便宜且已建成巨大共用基础设施，可节省很大数量的新投资。但是，为了能够对捕集封存CO_2（CCS）技术进行研究、发展和示范，不仅要求提高能源利用总效率，而且要求降低CCS技术的成本。例如，在现有公用设施中使用可再生技术，把现有发电厂使用的煤炭与低碳燃料（如天然气和合成气）的CCS进行集成，能够降低CCS成本，获得稳定快速的有效过渡。这充分说明，提高能源转化和利用效率与降低CO_2排放不仅是面对的挑战更是巨大的商业机遇。

在移动运输领域中也同样存在能源消耗和CO_2排放问题，随着运输耗能占比的增加要求解决此问题的呼声愈来愈大。虽然其解决办法使用的策略类似于固定能源应用，但在使用者一端采用的具体措施略有不同。其中具有重要意义的是提高动力传动效率特别是混合化、需求边效率的提高，如在车辆大小和重量、扩展公共运输服务等方面。驱动动力混合化指的是运输部门电气化，因电气化是显著降低CO_2排放的重要技术；大规模生产和使用生物柴油可为降低CO_2排放做出一定贡献，但这需要以纤维素生物质为原料清洁生产生物柴油。

世界不同国家利用的能源资源是不一样的，这与各国的自然资源禀赋有关，也与不同应用技术的发展有关（参阅图3-12中美国从1950年到2010年不同初级能源消耗曲线）。对世界有限的化石燃料资源量，能源需求增加的部分从哪里来呢？经济预报预测，对能源及其依赖产品的高需求和供应短缺这样的情形将会持续数十年。对能源需求的持续增加来自全球的商业活动，包括石油炼制、天然气转化、发电、运输车辆，以及为净化大气所进行的排放控制、提高生活质量所需的化学品。为解决短缺满足不断增长的能源需求，就要创生出有效利用可再生能源技术，如新生物质转化和太阳能/风能发电技术等。为提高可再生能源资源利用效率，储能是重要的关键技术。例如新近由IEA、Dechema和国际化学协会联合发布的报告预测，到2050年催化剂和相关工艺改进能够使18种主要化学品的单位能量消耗降低20%～40%。

应该特别指出，能源市场地位在不同部门是不同的。运输部门已经和将继续很重地依赖于石油；而其它工业部门正在改变其原料，如发电从煤炭逐渐转向天然气或太阳能；特殊化学品生产也从煤炭逐渐转向生物质或天然气。

3.5 初级能源资源Ⅰ：煤炭、石油、天然气

3.5.1 引言

在人类历史开始前，地球上的生物已经存在了很长时间，它们的繁荣生长都离不开太阳光。照到地球的太阳辐射极小部分被植物和藻类吸收用于合成碳水化合物。随着地球的长期变迁和长期的地质年代大量碳水化合物被转化为烃类（石油和天然气）和煤炭深埋地下。这些化石燃料虽然以化学能形式存储的太阳能仅是极微小部分，但其能量密度大大增加。例如，化石燃料发电和其推进应用组件的功率密度一般在100kW/m^2，对高速推进应用

还要更高一些。而可再生能源的能量流功率密度要低3～4个数量级。例如，到达地球表面的太阳能平均发电功率密度低于300W/m^2。

随着人类社会的发展，对能源的需求愈来愈大。早期人类只能够直接利用太阳光和生物质来获得热量，用于取暖和烹饪食物。直到15～16世纪的英国工业革命才开始大量使用埋在地下的煤炭。随着内燃机的发明与大量开采和炼制技术的发展（用于获得内燃机使用的燃油），液体石油超过了化石燃料煤炭（大量使用造成严重环境问题）成为主要初级能源。由于环境要求的呼声愈来愈高和天然气资源的大量发现，在近些年中全球使用的主要初级能源逐步向更低碳的天然气过渡。

最大的三种化石能源石油、煤炭和天然气在今天世界能源中仍然占有很大的优势，但它们在不同国家中使用占比是不同的。例如，在中国煤炭占65%以上并将继续占有主导地位，其持续可能超过40年。有报道指出，2010年全球消耗的初级能源资源约有124.77亿吨油当量，其中石油占33%、天然气24%、煤炭30%、可再生能源1.9%。这三种化石能源资源的全球总储量是非常巨大的（见图3-3）。虽然可再生能源资源（包括生物质）的全球潜在量远超化石能源，但现在其实际的贡献仍然是比较小的，尽管在过去一些年中已经有相当的增长。随着认识的提高，它们在满足世界不断增长的能源需求中将变得愈来愈重要。例如将从2009年的16 TW(亿千瓦)/年增加到2050年的28 TW/年。2012年新增加的初级能源使用量的约50%来自可再生能源。应该注意到，可再生能源的价格在某些区域是有竞争力的，且竞争力在不断增加。

在规划未来的能源需求时，把可再生能源资源作为初级能源消耗的主要增长源，如太阳能、生物质能、地热能、废物转化、水电和海洋能（流动、潮汐和波浪）等。当然，必须也必须清楚地认识到，非碳可再生能源资源利用的增长极大地取决于技术的进步、效率的提高、成本的下降、法规和政策的激励等。这也就是说，在可预见的将来，世界初级能源严重依赖于石油、天然气和煤炭三大化石燃料的状况不会有大的改变。统计指出，美国对这三种初级能源资源的消费占总消费的近90%；我国这三种化石能源在总能源消费中占比也在85%以上。因此如何更好洁净地利用煤炭、石油和天然气，与非碳可再生能源开发利用一样重要。

煤炭、原油和天然气等自然化石能源是丰富的，但其原始形式与其使用要求的功能一般是不匹配的。自然资源形式能源的转化是必须的，因为只有转化后的次级能源才能够满足工业、运输和民用等多种多样的需要。已经发展出转化和利用初级能源的多种技术，这加速了传统化石燃料的消耗。在前面的讨论中已指出，发达国家的人均能耗相对稳定，但超过发展中国家数倍。对发展中国家，能源消耗正处于快速增长阶段。国际能源协会（IEA）给出的对能耗和消耗能源资源变化的新近预测仍然是：现时消耗初级能源的85%以上仍然由传统化石能源提供。

下面分别简要叙述三种最重要的化石能源资源，然后再分别介绍核能和生物质资源以及重要的可再生能源资源。

3.5.2 石油

在整个20世纪，最关心也是最重要的初级能源资源是石油，它在21世纪初期仍将继续占优势。但是现在，人们最关注的重点已经转移到能替代石油且可持续、更加绿色的其它初级能源资源。从20世纪60年代到2010年期间石油价格经历了剧烈的波动和上涨，因此最重要的初级能源资源石油一直是市场和政治较量的主题。对石油的需求量数十年来一直很高，因为至今仍然没有在价格上有竞争力的燃料来替代柴油、汽油和喷气燃料等产品。强劲的石油需求一直推动着这些大众燃料价格的上涨，投机者为获得利润也在抬高价格。由于石油几乎都是以美元计价的，在美元值下降时，非美元供应者为继续盈利而推动原油价格上升。美元管理的石油市场是形成恐慌反应、发号施令者赢得最大利益和生产领域中长期竞争的主因。在原油的生产和消费领域，市场和政治等因素都关系到能源安全供应、经济增长或衰退。世界人口和汽车的持续增加以及生活质量的持续提高，极大地推动了对石油需求的增加。世界各地的石油储量分布是很不均匀的，最重要的原油产地集中于政治极不稳定的中东和南美地区，而石油的主要消费地区处于人口众多的亚洲与经济发达的北美和欧洲地区。所有这些因素都对石油价格产生重大影响，同样也影响天然气的价格，从而推动着价格不断上涨。

现在世界许多地方的原油与石油产品价格间的关联已经不那么紧密了，这是由于页岩气能源的发现及其产量的快速增长远超预测和预报。这说明能源版图已开始发生变化。例如，对美国早期预测的主要结论是美国是天然气和石油输入国；而现在的预测是到2035年美国将是石油和天然气的主要出口国。实际上2019年美国已成为石油和天然气输出国，而中国成了世界最大的原油进口国。这一反转情形的发生不仅仅由于页岩气的大量生产，而且也由于湿页岩气副产大量的乙烷、丙烷和开采页岩油压裂技术的不断扩展（水力压裂）并已发展出新的水平打井技术。应该注意到，为开采页岩气发展的压裂技术已被用于开采老油井中的残存石油。著名的Hubbert预报指出：20世纪末期预测石油资源减少的情形正在发生大的改变，新天然气和石油资源将对能源工业产生巨大影响。另外，石油中富含C_5和高碳化学品（包括芳烃），其可提供产品的范围要比煤炭或生物质能源资源宽得多。

2020年发布的《BP世界能源统计年鉴》中披露了如下数据和事实：1993 ～ 2018年世界各地区石油生产量和消费量的变化曲线（见图3-15）；2019年世界十大产油（包括原油、

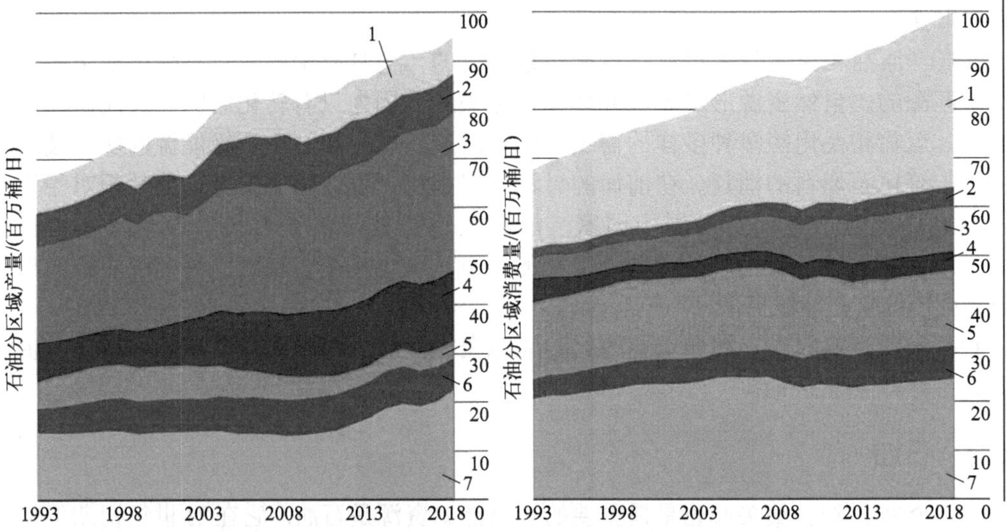

图3-15 1993 ～ 2018年世界各地区石油生产量和消费量的变化曲线

1—亚太地区；2—非洲；3—中东；4—独联体国家；5—欧洲；6—中南美洲；7—北美洲

页岩油、油砂、凝析油、天然气液体）国（见表3-3）；世界石油储量最大的十个国家（见表3-4）；2019年消费石油增加和减少的前五个国家或地区（见表3-5）；石油产量增加和减少的前五个国家（见表3-6）。

表3-3　2019年产油前十的国家

国家	美国	俄罗斯	沙特	中国	阿联酋	伊朗	巴西	科威特	尼日利亚	墨西哥
产量/亿吨	7.467	5.681	5.566	1.91	1.802	1.608	1.508	1.44	1.014	0.949

表3-4　2019年探明石油储量前十的国家

国家	委内瑞拉	沙特	加拿大	伊朗	伊拉克	俄罗斯	科威特	阿联酋	美国	利比亚
储量/亿吨		5.681	5.566	1.91	1.802	1.608	1.508	1.44	1.014	0.949

表3-5　2019年石油消费增加和减少最多的前五个国家或地区　　单位：千桶/天

增加		减少	
中国	681	墨西哥	88
伊朗	183	意大利	59
印度	159	巴基斯坦	52
阿尔及利亚	37	中国台湾	52
俄罗斯	35	委内瑞拉	47

表3-6　2019年石油产量增加和减少最多的前五个国家　　单位：千桶/天

增加		减少	
美国	1685	伊朗	1266
巴西	198	委内瑞拉	556
加拿大	150	沙特	421
伊拉克	148	墨西哥	150
澳大利亚	135	挪威	

另外，国际经济合作与发展组织（OECD）在2018年也披露了石油生产和消费的情况，如图3-16所示。图3-16（a）给出了世界不同地区1971～2017年原油生产量变化曲线以及1973年和2017年不同地区原油产量在世界总产量中所占的份额；图3-16（b）给出了世界主要国家在2017年的原油生产量和所占份额，以及2016年前十的最大原油净出口国和净进口国。

目前，投资数以十亿计的石油炼制工厂在世界各地快速发展和扩大，其中多数工厂仍然使用20世纪发展的催化炼油技术。石油加工工业的巨大投资和很宽产品品种意味着，对石油及其产品（油品和大宗化学品）的需求仍然非常强劲。石油炼制需要非常巨大的投资，新炼厂的增加主要是在快速发展的发展中国家。发达国家对石油仍然有需求，而其老炼厂需要调整以适用于可利用的不同石油类型，如高硫、高金属、油砂原油、页岩轻油等。这样的调整取决于替代原料可利用性和价格，需要经受改变原料的巨大压力。石油资源产品被天然气加工产品替代已经开始，例如利用气体制液体（GTL）和甲醇制烯烃（MTO）等技术生产油品和基本化学品的数量在不断增加。目前，这些新技术产生的影响程度取决于地区性成本/供应和一些其它因素，如资本和运输成本以及可利用性等。

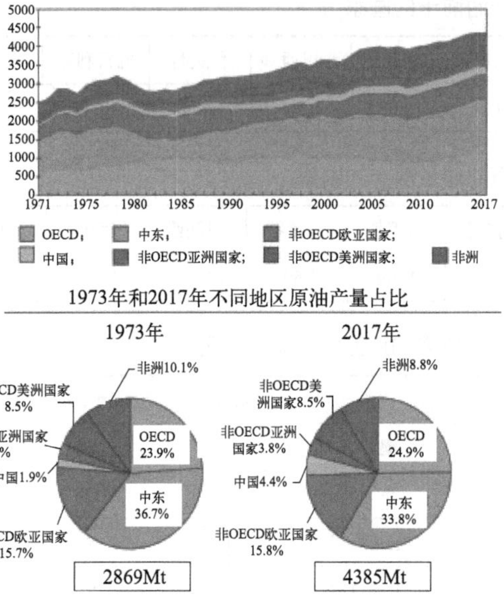

(a)

不同国家原油的净出口和净进口

生产国	数量/Mt	占比/%
美国	563	12.9
沙特	560	12.8
俄罗斯	548	12.6
加拿大	237	5.4
伊朗	229	5.2
伊拉克	225	5.2
中国	192	4.4
阿联酋	178	4.1
科威特	149	3.4
巴西	137	3.1
其余地区	1347	30.9
世界总量	4385	100.0

2017年数据

净出口国	数量/Mt
沙特	373
俄罗斯	254
伊拉克	187
阿联酋	120
伊朗	119
加拿大	113
科威特	108
委内瑞拉	90
尼日利亚	87
阿尔及利亚	82
其它国家	548
总计	2081

2016年数据

净进口国	数量/Mt
中国	378
美国	371
印度	214
日本	162
韩国	146
德国	91
意大利	65
西班牙	64
荷兰	61
法国	55
其它国家	506
总计	2113

2016年数据

(b)

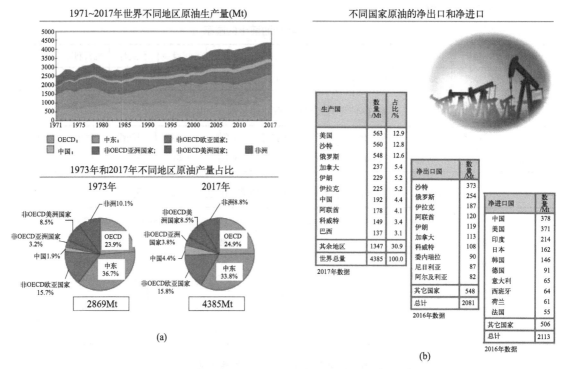

图3-16　OECD 2018年披露的原油生产输出和进口的情况

注：原油中包含天然气、原料、添加剂和烃类；非OECD亚洲国家不包括中国

3.5.3　煤炭

煤炭是化石燃料中储量最多的，其开发利用也是最早的。其探明储量不断增加，在BP公司2020年的能源报告中给出了1998、2008和2018年探明总量及其地区分布（见图3-17）。2018年全球煤炭储量为1.055万亿吨，主要集中在少数几个国家：美国（24%）、俄罗斯（15%）、澳大利亚（14%）和中国（13%）。其中大部分为无烟煤和烟煤，占70%。基于2018年全球的储产比，煤炭还能以现有生产水平持续使用132年。其中最高地区是北美洲342年和独联体国家329年。

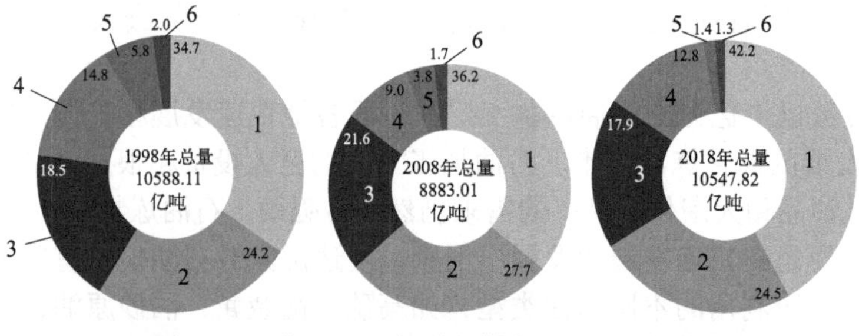

图3-17　1998年、2008年和2018年世界煤炭总储量和各地区所占的比例

1—亚太地区；2—北美洲；3—独联体国家；4—欧洲；5—中东地区及非洲；6—中南美洲

在煤炭消费方面，2017年有小幅回升，2018年进一步上升。煤炭消费量和产量的增速（分别为1.4%和4.3%）均创近五年新高。产量的增长集中在亚太地区(16300万吨油当量)，全球增长的约一半来自中国，印度尼西亚产量也增长了5100万吨油当量，是自2013年以来煤炭消费增长最快的［主要由亚太地区贡献（7100万吨油当量），特别是印度（3600万吨油当量)］。在十年前，亚太地区占全球煤炭消费的三分之二，如今这一比重已经上升到四分之三。发电用煤仍是煤炭消费增长的主要原因。虽然可再生能源增长迅猛（例如中国和印度在2018年都实现了25%以上的增长，约占世界总增长的一半），但仍然无法跟上发电需求的增长步伐，因为发电需求的增长需要由更多煤炭来满足。

在图3-18中给出了1993～2018年世界各地区煤炭的生产量和消费量的变化曲线。图3-19中给出了OECD在2018年披露的煤炭生产消费和进出口情况：图3-19（a）给出的是世界不同地区1971～2017年的煤炭生产量变化曲线及1973年和2017年不同地区煤炭产量在世界总产量中所占的份额；图3-19（b）给出的是2017年世界前十的煤炭生产国及其产量和占世界总产量的比例，以及2017年世界前十的煤炭净进口和出口国（按数量排列)。

与其它化石燃料相比，转化H/C比很低的煤炭需要加入更多氢以充分利用和发挥其化学价值。高二氧化碳排放（高CO_2/kW比）不是煤炭作为初级能源的唯一缺点，它特有的低含量杂质会产生污染物，必须移去，例如汞、二氧化硫、氮氧化物、灰、重金属、硒和砷等。美国50%的电力来自煤炭，而中国的燃煤发电站占总装机容量的80%以上，因此中国目前是世界上排放二氧化碳最多的国家。中国煤炭生产和消费的另一个问题是：地区性问题特别严重。绝大部分煤炭资源分布于国家的西北部，而人口集中和消耗煤炭的主要地区则是在东部和南部。这样就产生了中国特有的能源资源特别是煤炭的运输问题，这对煤炭加工增加了压力也增加了污染源。同时，加工煤炭总是要耗用数量巨大的水（获取氢），这对国家优质淡水供应增加了压力。总而言之，煤炭能源的使用需经受多重的环境威胁和压力，如二氧化碳、杂质、灰、二氧化硫、氮氧化物等的排放以及水资源的巨大需求。

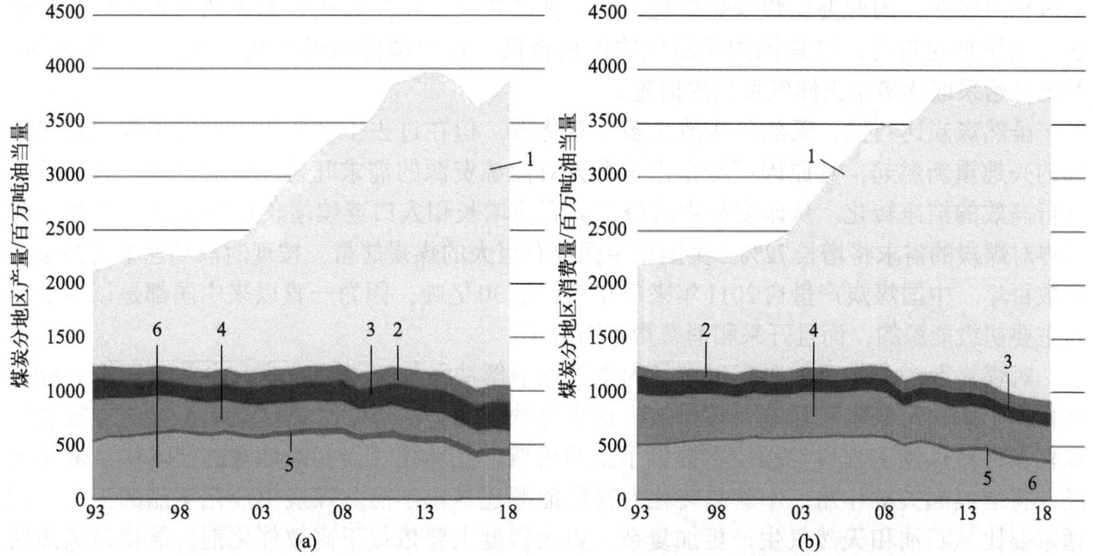

图3-18　1993～2018年世界不同地区煤炭产量和消费量的变化曲线

1—亚太地区；2—非洲+中东；3—独联体国家；4—欧洲；5—中南美洲；6—北美洲

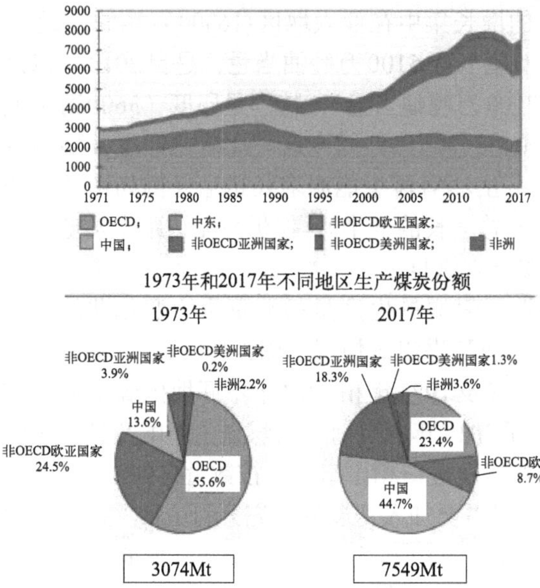

(a)

煤炭生产国、净进口和净出口国

生产国	数量/Mt	占比/%
中国	3376	44.7
印度	730	9.7
美国	702	9.3
澳大利业	501	6.6
印度尼西亚	488	6.5
俄罗斯	387	5.1
南非	257	3.4
德国	175	2.3
波兰	127	1.7
哈萨克斯坦	106	1.4
其余国家	700	9.3
世界总计	7549	100.0

2017年数据

净出口国	数量/Mt
印度尼西亚	387
澳大利亚	379
俄罗斯	161
哥伦比亚	86
美国	81
南非	71
蒙古	33
哈萨克斯坦	27
加拿大	24
莫桑比克	12
其它国家	2
总计	1263

2017年数据

净进口国	数量/Mt
中国	263
印度	207
日本	188
韩国	148
中国台北	68
德国	48
土耳其	38
马来西亚	31
泰国	24
巴西	21
其它国家	244
总计	1280

2017年数据

(b)

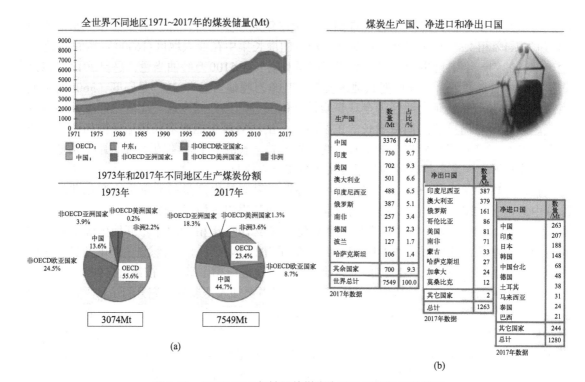

图3-19 OECD 2018年披露的煤炭生产输出和进口的情况

注：包括气煤、焦煤、褐煤和表层煤；非OECD亚洲国家不包括中国

由于新的压裂和水平井技术应用以及运输部门消耗燃料的不断增加，使用天然气替代煤炭的热情持续高涨。为减轻环境污染压力，中国也已开始大量输入天然气来替代部分煤炭，特别是在特大型中心城市地区。虽然使用天然气仍然也会排放二氧化碳，但单位能量排放相对较少，因此要比煤炭更绿色一些。把老燃煤发电厂转化为燃天然气发电厂的工作在美国正加速进行，这是因为天然气的价格较低。在中国使用天然气主要出于环境原因，并已开始采取逐步用天然气替代的措施。

虽然煤炭比石油、天然气排放更多二氧化碳，但在过去十多年中，对使用煤炭初级能源的兴趣重新燃起，其原因可能是由于今天对能源资源的需求旺盛、煤炭价格便宜以及可进行高效的洁净转化。从印度和中国经济的高速增长和人口连续增长趋势预测，到2025年世界对煤炭的需求将增长72%。美国和中国都有巨大的煤炭储量，按现时消耗速率可持续使用数百年。中国煤炭产量自2011年来每年都超过30亿吨，因为一直以来中国都是以煤炭作为主要初级能源的，而且开采和消费量不断增长。

对煤炭而言，不可能采用以市场为主的竞争解决（加工处理技术）办法，因没有能力从根本上解决污染物和温室气体排放。这也意味着，解决煤炭二氧化碳和污染物排放将为催化和材料以及工程科学和技术提供了新的机遇。在转化煤炭初级能源的技术中，催化已经并将继续起关键作用，不管是转化为次级能源还是化学品。煤炭生产化学品的工艺过程通常要比从石油和天然气生产更加复杂，更大程度上要依赖于高效催化剂。催化是高效转化技术，不仅在处理燃煤排放的污染物中，而且在转化煤炭气化产品（合成气）为烃类燃料和化学品中都起着关键性作用，如油品、甲醇、烯烃、合成天然气、乙二醇、乙醇等。

从图3-16中可清楚看到，中国是世界主要的煤炭生产和消费大国，几乎占到近一半，因此以中国为例来说明煤炭能源情况。

中国全面开展洁净煤和高效利用技术的研究和发展有着其深刻的背景。自1978年改革开放以来，经济高速发展，国内生产总值（GDP）以十年翻一番的速度增加。进入21世纪后，仍以平均近10%的速度增加。2014年GDP总值已经超过60万亿元，2020 年超过100万亿元。高速的经济扩张是以消耗大量初级能源作为支撑的。

中国消费的初级或一次能源每年超过33亿吨标准煤。中国是世界上以煤为主要能源的唯一大国，这是由中国的能源资源特征所决定的：多煤、贫油、少气。在过去一些年中，煤炭占总量的92.4%，石油仅占5.6%，天然气占2%。近几年，随着可再生能源的开发利用和扩大能源（石油和天然气）进口，煤炭比例已有相当的下降。虽然中国的可再生初级能源资源极为丰富，但开发程度仍然不高，在不远的将来不足以支撑巨大的能源消费。煤炭一直占中国一次能源生产和消费的65%～75%，而世界平均仅为24%。电力的80%以上来自燃煤电厂，而世界平均仅为37%。

煤炭是相对低质的固体燃料，燃烧产生多种污染物如SO_x、NO_x、烟尘、粉尘、废水和固体废物以及CO_2等。它的大量使用会给环境带来严重污染。煤炭的90%以上是被烧掉的，因此污染物中90% SO_2、60% 氮氧化物和40% 粉尘来自煤炭的燃烧。更严重的问题是煤炭能源的使用效率仍然不高。

但应该看到：在1978～2005年的27年中，中国以一次能源消费年均增长5.16%支撑了GDP 9.6%的年均增率。中国虽然是能源消费大国，但也是能源生产大国，然而人均能源资源保有量和消费量均远低于世界平均水平，人均一次能源消费，仅有日本的1/4和美国的1/7 。同样人均排污量也低于世界平均水平。

中国目前必须而且只能依靠煤炭作为主要的初级能源，全面研究和开发洁净煤技术和高效煤利用技术成为中国既定的国策。国家对未来的能源供应和消费的思路是：坚持节约优先、立足国内、煤为基础、多元发展，优化生产和消费结构，构筑稳定、经济、清洁、安全的能源供应体系。“煤为基础，多元发展”的思路，就是要大力研发煤的高效洁净利用技术，大力提高油气资源的开采率，以保障国内的能源供应；同时，积极发展太阳能、核能、风能和生物质能等替代清洁能源技术。这不仅是保持经济快速发展和资源状况、环境保护的要求，更是持久贯彻可持续发展战略所要求的。在多个国家重大规划中都把洁净煤和高效煤利用技术列为重点主题和专题。其中最重要的有：高效超临界燃煤发电技术、以煤气化为基础的多联产技术、煤炭直接和间接液化技术、干法烟气脱硫技术、煤炭气流床气化技术、重型燃气轮机技术等。在2006～2020年间，国家对该领域的投资超过万亿元。

洁净煤技术是指煤炭开发和利用过程中，用于减少污染和提高效率的煤炭开采、加工、燃烧、转化和污染控制等一系列新技术的总称。要使煤炭能源达到最大潜力利用的同时把污染物释放控制在最低水平上，实现煤的高效、洁净利用。洁净煤技术涉及的范围很广，其中许多仍然要依靠催化技术，例如煤炭利用的环境控制技术，煤炭能源的转化技术，废弃物处理和利用技术，煤层气的开发及利用等。

煤炭是含杂质较多的固体化石能源。煤炭的利用实质上是把它存储的化学能转化为更方便利用的形式，主要转化为电力、热能和液体燃料。化学能的利用一般是通过氧化（燃烧）转化为热能，热能可直接用于取暖和加热。但更多的是把热能通过机械能转化为更方便利用的电能（电力）。煤炭可在锅炉中直接燃烧产生蒸汽再在蒸汽透平机中转化为电力。

但为提高效率和降低污染，也可以先转化成另一形式化学能，如合成气、氢气和天然气或液体燃料（汽油、柴油和重油）。合成天然气可直接用于发电（燃气透平、气体透平和蒸气透平）或进一步转化为合成气。合成气燃料可直接燃烧发电或进一步转化为氢气，氢气可燃烧发电或由燃料电池经电化学转化为电能（无需经由热能和机械能）。为把煤炭转化为液体燃料，可通过直接液化，再把液化产物加工成液体燃料（汽油、柴油、煤油和重油）；也可通过间接液化，把煤炭先气化生成合成气，经F-T反应合成液体烃类再加工成不同的油品；合成气也可以先合成甲醇再在沸石催化剂上合成油品（主要是汽油），甲醇也可以脱水生成二甲醚液体燃料；合成气也可以一步合成二甲醚燃料。对煤炭能源进行的这类转化，其主要目的除了满足人类多方面的需求外，更是要提高煤炭能源利用效率和降低对环境造成的污染。这些转化过程的效率极大地依赖于催化技术的应用，而新煤炭能源转化过程的发展，高效催化剂的使用是关键。

3.5.4 天然气、页岩气和页岩油

全球天然气消费在2019年增长约为2%，远低于2018年的5.3%。天然气需求的增长主要受美国和中国的推动。2019年天然气在一次能源中的比重上升到24.2%的历史新高。2019年天然气产量增长3.4%，其中美国几乎占了2/3，其次是澳大利亚和中国。

图3-20中给出了1998、2008和2018年全球不同地区探明的天然气储量和总量。可以看到，主要集中于中东和独联体国家。在图3-21中示出了世界不同地区天然气的储采比以及1988～2018年储采的变化历史。储采比最高的是中东地区，但也在逐年下降。

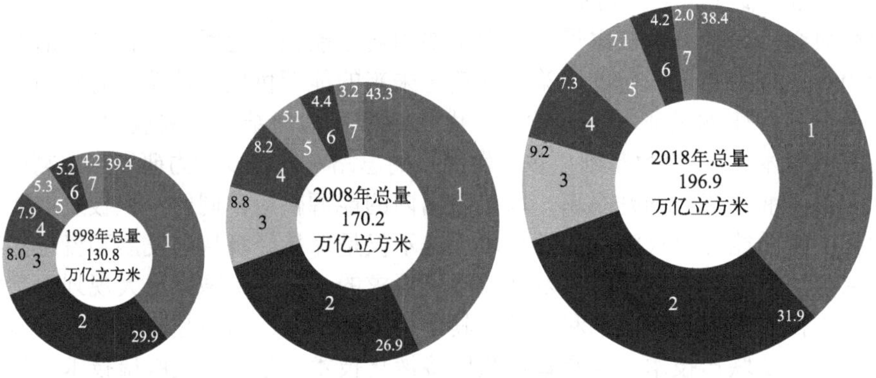

图3-20　1998年、2008年和2018年不同地区探明的天然气储量和总储量

1—中东地区；2—独联体国家；3—亚太地区；4—非洲；5—北美洲；6—中南美洲；7—欧洲

图3-22示出了1993～2018年世界不同地区的天然气产量和消费量的变化曲线。可以看到，天然气的生产地区和消费地区是相当不同的。

OECD2018年披露的天然气能源情况示于图3-23中。图3-23（a）给出的是世界不同地区1971～2017年天然气生产量变化曲线以及1973年和2017年不同地区天然气产量在世界总产量中所占的份额；图3-23（b）给出了在2017年世界最主要十个天然气生产国的产量及其所占份额，及2017年净出口量和净进口量。可以看到，天然气消费主要国家在北美和东亚地区，而天然气生产主要在中东、俄罗斯和美国。

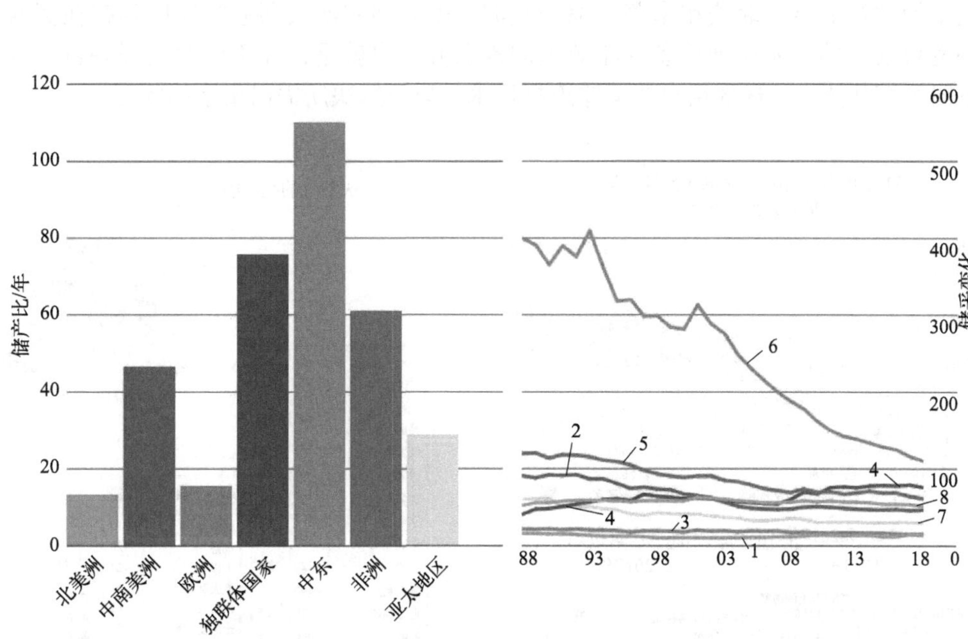

图3-21　2018年世界不同地区天然气储采比及其变化曲线

1—北美洲；2—中南美洲；3—欧洲；4—独联体国家；5—非洲；6—中东；7—亚太地区；8—世界

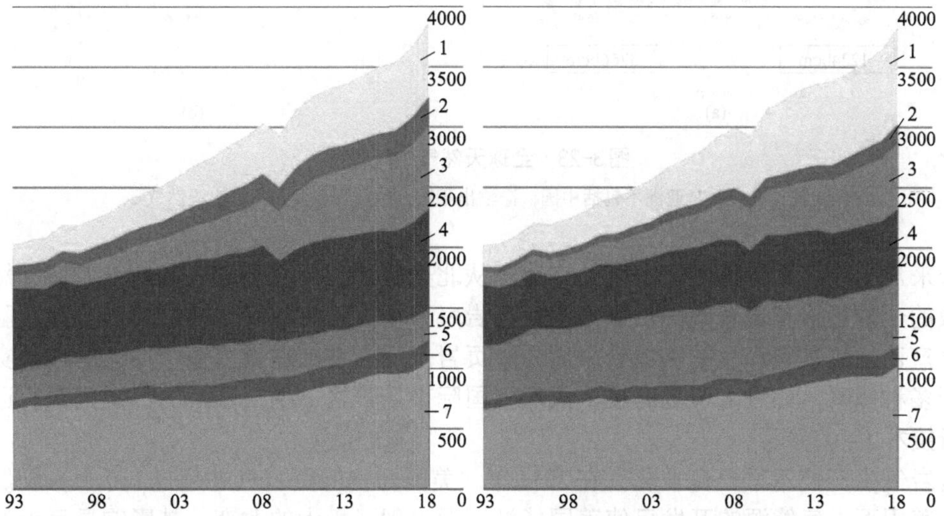

(a) 天然气分地区产量/十亿立方米　　(b) 天然气分地区消费/十亿立方米

图3-22　1993 ~ 2018年全球不同地区天然气产量和消费量变化曲线

1—亚太地区；2—非洲；3—中东地区；4—独联体国家；5—欧洲；6—中南美洲；7—北美洲

在2013年国际能源署（EIA）的报告中，对41个国家的137个页岩气矿进行了评估，计算出全球可采页岩气的储量为7299 tcf（10^{12}万亿立方英尺）。尽管水力压裂法的长期环境影响仍然有疑问，但丰富的页岩天然气储量能以成本有效的方法开采将有利于满足世界经济增长对能源的需求。天然气的现货价格，2013年平均为3.73\$/MMBtu（10^{12}英制热量单位），而2014年为4.46\$/MMBtu，而在2015年平均为3.87\$/MMBtu。

获得的数据显示，北美和南美、部分欧洲、中非洲和澳大利亚等地区都存在页岩气沉积。开发页岩气的技术因地质条件和政治因素而异，也就是说在不同地区开采页岩气需要发展不同的打井技术、送到用户的运输连接技术，以及解决所需昂贵水的问题。

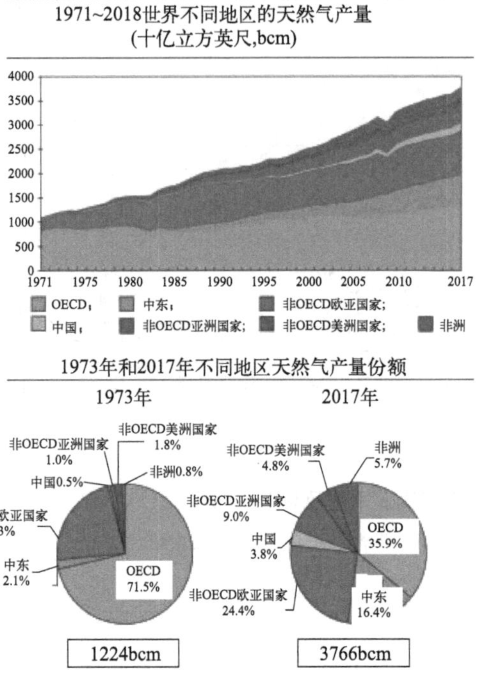

(a)

天然气的生产国、出口国和进口国

生产国	数量/Mt	占比/%
美国	760	20.2
俄罗斯	694	18.4
伊朗	214	5.7
加拿大	184	4.9
卡塔尔	169	4.5
中国	142	3.8
挪威	128	3.4
澳大利亚	105	2.8
尼日利亚	94	2.5
沙特	94	2.5
其余国家	1184	31.3
世界总计	3766	100.0

2017年数据

净出口国	数量/Mt
俄罗斯	217
挪威	123
卡塔尔	121
澳大利亚	62
加拿大	61
土库曼斯坦	55
阿尔及利亚	54
印度尼西亚	29
马来西亚	28
尼日利亚	27
其余	151
总计	928

2017年数据

净进口国	数量/Mt
日本	115
中国	86
德国	85
意大利	69
土耳其	54
墨西哥	50
韩国	49
法国	43
英国	37
西班牙	32
其余	296
总计	918

2017年数据

(b)

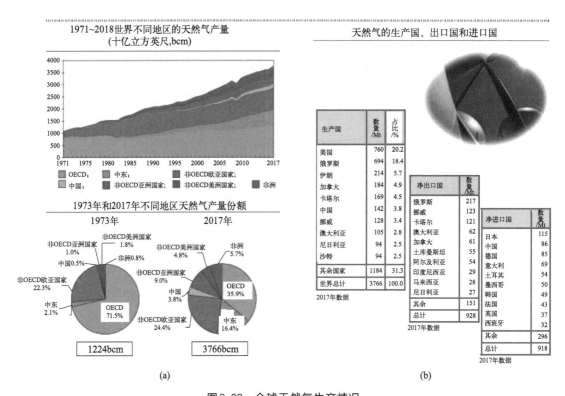

图3-23 全球天然气生产情况

注：非OECD亚洲不包括中国；净输出和输入包括管道输入和输出天然气

未来几十年，页岩气生产的增长将逐渐从北美转移到世界其它更多地方，使天然气有更一致的全球价格和更宽阔的供应渠道。页岩气和相关乙烷的开采将继续对全球石脑油热裂解生产乙烯和其它产品的路线带来压力。页岩气产量增加在世界多个地区的成功实现将取决于多种因素，如进入市场时机、天然气国际市场价格、生产国家的经济因素、运输体系和新技术。

页岩气生产技术早已商业化。在2011年，美国开发的页岩气井超过1万个。仅仅数年时间，美国页岩气能源的开发已使美国能源版图出现了极大的改变，其影响是巨大的。在现时和未来为满足国际能源市场需求，中东不确定的市场力量继续会对页岩气生产和使用产生影响。而页岩气对市场经济的影响包括企业总想从早期开发中获利（土地专用权）；对全球基础矿物权不同拥有者使用不同法律；提高和改进生产方法；铺设足够长管线或使用其它运送替代方法；企业试图获得更宽的销售权；加工和炼制企业试图抢占下游燃料和化学品市场；下游工业使用者则试图抢占原料市场；要求发电公司以更低成本和更绿色进行操作；工业使用者希望降低能源成本；压缩天然气（CNG）车辆运输者想要建立运送汽油或柴油燃料新独立工业公司；LNG、乙烯和丙烯出口商希望寻找中心生产基地以及全球顾客等。

页岩气生产也存在环境问题。例如，在数万页岩气井中，仍然有少数井对水源造成了局部污染。水专家新近提出了确切证据，证明甲烷和丙烷对附近水供应产生影响，污染可能是因差的气井结构造成的。地区的局部地质构造有可能影响井管的密封，应提出更严格工业规范要求。

页岩气代表着巨大的机遇，不管是对燃料还是对化学品生产都是这样。但这将取决于对页岩气的需求和开采时它对环境造成的实际破坏程度。需要制定法规并做进一步改进，然后强制执行以确保这个有价值能源的安全生产。总而言之，页岩气能提供巨大的经济增长机遇，但必须以安全和有序的方法来开采。

在2000年前的数十年中，石油价格与天然气价格是紧密关联的，但随着页岩气大量开采和发展，它们的关系逐渐不那么紧密了。例如在美国，虽然石油价格持续高涨，但天然气价格已快速下降。这可能使美国成为大量输出天然气的国家，并对全球天然气生产产生影响。美国85%的化学品是以天然气为原料生产的，虽然天然气价格下降但化学品价格并没有下降，而是继续跟随石油价格上涨的行情。现在已经预测到，页岩气将对美国和加拿大经济产生大的影响，未来几十年其影响将进一步扩大。虽然现时强烈地受到页岩气影响的仍然只是在北美，但已经影响到世界天然气价格以及初级能源和化学品市场。例如，美国天然气价格不再与石油价格紧密相联系，美国页岩气生产已经改变了全球天然气生产的结构；对非美国天然气生产者形成了威胁和产生了压力，制约着世界天然气价格；因美国天然气的净成本比世界天然气价格低很多（包括很有竞争力的中东地区生产的天然气），必将输出愈来愈多的天然气（很大部分是页岩气）。为获得更大利润，需要生产尽可能多的高附加值产品（不只是把天然气作为燃料）。因此世界各大公司（或国家）正在对发展和使用新技术进行投资和激励，使用更多天然气来生产化学品。这些事实充分说明，页岩气对未来有巨大影响，非常关键的是：何时发现和证实世界上的大页岩气沉积，或发现更大的天然气储量。

为页岩气生产发展的压裂和水平打井新技术已延伸应用于回收页岩油和废弃油井（回收高价格的低硫轻质原油）。世界上不同地区生产的天然气，其价格存在巨大差异。美国天然气价格为每百万Btu 3.37美元（2013年9月），日本或朝鲜的价格比美国高5倍多。美国是世界上最大的页岩气生产者，占美国总天然气生产的主要部分。美国国内和附近海外区域，通过容易解决的短途运输就能把页岩气输送到用户手里。美国计划在未来十年成为净石油输出国，包括民用、运输车辆、GTL（气体生产液体燃料）、LNG（液化天然气）与天然气液体和化学品生产（乙烯、甲醇、氨和合成气）的出口。当然这取决于美国和海外用户对页岩气的需求。美国天然气价格远远低于生物质或石油（用能量含量计算）价格的转折点发生于2008年，即全球经济衰退和早期页岩气生产爆发期。美国天然气的低原料成本如果长期继续的话，美国的化学品工业将处于非常强势的位置。为此，没有国内天然气供应的国家的公司正在美国投资新化学品生产设施。除了利用美国原料成本低的优点外，其它吸引力因素包括：具有技能熟练的劳动力、广阔和可变的运输系统与政策稳定等。

在富页岩气地区，重点是利用天然气生产下游产品，包括甲醇（衍生制烯烃）、乙烷（制乙烯）、合成气、氨和氢气，这对欧洲化学品生产企业产生了压力。富页岩气区域便宜的天然气对甲醇生产有极大吸引力。可以预计，天然气价格将长期受页岩气生产的影响，因此富页岩气地区的甲醇生产容量或产量将继续上升。对合成氨生产也将发生同样的情形。也就是说，生产氨和有附加值的下游产品对富页岩气地区是非常有吸引力的。页岩气中的大量乙烷正在影响乙烯价格。对于传统工艺，石脑油重整是低碳烯烃的主要来源，但使用页岩气后，乙烯（丙烯）使用乙烷（丙烷）生产。页岩气乙烷热裂解生产乙烯可使用成熟技术，其成本要远低于石脑油乙烯。为此美国已从生产乙烯最贵的国家转变成生产成本最低的国家。

天然气消费正在继续增加，2030年后的增长取决于美国和加拿大页岩气田的生产寿命以及世界其它地区大量页岩气的成功开采。虽然天然气的使用与诸如太阳能、风能、地热能或潮汐能比较不是清洁的也不是绿色的（因排放污染物和温室气体），但与其它两种主要化石燃料石油和煤炭比较，它是比较洁净和碳排放强度较低的。天然气的另一个优点是，对水资源的需求和匹配（生产同等数量产品）要比煤炭、石油、生物质或核能少很多。除作为燃料外，天然气在生产低碳化学品（$<C_5$）和气体化学品上有很大通用性，因此应用极其广泛。天然气不是一种可持续利用的资源，据估计可充分供应数十年。因此，它能够成为在开发利用可持续、绿色和可再生资源技术的过渡时期使用的理想能源桥梁。

3.6 初级能源资源Ⅱ：核能和生物质能

3.6.1 核能

核能属于非化学能源也就是非碳能源，但它也是不可再生的能源资源，因铀资源在地球上是有限的，但铀产生的能量是巨大的。核能是大规模能源，能够提供未来能源需求的很大部分，且能够容易地与现在成熟的发电技术和公用电力设施集成。

虽然核能发电在某些国家是主要能源，如法国。2012年核能在快速增长中发生了最大的下降，这是对日本Fukushima悲剧的自然反应。从经济和清洁能源角度考虑，核电是有吸引力的。但存在核废料安全管理和分散、核材料安全分散、公共卫生等问题。因成本高和铀资源供应受限，使利用核能的热情大为下降。

现时核能提供美国电力需求的20%、法国电力需求的85%以上。据估算，世界范围内核能作为初级能源占总能源供应量的6.4%，占电力供应的17%。BP的数据指出，2018年核电消费量增加3.2%（10.8EJ），其中中国0.6EJ，日本0.1EJ。但是，因发生了大规模事故、废物分散处理问题和核武器问题，核能增长缓慢。世界上核电工厂的总数现时约为500座，以铀-235为燃料。现时使用的核反应堆以轻水堆为主，也有使用气冷石墨堆的。在设计绝对安全核反应堆上已取得进展，使发生事故的概率大为降低。中国核电仅几年就有可观的增长，虽然占比仍然很低，但2019年核电达到3484亿kW·h。

有关核废物管理和存储、增值和安全公众认知等问题的解决需要在核能发电厂扩展前加以解决。除了废物分散和安全问题外，裂变核能源的最终限制是核裂变燃料的供应。如图3-3中指出的，地球上可利用的地层储量和最终可开发的U-235资源量为90～300TW。按现时全球能源需求数量都由铀235的核能来供给，现有的铀储量仅够使用5～25年。虽然更多的铀可以从海水中提取（已知这是最大资源地），但还没有技术和能力来大规模提取。钚-239是由U-235在裂变反应堆中生产的，能够从废燃料棒中分离，可在持续核反应中用于发电或制造核武器。为此，废核燃料的再加工现时在美国和大多数其它国家是被禁止的。快中子增值反应堆能够增值核燃料，如液体金属冷却反应堆能够用于生产钚-239和其它裂变同位素如钍-233。

核聚变已经被认为是可行的技术，它不产生放射性废物，较少发生事故，但持续发电技术进展很慢，仍然是极其严峻的挑战。核聚变反应中，发生的是氘与氘、氘与氚或氘与氦原子间的聚合反应，产物是氦，说明核聚变确实不产生放射性废物。氘资源虽然非常丰富，但是要使核聚变产生的能量多于引发聚变反应消耗的能量却是非常困难的。为了实现从自持续核聚变反应生产自持续电能，科学家已进行了数十年的努力。重点是对使用托卡马克等离子磁约束诱导核聚变反应进行了巨大努力，也对使用高功率强聚焦激光提供引发聚变反应能量的研究进行了巨大的努力。而相反的核裂变仍然能够作为补充大规模化石燃料能源使用，有可能延缓全部使用可再生能源时间的到来。

3.6.2 生物质能

生物质是世界上人类使用能量的最老形式，也是人类最早使用的能源之一。在世界的许多地区传统生物质直接燃烧仍然在广泛应用。木头、农业谷物、城市固体废物、农业副产物、动物废物、水生植物和藻类是最重要的生物质资源。已经认识到，世界上的生物质是重要的可再生和可持续能源资源，可取代部分化石燃料资源。在未来全球能源方案中以生物质为燃料的热电联产和化学品-油料联产将起重要作用。近些年中，世界复杂能源体系中的生物质能受到了特别的注意（因化石燃料的快速消耗和环境问题）。利用生物质能具有如下重要优点：①生物质能够帮助复原已降解的土地，增加生物多样性、土壤肥力和保留水分；②生物质具有缓解发展中国家贫困的能力；③生物质可做到在所有时间供应所需要的能量且无需复杂昂贵的能源转化设备和过程；④生物质可以不同形式存在，如固体、液体（生物柴油）和气体（生物气体）；⑤生物质是碳中性的，具有碳汇特性。

生物质是排在水电之后的第二大可再生能源。农业、林牧业产品、谷物及其副产品和动物有机废物等都是生物质能源。植物利用太阳辐射光使二氧化碳和水反应，把光能转化为化学能存储在碳水化合物如糖类、淀粉和纤维素等生物质中。存储在植物中的化学能可经燃烧、气化、发酵或需氧降解等技术转化成能量的其它形式，如电能、热能等。在多步转化过程中，吸收的CO_2被重新释放，因此，如在生物质转化过程中不额外使用化石燃料，它是碳中性的。

生物质资源属于含碳能源，但具有非碳能源的一些特征，如瞬时性、间断性、地区性、低密度等。生物质能是环境友好的，且能满足能源使用的要求，是燃料的最好替代品之一，可满足人类对未来能源的部分需求。生物质是世界上最大和最可持续能源资源之一（见图3-3），地球上生物质的年资源量为2～6 GkW（相当于每年初级能源量约4500 EJ）。其中约10%（470 EJ）的生物质以非商业化形式满足世界部分初级能源的需求。有预测指出，到2050年世界消耗的初级能源中有多于25%将由生物质提供，生物质能源主要包括森林、市区废物和多年生植物。最重要的次级能源，包括热量，电力，固体、液体和气体燃料，都能够从生物质转化而来。可使用的重要转化路线中含不同的工艺技术，如生物学、化学、生物化学、热化学等方法。例如对生物质废料和植物残基，发达国家利用直接燃烧技术进行发电。据统计，世界上97%的生物质能源转化是利用部分燃烧、热化学等技术实现的，如液化、气化、热解和超临界流体萃取等，目的是获得液体产品。但由于生物质收获、生长和运输的成本高，作为重整产氢原料是不能够与天然气竞争的。这是由于生物质直接气化产氢成本约为SMR重整产氢成本的3倍，经济性很差。即便利用生物气体直接（经热化学或生物工艺）或间接（经燃烧发电和水电解）产氢，其经济性也不如SMR工艺。与其它产氢技术一样，生物质产氢也需要进一步发展合适的氢存储、运输和使用的公用基础设施。但是，生物质具有的碳中性特征替代化石燃料产氢可缓解温室气体CO_2的排放。因此，近些年来对利用生物质产氢的研究也受到了相当的关注。但应该指出，只有匹配相关技术的进一步发展才能够使其在经济上具有竞争能力。

生物质能源的大量使用发生于农村和发展中国家。发达国家一般是把生物质转化为电力和液体燃料，替代部分在农业、运输和生物质自身转化领域使用的化石燃料。利用生物质生产液体燃料如乙醇时，必须注意的一点是，应该使所产燃料的热值高于在生产过程中消耗的化石燃料热值，即得率应该为正或化学效率应该大于1。用高能生物质如甘蔗秆和多数谷物残留物生产液体燃料就属于这种情形（化学效率大于1）。如以谷物淀粉原料，变化范围很宽、涉及的因素很多，如发酵与生产位置、淀粉-乙醇转化过程、副产物价值等。也应该考虑到，谷物种植、发酵和乙醇蒸馏都是高能耗的，需要消耗大量的化石燃料。近来的重点是把纤维素、半纤维素和木质素有效转化为乙醇，以获得比单独利用粮食更高的产品得率。如该技术成功和经济可行，也能够用其它低价值植物物料来生产生物燃料。

生物质到化学品的转化是一个有吸引力的市场机遇，可使生物质转化为价值更高的产品，特别是当转化为含4个碳原子的物质（C_4）时。自美国法规限制使用MTBE（甲基叔丁基醚）以来，愈来愈多使用生物乙醇作为燃料添加剂。生物乙醇到乙烯的转化则是另一个商业机遇。分析指出，利用生物质生产乙烯的价格最终是能够与裂解乙烯（指页岩气乙烷在乙烷裂解器中生产的乙烯）竞争的，尤其是当以生物乙二醇为原料时。当然，要真正实现还有很多市场实际情况必须考虑。现在生物质已开始并将继续对特殊化学品和区域能源生产路线选择产生影响，虽然其影响是有限的。这是因为有现实市场和供应问题，也有是否能够使用广泛类型生物质资源并以有竞争力的价格来生产化学品和燃料的问题。生物质只能够解决区域性问题，因为受可使用量和运输问题的限制，而且也常受补充能源供应的限制。

类似于水电，利用生物质的过程也有负面的环境影响。例如，生物质生长需要耗用大量水和肥料、杀虫剂和除草剂，这会对土壤产生腐蚀并影响生态环境，如毁林。为增加土壤的营养物质，一般是让农业废物回到土壤中。当土地被用于生产生物质时，土壤的营养物质需要由合成肥料来补充，这会威胁到土壤的生态。也必须注意的是，把谷物作为生物质（能量）利用时有可能对国民经济和食品供应产生负面影响。

生物质的放大能力是有限的，因光合成的效率很低。数据指出，光合成的功率密度小于$1W/m^2$（热功单位），这比可直接用于生产电能的风能和太阳能的功率密度低一个数量级。生物质能源的一个优点是能够为运输液体燃料做出贡献（无需其它转化媒介）。例如在美国，生物乙醇替代MBTE作为燃料添加剂使用。从大豆及其延伸的烹饪油和工业过程副产品生产的生物柴油是另一类生物燃料。

虽然生物质是新的和绿色的能源资源与化学品原料，能帮助解决新能源的连续需求问题，而且在过去一些年中利用生物质转化为能源和化学品的数量也已经有很大的增长，作为全球新能源的解决办法是可能的，但它不可能替代化石能源（石油、天然气和煤炭）。其部分原因与如下因素密切相关：①生物质一般是由高碳数含氧烃类聚合骨架结构构成的，为加工它们需要发展与化石能源非常不同的加工工艺技术；②为生产需求的大量生物质，会占用宝贵的有限耕地、水和肥料资源，对粮食油料作物的生产产生影响；③把粗生物质运输到生物质油料的生产场地有高的运输成本且其收集可能涉及社会问题；④需要进一步解决淀粉和木质素转化中的一些关键技术，在生物质衍生化学品的催化加氢脱氧（HDO）和中间产物的催化转化生产乙醇、乳酸、甘油、糖等特殊化学品时，必须使用酶或化学催化剂，因纤维素组成（含大量氧的C_5-C_6构建块）是其转化的严重障碍；⑤生物质转化的其它障碍包括，生成化学品的反应选择性不高、转化速率不快、纤维素转化为乙醇的现时技术需要消耗2～6加仑（1加仑=3.785 L）水、需要大量新资本的注入、单一生物质原料年可利用量不足、转化过程也产生废物和污染物、新技术可靠性问题等。这说明生物质大规模利用将取决于新技术的发展，并受地区性和市场等因素的制约。但不管怎样，生物质本身具有很大吸引力的因素有：①纤维素等生物质可作为生产燃料和有用化学品的原料；②粮食和农业废物（秸秆、叶等）中的纤维素转化是催化关注的活跃领域；③能进行废物的资源化利用，如把城市垃圾转化为化学品或燃料，把废弃物经济地转化为能源或化学品将是无价的。因此，为有效经济地利用生物质能源资源，很有必要对整个过程的质量/能量/生产成本进行综合深入分析，进一步了解和消除其中的隐蔽成本。

总之，生物质能源具有非化学能源的一些属性，属于可存储化学能源的初始阶段。如果能提高转化效率、降低使用成本、对使用可再生能源加强政策支持力度和融资激励，这些非碳能涌（可再生能源）体系的加速发展应该是能够达到的。

3.7 初级能源资源Ⅲ：可再生非碳能源

3.7.1 引言

前面已经指出，需求的能量可来自多种能源资源，除三大化石能源、核能和生物质能源外，还有可再生的非碳能源资源。能源资源可分为含碳（也称为燃料）和非碳两大类。含碳能源一般指三大化石能源：煤炭、石油和天然气，这些能源都是在地球长期历史中存储下来的太阳能，因为化学能是能够长期存储的几乎唯一的能量形式；非碳能源中主要包括太阳能、水力、风能、地热能、潮汐能等（例外的是核能）。它们的突出特征是瞬时性、波动性和区域性。此外，生物质能源虽然是含碳能源但也是可再生的能源，像非碳能源那样具有区域性、瞬时性和波动性的特征。

地球上的一切能量都来自太阳辐射。现时的太阳能来自遥远太阳的辐射，每天照射到地球上的太阳能是非常巨大的，其中的很小部分被转化为水力、风能、波浪、潮汐、地热等形式的能源。只要太阳辐照地球，地球上就有这些能源。这类形式的能源一般被称为“可再生能源”，更确切地应该称为非化学能源或非碳能源。虽然它们是源源不断的和可以再生的，但其重要特征是不稳定（随时间和地区而变化）、低强度、随时消耗和消失，无法长时间存储。而对使用的能源，其基本要求是长时间稳定供应。为了满足能源的应用需求，可再生能源不仅要克服它生产电力的不稳定性（必须配备大容量存储装置），还需要消除一些特殊的环境问题。由于这些问题现在尚未有很好的解决办法，这类可再生非碳能源尚不具备作为“主力能源”的能力。如前面已详细叙述的“含碳能源”（煤炭、石油、天然气）。从人类寿命时间尺度看它们是不可再生的，但转化利用它们的技术是非常成熟的。它们的最大特征是能够连续稳定、高强度地供应，很适合于工业发展和人类利用。但问题是它们是消耗性的，用一点就少一点，而且大量利用会对人类健康和环境造成一定的危害。

为缓解和消除利用化石能源对环境造成的危害，在未来的能源体系中必须逐渐以可再生能源替代化石能源。水力、风能、太阳能、地热能、波浪能等可再生能源的转化，几乎都是转化为通用性很强的次级能源——电力（一定程度上氢能）来满足人类社会对能源的需求。自可持续发展战略提出以来，可再生能源在世界总能源消费中的比例逐年上升。BP的数据指出，2018年利用的可再生能源达到3.2EJ，其中风能1.4EJ、太阳能1.2EJ。中国的贡献最大达0.8EJ，美国0.3EJ，日本0.2EJ。同一年可再生能源提供的发电量增加最多，占比从9.2%上升到10.4%。中国发布的数据指出，2019年总发电装机容量中，火电占比下降到59.23%。2020年总和新增装机容量：风电2.81×10^8 kW和7.167×10^7 kW，太阳能电力4.820×10^8 kW和4.82×10^7 kW，水电3.7×10^8 kW和1.323×10^7 kW；而2020年的发电量：水电1.3552×10^8 kW·h、风电4.665×10^7 kW·h、光伏电2.605×10^7 kW·h，生物质电力1.326×10^7 kW·h，可再生电力占到28.8%。但这远远不够，仍然需要大力发展并努力改进能量存储体系，特别是在要求大规模引入太阳能和风能的情况下。在大力发展利用可再生能源发电装置的同时需要发展和建设大规模存储电力的设施。

3.7.2 水电

图3-3中提供的数据指出，可再生能源中的全球水电理论容量每年3～4 GkW。要利用河流中蕴藏的水能，就需要利用河流的天然水坝或在河流中建造人工堤坝。水力发电厂一般位于这些水坝后或建在人工堤坝中。因此水电站的建设受地区（河流所在位置）地质条件的极大制约，能利用的最大容量仅有每年约0.9 GkW。现时世界上水电装机容量已超过0.7 GkW每年，容易利用的水电资源已接近完全利用，再进一步扩大的可能性有限。长江三峡大坝是现在世界上最大规模的水电项目，装机容量超过1800万kW。未来几年水电生产容量和水电消费的增长主要在发展中国家，特别是中国，中国正在修建几个大型水力发电站，如容量接近长江三峡的乌东德水电站。BP发布的数据指出，2019年水电消费增长低于0.8%，主要由中国（0.6EJ）、土耳其（0.3EJ）和印度（0.2EJ）贡献。

水力发电站的供电能力还受气候变化和雨带分布的很大影响。气候变化导致不同的雨区分布，影响水电站的发电量，即在枯水年份和季节因水量不够，其发电量可能下降。水电的不稳定性表现在季节性，而修建巨大水坝可部分降低电力在季节之间的摆动性，因大容量水库有一定能力来调节进入发电厂的水流。水电与其它可再生能源的不同之处在于水电的负面生态影响很小，例如，人造大坝后面的大水库有可能影响局部的生态系统；大坝下游的土壤可能变得不肥沃，因为增加土壤营养的淤泥不再流动和沉积；对河流中的鱼群也会产生负面影响，一些大坝被推荐设置在鱼的回流渠道。

3.7.3 地热能

地球内部有一高温的热核心。由于地质构造的缺陷，某些地区在不深的地下蕴藏有巨大的热能，会以蒸汽的形式喷出或可打井让其喷出以获取热能，这就是所谓的地热能。图3-3中提供的数据指出，地热能源的潜在容量较大，可再生能源中地热能的全球理论容量每年达0.3～2 GkW（另有数据指出可达10 GkW）。因此可再生的地热能可能成为一种大规模能源，但由于可供利用的地热资源受地区和地质条件的限制很大，再加上能够获取的数量极大地依赖于钻井深度（目前钻井深度受可用技术的限制），双重限制使实际能够利用的地热能源仅占理论容量的很小部分。地热蒸汽热发电厂利用的是地热资源与环境间相对较小的温度差，因此地热发电厂的效率一般不高。目前，能最大利用这类小温度差的工艺仅有兰开夏循环工艺。对大多数地热井而言，使用寿命相对较短，平均为5年，而后必须再钻新井以使工厂能够继续操作运营。为发挥地热资源的巨大潜力，必须钻更深的井，使其深度达到5～10 km，为此正在开发新的钻井技术。提出了一个相对新的概念，称为“热矿”或“强化地热体系”，它利用所钻深井和在井底分裂热岩石，使载热流体在发电厂和被分裂岩石间进行循环，把在地下吸收的热能带到地面供蒸汽透平利用。钻井的深度愈大利用的热源温度愈高，因此效率愈高。当然这样的投资也较大。

浅层的地热能资源能够被用来进行分布式供热和冷却，组合了化石燃料或太阳能的混合地热能源利用系统也在考虑中，用以改进工厂效率和延长寿命。

3.7.4　风能

风力发电是把风的动能转化为电能。风是一种没有公害的能源，利用风力发电非常环保，且产生的电能数量非常巨大。风能作为一种清洁可再生能源，越来越受到世界各国的重视，越来越多的国家对风力发电愈来愈重视。风能蕴藏量巨大，图3-3中提供的数据指出，全球可再生能源中风能的理论容量每年达25～70 GkW（另有数据指出为2.74×10^{12}kW），可开发利用的比例虽然不是很大，但仍达到2×10^{10}kW，比地球上可开发利用的水能总量还要大10倍。

风很早就被人们利用，主要是通过风车来抽水、磨面等，而现在人们感兴趣的是如何利用风来发电。虽然现时的风能和太阳能在总能源生产中占比不大，但在过去十多年中有稳定的增长，其年增长率在25%～30%，而且这个趋势仍将持续一段时间。截至2008年底，全球风力发电装机容量达到121188 MW，比2007年增加了27261 MW，图3-24为全球1997～2010年风能总装机容量的变化。图3-25给出2008年世界主要国家风力发电新装机容量占全球总装机容量比例。在技术发展的早期阶段价格快速下降，而当技术被广泛采用时价格保持稳定。2017年，全球风电每年新增装机容量保持在5×10^{7} kW以上。受全球金融危机影响，2009～2013年，中国风电新增装机容量连续5年基本持平，2014年突破5×10^{7} kW大关，并连续4年一直保持在5000万 kW以上，2015年中国风电新增装机总量突破

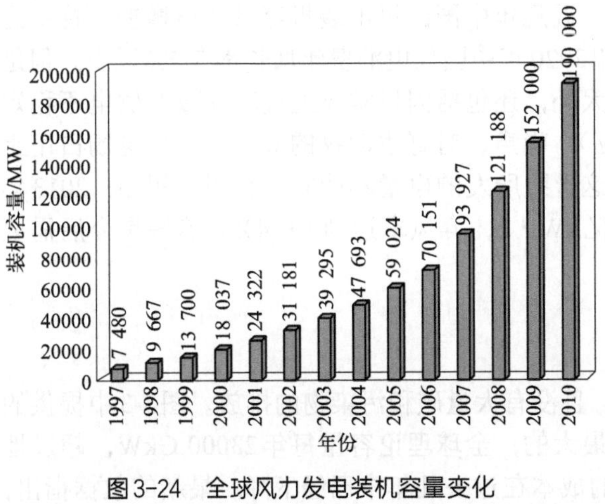

图3-24　全球风力发电装机容量变化

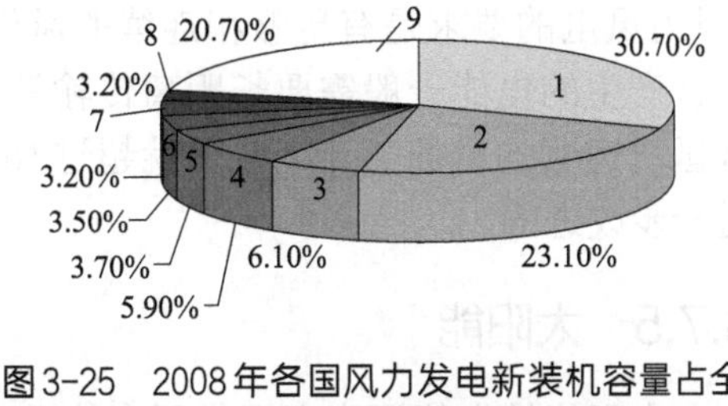

图3-25　2008年各国风力发电新装机容量占全球总装机容量比例

1—美国；2—中国；3—德国；4—西班牙；5—意大利；6—法国；7—葡萄牙；8—英国；9—其它国家

6×10^7 kW。在全球范围内，2017年累计装机容量达到约5.4亿kW。到2020年中国的风电装机总容量达到2.81亿kW，年发电量达到4.665×10^7kW·h。

在风能经济中，风能效率的改进和提高以及成本的下降都是与大透平设计和安装密切相关的，预计这种趋势将会继续保持。预计在下一个十年中单个透平机容量会翻番，并有进一步的新发明，如随风速变化而自动控制叶片定位，安装阵列传感器和电磁铁，以在激烈阵风和风暴下保护风机。容量5MW的风力透平高度超过120m。现在已经能够在宽风速范围内控制风速。一般而言，较大透平安装于近海，对局部环境的影响很小。近海风能技术的扩展使得安装和维护技术取得了进展。现时正在努力发展浮动透平，如获成功将能够开发利用近海更高更远的持续风力，而且还能够从建设维护近海钻井石油平台中积累宝贵经验。风电可作为解决遥远和远离电网地区、分布式电力应用的一个有效方法，当然也可以与电网中心连接。对远离人口密集的地区，风力透平产生的噪声和视觉影响就不是问题了。

风电是一项成熟的技术，具有坚实的可靠性和经济成本竞争力。风电已经在越来越多的市场中发挥作用，因它能经济地增加电网的新发电容量，其经济性甚至可以与现在获得大量政府补贴的电力公司竞争。风电正在从一项在大多数市场上依赖“支持”的技术转变为一项在经济上独立自主的技术。虽然有时它没有任何经济效益，但也能够在社会需求的清洁空气和降低温室气体CO_2排放方面带来重大回报。然而现在，我们已经可以说它能够在无补贴项目中中标，其中包括离岸项目。例如，在2017年德国离岸拍卖中以及荷兰“无补贴项目”中，这些中标项目将在2022年前建成。

风电技术已经越来越多地被选择作为实用工具，用于应对化石燃料价格潜在的大幅波动，同时降低碳排放。风电是绿色技术，现在正受到世界各国消费者的青睐。为此，风电行业将努力应对不断变化的政策体制以及随之而来不可避免的技术水平差距，并以最大努力实现每年装机容量达到6×10^7 kW、7×10^7 kW甚至1×10^8 kW的水平。这对实现巴黎会议目标和为后代在可居住地球上实现未来能源可持续是非常必要的。世界各国人民迫切需要清洁、廉价、自主、可靠的电力，需要安装新一代发电装置。在从化石燃料向可再生能源转型的过程中，风电具有引领潮流的作用，它继续在价格、性能和可靠性方面占据竞争优势。

风力透平提供绿色无污染的可再生能源，因此风电是一个正在快速增长的能源，在世界范围内被广泛采用。中国风电发展迅速，近几年中国的风电装机容量成倍增加，特别是在风力资源丰富的西北地区和沿海省份。如2020年中国风电消费年增长都在7%以上。但是也应该指出风电的某些缺点，除初始投资大外，还包括因日常风速波动导致的供电不稳定（风力风电的要求是有足够和连续的风供应）、噪声、对野生动物的威胁、大风电场占用土地、产生的电能一般需要长距离传输等。这导致所发的电量不能完全利用。例如，2013年我国已运营的风场“弃风”量就超过162 亿kW·h，弃风率达到10.74%。这些是今后需要进一步改进的。

3.7.5 太阳能

太阳能够为能源生产提供巨大的潜力，且没有大量碳和污染物的排放。图3-3中提供的数据指出，可再生能源中太阳能的潜力是最大的，全球理论容量每年23000 GkW，超过地球所有能源潜在容量的总和。太阳能发电的成本在过去几年中已经下降。最新的数据指出，中国现在的太阳能电力成本已经比2010年下降了80%。预计还将继续下降，在不远的将来有可能达到其它电力源的价格水平。在太阳能成本规划中指出，由于生产和传输成本显著降低，太阳能电力在某些地区首先获得广泛应用（中国某些地区已经实现了广泛应用）。大多数国家现在一般都对太阳光伏发电装置提供政府补贴、税收抵免、低安装成本和/或政府购买电力等，这能使太阳能电力成为负担得起的可再生能源电力。对屋顶太阳能收集装置，有多种产品可选用，已经市场化。这些安装在屋顶的装置利用太阳能生产电力，除自用外还把其中一部分卖回到电网中。太阳能的一个重要特征是，它能够独立于公众化原料价格体制。遗憾的是，太阳能对地区位置依赖性强，因为不同纬度地区的太阳能照射量是有很大差别的。

利用太阳能产生的环境问题，确实要比使用化石燃料资源小很多，而且能够保持长期绿色和可持续的资源利用。因此，不断扩展的太阳能利用是满足不断提高的人类能量需求的一个重要手段，它不会导致CO_2排放的上升。太阳能既可用于产生热量，也可以经由热能发电或直接用于生产电力。太阳光的热能量（热量）和太阳光的热电转化，既可作为分布式热电利用，也可作为中心电力生产使用。对前者，已广泛用于为建筑物供暖与生产洗澡和洗涤用热水，对后者一般在中心发电厂中使用。对两者都提出了进行集成存储的概念，现时的重点是努力克服太阳能供应的间断性，降低和补充对化石燃料的需求。

太阳能发电技术可分为两大类：光伏直接发电和太阳能转化为热能后热电转化。现在这两类技术都已有大规模的应用。太阳能热电发电厂需要使用太阳能收集器，不同类型的太阳能收集器需要不同类型的太阳能热电技术。表3-7中总结了太阳能热电技术的现时技术状态［美国DOE（能源部）提供］。大规模太阳能发电站要求大的面积，通常建设在沙漠环境中，那里太阳辐射一般是很强的。在太阳光热量密度一定时（平均为150W/m^2，几乎是总电磁能量的一半），必须使用大面积覆盖的收集器以产生足够的电力。

表3-7　太阳能热电工厂太阳能收集器及其使用的操作特性和成本估算

项目		抛物形槽	发电塔	蝶形/引擎
大小		30 ~ 320MW①	10 ~ 200MW①	5 ~ 25kW①
操作温度（℃/℉）		390/734	565/1049	750/1382
年容量因子		23% ~ 50%①	20% ~ 77%①	25%
峰效率		20%（d）	23%（p）	29.4%（d）
净年效率		11%(d') ~ 16%①	7%(d') ~ 20%①	12% ~ 25%①(p)
商业状态		商业可利用	放大示范	样机示范
技术发展危险		低	中	高
存储可利用性		有限	是	电池
组合设计		是	是	是
成本	美元/m^2	630 ~ 275①	475 ~ 200①	3100 ~ 320①
	美元/W	4.0 ~ 2.7①	4.4 ~ 2.5①	12.6 ~ 1.3①
	美元/W②(p)	4.0 ~ 1.3①	2.4 ~ 0.9①	12.6 ~ 1.1①

① 这些值是在1997 ~ 2030年间框架内的变化。
② 美元/W，除去热存储影响（或蝶形-引擎组合）。
注：p=预测，d=证明，d'=已被证明，未来年份是预测值。

光伏发电是方便的，直接利用太阳光来产生电力，无需经过热能，但是直接发电装置投资大。太阳光伏PV电池是一类固态装置，因此对维护几乎没有要求。半导体如硅，当掺杂少量其它元素时能够作为电子授体（n型）或电子受体（p型）。当连接的双层池被特定波长光子（或能量超过带隙位能，以能够从价带移出电子到导带）轰击时，产生电位差，释放的电子在外电路中从授体移向受体。硅型PV电池的效率为10% ～ 20%。硅基PV已经被用于小型分布式发电工厂中，但它们相对高的电力价格（约5倍于化石燃料电力价格）阻滞了在大规模发电中的广泛应用。为鼓励采用分布式太阳能发电和建立这类电站，政府采取税收激励政策，1991 ～ 2004年太阳能光伏发电装机容量示于图3-26中。中国的光伏发电在进入21世纪后，有大规模的跳跃式发展，最近的新装机容量已经达到和超过世界发达国家的水平。全球太阳能光伏新增装机容量已超过36GW，累计装机容量已超过132GW。我国2020年新增装机容量达4.820×10^7kW，累计装机容量达2.53×10^8kW，居世界第一位。

使用有机纳米结构PV电池能够较大幅度降低成本，为安装使用提供更大的弹性。虽然这些有机PV电池效率较低，但它们容易烧制、重量较轻、比较实用。一方面，希望进一步通过掺杂电子受体来提高其效率，同时优化电池以促进有效激发分裂和电荷传输；另一方面，通过减小带隙，以使其能够吸收较大波长范围太阳光和较多太阳光能量。联网分布PV的应用也是降低安装成本有吸引力的手段，但必须进行跟踪以最大化电力生产。如风能，为可靠操作，大规模存储是必须的，特别是在非中心区域的应用。缺乏存储是发挥太阳能潜力的限制因素。

近来，提出了利用太阳光直接产氢的方法，即组合光伏和电解池或把热和光电转换（Gratzel 电池）组合到同一硬件中。

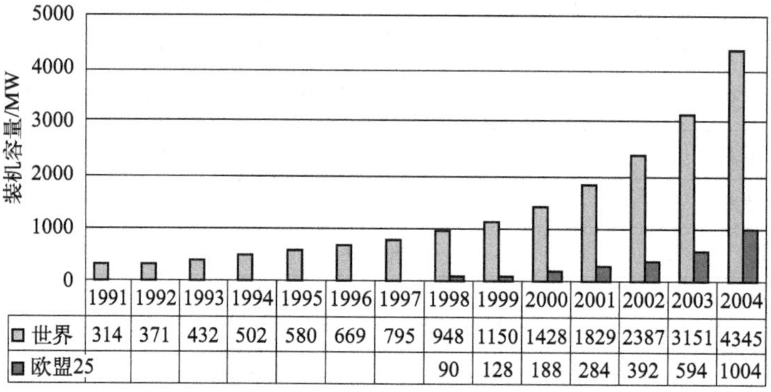

	1991	1992	1993	1994	1995	1996	1997	1998	1999	2000	2001	2002	2003	2004
世界	314	371	432	502	580	669	795	948	1150	1428	1829	2387	3151	4345
欧盟25								90	128	188	284	392	594	1004

图3-26　光伏总装机容量

目前太阳能研究的前沿课题有：太阳能产氢、存储太阳能为夜间使用、太阳能光分解水、人工光合成（如夜间液体光亮工作）。美国西北太平洋国家实验室（PNNL）研究利用太阳能把天然气转化为合成气，并在美国能源部（DOE）资助下进行各种太阳光电计划（Solar Sunshot Program）。光电是美国DOE开创的，目标是使太阳能发电成本在未来十年中具有经济竞争性。太阳能PV对某些地区如遥远地区很有吸引力，因那里的电力成本非常高（如在日本）。

太阳能技术本身的缺陷和成本障碍限制了许多太阳能收集装置的商业利用。虽然其中的一些问题能及时解决，但很多技术仍然不成熟，处于发展阶段，亟须有明显突破，以增加初始投资价值。太阳能光伏（PV）成本已经下降到为大多数工业使用（成本）能够接受的时代，但仍然存在额外成本的压力，其中一些能随着薄膜太阳能装置的发展以及PV材料性能的提高而减轻，并随低成本烧制技术、较高量子效率装置的发展和稳定性提高而减轻。当然，增加可靠性也是很重要的。不同太阳能捕集装置效率已有连续地提高，现能够捕集更宽的太阳光谱范围。但对较少太阳照射地区，低成本利用太阳能在技术和成本上仍然存在巨大挑战。

就存储太阳能而言，人们能利用太阳能电力电解水生产氢气和氧气，尽管对家庭和工业而言太阳能电力本身的价值要远高得多。现在这是太阳能技术发展的重点，除用于产氢外也可用来生产燃料。而太阳能直接光催化分解水仍然是一个令人激动的挑战。

对于需要解决的关键障碍，全世界科学家都已经并继续努力以获得显著的进展。例如，除紫外光外对宽的可见光部分（400～800nm）利用是为了尽可能多地收集太阳能量。现时半导体光催化剂的带隙宽度通常大于分裂水（以有吸引力的速率）所需要的可见光能量。早期工作的重点是利用紫外光，但可见光区的利用也已有实质性的进展。Takannabe-Domen组重点研究氮化物、氧氮化物和氧硫化物材料来利用可见光辐射，作为光催化剂分解水生产氢气和氧气。此外，其它基础研究的目标包括：发展高效率和高抗辐射光电极材料和加工技术；非贵金属电极的发展和降低伴随电流产氢过电位（超过50%）。对GaN和ZnO固溶液，量子效率已达到约3%，但要实际应用，需要达到约30%的量子效率。正在发展的光催化剂材料有硫化物基材料，如Pt-PdS/CdS催化剂的量子效率为93%。随着技术的进展，可以乐观地预测，太阳能光催化分解水将会为未来十多年提供一条非碳氢燃料的潜在来源。

目前使用太阳能光催化剂的重点在于发电和生产氢燃料，但生产有较大价值的其它产品也是极有吸引力的。近来，在有机混杂传输上有了显著进展。例如：甲苯经直接使用水和光电化学转化为三甲基环己烷，达到的法拉第效率为88%；在大尺度太阳能反应器中也已使用负载Pt催化剂利用城市废水光催化生产氢气。工作目标之一是，使用人工光合成方法，利用太阳能转化二氧化碳为羧酸（例如甲醇、乙醇或糖类）。虽然太阳能直接光解水具有巨大价值，但该技术目标的达成是十分困难的。

把太阳能（和风能）发展成为任何时间可用的能量供应源，面对的实际挑战是它的波动可变性。当然，人们可存储白天的太阳能，把不连续能源变为可连续使用的能源，供晚上使用或供云天使用。现在有多种商业储能方法可供选择，例如电化学（电池）、电力（电容器）、机械（压缩空气、泵水）、化学（燃料电池）和热（熔盐和热存储）储能等方法。期望未来储能技术能有新的突破性进展，对太阳能利用的预期是光明的，因为：①虽然水坝是储能普遍使用的技术，但它们建造受地质条件的严重限制；②对压缩空气和热储能技术也有类似的限制；③电池确实是很好的便携式储能手段，但受成本、重量和材料可利用性等多种限制；④燃料电池似乎是比较合适的储能方法，但技术和成本需进一步发展和降低；⑤对运输部门特别是车辆应用更需要比较合适的储能方法，重量、容量和成本是关键因素；⑥太阳能发电（光伏）投资成本近十年下降了90%，电池片转换效率已从过去每年提升0.3%～0.5%增加至每年1%以上，太阳能发电非常有可能成为全球最便宜的未来电源。但要使太阳能电力实现平价上网，仍然有待光伏发电成本的进一步下降。

中国延续了竞价与平价上网并重的思路，随着补贴退出渐临，我国光伏发电侧平价上网的进程已经开始提速。国家能源局公布的2019年光伏发电项目国家补贴竞价结果为：2019年拟纳入国家竞价补贴范围的项目共3921个，覆盖22个省份；总装机容量2.2788642 kW；测算年度补贴需求约17亿元。从项目类型看，普通光伏电站项目366个，装机容量

1.812×10^7 kW，占总容量的79.5%，主要分布在中西部地区。分布式光伏项目3555个，装机容量4.66×10^6 kW，占总容量的20.5%，主要分布在东部沿海地区。此次拟纳入国家补贴竞价范围的项目只是全国光伏发电建设规模的一部分。加上此前已安排和结转的户用光伏项目、光伏扶贫项目、平价示范项目、领跑基地项目、特高压配套外送和示范类项目等，光伏发电项目建设规模在5×10^7kW左右，预计可建成并网的装机容量在（4.0～4.5）$\times10^7$ kW左右，能够保障光伏发电产业合理规模的发展，实现光伏发电产业稳中求进。实行光伏发电补贴竞价后，对光伏发电发展的市场化导向更明确、补贴退坡信号更清晰、财政补贴和消纳能力落实的要求更强化。值得注意的是，纳入国家补贴竞价范围项目名单只是取得了补贴资格，项目最终能否享受国家补贴，还要以是否按有关通知要求，按期全容量建成并网为准。对于逾期未全容量建成并网的，每逾期一个季度并网电价补贴降低0.01元/（kW·h）；在申报投产所在季度后两个季度内仍未建成并网的，取消项目补贴资格，并作为光伏发电市场环境监测评价和下一年度申报的重要因素。

最后应该特别注意到，“零碳”是相对的，其某些形式如生物质，因为在生产中仍然使用化石燃料而并非真正的零碳；即便对非常干净的风电和太阳能发电，在制造过程中也难以完全避免使用化石燃料。

4 次级能源和能量载体——电力

4.1 引言

从能量使用和转化的角度考虑，需要把初级能源转化为“较高质量”形式的次级能源。初级能源加工和转化后的产品，包括各种燃料如汽油、柴油、煤油、液化天然气以及氢气和电力，统称为次级能源或二次能源。初级能源是一种丰富存在的自然资源，但其原始形式不一定与人类需要的功能相兼容。开采的煤炭、石油以及太阳能、风能等能源的直接利用不仅效率非常低而且有时相当困难。把它们转化加工成次级能源产品，使输送、存储和在广泛领域应用变得容易和方便。例如煤炭转化为电力，原油转化为各类油品，天然气转化为氢能源等。因此，在人类社会发展的历史长河中，已发展出巨大的加工转化初级能源的产业，其中最重要的是电力和石油炼制工业。初级能源加工转化能生产出满足全社会范围广泛领域如工业、运输和生活所需要的能源类型和数量。随着社会和经济的发展，能源转换技术生产速率和效率也在不断提高和改进，受益的人口数量也在不断增加。

电力是最主要也是使用最广泛的通用次级能源和能量载体，因为它具有作为能源和能量载体几乎所有必需的优点：可利用几乎所有初级能源来生产；已建成了广阔和完善的公用基础设施，包括发电厂以及遍及特殊地区外的几乎所有地区传输网络布局；可方便地转化成人们需求的几乎所有的能量形式如热能、光能、机械能、声能、化学能等。

除电力外，氢能也是重要的次级能源和能量载体。近期氢能受到重视的最重要原因是环境因素和燃料电池技术的发展。氢能具有缓解或解决电力生产传输和使用中某些问题的巨大潜力，如电力传输存在不容易触及的地区，要远距离传输不仅投资成本高且传输损耗较大，电力大容量长期存储相对困难等。作为重要次级能源和能量载体的氢能，除具有电力所具有的一些优点之外，还有一些其它优势。如发展的燃料电池技术使氢能能更高效地转化为电力；能以更灵活的方式进行分布式供能；氢化学能是能够大规模和长时间存储的。因此，氢能和燃料电池技术已经成为未来能源技术中一个不可或缺的部分，不仅能够补充电力和储能装置电池的不足，而且能在向清洁能源过渡时期发挥积极和重要作用。经济可行的氢能源技术是正在发展的清洁和可持续能源网络系统中关键组成之一。

虽然石油炼制工业生产的常规汽油、柴油和煤油也是重要的次级能源，但鉴于本书主题是氢能源和能量载体，因此对油料不做介绍。本章先讨论最重要的次级能源和能量载体——电力。

4.2 生产电力的初级能源

4.2.1 全球电力生产

人类物质文明发展和幸福生活离不开电力，实现电气化就是这个意思。电力是次级能源，需要从不同的初级能源转化而来。现在，绝大部分电力是利用三大化石燃料即煤炭、石油和天然气等碳氢燃料生产的。在燃煤发电厂中，固体煤炭在锅炉中燃烧，利用其高温生产高压蒸汽，驱动蒸汽轮机带动发电机产生电力。在燃原油和天然气的发电厂，除了在透平机中燃烧液体、气体燃料直接推动发电机产生电力外，高温尾气还可继续用于生产高温蒸汽推动蒸汽透平产生二次电力。由于这些种类的发电厂燃烧的是含碳燃料（通常会含有一些杂质），必定会有温室气体二氧化碳和一些其它污染物的排放，这会对环境造成很大的影响。按现时的发展趋势，化石燃料在全球规模能源消费和电力生产中仍将继续占有重要地位，产生环境问题不可避免。

为说明目前的电力生产很大地依赖于化石燃料的事实，表4-1中对全球发电厂在2012年的装机容量和实际生产数据做了比较。图4-1中给出了1990～2040年美国电力生产中使用的不同初级能源资源，包括可再生能源资源。我国的情形有些不同，煤炭在电力生产中占绝对主导地位。例如，2019年，我国的总发电量为7.5034×10^{12}kW·h，其中火电5.2202×10^{12}kW·h，占比69.57%；水电1.3044×10^{8}kW·h，占17.38%；核电3.484×10^{7}kW·h，占4.64%；风电3.577×10^{7}kW·h，占4.77%；太阳能电力1.172×10^{7}kW·h，占1.56%。表4-2给出了中国2013～2018年电力生产中使用不同初级能源的比例；表4-3给出了中国在2011～2019年总发电量、火电发电量和火电的占比。从表中不难看出，中国可再生能源的发电装机容量和年发电量逐年快速提高，所占比例也逐年上升。清洁能源电力在2019年我国生产总电力中占比为27.8%，2020年占比提高到28.8%。

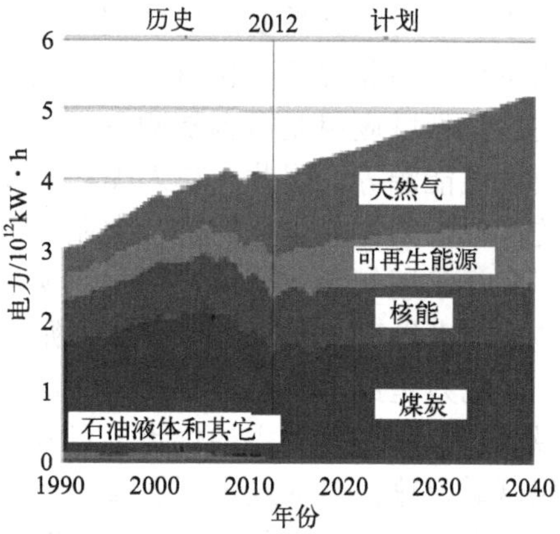

图4-1 1990～2040年美国使用不同燃料源生产的电力

表4-1 2012年全球发电装机容量和实际发电容量的比较

电力类型	装机容量		发电容量	
	容量/GW	占世界总容量比例/%	容量/10^{9}kW·h	占世界容量比例/%
总化石燃料容量	3606	65	14498	63.7
核电容量	373	6.7	2345	10.9

续表

电力类型	装机容量		发电容量	
	容量/GW	占世界总容量比例/%	容量/10^9kW·h	占世界容量比例/%
总可再生发电容量	1438	25.9	1715	21.9
水电燃料	(979)	(17.6)	(3646)	(16.9)
风能容量	(268)	(4.8)	(520)	(2.4)
太阳/潮汐/波浪能	(93.6)	(1.7)	(96.3)	(0.4)
世界总容量	5500	100	21532	100

表4-2 2013～2018年中国利用不同资源的发电装机容量 单位：10^8kW

年份	总容量	火电	水电	核电	风电	太阳能	火电占比/%
2013	12.4738	8.6238	2.8002	0.1461	0.7548	0.1479	69.14
2014	13.6019	9.1569	3.0183	0.1988	0.9581	0.2652	67.32
2015	15.0828	9.9021	3.1937	0.2608	1.2934	0.4318	65.65
2016	16.4575	10.5388	3.3211	0.3364	1.4864	0.7742	64.04
2017	17.7703	11.0604	3.4119	0.3582	1.6367	1.3025	62.24
2018	18.9967	11.4367	3.5226	0.4466	1.8426	1.7463	60.20

表4-3 2011～2019年中国的火电占总发电量的比例 单位：10^{12}kW·h

年份	年总发电量	火电	火电占比/%
2011	4.70007	3.82532	81.39
2012	4.93777	3.85545	78.08
2013	5.39759	4.23587	78.48
2014	5.64958	4.23373	74.94
2015	5.81058	4.24204	73.01
2016	6.14249	4.43707	72.24
2017	6.49514	4.66274	71.79
2018	7.11177	5.07386	71.34
2019	7.5034	5.2202	69.57

直到2012年，化石能源提供的电力占全球电力生产和消费的三分之二以上，可再生能源如风能和太阳能仅占很小部分，而我国电力工业排放的二氧化碳数量相对比较大。可再生风能和太阳能装机容量和实际生产利用数量间较大差别主要是由于这类能源资源的波动和间断性质。化石燃料和核能发电厂的比例要显著高于可再生能源发电厂，说明其可利用性和可靠性比较高。

US能源信息署2009年发布的全球发电装机容量（2008年装机容量和2035年计划装机容量）和所用不同初级能源燃料（六种重要初级能源资源）的装机容量见表4-4。能源署预计的电力生产年增长约1.7%，从2008年的4623 GW到2035的7272 GW。在表4-4中也突出了非OECD（经济合作与发展组织）国家为满足电力需求，对所有发电技术进行了巨大投资，正快速赶上OECD国家。预计在未来数十年中，化石燃料发电仍然占据全球电力生产的最大份额。风能和太阳能尽管快速增长，但预期到2035年仅能占全球安装总发电容量的9%，增长最多的是风能，最近太阳能光伏发电也增长非常快，因为装机成本快速下降。BP公司的报告指出，2019年全球发电量增长1.3%，其中中国的贡献占90%以上。可再生能源电力提供的增量最多，天然气次之。可再生能源电力的占比从2018年的9.3%增加到2019年的10.4%。中国水电、风电、光伏发电的累计装机规模均居世界首位。2018年，中国可再生能源发电量18670亿kW·h，占全部发电量的26.7%，比2005年提高10.6个百分点。2020年可再生能源发电装机容量达到9.34×10^8kW（水电3.7×10^8kW，风电2.81×10^8kW，太阳能电2.53×10^8kW，生物质电2.95×10^7kW），发电量达到2.2148×10^{12}kW·h（水电1.3552×10^{12}kW·h，风电4.665×10^{11}kW·h，太阳能电2.605×10^{11}kW·h，生物质电1.326×10^{11}kW·h），比2019年增长8.4%。

表4-4 六种重要电力生产技术2008年的世界装机容量和2035年的计划装机容量

能源类型	煤炭/GW		天然气/GW		核能/GW	
	2008	2035	2008	2035	2008	2035
OECD国家	641	633	690	959	313	379
非OECD国家	862	1498	499	866	65	265
世界总量	1503	2129	1189	1825	378	644
能源类型	水电/GW		风能/GW		太阳能/GW	
	2008	2035	2008	2035	2008	2035
OECD国家	355	432	97	330	14	83
非OECD国家	502	1031	24	203	0	36
世界总量	857	1463	121	533	14	119

4.2.2 电力生产面对的全球挑战

全世界面对的一个主要挑战是化石烃类资源正在快速消耗。石油、天然气和煤炭能源资源的生成和累积需要数千万年，而消耗在近80年中变得如此之快以致于它们仅可能使用约两个人类寿命时间（150～200年）。煤炭资源相对比较丰富，预计其使用时间相对要比石油和天然气长。基于现在的煤炭消耗速率，煤炭可使用200～300年或更多，但也是有限度的。对能源新的完整系统分析指出：产业需求和人口增长是世界原油、天然气和煤炭能源不断快速消耗的两大主因，尽管也在研究发展利用非常规烃类燃料资源如油砂、油页岩和天然气水合物等（油砂已在加拿大商业使用）。最关键的根本问题是，所有常规和非常规烃类能源资源都是不可再生的，而且能源资源的利用效率也不高，即实际消耗的能源资源远高于我们实际利用的能源数量，很大比例的能源资源以废物形式浪费和抛弃了。

在不远的将来一段时期内，随着全球人口不断增长以及要求的生活质量不断提高和改善，电力消耗会不断增加，导致三大化石燃料的消耗速率也快速增加。一方面地球上的化石能源储量有限，另一方面化石燃料的大量消耗导致向环境排放大量温室气体CO_2和其它污染物。这不仅污染了地球环境而且可能使全球气温上升。

已经有确实的证据表明，过去一个世纪中全球变暖与大气中CO_2浓度增加（自工业革命以来）间存在确定的关联。现在CO_2在大气中的体积浓度与2004年一样，为0.038%，因为自然界中的CO_2作为植物光合成过程的碳源而消耗掉了。而现代社会需要的能量极大地依赖于含碳燃料（主要是煤炭、石油和天然气）的燃烧，产生大量CO_2排放物，任何碳基有机物质的完全氧化或燃烧也都产生CO_2。直到最近都被认为产生的CO_2是无害的。因为如在前面碳循环中所述，CO_2在地球的碳循环中起着重要作用，是动物和植物生命循环中的必需组分。然而，过度使用含碳化石燃料，其燃烧产物已经导致地球大气CO_2浓度上升，应该是加以控制的时候了。这是由于自然界中植物光合作用消耗CO_2的平衡被燃烧大量含碳化石能源（煤炭、石油、天然气）排放大量的CO_2打破，导致地球大气中CO_2浓度上升。地球上CO_2的排放源总结于表4-5中，主要包括固定源、移动源和自然源。其中，电力工业排放的CO_2量是最高的（见图4-2），很有必要加以控制。

表4-5 二氧化碳排放的不同来源

固定源	移动源	自然源
燃化石燃料发电厂	轿车、运动公用车辆	人类
独立电力生产者	卡车和公交车	动物
工业制造工厂①	飞机	植物和动物腐烂
商业和居民建筑物	火车和船舶	土壤排放/泄漏
场地气体排放源	建筑车辆	火山
军用和政府设施	军用车辆和装置	地震

① 主要CO_2源包括制氢、制氨、制水泥工厂；烧石灰和碱石灰以及发酵和化学氧化过程。

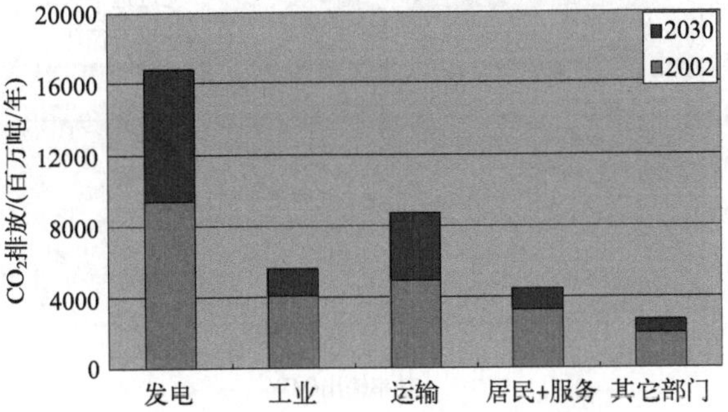

图4-2 2002年和预测的2030年全球化石燃料的二氧化碳排放（按经济部门分类）

对不同能源转换路线或从初级能源到次级能源（燃料或电力）转化生产所排放的CO_2数量进行比较或评估是一件极为复杂的事情。一般认为“生命循环分析方法”（life-cycle analysis, LCA）是一种好的评估方法，因为它考虑了整个过程链每个步骤的贡献。LCA不仅能用于经济评估，而且也能对总环境影响进行评估。在进行评估时必须考虑从开始到结束或从生到死各个过程步骤所产生的所有贡献。例如，在对整个过程链进行过程分析和进行仔细的物料和能量平衡时，首先要确定评估系统的输入和输出边界以及它们间的相互关系，使用的数据应该是重要的关键数据。为了了解过程排放CO_2的数量，举一个具体例子：对一个容量5×10^5kW、年运行8000h的燃煤发电厂，每年产生的CO_2数量是 480万吨或130万吨碳/年。平均而言，燃煤火电厂每生产1kW · h电排放1.2 kg CO_2；燃天然气发电厂仅排放

0.4 kg CO_2。这是由于煤含碳量高、天然气工厂的热力学效率较高，燃煤发电厂要使用烟气净化（移去硫氧化物、氮氧化物和灰分）消耗了部分电力。但是，电力生产中使用煤炭数量仍在不断上升，因为煤炭价格低廉和储量丰富，这导使发电部门排放的CO_2数量增加。不过近些年来，世界各国天然气发电正快速增长，根本原因是环境问题抵消了天然气的高价格。

4.3 缓解电力生产挑战的办法

4.3.1 引言

各种初级能源资源都能用于生产电力，它们的发电效率和排放CO_2的数量是不同的。在三种主要化石燃料中，煤炭和石油燃烧排放的CO_2差不多，天然气的碳排放较少，对环境危害也较轻，因此现在燃气发电厂增长最快。电力生产和消费增加的都是一些经济快速增长的非OECD国家（占比超过72%），它们在全球2040年消费量中的份额从2010年仅51%将增加到58%。但是，从图4-3中可清楚看出，化石燃料发电厂的效率不是很高，即使是燃气透平加蒸汽透平的组合循环，其实际测量的效率在2012年也仅有44.8%。应该注意到，电化学转化的燃料电池能量效率要高于燃料燃烧引擎的发电效率。

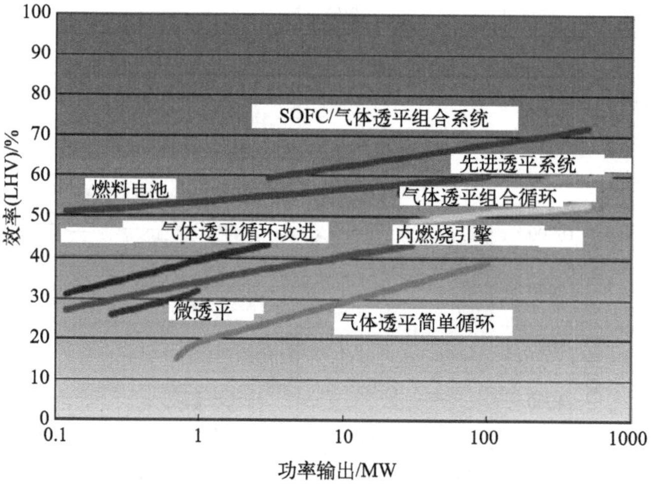

图4-3　化学能到电能转化系统效率与输出功率间的关系

分析指出，在不改变现时能源供应公用设施和末端产品利用模式的情况下，以化石燃料作为发电、生产运输燃料和工业使用的主要初级能源的情形是不可持续的。预计在未来数十年，这种情形将发生显著变化。只要CO_2能被大规模除去，例如捕集和安全地存储，全球大气温度上升趋势可以得到缓和。移去或降低CO_2排放的技术有：分离燃烧烟气中的CO_2技术、预燃烧捕集技术、超高（或超超）临界CO_2循环氧燃烧和电化学分离技术等。然而，一旦移去技术成熟且可利用，还会进一步提出继续把CO_2浓度降得更低的要求。这些CO_2移去技术也应推广应用到低碳燃料生产过程中去（如重质烃类的产氢过程）。显然，这些技术也是耗能的，因此会使发电厂的效率降低。

为解决化石能源消耗带来的严重环境和气候变化问题，提出了一些可行办法，包括提高能源资源利用效率、扩大利用低碳能源（可再生能源）资源和捕集封存排放的CO_2（CCS）。实际上很可能采用多管齐下的方法。由于温室气体（GHG）排放很大程度上是大量消耗碳基能源所造成的，缓解和解决21世纪能源和环境挑战的途径显然应该是尽可能降低碳基能源消耗数量以降低CO_2和污染物排放。上述办法可具体化为：①尽可能提供清洁燃料和电力满足世界对能源增长的需求；②稳定GHG排放以缓解和消除环境污染问题；③发展新的能源体系并增加能源利用效率，克服现时能源利用体系中的热力学限制；④发展可持续和安全的能源转化和利用技术，特别是转化和利用可再生能源资源技术；⑤持续研究和发展能源材料包括碳基原料。总之，要努力发展更洁净、更高效且不产生污染物的能源体系。现在广泛采用的燃烧后净化的能源体系（如车辆和固定发电厂）是达不到可持续的战略目标的。

传统化石能源固有的不可再生性、易引发环境污染和导致气候变化等痼疾，是世界各国对可再生能源愈来愈重视的根本原因。联合国于2011年提出了2030年全球可再生能源占能源消费比重比2010年翻一番的目标。国际能源署发布的《2017年世界能源展望》预测：在可持续发展战略中，低碳能源在能源结构中的份额在2040年要达到40%。对不断增加和大量使用化石能源资源对环境造成的影响（特别是有关CO_2）进行评估后，得到和应该强调的结论是：需要发展更稳健的技术来转化化石能源资源和更多地利用分散性可再生能源资源；要进行组合投资以控制温室气体的排放。但是必须指出，技术虽然能够提供必要的解决办法，但技术解决办法的实现必须有经济、政策和公众舆论的配合和支持。

解决全球能源（电力）生产面对的挑战，实际选择的策略首先是要逐步过渡：从大量无限制使用化石能源向更有效和较低碳排放强度的能源过渡。适合于发达国家的解决办法不一定适合于发展中国家，解决遥远人口稀少地区的办法也不同于在已工业化、人口密集地区采用的办法。降低CO_2排放可采用的办法很强地取决于如下因素：①为提高效率所要付出的成本（取决于燃料价格和转化技术成本）；②化石燃料的可利用性（煤炭和天然气，它们具有明显不同的二氧化碳排放特征）；③地区内可再生能源的可利用性（成本和稀缺性）；④对核能的安全观念，包括废物长期储存和增值问题的了解和解决办法。

很明显，解决办法的实施必定需要政府推动和经济激励双管齐下。为支持扩大利用可再生能源资源和鼓励从化石能源向可再生或混合能源体系（低碳电力）过渡，就需要改变目前的中心电站和分布式电站间的平衡。高度优先且实际可行的解决办法是提高初级能源转化（生产电力）效率和能量（电力）的利用效率。如图4-3中不同转化技术能源利用效率所指出的，提高发电效率最终是要从热燃烧转化过渡到电化学转化（燃料电池）。能量利用效率的提高涉及方方面面，包括提高取暖空间绝缘性能，降低运输工具在行驶中的阻力，减少车辆中空间取暖、气动和拖动阻力损失和消耗能量等。提高转化效率和利用效率必定能有效降低能源资源消耗、延长能源资源可利用寿命和降低对环境的影响。当然，效率的提高需要付出一定的代价（如消耗人力、财力、物力和能量）。但这些付出是值得的，因为在经济激励和社会支持下能源效率提高所产生的效果（增值）完全能够补偿所需要的付出，而且还有利于降低对环境的影响。

虽然人们都希望发电厂效率能够翻番、车辆行驶里程能够翻番，但这些高指标不是近期能达到的。图4-3中示出了现时使用或不久的将来在发电厂中使用的若干化学能-机械能转化技术的（发电）效率，图中还给出了发电效率随着工厂功率容量增大的变化趋势。规模扩大有利于中心电厂降低电力成本，当发电厂容量达到数百MWe（百万瓦电力）时效率达到最大。从图中可清楚看到，采用比较先进的发电技术，例如在大规模工厂中采用组合循环或组合燃料电池热循环，其效率是很高的。组合热电（CHP）技术使燃料热能的利用最大化，能量效率进一步提高。当然这类CHP工厂必须建立在接近有热能需求的地方，这对分布式功率电站极为有利（图中的效率仅对利用“简单”燃料而言，如天然气或炼制液体产品）。对需要深入加工和进行废气净化的燃料如煤炭，达到的总效率较低。煤气化组合循环发电（IGCC）的效率可达50%；现时已应用的超临界和超超临界循环燃煤发电的效率已达或超过45%。高温燃料电池，如固体氧化物燃料电池，其发电效率接近于50%（取决于功率密度），当组合燃料电池和气体透平或气体-蒸汽混合循环（图4-4）时效率可超过60%。

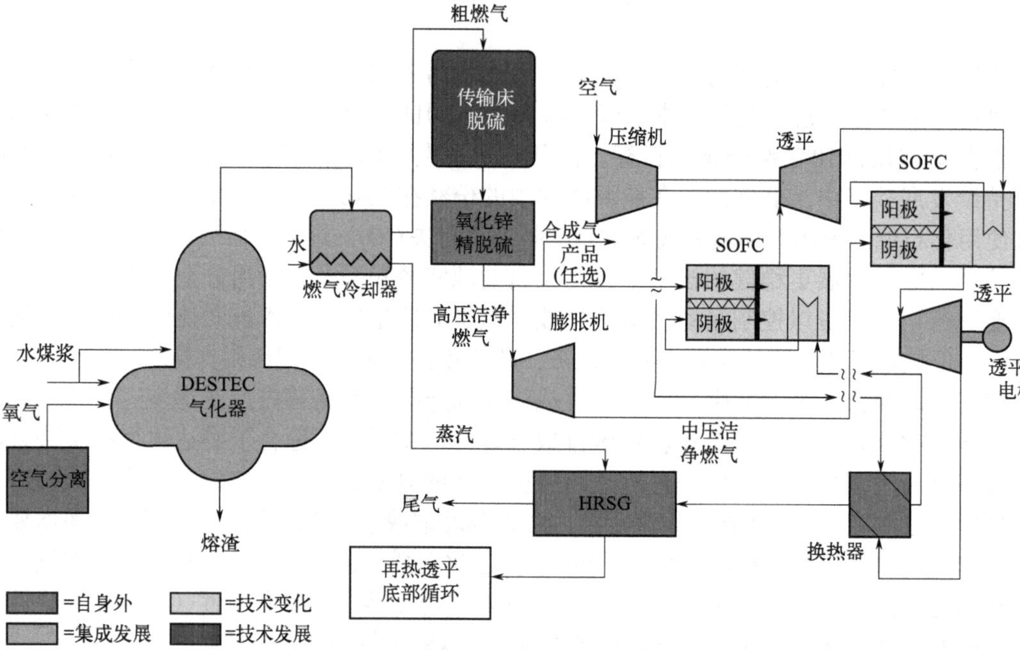

图4-4 集成气化燃料电池气体透平组合循环发电厂

缓解或解决能源（电力）面对的挑战的上述办法总结于表4-6中。这些办法也是我国实现碳中和目标的关键技术。

表4-6 通过提高效率、改变燃料、CO_2捕集和封存、采用核能和可再生能源，降低二氧化碳排放

途径	技术解决办法	需求
	提高转化和利用效率	
1. 有效车辆	2B轿车的容量经济性从30mpg（每加仑行驶英里数）上升到60mpg	选择新引擎，降低车辆大小、重量和功率
2. 少使用车辆	2B轿车30mpg跑5000英里替代10000英里	扩展公共运输系统
3. 有效的建筑	少排放1/4，有效轻化，设备装置等	绝缘，有效轻化、被动太阳能、环境保障设计
4. 有效的煤过程	把热效率从32%上升到60%	气体分离技术提高，高温气体透平等
	改变燃料	
天然气替代煤发电	用天然气替代1.4TW煤发电厂（4倍于现时天然气发电容量）	天然气的较低价格

续表

途径	技术解决办法	需求
	捕集CO_2（CCS）	
1. 发电厂	在0.8TW煤或1.6TW天然气发电厂中CCS（>3000倍Sleipner容量）	改进分离和封存技术
2. 运输用氢气生产	用煤每年生产2.5亿吨氢或用天然气每年生产5亿吨氢的工厂中CCS（10倍于现时天然气）	技术和氢气问题
3. 煤生产合成气工厂	在用煤生产3000万桶/天工厂中CCS（200倍于现时Sasol容量）	技术和合成燃料成本
	核能	
核能替代煤发电	700GW裂变工厂（两倍于现时容量）	安全和废物
	可再生能源	
1. 风能替代煤发电	加4M 1-MW峰透平（100倍于现时容量）	土地使用、材料和离岸技术
2. 光伏（PV）替代煤发电	加2TW峰PV（700倍于现时容量）（2×10^6英亩）	成本和材料
3. 风能生产氢（高效车辆）	加4M 1-MW峰透平（100倍于现时容量）	氢公用设施
4. 生物质燃料	加100倍，现时巴西（甘蔗）或美国（玉米）（250×10^6英亩，实际农田的1/6)	土地使用

1英亩=$4046.86m^3$。

4.3.2 增加能源利用效率

在增加能源利用效率上仍有很大空间，这要求效率有跨越性增加。例如把效率从15%～35%增加到60%～80%，这能极大地减少能量损失和浪费，相应地极大降低CO_2排放。为此，必须发展新的比较有效和洁净的能源体系，而不仅仅是对现有体系的增量改进。新发电体系设计的新近进展有超超临界和集成气化组合循环（IGCC）发电、气体透平组合循环（GTCC）发电、氢能和燃料电池技术等。这些为未来提供了一些可行性和发展方向。

4.3.3 利用非碳能源（可再生能源）

虽然在可预见的未来，化石燃料仍将继续是占主导地位的初级能源。但是，必须强调，应该更多地使用可再生能源资源，虽然其成本近期相对较高，但坚持利用可再生能源对能源体系的过渡和社会的持续发展是至关重要的。因此，必须更多地和长期地发展使用可再生能源资源技术，例如太阳能、生物质能、风能、地热能、波浪能等，也必须更多地和长期地设计出对环境无负面影响且有更好转化效率的能源利用体系。在这方面政府的激励是必需的，用以培育可再生能源资源利用的增长，包括太阳能和可再生循环能源如有机废物。

水电已经有相当充分的开发，特别是在发达国家。核能是具有巨大增长潜力且能满足能量需求而没有GHG排放的能源资源，其利用的最大问题和主要挑战是使用的安全性和核废料的处理。世界上已发生的核发电厂严重安全事故使人们对核和核事故的担忧大大增加，核发电厂安全性和核废料的处理问题成为全球更加严重的政治、经济和环境问题。

生物质能源是碳中性的，且属于可再生能源资源范畴。它可用于生产能次级能源（如电力、油品和氢能）、化学品和有用材料。

在可再生的初级能源资源中，太阳能光伏电池和风电的利用应该被认为是能量和环境效益最高的路线，它们能够满足人类未来能源需求且具有巨大的增长潜力。该类转化装置目前的效率仍有巨大的改进提高空间。但是，也应该注意到，可再生能源的利用体系对人类和生态环境也是有负面影响的，例如太阳能利用对土地使用有影响；生物质也是在土地上生长的；风力发电对鸟类生存存在威胁；水力发电对水生生命产生影响等。但是它们的优越性无论如何是巨大的，它们面对的主要挑战是：可再生能源使用存在有地区性分布、季节性可利用性以及能量密度过低等问题。

4.3.4 发展氢能源技术

次级能源氢具有缓解能源与环境问题的巨大潜力。氢能源是发展清洁和可持续能源网络系统的关键组成之一。氢能源是清洁可持续的，且容易存储和容易利用燃料电池高效安全生产电力。但是，对可再生氢能源，其中心问题之一是要找到生产运输和储存它的经济可行方式。为此，氢和燃料电池国际协会（IPHE）提出了如下全球倡议：发展氢能量载体和为向氢经济过渡采取积极行动。

早在1970年，美国通用汽车公司就提出和引入了以氢作为能源和能量载体的新氢经济概念。提出氢经济的初衷是替代化石燃料，对化石燃料耗尽问题作出的应对。但随着对氢能和氢经济研究的深入，发现氢能是“可持续能源”战略中重要的未来能源和能量载体。这是因为氢能具有如下一些特征：①利用可再生能源产氢，氢能的利用不会排放温室气体。②氢燃料能应用于广泛范围的领域，包括固定应用、移动运输应用和便携式应用，尤其适合于脱中心化利用。③氢能可利用广泛范围的可再生能源和原料，以分布方式生产，消除长距离输送。④在可持续能源时代，氢能作为能量载体可与电力互补，氢作为能量存储介质也可与电池互补。因此氢能源是可持续经济的重要内容，在运输部门和工业、商业、住宅部门它不是唯一和排斥性能源、能量载体和存储载体。在可持续能源时代，氢能可作为仅有可再生能量输入中心化电网中较长期间的能量储存介质。⑤大量氢储存也可作为战略能量存储库应用，用以确保世界各国和全球能量安全性（仅依赖于可再生能量的增加）。当然，在可持续能源战略中，也必须更加强调能量效率和管理需求。因此呼吁政府进一步积极资助工业部门的氢经济发展和研究项目。

4.4 发电厂效率的提高

4.4.1 能源转化效率

提高效率肯定是最首要的现实任务，效率的提高能有效降低能耗、节约能源，降低CO_2和污染物的排放，降低对环境的影响。但效率是一个复杂的概念，有多种形式的定义，包括转化和使用两个方面。对于转化，效率的定义是简单的且有确定形式：过程或体系输出有用能量与输入能量之比。对化石能源转化体系，输入能量是存储在燃料分子化学键中的化学能（燃料是一类化学能载体）；输出能量可以是另一形式的化学能（如炼制或重整过程生产的各类油品）、热能（燃烧产生的热量）、机械能（引擎产生）、电能（发电装置产生，包括发电机、电池和燃料电池）等。对有一个或多个转化过程的体系，必须考虑每个转化过程的效率，总效率是各个过程效率的乘积。对核能体系，能量来源于原子键合能，在多个转化过程中核能转化过程为：核能—热能—机械能—电能等，其效率也是由输出有用能量与输入能量之比确定的。对可再生能源体系，其能源转化效率的定义也是类似的：输入能量与输出有用能量之比。输入能量为能量源的通量（如太阳能、风能、地热能等），输出有用能量可以是电能、化学能、机械能等。一个实际能量转化过程都必定有能量耗散和损失，例如对于传统转化热能到机械能的“热引擎”，热力学第二定律限制了所有转化过程效率都小于100%（如热机中的卡诺效率），绝大多数过程不可能达到理论效率。转化效率除这个“平衡限制”外，还有一些导致效率降低的其它因素，例如有限速率过程（如在燃料电池中的动力学和传输过电位）。实际效率与理论效率间的差异也意味着具有提高效率的空间，例如通过排除体系复杂性或克服负面效应使效率提高。

提高效率可从能量生产和使用两个方面着手。例如，把初级能源转化为利用效率更高的次级能源——电力（如建设发电厂）、使用高效率的照明灯具、车辆功率的高效转化、转化到实际利用价值更高的产品、用绝缘性能更好的材料以降低热能和电力损失、建造更轻车辆、更有效利用风能和太阳光能等。要提高转化过程效率有时需要对不同能源转化过程做比较，即要比较为满足一定需求而进行的各种能源转化过程。这时前述的效率定义不一定完全适用，因为定义基础不一样。此时可使用更好的寿命循环总效率概念，即所谓的“油井-车轮效率”（well-to-wheel）。该效率考虑了相关的碳和污染物排放及其它环境影响问题。在确定一个有最高总效率的转化过程和路线前，需要考虑从初始能源获取能源载体时消耗在生产、运输、存储以及生产所用过程设备的能量。即必须确定该过程或体系的能量输入输出边界，为对各种过程进行有意义的比较，这是非常关键的。

热引擎的理论卡诺效率（输出机械能与输入的热能之比）仅取决于输入热源温度和排出尾气温度之差。对真实气体透平和蒸汽透平循环，能量效率为35%～55%（对单一和组合循环）；对内燃（IC）引擎（电火花点火引擎和柴油机），真实效率仅在15%～45%范围。应该注意到，引擎效率的定义与上述热引擎效率定义有所不同：引擎效率是指引擎机械能输出与燃料化学能之比，定义中考虑了燃烧效率、热量损失和摩擦损失。

燃料电池效率一般要高于大多数引擎的效率，在40%～60%范围。其定义是输出电能与消耗燃料化学能之比。由于燃料化学能有高热值或低热值之分，定义中也使用燃料的化学自由能即可利用的化学能（与系统和转化过程有关）。应该特别指出，燃料电池效率很强地取决于其输出的功率密度。对于电池（蓄电池），其效率定义为电能到化学能（充电）再由化学能到电能（放电）转化过程的总效率，能高达90%，该值高于燃料电池效率。电池是一类储能装置，不同储能装置其效率也不同，如水电解输出氢气（逆燃料电池过程）的过程效率接近于80%。

对现代许多能源转化体系中常用的燃料重整过程（烃类重整和煤气化制合成气），其效率定义为生产燃料的化学能与投入燃料的化学能之比，其值一般约在80%。对可再生能源体系，风力透平的最大效率接近60%（定义为旋转动能与风电能之比），而气体透平的效率在30%～40%范围；光伏体系的效率在10%～20%范围（定义为输出电能与输入太阳能之比）。可再生能源转化装置的最大效率取决于装置的设计。例如，不同结构的单一带宽、多个带宽结晶太阳能电池和无定形薄膜太阳能电池，效率是不一样的。对于灯泡、白炽灯和荧光灯（效率定义为输出的光能与输入的电能之比），它们的效率在2%～10%范围。植物的光合成效率，定义为植物存储的化学能与入射太阳光能量之比，其范围在6% ～ 10%（最高值接近16%）。

电力使用过程与生产过程一样也都要追求高效率，效率提高意味着能源使用量下降。从降低CO_2排放的角度看，能源使用量降低与用可在再生能源替代化石燃料生产电力是相当的。要降低能源使用量必须使用较高效率的装备，包括工艺改进和发展创新的高效率过程以及用新催化技术提高过程性能等。

在电力生产和使用领域提高效率以降低能源使用量的方法涉及方方面面，包括循环废物产品利用、投资可再生能源、创生节能新产品、扩展使用范围、利用更宽太阳能光谱能量、消除污染等。在效率提高的多个方法中关键很可能取决于使用的催化技术。例如。转化达到“平衡”，这可能意味着有一定的能量没有被利用或成为“无用”能量，但当这个“无用”能量能够以另一种方式被捕集和利用，则其能源总利用效率必将提高。例如组合热电（CHP）技术就是捕集或回收了一些废弃的热能用于供应热水或取暖，这使能源总利用效率得到显著的提高。

4.4.2 化石能源生产电力

长期以来，用于生产电力的初级能源资源主要是三大化石能源，煤炭、石油和天然气。尽管现时使用的技术（从化学能到机械能再到电能）已有很大改进，但其发电过程的效率仍然有较大的提高空间。

4.4.2.1 煤炭发电

在三大化石能源资源中，虽然煤炭的含碳量是最高的，但因其储量最丰富和价格最低，它在电力工业中的大量使用仍将持续较长时间。特别是对发展中国家，如中国和印度，因煤炭储量非常丰富，必然会大量采用煤炭来满足自身经济快速增长的能源需求。燃煤发电已开始使用热效率较高的技术，其效率有相当大的提升，如超临界和超超临界循环技术等。发电效率的提高显著降低了污染物的排放，如NO_x、SO_x、颗粒物质以及温室气体CO_2。由于煤炭是三种化石燃料中氢碳比最低的，因此在所有化石燃料中燃煤发电厂的单位能量（电力）排放的二氧化碳量是最高的。因此，为降低排入地球大气中的二氧化碳数量，有必要对化石燃料发电厂排出的CO_2进行捕集、存储和封存。

4.4.2.2 低质燃料发电

使用相对低质燃料发电不仅在经济上是有利的，而且能够达到物尽其用的目的，对环境也是有利的。低质燃料除煤炭外，还有废油、炼制副产物（如沥青焦）、生物质源（包括农业和动物副产物）等，它们不仅能够作为生产电力的燃料，而且也有可能达到低污染物排放和高效率的目标。利用这类低质燃料发电的主要工艺过程示于图4-5中，其中的气化步骤可利用多种固体和液体燃料，生产的合成气可作为多种循环组合生产电力的燃料，当组合高温燃料电池、气体透平和蒸汽透平，可使发电厂的总发电效率（总电能输出与输入燃料化学能之比）达到最大。气化炉在高温下把低质燃料与水和氧反应生产“合成气”（CO、H_2和其它气体混合物）。它经净化除去杂质（酸性气体和其它不希望的气体以及固体残渣）后可作为高温燃料电池燃料进行高效率地发电。为避免燃料电池中毒或危害透平机，合成气中的杂质如硫化合物、灰分和其它金属组分必须净化除去。在高温燃料电池中未被利用的气体燃料能够直接进入透平机，在透平机中燃烧或经燃烧后再用于推动气体透平。从透平机出来的高温尾气可产生高温高压蒸汽，用于推动蒸汽透平发电机再次产生额外电力，尾气的余热也能够再回收利用。虽然这类发电工艺使用的是低质燃料，但因利用了高效率的燃料电池，循环效率有可能超过50%。而对现有不含燃料电池单元的集成气化组合循环发电厂，其效率也就45%。对低质燃料利用而言，使用的气化工艺使常规污染物如硫氧化物、氮氧化物和颗粒物质的产生较少。该类发电工艺中也可配置CO_2捕集封存系统（当然捕集封存增加了成本，操作也变得比较复杂）。另外，利用低质燃料也能够生产合成燃料，例如，利用煤炭或其它重质烃类生产氢气或烃类燃料。在该类工厂中也能够应用脱碳概念。

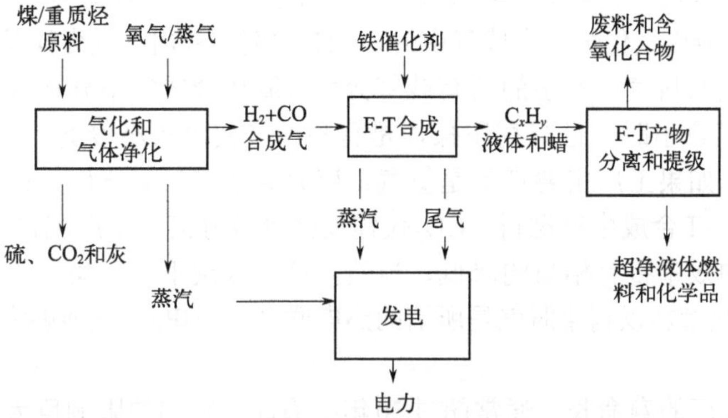

图4-5　用煤和重质烃类的多联产设计：发电和生产液体燃料

4.4.2.3　天然气发电

发电厂使用气体燃料的效率一般要比使用固体燃料高，因此一些燃煤发电厂正在改造成使用气体燃料。这在过去三十年中已取得了显著进展。燃烧天然气的发电厂具有如下一些显著特点：①电效率较高，燃烧天然气时比较容易使用组合气体-蒸汽循环发电技术，可使效率达到60 %；②天然气燃料极有利于管道传输；③单位化学能产生的CO_2排放较少，因天然气的氢含量高且转化效率也高；④天然气被认为是清洁燃料，几乎不产生SO_x和颗粒污染物排放，产生的NO和CO污染物排放也较低；⑤洁净气体燃料的应用灵活方便，可在市区建厂以降低传输损失；⑥天然气燃料容易实现组合热电（CHP）生产，能作为偏远和遥远地区中心电站的燃料。这些优势足以说明，用天然气替代煤炭和石油是有优势的。但是，应该指出，天然气资源分布的区域性很强，虽然发现了大量新的页岩气储藏，但在可利用总化石燃料中占比仍然不高。

4.4.3　联产——同时发电和生产合成燃料

要使发电厂总效率（电能输出与燃烧燃料的热值之比）达到60%～70%不是不可能，如果发电厂是一个高效率组件的高度集成体。高效率组件包括：①重整、气化和燃烧的热化学组件；②产生机械能的气体透平和蒸汽透平热化学组件；③把化学能直接转化为电能的高温燃料电池电化学组件；④能够转化低热质量为电能（回收废气热量）的热电组件。不过这些高效率发电厂的大规模发展仍然面对若干挑战，包括高效组件的发展、组件集成和环境控制技术。当配备捕集封存CO_2系统时效率降低，因分离和存储二氧化碳也是需要消耗能量的。现在，对天然气组合循环和无CO_2捕集也不使用燃料电池的发电厂，可达到的效率为55%。应用先进高温气体透平，入口温度接近1400℃的先进发电厂，与超临界蒸汽循环组合（蒸汽压力超过250atm和550℃），燃天然气发电厂的实际效率已接近热力学极限。

达到高发电和能量效率的另一个方法是所谓的“多联产”。所谓“多联产工厂”是指在一个工厂中用同一初级能源资源，既发电又生产合成燃料或可利用的热量。多联产工厂可进行优化以获得最大转化效率和为不同需求交付不同产品。气化技术依靠其自身优势能很好地满足多联产应用，这是因为许多合成燃料生产过程使用所谓间接合成方法，利用重质燃料经传统气化工艺首先生产合成气。合成气经净化后再在催化剂作用下合成不同碳原子数的烃类产品。过程效率取决于气化过程使用的介质［不同比例的氧气（甚至空气）、水蒸气、二氧化碳］和所用气化炉。合成气中的CO/H_2比例可利用水汽变换反应来进行调整，获得所需比例的合成原料气。产生的所有或部分CO_2能从合成气中分离并存储或封存。当这类多联产工厂规模较小时，进行高压操作是有利的（使用较小设备）。高压下分离氢气可采用物理吸附法。如果工厂主要产品是氢气，应分离所有二氧化碳；如果工厂主要生产燃料，所含CO可经F-T合成生产燃料，CO_2仅需要做部分分离。工厂配置有CO_2捕集系统时，生产氢气或燃料的效率将有相当的降低。当然，这也取决于工厂集成水平（热量和质量集成）。当把副产的热量加以利用时就是所谓的热电联产（CHP），这能够大幅提高能源的能量利用效率。

化石燃料发电厂的寿命长，通常超过50年，因此，它们的影响巨大。提高它们的转化效率应该会有很大的近期影响，对这样的提高进行投资似乎是聪明的选择。对这些固定发电厂，有可能考虑采取有效捕集和封存二氧化碳的措施，使它们能够接近零二氧化碳排放。但捕集和封存二氧化碳是强耗能的。只有在原始过程效率（没有捕集）已经很高时，做这种选择才是明智的。

4.5 “零”碳电力生产技术

4.5.1 引言

可转化为电力的能源资源除了含碳化石能源资源外，自然界存在的非碳能源资源同样可用于生产电力。非碳能源资源主要是指可再生能源如水力、风能、太阳能、地热能、波浪能等。在一定意义上生物质能源资源也被认为是碳中性（非碳）的能源资源。因为从地球碳循环的角度看，生物质能源是没有净碳排放的，因为燃烧排放的二氧化碳被生物的光合作用吸收利用了。核能也被认为是非碳能源。

为了向清洁能源体系过渡和实现可持续发展战略，加速发展利用非碳可再生能源资源生产电力的技术是必需的。最近，利用可再生能源资源的“零碳”发电工业开始快速发展，但仍然需要进一步克服若干发展瓶颈：①可再生能源转化效率不够高，需要进一步提高；②要降低可再生能源电力的使用成本；③需要进一步对这些可再生能源资源利用采取有利的经济和融资激励措施；④提高改进能量存储体系，特别是对大规模引入太阳能和风能的情形，因为为稳定这些具有波动性和间断性特征的初级非碳资源电力，必须配备大规模存储电力的设施。

世界对风能和太阳能的利用近些年已经取得快速进展，成本不断下降，装机容量不断增大。在过去一二十年中，风能和太阳能电力增长显著。目前我国风电、光伏发电和水电的累计装机规模均居世界首位。2019年我国清洁能源发电厂的装机容量占总容量的40.77%，消费能源中清洁能源占23.4%，在总发电量中可再生电力占27.3%。2020年，中国可再生能源发电量已经占到全部发电量的28.8%。水电资源的利用对发达国家已接近饱和，例如欧盟国家。但对多数发展中国家，水电的利用正在快速发展中。现在水力发电发展最快的国家是水电资源非常丰富的中国。可再生能源资源中生物质占有重要地位，特别是在农村和农业界，其开发潜力和应用的相关技术也有新的进展。核能已为美国提供了20%和为法国提供了超过50%的电力，在中国核能发电厂也在稳步增加。但由于存在保险和安全、废料处理分散等问题，使大规模增加核能使用受很大限制，尽管有些问题已经解决或有所进展。

总而言之，可再生能源资源转化和利用技术虽然可行，但要扩大其利用仍然面临一些大的挑战，例如，大规模可利用性、成本、覆盖面，以及与其间歇波动性特征有关的总体系复杂性和对存储技术强制需求等。官方数据指出，为减少甚至达到零碳排放，对以三大化石能源煤炭、天然气、石油为燃料的发电厂可采用CO_2捕集和封存技术（虽然成本提高了）来达到。这对固定位置的电力部门是可行的，但对移动源运输车辆应用几乎是不可能的。这时就应该考虑在内燃引擎和低温燃料电池中使用氢燃料，尽管运输氢能源仍然存在充装和车载存储的挑战。

下面分别简要叙述利用可再生初级能源资源生产电力状况，包括水电、地热发电、风力发电和太阳能发电等。

4.5.2 水力发电

水力是一种重要的可再生初级能源。在水力发电厂的上游，通常建有巨大的水库（用堤坝拦截河流水流），利用水库水流下的巨大位能推动连有发电机的水轮机生产电力。世界上安装的水电容量已达0.7 TW，再大规模扩展的可能性有限。即便水电资源接近完全利用也不会超过0.9 GW。中国的1800万千瓦的长江三峡大坝是世界上最大规模的水电项目。对水力发电，当气候变化导致不同的雨区分布（也就是在枯水年份和季节性水量不够）时，其发电量可能降低。水电是季节性的，但大坝的存在能够降低电力的季节性波动，因为水库的容量一般很大，它对进入发电厂的水流有一定的调节能力。与其它可再生初级能源相比，水电产生的负面生态影响极小，仅仅是大水库可能对局部生态系统产生影响：大坝下游，土壤可能变得不肥，因为使土壤增加营养的淤泥不再有。对河流中的鱼群也会产生负面影响，一些大坝被推荐设置鱼的回流渠道。

图4-6中示出了国际经济合作与发展组织（OECD）2018年发布的世界能源报告中给出的1971～2016年世界各地区水力发电量变化曲线及1973年和2016年各地区水力发电量所占的份额。图4-7是世界各国2016的水力发电量和所占份额。从上述数据不难看出，我国的能源发展速度很快。2020年我国水电装机容量3.7亿千瓦，发电1.3552亿千瓦·时（比上年增加4.1%）。无论是传统能源领域还是新能源领域，中国都成为世界能源产量中必不可少的重要组成部分，中国在各种能源生产过程中，已经逐步走在世界的前列。

4.5.3 地热发电

地热是一种可再生的大规模能源资源。只要在有地热流体资源可利用的地区，达到一

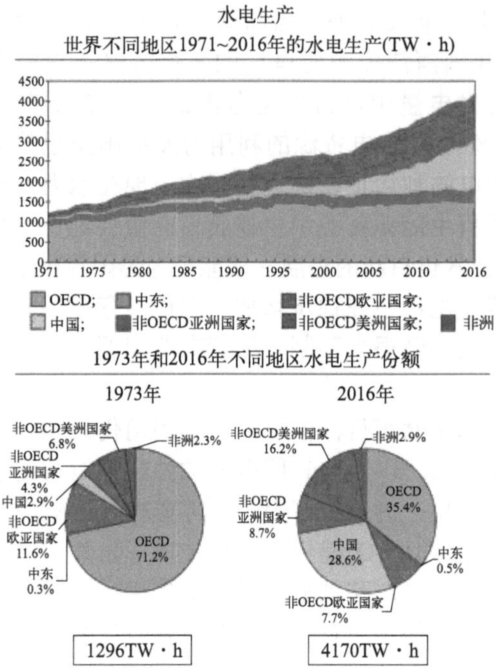

图4-6　全世界的水电生产

水电生产

国家	发电量/TW·h	占比/%
中国	1193	26.6
加拿大	387	6.3
巴西	381	9.1
美国	292	7.0
俄罗斯	187	4.5
挪威	144	3.5
印度	138	3.3
日本	85	2.0
委内瑞拉	68	1.6
土耳其	67	1.6
其余国家	1228	29.5
全世界	4170	100.0

2016年数据

国家	净装机容量/GW
中国	344
美国	103
巴西	97
加拿大	80
俄罗斯	51
日本	50
印度	45
挪威	32
土耳其	27
法国	26
其余国家	302
全世界	1157

2016年数据来源联合国国际能源署

国家	国内电力生产占比/%
挪威	96.2
巴西	66.8
委内瑞拉	60.1
加拿大	58.0
土耳其	24.5
中国	19.2
俄罗斯	17.1
印度	9.3
日本	8.0
美国	6.8
其余国家	14.9
全世界	16.6

2016年数据

图4-7　世界各国的水电生产

定钻井深度就能够利用地热蒸汽建立热电厂生产电力，它的优点是能够利用地热与环境间相对较小的温度差。因热和冷库间的温度梯度小，地热发电厂的效率相对较低。地热电力在总电力生产中占比很低。

4.5.4　风力发电

风能是清洁的可再生能源，全球储量巨大，越来越受到世界各国的重视。可开发利用的风能约为20TW（包括近海区域的容量），比地球上可开发水能总量要大10倍。风力发电容量在过去十多年中有稳定快速的增长，年平均增长率25%～30%，预计这一趋势仍将持续一段时间。截至2008年底，全球风力发电装机容量达到121188 MW，比2007年增加了27261 MW。2013年，全球新增风电装机容量达到35GW，累计装机容量达到318.12GW，其中我国风电新增装机容量16.09GW，累计装机容量为91.4GW，居世界第一位。2017年全球风电市场增加的容量仍保持在$5×10^4$MW以上，全球总装机容量达到539123MW（其中海上部分的装机容量创新高，总装机容量达到18814MW）。图4-8显示了我国在2016年、2017年和2018年的新增风电装机容量。截至2017年底，全球风电装机容量超过1000MW的国家有30个，其中18个在欧洲；5个在亚太地区(中国、印度、日本、韩国和澳大利亚)；3个在北美(加拿大、墨西哥、美国)，3个在拉丁美洲(巴西、智利、乌拉圭)，1个在非洲(南非)。中国、美国、德国、印度、西班牙、英国、法国、巴西和加拿大等9个国家的装机容量超过$1×10^4$MW。风电装机容量的快速增长是由于风电成本的快速下降。一般的规律是技术发展的早期阶段成本可能快速下降，而当技术被广泛采用时成本基本保持稳定。风电透平成本的下降主要与大风电透平设计的出现和安装成本较低密切相关。例如自动控制风速的变化和波动，大容量风电透平的安装高度已超过120m。较大透平有利于安装于对局部环境影响很小的近海，而近海技术使风电塔的安装和维护技术变得简单。风电特别适合于建在遥远和远离电网的地区，作为分布式电源或与中心电网连接。

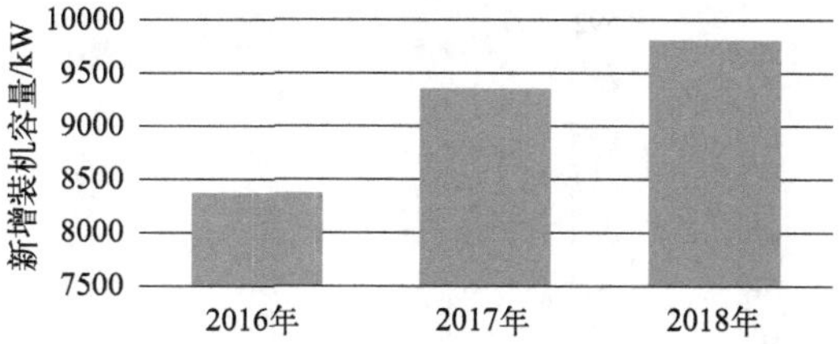

图4-8　我国2016年、2017年和2018年新增风电装机容量

从OECD（世界经济合作与发展组织）发布的2018年世界能源报告中能够获得有关风电发展的信息。图4-9给出了2005～2016年世界各地区风电生产的变化以及2005年和2016年世界各地风电发电量所占的份额；图4-10为世界各国在2016生产的风电电量和所占份额数。文献中给出了全球在2017年和2018年总发电装机容量并预测了2019～2022年的装机容量，如图4-11所示。中国在2017年风电新装机容量占全世界新装机总容量的37%（图4-12），风电累计装机容量占世界总累计装机容量的35%（图4-13）；2020年新装机容量 7.167×10^7kW，累计装机容量达到 2.81×10^8kW。

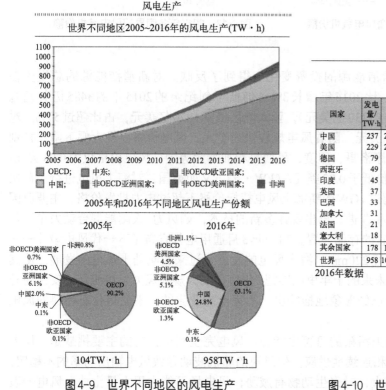

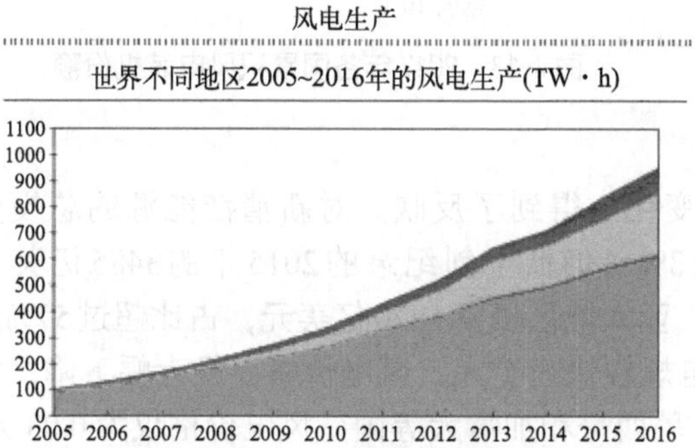

图4-9　世界不同地区的风电生产

风电生产

国家	发电量/TW·h	占比/%
中国	237	24.8
美国	229	24.0
德国	79	8.2
西班牙	49	5.1
印度	45	4.7
英国	37	3.9
巴西	33	3.5
加拿大	31	3.2
法国	21	2.2
意大利	18	1.8
其余国家	178	18.6
世界	958	100.0

2016年数据

国家	净装机容量/GW
中国	148.6
美国	81.4
德国	49.6
印度	28.7
西班牙	23.0
英国	16.2
法国	12.0
巴西	11.5
意大利	10.1
其余国家	9.4
世界	76.9
	467.4

2016年数据

国家	国内电力生产占比/%
西班牙	17.8
德国	12.1
英国	11.0
意大利	6.1
巴西	5.8
美国	5.3
加拿大	4.6
法国	3.9
中国	3.8
印度	3.0
其余国家	2.2
世界	3.8

2016年数据

图4-10　世界风电重要国家的生产情况

依赖政策补贴快速发展的风电正迅速转型为完全商业化无补贴的技术。似乎已经能够与化石燃料和核能发电竞争。向完全商业化经营模式转变，意味着风电行业正经历一段调

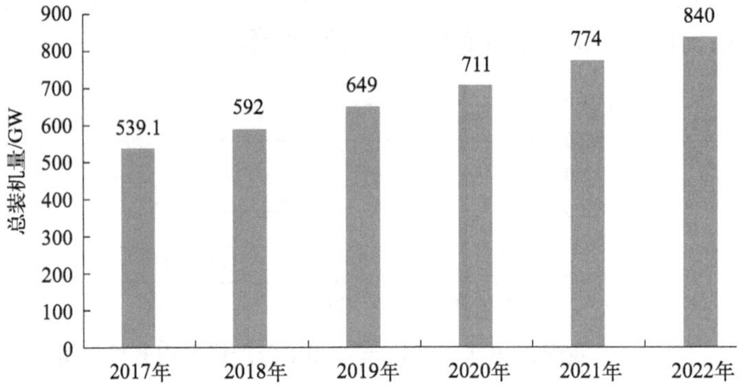

图4-11　全球风电装机容量（单位GW）

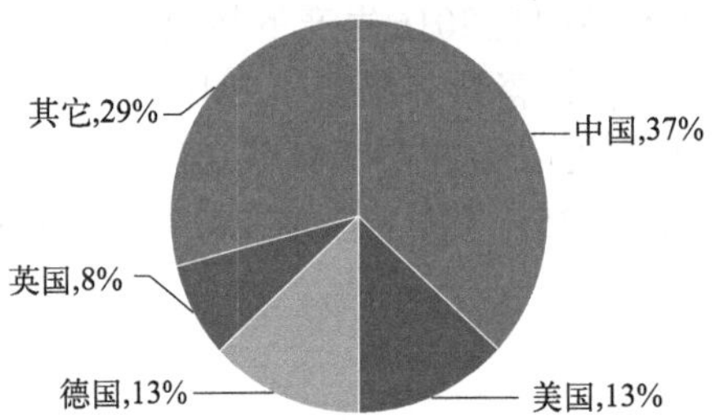

图4-12　2017年各国新增风电装机份额

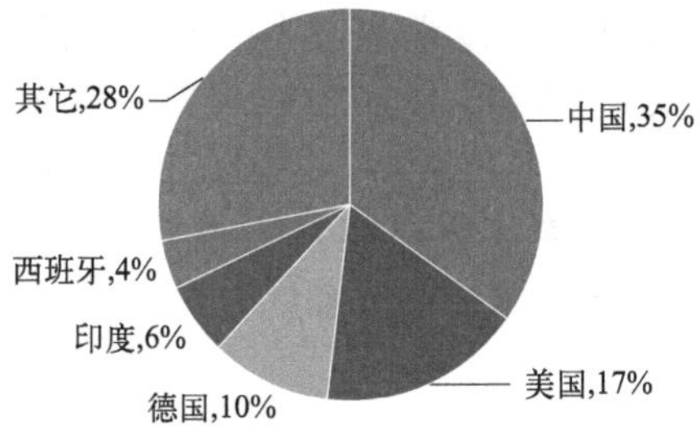

图4-13　2017年各国累积风电装机份额

整整合时期。这一点在对清洁能源的投资变化上得到了反映。对新清洁能源的总投资在2017年上升到3335亿美元，比2016年增长3%（仍低于创纪录的2015年的3485亿美元）。在该总投资中，中国占40%（1330亿美元），亚太地区投资1870亿美元，占比超过57%。对风电投资的总额达到1070亿美元。随着风电规模快速扩大，风电价格已经大幅下降，特别是海上风电价格。例如，在摩洛哥、印度、墨西哥和加拿大等国，风电价格仅为0.03美元/（kW·h），而墨西哥的投标价低于0.02美元/（kW·h）。又如德国，对海上风电进行了首次"无补贴"招标，装机容量超过1GW的新海上风电招标价格不超过电力批发价格。主要原因是风力发电技术在不断提高和改进。已出现许多新的技术，如风力/太阳能混合动力车、更先进的电网管理和越来越便宜的存储装置。2019年3月通用电气宣布了下一代风电设计——12MW的Haliade-X，旋翼直径220mm。海上风电的发展反过来影响陆上风电的发展，使其也快速进入商业化。预计在未来的十年里能够把2倍容量的大规模风力发电机漂浮安装在外大陆架的更深海域上。这些已经形象地描绘出一个完全商业化的、不使用化石燃料的风电行业。

风力透平提供的是绿色无污染的可再生能源。风电完全利用面对的主要挑战是：风力发电对风的要求是能够足够和连续地供应，但风速的随机波动导致风电输出功率的不稳定；风电初始投资经费高、噪声大、对野生动物有威胁；风电场可能占用大量土地；风电一般远离用电中心，其产生电力需要长距离传输等。这些问题导致风力不能够被完全利用，例如，2013年我国已运营的风电场"弃风"量就超过1.62×10^{10}kW·h，弃风率达到10.74%；2018年弃电达2.77×10^{10} kW·h。这些需要在今后进一步解决。

4.5.5 太阳能发电

可再生能源中，太阳能发电具有分布广泛、资源丰富、获取简易的特点，因此太阳能电力世界各国重点关注，世界各国几乎都提出了可再生能源利用目标。太阳能可为能源生产提供巨大潜力，且没有碳和污染物排放，对环境影响很小。太阳能是长期、绿色和可持续利用的初级能源资源。由于太阳能可利用的资源量很大，完全能够满足人类未来对能源非常巨大的需求。太阳能是未来清洁可持续能源系统中的关键因素之一，而且太阳能的利用是廉价的，与多种原料价格体制无关。地球不同地区的太阳能差别很大，低纬度地区的辐照量很大而高纬度地区辐照量很小。太阳辐照的能量既可用于产生热量，也可用于（通过热量或直接）生产电力。太阳光的热能和热电转化以及光伏转化特别适合于分布式电力能源和中心电力能源利用。实际情况也是这样：太阳光热能已被广泛用于房屋取暖和生产、洗澡、洗涤用热水；太阳光热电和光伏转化也已应用于中心发电厂和分布式发电装置。现时最重要的是努力克服太阳能供应的波动性和间断性，重要手段是能量存储技术。为使太阳能更有利于不同场合的利用，提出了集成存储的概念，这样就能减少对化石能源的需求。为了发展可再生能源资源技术，欧盟在2017年提出了如下目标：到2030年可再生能源在欧盟全部能源消费中占比达到35%。

目前太阳能发电已发展和采用的模式有两种：太阳能光伏直接发电和太阳能热电转化发电。太阳能光伏发电在装机容量上占有绝对优势；热转化发电在太阳能利用的早期有一定发展。

4.5.5.1 光伏发电

自21世纪以来，世界各国陆续推出一系列支持太阳能光伏发电的计划和政策，特别是大力推动太阳能技术的进步，从硅材料、电池、组件到系统的优化创新。这使光伏产业链中各个环节的技术水平均有较大幅度的提升。技术的进步不仅提升了太阳能转换效率也降低了太阳能发电的单位成本，这反过来又进一步促进了光伏产业的快速发展。根据IEA-PVPS统计，全球光伏累计装机容量由2007年的9.8GW增长至2018年的496.8GW，年复合增长率达到42.89%。截至2018年末，全球光伏累计装机容量达到496.8GW，较2017年底的402.5GW增长23.43%。在图4-14中给出了全球光伏2007～2018年新装机和累计装机容量。从市场分布角度看，在2011年以前，以德国为代表的欧洲国家在补贴政策和装机成本下降等因素推动下，光伏发电装机规模呈爆发式增长，2011年欧洲新增装机容量甚至占到全球

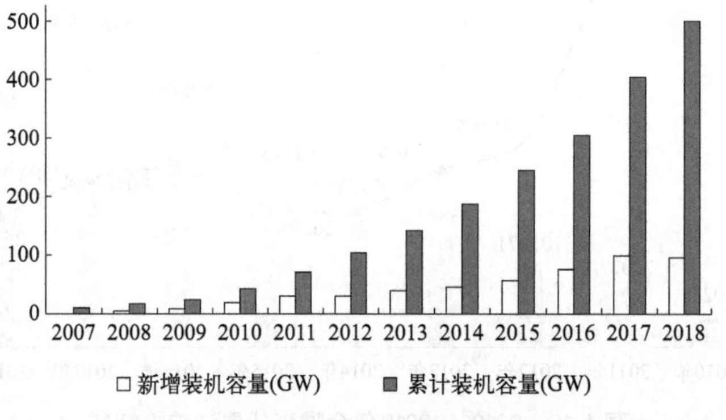

图4-14 2007～2018年全球光伏新增及累计装机容量（GW）

新增容量的74%。但受2012年和2013年欧债危机影响，欧洲新增装机容量显著下滑。在2013年以后，中国、美国、日本、印度等在国家政策和需求快速增长驱动下，光伏发电装机容量快速增长。中国在2018年更是以45GW的年新增装机容量和176.1GW的累计装机容量遥遥领先（图4-15）。IEA发布的数据显示，2018年全球新增装机容量前三位是中国、印度和美国，分别为45GW、10.8GW和10.6GW。这成为支撑全球光伏扩张的重要力量，但以美国为代表的部分国家新增装机容量则普遍出现了增速放缓甚至负增长现象。图4-16和图4-17分别给出了2010～2018年累积和新增光伏装机容量和每年增长率的变化。从图可清楚地看到，增长是非常快的。光伏发电装机容量从2013年的135.807GW，逐步增长到2017年的383.316GW，再飞跃到2018年的480.619GW。在短短5年时间内，实现了3.5倍的增长。2018年世界前十一光伏发电国家的累计装机容量见表4-7。其中，中国累计光伏装机175.0GW，日本55.5GW，印度27.1GW，韩国7.8GW，巴基斯坦1.5GW，上述五个国家的累计光伏装机量已达到约270GW，约占亚洲总光伏装机量的97%，使得亚洲成为几大洲中发展最强劲的地区，成为推动全球光伏行业发展的龙头。从整体来看，全球光伏市场前景乐观，光伏产业将保持较高水平并进入行业整合期。

新增装机量/GW				累计装机量/GW			
1		中国	45	1		中国	176.1
2		印度	10.8	2		美国	62.2
3		美国	10.6	3		日本	56
4		日本	6.5	4		德国	45.4
5		澳大利亚	3.8	5		印度	32.9
6		德国	3	6		意大利	20.1
7		墨西哥	2.7	7		英国	13
8		韩国	2	8		澳大利亚	11.3
9		土耳其	1.6	9		韩国	9
10		荷兰	1.3	10		法国	8

图4-15　2018年全球光伏发电新增及累计装机规模前十

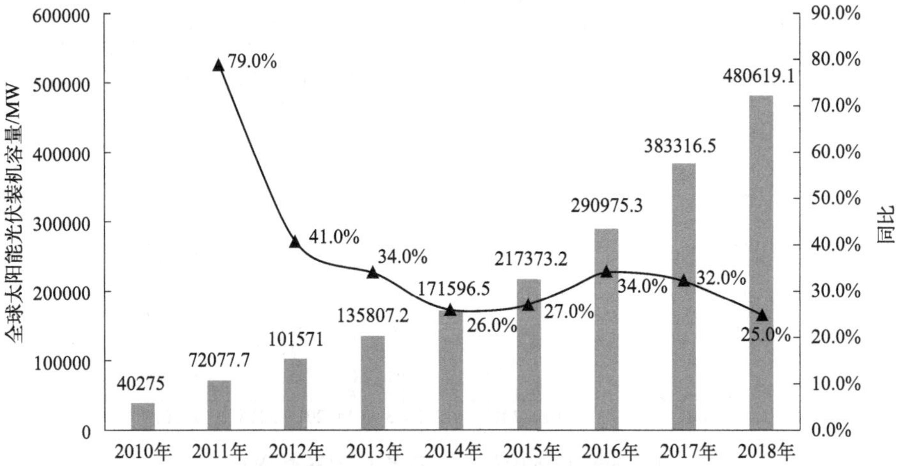

图4-16　2010～2018年全球光伏累计装机容量

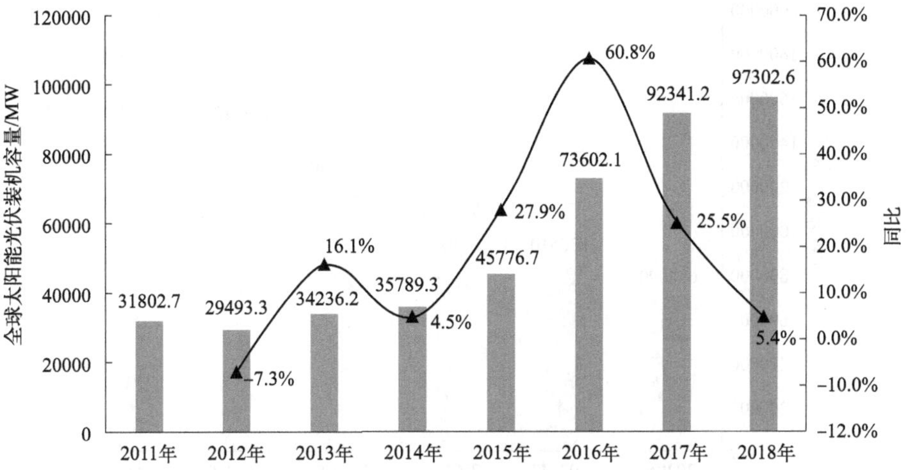

图4-17　2010 ～ 2018年全球光伏发电新装机容量

表4-7　2018年世界前十一光伏发电国家累计装机容量

地区	2018年光伏发电累计装机容量/WM	2018年光伏发电累计装机容量占比/%
中国	175030	36%
日本	55500	11%
美国	51450	11%
德国	45279	9%
印度	27115	6%
意大利	20126	4%
英国	13108	3%
澳大利亚	10354	2%
法国	9483	2%
韩国	7862	2%
西班牙	7048	1%

虽然光伏发电装机规模持续增长，但据GTM Research的估计，2017年太阳能发电量仅占全球发电量的1.8%。根据IHSMarkit的数据预测，至2050年，光伏发电量将占全球总发电量的16%，成为全球重要的电力来源。这说明光伏发电的增长空间仍然是巨大的。OECD在2018年发布的全球能源报告中，给出了2005 ～ 2016年太阳能光伏发电的统计数据。图4-18为2020 ～ 2025年不同地区太阳能预测的全球光伏累计装机容量，在图4-19中示出了2016年世界不同国家的太阳能光伏发电量，图4-20给出了世界太阳能光伏主要国家电力生产情况。

太阳能发电成本在过去几年中已经有大幅的下降，例如，2020年的光伏电力成本（除中国外）已经比2010年下降了80%。预计在不远的将来有可能达到其它能源电力的价格水平。例如在世界某些地区，由于太阳能光伏电力生产和传输成本的显著下降，其电力价格已经能够被消费者接受。其成本降低的原因：除了技术基本成本较低外，各国政府都为太

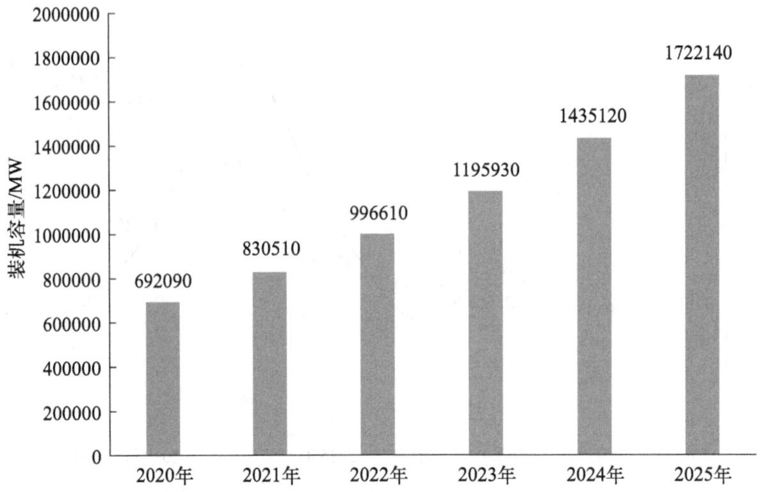

图4-18 2020 ~ 2025年预测的全球光伏发电累计装机容量

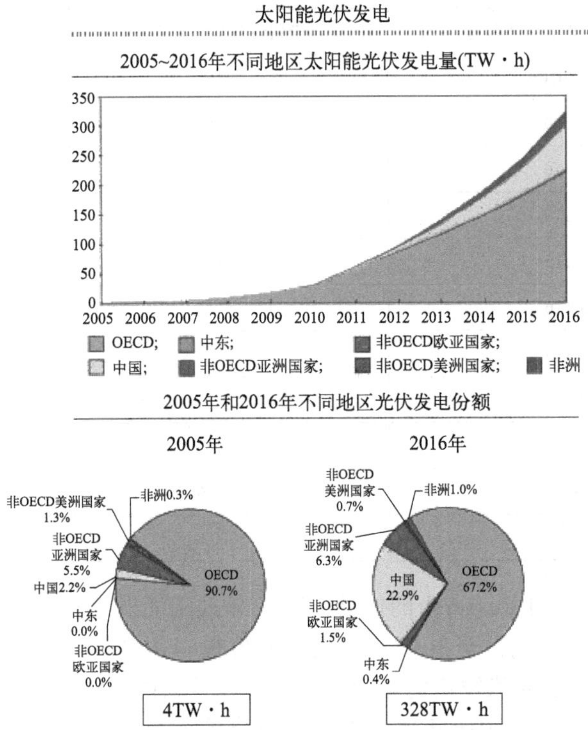

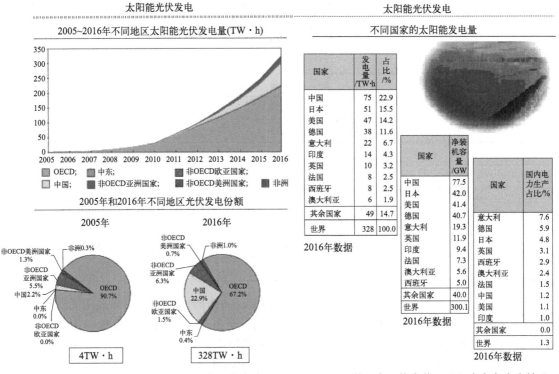

图4-19 世界不同地区的太阳能光伏电力生产

太阳能光伏发电

不同国家的太阳能发电量

国家	发电量/TW·h	占比/%
中国	75	22.9
日本	51	15.5
美国	47	14.2
德国	38	11.6
意大利	22	6.7
印度	14	4.3
英国	10	3.2
法国	8	2.5
西班牙	8	2.5
澳大利亚	6	1.9
其余国家	49	14.7
世界	328	100.0

2016年数据

国家	净装机容量/GW
中国	77.5
日本	42.0
美国	41.4
德国	40.7
意大利	19.3
英国	11.9
印度	9.4
法国	7.3
澳大利亚	5.6
西班牙	5.0
其余国家	40.0
世界	300.1

2016年数据

国家	国内电力生产占比/%
意大利	7.6
德国	5.9
日本	4.8
英国	3.1
西班牙	2.9
澳大利亚	2.4
法国	1.5
中国	1.2
美国	1.1
印度	1.0
其余国家	0.0
世界	1.3

2016年数据

图4-20 世界太阳能光伏重要国家电力生产情况

阳能电力提供了补贴和税收抵免、补助安装成本和/或购买电力等优惠措施。对已市场化的屋顶太阳能收集装置（利用太阳能生产电力和太阳能热水器），有多种产品和模式（自用或卖给电网）可供选择。太阳能光伏装置已经被应用于小型分布式发电工厂中。但由于其产生电力的价格相对较高，约5倍于化石燃料电力，因此对大规模广泛发电应用似乎是不适合的，但随着光伏电力成本的进一步下降，这种情形将会改变。

有机纳米结构PV电池成本较低，其安装更富弹性。虽然该类光伏电池效率较低，但烧制容易，重量轻，成本低，因此比较实用。希望能够通过掺杂电子受体来降低带隙电位，优化电池结构也能够有效激发分裂电荷及其传输，提高其效率。带隙电位降低能够利用太阳光谱中的较大波长范围的光，达到更多地利用太阳光能量。

与风电相似，太阳能电力输出也具有波动性和不稳定性。为可靠操作太阳能电力需要有大规模的能量存储装置，这对分布式应用尤其重要。存储技术有可能限制对太阳能利用的潜力。近来提出了利用太阳光直接生产氢气的方法（光伏/电解池组合）以及在同一硬件中组合热和光电转换（Gratzel 电池）。

4.5.5.2 太阳能热电转化

太阳能热发电的原理类似于使用化石燃料如燃烧煤炭和天然气的发电厂，使用同样的发电循环：太阳热被用于产生高温高压蒸汽，高压蒸汽推动蒸汽透平带动发电机产生电力。对大规模太阳热发电，为获得足够高温度的热量首先要浓缩收集太阳光能量（热量），把其用于产生高温高压热流蒸汽，推动蒸汽透平带动发电机产生电力。为了使太阳能发电厂能在阴天和黑夜也有电功率输出，发电厂可混合使用太阳能和化石燃料以避免使用大规模电力存储装置。这类混合燃料操作在太阳能发电厂中已被广泛使用，较大幅度降低了公用基础设施投资。在组合太阳能-化石燃料的操作中，循环的工作流体温度是由太阳能和化石燃料供热而上升，这类组合循环的效率相对较高。在周围空间中安装太阳能收集器的组合太阳热发电，可用于改造现有的化石燃料发电厂，使现有化石燃料发电厂的部分电力改用可再生能源资源来生产。图4-21给出了这类组合发电工厂的布局。为进一步发展这些组合太阳能-化石燃料发电系统，已开发出一些较好技术，如能跟踪和较高效率的收集器等。

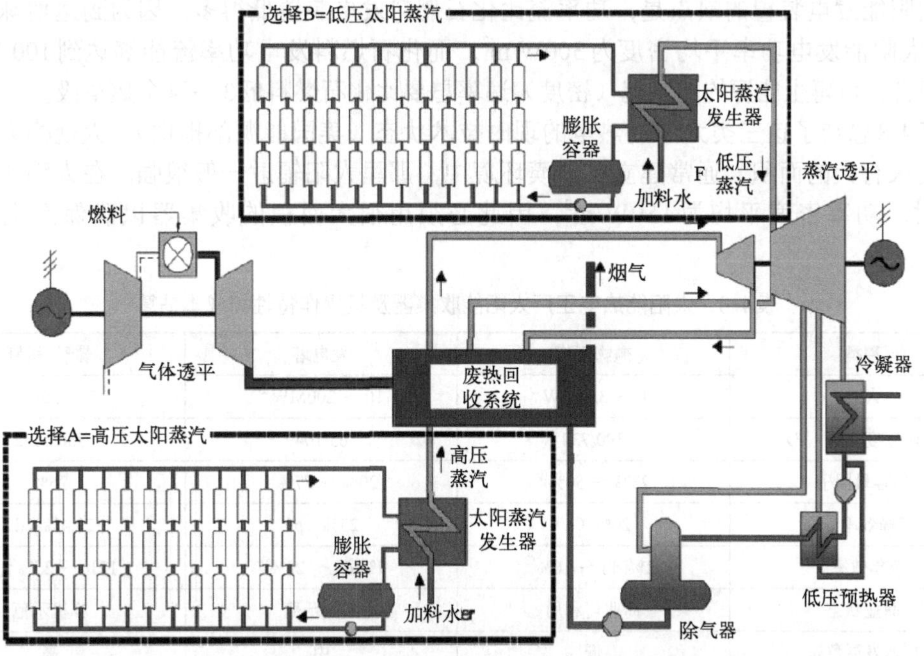

图4-21 组合太阳热-化石燃料发电工厂

在太阳能热电转化中，槽型板已经成功应用了几十年。该技术正在进一步放大，例如利用太阳塔使容量增大，利用太阳碟使体积变得更小。槽式太阳能收集器是一种2D浓度器，它克服了相对较小的太阳能能量密度的变化，这是因为使用的传热流体温度较低，优化值约在400℃。而太阳塔和太阳碟光收集器是3D浓度技术，可使更高温度（600～800℃）工作流体工作，从而提高了热转化循环效率。

太阳能发电塔技术正在取得显著进展。例如，使用定日镜把太阳光聚焦到塔的顶部，节省了收集器间的传热流体循环，而且暴露的热交换表面积较小，热损失也降低了，使收集太阳能的效率提高了。为使整天和全年的太阳能收集最大化，装置内设置跟踪机制是非常重要的。围绕塔的整个反射面积上都分布使用定日镜，因此太阳塔的发电容量与反射面积与塔的高度成正比。在建立大而高的太阳塔的同时，也提出建立利用较小模块塔来简化塔结构和降低大规模发电技术成本的技术。三维太阳能浓度器可使工作流体温度升得更高，从而较大幅度提高发电厂热力学效率。浓缩太阳能发电的总效率要高于槽式太阳能发电，因前者热损失较低，发电效率较高。传热流体温度较高，热量存储单元体积容量较小。为大规模应用，发电塔不断地延伸放大，已经为容量100MW以上的示范装置建立起模块化生产技术并已建设了较小规模的太阳能热发电厂。中国利用太阳塔技术在敦煌建设了一个1×10^5kW的太阳热发电站，以熔盐作为工作流体，年发电3.9×10^8kW·h。

太阳碟的规模一般比较小（< 20kW），但能延伸实现模式化应用，发电的斯特林（Stirling）引擎位于收集器的底部。在太阳碟中通常使用球形收集器来采集太阳辐射使工作流体温度上升，能够达到的温度超过槽式太阳能收集器，这不仅使热力学循环效率得到提高，而且简化了热存储装置，要求的容量降低了。太阳碟技术的优点有：太阳能收集器和发电模块间无需传热介质，使用温度相对温和的热源就能进行有效操作，通常使用的是Stirling引擎。不管是槽式、碟式还是塔式太阳光收集器（浓缩器），太阳光的跟踪是必须的。太阳能发电装置的缺点是，功率流比化石燃料发电装置低得多。因为到达地球表面的（总）太阳能发电功率平均密度为300W/m^2，而化石燃料发电功率流能够达到100 kW/m^2。一般而言，可再生能源的能量流（密度）速率总要比化石燃料低3～4个数量级。

表4-8总结了这三类太阳能热电的现时技术状态（美国能源部提供）。大规模太阳能发电站要求有大的面积，通常建立在沙漠环境中，那里太阳辐射一般很强。在太阳热量密度一定时，功率密度平均为150W/m^2，因此必须用很大面积的收集器以确保产生足够的电力。

表4-8　太阳能热电工厂太阳能收集器及其操作特性和成本估算

种类	抛物形槽	发电塔	蝶形/引擎
大小	30～320MW①	10～200MW①	5～25kW①
操作温度（℃/℉）	390/734	565/1049	750/1382
年容量因子	23%～50%①	20%～77%①	25%
峰效率③	20%（d）	23%（p）	29.4%（d）
净年效率③	11%(d')～16%①	7%(d')～20%①	12%～25%①(p)
商业状态	商业可利用	放大示范	样机示范
技术发展危险	低	中	高
存储可利用性	有限	是	电池

续表

种类	抛物形槽	发电塔	蝶形/引擎
组合设计	是	是	是
成本			
美元/m^2	630～275①	475～200①	3100～320①
美元/W	4.0～2.7①	4.4～2.5①	12.6～1.3①
美元/W②（p）	4.0～1.3①	2.4～0.9①	12.6～1.1①

① 这些值是在1997～2030年内的变化。

② 美元/W除去热存储影响（或蝶形-引擎组合）。

③（p）=预测，(d)=证明，(d′)=已被证明，未来年份是预测值。

4.5.6 生物质发电

虽然生物质属于含碳初级能源，但因其性质上属于碳中性，且具有非碳能源的一些特征，如瞬时性、间断性、地区性，低密度等，因此把其放在非碳能源一节中叙述。

生物质是世界上最老和人类使用最早的初级能源资源，目前也是排在水电之后的第二大已利用的可再生能源。农业和林牧业产品与谷物及其副产品，以及动物有机废物等都属于生物质能源。植物利用太阳辐射提供的能量把CO_2和水光合成生成生物质，把部分光能转化为生物质化学能，存储在碳水化合物，如糖类、淀粉和纤维素等生物质组分中。生物质中存储的能量经燃烧、气化、发酵或需氧降解等过程转化为不同的能量形式，同时再释放出CO_2。因此，只要在这些转化过程中没有使用化石燃料，生物质的转化并不会增加碳排放，即它是碳中性的。

作为初级能源的生物质使用非常广泛，特别是在农村和发展中国家。在发达国家，生物质能源主要被用于生产液体燃料（生物乙醇和生物柴油）和化学品。由于光合成生产生物质的效率很低，其功率密度小于1W/m^2，该值比其它可再生能源（如风能和太阳能）发电功率密度低一个数量级，因此使用生物质直接发电的情形是不多的。生物质能源的一个优点是：无需任何存储介质即可直接应用于生产运输用液体燃料。尽管生物质是碳中性的，但不能认为生物质能源的利用对环境没有任何负面影响。这是因为，生物质生长需要消耗大量的水和肥料以及使用杀虫剂和除草剂，这些对土壤有腐蚀作用且对生态也产生了影响（如毁林）。生物质利用一般仅能解决区域性问题且常受补充能源供应的限制，因为生物质要受可使用的数量和运输问题的限制。

4.5.7 核电

核能属于非化学能量源也就是非碳能源一类，它是最有可能作为主力能源使用的。目前核电虽然是某些发达国家的主要电力来源，但就世界范围来说，核能在初级能源供应中的占比仅为6.4%，占总电力供应的17%。如果只从经济和清洁能源角度考虑，它是有吸引力的。

核（裂变）能源大量使用的最大限制，除了废物分散和安全问题外，主要仍是裂变燃料铀的供应。对地层储量和最终可开发的U-235资源估计指出：用铀生产60～300TW/年的核能电力，其现有储量仅够使用5～25年。虽然在理论上可从海水中提取更多铀（已知的最大铀资源地），但是因技术和成本原因仍然无法进行大规模的提取。另一裂变元素Pu-239虽然能在U-235裂变反应堆中产生，且能够把其从废燃料棒中分离出来再用于核反应堆发电，但由于Pu-239可用于制造核武器，废核燃料的再加工目前是被美国和其它大多数国家禁止的。快中子增值反应堆也能够增值核燃料，例如液体金属冷却反应堆能用于生产Pu-239和其它裂变同位素如Th-233。

核能的另一可行技术是核聚变，该过程不产生放射性废物且事故发生也较少，是很有希望的核能技术。但是，对核聚变发电虽然进行了巨大的持续研发努力，其进展却非常缓慢且仍有极端严重的挑战未能有解决办法。在核聚变反应中，氢的同位素氘与氘、氘与氚、氚与氚（或氘与氦）间发生聚变反应在形成氦（不产生任何放射性物质）的同时释放巨大能量。氘资源是丰富的。核聚变产生能量多于引发反应消耗的能量，但目前引发持续的核聚变反应是一件非常困难的事情。为了研发从自持续核聚变反应生产自持续电能的技术，已消耗了巨大的财力、物力和人力，进行了数十年的努力，但进展不大。例如，使用托卡马克等离子磁约束诱导核聚变反应和高功率强聚焦激光提供引发能量方面做了巨大的研发试验努力。因此在目前，对核能发电，核裂变仍然是不可动摇的主流，它提供了巨大的电力作为化石燃料能源的有力补充，并为可再生能源发电技术的发展提供了足够长的延缓时间。由于核电是一类大规模的“零碳”能源，在未来能源供应系统中会占有相当比例，它与现有发电技术和分布公用设施的集成是很容易的事情。在核能发电厂巨大规模扩展前，仍然需要解决有关废物管理和存储、增值和安全公众认知等问题。

世界上现时核电工厂总数超过500座，其数量仍在持续不断增加中。通常都以从天然铀矿生产的铀235作燃料。现时核电工厂的主流是轻水反应堆，但也有使用气冷石墨反应堆的。在设计绝对安全核反应堆方面已取得了长足的进展，这大大降低了发生事故的概率。但是必须高度重视现时核反应堆系统的安全性。

国际经济合作与发展组织（OECD）在2018年发布的国际能源报告中给出了1971～2016年世界各地区的核能发电容量增长曲线以及1973年和2016年各地区所占份额（见图4-22），以及世界上2016年核电容量最大的10个国家的发电容量、所占比例以及在自己国内占总发电容量的比例（见图4-23）。中国核发电装机容量在2021年3月达到5.104×10^{7}kW。2020年发电3.6625×10^{11}kW·h，占比4.53%。

4.6 电力储存（储能）技术概述

能量和环境已经成为人类社会的最大挑战和世界未来的主要问题。众所周知的问题是：化石燃料消耗不断快速增加的同时总CO_2排放也大量增加。为缓解和解决这个困境，在过去数十年中做了巨大努力来革新和创生能源生产和应用的新技术。一方面做大量科学研究以确证和完善解决它们的最适用技术，包括能量存储技术和降低发电厂成本；另一方面，为降低过程的能量损失，努力研究发展回收存储各种工业、商业或生活过程废能量的技术。这些技术都能对世界产生非常正面的影响。其中能量的存储技术吸引了研究者特别大的注意，这是因为这类技术不仅对提高可再生能源资源利用效率是必须的，而且有能力降低过程的能源消耗和成本，并可回收废气能量供重新利用。

电力是提高能源生产和利用效率的有效手段之一。为降低电力损失和提高其利用效率，有必要配置能量存储系统（ESS），它的主要作用有：①存储已产出但一时用不了的盈余电力（能量）；②在电力需求高峰时期（不能够满足顾客对电力需求时期）和电力生产停

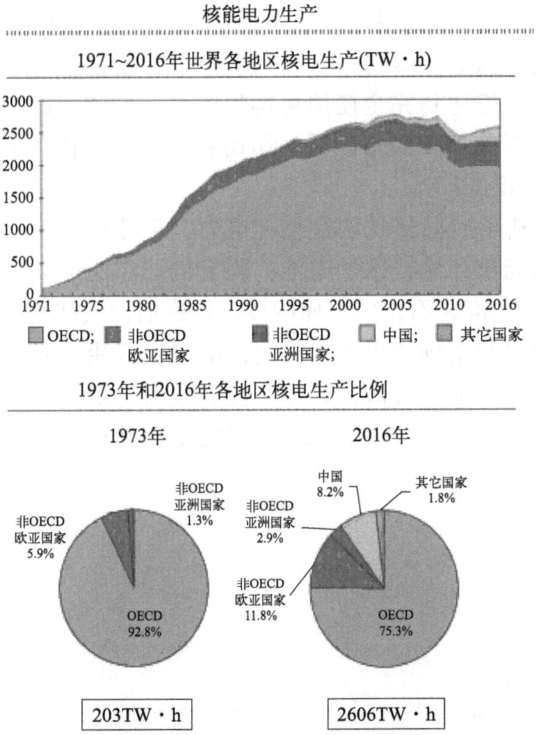

图4-22 世界各地区的核电生产图

核能电力生产

核电生产国家

国家	发电量/TW·h	占比/%
美国	840	32.2
法国	403	15.5
中国	213	8.2
俄罗斯	197	7.6
韩国	162	6.2
加拿大	101	3.9
德国	85	3.3
乌克兰	81	3.1
英国	72	2.8
瑞典	63	2.4
其余国家	389	14.8
全世界	2808	100.0

2016年数据

国家	净装机容量/GW
美国	100
法国	63
日本	40
中国	31
俄罗斯	26
韩国	23
加拿大	14
德国	13
瑞典	11
	10
其余国家	60
全世界	301

2016年数据

国家	国内电力生产占比/%
法国	73.1
乌克兰	49.7
瑞典	40.5
韩国	29.0
英国	21.3
美国	19.5
俄罗斯	18.1
加拿大	15.2
德国	13.2
中国	3.5
其余国家	7.3
全世界	10.4

2016年数据

图4-23 世界各国核电生产

止时期释放存储的电力（释放部分或全部存储的电力），来弥补供应不足和满足用户需求；③ESS系统能够使电力的生产和消费在时间和空间上进行分离；④使用EES有利于使电力过渡到分布式生产，即把数个中心化大发电厂（区域化）的电力生产模式转变为由众多小发电厂组成的分布式电力生产模式。电力的分布式生产不仅能增加整个电力生产分布系统的效率，而且能有效降低电力在传输和分布过程中的能量损失。因电力损失的降低和发电效率的提高降低了化石燃料的消耗和污染物排放，因此更环境友好。

由于科技工作者的努力和各国政府的推动，已经发展出多种类型的能量存储技术，使清洁低碳能源生产持续增加、能源效率不断提高、温室气体排放持续降低。现在已经有很多电力（能量）存储系统可供利用，按能量转换模式ESS可分类如下：①机械存储系统，如压缩空气能量存储（CAES）、泵抽水电存储（PHS）、飞轮能量存储（FES）；②电磁能量存储系统，如超级电容器和超导磁能存储（SMES）；③电化学能量存储系统，如锂离子电池和液流电池；④氢存储系统，在充能和放能时都包含了氢能的转化（电能到化学能或化学能到电能）。

世界上安装的泵抽水力和各种电池的存储电力容量示于图4-24中。电力部门中的电力传输和供电（电力质量和能量管理）是ESS的重要潜在应用部门。ESS的使用不仅

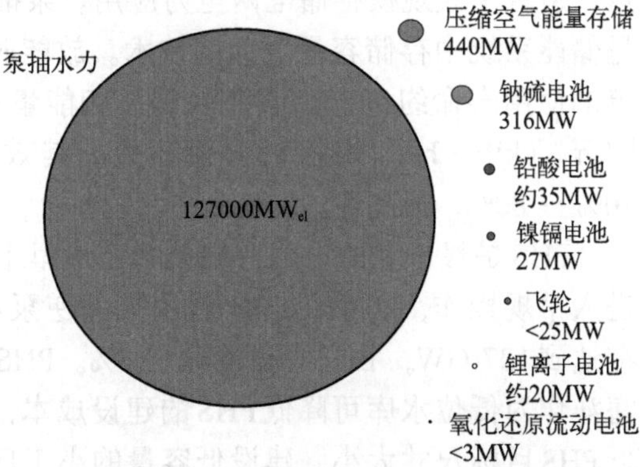

图4-24 世界上安装的电能存储容量

能使已有发电厂避免其昂贵的提级，而且能作为调节器来管理来自可再生能源电力的波动，稳定电网运行，调节电网供应和需求间的平衡。随着ESS的引入，在电网中使用新清洁可再生能源电力比例将不断增加，甚至可使电网最终达到完全使用可再生电力，与此同时还能够提高电力质量。虽然仍有多个原因（高投资成本和经验缺乏）阻碍ESS的商业化，但可预计的是，在不远的将来ESS必将得到大量广泛的应用。

在已发展的可行和有吸引力ESS技术中，利用时间最长的能量（电力）存储技术是机械存储系统。而在今天，对投资最有吸引力的能量存储技术是电池，因它们已广泛成功应用于固定和移动车辆等许多领域。但是，从长期角度来看，储氢储能技术是最值得关注的。

不同能量存储技术具有各自的特色，它们的使用场合也不尽相同，取决于应用的特定参数：能量和功率密度、应答时间、成本和经济规模、寿命、跟踪和控制设备、效率和操作约束等。这些是判别最合适ESS技术类型的最重要因素。下面对不同能量存储技术的物理原理、应用和最近发展作简要介绍。

4.7 机械储能技术

4.7.1 泵抽水电储能（PHS）

在一座泵抽水电站中，充能期间使用盈余电力把低位水库中的水抽到高位水库；而在放能期间，高位水库中的水向下流，利用其位能推动水力透平生产电能。PHS工厂可用盐水或淡水作为电力存储介质，真实PHS工厂照片见图4-25。该系统中使用的水力机器是可逆的，可作为泵也作为透平机（连着可逆电机：交流发电机-电动机）使用。很显然，PHS的充放电功率主要取决于高低位水库间的高度差即水头位能，而存储电力的容量由水库库容确定。

图4-25 泵抽水电存储工厂照片

泵抽水电存储是一种能够长期存储能量的成熟技术，具有高效、低投资和快应答等特点，适合于大规模存储电网电力应用。泵抽水电站额定功率一般在1000～3000 MW范围，是储能系统中存储容量最大的技术。放能时间数小时或数天，应答时间小于1min，PHS系统的使用寿命约40年。其单位功率和能量投资成本分别为500～1500欧元/kW和10～20欧元/（kW·h）。如忽略管线损失，其效率是所用运转单元机器效率的乘积，一般在70%～80%，最高可达87%。

PHS是最古老的电力存储技术，最早于1890年在意大利和瑞典建设，1929年初在美国进入常规操作，20世纪50年代引入可逆泵-透平机装置。世界上用PHS存储的电力容量现在达到127 GW，占总存储容量的3%。PHS存储的能量（电力）的99%储存于水中。使用海洋作为低位水库可降低PHS的建设成本，但这也增加了材料防腐的开支。用微透平能降低PHS目标尺寸大小，建设低容量的小工厂，这使PHS系统能够成为适合于小电网体系的应用技术。

解决农村地区电气化问题一般选用分布式可再生的风电和光伏电力，为此必须配备有解决这些电力间断性和波动性问题的电力存储系统，PHS是合适选项。因它对缓解间断性发电源电网波动性具有重要作用。

PHS电力存储系统的主要缺点是：对地理结构高度依赖，能量密度（0.3kW/m^3）低，建设时间长（约10年），一次投资成本高（百万欧元计），水库会对环境造成影响。

PHS的一个变种是地下抽水能量存储（UPHS），其与常规PHS的差别仅在于水库位置的选择。有合适地区和地质是建造UPHS的关键，地下水库可建在平原或地面上。

现时发展的新PHS设计是重力发电模式（GPM）。如图4-26所示，GPM系统深井缸中的大活塞由铁和水泥做成。存储能量时，用电网过剩电力驱动泵强制把水充满活塞下方，使活塞上升抬起；在释放电力时，活塞下落使水强制通过透平带动发电机。如从经济和成本角度看，GPM操作仅取决于深存储井的建造和高差，其投资成本很小。这是因为单位存储容量的深井成本远低于其它PHS设施，且能够达到高度自动化。多个深井的GPM因占地小和安静操作，不会干扰周围生活环境，因此可在市区内安装。

4.7.2 压缩空气储能（CAES）

压缩空气储能系统（CAES）的基本操作与常规气体透平操作类似。CAES使用电网高峰时期多余电功率把空气压缩并存储于大储库中；当需要电力时使存储的压缩空气在透平机中膨胀推动发电机，释放储存的能量并转化为电力送入电网。空气存储库可以是硬岩石洞穴、盐洞穴、枯竭油气田等。岩石洞穴的成本较高，比盐洞穴高约60%。盐洞穴的优点是可按特定要求设计，可用水溶解盐加以控制，因此比较理想，当然过程长且费钱。CAES系统操作示意图见图4-27。

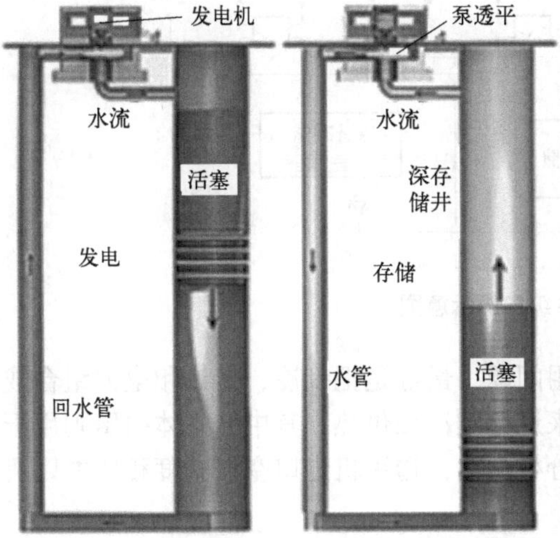

图4-26 重力存储模式PHS（GMP）设计示意图

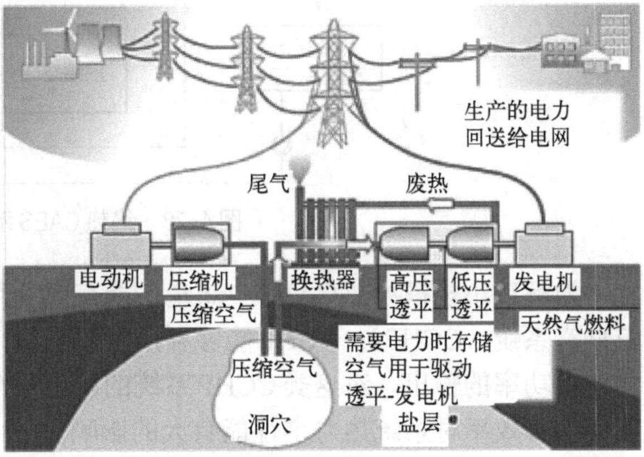

图4-27 CAES工厂示意图

在CASE系统中，把空气压缩到高压（7～10 MPa）常用多段压缩（充能阶段），段间通常配备有内冷却器和后冷却器。在放能阶段，从储库中取出压缩空气并加热（由燃烧天然气供给或使用回收/循环热量）后在透平机组中膨胀带动发电机产生电力。除了压缩机冷却器外，CAES系统需要的其它部件包括多轴气体透平、带离合器的电动机/发电机等，这些单元及其控制辅助设备（如燃料储罐和热交换器）都放置于存储压缩空气的地下储库中。

CAES适合于数百MW的大规模功率操作，存储时间可大于1年。因自放能量（如漏气）极低，效率达70%～89%，取决于压缩机和透平机效率。CAES具有如下特点：快速启动（紧急启动9 min，正常条件12 min）、高能量密度（约12 kW·h/m³）、较长寿命（约40年）和低投资成本（400～800欧元/kW）。因具有这些特点CAES非常适合于负荷转移、削峰、频率和电压控制等电力管理应用。

CAES的主要缺点有：难以找寻适合存储空气的地理位置（地下天然洞穴）；系统中使用的化石燃料燃烧要排放污染物。为降低和消除污染物排放，已发展出先进的绝热CAES系统。这类绝热CAES工厂简要流程如下：把空气压缩到高压并存储于天然洞穴不锈钢容器中，同时把压缩时产生的热量存储于储热器中，这样就不需要在膨胀释能时用燃料燃烧供热。对小规模的CAES系统（功率容量小于10 MW），可用外部储库替代天然洞穴，大部分废热能被利用。例如，采用Kalina循环（是一类使用不同沸点流体两相溶液的组合循环）可使效率增加4%。Kalina循环的两相系统利用了不同温度的热源，当温度超过一定范围时溶液沸腾，利于取出更多热量。这类组合循环的缺点是系统和过程很复杂。

在CAES系统设计中引入先进绝热（AA）概念可获得如下优点：运转透平机无需再添加天然气，从而节省了燃料。在AA-CAES系统中热量存储装置（TES，储热装置）能吸收压缩空气时产生的热量并把其再用于空气的加热（图4-28），这是它与常规CAES系统的主要差别。已建成的第一个AA-CAES系统的存储容量为360MW。

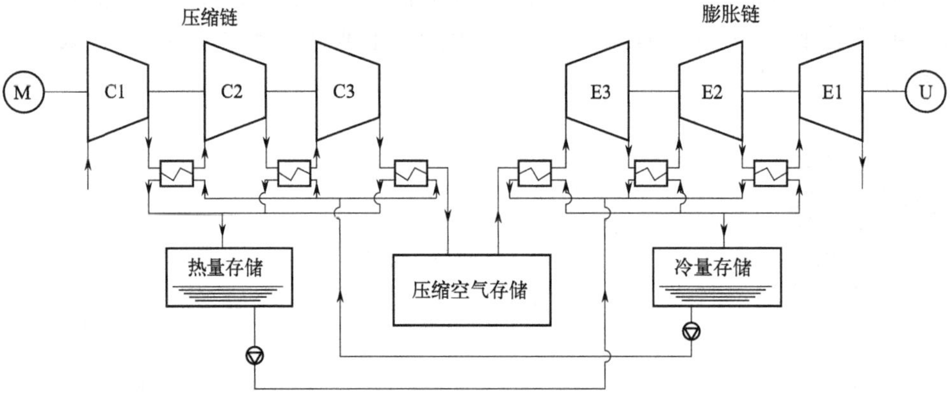

图4-28　绝热CAES系统布局示意图

为解决小规模绝热CAES中热量不能有效利用问题，最好是把制冷、供热和电力组合成三联产系统（CCHP）。CCHP能够利用低质热量来进行制冷和供热，其中的气体引擎则用于增强电功率的输出。对这类CCHP系统的敏感性分析指出，透平机进口空气温度和压力以及热交换器效率对系统热力学性能有大的影响。

最老的CAES工厂是1978年建在德国Hundorf的工厂［图4-29（a）］，其设计目的是使核能发电厂能保持恒定容量因子以满足电力的峰需求。该工厂的空气储库是由两个盐丘洞穴构成的地下储库，其容积为$3\times10^5 m^3$（50℃和4.6～6.6 MPa时），发电容量290 MW，能为电网连续供电3h。此后，美国于1991年在亚拉巴马州也建成了一个CAES工厂，使用的是矿物盐溶洞储库，储能容量110 MW［图4-29（b）］。工厂中有尾气热交换器来加热从储库出来的空气，可使燃料消耗降低约25%，能为电网连续供电6h。

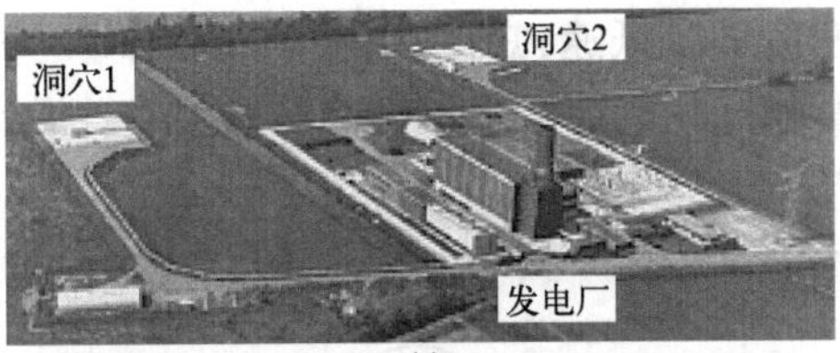

(a)

(b)

图4-29 运转中的德国（a）和美国（b）CAES工厂照片

CAES技术的最近创新是：储能介质改用液化空气、超临界压缩空气或压缩CO_2。使用液体空气可使压力损失显著降低，系统总效率增加；使用超临界压缩空气储能的特点是高效率，例如当存储和释放压力分别为12.0 MPa和9.501 MPa时，效率可达67%，所达到的能量密度比常规CAES大18倍。超-和超超-临界压缩CO_2储能系统效率更高，储能密度更大（高于常规CAES），在恒定额定功率下的存储体积较小，且系统的构型比较简单。

CAES技术虽然也有碳排放，但给定燃料数量条件下其生产电力数量是常规气体透平的3倍多。

CAES系统可与位于海上、海岸或孤立地区的风力透平集成；把CAES与PHS组合可克服各自缺点，增加能量密度，提高工厂效率。当然，当CAES与不同能源集成形成总系统时，投资总成本也将增加。CAES技术的发展总结于表4-9中。

表4-9 CAES技术的发展

系统	描述
常规CASE	已在Hundorf和Alabama常规运转第一代CASE
先进二代CASE（膨胀机吸取喷入空气）	该设计基于第一代，但用多个空气膨胀机驱动发电机，用空气抽取增值燃烧引擎功率
先进CASE（带入口冷却）	该设计使用多个空气膨胀机，冷尾气导入燃烧引擎，用入口冷却压缩机提供功率增值
CASE（用膨胀机抽取空气注入）	与底部循环概念有差别，注入燃烧容器的空气来自高压膨胀机尾气
绝热CASE	绝热CASE不用燃烧转换存储的压缩空气。通过热量存储冷却压缩机和加热存储的空气
小CASE-管道存储	该类CASE工厂通过把空气注入同样功率的气体透平和用压力容器替代洞穴存储压缩空气

4.7.3 飞轮能量存储（FES）

飞轮储能（FES）是把电力转换为旋转飞轮动能进行能量存储。在充能阶段，电力驱动电动机带动飞轮旋转；在放能阶段，飞轮转速变慢让能量通过电磁感应传输给发电机生产电力，可应用于补充高功率需求时的电力供应。早在50年代，就在公交车上对FES技术进行了试验验证。FES系统可单独作为储能装置使用，也可与分布式发电装置或其它储能设备如电池组合使用。FES系统按照飞轮的旋转速度可分高速和低速两类。高速FES能够进行长时间的能量存储，但功率密度低，低速FES则相反。FES装置的关键因素是飞轮材料及其几何形状和长度，它们直接影响飞轮的比能量和储能数量。飞轮设计的形状因子见表4-10。

表4-10　飞轮的形状因子

飞轮几何形状	横截面	形状因子*K*
盘形	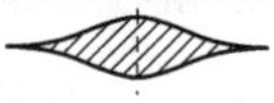	1
改进的恒定应力盘形		0.931
	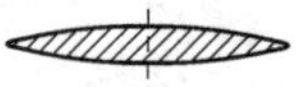	0.806
平板未穿透盘形		0.606
薄紧缩形	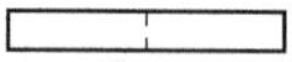	0.500
有形棒	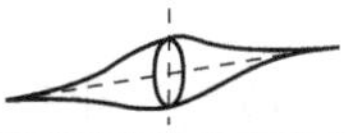	0.500
带网轮圈	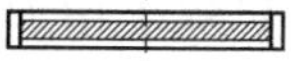	0.400
单一棒	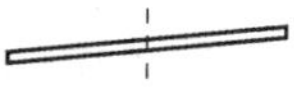	0.333
平板穿透棒		0.305

FES系统一般由钢（或复合材料）制旋转飞轮、存储/释放能量电动机/发电机、两个磁性轴承（避免机械摩擦）和真空室（降低气动力学损失）组成，如图4-30所示。存储电力的数量取决于旋转飞轮的质量和旋转速度。因此，为增加存储的能量可增加飞轮质量或/和旋转速度。例如，用复合材料做成的飞轮能以每分钟旋转十万次（10^5 r/min）的速度旋转。在实际使用上，对低速旋转（6000 r/min）FES推荐用大质量飞轮，但是现在更多的是希望使用高速旋转的FES。为达到高储能密度而使用高速旋转的飞轮，要求飞轮所用材料（恒定应力部分）必须是高强度和低密度的复合材料。为使飞轮有最大储能密度，需要对其应力进行分析并对其形状进行设计。

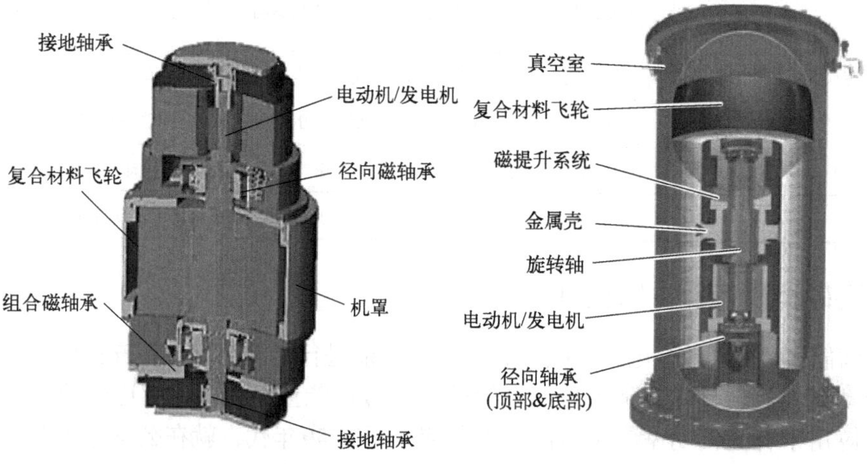

飞轮装置组件　　代表性飞轮构型-信号功率

图4-30　典型FES构型

使用强度高和重量轻的材料、磁轴承和功率电子设备，能较大幅度提高飞轮的储能效率和延长使用寿命。例如，用陶瓷和超硬钢材料使轴承抗脆性能有很大提高；用复合材料替代钢材使飞轮旋转速度和功率密度都有显著增加，甚至超过化学储能装置电池；对用M46J/环氧树脂-T1000G/环氧树脂混合复合材料和硼/环氧树脂-石墨/环氧树脂（现在应用的）做成的飞轮储能装置进行的比较发现，前者有较高的储能密度。若干有潜力的飞轮材料总结于表4-11中。机械轴承，因其高摩擦和短寿命，已不适合现代飞轮使用，现在几乎都使用磁性轴承。磁性轴承具有如下特点：无移动部件、可进行无轴操作、极少磨损、无需润滑剂、长期储能损失很小。制造磁性轴承的材料见表4-12，不同类型轴承比较见表4-13。

表4-11 制造飞轮的候选材料

材料	密度/（kg/m^3）	抗张强度/MPa	最大能量密度/（MJ/kg）	成本/（$/kg）
		单一材料		
4340 钢	7700	1520	0.19	1
		复合材料		
E-玻璃	2000	100	0.05	11.0
S2-玻璃	1920	1470	0.76	24.6
碳-T1000	1520	1950	1.28	101.8
碳-AS4C	1510	1650	1.1	31.3

表4-12 不同类型磁性材料

材料	密度/（kg/m^3）	抗张强度/MPa	剩磁（顽磁）/T
烧结钕-铁-硼	7400 ～ 7600	80	1.08 ～ 1.36
烧结钐钴	8000 ～ 8500	60	0.75 ～ 1.20
烧结铁酸盐	4800 ～ 5000	9	0.20 ～ 0.43
注入模复合材料（Ni-Fe-B）	4200 ～ 5630	35 ～ 59	0.40 ～ 0.67
压缩模复合材料（Nd-Fe-B）	6000	40	063 ～ 0.69
注入模负载铁酸盐	2420 ～ 3840	39 ～ 78	0.07 ～ 0.30

表4-13 不同类型轴承的比较

轴承	功率损失	优点	缺点
球轴承	5 ～ 200W（加密封损失）	简单、低成本、紧凑	需润滑、密封、轮壳和轮轴
磁性轴承	10 ～ 100W	直接作用于旋转体，能够无变化动作	高成本、需要“接地轴承”可靠性
HTS	10 ～ 50W	低损失、高强制	要求长期发展、管理损失

FES储能技术的新发展包括：①新电动机和REBCO（稀土钡铜氧化物）磁铁磁轴承，它能使7 ～ 10t的飞轮以6000 ～ 9000 r/min速度旋转，提供约1000 kW的电力输出和约300 kW · h的存储能量；②引入高温超导（HTS）新轴承能显著降低空转损失，而且切换快，成本不高，虽然需要用液氮保持其在极低温度状态；③在无重要硬件改变或不增加成本条件下，使用单极同步电机机械能实现高性能无传感控制，这是由于使用了反馈线性方法学发展出的电压空间矢量参考框架机器模型，它也可用于高性能扭矩控制和实现电力流动的高

性能控制。这是一种非常重要的动态和高精确性控制技术。

FES储能系统的优点很多，包括：效率很高（达90%～95%）、寿命很长（达20年）、维护成本很低、无深度放能现象、环境友好、操作温度范围宽、应答时间短和充能很快等。其综合性能完全可以与电池储能系统比较。为增加飞轮的比能量，可采用平行连接FES，在高速时可从5W·h/kg增加到100 W·h/kg。但是，FES技术的一个关键劣势是其能量损失，因摩擦和气动力学可使FES每小时的能量损失达到存储能量的约20%。

FES储能技术可在固定和运输（车辆）等领域中应用。FES常与风力-柴油或光伏-柴油发电机组组合形成不间断（UPS）电源单元，这样可降低单元成本，减少柴油发电机燃料消耗和污染物排放。现在FES广泛应用于运输汽车领域，它已成为车辆上混合能量（电力）存储系统中的重要部件和组成部分。因为FES是动力学能量回收系统（KERS）的关键组件，起着回收这类能量的关键作用。汽车制动时能使飞轮的旋转速度达到6万 r/min，回收制动时的能量可使引擎停车时的燃料消耗降低25%。FES系统也可作为电源备用单元使用，其功能是通过产生高压有功功率和无功功率，补偿电源频率和电压波动等，提高电力质量。在FES与电池组合的混合储能体系中，电池作为主能量存储单元，而FES作为瞬时电源。因FES储能非常灵活，可进行无数次充/放循环且可作为中期储能应用，因此很适合于匹配风力或光伏-柴油发电机。这类混合FES系统很适合于如下一些应用：小规模储能、峰功率缓冲和谐波过滤、分布网络、UPS和高功率UPS系统、航空应用等。例如，FES储能装置已被引入摩托运动中，特别是方程式赛车F1中。

4.8 电磁储能

4.8.1 超级电容器储能（SCES）

超级电容器（SC）或双层电容器（DLC）是一种电化学电容器，有一对能存储能量的带电板，中间是高绝缘电解质和聚合物膜。SC以电荷形式存储能量，储能密度很高。与常规的电解质电容器比较，SC具有很大的电极表面积，因此储能密度高约数百倍。SC优于电池的特点是可连续充电/放电，且没有性能的降解。SC具有的高效和长寿命特点使其能够普遍应用于启动引擎、制动器以及为电/油混合电动车辆提供瞬时负荷功率，也能回收车辆制动时产生的能量。这样的特点能使在城市中行驶的频繁停-开操作的车辆大幅提高其燃料效率。SC具有的快速应答特点，能使其可作为功率调整或功率平衡装置广泛使用。SC是能使用于管理高功率速率（存储发电机产生的电力）的仅有装置，使系统达到高总效率55%。非常有意思的是，SC储能系统能够用于回收存储铁路振动时产生的能量。尽管SC具有高循环寿命（>10万个完全循环）和高效率84%～97%的突出优点，但是它也有若干限制其普遍应用的技术障碍：每天高达40%的自放电速率和较高的成本。

超级电容器研究的新发展，如其质量储能密度与镍金属氢化物电池一样，但充能时间仅需数秒，正对世界产生冲击。现时对SC系统的研究重点：一是开发和应用新的绝缘介质材料（如碳、石墨烯等）和发展低成本多层超级电容器，如石墨超级电容器由石墨烯、乙炔炭黑（传导添加剂）和黏合剂的混合物制成，室温时的能量密度为85.6W·h/kg，80℃时为136 W·h/kg，这与Ni-MH电池的能量密度相当；二是应用混合构型和分子工程学方法改进碳活化工艺或使碳纳米管（CNT）定向。例如，用随机定向CNT制作的SC，比电容为102 F/g，而用化学蒸汽沉积（CVD）工艺制作的垂直排列CNT制作的SC，比电容增加到365 F/g。又如，用化学活化碳制备的电极，比电容135 F/g，而当碳用激光活化时，比电容达276 F/g。当主要目标是增加电容时，可考虑选用混合构型。例如，用MnO_2涂层碳纤维制作的电极，比电容为467 F/g，在5000次循环后电容保持率99.7%，库仑效率保持在约97%，能量密度20 W·h/kg。由于该混合构型电容器的成本低、能量密度高，可应用于新高容量便携式能量装置。

4.8.2 超导磁储能（SMES）

超导磁储能（SMES，简单的示意图见图4-31），利用了电流在超导导线中循环流动时产生的磁场能量。充能时，来自AC（交流）或DC（直流）转换器线圈的能量被传递给磁场；放电时，由DC或AC转换器线圈在磁场中产生的电流被送入电网。为降低线圈的欧姆损失，导线应保持在超导温度以下。现在使用的超导线圈有：70 K高温超导和约7 K低温超导SMES线圈。

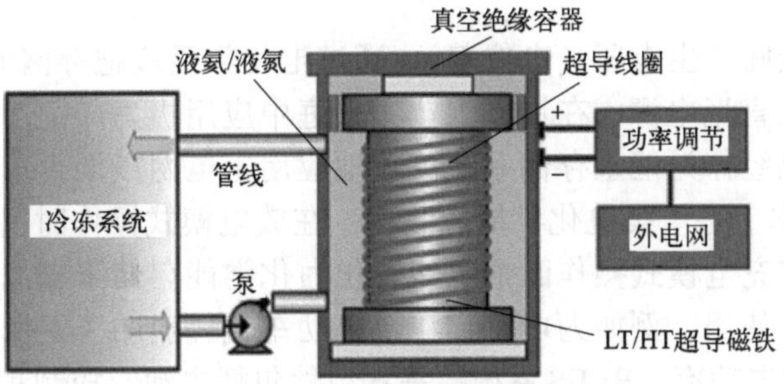

图4-31　SMES系统示意图

用SMES储能的想法产生于70年代的法国，目的为提高电网负荷。但由于技术不成熟和冷冻问题，工厂仅操作了一年。典型的SMES系统由三个主要部件构成：超导线圈/磁铁、功率控制系统和制冷系统。超导线圈是SMES储能系统中最重要的部件，可以是电磁线圈也可以是螺旋管线圈。电磁线圈最简单且比螺旋管线圈容易控制。尽管螺旋管线圈存在很多问题，但其磁场是低杂散的（这是SMES应用的一个重要需求）。对好的超导磁场有若干要求：高电流密度、低成本、机械不失形和尽可能高温度的操作。目前，仅仅NbTi超导体能够满足除高操作温度外的上述所有要求。高临界温度超导磁铁（HTS）有可能使SMES在较高温度下操作（可大幅降低冷冻操作成本）。近来出现的第二代HTS超导磁铁，称为“涂层导体”（coated conductor），优点是成本较低，操作温度较高50～60K（第一代是20K）。

SMES储能系统有若干突出优点，如高能量密度（达4 kW/L）、非常高的效率（95%～98%）、快应答（毫秒级）、非常长的寿命（达30年）、无衰减地完全放电、利用高分流器（电流能够无害管控很高功率）。这些性能指标都超过了所有类型的电池。SMES系统的缺点是：成本太高，约1万美元/（kW·h）（因需冷却系统和线圈材料）、高强度磁场会产生环境问题。由于超导线的高成本和冷冻能量需求，大部分SMES用于短期储能如UPS（不间断电源）、专用脉冲功率源和弹性AC转换。

由SMES、SCES和电池组成的组合储能系统具备了SMES和SCES的高功率和电池的高能量密度和可靠性等优点，可应用于可再生能源发电（如风电和光伏发电）和匹配调节电力需求间的平衡，解决可再生能源电力的间断性和波动性问题。组合FES和SCES可获得低频率混合构型（可引入PI控制器），这类能量存储体系具有快应答和高能量效率的特点。例如，由于风力透平+燃料电池+光伏+柴油发电混合构型的频率稳定性很差，为克服其频率的改变可使用FES-SCES组合系统，使其频率变化的积分平方差从0.2360降低到0.0194。在高压交流电力系统中引入PI控制器可使其应答时间大幅降低。为抗击无功功率的形成和变化，确保电网稳定性，可利用双向AC/DC转换器（STATCOM）控制器。把SCES组合连接到电网中，使其有能力保持整个电网稳定性所要求的无功功率，也有能力满足对瞬时有功功率的要求。这些事实都说明，储能系统不仅是微电网结构中的一类实体，而且在能源（电网）管理中也能起至关重要的作用。

4.9 电池储能（电化学储能）系统（BESS）

4.9.1 引言

电池在其两电极间产生电压（电位差），通过电化学反应把存储的化学能转化为电能。电池是使用最普遍的直流电源，在许多工业和家庭中应用极为广泛。电池有多种类型，其中一些类型的电池已经作为能量存储系统成功地应用于电网或混合车辆领域。所谓电池储能系统（BESS）基本上是一类电化学能源装置，在放电模式操作时把存储在电池中的化学能转化为电能，而在充电模式操作时把电能转化为化学能存储于电池中。电池的主要应用领域是作为功率系统使用，例如为电动和混合电动车辆、船舶、便携式电子设备、无线网络和电网稳定性提供电功率。BEES系统的基本组件包括电池、控制和功率调节系统、电池保护系统。其操作原理和主要组件示于图4-32中。

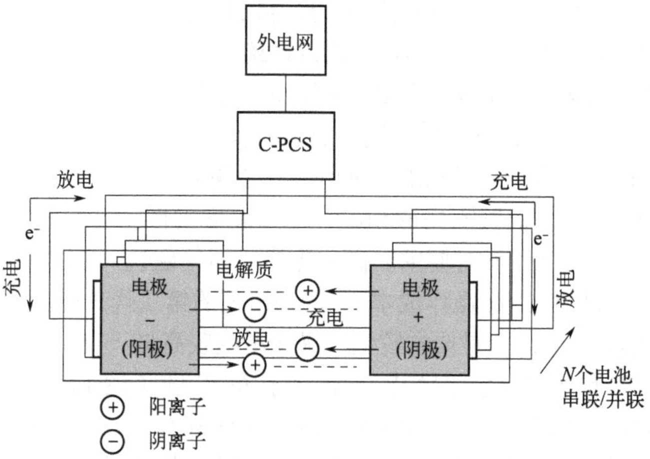

图4-32 BESS系统的基本组件和操作原理

已经发展出多种类型的电池。电池性能的主要指标如下：储能比容量、功率密度、充放电持续时间、稳定性、材料和制造成本等。不同类型的储能电池，其技术特征和应用领域是有区别的，如表4-14所示；不同类型电池的储能密度见图4-33。

表4-14　不同电池的技术特征和应用

电池类型	最大容量（商业单元）	应用地区	评价
铅酸（泛洪）	10MW/40MW·h	加州-Chino，负荷调节	η=72%～78%，成本[④]50～150，在80%放电深度时寿命200～300循环，操作温度-5～40℃[①]。25Wh/kg，自放电2%～5%/月，为补充操作中损失的水需频繁维护
铅酸（阀调节）	300kW/580kW·h	Turn关键系统[②]，负荷调节	η=72%～78%，成本[④]50～150，在70%放电深度时寿命1000～2000循环，操作温度-5～40℃。30～50W·h/kg，自放电2%～5%/月，不太结实，可忽略的维护，容易移动，与泛洪型比较较为安全
镍镉（Ni-Cd）	27MW/6.75MW·h[③]	阿拉斯加GVEA控制电力供应，无功伏安补偿	η=89%（325℃），成本[④]200～600，在100%放电深度时寿命3000循环，操作温度-40～50℃。45～80W·h/kg，自放电2%～5%/月，不太结实，可忽略的维护，高放电速率，Ni-Cd电池有毒性，重量重
钠硫（NaS）	9.6MW/64MW·h	日本东京，负荷调节	η=72%～78%，在100%放电深度时寿命2500循环，操作温度-5～40℃。30～50W·h/kg，自放电2%～5%/月，不太结实，可忽略的维护
锂离子			η≈100%，成本[④]700～1000，在80%放电深度时寿命3000循环，操作温度325℃。100W·h/kg，没有自放电，因高操作温度必须用额外设备加热，因而降低了总效率，有30s超过6倍额定速率的脉冲功率容量
钒氧化还原（VRB）	1.5MW/1.5MW·h	日本，电压下降，削峰负荷	η=85%，成本[④]360～1000，在75%放电深度时寿命10000循环，操作温度0～40℃，30～50W·h/kg，可忽略自放电
锌溴	1MW/4MW·h	EPC Kyushu	η=75%，成本[④]360～1000，操作温度0～40℃，70W·h/kg可忽略自放电，低功率，笨重、含有害组分
金属-空气			η=50%，成本[④]50～200，寿命数百循环，操作温度-20～50℃，450～650W·h/kg，可忽略自放电，再充电非常困难，结构紧凑
再生燃料电池（PSB）	15MW/120MW·h（发展中）	UK Innoy Barford站	η=75%，成本[④]=360～1000，操作温度0～40℃，可忽略自放电

①高温操作会降低寿命，低温操作会降低效率。②在MilWaukee。③在电池不放电时提供10 MA无功电力。④投资成本以欧元/(kW·h)计。

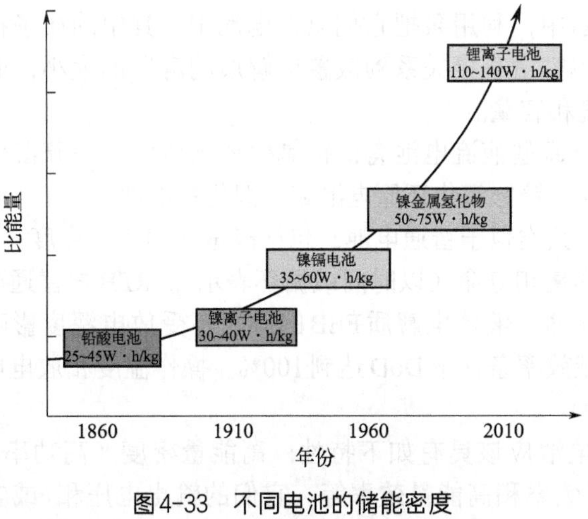

图4-33　不同电池的储能密度

电池结构基本上可分为两大类：低温内储存和高温外储存。两者的主要差别在于能量转化操作和存储能量的活性材料是否分离。下面对主要的电池类型（见图4-34）作简要介绍。

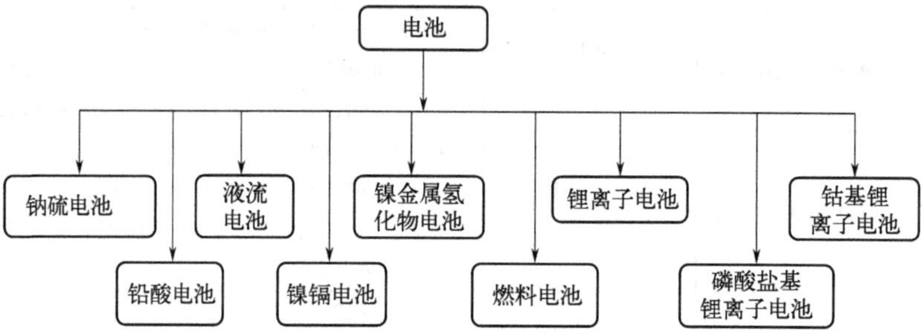

图4-34 不同类型电池

4.9.2 液流电池

在液流电池中，电活性材料放置于池外部的两个电解质容器中。液流电池按电化学反应可分为两个主要类型：氧化还原型和混合型。在氧化还原型液流电池中，所有电活性材料都被溶解在液体电解质中；而在混合型液流电池中，有一种或多种电活性组分被存储在池的内部。大多数氧化还原液流电池由两种分离的消耗性电解质构成，新鲜电解质置于单独容器中，其浓度可用循环或分离方式加以控制。

与常规电池比较，液流电池的主要优点有：①由于充电和放电的能量是分离的，因此可以在最大能量密度条件下设计，使其具有最优的电力接受性和功率配送性；②由于在操作期间电极不发生物理化学变化，因此电池的稳定性和耐用性极好；③能量密度易于管理且安全性好；④转换效率高，维护成本低；⑤能够耐受过度充电，深度放电对循环寿命无影响。液流电池的缺点是：系统复杂，包含有泵、传感器、流动和功率管理、次级污染物容器等，因此不适合于小规模储能应用。

氧化还原液流电池（RFB）是新一代电能存储单元，其突出特点是：容易分离体积功率密度与电池容量。RFB容易满足特定场合的应用要求。

对使用液体电解质的标准RFB电池（见图4-35），氧化还原电化学反应是利用可穿透膜的离子进行的。膜除了让特定离子渗透外还起使正负电极与电解质分离的作用。储存能量的电解质置于分离容器中，利用泵把它们泵入电池中，其中的质子在阳极和阴极间交换而产生电功率循环。电池容量直接关系到放置电解质的容器的大小，而池的数目和池材料则决定了电池的功率密度和容量。

已发展出的氧化还原型液流电池有：钒氧化还原电池、多硫溴化物电池、锌溴化物电池、铁镉氧化还原电池、锌铈氧化还原电池和钒溴化物电池。

RFB的基本操作参数类似于普通电池，包括能量（功率）密度（ED）、库仑效率、体积效率和能量效率、池容量和寿命（以时间或循环表示）。RFB与普通电池差别最大的参数是放电深度（DoD）和寿命。液体电解质FEB的寿命不受放电深度影响，如全钒和锌溴FEB能在不损失寿命循环或效率条件下DoD达到100%。操作温度和放电电流等参数也影响电池寿命和效率。

理想的氧化还原电池应该具有如下特性：高能量密度（高功率密度）、小的整池尺寸（和/或重量）、高燃料效率和高能量效率等。它们的输出电压和/或电流并不那么重要，因

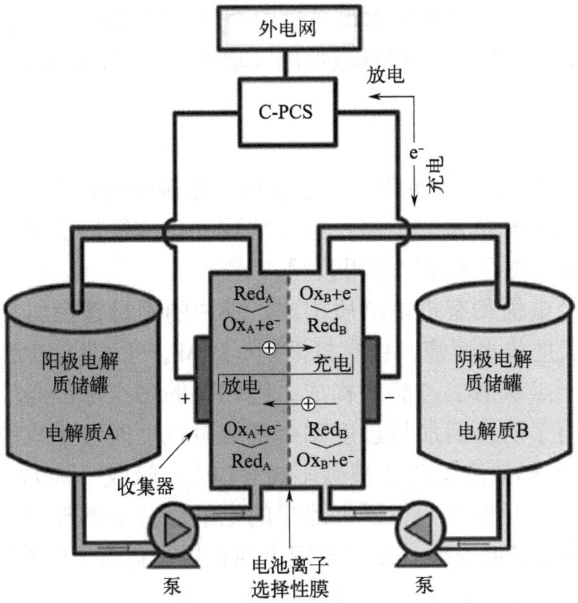

图4-35 标准的RFB构型

为高电流（并联）或较高电压输出（串联）可通过电池的串联和并联来达到。串联较少使用，因它会加快电极衰减。能量密度取决于电池类型，全钒RFB的代表性值在40～90 W·h/L量级。

RFB的主要缺点是低能量密度和高成本。为提高能量密度和总包效率，可采用的措施有：①利用新还原氧化物种如锂、硫和醌；②应用分子工程创造特殊有机分子和配体，避免毒性或腐蚀问题，同时提高能量密度；③引入碳纳米管（CNT）来获得高效率和高容量。电极材料、形状和涂层对电池性能有很重要的影响。例如，富氧环境（42%氧，58%氮）处理标准电极能增加其孔径，使活化过电位降低140 mV，能量密度从63%上升到76%，在200 mA/cm^{2}电流密度下其可用容量几乎翻番，成本降低约20%（存储能量相同）。又如，以掺氮碳纳米管作电极，能量效率增加约76%，放电容量从25 AV/L上升到33 AV/L（40 mA/cm^{2}时）；大气压等离子喷射改性石墨毡电极能使能量效率提高22%；应用穿孔碳纸电极能获得较高功率和电流密度，性能增加达31%，且总包压力降降低4%～14%。使用新型隔膜也能提高池性能。例如：①引入新低成本和嵌入短羧酸多壁碳纳米管的磺酸化聚醚醚酮膜（SPEEK）使池总性能增加：与Nafion 21膜比较，库仑效率（CE）高7%、能量效率（EE）高6%、容量损失降低；②使用Nafion 212膜，CE增加5.4%，EE增加6.6%；③应用磺酸化聚亚胺和两性离子聚合物功能化的石墨烯氧化物混合膜（SPI/ZGO），在30～80mA/cm^{2}时显示的池性能较高，CE 92%～98%，EE 65%～79%；④商业Nafion 117膜，CE 89%～94%，EE 59%～70%；⑤用聚亚苯基膜，EE上升到85%，CE稍高于95%。

对锂-硫化物电池，在混合电解质溶液无泵试验中达到的能量密度（ED）≈400 W·h/kg，而无膜锂-二茂铁电池的ED仅约30 W·h/L。在新概念RFB中，锂是增强RFB能量密度的基本选择，但它作为阳极伴有降解现象。已发展出太阳能驱动可充式锂-硫电池，使用了Pt改性CdS光催化剂，硫在水溶液中被氧化成多硫化物，同时产生电化学能量和氢气。该电池具有的配送容量为792 mA·h/g，光充电2h，放电电位约2.53 V（vs.Li$^+$/Li）。充电可在直接太阳光照射下进行。为降低成本可通过组合便宜的氧化还原材料如锌和铁制造RFB，以期达到成本目标100\$/（kW·h）和高池性能（功率密度676 mW/cm^2）。

4.9.3 锂电池

锂电池发展于20世纪90年代初期，已是市场广泛接受的技术，在低功率便携式设备领域有非常广泛的应用。随着技术的发展，锂电池现在也被很广泛地应用于较高功率的装置中，特别是纯电动车辆以及许多固定应用领域。

锂电池通常由两个电极和有机电解质构成。其中阴极是锂金属氧化物即$LiCoO_2$，阳极是石墨碳。电解质可以是非水溶液，由有机溶剂（$LiBF_4$、$LiClO_4$或$LiPF_6$）和热解锂盐或固体聚合物（碳酸二甲酯或碳酸二乙酯）构成。锂和碳的熔点都很高（锂熔点180℃）。在阳极中引入碳(Li_xC_6)是为了防止因加热过度和金属熔融过度时发生事故。充电期间，从阴极锂金属氧化物（LiMO）释放的锂离子被碳阳极（LiC_6）吸收（称为“插入”）；在放电期间发生相反的过程（称为“脱插入”）。锂电池中的电解质并不参与电化学反应，其作用是在充放电期间确保和促进离子的交换。发生于锂电池正极和负极上的充电和放电反应分别为：

$$\text{充电反应}\quad Li_{1-y}MO + yLi^+ + ye^- \rightleftharpoons LiMO$$

$$\text{放电反应}\quad Li_nC \rightleftharpoons n\,Li^+ + ne^- + C$$

锂电池被认为是最好的先进储能技术，这是因为锂电池具有如下一些特征：高能量密度（170～300 W·h/L和160～200 W·h/kg）、快应答（毫秒级）、低自放电速率（每月5%）、高效率（达97%）、高开路电压、多达3000个完全放电循环、可做成各种形状和大小、对环境影响有限（因锂氧化物和盐类可循环）。但是，它也有一些缺点，主要是：寿命和放电深度都与温度有关、高温时老化效应增强、锂电池需要复杂的管理系统（BMS）。BMS是一个电子学平台，目的是防止电池失败、预测组件要取代的时间、跟踪和计算电池的实时健康状态（SoH）、控制老化效应、校核性能和检测池寿命结束的时间。BMS系统也起保护池过热、低温和过度充放电的作用，以及提供优化的工作条件（高电流和高电压充电/放电）。很显然，使用BMS平台使电池成本有不小的增加。

应该指出，在近几年中锂电池成本已大幅下降：单元成本从2009年的900～1300\$/（kW·h）降低到2012年的600\$/（kW·h）和2016年的225～800\$/（kW·h），现在要更低一些。成本的下降趋势是由于电池设计制造中的最新发展，如上述的热管理、采用纳米尺度材料增强功率容量、发展出能增加比能量的电极和电解质新材料等。例如，磷酸锂盐（$LiFePO_4$）材料的应用；用筛网纳米硅线替代常规碳阳极（这使锂离子电池存储电力增加了10倍）。由于存储容量的显著提高，锂离子电池成为纯电动车辆制造商的首选。锂电池也已成功应用于石油钻井平台，使柴油发电机燃料消耗得以下降，达到节能目的。近期又出现了能替代普通锂离子电池的锂-硫电池，原因是它也具有高比能量、低成本、原材料丰富、安全和低环境影响等特点。在周期表中硒和硫是同族，由此推出创新的掺杂SeS_x的碳基材料SeS_x/NCPAN，替代传统阴极后使电池容量和寿命有进一步的增加。以石榴石型金属硼氢化物作为固体电解质也已在新一代锂离子电池中应用，由于微晶几何学的原因离子交换提高了七个数量级。

最后应该提及的是锂电池技术的成熟程度和能量管理政策对其成功应用的重要性。其中的关注点之一是利用在电池包和功率逆变器之间放置的一组平行连接电容器（DC连接）

来控制电池的有功和无功功率。再应用比例电荷状态能量控制器（proportional state of charge based energy controller）来控制发电机/电池的开停，使柴油燃料节约达17.69 m^3，而为此需要增加投资17.5万欧元和每年维护费增加1.14万欧元。计算指出，使用该系统的投资回报期为1～2年（设定电池寿命为10年），这样还能使CO_2排放每年降低5000 t。

4.9.4 铅酸电池（LA）

铅酸电池（LA）是最老和最成熟的电池，属可充电池类型。LA由海绵金属铅阳极、二氧化铅阴极和硫酸溶液电解质构成。有多种类型的铅酸电池：铅锡电池、SLI电池（开启照明和点火）、阀调节铅酸（VRLA）电池、淹没铅酸电池（FLA）、铅钙电池、AGM吸收式玻璃垫电池、凝胶电池、深循环电池。VRLA和FLA是不同类型的LA，虽然其操作原理是类似的，但成本、混合策略和物理大小是不同的。VRLA与FLA比较，成本高、使用寿命短、尺寸小、维护成本低。FLA需要定期更换蒸馏水。

铅酸电池的优点很多，如技术成熟、价格低［300～600$/（kW·h)］、制造简单、可靠性高、效率高（70%～90%）、快电化学反应动力学、运行条件下有好的循环寿命（5年或250～1000次充放电循环）。因此，铅酸电池已经被广泛应用于家庭和一些重要的商业领域，直到现在它在市场上仍然占据支配地位。对重量不是主要考虑因素的部门很有吸引力，如固定和运输车辆领域。铅酸电池的主要缺点有：使用了有毒和对环境有害的重金属成分、不适合大规模使用、成本较高、有限使用期限、结构上存在问题如重量重和体积大等。除此以外，其它高效、性能优良的替代电池的出现也是限制其发展的一个原因。

为提高LA性能，常在电极材料中使用添加物，如钙、硒和锡等。对需要负荷水平和调峰（平衡功率的消耗和产生）操作时使用铅酸液流电池是合适的。铅酸液流电池是相对新的能量存储装置，与太阳能和风能发电组合能够解决这类可再生电力不可预测的间断性和波动性问题。已发展出新的混合和长寿命铅酸电池（超级电池），且已进入市场。超级电池可在部分充电状态下进行连续有效的操作，且对频繁的过度充电循环也无需保护。电容器和先进LA技术组合，使超级电池具有一些突出特点：稳定性优化、寿命延长、充电/放电快速、完全充电/放电范围宽。因此具有解决可再生能源间歇性、平稳功率的巨大潜力。超级电池的充电/放电功率要比常规铅酸电池高，循环寿命也长了3倍。

4.9.5 镍电池

可充式镍电池有多种类型：镍-镉（Ni-Cd）、钠-氯化镍、镍-锌（Ni-Zn）、镍-金属氢化物Ni-MH。其中Ni-Cd和Ni-MH是最成熟的也是市场上应用最广泛的两种，但它们的效率低，仅70%，而Ni-Zn和$Na\text{-}NiCl_2$电池的效率分别是80%和90%。在镍镉电池中，正极是镍氧化物（Ⅲ）-镍氢氧化物，负极是镉，电解质是氢氧化钾。直到20世纪90年代，在可充式电池市场中Ni-Cd电池一直占有支配地位。Ni-Cd电池有两种设计：密封式和通风式，其优点是便宜、充电快、循环寿命长、深度放电和高放电速率不会危及或损失电池容量。但是，电池中使用了重金属镉和镍，成本高；虽然镉可循环使用，但是其高毒性对环境可能造成危害。同时，Ni-Cd电池有记忆效应，这降低了它的使用寿命。

在Ni-Cd电池中，镉电极上的反应：$Cd + 2OH^- \longrightarrow Cd(OH)_2 + 2e^-$

镍电极上的反应：$2NiO(OH) + 2H_2O + 2e^- \longrightarrow 2Ni(OH)_2 + 2OH^-$

放电总反应：$2NiO(OH) + Cd + 2H_2O \longrightarrow 2Ni(OH)_2 + Cd(OH)_2$

与其它可充式电池比较，镍镉电池具有如下显著的优点：①3500以上循环寿命、低维护成本；②非常牢固，耐受深度放电；③长使用寿命；④高放电电流。鉴于上述特点，其应用非常广泛，特别是应用于便携式电子设备、备用能源系统、航天系统、电动车辆和应急照明中。

Ni-MH电池适合应用的场合和领域很多，在许多应用中有逐渐替代Ni-Cd电池的趋势，特别是在可充式小电池领域。在同等大小基础上，Ni-MH电池能量容量和功率容量比Ni-Cd电池高30%～40%，因此可满足混合电动车辆（HEV）较高功率的需求，如Toyota Prius。在HEV车辆中Ni-MH电池的使用率很高。因它具有如下特点：设计灵活，容量范围宽30mA·h～250A·h；环境友好、维护成本低；功率高和能量密度高；允许在高电压下安全充电和放电。

另一类镍电池$Na\text{-}NiCl_2$电池是在寻找钠硫电池的安全替代物中发现的。发展钠-氯化镍电池最初是为电动车辆使用的。虽然随着近年来纯电动车辆（EV）和混合电动车辆（HEV）发展和使用大量增加，已经发展出更有效的钠金属电池（因它具有的特征能够满足EV和HEV的目标），但由于它适合于作为可再生能源能量的储存装置使用，因此受到了极大的关注。钠-氯化镍电池是操作温度达300℃的高温电池，电解质是熔盐，负极是熔融金属钠，正极是金属镍（放电状态时是金属镍，充电状态时是氯化镍）。它与常规Na-S电池比较，具有长的循环寿命、低的操作温度和较高的输出电压。钠-氯化镍电池具有高的能量和功率密度，其高容量是由于熔盐电解质具有高离子电导率（是铅酸电池中硫酸的3倍）。该电池在一些重要领域已经获得应用，如潜艇、军事应用、通信和支持可再生能源等领域。

4.9.6 钠硫（Na-S）电池

1983年日本公司推出了先进的钠硫（Na-S）电池，这是发展得最好的高温电池。Na-S电池由熔融钠（阴极）、熔融硫（阳极）和固体β-氧化铝陶瓷膜电解质构成（如图4-36所示）。固体电解质起分离器作用，只允许Na^+通过与硫发生化学反应生成多硫化钠（Na_2S_4）。由于它具有出色的能量密度、高充电/放电效率、低成本、零维护、高存储容量、使用模块化材制作和长的寿命（高达15年）以及高深度放电（DoD）寿命达2005个循环等特点，对许多大规模储能应用具有很大吸引力。现在其应用领域已经很宽，如电压调整、调峰、电

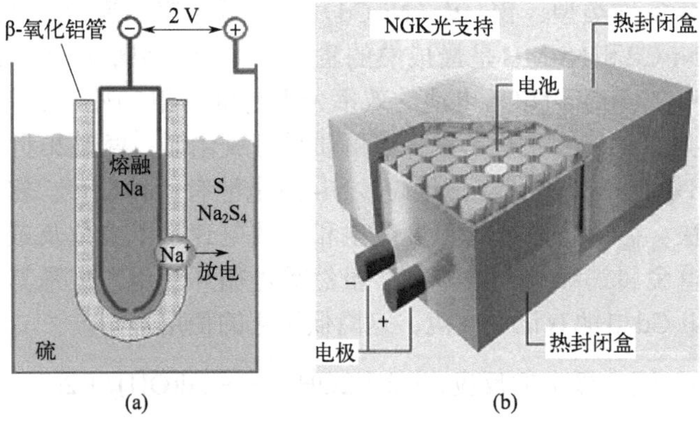

图4-36　钠硫电池原理（a）和盒式设计（b）

力质量控制、风电输出电力稳定、输电线路扩展以及单位支持系统等。例如，2010年它为纽约大停电提供了紧急供电。已计划与风电场组合进行示范。因有更多重要领域会应用该类电池，未来它很可能进行商业生产以解决可再生能源发电的间断性和波动性问题。

钠硫电池的操作需要高温（270～300℃），所需要的热量由充放电循环提供。为降低操作温度，日本发展了热绝缘盒式设计［图4-36（b）］用以提供能量保持操作所需要的温度。虽然该电池仍然有一些需要解决的问题，但难度不大。例如，对环境的威胁小、防止瞬间爆炸、防止绝缘层腐蚀（因自发电速率增加）等。

4.9.7 金属-空气电池

金属-空气电池是最紧凑的电池，是市场上最便宜的电池，使用的电解质是离子液体。虽然其它金属有较高理论能量密度，但最先进的金属-空气系统仍然是锌-空气和锂-空气电池。在锂-空气电池和锌-空气电池中，前者比能量较高，但后者的优点是材料便宜且安全。金属-空气电池仅限于小规模应用，因它不是可充式电池。50%左右的低效率也是这类电池的重大缺点。在锂-空气电池中用二甲亚砜替代碳酸盐电解质可增强其循环性能、降低阳极的快速衰减，获得较高库仑效率（>20%）。

在化学储能中，除电池外的最大众化的能量存储是氢能存储。氢能存储可与可再生能源或低碳技术组合，形成零排放可持续的能源体系。氢能存储系统的主要组件包括电解器单元（产氢）、存储单元和能量转换单元（如燃料电池生产电力）。这方面的内容是本书的重点之一，将在第8章中详细介绍。

4.10 热储能

热储能（TES）是存储能量的最重要形式之一。TES的应用非常广泛，从利用废热供暖和制冷到电力生产和工业过程的高温热能存储。TES系统也已被用于增加能量系统的能量利用效率和灵活性。原理上，TES利用的是存储材料的内能变化，如热化学、潜热和显热或它们的组合。

4.10.1 显热储能

显热存储（SHS）方法是指只增加存储介质的温度而不发生相变化的能量存储技术。显热存储热量的数量取决于存储介质的质量和热容以及发生的温度变化。存储热量的介质材料可以是固体或液体。水具有优良的热特征，是最便宜和最方便使用的热量存储介质。对低温热能的存储，也能使用固体材料作为储热介质，如金属、岩石、砂石、混凝土和砖块等。已证实适合于热能存储的介质材料数以千计，也提出了利用介质存储热能的最好方法，显热既可长期存储也可短期存储。存储介质连同容器以及输入/输出装置都能把存储的热能按要求供应使用。

存储显热的液体和固体介质各有其优缺点。例如，液体介质水的优点是便宜、有广泛的可利用性、无毒性、无可燃性、高比热容、高密度、易掌控，但其应用的温度范围受冰熔点和水沸点的限制，且水有腐蚀性，容易水油分层。以水作为介质存储热能时要避免水结冰和沸腾，也要防止其腐蚀性。水介质的这些缺点可通过加入化学添加剂来避免或缓解。

其它液体如熔盐、液态金属和有机油类也能作为存储显热的介质，它们常用于不适合以水作为介质的场合。

SHS最普遍应用的领域是建筑物住所，介质存储的热量能用于为居室和办公室供应热水。在太阳能加热系统中使用的SHS，多以液体水作为存储介质。固体岩床存储介质多用于空气系统的SHS。为选择合适的存储显热介质材料，一般需要经组合使用多目标（如成本、可利用性和碳排放）约束来评估，并最终选择和确认最合适的储热材料。

4.10.2 潜热储能

潜热能量存储（LHS）是指利用存储材料的相变（潜热）来存储热能的技术，这是由于材料相变过程的发生伴随有热量的吸收和释放。能够存储潜热的相变材料称为相变储能材料（PCM），在存储热量或释放热量时PCM材料在恒定温度（相变温度）下发生相变过程。材料发生的相变可以是从固体转变为液体或液体转变为气体（或者它们的逆相变），如熔化或固化、汽化或冷凝。PCM储热和放热相变过程如下：材料在刚开始吸收热量（加热）时，PCM吸收的热量用于上升其温度，当达到其熔点或沸点温度时，材料吸收的热量被用于发生相转变［固体被熔化（转变为液体）或液体被汽化（转变为气体）］，温度不再上升直至相变完成，而后再吸收的热量又用于上升温度；而在PCM材料放热时，进行的是相反的相转变过程。与存储显热的材料不同，在相变过程中PCM释放或吸收热量时温度几乎恒定不变，即是在恒定温度下进行的。

有三种PCM材料：有机型、无机型和共熔型。实践数据指出，大多数相变材料并不能作为理想的热能存储介质，需要添加热增强剂来改进其存在的缺点。与显热存储材料相比，相变储能材料（如石蜡、盐水合物和熔融盐类）具有突出优点：在相变温度（如零度）下具有较高的存储能量密度。但是，PCM也存在一些实际问题，如密度、热导率变化过小，多次循环条件下性质可能不稳定（发生相偏析）。

4.10.3 热化学储能

对热化学能量存储（HCES）系统，能量存储在形成的化学键中。在充能阶段化学化合物进行分子水平上的化学键分解反应，这时需要吸收能量；而在放能阶段在分子水平上进行合成反应形成含能化学键而释放出化学键中存储的能量。这说明HCES系统与其它类型热量存储系统是类似的，完成存储过程需要有充能、存储和释能阶段，在图4-37中对此做了示意说明。HCES系统可使用不同的反应过程，包括可逆的化学和光化学反应、沸石和水合物中水的释放以及燃料的生产和燃烧等。HCES方法具有的优点包括：系统紧凑、高能量密度、存储期间系统热损失很少甚至没有（因两个分离组分是在常温下分离存储的）。因此，热化学能量存储系统比较适合于能量的长期存储，如季节性或年度存储。

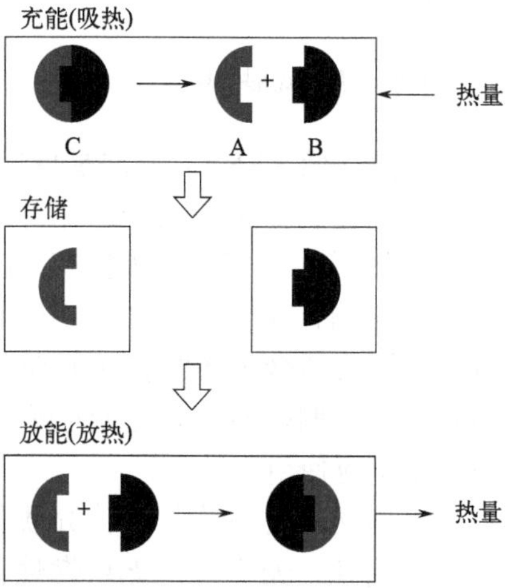

图4-37 热化学能量存储系统的充能、存储和放能过程

为了选择最合适的热化学能量存储材料，需要考虑的关键因素如下：①成本；②能够进行持续的大量

能量充能、存储和释能的循环；③材料可利用性；④无毒和不可燃；⑤无腐蚀性；⑥合适的反应速率和温度范围；⑦能量存储密度；⑧有好的传热特征和流动性质。若干可供选择的可行热化学材料列于表4-15中。

表4-15 可行的热化学材料

材料	分子式	A：固体反应物，B：工作流体	能量存储密度/（GJ/m^3）	充能温度/℃
硫酸镁	$MgSO_4 \cdot 7H_2O$	A: $MgSO_4$, B: $7H_2O$	2.8	122
碳酸亚铁	$FeCO_3$	A:FeO, B:CO_2	2.6	180
氢氧化铁	$Fe(OH)_2$	A:FeO, B:H_2O	2.2	150

4.11 储能技术比较

4.11.1 引言

在全球能量需求上升的同时又要求降低温室气体排放，这迫使人们在能源生产领域中向使用可再生能源资源过渡并开拓新的前沿领域。由于可再生能源资源的行为通常是不可预测的，其可利用性几乎难以匹配全球能源需求，现时“电网”能源系统必须逐步过渡到智慧能源网，以进一步利用以间断性和波动性为特性的可再生能源，同时提高电网效率。这说明应用能量存储系统（ESS）是必需的和非常重要的，为提高效率它需要有广泛和普遍的配置和使用，在未来智慧能源网络中ESS是至关重要和不可或缺的装置。

能量存储技术的发展延伸和扩展需要跨越下面的三个关键壁垒：①对不利于能量存储系统的政策进行调整和调节；②降低能量存储系统本身及使用成本；③使公众意识到使用能量存储系统的益处。

现时的电力电网结构工程似乎对电力存储机制的使用并不是非常有利的，因为把储能仅看作一种节约能量和提高能源效率的替代技术，不像对发电厂和新传输线路的建设（投资较大）那样重视。能量存储系统的效率是不可能达到100%的，即它返回电网的电能总是要少于存储的电能，因电力损失和成本增加。虽然使用储能系统可节约能源和提高效率，但是，一方面由于技术的获益与其投资的成本通常并一致，这导致投资者对能量（电力）存储技术的兴趣不大；另一方面测量能量节约方法的缺乏和政府没有提供激励措施，也导致技术拥有者/投资者缺乏对投资储能系统的兴趣。能量（电力）存储技术需要有政策的支持才能获得适当收益。因此，需要发展和建立新的规则，以使储能作用能够完全发挥，并大力鼓励对储能设施的投资。

储能系统建设投资较大，因为一则不能大批量生产，二则其使用的原材料通常是高成本的。尽管储能系统是一类无碳技术，但高的成本使其吸引投资比较困难，而相对便宜的储能技术如抽水电站，则受地址选择和政府审批的限制，同样也导致高成本。为使储能技术能够吸引投资者，其高成本的问题可由政府税收激励和资助政策来解决。

储能技术出现于20世纪70年代，现在对其的一致看法是：它是一类绿色技术，是未来能源体系中不可或缺的组成部分。但遗憾的是，政策制定者对什么是储能和从储能技术能够获得什么样的利益尚未有足够的认识；发展大规模储能技术上仍缺乏经验，储能技术的一些决定性数据尚未有很好的累积，如成本、能节约的能量以及技术容量和能力。这让决策者和投资者无法认识到储能技术的重要性，并由此做出相应的决策。

4.11.2 评估电力存储技术的主要参数

表征电力存储系统性能的主要参数包括：能量容量、额定功率、效率、寿命、充放电时间、技术成熟程度和成本等。在表4-16中对已实际使用的能量存储技术进行了比较。该表中有技术类型、系统能量密度、现时发展状态、对不同应用的经济成本和适合性等。它们的技术特征比较见表4-17，但这里没有列出氢储能技术。这是因为，虽然它也是一类储能技术但与常规电力存储技术有些不同，如制造、存储、运输、应用、特色相对复杂，差异较大。对储氢储能技术，能够利用可再生能源的盈余电力进行水电解生产的氢气能够存储起来，需要时存储的氢燃料在传统内燃引擎或燃料电池中生产电力和热量，回收存储氢的能量。氢作为电力存储介质及其在未来能源网络中重要作用将在后面做详细介绍，这里不进一步展开。在图4-38中则比较了主要储能技术的存储容量和存储时间。下面对储能技术各重要参数做较详细的讨论。

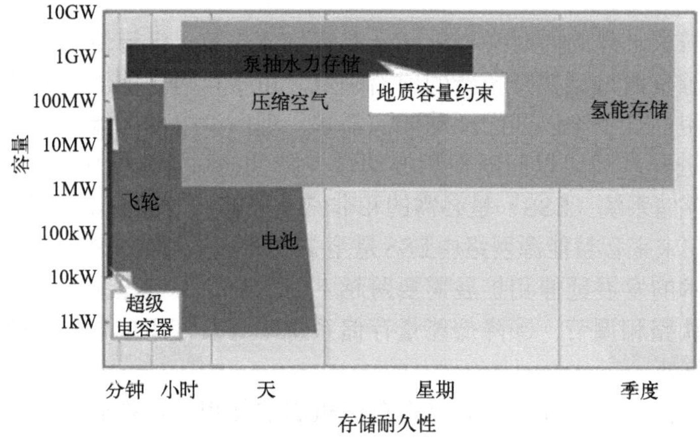

图4-38 主要能量存储技术的容量和存储时间

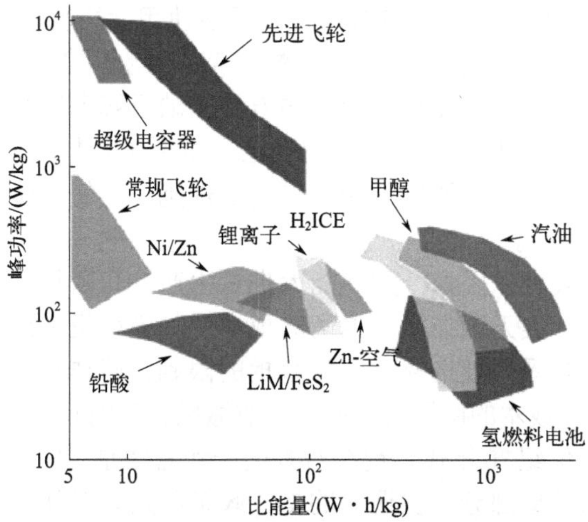

图4-39 Ragone图（额定功率）

表4-16 能量存储技术的技术比较

技术类型	系统能量密度/(W·h/kg)	回收效率/%	发展状态	投资成本/(欧元/kW)	优点	缺点	应用领域适合性		
							能源管理	电力质量	运输
超级电容器	0.1～5	85～98	发展中	200～1000	长循环寿命、高效率	低能量密度、毒性和腐蚀性化合物	好	很好	很好
镍电池	20～120	60～91	可用	200～750	高功率和能量密度，高效率	Ni/Cd高毒性，N、NiMH、Na-NiCl需要循环	好	很好	很好
锂电池	80～150	90～100	可用	150～250	高功率和能量密度，高效率	高成本、氧化锂（盐）需要循环、聚合物和碳必须惰性	好	很好	很好
铅酸电池	24～45	60～95	可用	50～150	低投资成本	低能量密度	好	很好	很好
锌溴液流电池	37	75	商业化早期	900欧元/(kW·h)	高容量	低能量密度	很好	好	不适合
钒液流电池	—	85	商业化早期	1280	高容量	低能量密度	很好	好	不适合
金属-空气电池	110～420	约50	发展中	—	高能量密度、低成本、环境友好	差再充能力、短再充寿命	很好	差	差
钠硫电池	150～240	>86	可用	170	高能量密度、高效率	高生产成本、Na需要循环	很好	差	差
PHES	—	75～85	可用	1000MW（140～680m）			很好	好	不适合
CASE（阿拉巴马工厂）	—	80	可用	400	高燃料消耗、单位容量相对低成本	关键在于难以获得实验地点	很好	好	不适合
飞轮	30～100	90	可用	3000～10000	高功率	低能量密度	好	很好	差
SMES	—	97～98	现10 MW，有潜力增加到2000MW	350	高功率	大规模对健康有影响	好	很好	差
氢燃料电池	—	25～58	研究/发展/市场化中	6000～30000	能长期存储，不同应用有不同类型燃料电池	通常需要昂贵的催化剂和加工	很好	很好	很好
氢燃料汽车	—	—	发展中	—	—	—	差	差	很好

表4-17　能量存储技术特征比较

特征	PHES	CAES①	飞轮技术	热技术	电池	超级电容器	SMES②
能量范围/MJ	（1.8～36）$\times10^6$	（0.18～18）$\times10^6$	1～18000	1～100	1800～180000	1～10	（1800～5.4）$\times10^6$
功率范围/MWe	100～1000	100～1000	1～10	0.1～10	0.1～10	0.1～10	10～1000
总循环效率③	64%～80%	60%～70%	约90%	约80%～90%	约75%	约90%	约95%
充放时间	小时量级	小时量级	分钟量级	小时量级	小时量级	秒级	分到小时量级
循环寿命	≥10000	≥10000	≤10000	≥10000	≤2000	>100000	≥10000
占地-单元大小	在地面上是大的	在地面下是中等的	小	中等	小	小	大
选址难易	困难	困难或中等	—	容易	—	—	未知
成熟程度	成熟	发展早期	发展早期	成熟	铅酸成熟，其它发展中	可利用	早期研发阶段，发展中

①CAES为压缩空气能量存储。②SMES为超导磁性能量存储。③一次充放循环。

4.11.2.1　额定功率和能量容量

额定功率是指系统在充放阶段的最大功率，能量容量通常指系统的电功率容量。对存储电能的技术，通常用比功率和比能量表示。以比能量对数为横坐标、以比功率对数（以峰功率表示）为纵坐标所作的图即所谓的Ragone图。从图4-39中的Ragone图能够看到，不同能量（电能）存储系统在图中各自占据一个区域。例如，对快应答储能装置如超级电容器或飞轮，它们具有大比功率和低比能量。而对存储有大量能量的化石燃料或可再生能源资源，其特征是长应答时间和较高比能量及低的比功率。

4.11.2.2　效率

效率定义为输出的电能（供应负荷之用）和储能时充入的电能之比。效率表明了使用每个系统时的电能损失。例如，对PHES、CAES和FES，有不可避免的机械损失；而对BES，则是欧姆电阻和化学反应带来的能量损失，因此它们的效率不可能达到100%。

4.11.2.3　放电时间

能量（电能）存储系统的放能是需要时间的，不同存储系统的放能时间有很大不同，从毫秒到多个小时。按放能时间可把电力存储系统分类为：①短放电时间系统，放能时间小于1h，这是飞轮和电池的特征；②中等放电时间系统，放能时间可达10h，如小规模CAES和电池；③长放电时间系统，放能时间大于10h，如PHES和大规模CAES。储氢储能系统的放能时间范围相对较宽。

4.11.2.4　寿命

寿命通常是指储能系统可利用的充放电循环次数，这是表征系统能运行且没有明显功率、能量和效率容量损失的一个重要参数。一般来说，机械存储系统有长的寿命，而其它存储系统会受化学衰减影响，甚至可能与温度有关。

4.11.2.5　成本

系统成本一般由材料、制造安装、额定能量和维护成本构成。虽然多种储能技术的投资成本是低的，但在其寿命操作期间需要很多维护成本，从而使成本增加。而且由于储能系统的比功率和比能量实际上是非常不同的（见Ragone图），其单位能量和单位功率的成本也是不同的。在分析比较中使用单位成本似乎更为合理。这里的单位可以是功率也可以是能量（电能），也就是以单位功率成本和单位电能成本［$/kW和$/（kW・h)］对储能系统进行比较可能是更为合理的。

4.11.2.6　技术成熟度

技术成熟度指特定存储系统已经获得的使用经验、商业化水平、技术风险和相关经济利益的综合量度。按成熟度可把储能技术分类为：①成熟的储能技术，如20世纪中期发现的PHES，它在存储电能中已成功大规模应用；②发展已成熟的储能技术，从技术和商业可利用观点看技术是成熟的，但尚未开展大规模应用，如锂离子电池和飞轮技术；③发展中的储能技术，正在发展的尚未广泛商业化的技术，如储氢储能技术。

4.11.3　储能技术小结

能量存储是能源可持续性中的关键元素，不仅可节约能量和成本，且能够提高能源利用效率。能源存储系统（ESS）的潜在应用领域是电力传输供应部门（电力质量和能源管理）和运输部门，以及未来的能源网络系统。ESS能增强现有发电厂避免其昂贵的提级，能够起调整器作用，管理和控制可再生能源电力的间断性和波动性。已经发展出不同类型的能量存储技术：压缩空气能量存储（CAES）、飞轮能量存储（FES）、抽水水力储能（PHES）、电池储能［BES，包括液流电池储能（FBES)］、超导磁储能（SMES）、超级电容器储能（SCES）、氢气储能、合成燃料储能和热储能（TES）等。ESS技术可应用于不同场合，如功率驱动（相对短时间周期）调节和能量强度（相对长时间周期能量）调节。取决于其具有的特征和参数如能量和功率密度、应答时间、储能经济规模、寿命、跟踪和控制设备、效率和操作约束等。当把ESS应用于短期能量存储时，可选择最普遍使用的电池。应该注意，使用电池长期储能显然是不合适的。原因是一则它们存储的能量密度低，二则有不可避免的自放电能量损失。当能量需要长期存储时，一般选用化学化合物存储方法，其中最有前景的是储氢储能方法。

一个成功的能量存储系统应该具有如下重要性质：①高的质量/体积能量密度和功率密度；②容易与可再生能源和现有能源网络集成；③高能量效率；④大量储能时经济可行；⑤有长的寿命周期；⑥系统和组件可靠；⑦操作安全。

在过去几年中，研究和工业部门为研发储能技术所做的工作并不多。这样的情形似乎应该立刻改变，特别是能源生产部门需要协作为从根本上改变储能方法作出努力。各国政府部门都应该制订和推进对储能技术进行长期研究的计划和规划，目的是确保使其成为国家能源政策蓝图中的关键部分和成为国家政策路线图中的重要部分。能量存储系统（ESS）是创新能源和可再生能源资源电力生产的基础要求，也是解决“全球工业”问题的组成部分。应该特别注意到，ESS是具有万亿美元潜在商业机遇的技术。

要达到使ESS同时具有成熟、耐用、高效、便宜、宽功率范围等特征，需要对不同储能技术进行组合。例如飞轮和电池组合就很好地满足了汽车和固定工厂的应用要求。

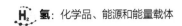

4.11.4 典型储能技术的比较

前面已经指出和评价过，有多种可利用的储能技术，它们有不同存储时间或释放时间。典型的储能技术包括：PHES、CAES、飞轮、电池、超级电容器、SMES、热能存储、化学存储如氢气等。为选择最好的能量存储技术，需要考虑的参数有：能量额定量、释放时间、存储时间和成本等（见表4-16和表4-17）。对不同类型ESS的进一步比较见表4-18。在以小时和天作为时间尺度进行能量管理（例如，能量调度、负荷均衡、爬坡/负荷跟随、旋转备用）时，PHS、CAES和化学能量存储（CES）适合应用于规模在100 MW以上的系统，而大规模电池、液流电池、氢气、CES和TES适合应用于容量在10～100 MW的系统。飞轮、电池、SMES、电容器和超级电容器可用于提高电力质量，因为它们有快的应答（约毫秒）。电池、液流电池、氢气和金属-空气电池具有快应答（<1 s）和长释放时间（h）特征，所以比较适合于弥补电力过剩或供求之间的不平衡。

表4-18 不同类型ESS间的比较

技术类型	投资成本/[$/(kW·h)]	寿命/年	功率密度/(W/kg)	质量能量密度/(W·h/kg)	能量效率/%
锂离子电池	600～2500	5～20	100～5000	75～250	85～90
超级电容器	300～2000	>20	500～5000	0.05～30	97
泵抽水力	5～100	40～100	—	0.5～1.5	70～87
氢	2～20	30	—	400～1000	—
飞轮	1000～5000	15～20	400～1600	5～130	80～99
加压空气	2～50	20～100	—	30～60	40～80

从比功率和比能量的分析比较中可看到：具有巨大容量和额定功率以及长放电时间的系统如PHES和CAES，其比能量是很低的。因此PHES或CAES仅在需要大规模能量储存时才采用。对FES这类具有快放电时间、高功率特征的单一系统，其能够存储的电能数量小。其中液流电池可组成多模块系统，能通过调整模束数量和尺寸来满足用户的容量和额定功率要求，因此有可能具有重要应用前景。但目前该通用储能技术仍处于发展阶段。在最近几年中，锂电池技术有突破性发展，在其额定功率和寿命大幅增长的同时效率增加、成本下降。应该特别指出，能量的大规模存储可能对环境造成影响，在评价其性能时绝对不应忘记这一点。例如，电池和化学品的毒性、水和空气储能项目占用土地。小规模、高能量和功率密度的储能技术，如电池、超级电容器和飞轮，对运输车辆的混合功率链应用是重要的。显然，能量存储增加了可再生能源的利用成本，应该在计划大规模可再生能源项目时加以考虑。将它与化石燃料组合可能作为替代方案加以考虑。

应该注意到的是，在表4-14～表4-18中没有列出以化学化合物储能（存储电力）的技术和方法，如利用氢气和烃类燃料储能的技术。生物质也被认为是存储能量的介质（通过植物光合作用把太阳能存储起来）。广泛应用于运输领域的液体燃料利用的也是其存储的化学能。

最后应指出，对前景光明的储氢储能技术，其广泛使用仍然需要多技术的解决方法。例如新材料的发展和优化及其大规模商业化应用，为使电解器或燃料电池系统匹配需要提级传统的氢压缩系统。氢作为存储电能的介质和它在未来能源网络系统中的作用，将在后面章节中作详细介绍。

4.11.5 可再生能源电力的存储

对未来智慧能源网络系统的建立和运行，需要极大地扩大可再生能源资源的利用。这需要在高能量密度储能技术上有实质性突破并使其成本大幅下降，还要求显著降低对环境的影响。利用化学化合物是完全能够存储由可再生能源资源生产的电力或热量的，在需要电力和热量时可利用它们再产生电能和热量（成熟技术）。可再生能源资源的特征是，在一定时间跨度上的间断性和波动性：太阳能和风能的稳定持续时间尺度小至分钟到一天。太阳能、风能、生物质能、水能和某些地热能都具有强烈的季节性。相反，化石燃料的利用，在相对长时期内是稳定的。在利用可再生能源进行发电时，如果没有大容量储能装备时，其生产电力因供应负荷不稳定使其可利用性大幅下降。若干已发展和正在发展的能解决可再生能源电力不稳定性和瞬时性挑战的储能技术分述于下。

4.11.5.1 高容量电池

电池能够以化学能的形式存储电能，其双向转化效率很高。高容量电池可用于解决风能和光伏生产电力的间断性和波动性问题。在已发展的电池技术中，锂离子电池尽管是很先进的，但更适合用于便携式电子装置和纯电动汽车领域。大容量液流电池更适合于存储和稳定大规模可再生能源电力领域。

4.11.5.2 热能存储

热能的特点是相对容易存储于熔盐或类似的固体中，高热容的其它介质和相变材料也能存储热能。例如，在浓缩太阳能热能发电工厂中已经成功采用了热能存储技术，使太阳能电力工厂的操作能够延伸到日落时间。存储热能还有其它办法，例如利用冰和液化天然气作为存储热能的介质。

4.11.5.3 CASE

能够大规模高容量存储电能的方法有水电储能（PHES）和压缩空气储能（CASE）。CASE与风能兼容：风电驱动压缩机压缩空气，把加压空气存储于地下岩石或岩洞或天然多孔含水层存储库中。当需要电力时，利用存储的高压空气推动空气透平生产电力。该体系能与化石燃料组合，即燃料燃烧增加压缩空气温度，使用气体透平而不是空气透平，这样能够生产更多电力。

为利用地下高容量压缩空气存储器，应该开发利用位于其附近的可利用的可再生能源资源，例如风能、波浪能或太阳能。在这些可再生能源电力生产的高峰时段，把多余电能转化为高压空气存储于这些地下存储器中，然后在低谷时段利用存储的高压空气推动透平生产电力作为补充。可进行开发的地下存储器包括盐洞、含水层和洞穴，再利用表面水库作为补充。虽然这个方法还没有被很好开发，但是可行的，能够与化石燃料组合提供连续的电功率。

4.11.5.4 PHES

PHES技术是成熟技术，因为简单已广泛使用。条件是要有天然或人造水库或天然场地可以利用。虽然该储能技术受地质因素影响较大，但世界上已有不少成功先例，中国现在也开始予以很大关注，积极修建PHES工厂来适应可再生电力的发展。

4.11.5.5 化学能存储

把多余电能转化为化学能形式（化学物质）进行存储，如氢气。这需要发展有效的高容量储氢技术，如压缩、液化或介质储氢。作为一种能源载体，氢气可作为引擎燃料产生机械能（再到电能）或在燃料电池中转化为电能和热能。已设计和发展的“可再生”或“双向”燃料电池/电解器，其硬件成本已经下降，但该类装置的“往返”效率仍然偏低而成本仍然偏高，仍有改进的空间。对太阳热发电厂生产的电能，短期存储是简单的，因可用高热容材料存储热能如熔盐，然后再使熔盐释放热量来产生电力。

4.11.6 储能技术应用实例（欧洲）

2012年全球可再生电力容量已超过1470 GW。水电增长3%，约990 GW，而其它可再生能量增加21.5%，总计超过480 GW。世界范围内的风力发电在2012年占可再生电力容量约39%，接着是水电和太阳能PV，各占约26%。到2019年，仅中国的发电装机容量就达20.1亿kW，其中可再生能源发电装机容量（包括核电）占40.77%；2019年中国可再生能源发电占总发电量的27.4%，两个数据比较指出，中国可再生能源发电量中弃电现象相当严重。2013年法国电力生产已达550.9TW·h。法国有59个核反应器，总容量超过63 GWe，年供应3.680×10^{11}kW·h，占法国总生产电力的77%。可再生资源电力份额占法国2013年消耗的20.7%。法国是世界最大净电力输出国之一，每年电力输出收入达30亿欧元。

可再生能源电力的发展能满足全球和欧洲的政治目标。因此，按照《联合国气候变化框架公约》（UNFCCC）（《京都议定书》、《巴黎协定》等），为降低温室气体（GHG）排放已经对工业化国家设置了具有约束力的义务。在政策支持方面，2006年欧盟为向可持续经济发展建立了适用于所有成员国家的通用过渡性欧洲能源框架。该能源政策在2007年成为里斯本条约后欧洲事务的一部分，2009年12月已进入强制实行阶段。但是，欧盟权力相对有限，因每个成员国在能源政策上保有其自主性。但市场操作使欧洲各国市场的组合愈来愈多，这成为欧洲能源政策的基础。

欧洲能源框架是通过公开书面交流逐渐建立的。在该框架中设置了欧洲能源政策的主要目标（供应整体安全性、市场自由化和气候变化）、应采用的法规（准则96/92/EC, 98/30/EC等）和用资助方法确定欧洲优先主题研究项目（框架计划：FP7,H2020）。因此，创新形式的电网现代化很快就成为欧洲能源政策的核心。基于欧洲未来电力网络系统的技术平台，对智慧电网进行了定义，并把其作为“未来低碳电力系统的关键推动者，促进需求边效率，增加可再生和分布式发电份额，使电力传输电气化”。

在智慧电网系统的发展中已认识到能量存储技术的重要性，特别是氢能技术（包括储氢储能技术）对欧洲脱碳能源网络系统的发展起着至关重要的作用。当增加电网中的可再生能源电力占比时，确实会增加电力生产和消费间的不匹配。为此，清洁能源存储系统（ESS）特别是储氢储能系统的使用对避免电力系统的崩塌变得非常必要。ESS不仅能够补偿可再生能源带来的间断性和波动性缺陷，而且也能成功应用管理控制技术确保电源质量和整个功率电网的效率。燃料电池和氢能技术是欧洲战略能源技术计划（改变整个欧洲能源系统）倡议中确定的8大关键技术之一。

为在欧盟能源和气候政策框架内应用储能技术，欧盟早在2008年就创建和启动了对燃料电池和氢能技术的联合行动，成立了由制造商、公用事业和学术团体构成的欧洲能量存储协会，强制性地落实能量存储任务。2012年欧盟制定了能源路线图2050，以新的观念和责任性来支撑欧洲新能源公用基础设施和发展储能容量，并从欧洲战略高度促进能量存储技术的发展和部署。欧盟的目标很清楚，在欧洲能源政策中要更多地关注能量存储技术。为支撑这个政策，发表了《评估电力市场中电力存储价值》的报告。欧洲议会也在2012年通过了涉及储能必要性和为其研究计划设置目标的《能源存储修正案》。基于该修正案制定出具体的策略以确保欧盟拥有世界级的技术和创新能力，能够解决2020年后面对的挑战。也就是说，对作为重要能量存储技术的燃料电池和氢能技术，欧盟和欧洲议会对其在未来能源网络系统中的作用有了充分的认识。为此，欧洲能源政策已经建立起促进能量存储技术（包括储氢储能）发展和应用的框架。按欧洲能源的政策，法国寻求在2020年把可再生能源电力在总电力生产中的份额提高到20%以上。在这个称为“20-20-20”的目标中，欧盟为温室气体排放设置的目标是2020年比1990年水平降低20%，欧盟使用的可再生能源占总能源消耗的20%，能量效率提高20%。欧洲议会还提出了“ETP智慧电网”未来能源网络系统欧洲技术平台，对欧洲能源网络系统发展路线进行政策和技术方面的研究。

法国能源过渡涉及燃料电池（FC）和氢能技术的发展问题，在第一阶段缺乏有效的工业研究，由于电池的竞争和来自支配性技术（内燃引擎车辆）的阻力，致使扩展FC和氢能技术的计划失败，尽管氢能的公众接受性似乎没有任何问题。在第二阶段的2014年，法国能源路线图和相应的能源政策只为氢能留下了很小的空间，仅在对能源部门（气体、电力、燃料）及其安全经济性评估获得结果后才作出如下推荐：“对电解器和燃料电池进行进一步研发后再考虑大规模试验。”实际上法国似乎在再一次考虑氢能，其遇到的壁垒与EES类似，即能源及其供应结构很不利于储能，对其成本和利益缺乏认识，其关键问题似乎是要评估储氢储能系统的能量效率及其容量对电网稳定性构成的挑战。

5 能源变革和氢能源

5.1 引言

能量，是经济增长的主要引擎，是支撑现代经济和社会发展的基石。能量来自天然能源资源。地球上存在两大类能源资源：化石能源（不可再生的）和可再生能源（RE）。能源是现代国家的基本需求。所以，能源在持续发展战略中非常关键。必须从根本上发展新型能源以替代消耗性的化石能源，因为大量化石能源的消耗不仅产生多种污染物，而且产生大量的威胁地球气候的温室气体（GHG）。可再生能源，如太阳能、风能、水力能、波浪能和潮汐能等，都是清洁、环境友好的。把废弃物转化为有用能源如氢气（生物氢）、生物气体、生物乙醇等也是可能的。

在笔者撰写的《煤炭能源转化催化技术》和《进入商业化的燃料电池技术》两本书中，对人类社会文明发展和能源消耗间关系进行了详细的讨论。人类社会的生存和发展有赖于能源资源（简称“能源”）的利用。能源是人类生活最基本的需求之一，支配着人类的一切活动。生活水平与能源消耗间有着极强的关联；能源在人类福祉的排序和条件中都是最高的，实现工业化、电气化和网络化必然消耗大量能源；化石能源资源的大量快速消耗造成的大量污染物排放（包括温室气体GHG）对人们的健康和环境带来了严重的影响。因此，只有坚定贯彻可持续发展战略，大力促进和推动发展与利用低碳和零碳技术。在一定意义上，人类社会发展的历史就是人类有效利用能源的历史。

统计数据指出，世界能源消耗在稳定地增长：1990～2015年增长了56%，其中2000～2013年间的增长就达38%，主要是在亚洲大陆（图5-1），北美和欧盟的能源需求由于经济危机自2008以来稍有下降。幸运的是，最近20年可再生能源电力在总电力生产中的占比持续上升（图5-2），这为缓解和最终完全解决大量化石能源消耗的（GHG排放和全球变暖等）环境问题指明了方向。

环境影响、能源脆弱性和化石燃料消耗三大因素，导致国际能源署（IEA）多次重申如下倡议：能源领域需要革命，推进实施低碳和零碳技术，鼓励重新思考能源使用模式，推进和发展可持续的能源技术和战略。提高能源利用效率和加速可再生能源替代化石能源的

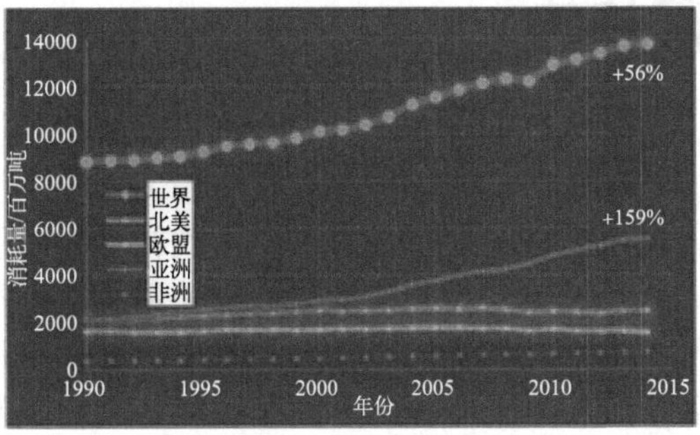

图5-1 近15年世界不同地区能源消耗量的增加

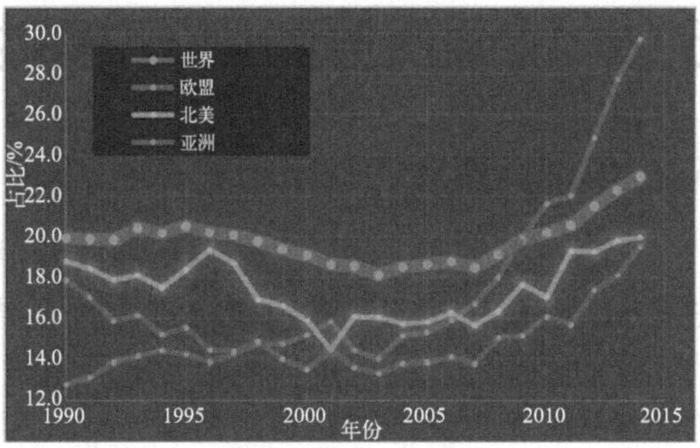

图5-2 近15年各地区可再生能源电力占比变化

进程是必须的。尽管仍然存在很多的困难，但持续增加可再生能源利用势在必行。在消耗的能源资源中，有很大比例是用于生产二次能源电力的。据已建立的模型预测，利用化石能源资源生产电力在未来数十年中仍然可能处于主要地位；而利用风能和太阳能资源（主要的可再生能源资源）生产的电力，尽管它们的增长很快且在最近几年中加速增长，但预期到2035年仍然仅占全球安装总发电容量约大于10%，其中增长最多的是风能和太阳能。在图5-2中给出了1990～2015年世界不同地区使用可再生能源的占比变化。

能源在世界各国的持续发展战略中处于关键地位。人们已经意识到氢气不仅是化学品，也具有优良的能源和能量载体特征，具有替代消耗性化石能源的巨大潜力。这是由于氢能源是可持续的，它可利用环境友好的可再生能源资源如太阳能、风能、水力能、波浪能和潮汐能等生产。氢能是清洁的，其利用不会产生污染物，对环境极端友好。只要有能力降低氢气的生产、储存、运输和应用的成本，氢是能够替代化石燃料作为能源使用的。

氢是最轻、最简单和宇宙中最普遍的元素。但是，它仅以与其它元素结合的状态存在，主要包含于水、生命物质和化石燃料中。氢是一种次级能源，需要利用初级能源资源生产，是一种有吸引力的清洁能量载体和未来的清洁燃料。它特别适合应用于运输和储能领域。以氢介质存储能量，其存储容量高，1 kg氢含大约33 kW·h能量。

氢能源体系是一种非碳能源体系。氢类似于次级能源电力，也是优良的能源和能量载体，可从洁净和绿色的能源资源生产。氢可容易地在透平机和内燃机中燃烧或在燃料电池中进行电化学反应把化学能转化为热能和电力等通用能量形式。氢可作为燃料在固定和运输（车辆）领域应用，而氢在燃料电池中的使用则是以能量载体形式出现的。氢具有改变世界能源体系的潜力，因此氢能源和能量载体正日益受到重视。

氢能源具有许多优点：①降低对化石燃料特别是原油的依赖，确保能源的安全性；②能发挥可再生能源可持续性的优点，解决间断性和波动性问题；③氢能源是零碳能源，很少或没有烃类、温室气体（GHG）和NO_x污染物的排放，能获得更好的城市空气质量；④对全球未来能源市场具有经济可行性。氢是世界范围接受的清洁能源载体，来源广泛，单位质量含能高（见表5-1）。虽然氢高温燃烧时会产生氮氧化物，但在低温燃料电池中的利用则完全没有污染物排放。可再生能源电力——氢能源系统（HHES）还可为遥远或孤立地区供应电力，如农村、酒店、孤立区域和岛屿。

表5-1 作为能源的氢和不同燃料的比较

燃料	氢	液化天然气	丙烷	汽油	柴油	乙醇	甲醇	焦炭	木材（干）	甘蔗渣
含能/(MJ/kg)	120	54.4	49.6	46.4	45.6	29.6	19.7	27	16.2	9.6

5.2 能源资源利用历史和发展趋势

5.2.1 能源资源的利用历史

人类社会发展进步和人民福利的改善提高，离不开能源资源的消耗，人类社会的发展史在一定程度上是人类利用能源资源的发展史。人类社会的发展进步是随着使用能源种类的变化而进步的。纵观世界能源资源利用技术的发展，钻木取火时代是“柴薪时代”，使用的能源是牲畜的粪干、枯萎的树枝、秸秆、茅草等；人类社会进步到17世纪80年代，煤炭的利用超过柴薪，终结了“薪柴时代”进入“煤炭时代”；1886年开始的工业革命，石油取代煤炭成为世界利用的第一大能源资源，从此人类社会又从“煤炭时代”进入了“石油时代”；现在又开始从“石油时代”向“天然气时代”和/或“能源时代”过渡。例如，有预测指出，到21世纪中叶我们有可能进入“氢能源经济”时代 。人类利用能源的历史也是一部生产力发展的历史。在利用能源的整个历史时期，能够观察到一个趋势，即从利用含碳高的能源逐渐向含碳低或无碳的能源过渡，使用能源中的含氢量不断增加。根据该发展趋势预测，到2050年无碳能源的使用量将占很大比例（图5-3和图5-4），到2080年氢能源将可能占使用能源量的90%。这也就是说，利用可再生能源资源生产的氢能源，将会最终含碳能源时代。

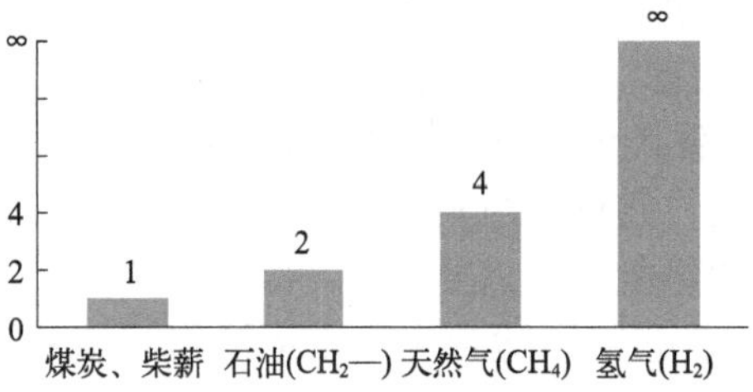

图5-3 燃料中的碳氢比

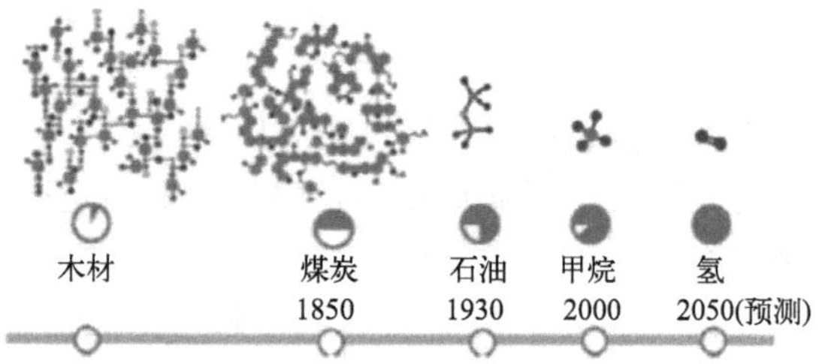

图5-4 燃料中氢含量变化趋势

对人类利用能源资源的历史进行仔细研究后，发现了若干规律：①从不同时期使用的主要能源资源的形态来看，煤炭等是固体，石油为液体，而天然气为气体。因此利用能源资源的更替历史是从固体能源到液体能源再到气体能源的过程，最后过渡到使用氢能源（仍然是气体），如图5-5所示；②从利用的优势能源资源含碳元素的比例来看，不同时期利用的主要能源资源碳氢比例从开始的煤炭、柴薪碳氢比为1∶1，到后来的石油碳氢比为1∶2，再到天然气碳氢比为1∶4，而氢气的碳氢比是正无穷。即使用的能源资源氢碳比越来越高，这表明最终是要进入无碳能源的，说明能源资源利用和转化的历史就是一个减碳增氢的过程。这是由于气体燃料具有比液体（石油）和固体（煤炭）燃料更高的燃烧效率和更低的污染物排放水平。例如，天然气的使用不仅能降低全球的碳排放，同时也降低了对石油、煤炭等化石燃料的依赖，是最后向使用无碳氢能源过渡的最好选择。

为过渡到氢能源时代，实现氢经济，急需要发展低环境影响的氢生产、输送和应用技术。按照CGEE（Centro de Gestao de Estudos Estrategicos）的研究，现在对氢能源感兴趣的国家多是能源需求大且温室气体排放相对高的国家。但是应该注意到，氢作为替代能源和能量载体，竞争能力在很大程度上取决于支持该技术的政策和效率，包括支持研究和发展氢

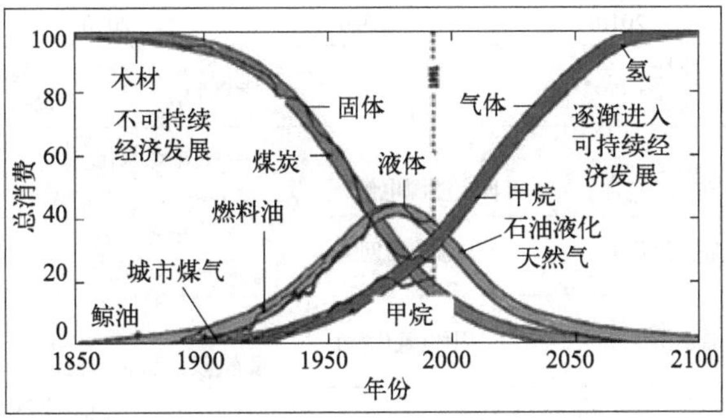

图5-5　1850 ~ 2100年全球能源体系过渡

能源技术的各环节和考虑商业化时间。总的说来必须提供具有全球竞争性的供应、需求和激励。

5.2.2　氢能源

氢元素是生命的最主要元素之一，包含于所有生物体中（生物体的主要组成元素是C、H、O、N、S），而生物赖以生存的水也由氢和氧元素构成。另外，氢和碳是构成燃料（烃类）和生命的最基本元素，氢、碳与氧反应产生人类必需的能量。

自发现氢元素以来，氢气作为化学品已经有了大规模的广泛应用，特别是在合成大宗化学品（如氨和甲醇）、精细化学品和改质烃类油品等领域。氢作为能源和能量载体使用是相对近期的事情，这主要得益于燃料电池技术取得的显著进展。随着人们对低碳技术的重视以及为贯彻落实可持续发展战略，氢能源和氢经济概念相继出现，并愈来愈被大众接受。

氢经济描述了以氢作为能源和能量载体的新的经济范式。氢可在引擎中燃烧或经燃料电池（或燃烧）把化学能转化成需要的能量形式，可替代含碳燃料应用于固定和运输（车辆）等广泛领域。氢经济是与氢能源系统密切相关的，包括氢能源的生产、输送分布、储存和使用。氢是能够改变现时实际使用能源系统的。

为使氢作为能源和能量载体广泛使用，需要发展有效低污染的生产、存储、运输分布和安全使用氢能源的技术，使氢经济以成本有效、平衡和可持续的方式发展。当然，在氢经济中也包含了市场因素，为使其能以竞争的价格、质量、可靠性和安全供应下达到完全商业化，产氢的能源资源必须是世界上广泛可利用的可再生能源资源。为此，美国能源部（DOE）提出的氢经济演化过渡时间表，如图5-6中所示。

为推动国际氢能技术的发展，多个国家与国际氢能经济和燃料电池伙伴计划（IPHE）、国际能源署（IEA）签订了合作推进协议。为发展氢生产技术，IPHE提出了建立世界氢经济的活动链，联合政府和私人企业共同投资于这些领域的基础和应用研究，发展产品和服务。IPHE为向氢经济过渡，确定的主要研究领域包括：研发氢的生产存储和氢燃料电池技术、制定规则和标准以及努力提高社会对氢经济的认知度。可以预计，这些国际合作组织推动实施实用性氢能源和燃料电池技术的国际合作研究，必将加速世界氢能技术的发展和向氢经济的过渡。政府作为氢经济的激励者、获得者、参与者，可建立其世界范围的标准，并促进这些技术成本的显著降低。为此，世界各国都需要为加速向氢经济过渡而采取行动，构建氢经济的市场技术。很显然，这些国际性的行动能够降低世界氢能源集成系统的成本和加速向氢经济时代的过渡。

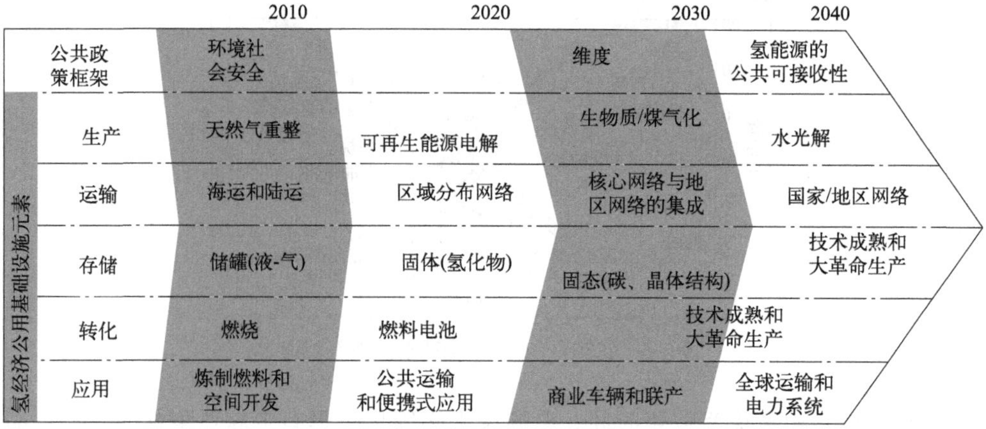

图5-6　过渡到氢经济生产链中技术发展的可能性

5.2.3　零碳能源资源

零碳能源主要是指核能和可再生能源如水力、地热、风能、太阳能以及生物质能。核能，尽管其增速缓慢，但现在仍为美国提供20%和为法国提供超过50%的电力。核能的大规模发展有很大限制，不仅可利用资源量有限，而且存在严重的安全风险、废料分散和核武器分散等问题（其中一些似乎已经得到解决或有所进展）。对水力资源的利用发达国家如美国几乎接近饱和，但对世界上多数发展中国家仍然有巨大的开发潜力。地热能资源的利用受深井技术制约较大。风电和太阳能的资源量都很大，利用其生产电力近些年正以惊人的速度增长，具有作为未来主力能源的潜力。生物质资源在已利用的可再生能源资源中仍然占有重要地位，特别是在农村和农业界以及不发达地区。生物质的应用技术在不断创新，其发展潜力颇大。尽管可再生能源利用不但扩大而且已取得巨大进步，但仍然面临着巨大的挑战，主要是它们大规模可利用性、成本、覆盖面、不可预测的间歇波动性、利用过程复杂性以及对能量存储技术的强制需求等。目前世界各国电力部门使用的初级能源仍然主要是煤炭、天然气，核能和可再生能源资源占比不高。对化石能源资源利用，为达到零碳要求，在固定源应用领域可采用CO_2捕集封存技术（CCS）（减少其污染物和CO_2排放）。而对移动源应用如运输车辆，几乎不可能使用CCS技术，此时必须以氢作内燃引擎和燃料电池的燃料。氢能源目前仍然有一些挑战需要克服，如运输、存储和应用氢能源（如充装和车载存储等）。

5.3　全球能源革命

世界各国大量使用化石能源导致的大量污染物特别是温室气体CO_2的排放，产生了严重的环境问题。世界各国需要对污染物和CO_2排放进行严格管控。京都议定书和巴黎协定中提出，有三种方法可以使用：①尽可能多地使用可再生能源资源，如太阳能、风能和生物质能等；②分离浓缩和封存CO_2（CCS），但该技术投资成本非常高，实现有相当困难；③提高现有能源转化和利用的效率，采用先进的低或零CO_2排放的能源系统如氢能源系统。尽管目前正在实施这些措施，但能源革命也就是全球能源系统的转型，仍然势在必行。能源革命是可能实现的，可采取的措施包括以下几种。

5.3.1 能源供应多样化或多元化（diversification）

就能源供应安全而言，供应多元化无疑是一件好事。有越来越多的技术能把各种初级能源资源转化为电力，包括化石能源如煤炭、石油、天然气和可再生能源如水电、太阳能、风能、地热能、海浪能，潮汐能等，也包括核电和生物质能发电。

5.3.2 加速能源的低碳化或去碳化（decarbonisation）

从1992年里约地球峰会，到1997年京都议定书，2009年哥本哈根协议，2016年巴黎协定，几乎每个国家都承诺采取积极的减排温室气体行动（美国总统特朗普在2018宣布退出巴黎协定，拜登在2020年宣布重新加入）。能源不低碳化，就不可能减排CO_2，也就无法缓解全球气候变暖问题。低碳化首先要采取的措施是节能，其次是大力发展和利用低碳或无碳电力技术，尽可能多地利用可再生能源资源。

5.3.3 能源的数字化（digitalisation，信息化、智能化）管理

信息与通信技术渗透应用于整个能源系统。包括如下两个方面：信息与互联网技术对能源系统的渗透和促进能源产业链本身之间的互联互通。这将使能源生产和消费智能化，减少浪费，提高能源系统的整体效率。能源系统数字化能加速能源领域的创新，但能源不同于信息，能源创新不会像信息创新那样快。

5.3.4 推进和发展分布式发电（decentralisation，去集中化）

传统能源体系的发展强调规模经济，因这能够降低单位成本。因此发电厂规模越建越大，输电电压越来越高，投资成本愈来愈高，损耗也随之增大。随着新能源技术和能源系统数字化的发展，就地发电、就地利用、就地分享的微电网发展迅猛。例如德国，15年前发电厂仅有百家，现在的独立发电商数量多达150多万家，去集中化的分布式发电趋势非常明显。政策的激励加速了发展。

5.3.5 能源网顾客要求民主化（democratisation）

在能源系统中，不再是供应者一家说了算，能源消费者应该拥有知情权和选择权。消费者不仅可以自行在家里生产电力（如屋顶太阳能电池或燃料电池技术），而且可选择能源（电力或燃气）供应商，获得更大主动权。这个民主化可使老百姓参与能源投资的决策过程，如建核电站和安装风力发电机需要征求附近用户的意见。

5.3.6 能源的清洁化和去污染化（depollution）或脱碳化

能源生产和消费都应该尽可能不产生污染，尤其是化石能源如煤炭、石油、天然气。没有能源的清洁化，污染很难根治。因此需要积极发展应对全球气候变化的低碳经济和治理本地污染的“低排放经济”，最大限度减少气、液和固体污染物的排放。

上述的能源革命6D推动力可比拟作6个轮子，它们驱动着全球能源系统的转型，重塑世界能源格局。例如，石油供应多元化，页岩油气技术的发展改变着能源供应的地缘政治

格局，也改变着某些国家的前途命运和大国间的关系。

这里所说的能源革命，主要是指电力生产的革命，也就是在全球范围内的电力生产要多元化、低碳化、清洁化和去中心化，管理要数字化和民主化。应该指出，能源革命不是目的仅是手段，其真正目的是要保障能源供应安全和环境安全，使能源发展高效而且可持续。能源6D革命为能源发展带来了机遇也带来了挑战。毫无疑问，能源发展的脱碳化、数字化、去中心化、民主化蕴藏着许多机会，但也对能源系统安全运营带来了巨大挑战，并为未来能源发展施加了很多限制。

一个国家的未来能源系统发展，主要目标有三个：保障供应安全、保护环境、保证经济效益。这需要政府的推动和社会各界的支持。无论今天还是将来，每一种能源都有其优缺点，而大规模、廉价、低碳环保的能源显然没有人会反对，但这样的理想能源（氢能）现在只能是追求的长远目标。能源选择是全社会的抉择，能源决策者与生产企业需要加强与社会消费者的沟通，而不是先决策再沟通。可以看到，推进6D能源革命的可能路径与欧洲多年前就开始推动的“氢经济”和“燃料电池技术”是一致的，都是要促进“碳中和”目标的实现。

5.4 可持续能源技术

为实现碳中和的宏大目标，发展和广泛使用可持续能源技术是必需的。幸运的是，在过去一段时期内，世界各国已经发展出一些可以认为是可持续的能源技术，现简述如下。

5.4.1 氢能源和氢燃料电池

该类技术是把氢气中的化学能转化为电力并副产热能，目前受到的关注度最高，对它的期望值也很高。这是因为使用氢能源具有降低温室气体排放的巨大潜力，它能够作为清洁能源使用在固定和运输领域替代含碳燃料。生产氢能源可采用最生态和最清洁环保的方法，即使用可再生的非碳能源（如风能和太阳能）来生产（用非再生能源电力电解水生产）。

5.4.2 新低碳、零碳和增能的建筑技术

发展高能量性能新建筑物相关技术受到的关注相当高。该技术的最雄伟目标：第一是设计和建造能够产生能量（即产生的能量多于消耗的能量）且最小污染物排放的建筑物；第二是建造近零能耗（产生的能量和耗用的能量几乎相等）的建筑物。在该类示范项目中应用的技术涵盖了多种可持续能源技术。例如，意大利的一个零能建筑物示范项目应用了组合木头和混凝土结构材料、三釉窗户（三层隔热）、地板加热、地热源热泵、光伏太阳能发电厂和热量回收通风设备等先进技术。

5.4.3 现有建筑物能源改造

该技术的目的是提高现有建筑物的能源性能，在该类示范项目中使用的技术与近零和增能建筑物相同。例如在英国，为了持续提高房子的能源性能，对正在使用的房子进行了改造，并在改造中引入翻新的概念，使其具有环境利益和可持续能源的前景，以社会和经

济可持续性的角度来改造以提高老建筑物的能源性能。

5.4.4 光伏技术（PV）

光伏技术的示范项目主要针对光伏板的发展和应用，利用它把太阳能转化为电能。它可以认为是可持续能源的顶端技术，关注度非常高。有很多类型PV示范项目：美国从80年代中期开始建立了世界第一个商业PV工厂，到2010年在屋顶建立了100万个PV系统（尽管不是很成功）；Dalmatain地区建立了太阳能示范项目；欧洲市场的玻璃示范项目。中国对PV技术示范项目的巨大投资，增加了在发电领域的占比，目标是改变中国能源（电力）工业面貌。

5.4.5 碳捕集和封存（CCS）技术

碳捕集和封存示范项目的目的是要捕集排放出的或从大气中分离出的CO_2，并把其封存到地下位置。该技术受到的关注度也是很高的。新近的一个CCS例子是日本的Tomakomai示范项目，日本政府计划把这个示范项目从2012年开始一直进行到2020年，在海床下1100m和2400m的两个储库中注入多达10万吨的CO_2。

5.4.6 生物柴油

生物柴油衍生自生物能源，如谷物和海藻，可用作运输领域的油品，受到的关注度相当高。与衍生自化石能源的乙醇相比，用木头和锯末生产的生物乙醇可使GHG排放降低76%。据计算，1L汽油当量生物柴油的生产成本为0.66～0.94欧元。

5.4.7 车用燃料替代物

在这类示范项目中是试验使用电池和/或燃料电池电力来驱动车辆。在近几年，中国对锂电池和氢燃料电池投入了大量资金，使纯电动车辆步入了快车道。在21世纪初中国燃料电池车辆样机中，达到的最大速度为122 km/h，行驶里程230 km，氢耗每100km 1.12kg，相当于每100 km 4.3L汽油。

5.4.8 智慧/微电网技术

智慧/微电网示范项目也颇受人们的关注，已发展出可组合使用传统化石能源和可持续可再生能源电力的能源分布系统，该系统能够非常灵活地使用可持续可再生能源资源。该类智慧/微电网可提高能量效率。例如，西班牙的一个示范项目探索了使用智慧电网的可能性，实现了能量节约增加20%、能源使用增加20%和CO_2排放降低20%的目标。

5.4.9 风力发电技术

风电技术的发展和使用受到了相当的关注，特别是近些年风力透平发电项目大量建造，装机容量快速增加。风力透平发电是可再生和可持续能源利用的成熟形式。近年来，有许多风力透平构成的大风力发电场，形成了非常独特的集成景观。自2010年以来，甚至国土面积很小的国家如塞浦路斯，也建立起了风力发电场。中国的风电装机容量和发电量发展非常快。

5.4.10 洁净煤技术

全世界对洁净煤技术示范项目的关注度相对较小，因为世界上以煤炭为主要能源使用的国家屈指可数。发展中国家如中国、印度，甚至发达国家，它们很大部分工业发电容量仍然使用煤炭，煤炭是国家的主要能源之一。特别是在中国，因能源资源禀赋，对其的关注度非常高，有很多这类示范项目。除了合理利用煤炭资源外，发展该技术的主要目的是，努力降低煤炭产生的GHG排放。不言而喻这是非常重要的。现在普遍接受的观点是：未来煤炭仍将使用，一则因其使用年限在化石能源中是最长的，二则因可持续和可再生能源技术在很长一段时间内仍然无法满足全球的能源需求。虽然并没有把煤炭认为是可持续能源，但它是可以清洁化的，因此洁净煤技术仍然成为关注的重点。例如，在美国和中国有数量不少的大型洁净煤技术示范项目在运行。

5.4.11 能量存储技术

对电力存储技术在前一章中已经有相对详细的介绍，虽然收集的文献中对发展和试验使用电力存储系统的关注度并不很高。但是，能够预计，未来能量存储技术会变得愈来愈重要且会不断增长。这是因为，储能系统对解决可再生能源电力的间歇波动性是必须的，它也能够为电网系统中的电力平衡做出贡献。储能系统是一类能量缓冲器，用于平衡能源网络中电力生产过量和高峰时期的电力需求。但现有的能量存储技术，在捕集、转化和分布能量中效率仍有待提高。该类技术示范项目的目的是试验改进、促进和发展这些储能技术成为实际可行的技术。储能系统（ESS）重要作用有：首先可使能源生产和利用效率提升，在电力（能量）生产过剩时把盈余电力储存起来供电力生产不足或停止生产时使用（存储装置可释放并输出需要数量的电力）；其次是能够在时间和空间上把能量（电力）的生产和消费分开；第三是能够促进从区域化能源生产（数个大发电厂）向分布式能源生产的过渡，这可增加整个能源生产-分布系统的效率，降低传输和分布过程中的能量损失和实现更加环境友好的电力生产。

5.4.12 工业过程的能量改造

尽管这类技术的关注度不是很高，但其重要性和目的在于应用PV系统和生物能来提高工业及生产过程的能源性能。对工业工程能量改造，可从近零、零和增能建筑物技术中学习。芬兰有若干为洁净化对现有工业进行改造的示范项目，主要是对制纸工业和纸浆公司进行了能源改造，降低了生产过程的能源消耗。该技术也可用于改造更新老发电厂。

5.4.13 地热能

地热能存在于地球内部，通过打深井或利用热喷泉取出可利用的热量。这类项目使用的是地球内部的热量。地热能技术一般不能作为核心技术使用，因此对其的关注度不高。但它能够与其它技术组合应用，如热泵技术、新零能和增能建筑物技术和现有建筑物能源改造技术。特别是地热-热泵的组合应用，被认为是一种可持续的组合能源技术。

5.4.14 热泵

热泵用于给地下注入和从地下获取能量，多应用于可持续建筑物及其革新项目中。它也能像地热能那样与建筑物新技术组合应用。由于该技术属于相对小的类别，关注度很小。

5.4.15 太阳热能

与同样是利用太阳能能量的PV示范项目相比，太阳热能项目使用热量收集器收集太阳的热能来加热流体［如水或气体（空气）］。利用产生的热流体或热气体驱动发电装置生产电力或用于生产热水供老百姓和建筑物使用。近来建立的一个太阳热能示范项目用于脱除水中的盐分。中国在西北地区建立了大规模的太阳热发电厂。太阳热技术也能像地热能和热泵那样，与其它（建筑物和工业）可持续能源技术组合应用。

5.4.16 水电

这类项目是利用水能发电。水流推动水轮机和水磨直接把水能转化成电力。水电能够显著降低电力生产中的CO_2排放。世界可开发和已开发的水电数量是巨大的，但因该技术已经非常成熟，其关注度也不高。

5.4.17 生态城、能源互联网、热量回收、海上运输能源改造和建立零碳建筑物

这五类技术的关注度都非常小，但未来很可能增长。在2016年，中国发表了两个“生态城”的概念研究，它由设计的新可持续理想城市概念构成，目的是使用上述多个可持续能源技术。“能源互联网”概念也是各种可持续能源技术、行动者和公用基础设施的浓缩和集成，这类技术很可能未来关注度较高。应该强调，很小关注度的“热量回收”和“建立零碳建筑物”技术可与较大关注度示范项目组合形成集成可持续的能源技术，可在新建筑物中使用，也可用于改造现有建筑物。“海上运输能源改造”技术虽然关注度很小但也很重要。

在前述的17项可持续能源技术中，前9项似乎是最重要的，而后5项的重要性相对较小。但应该注意，这些可持续能源技术的未来发展方向是可能发生变化的。目前的重点是：快速发展新可再生能源资源的可持续利用技术，特别是氢能源和燃料电池技术，以及太阳能、风能、地热能等可再生能源资源的利用技术；其次是存储电力和氢的技术以及智慧能源网络（电网、燃料网和热网）技术。与此同时，也必须关注化石能源的洁净智慧利用，因它们在能源过渡的中短时期内是非常重要的，如洁净煤技术、热泵技术和建筑物能源利用效率提升等。后面几章将详细深入讨论氢能源的相关技术。

5.5 氢经济和氢能源系统

5.5.1 氢经济

氢气，由于有所期望的性质和通用性，在替代化石燃料的长期规划中是一种很好的选择。选择的依据（能源经济中的国家因素）有四个：有限化石能源资源、电力生产、氢的生产和运输。氢气作为清洁能源使用是相对近期的事情。一方面是由于环境压力，另一方面也是由于高效洁净燃料电池技术的发展（燃料电池一般以氢为燃料）。20世纪在世界范围内出现了所谓的“氢经济”概念，期望在21世纪中后期能进入洁净的氢经济时代，为此氢

引起了世界各国的关注和重视。对氢的生产、运输、储存、使用和安全等问题进行了大量研究，有的针对性极强，如车载制氢。已经预计到，氢将成为未来主要能源之一，因为氢不仅是一种清洁燃料和能量载体，而且能以液体或气体形式储存，通过管道输送和配送。

“氢经济”一般指以氢能源为基础的公用基础设施（替代化石能源）支持社会的能源需求。氢经济公用基础设施由五个关键元素构成：氢能生产、配送、储存、转化和应用，相关领域技术的成熟程度目前处于不同阶段。

氢经济对社会是高度有益的，因为它能开启新工业、生产新材料和改变车辆功率源。氢经济具有的优点很多，如氢释放能量时仅产生完全无害的水副产物，不排放GHG，对环境几乎不产生影响；利用可再生能源资源生产的可再生氢是可持续的；缓解和消除对化石能源资源的消耗（特别是石油）等。

由于氢经济的环境优点如此显著，以至于世界各国政府正在为实现氢经济社会做巨大努力。这让全球能源系统的转向正逐渐成为现代世界最关键的事情和策略目标。世界各国政府和研究机构都在对以氢作为替代燃料和在自己国家能源体系中实施氢经济的可能性进行研究评估。例如，加拿大政府使氢气和能源领域在很长一段时间都保持很强地位，氢技术起着领头羊的作用，而现在在能源公用基础设施改造中氢能源起着不小的作用，内容包括利用电解水产氢的工业革新和终端使用氢燃料电池的倡议，以及由政府领导的支持模式和标准规范。2017年底，国际氢能委员会提出，到2050年，全球20%的二氧化碳减排要靠利用氢能源来完成，18%的电力由氢燃料发电承担。根据我国氢能发展现状及趋势，到2030年我国将成为世界上最大的氢能与燃料电池市场，2040年氢能将会成为我国的主体能源，消费占比将达到10%，2050年将达到18%。氢能源的运输和储存成本都远低于电能。目前英国在北海正建设风电制氢项目。预计在全球范围内，10年后天然气的份额将超过石油，2040年氢能源将超过天然气。

向氢经济社会过渡的概念早在50多年前就已经提出。虽然氢能源像汽油和天然气等燃料一样具有爆炸危险性，但只要科学管理，氢能源的安全性比常规燃料更高。当然，要求世界上每一个人都应该了解有关氢能源的基础知识和基本认识，也必须认识到氢在未来可持续能源系统中的巨大重要性。世界能源体系从化石燃料向氢能源的转换，不仅能强化能源系统本身，而且极有利于能源系统的脱碳化和降低对全球环境和气候的影响，达到“碳中和”的目标。也就是说，保护全球环境和气候的这个目标可通过利用氢能技术得以解决。有鉴于此，国际上对向氢能源体系即“氢经济”过渡的相关领域进行了大量广泛的研究和展望。应该认识到，能源网络系统基本结构的改变是需要很长时间的，因此“氢经济”的完全建立可能需要数十甚至数百年。现在最重要的是，在现实中首先要接受氢能源技术带来的结构变化和长期发展的趋势。为促进氢经济的发展与实现和不断扩大其应用领域和使用量，必须加强创新性的氢生产和利用技术的研发，这是因为氢能源技术是实现“氢经济”的根本基础，当然需要与成熟的燃料电池技术配套。氢经济在世界各国已经引起重视并积极发展，包括发达国家和亚洲的发展中国家。总之，在“氢经济”中利用氢能源和能量载体需考虑的重要因素包括：有可用廉价可再生能源生产的氢，有合适的氢能存储方法，对氢燃料电池进行有效管理和建设充氢站。

5.5.2 氢经济的推动力

对氢能源的新近研究表明，推动氢经济发展的四个主要动力是：①能源安全；②气候变化；③空气污染；④竞争和合作。下面进行详细阐述。

能源安全对各国都是首要考虑的问题。环境污染和温室气体排放导致的气候变化已经使国际社会强烈要求缩减化石燃料的使用量。为降低温室气体排放和对环境造成的危害，对清洁燃料的需求愈来愈迫切。对替代燃料的研究促进了从化石燃料向氢燃料的过渡。对在运输和固定应用中使用的清洁能源载体，氢也是极理想的候选者，于是可再生氢概念逐渐被普遍接受。为解决可再生能源资源利用固有的间歇波动不稳定性问题，需要发展储能特别是储氢技术并配备储能（或储氢）单元。世界上可再生能源资源的利用价值由于氢的吸收消化而得以增强。

氢能源技术是零排放能源技术，从环境角度看是非常有吸引力的。如果氢燃料能在经济上与化石燃料竞争，那就更好更理想了。有研究表明，当利用太阳能而不是化石燃料产氢时，氢能源不仅是清洁可持续的而且具有巨大的环境效益，在经济上也将变得有竞争力。氢能源-电力的组合很可能成为未来能源网络系统中不可分离的孪生体，因它们之间是可以相互可替代且容易相互转化的。因此，氢能源-电力系统（HHES）特别适合于在偏远或孤立地区使用。对有巨大水电潜力的国家如挪威、巴西、加拿大和委内瑞拉等，HHES的发展空间是很大的，因为用氢存储电力（能量）是长期储能的最好技术，且比现在的电池储能更为经济。在运输工具中使用氢燃料能够很好地保护环境，这要求发展可持续的氢能源系统。从更高和更大的视角考虑，可持续能源系统的发展需要综合考虑社会、环境可接受性和合理可行性等许多方面，必须贯彻可持续性原则和可持续发展战略。

总而言之，必须详细深入了解目前大量使用化石燃料（即石油、煤炭和天然气供应和消费）能源系统所面临的严重挑战。在对全球能源平衡和碳氢元素（携带能量的最主要元素）循环及其推动力讨论的基础上，提出能解决和缓解面对挑战的可能途径，其中最重要的是：在满足全人类所需求的能源供应和消费的前提下，持续不断地增加非化学或非碳能源资源（即可再生能源，包括水力、风能、波浪、潮汐、地热等，在一定程度上包括生物质能和核能）的使用比例，直至完全替代不可再生和不可持续的化石能源。

5.5.3 氢能源满足可持续性标准

对任何一个新能源体系的可持续性，可采用一些标准对其进行评估和评价。对氢能系统，从低端的初级能源到终端使用者的基本传输方式示于图5-7中。氢能的生产、存储、运输、配送（分布）和应用，与线网、容量建设、安全编码和表征等一起组成一个联合完整的氢能系统。由于这些方面都是相互关联的，对氢能系统必须做整体的评价，遵循或满足必需的可持续性标准。如图5-8所示，在评估氢能系统的可持续性标准中包括性能、技术、市场、环境与社会和政策指示器。其中的性能指示器又由多个次级指示器组成：效率、能量总成本、投资成本和寿命。也就是说，一套标准的氢能系统设计应该包括战略、优化、脱物质化、寿命和生命循环等多方面的内容。氢能作为道路运输车辆中的替代燃料也必须满足一些基本标准，如可利用性、容易使用和安全地存储和运输。

5.5.4 氢的生命周期

从氢的生命周期角度看，只要有水和能量就能够生产出氢。要使氢能是可持续地使用的能量，必须来自可再生的能源资源，如太阳能、风能、水电等。生产的氢可应用于非常

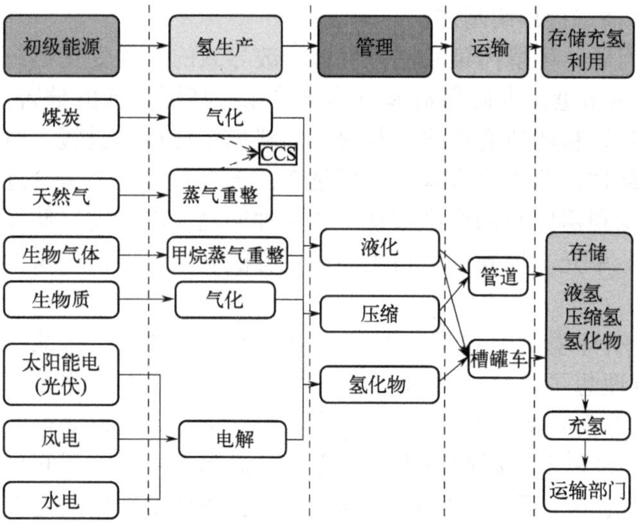

图5-7 资源到终端使用者的氢能路径

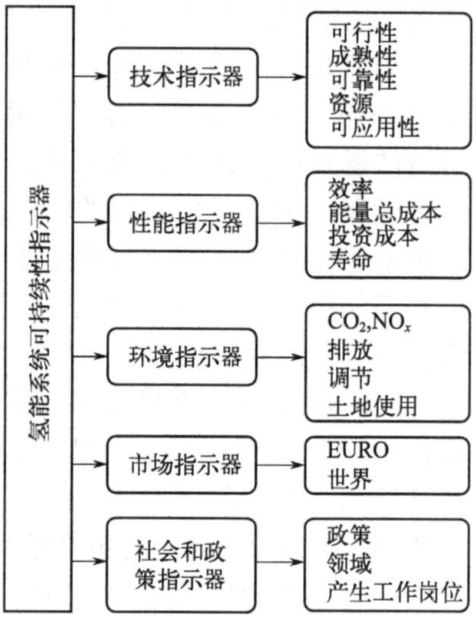

图5-8 氢能系统可持续性标准

广泛的领域，可转化为电力和热量，氢也是非常洁净的燃料，可容易地应用于交通运输领域。氢不仅是应用广泛的重要化学品，也是与电能一样的能源和能量载体，可把遍布地球的能源源源不断地输送应用到人类生活的方方面面。氢还是极好的储能介质，在提高可再生能源资源领域效率方面起到至关重要的作用。氢的生命周期说明，只要产氢原料和能源是可再生和洁净的，则氢能的整个生命周期内就是清洁、环保、可再生和可持续的。很多预测指出，未来社会使用的主要能源（次级能源）将是电力和氢能。

从氢能生命周期也可看出氢能的一些特点：①来源广，不受地域限制；②可储存，适合于中大规模长期储能；③可再生能源利用的桥梁，可将随机波动的可再生能源变成稳定的可消费能源；④零污染，零碳，是控制地球温升的主要能源；⑤氢能是全能能源，可发电、发热，也可用作交通燃料，氢能是运输部门进行能量转化的最有效的燃料之一；⑥达到碳中和目标的关键手段。

5.5.5 氢燃料和氢能源

目前主要使用化石能源，不仅是不可持续的而且产生巨大的环境（气候变化）问题。大幅提高可再生能源利用是解决该问题的最好办法。可再生能源资源的利用在为人类社会发展提供巨大可持续能量的同时，不会对环境产生有害影响，它们（在高能源效率时）为消费者提供的能量是低碳、清洁、安全和可靠的。充分利用可再生能源电力（解决其瞬时性波动不稳定性问题）生产的氢是最好的化石燃料替代品。也就是氢能源极有利于缓解和克服使用化石能源所产生的一些关键挑战。一方面，氢能源和燃料电池发电技术是降低温室气体排放和扼制全球气候变暖的最有效方法之一；另一方面，氢能体系是非碳、环境友好的能源体系，具有替代化石燃料的巨大潜力。

影响可再生能源资源大量利用的障碍，除了投资成本高外更为关键的是，它们只能以间断性（季节性）和波动性形式提供能量（电力）。这是因为它们在可利用性和操作上具有固有的瞬时性、波动性和不稳定性特征。因此，为匹配消费者消费能量的稳定的要求，配备储能装置是必不可少的。电力存储（储能）和氢能存储（储氢）都是能量存储且密切相关，但是仍有些差别。一般而言储能概念范围大于储氢，文献中的储能概念通常是指电能的储存（已在第4章做了详细讨论）。想要大量利用可再生能源资源并最终取代化石能源资源，必定离不开储能技术特别是储氢技术。储氢是长期和大量存储能量的可行技术，这是因为储氢属于化学能存储范畴，不仅本身含有大量能量且能够长期保存。氢气能够直接进入容量巨大的燃料网中存储能量。存储的氢既可作为气体燃料直接使用，也可通过燃料电池生产电能（和热能）送入公用能源网或作为分布式电源使用。

为研究储氢在能源网络系统中的作用，从技术、社会、经济角度对其长期储能（电力）行为进行了分析，获得的结论有：在技术上，使用储氢体系能增强电网系统的电力质量和电网稳定性，能够在工业需求不平衡的关键时期稳定电网操作；在经济上，20年寿命的储氢单元全部费用是可以接受的，因为存储的氢气可用于发电，为电网供应电功率。所以，为确保电网系统能量效率、可靠性和安全性并降低碳排放，在能源网络系统中引入成本有效且能长期存储能量（电力）的储氢单元是最好的解决方案。

氢是缓解化石燃料引起的环境问题的有效手段之一。另外，它可改变能源系统的可持续方式，无需担心安全供应，必要时它可转化成电力。氢的密度小（在0℃和0.1MPa下为0.0899kg/m^3）。计算表明，1 kg氢储存的能量比1kg汽油大2.75倍，1L氢的含能与0.27L汽油相当。氢是一种能源和能量载体，可作为燃料使用，而且是未来的理想燃料，很适合于在移动装置如车辆中使用。

从历史发展角度看，随着社会文明的发展人们直接使用天然能源资源情形日益减少，更多的是使用次级能源如电力和氢能。对氢能的兴趣不断增加，不仅因为氢能与电力一样是能源而且是很好的能量载体，其使用是清洁无污染的，不排放GHG，在未来能源网络中氢能的作用与电力具有互补性。氢是次级能源（可利用洁净和绿色能源资源生产），也是未来的清洁燃料和优良能源载体。把氢转化为热量和电力等通用能量形式是容易的，既可在透平机中直接燃烧也可在燃料电池中经电化学反应产生电力和热能，而其转化产物仅有完全无害的水。氢能源和能量载体的存储、运输和使用也是相对容易的。

传统上氢是作为化学品使用的，促进氢作为能源和能量载体使用是由于它能产生良好的环境效益。氢除作为上述的储能介质外，其应用范围和利用是非常广泛的，包括作为电源的各种固定应用（分布式电源）和移动应用，如氢燃料电池车辆和便携式电子产品。可再生能源资源是能够满足能源需求的。其中氢起着不可或缺的关键作用，且氢能源本身就是最好的可再生可持续能源，支持和满足对能源的长期需求。

可持续能源战略中的氢能源（HISE），特指利用可再生能源生产并被消费的氢。它不仅仅是应对化石能源储量耗尽的策略，而且包含有范围更加广泛的内容：零温室气体排放（碳中和目标的重要内容）；可再生能源的脱中心化利用，即分布式产氢和避免长距离氢管道输送；氢和电力作为能量载体起着互补的作用，氢和电池起着能量储存的互补作用，也就是在运输、工业、商业和住宅部门氢不是唯一和排斥性的能量载体和存储载体；不接受来自核电力的输入，仅使用唯一的可再生能源，同时强调能量效率和管理需求；对仅有可再生电力输入的中心化电网，氢能够作为较长期能量储存介质使用，大量储存的氢被认为是战略能量储库，这样能够确保世界各国和全球的能量安全性，因为只依赖于增加可再生能源资源的利用。

“可再生氢”概念是指HISE中利用可再生能源资源生产的氢，其过程是清洁可持续的。生产氢有很多可利用的可再生能源资源。“可再生氢”的主要应用是作为运输燃料和储能介质。使用可再生氢可提高世界能源的可信度与支持全球创造和谐和财富。为发展可再生氢经济，必须考虑多种因素，其中最重要的是：有可利用技术和可利用的可再生能源资源，能以经济有利的方法生产氢能源并用它来生产电力；能够建立起利用可再生能源使社会获取可能的生态利益；有有利于可再生氢生产和使用的国家政策法规；有广泛的公众支持；为世界各国发展氢研究提供好的国际合作平台等。

氢可以两种不同模式生产：大生产单元集中生产和脱中心（原位）分布式生产。前者需要有运输配送系统把氢分布给消费者（如气体站）和使用地区，后者由于是原位生产运输配送系统要简单得多。随着利用氢燃料的氢燃烧引擎技术的改进提高和氢燃料电池技术的商业化，利用氢燃料和氢能源的领域和使用量将快速增加，并将逐步替代运输部门使用的化石燃料，为温室气体（GHG）排放的降低做出更大贡献。在正在发展的新能源网络系统中，氢能源和氢燃料技术包含的内容非常广泛，如在氢的生产、存储、运输配送和应用等广泛领域中（见图5-9和表5-2）。

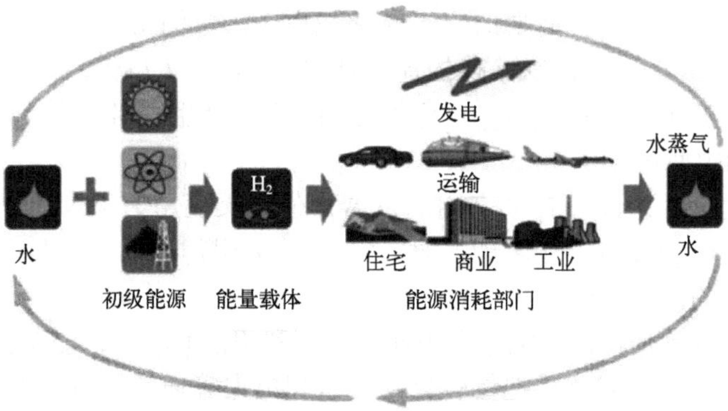

图5-9　氢能量载体的作用

表5-2　氢能生产、存储、运输和利用领域的主要内容

制氢	储存	运输	利用
化石燃料制氢 副产制氢 化学热分解制氢 水电解制氢 光电解制氢	高压气态储氢 低温液态储氢 固体材料储氢 有机液体储氢	车船运输 管道运输 海上运输	交通燃料 工业能源 化工原料 大规模储能

氢能源的特点是来源多样，能够利用所有能源资源生产，包括不可再生化石能源资源（石油、天然气、煤炭）和可再生能源资源如生物质、太阳能、风能和海洋热能以及核能等。利用可再生能源资源产氢是一个可持续的循环过程，对环境的影响低、效率高、废物排放很低。对运输或存储相对困难的能源（如电力），可先转化为氢进行存储和管道运输，到使用地再把氢转化为需要形式的能量（电力和热能）。以氢为能量载体的优势是：在不同环境条件下的通用性和应用的广泛性，既可作为全能源使用，也可在区域能源系统中使用和被广泛领域的终端使用者使用，如表5-3。但是，由于氢是气体，单位体积密度很低，这使氢能源和氢燃料的应用范围受到了很大的限制。因氢气体很容易泄漏，在运输和分布时需要有高密封性的容器和管道。

表5-3 氢能源应用的广泛范围

类别	用途	举例
全能源系统	支持大规模可再生能源的整合和发电；化石能源制氢+二氧化碳捕获与封存	大规模储能，其优势可超过蓄水电站
区域能源系统	跨部门和地区分布式能源	热电联供
	提高能源系统弹性的缓冲器	中等规模储能
氢的终端利用	脱碳运输燃料	车、船、飞机、火箭等
	脱碳工业能源	工业用电、热等
	脱碳的建筑热-电-冷联供	家居、办公室、数据中心
	清洁的工业原料	合成氨、天然气、甲醇、无碳炼铁

为了大规模使用氢燃料，需要研发经济有效的产氢和储氢技术。目标主要是针对燃料电池应用，因它是利用氢产生能量（电力和热能）的最有利方式。燃料电池的灵活性使生产者和消费者能够容易地获得战略和融资上的利益。利用燃料电池生产能量可在消费者附近，实现分布式能量转换，节省了运输费用和避免了配送分布时的能量损失。燃料电池的能量转化效率很高，可把氢燃料携带能量的90%以上转化为有用的电力和热量。燃料电池几乎不排放污染物，几乎不产生CO_2排放。如直接硼氢化物燃料电池（DBFC）：安全使用液体燃料、阴极边的低燃料横穿、高理论池电压（1.64 V）和高功率密度（9.3 kW・h/kg）。现在人们希望燃料电池能直接转化天然气、汽油、醇类、碳水化合物等常规燃料为电力，因它们都已有成熟完善的公共基础设施，包括运输分布网络。

氢燃料是能量载体也是很好的储能介质，对可再生能源（如太阳能、风能等）生产电力固有的间断性和波动性，储氢是一个非常可行的解决办法，也能用于存储核电，达到有效调节的目的。电力-氢气转换是一个很好的例子。在对电力-气体策略进行深入研究获得的结果说明：电力-气体工厂能够利用可再生能源资源发电产生的随机波动电力进行水电解生产氢气；生产的氢气既可用来发电也可进入已有的气体燃料分布系统。世界上的电力-气体工厂数量在不断增加。例如，一些欧洲国家正在使用这种技术利用氢介质存储电力（能量）。德国是这种技术的领头者，已经把该技术转化成实用技术，有更多工厂正在建设和筹划中。现在大多数电力-气体工厂使用的电力来自风能和太阳能等可再生能源。可再生能源电力的随机性和时效性波动很大，对储能（电力）的需求非常大，使用储氢储能非常适合。电力-气体体系能够与公用电网和/或气体分布系统进行多种组合操作。对每种特定体系的设计和组成类型有不同要求，适合于不同的应用。

5.5.6 可持续发展战略中的氢循环

随着世界全球气候恶化、石油危机加剧和人口快速增加，带来的环境压力不断加重，因此坚持实行可持续发展战略是必须的。氢是最理想的清洁能源，最有希望成为21世纪人类所期望的可持续清洁能源，人们对氢能开发利用寄予了极大的热忱和希望。

氢作为能源和能量载体使用时其副产物仅仅只有水，而水在可再生能源电力作用下在电解槽中分解重新生成氢（和氧），产生的氢和氧在氢引擎中燃烧和在燃料电池中经电化学反应又能够产生电力和热量，而电力和热量是人类社会发展和提高生活质量所必需的。在可持续战略下的氢循环图见图5-10和图5-11。氢能源和氢燃料不仅用于满足交通运输工具等移动式电源的需求，又可满足家庭、办公楼、公共场所等分布式电源需求，还能成为可再生能源储能的主要方式。这样的氢循环不仅不会产生对环境有影响的污染物，而且消耗的仅仅是可再生的能量资源，非常符合世界各国倡议和贯彻的可持续发展战略。

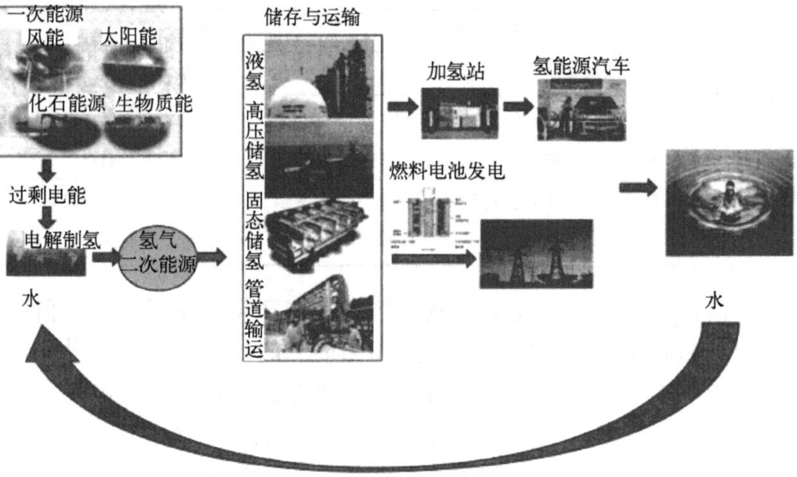

图5-10　氢能的循环利用

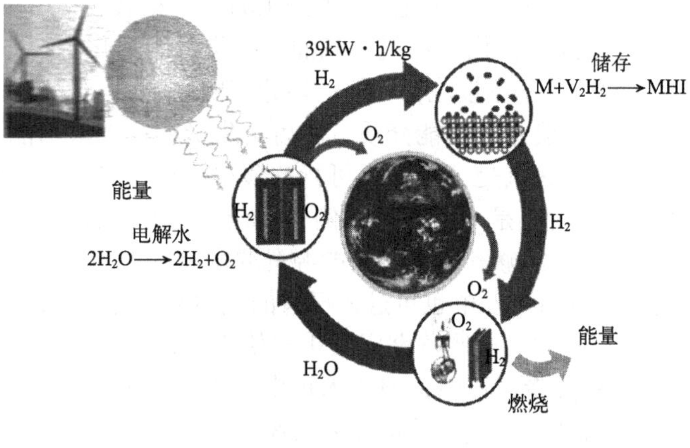

图5-11　氢能的循环路线图

5.6　可再生氢经济的国际平台

5.6.1　国际氢能经济和燃料电池伙伴计划（IPHE）

国际氢能经济和燃料电池伙伴计划（IPHE）是一个国际合作组织，于2003年11月在美国华盛顿启动，起初名为“国际氢能经济伙伴计划”，中国是IPHE发起国之一。目前，该组织已经吸纳了欧盟和全球18个国家参与。IPHE旨在分享各国在氢能和燃料电池领域的倡议、政策、技术、安全标准和经验，加强氢能领域的国际合作，在全球范围内推动氢能相关技术的研发和产业化发展，促进向清洁高效能源体系转型。IPHE还为包括决策者和公众在内的相关方提供信息平台，展示氢能及燃料电池技术大规模应用的优势和挑战。2009年，为了突出燃料电池技术的重要性，合作组织更名为“国际氢能经济和燃料电池伙伴计划”。

5.6.2 国际能源署氢能协作组（IEA-HCG）

国际能源署氢能协作组成立于2003年4月，由国际能源署（IEA）的24个成员国共同签署，旨在促进成员国之间在氢能与燃料电池领域技术研发和政策制定方面的合作。HCG归属于国际能源署的能源技术和研究委员会指导，其基础是IEA能源技术国际合作框架。HCG管理的氢能与燃料电池国际合作研发项目主要是氢能实施协议和先进燃料电池温室气体研究计划。其中，氢能实施协议是世界上最大、持续时间最长的氢能研究项目，已开展的研究任务达39项。中国科学院大连化学物理研究所和北京有色金属研究总院作为我国代表于2016年正式加入该协议。

5.6.3 国际氢能协会（IAHE）

国际氢能协会于1974年在美国成立，致力于加快推动氢能成为未来世界丰富清洁能源供应的基础和保障，是全球级别最高、影响力最大的氢能非营利性学术组织。IAHE为全球氢能源领域科学家、能源工程师、环保主义者、决策者提供交流平台，努力向公众宣传氢在丰富清洁能源系统中的主要作用，并与30个国家38家氢能组织共同推动全球氢能体系建设。IAHE创办了《国际氢能杂志》、世界氢能大会（WHEC）和世界氢能技术大会（WHTC）系列国际会议。其中《国际氢能杂志》是IAHE的官方杂志，被SCI、EI收录。WHEC始创于1974年，是全球级别最高的氢能会议，在迈阿密召开了第一次国际氢能会议，该会议每两年举办一次，会议内容侧重于氢能科学。已连续召开多次，第13届WHEC会议于2000年在北京举办，2010年5月在德国埃森召开的是“第18届世界氢能大会”，各国代表出席并介绍了自己国家的氢能发展进度，充分展示了各国正在加快氢能源市场化的步伐。国际氢能学会同时还创办了世界氢能技术大会（WHTC），每两年举办一次，WHTC侧重交流世界氢能源应用前沿技术和工程发展情况。到目前为止已举办5届，2013的第5届世界氢能大会在我国上海举行。

5.6.4 国际氢能委员会（Hydrogen Council）

国际氢能委员会于2017年在达沃斯世界经济论坛上成立，这是首个旨在加速氢能和燃料电池技术开发和推动商业化重大投资、促进氢能技术在全球能源转型中发挥作用的国际组织。目前，国际氢能委员会已吸纳了来自亚洲、欧洲和北美洲共53家氢能行业领头公司。国家能源集团等4家中国企业是该委员会的指导成员单位。近年来，委员会组织举办的活动成为很多国际大型活动的组成部分，包括世界经济论坛、纽约气候周等。根据该组织研究，到2050年，氢能源将创造3000万个工作岗位，减少60亿吨二氧化碳排放，创造2.5万亿美元的市场价值，在全球能源中所占比重有望达到18%。

此外，还有国家标准化组织氢能技术委员会（ISO/TC197）等组织，在全球氢能及燃料电池的标准制定、技术创新等领域中发挥着作用。

5.6.5 国际合作和区域性合作

对国家和国际水平上的可持续能源战略，在涉及氢能源广泛应用、不可逆气候变化、石油供应不确定性和广泛类型污染物污染水平上升等诸多方面，都强调氢能发展非常关键。在可持续能源战略中，利用可再生能源是非常必要的也是理想的，但必须提高其能量效率和经济可行性。应强调指出，作为强力次级能源的氢能和电力在可持续氢经济中必须互补使用。在少数几个大规模设施中生产、然后再建设长距离管线集中输送到遥远地区的策略似乎并不合适，在原始氢经济概念中就给出了区域性（分布式）生产配送的方案。当然，氢能管道对区域性分布仍然是需要的，也需要为大量储氢提供战略能量储库，用以保障对可再生能源资源依赖不断增加的国家和地区的能源安全性。

为达到可再生氢经济，不同国家采用的模式是不同的。国际能源署（IEA）对IPHE与北美、南美、欧洲和亚洲一些地区的可再生氢经济进行的研究指出：氢经济概念早先是由国际机构如IEA和IPHE为未来零排放的持续能源增长而提出和完善的。IEA能够对能源技术和技术政策进行协调，达成了若干协议，如合作能源研究可由IEA框架提供，该框架的主要组成部分是氢能。在过去数年中，通过IEA氢补充协议对氢能未来产生了相当大的促进，因此氢能源作为清洁和持续能源网络系统中的关键因素正在快速发展。按照IEA，氢能源可应用于所有能源领域，能为可再生能源（如太阳能和风能资源）提供长期可靠的替代存储方法。许多亚洲国家现在都是IEA成员。

IPHE是一个组织，也是实现重点国际研究（与氢和燃料电池技术有关的技术）的主要服务平台。IPHE也向参与者提供可再生氢策略的共同模块和标准，并发展与参与者间的联系，有利于加速全球向氢经济过渡，增加能源和环境的安全性。在亚洲国家中，中国、印度、日本和韩国是IPHE的重要成员。在其初始职能中还包括论证、配合和促进氢和燃料电池技术方面的潜在合作领域、分析生产氢能的方法和利用结构。从IPHE预期的前景看，氢经济提出了一个令人满意的可能解决办法，满足全球能源期望和降低温室气体排放。

亚洲太平洋经济合作能源工作小组（APECEWP，联系IEA和IPHE与整个亚洲国家在氢能燃料电池的发展）主要聚焦于氢能源技术的发展和燃料电池应用。欧洲的清洁城市运输（CUTE）组织已经认识到亚洲国家公交运输对氢动力需求是与亚洲国家合作的一个领域。对亚洲国家的氢能和燃料电池发展，土耳其的氢能技术中心（ICHET）提供了一些资金支持。

从化石燃料经济向可再生氢经济的过渡很可能需要一步一步来。为达到目标，必须推进氢的工业规模生产和利用、运输和配送以及安全管理技术的全面发展。显然，为使氢经济获得经济有效的进展，必须完善氢能源成熟技术和公用基础设施。对氢经济发展的每一步，从氢生产到终端使用者，氢存储和运输领域都存在有安全因素、代码、标准等。为以安全方法获得高质量氢能，这些都是必须考虑的。氢能生产、存储和运输对可再生氢技术发展都是重要的。与利用非可再生燃料产氢比较，使用可再生燃料产氢有许多极有利于增强可再生氢经济的有利因素，需要积极利用。

5.7　全球氢能源发展现状——美欧国家

5.7.1　引言

自20世纪90年代以来，氢能源作为一种高效、清洁、可持续发展的“无碳”能源已经获得世界各国的普遍关注。世界主要发达国家和国际组织都对氢能源赋予极大的重视，纷纷投入巨资进行氢能相关技术的研究和发展。美国、日本、欧盟等更是致力于成为21世纪"氢经济"发展的制高点。中国快速跟进，"氢经济"已经成为21世纪新的竞争领域。

"氢经济"的概念是由美国通用汽车公司技术研究中心在1970年提出的。1976年美国斯坦福研究院对氢经济可行性展开了研究。2006年11月13日国际氢能界主要科学家联名向八国集团领导人（加拿大总理哈珀、法国总统希拉克、德国总理默克尔、意大利总理普罗迪、日本首相安倍晋三、俄罗斯总统普京、英国首相布莱尔和美国总统布什）以及联合国部门负责人提交了有关氢能的《百年备忘录》。在该备忘录中，科学家指出："21世纪初叶人类正面临两大危机：一是人为因素导致的气候变化，是真实存在的。至21世纪末，全球气温升高幅度将会是相当大的。这将会给人类、动物、植物以及人类文化遗产带来严重的灾难性后果。二是传统化石能源或核能燃料被少数几个国家垄断的情况正在不断加剧，这不利于大多数国家利用这类能源。解决上述问题的方案有不少，但是氢能是最优方案，它将为人类提供足够的清洁能源。"

氢能源系统的可持续发展取决于一些政策，包括政策的含义和如何实现。政策受许多因素的影响，如社会压力、技术创新、技术进展、战略选择、政策优先等。能源危机和环境持续恶化都会影响能源政策。为论证技术创新政策提出的概念模型把能源需求的社会和战略含义与实施政策本身放在了一起。涉及的技术创新、数据收集过程和数据分析方法的概念模型示于图5-12。例如，在30年前进行的运输能源革新主要受城市环境空气质量要求所驱动，若干地方政府颁布了具有里程碑意义的法规，如加州1988年的Sher法案，清洁空气法修正案1990，加州低排放车辆和清洁燃料计划等。但是，涉及的主要内容基本上仍然是国家内部的事情。

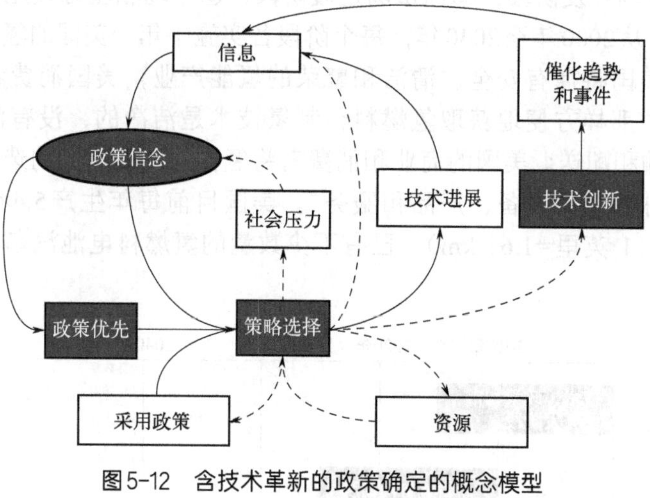

图5-12 含技术革新的政策确定的概念模型

为在自己国家能源网络系统中实施氢经济，世界各国政府和研究者们都对其可行性进行了评估。评估的结果促使全球主要大国都对氢能（和燃料电池）技术发展高度重视。例如，美国、日本、德国等发达国家已经把氢能源上升到国家战略的高度，不断加大对氢能（和燃料电池）技术的研发和商业化扶持力度。中国也已开始高度重视氢能技术的研发和实施。

氢-电力-氢能源可作为偏远或孤立地区的能源体系（HHES），如农村、酒店、前线区域和岛屿。HHES对有着巨大水电潜力的国家具有很大发展空间，如挪威、巴西、加拿大和委内瑞拉。在拉丁美洲使用可再生资源生产氢能的研究中巴西处于领先地位，特别是水电；委内瑞拉利用已有模型对使用水能电力电解水产氢进行了可行性模拟研究，基于研究结构设计了2000年后20年产氢行为、能源转化效率、电力成本和电解器成本的模型化结构。

下面分别简要介绍一些国家的氢能技术发展的历史和现时状态。

5.7.2 美国氢能源发展现状

美国能源部（DOE）制定1992 能源政策法案（EP Act 1992）（公共法律 102-486）的目的是降低美国对进口石油的依赖和提高空气质量。法案涉及能源供应和需求的所有领域，包括替代燃料、可再生能源和能量效率。EP Act 1992 定义的“替代燃料”范围广泛，包括甲醇、乙醇和其它醇类、掺入85%（体积分数）（E85）或更多醇类的汽油、天然气和用它生产的液体燃料、丙烷、氢、生物柴油（B100）、煤炭衍生液体燃料和从生物物种衍生的其它非醇燃料、P系列燃料（这是1999年添加到定义中的）。DOE对美国30个州和哥伦比亚特区的目标是：利用非化石能源（太阳能、风能、水力、生物质、LFG/MSW和厌氧消化）的产氢量到2020年要占到总量的30%，并允许用可再生能源资源生产的氢进行碳信用交易。

美国是将氢（和燃料电池）作为能源战略的最早的国家。1970年提出“氢经济”概念，1990年出台了《氢研究、发展和示范法案1990》，布什政府提出了氢经济发展蓝图，奥巴马政府发布了《全面能源战略》，特朗普政府将氢能（燃料电池）作为美国优先能源战略。2018年，美国宣布10月8日为美国国家氢能与燃料电池纪念日。这说明美国高度重视氢能源的开发利用，致力于推动氢经济的发展。美国从国家可持续发展和安全战略的高度，制定了长期的氢能源发展战略。美国的氢能发展路线图（图5-13）在时间上分为4个阶段：①技术、政策和市场开发阶段；②向市场过渡阶段；③市场和基础设施扩张阶段；④进入氢经济时代阶段。从2000年至2040年，每个阶段各实施十年。美国的氢经济蓝图是“在未来的氢经济中，美国将拥有安全、清洁和繁荣的氢能产业；美国消费者将像现在获取汽油、天然气或电力那样方便地获取氢燃料；制氢技术是洁净的，没有温室气体排放；氢将以安全方式运输和配送；美国的商业和消费者将氢作为消费能源的选择之一；美国的氢能产业将提供全球领先的设备、产品和服务”。美国目前每年生产$5.4\times10^7\ m^3$氢，拥有氢气管道1900英里（1 英里=1.61 km）。已有不少数量的氢燃料电池汽车和公共汽车，数百座加氢站。

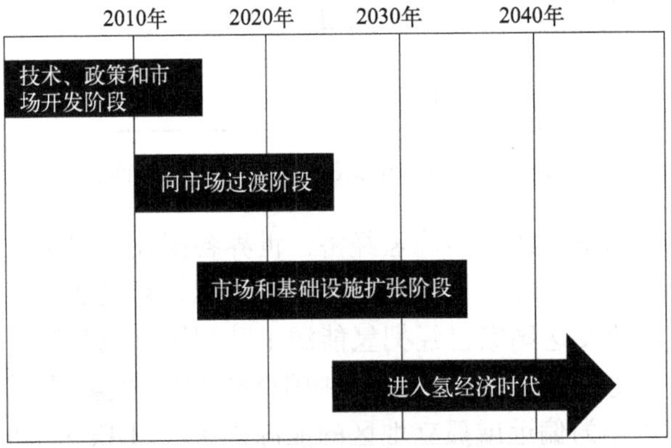

图5-13 美国氢能发展路线图

总结一下美国氢能源发展的里程碑事件（到2005年）：1974年美国倡导成立国际氢能组织并在迈阿密召开了第一次国际氢能会议；90年代对全球气候改变和石油进口依赖的关注重新唤起对氢能研究的投资；2001年11月在召开的国家氢能发展展望研讨会上描绘了氢经济蓝图；2002 年美国能源部建立了氢、燃料电池和基础设施技术规划办公室，提出了《向氢经济过渡的2030年远景展望报告》；同年11月，出台了《国家氢能发展路线图报告》；2003年1月，美国总统布什宣布启动总额超过20亿美元的氢燃料研究计划，包括氢的生产、存储、配送和应用技术等重点开发项目，使氢燃料电池汽车和氢基础设施技术在2015年实现商业化应用；2003年11月，由美国、德国、法国、俄罗斯、日本、韩国、印度、欧盟委员会参加的“国际氢能经济伙伴计划”在华盛顿宣告成立，说明国际社会对发展氢经济已达成了初步共识，为氢经济发展提供了国际合作基础，初步完成了发展氢经济的准备工作；2004年2月，美国DOE公布了《氢能技术研究、开发与示范行动计划》，具体地阐述了发展氢经济的步骤和向氢经济过渡的时间表，标志着美国发展氢经济已从政策评估、制定政策阶段进入系统化实施阶段；同年5月，美国建立了第一座加氢站；“家庭能量站第三代”固定制氢发电装置开始试用，使制氢和储氢能力提高了50%；2005年7月，“第五代新电池车”成功横跨美国，该车以氢气为动力，全程行驶距离5245 km，最高时速145 km/h。2012年国会修订氢燃料电池政策，享受30%～50%的税收抵免；2013年加州立法继续补贴氢燃料电池20亿美元；2016年加州启动GFO-15-605项目支持加氢站建设（投入3300万美元）；2017年加州政府投入2亿美元为加氢站建设提供70%的资金；2019年美国FCHEA（氢燃料电池与氢能协会）发布美国“氢能经济路线图”摘要，给出未来30年氢能产业规划；2020年推出“绿色氢燃料电池卡车计划”，DOE拨款6400万美元支持H_2@Scale行动项目。

在近十年中，美国政府对氢（和燃料电池）技术发展除制定相关的财政支持标准和减免法案外，其直接资助的规模超过16亿美元。美国在氢（和燃料电池）领域拥有的专利数量仅次于日本。美国液氢产能和燃料电池乘用车保有量全球第一，燃料电池叉车数量超过23000台，已进行了600多万次注氢操作。已经或计划使用的燃料电池客车有数十种。截至2018年，美国已运营的注氢站有42座，到2020年为49座，2025年达到200座。燃料电池乘用车数量达到5899辆，固定式燃料电池全年的安装容量超过100MW，累计安装超过500MW。按美国氢能经济路线图，到2030年规划全美范围建设注氢站5600座，氢燃料电池汽车530万辆。

很长一段时间，加拿大在氢能源领域保持有很强的位置。在2001年6月，加拿大政府下属加拿大运输燃料协会（CTFCA）为降低温室气体排放，在2000行动计划（Action Plan 2000）中就提出了倡议。加拿大在氢能技术开始时期起着领头羊的作用，现在在改变能源公用基础设施中也起着很大的作用：从使用电解水产氢的工业革新和终端使用燃料电池，到推出政府支持的模式和标准规范。

5.7.3 欧盟氢能源发展现状

欧盟将氢作为能源安全和能源转型的主要保障。在能源战略层面发布了《2005欧盟氢能研发与示范战略》《2020气候和能源一揽子计划》《2030气候和能源框架》和《2050低碳经济战略》等文件。在能源转型层面发布了《可再生能源指令》和《新电力市场设计指令和规范》等文件。欧盟燃料电池与氢能联合行动计划项目（FCHJU）对欧洲氢能及燃料电池的研发和推广提供了大量资金支持，2014—2020年的预算总额达6.65亿欧元。截至2018

年底，欧洲在营注氢站152座，计划在2025年达到770座，2030年达到1500座。部署燃料电池乘用车1080辆，其中380辆是通过FCHJU项目生产的，142辆燃料电池巴士已在意大利、英国、德国、丹麦和拉脱维亚的9个城市实现运营。燃料电池发电装机达到28.8 MW。

在2003年欧盟25国启动了“欧洲能源研究领域（European Research Area, ERA）”项目，内容包括了“欧洲氢能和燃料电池技术平台（EHFCP）”。该平台的目的是向欧盟委员会推荐燃料电池和氢能技术发展的一些关键领域，并在“欧盟第七框架计划”（7th Framework Programme，FP7）下进行重点攻关。欧洲曾制定了一个10年发展战略“至2005年欧洲的研发与示范战略”，明确地提出了2005年氢燃料电池研发所要达到的目标，核心是降低燃料电池成本。为使目标更具有灵活性，欧盟对该战略计划进行了修正：2010年前的阶段目标是研制和推出以天然气为原料的燃料电池发电产品；到2020年成员国中有5%汽车和2%船舶使用氢能；计划在2020—2030年期间使可再生能源资源和先进的核能成为产氢的主要能源，在2030—2040期间其市场占有率将不断提高。尽管天然气技术发展会有一些波折，但欧洲委员会预言：即便在遥远将来的能源系统中，来源于含碳化石燃料的氢产品仍将占一定比例。

欧盟所制订的未来能源网络目标是：至少20%的电力来自可再生能源资源（RE）。为解决RE电力固有的间断和波动性问题和保持电网的稳定性，必须匹配部署大量储能单元和装置。虽然提出了多个可利用解决办法并进行了分析试验，但获得的结果总是不能令人满意，因此适时提出了储氢储能技术，它逐渐成了非常强有力的选择。先不论储氢技术的成熟度及其优点，作为能源领域中新出现的技术，其发展和应用必定涉及社会经济问题。储氢储能技术，除了本身组件和技术的标准化外，还需要有欧洲政策的支持，特别是能源政策的支持。应该承认，在社会经济发展中使用氢能新技术，公众是支持的，但也应该让人们了解发展氢经济社会的风险：不仅有技术、科学、经济或社会瓶颈，而且仍需要发展更多的氢能技术体系及其使用的系统方法。自1999年以来欧洲有一个小的合作平台——冰岛新能源股份有限公司（INE），已经开始运行。现在在雷亚维克进行的多个研究和发展可行性项目都是围绕利用其国内丰富水资源和可再生能源（水和地热发电）制氢来进行的。

欧盟预测的欧洲未来对氢能市场的需求见图5-14。图5-15为欧洲从2000年化石燃料经济向2050年氢经济过渡各阶段的重要发展事件。图的左上方给出是氢的生产和分配：2000年天然气重整和电解水制氢；2010年建立加氢站网络、经公路运输和加氢站原位制氢（重整和电解）；2020年前后过渡到利用多种含碳物质（含生物质）和可再生资源产氢，建立各区域分布氢的互联网；2030年进一步扩展广泛构架的氢管道网络；2040年利用可再生能源资源和核能产氢以及利用化石燃料脱碳产氢；2050年接近于完全利用可再生能源资源产氢（产氢完全脱碳化）。图的右下方是燃料电池和氢能系统的发展和配置：2000年固定式低温燃料电池（PEMFC）商业化；2010年发展出固定应用的低温燃料电池（<300 kW的PEM系统）、高温燃料电池［<500 kW的熔融碳酸盐燃料电池（MCFC）、固体氧化物燃料电池（SOFC）］以及氢内燃引擎（HIEC）、燃料电池公共汽车示范，为飞机和船舶用第一代氢机组（第一代储氢）系列化生产；2020年发展出低价格高温燃料电池系统以及微型器件和载人车辆应用的燃料电池、发展出<10 MW的商用SOFC系统；2030年第二代车载储能（长航程）优质氢燃料电池车辆和分布式能源上有重大突破；2040年燃料电池成为运输、分布式能源和微型器件应用中的主要技术；2050年在航空领域应用氢能。

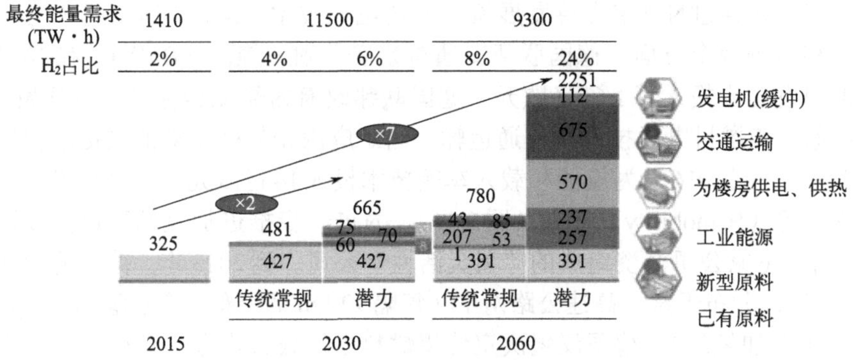

图5-14 欧洲未来氢能市场需求

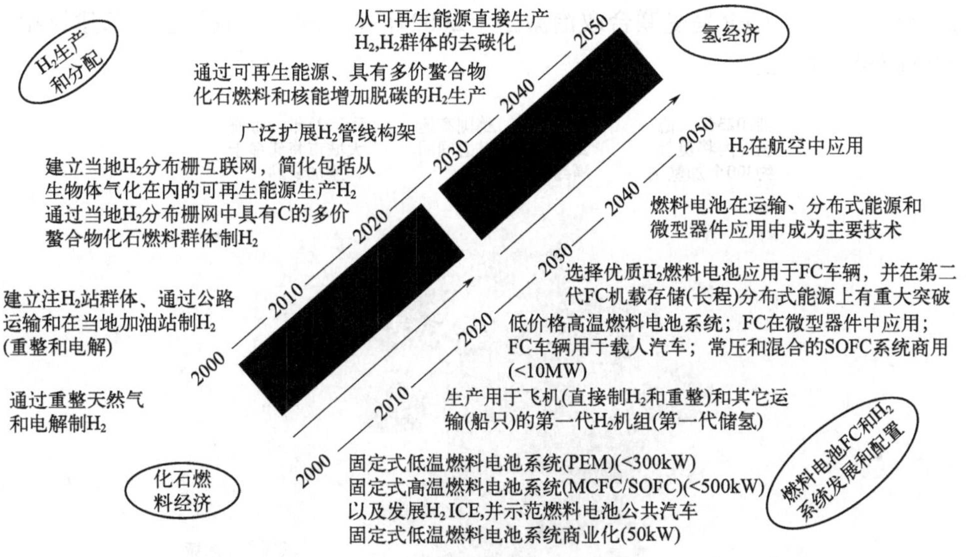

图5-15 2000～2050年间从化石燃料经济向氢经济过渡的发展史

展望未来的集成能源网络系统，它集成了许多大小不同且分散的燃料电池发电和供热单元（利用天然气产氢并输送至燃料电池发电厂发电）；与太阳能、风能等可再生能源电力集成联网，构成完整的未来能源网络系统。区域性氢网络也能为燃料电池车辆和舰船供氢。

几个重要的欧洲国家的氢能发展介绍如下。

5.7.4 德国

德国是欧洲发展氢能最具代表性的国家。氢能与可再生能源资源组合进入了德国可持续的能源网络系统，成为德国低碳经济中的重要组成部分。德国政府专门成立了国家氢与燃料电池技术组织（NOW-GmbH）以推进相关领域的工作。在2006年，启动了氢和燃料电池技术国家创新计划（NIP）。2007～2016年，共投资14亿欧元资助了超过240家企业、50家科研和教育机构以及公共部门的研发项目。在2017～2019年为开展第二阶段工作投资了2.5亿欧元。凭借FCHJU和NIP项目的支持，德国确立了在氢及燃料电池领域的领先地位，利用可再生能源资源产氢的规模世界第一，燃料电池的制造和供应规模全球第三。

德国政府主要通过NIP来支持发展氢和燃料电池技术。NIP计划二期（至2028年）的重点在研发和市场两个方面。德国联邦交通与数字基础设施部（BMVI）在2018年前为氢和燃料电池研发至少投入了1.61亿欧元。德国联邦政府为氢能运输领域的研发资助了2亿欧元，为示范氢和燃料电池技术对交通运输、固定应用和特殊市场的关键项目进一步补充资助了5亿欧元。到2016已为氢能和载人车辆技术投入14亿欧元。在产业发展方面，德国继续推进移动氢（H mobility）计划（图5-16）。为进一步推进加氢站建设，该计划发起倡议创立了一个由6家公司合资组成的“氢灵活性”公司。到2023年，德国境内建成的加氢站将达到400座，分布于整个高速公路网中（每隔90 km至少有一个加氢站，即每个大城市的市区内有10个加氢站）。德国汉堡决定使用燃料电池公共汽车，这得到了国家氢和燃料电池技术项目和电动汽车项目的支持。德国太阳能和氢气研究所（ZSW）与弗劳恩研究所（IFAM）正在从事氢燃料的研究工作。清洁能源合作伙伴（CEP）是NIP计划中的亮屋项目（lighthouse project）。CEP是受联合政治激励于2002年建立的，由联邦运输部建筑和初始发展局（BMVBS）发起。

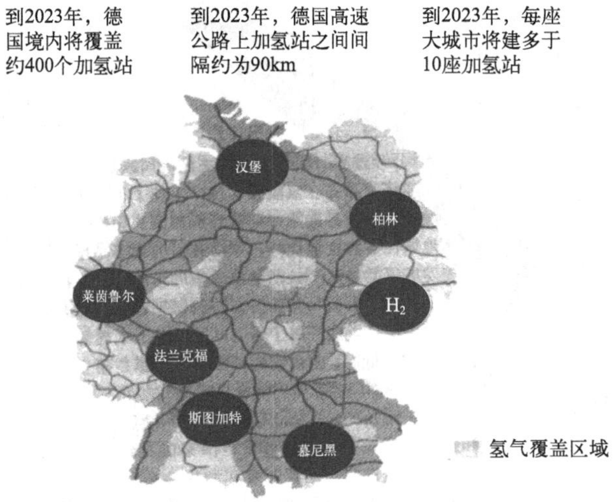

图5-16　2023年德国移动氢HRS计划图

德国长期致力于推广利用可再生能源资源电力产氢技术（power to gas）。以氢为媒介连接电网和天然气管网，把现有成熟的天然气管网基础设施作为巨大的储氢库。德国已把有机液态氢载体储氢技术（LOHC）成功应用于市场，实现了在传统燃料基础设施中输送氢。德国已运营的加氢站有60座，其网络规模仅次于日本。全球首例氢燃料电池列车已在德国投入商业运营，续航里程接近1000 km。2022年氢燃料电池列车增加到27辆，同年宝马公司运行的氢燃料电池车达100辆。不过到2030年欧洲的燃料电池车辆销售仅占总销售量的0.1%，2030年后销售开始上升。

5.7.5　俄罗斯

俄罗斯有先进的氢经济计划，重点也是氢气的生产、存储以及在运输领域中应用的燃料电池。俄罗斯已为使用氢燃料资助了约4000万美元。产氢工艺中使用了甲醇催化蒸气重整、甲烷催化部分氧化、天然气蒸气重整等技术，已开发出产氢微反应器。俄罗斯科学院和化学自动化设计局设计了产氢微波反应器，与高温联合研究所合作在燃料电池领域中取得了相当的进展。例如：LADA Antel-2氢-空气AFC（60kW）AC摩托和ZIL-5301-HYBRID组合氢功率驱动车辆，它们使用的是可再生氢和燃料电池电源。利用可再生能源的氢经济中，对氢和燃料电池研发和商业化已被俄罗斯科学院物理和电力工程研究所和结构微观动力学研究所列为重点项目。

5.7.6 北欧国家

北欧五国创建的“北欧能源研究组织”，专门负责氢和燃料电池从市场到应用的能源研究计划。该组织在2003～2006年间每年为开展能源研究和商业化活动投入约1400万欧元，氢和燃料电池的研发占25%（350万欧元）。该组织与私营企业合作共同承担项目，采用的是成本共享方法，其中企业投入占比很大，氢和燃料电池研发的总预算每年达到1600～1800万欧元。资助的主要项目和关键领域集中在：氢能部署包括生物质制氢、电解制氢和天然气制氢；储氢领域中的合金储氢；燃料电池氢燃料网络、加氢站和燃料电池应用技术的研发。在北欧地区，冰岛和挪威是两个最关注发展氢经济的国家。

5.7.6.1 挪威

挪威把氢作为未来整体能源系统的主要组成部分，主要应用是运输燃料。挪威氢能项目的目的是：以决定性态度支持把氢能引入挪威能源系统中，基于模型化的能源系统在不同空间水平上建设氢公用基础设施。充分考虑地区性氢能覆盖面和氢使用密度并随时间逐步增加，解决氢能地区性关键需求，并完善加氢站网络的地理信息系统。

挪威政府专门成立了氢能委员会，由不同行业、研发机构、政府部门和非政府组织代表组成。以开发氢能源载体作为目标，并为组织实施国家氢能计划承担应尽的责任和提供必要的资助。在2004～2013年期间挪威具体氢能计划的重点放于能源生产和运输以及固定和移动应用，主要是挪威理事会负责的未来清洁能源发展计划（RENERGI Program）。该计划的每年经费预算2000万欧元，氢能占13%。2004年资助氢和燃料电池项目经费为400万欧元：氢能和捕集封存电厂排放CO_2 150万欧元，产氢项目100万欧元，储氢项目70万欧元，氢系统分析项目60万欧元，燃料电池项目20万欧元。2004年启动的UTSIRA示范项目是一个风能-氢能项目，能使部分居民从风能获得氢燃料，除获得Hydro公司资助外还得到了石油能源部下属企业ENOVA公司的部分资助。

氢能委员会认为，挪威有充足的天然气资源，对研发含CO_2捕集封存的天然气产氢技术兴趣很大，并把其放置在优先地位，因地域广阔很适合CO_2捕集封存。因此，在挪威使用大量天然气资源制氢（含CO_2捕集封存）与天然气直接发电一样重要。氢能将是未来可持续能源系统的重要组成部分，原因是：①与石油或柴油相比，天然气制氢环境友好，具有价格优势，容易处理CO_2问题；②容易在交通领域车辆发展前期氢用户；③储氢技术具有领先优势；④带动氢能技术工业的发展。内容包括：为制氢和用氢组件和系统成立下游供应商和发展以水电解技术产氢的注氢站供应商联盟，并使挪威成为使用燃料电池车的领先国家。因挪威的Hydro公司是世界上最领先的电解槽制造商之一，积累了多年的电解技术经验和知识。

2005年，挪威石油和能源部与交通运输部共同制定了国家氢能战略（图5-17）。挪威政府颁布实施的一项国家级项目——氢高速公路，由政府、企业和科研院所联合实施。2009

年建成了580 km长的氢高速公路，途径7个主要城市，氢能汽车可以随时在沿途加氢站补充燃料。该项目总造价4亿美元。

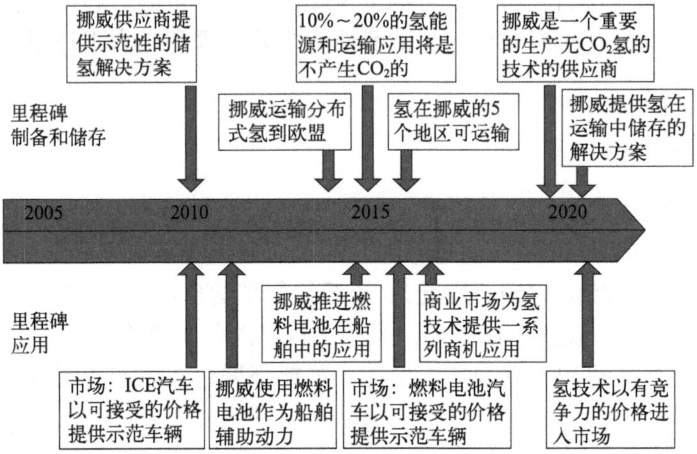

图5-17　挪威国家氢战略图

5.7.6.2　冰岛

1999年2月冰岛公开发表了引起世人关注的国家目标：至2030年冰岛要实现氢经济。冰岛在氢能源技术推广上花了很大力气，试图占领发展氢能源技术的领先地位，成为世界上第一个氢经济国家。凭借其独特的储氢研究经验和技术，以及地域和资源优势，冰岛政府的政策是坚定地使用环境友好的可再生能源资源，优先发展氢能是其长期能源政策的重要组成部分。在冰岛的氢能源政策中，重要内容之一是冰岛愿意建立起为世界服务的国际氢能研究和测试平台。

冰岛大学对利用可再生资源产氢进行了广泛研究，为能源领域的国际合作打下了基础。冰岛政府氢能政策的主要目标是在此基础上建立起适合于国际氢能研究与测试的平台。政府公共管理部门与私营企业合作为未来提供了特殊的发展框架。工业、商业连同其它部门的利益相关者，主要负责推广和实施既定的能源和氢能政策。冰岛国家能源署则是一个管理和制定法规的机构，负责开发利用地热和水能资源以及评估氢在国家能源生产中的潜力。冰岛72%的电力供应来自地热发电和水电，氢燃料都是用电解水的方法生产的。由于有庞大的可利用清洁能源，冰岛全国都可利用丰富电力电解水来生产氢燃料。冰岛的电力价格低廉，仅2分/kW·h，而每年可用电力能生产2000吨的氢，这种得天独厚的条件是其它国家无法比拟的。此外，冰岛还成立了由制造商和电力公司组成的新能源联盟，计划在冰岛国内建立完全使用氢燃料的系统并出口氢燃料。

5.7.6.3　丹麦

氢能在丹麦具有中心地位，这是因为世界上1/3的氢都是使用丹麦Haldor Topsoe公司开发的技术生产的。丹麦科学技术创新部和丹麦能源署负责制定氢能战略和实施氢和燃料电池研发计划。该战略包括在2005年3月出台的政府能源行动计划中。丹麦能源署负责资助和管理大多数能源领域的研究活动和计划，每年投入500万欧元资助研究氢和燃料电池。丹麦全国每年用在研发燃料电池技术上的投入达2000万欧元。丹麦已经制定了具体开发氢和燃料电池技术的战略和路线图。

5.8 全球氢能源发展现状——亚洲国家和澳大利亚

本节中的亚洲国家现状不包括中国，中国的氢能源发展在单独一节中讨论。

5.8.1 日本氢能源发展现状

1973年，日本氢能源协会（HESS）对应用氢气的不同部门进行评估后指出，日本政府支持的主要是氢在运输领域的应用。1981年日本启动了月光计划，目的是对燃料电池进行研究、发展和商业化。1991年在日本经济产业省（METI）下设立的政策研究室也是为了燃料电池的商业化。日本燃料电池和氢技术发展初始的公共融资来自METI，目的主要是发展氢燃料电池技术和对能源安全、有效和零排放的氢能进行研发，目标则是用于道路运输的多种氢燃料电池车辆规模化生产，希望在2030年能达到1500万辆。为此，METI对燃料电池和氢能技术的研发投入了相当大的资金，5年内从117亿日元增长到355亿日元。日本能源网络从1993年开始就发展氢燃料电池在运输领域的应用，为促进其发展并达成实际应用，还分别进行引导、扩散和渗透，使政府部门与代理商间在2002年建立起强制性的联系。引导的重点是由政府组织对燃料电池车辆发展、安全性和可靠性进行评估；扩散的工作重点是落实氢和燃料电池持续生产发展所需要的所有基础；渗透则是要使整个日本有令人满意的氢供应和使燃料电池技术达到相当水平的成熟。例如，日本环境部正计划利用海水产氢（水是丰富的氢源），而需要的电力由风电站提供。另外，日本在2020年前投资2000万美元用于建立快速加氢站。

1974年起日本开始实行氢能源研究的“阳光计划”，提出要使日本“成为全球第一个实现氢能源社会的国家”。为此，政府先后发布了《日本复兴战略》《能源战略计划》《氢能源基本战略》《氢能及燃料电池战略路线图》等文件，对实现氢能源社会战略的技术路线进行了规划。2019年，在日本召开的全球首届氢能源部长级会议上，有来自20多个国家和欧盟的能源部长及政府官员参加。

如果不是几年前的地震海啸引发的核泄漏，日本是不会放弃纯电动车计划的。因地震海啸灾难日本关闭了全部核电站，让所有车企意识到原本利用夜间剩余电力充电的梦想无法实现了。然而，面对日益高涨的石化燃料价格以及日本国内越来越大的能源缺口，日本开始寻找真正的可替代能源。由于在氢燃料电池发电领域，日本拥有的专利数量全球第一，因此，政府在能源基本计划中倡导推进运用氢能源。日本在发展氢经济方面是国际上最具影响力的国家之一，不仅表现在研发上，而且体现在产品的市场化上。

日本在1993年又开始了WE-NET项目，其主要任务是实施氢能源的研究计划和策略。该项目分三个阶段：1993—1998阶段主要集中于氢技术的可行性研究分析和提出适用于日本的氢能源作业计划；1999—2002阶段主要任务是对选定方案进行介绍、验证和测试以及确立下一步的研究发展计划，其总研究预算为200亿日元（近2亿美元）；2003—2020阶段的计划是氢能源安全利用的基础技术研究，主要方向是使氢能源基础建设逐步普及和渗透。虽然该项目预计，日本用可持续能源产氢可达每年2.1×10^6 m^3，但仅占总氢的15%。到2030年日本氢能占总能源消耗的4%。

为解决对石油的依赖，日本通过政府主导和立法先行等方式积极推动氢能源产业的发展。政府的新能源扶持政策也给相关研发机构和市场企业以丰厚的补贴。例如，2015年有关氢能项目的预算从2014年165亿日元倍增至2015年的401亿日元。日本打算以2020年东京奥运会（因新冠疫情延期到2021年）为契机推广燃料电池车辆和打造氢能小镇。日本东京市政府官员说，2020年东京奥运会奥运村将以氢作为主要能源，推广氢燃料汽车和利用氢燃料发电。奥运会结束后的奥运村将变身为清洁无污染的“氢能镇”。为此，政府计划建立多座注氢站，敷设输送氢气的管道，直接把用于生产电力和热水的氢气输送到奥运村住宅区、餐饮区和运动设施区。接送运动员的大客车也使用氢燃料汽车。但是新冠肺炎疫情，其愿望可能落空。

日本政府在2014年6月公布了关于氢和燃料电池发展的路线图。向“氢经济社会”过渡分三个阶段进行：①2025年前，主要是促进燃料电池的广泛应用，包括家庭和运输车辆等领域的应用，彼时预期的燃料电池车辆价格与混合动力车辆持平；②2025～2040年，主要是促进建设燃料电池发电厂和建立起由海外供应氢能源的供应链；③2040后，建成无CO_2排放的氢供应链。日本经济产业省（METI）目前正在组织对这一路线图进行细化并给出升级版（新路线图）。为此，政府在2016年为氢和燃料电池投入的财政预算达601亿日元，比2015年的430亿大幅增加。其预算分配如下：补贴ENE-FARM家用燃料电池系统170亿日元，补贴燃料电池汽车150亿日元，补贴加氢站62亿日元，研发燃料电池及加氢站的预算88.5亿日元，全球供应链示范项目33.5亿日元，氢制备和储运研发以及构建氢能源网络投入97亿日元。在过去几十年里，日本政府为氢和燃料电池技术的研究和推广先后投入数千亿日元，并为加氢基础设施建设和终端应用进行补贴。到目前为止，已实现燃料电池车辆和家用热电联供系统的大规模商业化推广。2014年量产的丰田Mirai燃料电池车辆的电堆最大输出功率达到140 kW，能在−30℃的低温下启动行驶。一次加氢时间最快仅需3 min；续航里程超过500 km。用户的体验与传统汽车无异。已经累计实现销售超过1万辆，占全球燃料电池乘用车销售总量的70%以上。EneFarm家用燃料电池热电联用系统的部署累计已达数十万套，成本低于100万日元，比2009年下降69%。2017年在日本神户Port Island建造了世界上首个在城市使用的1 MW氢燃料燃气轮机热电站和热电联产系统。为解决氢源供给问题，日本经济产业省下属的新能源与产业技术综合开发机构（NEDO）出资300亿日元支持国内企业探索在文莱和澳大利亚利用化石能源重整制氢，使用液化氢和有机液态储氢材料运输船，由海运运回日本。

NEDO汇总了首份《氢能源白皮书》，将氢能发电列为第三大支柱产业。白皮书预测，随着燃料电池在家庭和车辆领域应用的普及和用途的进一步扩大，到2050年市场规模将达到8万亿日元。白皮书中的“将推动氢成为电源组成部分”会有力刺激产、政、学加大行动力度。白皮书强调为强化能源安全保障、环保措施和产业竞争力，氢电是极为重要的技术领域，是仅次于家用燃料电池和燃料电池车辆的第三大核心。关于家用燃料电池，白皮书指出要全面普及，尽管仍需进一步降低成本。

氢燃料电池汽车是日本新能源汽车的最终目标。与纯电动车不同，氢燃料电池车辆在续航和加注燃料时间上占有较大优势。本田推出的新款氢燃料电池汽车性能卓越，最大功率100 kW以上，功率密度大于3 kW/L，充氢只需3min，单次充氢续航里程达到700 km，满足日常出行需求。在政府补贴202万日元时汽车的售价仅723万日元。发展氢燃料电池车辆的同时，日本也积极推进加氢站网的建设，目标是在2年内建成100座充氢站，每个建设费用约4亿～5亿日元，政府补贴一半。主要分布于关西地区、九州北部、中京地区和首都地区。利用高速公路将这四大核心区域连接起来，打造氢能源利用先行标杆。

截至2015年10月，日本国内安装的固定式燃料电池应用已达14.1万台，到2030达到的目标是530万台。在燃料电池车领域，在2015年10月丰田宣布2020 年的Mirai燃料电池汽车全球销售量将达到3万辆；本田也同时宣布在2016年3月开始销售燃料电池汽车。在加氢站建设方面，到2015年10月已有商业化充氢站31座，至2018年底在营充氢站增加到113座，计划2025年将达到320座，到2030年总数达900座。2018年燃料电池乘用车保有量2839辆，计划到2025年使保有量达20万辆，2030年80万辆，2040年实现燃料电池乘用车的普及。

氢能主要应用于燃料电池，为车辆和固定应用提供电力。储氢是氢能应用中的关键，日本为储氢投入了40亿美元。

日本以发展氢和燃料电池技术为重点的另一个部门是METI，其下属的NEDO计划的重点是发展氢经济。日本的大学研究中心如日本汽车研究所（JARI），除对燃料电池车辆、电动车辆和氢燃料车辆进行强化研究和发展外，也致力于研究和发展燃料技术加工方法、池堆性能指标方法等。一些大学和研究所，如名古屋国立大学、东京工业大学先进工业科学和技术（AIST）、Iwatani国际、本田公司、丰田公司以及大学学术机构等，都在进行氢燃料和燃料电池技术的研究。日本氢能源协会（HESS）是为推进氢能体系特别建立的，总部位于日本研究氢能源领先的大学名古屋（Yokohama）大学，重点是利用可再生资源产氢，目标是改善大气质量。日本很多大汽车公司，如Toyota、Honda、Nissan、Mitsubishi、Suzuki、Daihatsu和Hino也大力研发氢燃料电池车辆。日本的氢和燃料电池示范项目（JHFC）和日本工程先进协会（ENAA）获得的研发资助很多，其重点领域是氢燃料站和降低燃料电池车辆成本并提高其效率，同时也延伸验证氢燃料电池在小汽车中的使用。

5.8.2 韩国氢能源发展现状

韩国科技部在2003年落实了氢能研发中心的建设，在商工能源部下建立了发展氢和燃料电池技术的国家级研发组织。朝鲜能源研究所（KER）是其唯一政府资助的研究所，对能源技术发展和政策进行认证，设计国家在2006 ～ 2015年期间能源技术的长期战略路线图（ETRM）。政府制定和实施税收优惠政策，鼓励使用氢燃料替代道路运输使用化石燃料，在道路运输部门引入氢燃料车辆以逐渐降低使用常规化石燃料车辆的比例，最终达到降低CO_2排放、提高能量效率和能源安全性的目标。

韩国政府对氢能技术研发和产业化推广的扶持力度自2008年起持续加大，先后投入了3500亿韩元来实施“低碳绿色增长战略”“绿色城市示范”等项目，并持续加大对氢和燃料电池技术的研发和推广力度。2018年，韩国政府把氢能产业定位为三大战略投资领域之一，并于2019年初正式发布《氢能经济发展路线图》。在该路线图中提出：韩国要在2030年进入氢能源社会，未来5年将对其投资2.6万亿韩元，使氢能源经济成为拉动创新增长的重要动力，并达到引领全球氢和燃料电池产业发展的目标。韩国政府为发展绿色氢经济再拨付额外的3800万美元，氢和燃料电池是其主要研发领域之一，促进国家经济以绿色方式发展。在韩国的氢经济发展中，主要是建立氢气生产配送站、氢高压容器存储和家用燃料电池发电，以及燃料电池在运输、便携式和固定领域的应用。韩国完备的天然气基础设施能支持燃料电池项目的迅速普及。

韩国政府有多个氢经济发展项目。氢能源技术得到科学技术部（MOST）和商工能源部（MOCIE）的共同支持。MOCIE的重点是在短期内大力发展氢能源技术，而MOST主要致力于长期计划，开展氢能源基础研究。两者都有相关的研发项目，包括高效产氢、替代能源技术和21世纪前沿氢能源研发关键项目。韩国还有多个研究机构、大学、政府部门也致力于发展氢经济。发展燃料电池技术的研究机构和公司包括：Seoul国立大学、韩国大学、韩国先进科学技术研究所、Sogang大学、Yonse大学、Hankuk航空大学、Chungnam国立大学、Dong-Yang大学、Inha大学、Kyung-Book国立大学、Hanyang大学、Pohang科学技术大学、Hannam大学、Hong-Ik大学、Joongang大学、韩国能源研究所（KIER）韩国科学技术研究所（KIST）、韩国电技术研究所（KRICT）和韩国化工技术研究所（KRICT）。KIER已成功地建造了氢燃料电池小客车，一次充氢可行使200km。韩国现代汽车公司在2018年正式发布第二代燃料电池车辆Nexo，电堆最大输出功率95 kW，续航里程800 km。韩国排名前六的燃料电池公司已部署的装机容量达300 MW，计划在2040年把燃料电池产量扩大到15 GW。此外，韩国政府对工业界的氢燃料电池商业化予以大力支持。为推进氢能技术，韩国专门成立了氢和新能源协会，出版的公开刊物*Journal of the Korean Hydrogen and New Energy Society*，其重点是从经济和环境观点报道氢气的生产、存储和运输。韩国Samsung能源企业的重点在于发展氢燃料电池及其在车辆中的应用。Hyundai汽车公司的目标是发展Sonata燃料电池车辆。韩国政府为氢能和燃料电池研究和发展每年花费9000万美元。韩国是人均氢能源研究投入资金最多的国家，实施新计划的目的是发展利用可再生资源和水电解产氢以及商业化固定燃料电池技术和燃料电池车辆技术。

2018年韩国有在营加氢站14座，2020达到80座，预计2025年210座，2030年520座。韩国现有的燃料电池乘用车保有量约300辆，到2025年达到15万辆，2030年63万辆，2040年达到620万辆。

5.8.3 印度氢能源发展现状

为发展可再生能源技术，印度专门新设立了新能源和可再生能源部（MNRE），提出很多研发项目。例如，“氢2020版”计划中提出：印度至少要有1000MW氢容量发电厂和100万辆氢燃料车辆；重点是鼓励发展和示范氢动力引擎和燃料电池车辆，目标定在小二轮/三轮车辆和重载车辆。氢内燃引擎是未来使用纯氢和燃料电池车辆的桥梁，能以较低成本把氢能源引入公用基础设施中，因此它的潜力是巨大的。在MNRE下建立的印度国家氢能源局（由政府、工业、学术机构和其它专家组成），负责制定国家氢能源计划，为印度设计向氢经济过渡的路线图。MNRE的氢能源计划的重点是：支持替代和氢燃料的发展，为印度2020年发展绿色动力提供样本，调优1×10^6kW氢燃料发电厂，在2020年有100万辆氢动力车辆在道路上行驶。该路线图具有划时代意义，要求发展生物方法并原位延伸到利用可再生资源产氢（也可选用商业产氢技术）。

印度的计划部门INHERM提出了长期解决印度能源需求增长的问题，决定要把氢能源引入工厂，改进产氢基础设计和设施，以及促进氢能源商业化。INHERM的技术发展计划分为三步：第一步对有关氢经济各领域进行研究和发展，主要是氢气生产、存储、运输/配送、应用、安全等；第二步是对利用氢气的产品进行验证和示范；第三步是建立集成氢气系统和商业化。印度的国家氢能路线图按两条主要路线进行：一是倡导未来绿色运输，预计生产100万氢燃料车辆；二是倡导分部门绿色生产约1000 MW的小氢内燃引擎、燃料电池堆、氢气透平发电厂（分布式或中心发电厂）。

印度政府、学术部门、研究机构和工业部门之间一般有很好的合作。印度也是IPHE内的活跃国家之一，近年来在混合氢燃料领域已取得显著进展。印度氢能源已获得广泛应用，例如在电力生产和运输领域。在印度各部门进行的重要氢能源项目有很多，而且印度的许多大学和研究机构也都有各自的氢经济发展项目。例如：①氢能源中心、Banaras Hindu 大学，项目为氢气生产、存储和应用；②Barath Heavy Electrics研究所，项目是碱性高分子交换膜燃料电池；③印度技术研究所，项目为氢的固定应用；④IIT、Madras，项目为氢的氢化物存储；⑤SPIC、Madras，项目为PEM燃料电池和应用。印度氢经济（如氢生产、存储和应用）在某些领域已取得相当的增长。已建立起通过有机废物或生物质产氢的试验工厂，并对多种类型有机废物或生物质产氢进行了试验。对氢车辆，如摩托车、燃料电池小汽车、三轮车、火车等，印度已拥有氢燃料电池样机并进行了试验验证。当工业企业参与时，其应用有可能快速扩展到多个领域。

印度的许多地区或部门尚没有电力供应，这为氢能源地区性发电提供了机遇。印度有能力确保氢能源的持续安全供应，因此氢燃料电池车辆有可能逐渐替代燃油车辆。计算显示，印度石油炼厂或肥料工厂每年生产的氢气约有300万吨，应用于不同部门和工厂。近年来印度经济年增长7%～8%，能源需求年增长4.5%，每年能源消费和进口石油的成本是很高的。因此，用可再生能源替代进口石油能确保印度的能源供应，把能源危机的可能性降至最小。印度是一个人口众多的发展中国家，其可再生氢经济发展对全球可再生氢经济发展是至关重要的。印度可利用的可再生能源资源非常丰富，如太阳能、水力、风能和生物质能。印度已开始利用这些可再生资源发展氢经济。

在2015～2017年3年中，印度在氢气和燃料电池项目中花费5800万美元。计划要在2020年生产1000辆氢燃料电池车辆，汽车生产商为未来发展燃料电池车辆提供的资金达1.16亿美元。

5.8.4 马来西亚氢能源发展现状

马来西亚是具有巨大的可再生和非可再生能源资源的国家之一。马来西亚为研究和发展可再生氢经济，在氢和燃料电池（可再生氢经济的基础）上投入了大量资金，利用该国的部分石油和天然气生产氢燃料。例如，马来西亚科学技术和创新部为产氢投资了200万美元，为燃料电池研发投资了970万美元。在马来西亚，利用非可再生能源资源的产氢技术主要是蒸汽甲烷重整，说明其现在的氢经济依靠的仍以化石燃料（如天然气）为主。而利用可再生能源资源的产氢技术主要是以生物质为原料，应用的技术包括气化、热解、发酵、水汽变换等。它们对利用不同能源资源的产氢技术进行了评估，特别是对利用棕榈油生物质为原料的气化产氢气技术与利用太阳能和风能电力（水电解）的产氢技术进行了非常详细的评估。虽然正在进行的有关氢气的研究项目有很多，但在现时情形下，基于价格和生态友好考虑，马来西亚把生物质看作替代化石燃料的产氢原料。利用棕榈油废物产氢的生物质气化和生物发酵技术仍然需要进一步研究和发展。

马来西亚的一些大学如Kebangsaan大学（UKM）和马来西亚理工大学（UTM）都致力于氢燃料电池和氢存储技术的研发，其中UKM发挥了很大的作用。在UKM有很多设施可以进行氢和燃料电池项目。目标是发展可再生氢经济，如生态屋（eco-House）的建设。在生态屋项目中，重点是研发太阳能制氢技术，包括光伏发电和利用其产氢的技术以及储氢和燃料电池技术，生产和存储的电力供居民区使用。应该说，马来西亚的可再生氢经济发端于UKM的燃料电池研究所和马来西亚Terengguan大学（UMT）。在强化的燃料电池研发中，重点研究了甲烷和甲醇自热催化重整产氢和利用纳米结构碳的储氢。而氢经济研究所主要是研究氢经济中的若干重要环节：氢气的生产、纯化、存储、应用、示范，以及其它有关课题，重点放在研发、操作、安全和材料上。学校在教学计划中也教授氢能源的相关课程。

5.8.5 其它亚洲国家氢能源发展现状

表5-4给出了一些亚洲国家使用的产氢方法和可利用的资源。根据各自的经济性质和可利用资源，大多数亚洲国家对氢燃料汽车和氢能源固定应用有不同的研究与开发。亚洲国家的企业在加氢站建设领域中也取得了令人鼓舞的进展。表5-5给出了一些亚洲国家氢能源计划，表明采用的几乎都是快速发展可再生氢经济的路线。一些国家如菲律宾、巴基斯坦、印度尼西亚和新加坡都有丰富的可再生能源资源，而且都为可再生氢经济推出了合适先进的刺激政策。实际上不同亚洲国家（地区）都根据其特殊性和各自的经济政策采用了不同的方法和设计。这说明，氢经济的有效实现不可能依靠单一计划来达到，而应该采用多个不同计划来实现。

表5-4 一些亚洲国家的产氢方法和可利用重要资源

国家	氢生成方法和资源
日本	天然气重整和水电解是近期计划，电化学水光解是长期计划。生产氢可再生资源主要是生物质
中国	甲醇重整是可行的氢生成路线，生活废物被考虑作为生产氢的可再生资源
印度	使用气化和发酵路线从生物质进行氢的生物生产，特别是使用有机废物材料
马来西亚	甲烷蒸气重整是生产氢的现时方法，生物质是主要资源，特别是棕榈油工厂排出生物质（POME）
韩国	95%氢气使用化石燃料生成，特别是天然气，其余5%使用水电解生产

表5-5 一些亚洲国家发展氢公用基础设施的计划

国家	组织或计划项目	目标/指标
日本	日本氢能源协会（HESS） 月光计划 日本经济产业省（METI） 政府部门和机构官方工作组 日本世界能源网络 新能源和工业技术发展组织（NEDO） 日本氢和燃料电池发展示范项目	运输应用 燃料电池研发和商业化 燃料电池研发和商业化 燃料电池实际应用 运输应用燃料电池 发展氢和燃料电池技术 发展充氢气站
韩国	科学技术部（MOST） 商工能源部（MOCIE） 高效氢生产计划；替代能源技术发展计划；21世纪前沿氢能研发中心计划 韩国氢和新能源协会	长期计划的发展 氢研究短期计划的发展 全部都是要发展氢基燃料电池技术 促进氢能技术
中国	国家基础研究计划（NBCP） 国家高技术发展计划（NHTDP） 国家发展和改革委员会（NDRC） 全球环境政策 中国科学技术部（CMST） 氢能中国协会 MOST 973计划	全球的工业规模生产、存储和运输 摩托应用燃料电池的发展 氢气的持续和无污染生产 燃料电池公交车示范 氢基燃料电池汽车的发展 燃料电池的应用 氢存储材料的发展

续表

国家	组织或计划项目	目标/指标
印度	印度国家氢能路线图（INHERM） 绿色倡议和未来交通（GIFT） 发电绿色倡议（GIP） 氢2020版	加速氢的商业化（氢气公用基础设施的发展） 氢燃料车辆的发展 燃料电池发电电堆的发展 氢基燃料电池车辆

为示范和验证储氢在可再生能源经济发展中的可行性，选择亚洲不丹的两个遥远地区作为试验地区。结果表明，对非常遥远和电网不可及地区，电网延伸的成本是非常高的甚至是不可能的，但可再生能源系统却可提供高水平的服务，其成本要低于电网供应。采用的可再生氢经济研究项目是太阳能电力产氢，它可为孤立海岛生活群体提供能源（电力）的基础设施和为居民提供电力。利用光伏板生产的电力电解水生产烹饪用的氢燃料。巴基斯坦的试验结果也表明，在遥远地区使用太阳能-氢能源技术是可行的。

新加坡对用清洁燃料发电一直具有很高热情，期望把先进的氢能源作为运输燃料。除作为运输燃料外，新加坡的另一目标是在未来实现清洁氢燃料电池技术的应用。国际公司和企业如Daimler Chrysler和BP也在新加坡进行氢能源的商业化，其重点是为固定和运输领域应用开展清洁能源研究。在研究报告中指出，新加坡以甲烷为燃料生产的电力占比大于80%，其余为燃料油生产。为解决已产生的环境问题，考虑利用氢能源发电技术，这使新加坡更加热衷于研发清洁能源技术。新加坡国家环境署和能源市场当局认为：满足新加坡清洁能源（氢）需求的最可能地区是Pulau Semakau和Pulau Ubin两地。为发展可持续的清洁能源，新加坡科技研究局已投资了385万美元。虽然利用燃料电池发电已获新加坡人民的认可，但因成本和技术问题其应用仍然受到了限制。目前，新加坡正在开展直接使用甲烷燃料的固体氧化物燃料电池（SOFC）技术研发工作。亚洲国家印度尼西亚有丰富的天然气资源，可用于生产氢气和电力，这是一条低污染和清洁的能源路线。

在亚洲氢经济中必须考虑的一个国家是泰国。泰国可再生能源资源分布广泛，主要是生物质、太阳能、水能。它们都能用于生产氢气，因此泰国可以氢作为能源应用。泰国的生物质资源主要是稻谷、棕榈油、糖类和与木材工业相关的废料。计算显示，该国每年产生6000万吨生物质残留物，利用它们可直接生产富含甲烷生物气体、产氢和/或供燃料电池试验。

5.8.6 澳大利亚的可持续氢经济

澳大利亚有丰富的水力、风能、生物能、太阳能、地热和海洋能可供利用，在2008—2009年间可再生能源生产中，水电、生物气体、木材和木材废物约占85%，其余是风能、太阳能和生物燃料（包括垃圾填埋气体和沼气）。太阳能主要用于加热住宅用水，约占住宅总能耗的1.8%。澳大利亚对可再生能源生产和研究的投入持续增加，例如，太阳能热水器的使用量在快速增加，从2007～2008年的6.5 MJ增加到2008～2009年的8.2MJ。尽管澳大利亚可再生能源总生产量增加，但其在总消费中的占比并没有显著增加，约占初级能源总消费的5.2%（图5-18）。2009年用可再生能源生产的电力为19.2 TW·h，发电容量为1000 MW，占总发电容量的7.4%（图5-19）。计划到2029～2030年可再生能源电力在澳大利亚总电力中的占比增加到约20%，在总初级燃料消费中的占比也将增加到约8%。

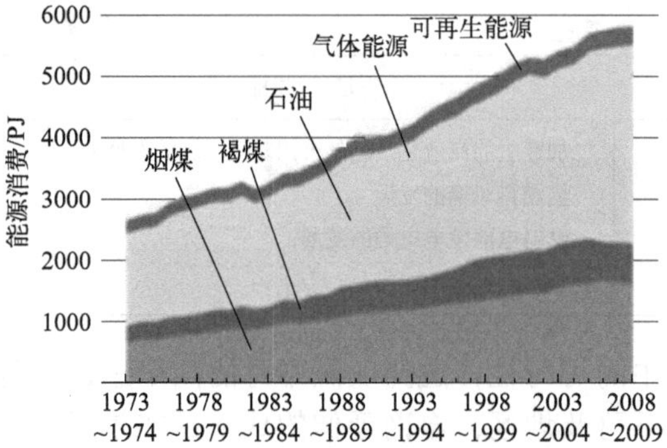

图5-18　澳大利亚的初级能源消费

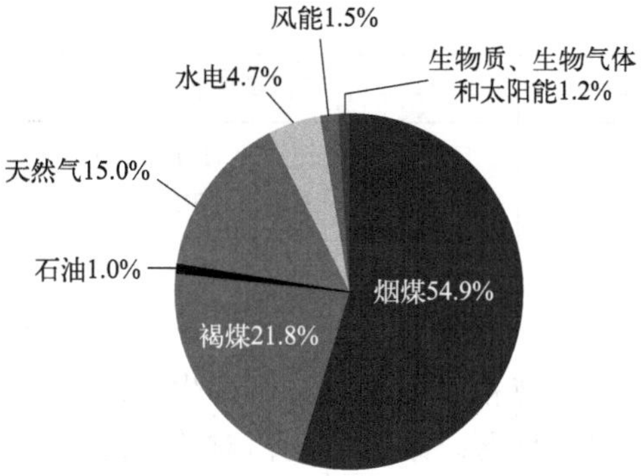

图5-19　澳大利亚2008 ~ 2009年发电的燃料比例

尽管澳大利亚国土面积广阔，但约50%人口集中生活于东部海岸狭长地带（悉尼、墨尔本和布里斯班等城市）。因此，可再生能源的电力容量几乎都集中在该海岸地区，这对可再生能源脱中心利用比较理想。尽管太阳能资源潜力巨大，但澳大利亚研究部署的太阳能发电很少，仅占总可再生能源电力的2%。

澳大利亚可利用资源和可再生能源地区分布很不均匀，存在主电网难以连接的孤立地区，非常需要建立分层结构的氢能源生产和消费中心。这类氢能源中心有几种类型：离岸氢中心、海岸氢中心、陆地地面氢中心和区域自治氢中心。

尽管澳大利亚的可再生能源非常有潜力，但在使用上远远落后于其它发达国家。2001年澳大利亚政府制定了强制性可再生能源目标，而真正采取措施却是在2010年。澳大利亚发展可再生能源的主要壁垒是：现有的技术困难放慢了采用可再生技术的步伐；因公用基础设施建设的高成本和缺乏利用间断可再生能源电力的关键技术，使采用脱中心可再生氢发电变得很困难。因此，对澳大利亚而言，需要发展有可持续氢能源战略的定量过渡方案，需要用合适的能源-经济模型来评估氢能源战略对经济、环境和社会利益的总体影响，需要整体考虑氢在可持续能源经济中的作用，包括政策研究和可用技术的研究、发展、示范和商业化。

5.8.7　亚洲国家可再生氢经济面临的挑战

不同国家氢经济模式的程序框架是不一样的，但这并不影响相互间的交流和合作。尽管如此，各个国家氢经济发展和建立面临的主要挑战（或障碍）却基本上是一样的。氢经济能否最终替代化石燃料经济极大地依赖于技术问题的解决、成本的降低、安全的保障和公众的完全接受等因素。要使氢经济社会成为现实必须克服上述相关的技术和成本挑战。与常规能源发电成本相比，目前的氢经济成本高，因此必须更有效地发展燃料电池和氢气生产、存储、运输或配送领域中的所有技术问题，并尽可能降低其成本。解决这些挑战除了必需的政府激励外，还必须考虑公众在有关安全问题上的接受情况，并确保发展可再生氢经济资金能够按质按量到位。虽然氢经济的实现需要克服很多挑战，但它也开启了新的美好前景。当然，氢技术的研发和使用离不开科技人员的努力和奉献。

亚洲国家发展可再生氢经济面临的共同挑战有：①市场化挑战，包括燃料电池生产成本和性能以及氢能源有效利用的政府计划；②技术挑战，主要包括储氢技术、燃料电池及燃料生产系统的发展以及氢公用基础设施的扩展和完善；③氢燃料的经济安全管理；④对可再生氢经济的最大挑战有可能来自新配送网络的发展，但现在尚没有适用于氢燃料的公用基础设施。

虽然现在有许多产氢技术可以利用，但几乎都是以利用化石能源原料为主，难以避免碳排放问题，需要有CO_2捕集封存技术的配合（这是非常昂贵的）。储氢和输氢技术的工业规模应用也是比较昂贵的（因氢燃料体积能量密度很低）。必须指出，与氢经济相关的最关键技术几乎都密切关系到燃料电池技术，它的耐用性问题至今仍未得到很好解决。但是也应该看到，由于对燃料电池技术正进行着大量的研发工作，取得突破似乎问题不大，从而可确保技术的发展，不仅能够克服上述壁垒，并在未来是可应用的。

对中国和韩国的可再生氢经济而言，必须克服的主要挑战是在技术和政策方面。一是需要更多的先进技术支持实现可再生氢经济，也就是说，氢能技术必须有显著的改进和提高以达到易应用的绿色产氢、储氢和应用；二是氢经济的发展亟须政府出台一系列刺激推动整体氢能源发展和实现的激励政策，包括有效应用氢能源的商业模式以及对氢经济长期持续性支持。例如由于支持资金的减少，上海氢气站数量和燃料电池项目在持续减少。中国和韩国还面临的另一个重要挑战就是人力资源缺乏。中国、韩国的氢经济是可行的，但需要建立联合发展部门来克服所面临的共同挑战。对印度，实现氢经济的主要挑战包括产氢成本、储氢、燃料电池效率的提高和氢燃烧引擎寿命的延长。

总之，氢是有吸引力的能源和能量载体，对环境有独特的保护意义并使全球能源供应能够持续。零排放概念是建立未来可再生氢经济的基础。利用高效的氢燃料电池洁净地替代化石燃料电力。可再生氢经济和替代化石燃料的技术在亚洲的实现，需要对氢和燃料电池技术进行进一步研究、发展并商业化，只有这样才能实现可再生氢经济。为成功地过渡到可再生氢经济，必须考虑以合适方法逐步加速氢公用基础设施的建设，其中也包括氢能的生产、存储、配送和终端使用单元。对一些亚洲国家，可以生物质资源（如棕榈油、稻米、蔗糖和木材工业废弃物）为原料用热化学裂解、气化或发酵工艺生产氢气。亚洲各国虽各有其自己的氢资源，但适当资金和政策的支持对可再生氢经济的发展是至关重要的。日本、韩国、中国和印度都设有刺激可再生氢经济并使其商业化的部门和计划。为实现氢经济，必须降低氢公用基础设施成本和克服面临的市场化和技术的挑战，也必须有政府政策的全力支持。从化石燃料经济向可再生氢经济的过渡，需要政府积极采取行动，积极推行氢能源技术并进行适当的示范。

5.9 中国氢能的发展

5.9.1 引言

为推动氢能源发展和应用，中国在2019年发布了两个重要文件：《中国氢能源及燃料电池产业白皮书（2019版）》和《长三角氢能源与燃料电池产业创新发展白皮书》（2019）。主要内容摘录如下。

中国对氢能的研究和发展可追溯到20世纪80年代初，中国科学家为发展本国的航天事业，对火箭燃料液氢的生产、氢氧燃料电池的研制开发进行了大量而有效的工作。将氢作为能源载体和新能源系统进行的研发早在70年代就已开始。2003年，中国科学技术部代表中国政府在华盛顿与美、日、俄等14个国家和欧盟代表共同签署了《氢能经济国际合作伙伴计划》，中国在氢经济的研究和发展、相关领域的国际合作以及各种示范和对公众宣传方面做了大量工作。中国的氢能技术开发正在逐步进入世界先进行列。在我国《国家中长期科学和技术发展规划纲要（2006—2020年）》和《国家“十一五”科学技术发展规划》中都列入了氢能源研究发展的相关内容。国务院办公厅印发的《能源发展战略行动计划（2014—2020年）》中，氢和燃料电池已明确作为能源科技20个重点创新方向之一。

中国在科技部和各部委基金项目的支持下，已初步形成了一支由高等院校、中科院、企业等为主的从事氢能与燃料电池研究、发展和应用的专业队伍。研发领域涉及氢经济相关技术的基础研究、技术发展和示范试验等方面。例如2000年科技部资助的国家“973”项目“氢能规模制备、储运及相关燃料电池的基础研究”。2006年国家‘863’计划先进能源技术领域“氢能与燃料电池”专题等。

中国是世界上消费能源最多的国家之一。中国是亚洲可再生氢经济发展中起关键作用的重要国家，中国也是IPHE组织的积极参与者。中国小规模氢气生产一般使用比较洁净的方法，排放的温室气体很少。虽然利用天然气产氢是低成本技术，但在中国使用更多的是可行和相对便宜的甲醇蒸汽重整制氢的方法，大规模使用的氢气则多使用煤炭气化技术生产。为避免温室气体排放，生产工艺中将逐步配备碳捕集封存单元。在中国国家基础研究计划中，重点研究领域之一是提高工业规模产氢、储氢和运输氢技术，其中也包含了燃料电池应用和太阳能电力电解水制氢技术。中国与一些国家合作，进行了燃料电池动力轻载车辆、公交车、小型货车和轿车的道路试验。中国国家高技术发展计划（NHTDP）的重点是利用化石燃料制氢和氢燃料电池技术以及先进的车用产氢和储氢技术。中国重要的计划项目是MOST资助的973计划，投资560万美元用于发展储氢材料、膜等关键材料。在能源发展政策中，为氢能的正常使用，中国计划在氢和燃料电池研究中投入更多的资金。例如中国科技部已为氢燃料电池汽车投资约940万美元。

2002年，中国为发展氢燃料电池资助1800万美元，重点支持中科院大连化学物理研究所发展质子交换膜燃料电池（PEMFC）。DICP对燃料电池进行了持续和大量的研究与开发（重点在PEMFC），申请了多项专利，在2003年为清华大学提供了应用于公交车车辆的新75 kW PEMFC池堆。中国已为燃料电池汽车额外投资了约1.2亿美元。中国有许多专长于氢燃料电池的大学、研究所和企业单位。例如，清华大学有产氢、储氢和氢运输、燃料电池引擎和PEM燃料电池的发展研究项目（包含基础研究）。清华大学、复旦大学、天津电力研究所和华南科技大学都致力于研究乙醇产氢技术（用于PEMFC）。中国富源公司对功率在3 ～ 30 kW范围的PEM池堆进行了很多研发工作，与清华大学合作在1998年生产出中国第一台燃料电池车辆，使用5 kW的池堆。后来，富源公司对公交车用40 kW和电动车用100 kW PEMFC池堆进行了示范。香港大学研发的重点是发展储氢的碳纳米材料。

国家发展和改革委员会（NDRC）重点支持清洁和无污染氢能的可持续发展研究项目。中国氢经济的长期计划重点领域可能在2050年后实现。中国氢经济的研究包含在国家能源系统可再生能源研究项目中。国务院能源部门负责氢经济可用资源的调查研究、计划发展、成本分析、经济推动等工作。中国区域经济的多样性可为氢经济的发展助力。例如，北京和上海已被全球环境署（GEF）提名为使用燃料电池公交车的示范城市。上海市政府为实施燃料电池研究开发项目每年投资约1200万美元，其可再生氢的研究开发项目利用的是核发电厂、化石燃料和可再生能源资源，利用所产的氢气替代目前使用的大多数电池。氢能源技术的研究与开发需要有政府的政策扶持和资助。例如，对上海神力科技有限公司与上海汽车工业合作生产使用氢电功率（氢燃料电池）小客车项目进行了政策扶持和资金资助，使它们能够同时研发PEMFC。

中国氢经济的发展和实现需要在多个领域发展有效技术，如氢气的生产、存储、运输配送和应用等。中国已经有氢动力汽车在长期运行，取得了很好的进展并进行了推广使用。这对改善中国能源危机、降低污染和促进可再生氢经济发展很重要。

中国的可再生氢经济发展，不同地区有其自己的地区政策。如上海有自己的可再生氢经济发展计划，制定并实施了支持可再生氢经济研发的鼓励和激励政策，如碳税政策、对使用氢燃料设备的免税政策等。上海正在执行氢气公用基础设施建设计划，启动了为燃料电池公交车生产氢气的项目。在氢燃料供应方面，上海的可利用性非常（因燃料源无限且灵活性很大）。上海的一些化学工业公司以工业副产物的形式生产大量氢气，可很好地满足该城市的近期氢气需求。中国氢能协会是一个促进可再生氢经济发展的民间组织，期望把氢气用于不同领域特别是作为燃料电池燃料。

5.9.2 中国发展氢能源的总体目标

氢能源和燃料电池产业发展关系到中国能源发展的总体战略，也关系到中国生态文明建设和中国战略性新兴产业布局。从国家能源战略的高度看，应将氢能源逐步纳入国家能源管理体系中，加快顶层设计，制定氢能源和燃料电池产业协调发展的规划与行动方案。相关部门结合氢能源和燃料电池产业发展的现状和技术进步，制定了氢能源产业发展路线图，分为三部分：总体目标、技术路线及整车体系保障。

氢能源将成为中国能源体系中的重要组成部分。预测到2050年氢在中国能源体系中的占比约为10%，氢气需求量接近6000万吨，年经济产值超过10万亿元，全国加氢站数量将达到10000座以上，在交通运输、工业等领域将实现氢能源的普及应用，燃料电池车产量达到520万辆/年，固定式发电装置2万台套/年。燃料电池产能550万台套/年。

5.9.3 技术路线展望

氢能源产业的初期发展，将以工业副产氢就近供应为主，积极推动可再生能源电力制氢规模化、生物制氢等多种技术的研发示范。发展中期，将以可再生能源电力制氢、煤制氢等大规模集中稳定产供氢为主，工业副产氢气作为补充。远期目标，将以可再生能源电力制氢为主，以CO_2捕集封存（CCS）技术的煤制氢、生物制氢和太阳光催化分解水制氢等技术作为有效补充。中国各地将结合自身资源禀赋，兼顾技术发展、经济性以及环境容量，因地制宜选择制氢路线。预计2050年平均制氢成本应不高于10元/公斤。

5.9.4 中国发展氢能源产业的优势

中国具有丰富供应氢气的经济和产业基础。经过多年的工业积累，中国已经成为世界上产氢最大的国家。初步评估表明，现有工业制氢产能为2500万吨/年，可为氢能源和燃料电池产业化发展的初始阶段提供低成本的氢源。丰富的煤炭资源辅以CCS技术，可稳定、大规模、低成本供应氢气。中国也是全球第一大可再生能源发电国，仅风电、光伏、水电等可再生能源每年弃电超过1×10^{11}kW·h，如用于水电解制氢，可产氢约200万吨。未来随着可再生能源规模的不断扩大，可再生能源制氢有望成为中国最主要的供氢来源。

中国氢能应用市场潜力巨大。表5-6对中国、日韩、北美和欧洲市场规模进行了比较，中国氢能整体市场规模居世界第一；在氢能源方面，2018年中国产氢超过900万吨，产值超过160亿美元，相应地美国仅为430万吨和115亿美元。氢能在交通、工业、建筑等领域具有广阔的应用空间和前景，尤其是以燃料电池车辆为代表的交通领域，是氢能源初期应用的突破口和主要市场。中国汽车销售量已连续十年稳居世界第一，而新能源汽车销售量约占全球总销量的50%。工业和信息化部已经启动《新能源汽车产业发展规划（2021—2035年）》的编制工作，将以新能源汽车高质量发展为主线，探索新能源汽车与能源、交通、信息通信等深度融合发展的新模式，产业化的重点已经开始向燃料电池车辆拓展。在工业领域，钢铁、水泥、化工等产品产量连续多年居世界首位。氢气可以是它们的高品质燃料和原料。在建筑领域，氢气能以发电、直接燃烧、热电联产等形式为居民住宅或商业区提供电力、热量和冷量。中国提出了在2030年实现碳达峰、2060年达到碳中和的宏大目标，因此，随着碳减排压力的增大和氢能规模化应用成本的降低，氢能源有望在建筑、工业能源领域应用取得突破性进展。

中国氢和燃料电池技术已经基本具备产业化的基础。经过多年的科技攻关，中国已掌握部分氢能源从基础设施到燃料电池相关的核心技术，制定出台了国际安全标准86项次，具备了一定的产业装备及燃料电池整车的制造能力。中国燃料电池车辆经过多年的研发积累，已形成了有自主特色的电-电混合技术路线，已经过了规模化示范运行阶段。截至2018年底，累计入选工信部公告《新能源汽车推广应用推荐车型目录》的燃料电池车型接近77款（重复车型已被剔除）。在上海、广东、江苏、河北等地实现了小规模全产业链示范运营，为氢能源大规模商业化运营奠定了良好的基础。2018年，中国氢能源及燃料电池产业战略创新联盟（以下简称为“中国氢能联盟”）正式成立。成员单位涵盖了产氢、储氢和氢运输、充氢基础设施建设、燃料电池研发及整车制造等产业链中各个环节的头部企业，标志着中国氢能大规模商业化应用已经开启。

表5-6　中国氢能市场与日韩、北美和欧洲的比较

国家或地区	制氢	运氢	储氢
中国	■■■■■ ·多采用化石燃料制氢 ·制氢成本低至2.59美元/kg	■■□□□ ·已知有一定规模的输氢管道有两个，长度分别为25 km和43 km	■■□□□ ·以35MPa Ⅲ型储氢瓶为主，Ⅳ型未投入使用 ·储氢材料申请专利约占全球14%
日韩	■■■□□ ·多采用盐电解水制氢 ·制氢成本约5.20美元/kg	■■■□□ ·较少使用管道运氢，因地域较小，以气氢拖车、液氢罐车运输即可满足需求	■■■■■ ·以70MPa Ⅳ型储氢瓶为主 ·储氢材料申请专利约占全球60%
北美	■■□□□ ·多采用新能源制氢 ·成本普遍高于5美元/kg，相对廉价的乙醇制氢成本也达5.9美元/kg	■■■■■ ·输氢管道全长达2608 km，占全球输氢管道总长的57%	■■■□□ ·以70MPa Ⅳ型储氢瓶为主 ·储氢材料申请专利约占全球17%
欧洲	■■■■□ ·多采用化石燃料制氢 ·制氢成本低至2.59美元/kg	■■■■□ ·输氢管道全长达1598 km，占全球输氢管道总长的35%	■■■□□ ·以70MPa Ⅳ型储氢瓶为主 ·储氢材料申请专利约占全球5%

■■■■■　产业链较成熟　□□□□□　产业链欠成熟

5.9.5 中国氢经济发展预测

氢能源是中国能源结构由传统化石能源为主向以可再生能源为主多元格局转换的关键媒介。2018年，中国氢气产量约2400万吨。如按照能源管理换算成热值计算占终端总能源约2.7%。按中国氢能联盟的预计，到2030年中国氢的需求量将达到3500万吨，在终端能源体系中占比5%；到2050年氢能源在终端能源体系中占比将至少达到10%，氢的需求量接近6000万吨，相应可减排二氧化碳约7亿吨（图5-20），产业链的年产值约12万亿元。

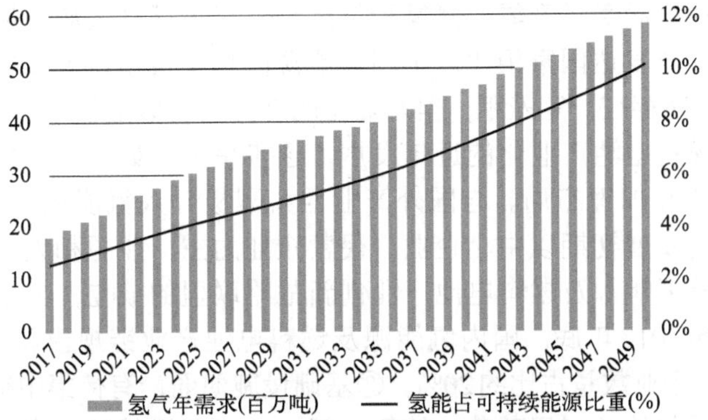

图5-20 中国中长期氢气需求预测

交通领域将是氢能源消费的主要突破口，实现从辅助能源到主力能源的转换（图5-21）。在商用车领域，燃料电池商用车销量在2030年将达到36万辆，占总销售商用车的7%（乐观情况下将达72万辆，占总销量13%）；2050年销量有望达到160万辆，占市场份额达37%(乐观情况下将达300万辆，占商用车总销量70%以上)。在乘用车领域2030年和2050年的燃料电池车辆销量占全部销量的比重分别达到3%和14%。到2050年交通领域氢能源消费量达到2458万吨/年，折合1.2亿吨标准煤/年，占交通领域总用能的19%（乐观情况下将达4178万吨/年，占交通总用能的28%）。其中，货运领域氢气消费占交通领域氢能消费总量的比例高达70%，是交通领域氢能消费增长的主要驱动力。

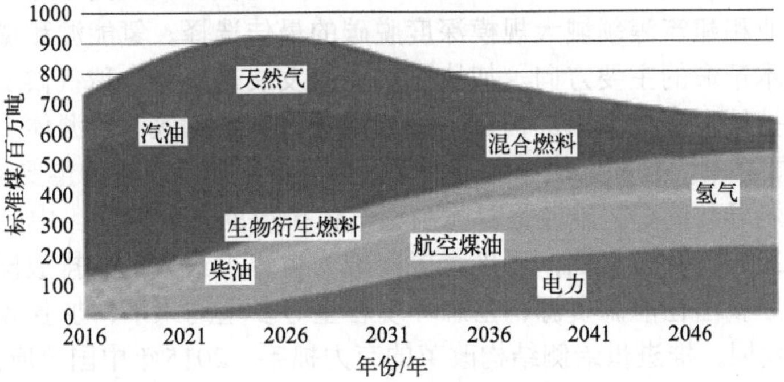

图5-21 2016—2050年中国交通领域能源消费结构

工业领域的氢气消费增量主要来源于钢铁行业。到2030年钢铁领域氢气消费将超过5000万吨标准煤，到2050年进一步增加到7600万吨标准煤，占钢铁领域能源消费总量的34%。2030年前化工领域氢气消费稳步增长，从2018年的8900万吨标准煤稳步增加到1.06

亿吨标准煤。2030年后，由于化工领域整体产量压缩下降，氢气消费量也呈现下行趋势。到2050年化工领域氢气消费量为8700万吨标准煤，与目前水平相当，仅次于交通领域。就工业领域来看，氢气消费规模整体呈现上升趋势，尤其是在2030年前增速较快，此后逐步放缓。到2050年，含钢铁、化工等工业领域氢气消费总量超过1.6亿吨标准煤。

总之，中国高度重视氢能源和燃料电池产业的发展。2001年以来政府相继发布《"十三五"战略性新兴产业发展规划》《能源技术革命创新行动计划（2016-2030年）》《节能与新能源汽车产业发展规划（2021-2035年）》等顶层规划，鼓励并引导氢能源和燃料电池技术的研究和发展。氢能产业链涵盖了产氢、储氢和氢运输、充氢基础设施、燃料电池及各个领域的应用等诸多环节。与发达国家相比，中国氢能源的自主技术研究和发展、装备制造、基础设施建设等方面仍然存在一定差距，但产业化的态势在全球是领先的。

中国氢能源和燃料电池产业化的近年发展，逐步呈现出如下三个显著特点：①大型能源和制造骨干企业正在加速布局。与国外产业巨头积极介入氢能源和燃料电池领域不同，我国在该产业领域的发展初期以中小企业、民营企业为主，能源和大型制造业骨干企业的介入程度有限。随着氢能源及燃料电池产业创新战略联盟的成立，大型骨干企业正在加速布局氢能产业。截至2018年底，国内氢能源及燃料电池产业链规模以上企业约309家，大型能源和制造业骨干企业数量占比约20%。②基础设施薄弱，有待集中突破。产业链企业主要分布在燃料电池零部件及应用环节，储氢、氢运输和充氢基础设施发展薄弱，成为"卡脖子"环节。氢能源市场和储氢氢运输、充氢基础设施、燃料电池及其应用三个环节的企业合计占比分别为48.5%、9.7%、41.8%。预计2030年中国充氢站数量将达到1500座，整体规模将位居全球前列。③区域产业集聚效应显著。近年来，北京、上海、广东、江苏、山东、河北等地纷纷依托自身资源禀赋发布地方氢能源发展规划，先行先试推动氢能源和燃料电池产业化进程。目前，上述6省市产业链相关企业合计占全国规模以上企业总数的51%。2018年，广东、北京、河北三地的燃料电池车辆销售量占全国销售总数高达79.56%。

5.9.6 中国能源低碳化发展

氢是来源广泛、清洁无碳、灵活高效、应用领域广泛的次级能源和能量载体。氢能源是推动传统化石能源清洁高效利用和支撑可再生能源大规模发展的理想互联媒介，也是实现交通运输、工业和建筑等领域大规模深度脱碳的最佳选择。氢能源和燃料电池正在逐步成为全球能源技术革命的主要方向。加快氢产业的发展是应对全球气候变化、保障国家能源供应安全、可持续发展的战略、构建"清洁低碳、安全高效"能源体系、推动能源供给侧结构改革的重要举措，是探索能源变革带动区域经济高质量发展的重要实践。

化石能源燃烧导致的CO_2排放是目前温室气体排放的主要来源。中国碳排放量在2003年超过了欧盟，2006年超过美国，已连续多年成为世界上最大的碳排放国家。因此，我国碳减排压力巨大。我国在能源资源、生态环境容量等多重约束下，加强碳排放管控越来越成为推动高质量发展、推进供给侧结构改革的有力抓手。2015年中国政府向国际社会承诺：中国CO_2排放量在2030年前达到峰值、2060年实现碳中和，力争提前。自2011年起我国就开始在北京等7省市开展碳排放权的交易试点工作。2017年启动了国家碳排放交易体系建设，推进能源系统低碳化变革的支持力度逐渐加大。

尽管中国已经初步形成了煤炭、电力、石油、天然气、新能源全面发展的能源供给体系，消费结构也正在向清洁低碳化发展，但能源的结构性问题依旧突出，特别是煤炭清洁高效利用有待加强。中国煤炭的80%用于发电和供热，占年度化石能源CO_2排放量的76%。初步测算表明，以民用、工业小窑炉和小锅炉为代表的散煤年消费量高达7.5亿吨。此外，对氢含量相对高的低质褐煤，我国尚未实现规模化的清洁开发利用，但其保有储量约1300亿吨，占煤炭储量的13%。石油和天然气消费比重的增加与其自给能力不足之间的矛盾日益凸显。中国已成为世界上最大原油进口国，2020年对外依存度已超过76%，未来还将继续上升。这给中国能源安全发展带来巨大的挑战。

然而令人欣慰的是，2018年中国可再生能源发电量已达1.87万亿千瓦·时，占全部发电量的26.7%，2019年进一步增加到27.3%。可再生能源消纳存在较为明显的地域性和时段集中分布的特征，电力系统调峰能力仍不能满足发展的需求。我国的可再生能源年弃电量超过1×10^{11}kW·h，这极不利于可再生资源的进一步规模化开发利用。

中国是全球生态文明建设的重要参与者、贡献者、引领者。发展低碳（零碳）能源、优化能源系统是实现长期碳减排目标、推进中国能源清洁低碳转型发展的重要途径。氢能是构建中国现代能源体系的重要方向。

5.10 氢能源集成体系的发展

从无污染和可持续发展的角度看，以氢作为运输燃料是必然趋势，为此许多国家在技术和政策上提出了倡议并采取了相应的措施。可再生能源（RES）电力如太阳能电和风电供应具有固有的波动性和间断性特征。当把其应用于建立可持续发展能源网络系统供运输、工业和居民使用时，为解决其波动性和间断性问题，必须配备储能单元和装置。储氢是储能的一个很好的选择，把可再生能源电力与储氢装置集成以供应不同应用领域的能源需求，形成大的能源网络系统，如图5-22和图5-23所示。大能源网络系统是可持续的，因它集成了氢能源系统和可再生能源电力系统，也包含了所有应用能源的领域。储氢储能的原理和过程如下：利用RES生产的电力除通过电网输送到末端使用者外，其过量电力特别是其波动不稳定功率可用于电解器中电解水生产氢气，并把所产氢气存储起来。存储的氢气既可

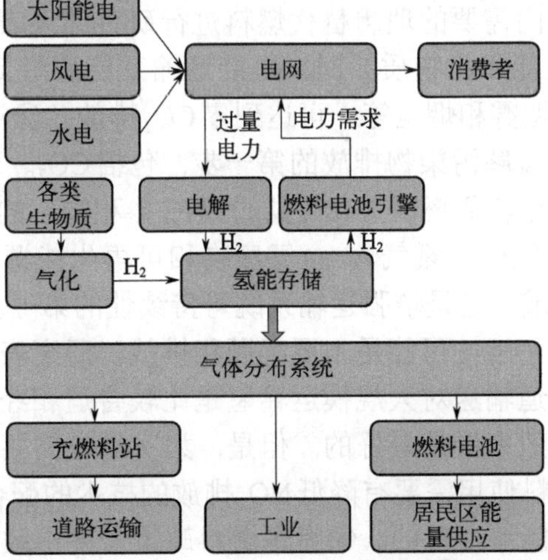

图5-22 运输、工业和居民用的集成氢能系统

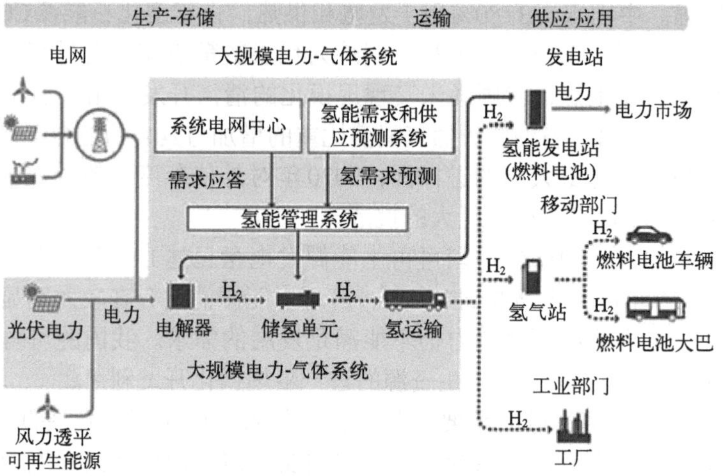

图5-23　可持续氢能源和可再生能源系统集成模型

用作内燃引擎（IC）燃料也可用燃料电池来产生电力和热量，不仅解决了可再生能源电力的瞬时不稳定性和间断性的问题，而且解决了运输燃料问题和电力短缺问题。存储的氢气也可经气体分布系统供应运输分布和供脱中心发电厂使用。

随着氢能源技术的进展和实际产氢量的增加，其生产、运输配送分布和产品制造的成本将会显著下降。氢能源是可持续能源经济的基础，利用可再生能源资源生产的绿色可再生氢是可行且可持续的，氢能源是可持续能源经济中的主要组成部分。虽然尚不能最终确定氢动力运输车辆一定比纯电力驱动和油驱动车辆更好，因为前者的储罐重量增加、体积效率和比功率输出降低。但是，氢动力的重要性在于（比其它都重要）：可使用可再生能源也可使用核能或煤炭等初级能源生产氢气，从而在表观上大幅增加现有的油储量；氢内燃引擎是可利用的成熟技术（比燃料电池技术成熟）。需要解决的仅是消除NO_x排放的问题，现在已有使NO_x排放显著降低的适用技术，如贫燃混合物燃烧和后处理装置（SCR/LNT）技术。当然，这也进一步说明，氢能源利用是需要与不同类型技术进行集成的。

未来运输部门使用氢能系统的关键包括：氢的生产、储存、运输分配和利用技术，政府政策的支持。对运输部门需要的理想替代燃料进行研究结果表明：①当氢燃料来自可再生能源资源（太阳能、风能和生物质）时，氢能运输系统可降低所在地区的污染物排放，如CO、CO_2、HC、PM、烟雾和烟尘等，可达到零CO_2排放。②液体燃料（汽油/柴油）用气体燃料（CNG）替代是缓解污染物排放的第一步，包括CO_2。现有的CNG公用基础设施无需大的改造就能够作为运输氢燃料（18%氢的CNG掺和物）的分布配送系统。③氢的来源包括工业部门副产物（氯碱、氨气）、含氢废物和可再生能源，为使氢燃料连续供应给运输部门需要有技术的集成。这是增强运输系统可持续性的第一步。④与常规燃料（柴油、汽油等）相比，氢的存储和运输可能是主要问题和挑战。研究表明，以压缩气体方式储氢可解决市区内的运输。管道输送对大规模运输氢是比较合适和经济的方法。⑤氢在燃料电池中的利用，从系统能量效率看是最好的。但是，为实现它需要对公用基础设施进行大的改造。氢作为内燃引擎燃料使用需要有降低NO_x排放的技术的配合（例如EGR/混合物贫燃燃烧/LNT/SCR），这些是能够实现的。⑥汽车燃料政策需要由政府制定，以促进和推动氢替代车辆使用的燃料。

HYDROGEN
CHEMICALS, FUEL AND ENERGY CARRIER

6 氢燃料

6.1 概述

综观全球，自进入21 世纪以来，氢能源开发利用步伐逐渐加快，尤其是在一些发达国家，都将氢能源列为国家能源体系中的重要组成部分，人们对其寄予了极大的希望和热忱。中国也在2019年发布了发展氢能源的白皮书，加速氢和燃料电池技术的发展。

氢能源具有清洁无污染、储运方便、利用率高、可通过燃料电池把化学能直接转换为电能和热量的特点，而且氢的来源广泛，制取途径多样。这些独特的优势使其在能源和化工领域有着极其广泛的应用，如图6-1所示。除作为化学品使用外，氢是一种理想的清洁能源。不管是直接燃烧还是燃料电池的电化学转化，不仅转化效率高，而且其利用后的副产物只有水没有污染物生成。随着燃料电池技术的不断完善，以燃料电池为核心的新兴产业

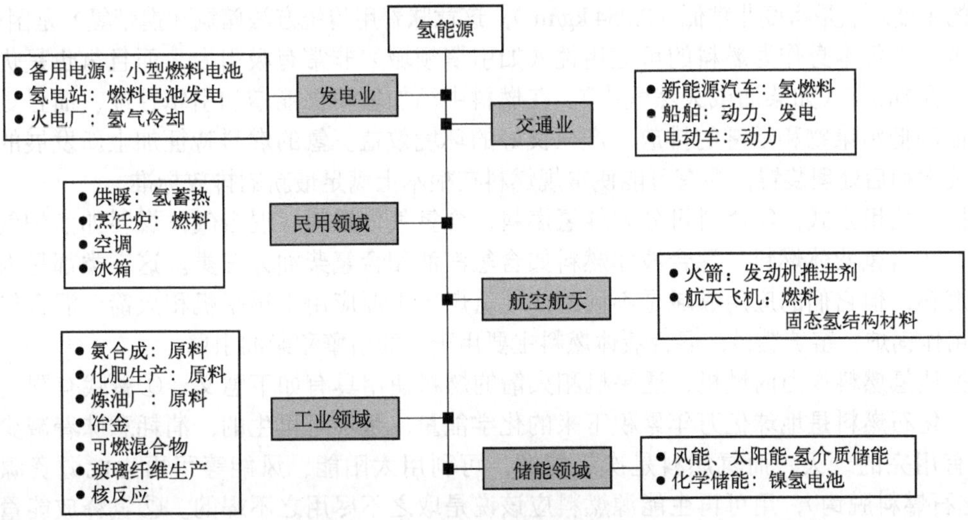

图6-1 氢能源的利用领域和范围

将使氢能源的清洁利用得到最大的发挥。氢燃料电池汽车和移动运输工具如叉车、分布式发电、应急电源应用的产业化已初见端倪；而家用燃料电池热电联产产品已完全商业化进入了市场。氢是一种良好的能源载体，具有清洁高效、便于存储和运输的特点。可再生能源电力特别是风电和太阳能电力近些年来发展十分迅猛，其利用效率的提高离不开氢能量载体。这是因为这些可再生能源电力固有的季节性、间断性和波动性特性，其供电的不稳定与稳定的电力需求极不匹配，导致可再生能源电力上网难，出现了数量不小的弃风、弃光现象，制约了其快速发展。然而，如果将多余不稳定电力用于电解水制氢，不仅可大规模消纳不稳定的风电和太阳能电力，而且制取的氢既可存储起来在需要时提供电力也可作为清洁能源和能量载体直接利用，也能掺入天然气中经天然气管网输送并利用。

6.1.1 氢能源历史简述

在几千年前，含氢气体已被无意识地用于制砖。烧制出的砖是灰色的，这与现代红色的黏土砖不同。这是因为在高温窑炉里产生的水和一氧化碳经水汽变换反应形成的含氢气体把黏土中的氧化铁还原成了氧化亚铁（$Fe_2O_3 \rightarrow FeO$）。17世纪的中国商人描述为“火与水的相互促进”，只有这样才能制造出最高质量的砖。随着社会的发展和人类文明的进步，氢作为燃料的应用范围不断扩大。氢气是气体燃料，已成功应用于内燃机、燃气轮机（透平）和火箭等工业和民生领域。这是因为氢燃料像其它气体燃料一样能以直接燃烧方式加以利用，燃烧产生的热能可转换为机械能或电能。氢气是燃料电池的最好燃料，经电化学反应把氢的化学能转化为电能和热能。随着燃料电池技术的日益成熟和商业化，氢燃料电池技术（作为电源）在国民经济不同领域的应用范围不断扩大。氢也是能量载体，能作为优良的储能介质长期高效地存储盈余电力，用多余电力电解水生产可长期存储的氢燃料，这就是所谓的电力-气体技术，已是成熟和可利用的技术。

6.1.2 氢燃料概述

氢燃料具有的显著特色包括高热值（HHV）141.8 MJ/kg（是甲烷的2倍多）和宽可燃性范围（在化学计量下的空气-氢燃料比等于34.33），能在非常低燃料消耗条件下燃烧利用。氢燃料的主要缺点是密度非常低（0.054 kg/m^3），这意味着用传统方法储氢（携带氢）是困难的。

氢，不仅本身作为燃料的可应用性（如引擎领域）非常有吸引力，而且氢也是优良的燃料“添加剂”（如柴油或天然气中）。在燃料中添加氢不仅能增加引擎性能，而且更重要的是能降低污染物和烟雾的排放，产生良好的环境效益。氢的燃料特征加上新发展的燃烧控制技术和后处理装置，很有可能使常规燃料在根本上满足最新的排放标准。

按其使用方式，氢燃料可分为纯氢燃料、含氢气体燃料（混合气体燃料如焦炉气、合成气）和含氢液体燃料（混合液体燃料如含氢汽油和含氢柴油）三类。这三类都是内燃引擎的燃料，但它们的应用领域是不同的：纯氢燃料主要应用于透平机和火箭；混合气体燃料多用作锅炉、窑炉燃料；混合液体燃料主要用于汽油引擎和柴油引擎。

把纯氢燃料作为内燃机、透平机和火箭的燃料使用具有如下意义：①替代有限的化石燃料。化石燃料是地球亿万年累积下来的化学能量，是不可再生的，消耗意味着减少，它们总有用完的一天。而氢燃料是次级能源，可利用太阳能、风能等可再生能源资源生产（与化石燃料脱钩），用可再生能源燃料应该说是取之不尽用之不竭的。②氢释放能量排出的副产物仅有水，没有排放污染物的环境问题（如全球气候变暖）。利用可再生能源产氢和耗氢（产生需求能量）的氢能循环是“零排放”的，不会有环境问题，因此是实现碳中和目标的未来能源。

6.1.3　运输部门对氢燃料的需求

为平衡能量需求和环境，氢燃料是很好的可持续选项。化石燃料在IC引擎中直接利用都要排放污染物如CO、CO_2、CH_4、NO、N_2O等，其中CO_2、N_2O和CH_4是温室气体，因此燃烧化石燃料不仅污染环境而且会使地球变暖。使用氢燃料就不会有这些问题，只要产氢使用的是可再生能源资源。如果利用化石能源资源，只要带碳捕集封存（CCS）单元，其所产的氢也是环境友好的氢能源。如图6-2所示，作为向氢经济过渡的第一步是先替代部分化石燃料的直接利用，利用配备CCS装置的蒸汽重整或气化技术把化石燃料转化为氢气，第二步是利用可再生能源来生产氢气。

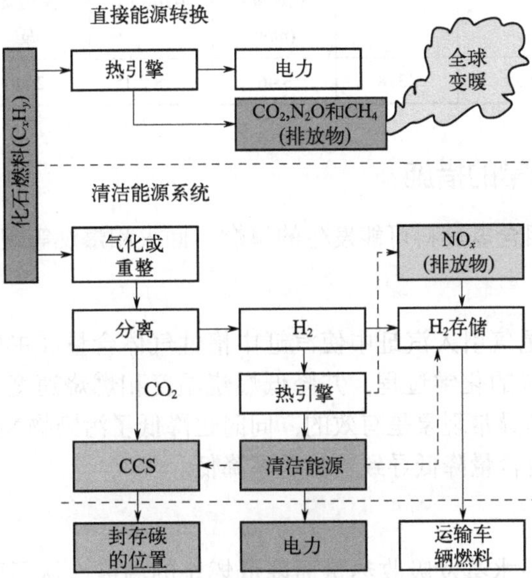

图6-2　清洁能源系统的可持续发展

6.1.4　氢燃料燃烧的异常现象

氢燃烧的特征如表6-1所示。鉴于氢气燃烧的这些特征，燃烧时可能产生一些异常现象，破坏内燃机正常的工作程序，包括早燃、回火、爆燃。

6.1.4.1　早燃

由于氢气极易燃烧，点火能量仅为汽油的1/10，所以易发生早燃。早燃现象是指含氢混合气在火花塞点火前开始燃烧的现象。燃烧室的尖角、火花塞过热、电极、排气机油高温分解碳粒、沉积杂质都能引发早燃。对含高浓度氢的气体燃料也容易发生早燃现象，会破坏发动机的正常工作程序。

6.1.4.2　回火

回火是指进气门尚未完全关闭时汽缸内火焰传播到进气管中（倒灌）的现象。这是一种很不正常的现象。

6.1.4.3 爆燃

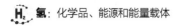

因氢滞燃期短和高火焰传播速度导致的汽缸内压力急剧增加和燃烧过程过早结束的现象即为爆燃。该现象的发生可使飞轮无力克服压缩功，从而导致发动机突然停车。

表6-1 氢气燃烧和引爆特性

在STP下的密度/(kg/m^3)	蒸发热/(J/g)	低热值(LHV)/(kJ/g)	高热值(LHV)/(kJ/g)	在STP下的热导率/(mW/cm·K)	在STP下空气中的扩散系数/(cm^2/s)	空气中可燃限(体积分数)/%	空气中的爆炸限(体积分数)/%	极限氧指数(体积分数)/%
0.084	445.6	119.93	141.8	1.897	0.61	4.0～75	18.3～59	5.0
空气中化学计量组成(体积分数)/%	**空气中引发最小能量/MJ**	**自引发温度/K**	**空气中的火焰温度/K**	**在STP下空气中最大燃烧速度/(m/s)**	**在STP下空气中引爆速度/(km/s)**	**等当于1g TNT爆炸能量的质量/g**	**等当于1g TNT爆炸能量的体积/m^3**	
29.53	0.02	858	2318	3.46	1.48-2.15	24.0	2.02	

6.1.5 防止氢燃烧异常的措施

为防止内燃机中使用含氢燃料可能发生的早燃、回火和爆燃等现象，可采取如下措施。

6.1.5.1 尾气循环

把部分发动机排出尾气引入汽缸中使汽缸中惰性气体含量（主要是水蒸气和氮气）增加，能够减缓氢着火燃烧的化学过程，并降低燃烧温度和燃烧速度。实际试验证明，尾气循环对控制早燃、回火等异常现象是有效的，同时也降低了污染物NO_x的排放。但尾气循环也有其缺点：因气体燃料含量降低导致输出功率降低。

6.1.5.2 汽缸中喷水

向汽缸中喷水，可因水蒸发吸收热量而降低燃烧的温度，从而可以减缓氢着火前的化学过程和燃烧速度。试验证明，喷水对控制早燃、回火等异常现象是很有效的措施，它在避免发动机输出功率下降的同时还有效地降低了NO_x的排放量。

6.1.5.3 增大压缩比

适当提高发动机压缩比和增加相对激冷面积可使膨胀比增大，可降低燃烧室壁面和热点的温度，从而降低排出气体的温度。

虽然在图6-1中示出了不同类型氢燃料的应用范围和领域，但本章只讨论氢燃料的直接燃烧应用。

6.2 含氢气体燃料

6.2.1 焦炉煤气

以煤炭为原料经高温干馏（500～1050℃）可获得焦炭和焦炉煤气。焦炉煤气是一类气体燃料，其主要成分为氢气（55% ～ 60%）和甲烷（23% ～ 27%）。焦炉煤气的产率受炼焦用煤组成和焦化过程推进的影响。每吨干煤可产焦炉煤气300 ～ 350m³。焦炉煤气中除氢气和甲烷外还含有少量CO（5% ～ 8%）、C_2以上不饱和烃（2% ～ 4%）、CO_2（1.5% ～ 3%）、氧气（0.3% ～ 0.8%）和氮气（3% ～ 7%）。其可燃组分是氢气、甲烷、CO和C_2不饱和烃，焦炉煤气中所含杂质及其浓度见表6-2。经净化和回收化学品后的焦炉煤气称为净焦炉煤气。焦炉煤气的组成、密度和低热值示于表6-3中。

表6-2 焦炉煤气中杂质及其浓度

名称	质量分数/%	名称	质量分数/%
焦油	0.05	氨	0.05
芳香族烃	2 ～ 4	硫化氢	0.20
萘	0.2 ～ 0.4	氰化氢	0.05 ～ 0.2

表6-3 焦炉煤气组成、低热值和密度

$w(N_2)$/%	$w(O_2)$/%	$w(H_2)$/%	$w(CO)$/%	$w(CO_2)$/%	$w(CH_4)$/%	$w(C_mH_n)$/%	$Q_{低}$/(kJ/m³)	密度/(kg/m³)
2 ～ 5	0.2 ～ 0.9	56 ～ 64	6 ～ 9	1.7 ～ 3.0	21 ～ 26	2.2 ～ 2.6	17550 ～ 18580	0.45 ～ 0.50

焦炉煤气的特点包括：①发热量高：16720 ～ 18810kJ/m³，可燃组分含量高达90%；②无色有臭味；③因含CO和H_2S，有毒；④含氢量高，燃烧速度快，火焰较短；⑤如净化不好还可能会含有焦油和萘，可阻塞管道和管件；⑥焦炉煤气的着火温度600 ～ 650℃；⑦焦炉煤气是一种混合气体，密度为0.45 ～ 0.50kg/m³。

6.2.2 合成气

合成气的主要组分是H_2和CO，主要用于合成天然气和烃类燃料，但也可直接作为气体燃料使用。过去民用城市煤气有很大部分是煤炭气化所得的合成气，尽管现在几乎都已被天然气所替代。

6.2.3 氢锅炉燃料

氢可替代天然气作为气体燃料直接在锅炉中燃烧，也可作为催化燃烧锅炉和气体热泵的燃料，用于空间取暖、生产热水和烹饪。在判别不同类型气体燃料质量的多个工程因素中，最简单和最普遍使用的是Wobbe指数（热值）。欧洲天然气的组成在不同地区是不同的，每个国家使用的Wobbe带范围也不尽相同。在设计燃气装置时使用的是特定的Wobbe带范围，当气体燃料的Wobbe带不在设计范围内时，有可能发生多个不希望的现象，如不完全燃烧、易熄灭或燃烧器过热等。

纯氢气的Wobbe数是48 MJ/m³左右，该值处于欧洲国家燃烧器设计的范围内。但是，即便有紧密匹配的Wobbe数值范围，为天然气设计的燃烧装置一般不能够直接用于燃烧氢气。在原理上，这是由于氢气燃烧速度（火焰速度）远高于天然气，因此氢火焰的控制变得相当困难。似乎很有必要修改为天然气设计的燃烧器头，但实际上，氢替代天然气燃料时并非必须更换现有的燃烧器头。

除了家用锅炉，许多工业窑炉使用的天然气也可用氢燃料替代。例如，氢燃料可供水泥窑炉使用，如有必要，仍需对工厂进行重新设计。

直接燃烧氢燃料的锅炉在功能上等同于欧洲和北美的燃气锅炉（为住宅供暖和提供热水）。从顾客角度看，在外观或操作上观察不到氢燃料锅炉与天然气燃料锅炉间的差别。当在催化燃烧锅炉中使用氢燃料时，氢是在高反应性的金属催化剂上进行放热化学反应的，因此，看不到火焰，它们主要是用于空间取暖和加热水。催化燃烧锅炉的燃烧温度低，因此排放的氮氧化物非常少，其产生的热量比直接火焰燃烧器容易控制。在顾客的角度看来，催化燃烧氢燃料锅炉（有指示性发光装置）的外观和性能设计上非常类似于天然气锅炉。

热泵的操作原理类似于电热泵，把从空气、地下水或水源提取的环境热量应用于温度的提升。这是一类使用相变工作流体为建筑物供暖的系统，工作流体从环境源吸收热量供建筑物使用。热泵是利用燃烧气体来提供介质发生相变所需要的热能，而不是利用电力产生蒸汽供热。气体热泵除了利用气体直接燃烧提供热量外，也能利用相变流体循环来增加配送的热能。到目前为止，热泵技术基本上是为较大商业建筑物应用而发展的，但住宅系统使用的热泵也已成功进入德国市场。

氢气的物理和化学性质已经有很好的了解，也为工业使用过程设置了安全标准。但氢燃料在建筑物中使用时，对其相关危险性知识的了解仍非常有限，这是由于建筑物中使用氢的危险性要高于天然气。氢气无色无味且其火焰是不可见的，氢在氢-空气（氧气）比高于或低于爆炸限条件下的燃烧是平静的。如果氢-空气比在爆炸限内，因氢反应速度极快，释放和累积的大量热量有可能导致爆炸的发生。

6.2.4 燃氢锅炉

6.2.4.1 原理

锅炉是一类能量转换设备，把燃料的化学能转换为热能。锅炉中产生的热量用于加热水，产生的热水或蒸汽供用户直接使用；也可用动力装置把蒸汽转换为机械能再经发电机转换为电能。锅炉的种类一般按其用途分类：提供热水的称热水锅炉；产生蒸汽的称蒸汽锅炉等。也可按使用的燃料分类：使用煤炭燃料的称煤锅炉；使用天然气（液化石油气、城市煤气）的称天然气（液化石油气、城市煤气）锅炉；使用氢燃料的称氢气锅炉等。因氢气的特殊性质使氢气锅炉具有自己的一些特点。氢气锅炉经历了早期、中期和成熟等发展阶段。早期设计的立式氢气锅炉以回收氢的热能为主；之后过渡到卧式氢气锅炉来回收氢气热能；近期设计了新的炉窑来回收氢的热能。回收利用氢能量的系统由氢燃烧器与燃烧系统、自控系统与仪表、锅炉和辅机以及氢气的收集处理输送系统等部分组成。其中氢燃烧器和燃烧系统是氢气锅炉的核心关键设备。氢气经压缩后由管道输送到位于氢气锅炉底部的燃烧器入口，纯水用水泵加压除氧后送入锅炉顶部省煤器内进行预热，然后进入燃氢的锅炉列管进行加热升温汽化，产生的蒸汽进入位于锅炉外的汽水分离器，经总汽包后送至厂区低压蒸汽管网，供生产、保温、生活等使用。锅炉点火和熄火时必须先用氮气置换掉空气以防止氢气爆炸。

6.2.4.2 特点

氢气锅炉虽然是燃气锅炉，但与普通煤气或天然气锅炉比较，其安全性要求更高。这为燃氢锅炉带来一些特别之处。①点火系统：氢气锅炉采用二次点火方式，先点燃液化气再点燃含氢气体，目的是使氢气在点火燃烧时更安全。氢气锅炉在点火前必须对燃烧室进行可燃气体检测分析，确保炉膛内不含氢气时才可实施点火。点火分为自动和手动两种方式。自动点火，首先对系统中氢气管路进行自动检漏分析，只有在检测无泄漏后，系统才进入自动点火程序，用氮气吹扫炉膛，高能点火器发出脉冲火花，自动开启液化气阀门，点燃副点火烧嘴。在液化气燃烧稳定一定时间后自动开启氢气阀门，氢气主燃烧嘴正式被点燃。用火焰检测观察主副点火烧嘴是否被点燃。如果副或主点火烧嘴没有被点燃，操作程序自动停止，氮气阀门自动开启执行炉膛吹扫程序。当炉膛可燃气体检测分析合格后，重新执行上述点火操作步骤。手动点火，操作与自动点火顺序基本一致，只是用手动操作按钮来完成每个操作步骤。②燃烧控制系统，这是氢气锅炉的关键部件，因为氢气流量、压力、锅炉水位、产出蒸汽、原料等工艺参数直接影响氢气燃烧稳定性和锅炉正常运行，必须对这些参数加以控制和调节。氢气和空气的比例控制设置有比例调节，点火控制系统采用可编程控制器（PLC），锅炉操作控制采用集中显示、工艺参数控制。

表6-4 工业用卧式氢气锅炉设备参数

蒸发量/(t/h)	氢气用量/(m^3/h)	蒸汽压力/MPa	饱和蒸汽温度/℃	热效率/%	节省蒸汽费用/（万元/年）
2	560	1.0～3.8或更高	184～425或更高	≥90	320
4	1120				640
6	1680				960
8	2240				1280
10	2800				1600
15	4200				2400
20	5600				3200
25	7000				4000
35	9800				5600
70	19600				11200
120	33600				19200

注：按年工作时间8000h，蒸汽价格200元/t计算（http://www.shdezhou.com/product.asp?pid=6）。

为保证氢气燃烧时不会产生回火，要求燃料氢气压力大于各种辅助气体压力。氢气锅炉都采用多种联锁保护装置，锅炉的任何异常波动均会被自动报警直至联锁停车。氢气锅炉及其所用辅助机械均露天设置，这是为防止泄漏氢气在封闭厂房内积聚达到爆炸范围。典型的工业用卧式氢气锅炉的设备参数见表6-4，燃氢熔盐炉性能参数见表6-5。

6.2.4.3 燃氢锅炉的应用和安全问题

氢气锅炉燃料常放置于副产氢气工厂的附近。例如，氯碱工厂的氢气锅炉、燃氢热风炉、燃氢导热油路、燃氢熔盐炉等。

安全是保证生产过程正常进行、避免人身伤亡和财产损失的首要条件。由于氢气的特殊性质，燃氢锅炉的安全问题就显得格外重要。为了燃氢锅炉的安全，从开始策划时就要考虑请有资质的设计单位设计、采购符合国家标准的产品，并由有资质的施工单位和建设单位施工。对运行人员需达标、持证上岗，制定科学的管理程序和应急预案。此外需注意下列安全措施：①用紫外线检测仪替代红外线检测仪，因氢火焰红外部分较少；②采用氢气高压保护开关防止进气压力过大而引发事故；③采用氢气低压保护开关防止进气压力过低而引发回火事故；④采用双重燃气切断开关确保在需要时能切断气源；⑤采用气动开关防止电动阀门产生静电；⑥开停车前用氮气吹扫炉膛15～20 min，确保没有空气或氢气聚集；⑦用电子气体检测仪检查有无氢气泄漏，及时发现泄漏点；⑧室内燃氢锅炉要保证建筑物符合国家标准，务必达到建筑物内的换气标准。

表6-5　燃氢熔盐炉性能参数

项目	额定功率/MW					
	1.2	2.5	3.6	4.7	7	12
热效率/%	75	80	80	80	85	85
设计压力/MPa	1	1	1	1	1	1
介质最高温度/℃	550	550	550	550	550	550
循环量/(m^3/h)	100	180	250	270	400	600
配管连接口径/mm	125	150	200	200	250	350
系统装机容量/kW	40	66	85	90	120	200
设备总质量/t	6.2	11.5	25	29	40	47.5

6.2.5　高氢含量燃气对工业燃烧过程的影响

为减缓化石能源的消耗和能源部门对环境的压力，可再生能源资源的利用日益受到激励和支持。可再生能源电力（如风电和太阳能电力）与所在地区地理条件密切相关（如位置、白天和晚上、云覆盖或风速等）。也就是说可再生能源电力具有的固有特征是电力供应的季节性和波动性（不稳定性），这与电网供电必须连续地平衡的需求是不相匹配的。解决办法是必须配备储能装置。但遗憾的是，存储电能是不容易的，其存储容量和时间也是相对有限的。随着大量不稳定可再生能源电力接入电网，导致电力供应和需求间的不相匹配和电网产生波动，对其稳定性构成了巨大的威胁。为此需要解决高供应时间的盈余电力和在高需求时间不能为所有末端使用者提供足够电力的问题。目前已为缓解或解决这一挑战提出多个储能（存储电能）方法（参见第5章），但可经济地利用的大容量存储电力技术仍然是缺乏的。应该重视新近发展的储氢储能技术（就是所谓的“电力-气体”技术），该技术的原理如下：在可再生能源电力生产的高峰时间，把盈余电力供应电解器电解水生产氢气，在电力不足时利用燃料电池或燃氢引擎把存储的氢燃料转化为电力（和/或热量）填补不足以满足需求；生产的氢气（或经甲烷化转化为甲烷）也可直接作为气体燃料送入现有天然气管网。据测算，各个国家现有的燃气网络都可存储巨大数量的气体燃料（例如德国天然气网存储容量约220 TW · h，而电网的储能容量仅有0.4 TW · h），完全能够作为储能容器（缓冲器）使用。

电力-气体技术不仅可解决可再生能源电力生产中的不稳定性和波动性问题（提供可持续性）而且也能为环境保护提供益处。该技术利用了已有的公用基础设施，因此利用成本是低廉有效的。从纯能量利用的观点看，把氢气直接送入可燃气体管网也是最好的，可避免甲烷化过程的能量损失。

但是，由于注入燃气管网中的高浓度氢气数量和浓度是波动不稳定的，这可能对用户使用燃气管网天然气的安全性带来影响。由于燃气管网连接有数以百万计的民用燃气炉灶、大规模工业窑炉和发电设备，因此确保燃气的安全使用是必须的，而且也要求天然气使用对效率或污染物排放不产生负面影响。对民用燃气和要求低氢含量的用户如气体透平和天然气车辆，燃气中的氢含量（体积分数）一般不应超过10%（法规要求的燃气质量标准包括相对密度、总卡路里值和Wobbe指数等）。高氢含量燃气不仅对地下储气设备有影响，而且对要求相对较高的工业燃气用户的影响相对复杂，因此很有必要研究燃气中氢含量对工业燃烧过程效率、质量、污染物排放和燃烧稳定性产生的影响。为此，下面简要介绍德国对不同燃烧器系统的模拟研究和半工业规模实验研究的结果。

德国"H_2-取代"研究项目的目标是，分析天然气中含高波动氢气对普通工业燃烧器燃烧过程产生的影响。为此，使用半工业规模实验装置和CFD模拟方法对北海天然气含氢量对燃烧过程（原设计针对的是天然气）影响进行了研究。含氢体积分数分别为0%、2.5%、5%、7.5%、10%、15%、20%、30%和50%（有的氢含量已超过法规允许最大氢含量10%）。试验中使用的三种燃烧器分别为：模块化部分预混喷射燃烧器Ⅰ；鼓风式燃烧器Ⅱ；无焰氧化燃烧器Ⅲ。它们都被安装在半工业燃烧器试验平台上，燃烧器功率100 kW左右，空气-燃气比1.05，空气先预热。对获得的试验结果进行了分析，主要发现有：如果实时跟踪天然气中氢浓度并随时进行调整，波动高浓度氢气对燃烧过程和尾气污染物排放影响是最小的。这充分说明，操作中用先进测量和控制系统跟踪燃气质量波动或可变氢浓度燃气是很重要的。其原因是，因天然气中含氢量不同，其燃烧的低热值（LHV）和绝热火焰温度也是有相当大差别的（图6-3）。如果氢浓度变化而不对燃烧过程进行必要调整，高氢含量燃气对工业燃烧过程的影响是负面的，即便氢含量被限制在设想的阈值10%以内。

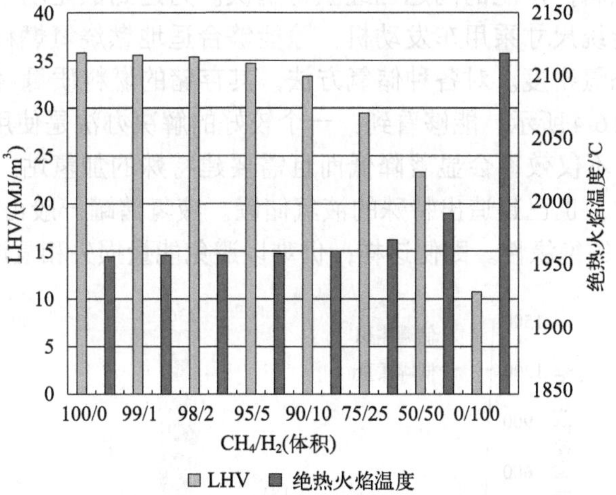

图6-3　氢-甲烷混合燃料低热值（LHV）和绝热温升

6.3 引擎革命

6.3.1 引擎技术提级和替代车辆技术

随着经济不断发展和生活水平不断提高，人员和货物移动愈来愈多，移动的速率愈来愈高。这意味着运输工具数量的增加是惊人的，世界上现有车辆已经达到数以十亿计，每天消耗大量燃料。由于使用的几乎都是烃类液体燃料，消耗的不仅是大量宝贵的化石能源资源石油，而且会排放大量的污染物，这将极大地影响空气质量和环境。为缓解和解决污染物排放和环境影响的问题，政府部门对排放和安全出台的法规中，对车辆排放控制强制性要求愈来愈严格。为与国际安全和排放标准接轨和满足车辆部门的需求，必须提级现有技术，包括车辆燃料供应体系、气体交换过程、引擎引发系统、燃烧室几何形状、使用控制性能更好的电子设备，为此采用了很多措施。为控制和降低污染物水平，除采取控制措施外，更需要在引擎技术上采取更有长效性的措施，例如使用电动车辆、混合动力车辆和改变引擎燃料。使用电池的电动车辆在道路行驶时是零排放。但纯电动车辆的排放与使用的电力源有关，而且电池本身也存在问题如寿命短、低功率重量比和短行驶里程。这些因素限制了纯电动车辆的广泛使用。混合动力技术使用电池和燃油引擎的组合功率链，这是逐步改变车用燃料的中间模式，其投资和维护成本相对较高。改变车用燃料是道路运输工具的未来，其前景光明。

在引擎中快速燃烧氢燃料会使温度快速上升，温度超过1700 K时生产和排放的氮氧化物会急剧增加，这是内燃引擎使用氢燃料会产生的问题。基于模拟和发动机实验结果，已了解了氢在发动机中的热力学行为，还观察到燃料压缩比对引擎性能的实际影响。氢气具有的较大可燃范围和易燃特性会在两个方面产生问题：一是如何在低负荷时平稳运行和如何解决高负荷时出现的诸多问题（预燃、回火、爆燃等）；二是氢气可燃范围很宽使其操作有明显的安全性问题。因此，为让氢燃料发动机能实际应用，必须控制和解决这些问题，其中一个有效措施是每个汽缸配备双阀系统。对发动机汽缸中添加氢燃料即使用混合（汽油或天然气加氢）燃料，产生的问题已经获得解决。为达到额定功率，燃氢内燃机的体积会很大。因此，对传统尺寸乘用车发动机，除能够合适地燃烧氢燃料外，其存储氢气的密度必定要远高于气态氢密度。对各种储氢方法，其存储的燃料质量-体积与汽油的质量-体积进行了比较，如图6-4所示。能够看到，一个较好的解决办法是使用液氢，但这意味着需要把氢冷却到20K，不仅效率会显著降低而且需要建特殊的加氢站。现在已经有可用于氢燃料汽车的液氢技术，也已建造出特殊的液氢储罐。液氢储罐一般由多层金属圆柱体构成，层间材料都具有很好的绝缘性。即便这样，仍难以避免能量损失和氢泄漏的问题。

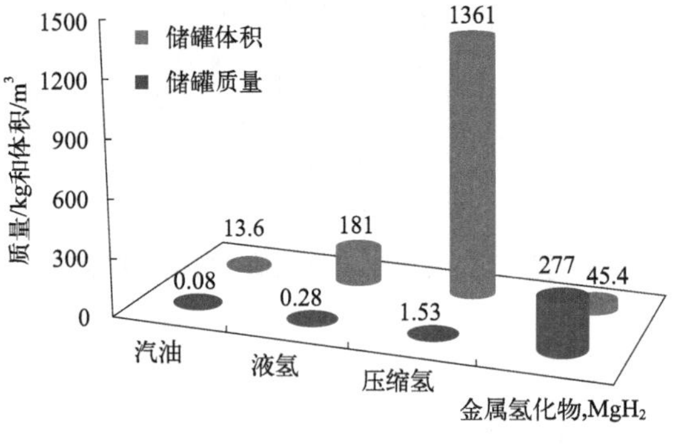

图6-4 行驶418km车载存储能量质量-体积比较图

在城市公交车中使用燃氢发动机不仅容易而且可采用大尺寸发动机（对整车体积而言发动机尺寸仅占很小部分）。由于公交车运行速度一般较慢，可把氢燃料储罐置于车顶上，MAN公司已生产出氢公交车样机。对使用传统发动机的船舶，也可改用氢燃料替代柴油；

飞机上使用的氢燃料发动机（与常规燃气涡轮发动机相近）获得了很大关注，液氢可存储于飞机机翼或机身中。

6.3.2 氢燃料引擎的环境影响

对利用不同能源和原料获得的氢燃料，其在引擎中燃烧的油井-车轮效率分析示于图6-5中。可以看到，使用氢燃料能够显著降低温室气体排放（图中的CO_2排放用等当CO_2表示，这是基于2020技术状态的预期排放）。使用风电电解水生产的氢燃料，在引擎中燃烧是不产生污染物排放的，但有可能产生痕量CO和烃类排放物（可能是润滑油在汽缸壁燃烧所致），实际上排放的污染物数量是可以忽略的。在图中风电的28 g/km等当CO_2排放量来自建设和维护风力透平工厂耗能所产生的CO_2排放。试验结果说明，氢燃料引擎系统可能产生的排放污染物仅仅只有氮氧化物。而当使用富氢生物气体作为内燃（IC）引擎燃料时，由于生物燃料的碳中性特征，也不会为大气增加额外CO_2排放。总之，IC引擎使用氢能燃料可显著降低碳排放，产生的污染物仅仅是氮氧化物。

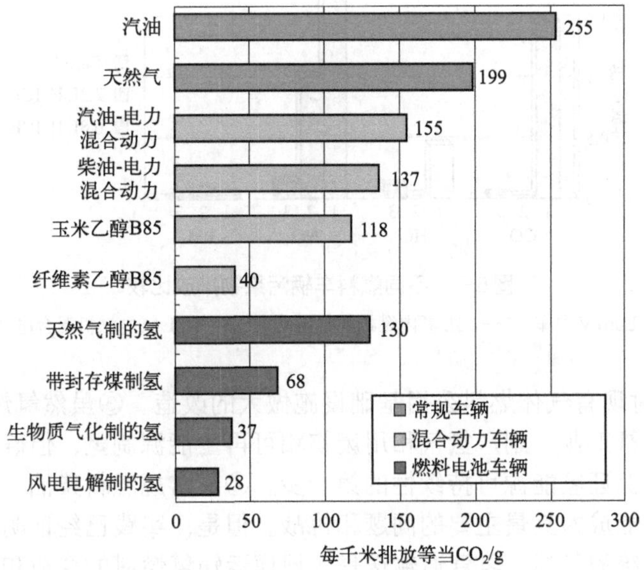

图6-5 燃料降低温室气体排放潜力的油井-车轮分析（基于2020技术状态）

6.3.3 不同车用燃料的比较

使用不同燃料的车辆，其效率和污染物的排放是截然不同的。在图6-6、图6-7和表6-6中分别给出了效率和污染物排放（车辆怠速下的污染物排放）的比较，对未来运输部门使用的氢能源系统的效率和污染物排放，考虑了资源、生产技术、储存、燃料运输、配送和利用、政府政策和支持、氢管线技术等因素。图中的比较结果表明：①如在运输系统中使用氢燃料，地区性污染物排放水平（包括CO、CO_2、HC、PM、烟尘和烟雾）是能够显著降低的，特别是当氢燃料是利用可再生能源资源（太阳能、风能和生物质）生产时，还能获得净的零CO_2排放。②在液体燃料（汽油/柴油）逐步被替代的过程中，降低污染物排放物的第一步是使用气体燃料。现在的车辆完全可以使用含氢混合燃料（如18%氢-天然

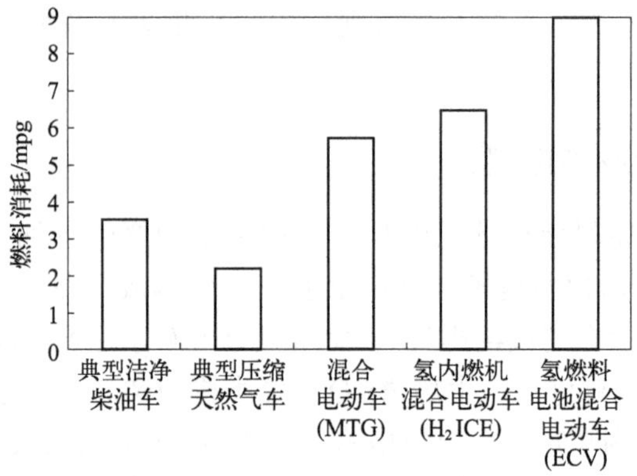

图6-6　不同燃料车辆效率的比较图

mpg—英里/加仑，1mile（英里）=1609.344m，1USgal（美加仑）=3.78541dm^3

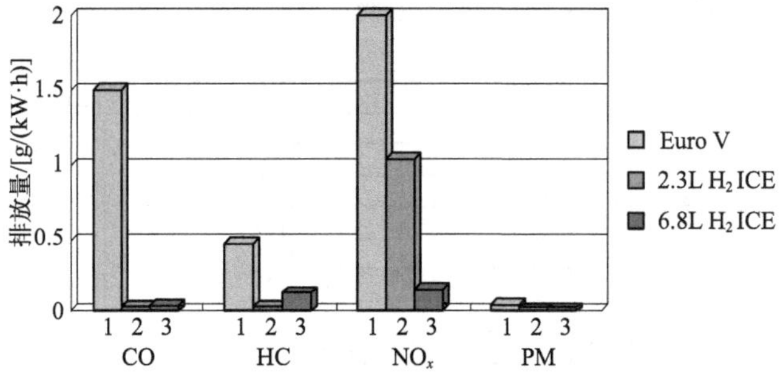

图6-7　不同燃料车辆污染物排放比较

1—Euro V型车；2—2.3L氢内燃机混合电动车；3—6.8L氢内燃机混合电动车

气），这样做无需对现有气体燃料公用基础设施做大的改造。③虽然氢燃料来源非常广泛，如工业（氯碱和制氨工业）副产氢气和用废物和可再生能源制氢，但确保其连续供应（加强氢运输系统）是保证氢能源可持续性的第一步。④与常规燃料柴油、汽油等比较，氢燃料的存储和运输可能成为其最主要的问题和挑战。但是，实践已经证明，压缩储氢系统仅能达到市区运输系统的目标，氢管道输送是大规模运输氢燃料的合适和经济形式。⑤从系统能量效率角度看，最好选用氢燃料电池系统，但要实现它需要对公用基础设施做大幅改造。⑥实现降低NO_x排放的现时一些可用技术包括改进内燃引擎技术。例如，使用氢燃料的EGR、贫燃混合物燃烧、SCR、LNT等技术。⑦推进替代汽车燃料政策，政府政策的制定和干预能促进氢燃料逐渐替代车辆的常规燃料。这说明，运输部门非常有必要使用替代燃料，特别是氢燃料。

表6-6　不同燃料车辆怠速下污染物排放比较

项目	天然气	掺氢天然气	汽油	掺氢汽油	国家标准(GB 14761.5—93)
CO/[g/(kW·h)]	0.5	0.04	2.9	0.03	4.0
HC/ppm①	500	0.23g/(kW·h)	495	121	0.55
NO_x/ppm	5.0g/(kW·h)	2.5g/(kW·h)	66	28	3.5

① HC容积浓度值按正己烷当量。

6.4 车用氢-天然气混合燃料

6.4.1 氢-天然气混合燃料（HCNG）

天然气作为汽车燃料虽然可以降低CO_2、SO_3、Pb、PM2.5等污染物的排放。但由于甲烷热值较高（36000 kJ/m^3），在高温高压下燃烧其温度可达2300℃，容易生成NO_x污染物，致使其排放的NO_x并不比汽油、柴油车低。氢气和天然气可按任意比例混合，车辆使用这样的混合燃料（含氢天然气，HCNG）具有若干优点：①提高发动机效率：HCNG燃烧速度快，点火可更靠近发动机的上止点，HCNG提高了燃料等熵指数等因素，使内燃机的循环热效率得以提高。②降低温室气体CO_2的排放：因掺入了氢气使燃料氢碳比提高了，因此燃烧生成的CO_2数量减少了。试验表明，掺氢后燃烧产物中CO_2和CO摩尔分数明显降低。美国丹佛示范项目的试验比较了不同燃料的CO_2排放量，结果表明（图6-8），HCNG对减排CO_2效果明显。③降低了NO_x排放量：HCNG可有效地降低燃料燃烧温度，从而降低排放物NO_x的产生。美国国家可再生能源实验室的研究结果表明，NO_x排放量减少了50%。内燃机添加5%～7%氢气（质量分数）[15%～20%（体积分数）]的天然气混合燃料，排放NO_x的数量是最低的。从图6-9（美国丹佛示范项目试验）可见，与天然气和烃类（THC）相比，5%（质量分数）氢的HCNG燃料的CO和NO_x排放量分别降低了约30%和50%与50%和50%。HCNG降低NO_x排放的原因是：少量氢气的加入拓宽了燃料的可燃范围，实现了稀薄燃烧，降低了发动机内燃烧温度，因此NO_x排放量降低了（氢气可燃的空燃比界限宽，稀释限可达0.068，淬灭距离只有天然气的30%）。④HCNG 经济可行：氢气热值虽然只有天然气的三分之一，但在汽车条件下的试验表明，1m^3氢气热值与同体积天然气相当。如氢气价格比车用天然气价格低，则在经济上是可行的。例如，副产氢气（价格很低）或煤层气重整制氢，价格在0.5元/m^3，与车用天然气比较具有价格优势。HCNG车用燃料价格与目前车用天然气燃料价格大体相当。如果使用HCNG的车辆是由天然气汽车改装的，则只需在原有天然气发动机上做微小改动，原有的天然气充气设施可继续使用，改造费用很低。充HCNG燃料气站建设与充天然气燃料站类似，再加上政府对新能源的优惠政策，经济上也是可行的。

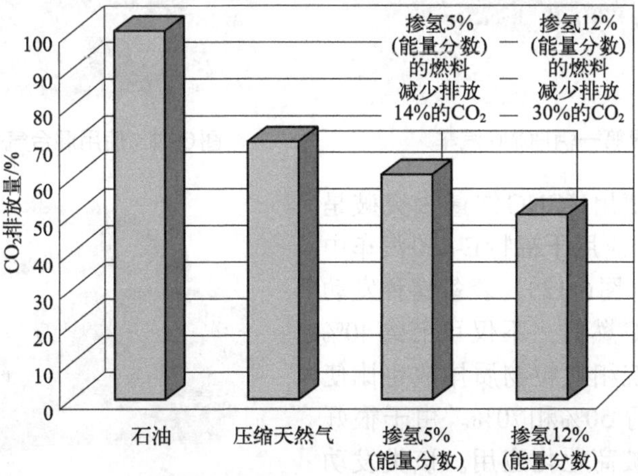

图6-8 不同燃料排放CO_2数量比较（试验数据）

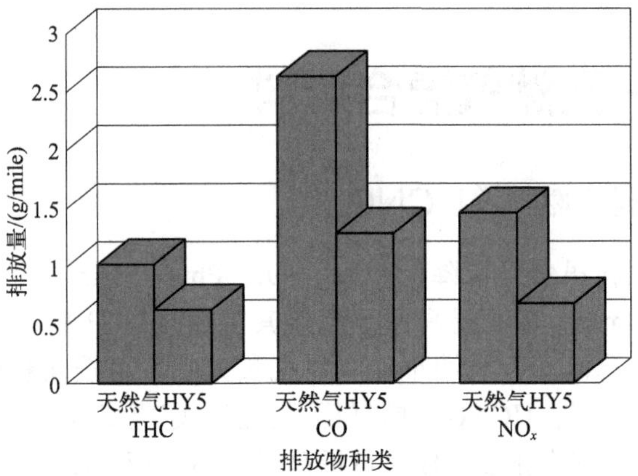

图6-9　5%氢（质量分数）-天然气混合气体燃料的排放数据

6.4.2　美国HCNG现状

早在1989年美国就提出使用含氢天然气（HCNG）作为车用燃料。第一辆以HCNG（HY5）为燃料的汽车在1990年问世（图6-10）。美国加州空气管理署在经检测后，把使用HY5［在压缩天然气中掺入5%（质量分数）氢气］燃料的汽车列为超低污染物排放车辆。美国又在1992年对以汽油、压缩天然气、HY5为燃料的3种轻型货车的尾气排放进行了对比检测试验。结果表明，HY5燃料能够同时降低NO_x和CO的排放量。美国又在不同城市和不同年份试验了以HCNG为燃料的5.4L增压式发动机、Doosan 11L（低涡流）发动机和John Deere 8.1L（强涡流）发动机的小货车（F-150）、运输车辆、厢式货车和大巴车（图6-11），并建立了能够使天然气和氢气在高压燃油泵里混合的混合气体燃料加注站。

图6-10　世界第一辆HCNG汽车

图6-11　使用混合气体燃料的美国大巴

应该说，美国使用HCNG的最大突破是在2009年8月推出的应用于福特E-450汽车中的6.8L V10发动机（图6-12）。装备这种发动机的汽车使用HCNG燃料，不仅可节约40%烃类燃料，而且甲烷和颗粒物质排放也比使用天然气分别减少了50%和70%。由于很好的环境效益它很快被商业化应用。该类发动机经改进后又在旧金山机场摆渡车上进行了

图6-12　使用HCNG的福特E-450汽车

示范。这个示范项目共有27辆使用HCNG燃料的福特E-450型汽车，为此在该机场建立了一个加注HCNG燃料的充气站。美国能源部又在拉斯维加斯把9辆使用天然气燃料的机动车改成了使用HCNG混合气体燃料，行驶里程达到5500～60000 km。在解决第一次改装出现的问题后，就很少出现后续问题，且多数车辆都达到了氮氧化物零排放的标准。不过就燃料消耗而言，有的车辆减少有的车辆增加。车辆操作系统经历过不好的表现，如发动机启动不了和发动机损坏等。虽然该项目实施时间到期了，但经改造的这些机动车仍在继续使用。另外，美国城市引擎（City Engines）公司开发的HCNG技术被认为是解决重型车尤其是城市公交车排放问题的非常有希望的技术。该公司介绍说，应用HCNG技术只需对原发动机做少量改动，其费用比现商用柴油机略高，充气设备可继续使用，维修人员也不用重新培训。

6.4.3 印度HCNG现状

印度正在大力发展HCNG燃料，目标是降低CO_2和NO_x排放。2009年在印度召开了第3届世界氢能源技术大会（WHT 2009），印度总理表示要将HCNG作为印度发展氢能源的国策。印度最大的HCNG运输项目是印度天然气经销商公司参与的澳大利亚Eden Energy科技公司NCNG项目。Eden Energy公司宣称，该项目能为印度大量公共交通车辆降低污染排放等级做出贡献。印度为示范HCNG燃料，在三轮车和简易车辆（图6-13）中使用了3.9L的发动机，把原来使用天然气燃料的发动机改造为使用HCNG燃料的四汽缸发动机。这样就可利用掺18%氢气的压缩天然气燃料，从而减少了CO_2、NO_x和其它污染物的排放。

图6-13 印度2009年示范的使用HCNG燃料的三轮车和简易车辆

为推广氢-压缩天然气混合燃料的广泛应用，印度政府设立了一个试运行项目：与印度汽车制造商协会合作，把现有压缩天然气汽车改用混合气体燃料，项目为期两年。

6.4.4 瑞典HCNG现状

瑞典南部城市的两辆城市公交车在1996年采用沃尔沃稀燃发动机，在没有改装条件下以掺8%氢的HCNG为燃料，在2003～2005年间行驶了约16万km。如把HCNG燃料的氢含量提高到20%，则需要对车用电脑（ECU）做一些调整。HCNG燃料的消耗比纯天然气燃料少，但与含氢8%或25%的燃料差别不很大。对使用含25%氢的HCNG燃料车辆进行的路面排放测试显示：上坡时烃类排放减少50%，CO排放没有变化，而NO_x排放增加200%；恒速时，烃类排放减少30%～50%，CO排放稍有上升，燃料消耗降低约3%，NO_x排放增加100%；从零速度加速24 s时，烃类排放降低50%，NO_x上升50%，CO减少30%，燃料消耗降低10%。对加速过程中燃料消耗降低这一点引起的关注很多，因为对城市巴士而言，长时间稳定运行是不大可能的，很多时候处于刹车、闲置或加速阶段。

6.4.5 挪威HCNG现状

挪威在2008年后半年对HCNG进行了应用展示。早期的排放测试显示，烃类和CO排放没有下降，NO_x稍有增加，CO_2降低约5%。原因是效率提高了且燃料中碳含量降低了。当采用贫燃技术时巴士是需要进行改装的。

6.4.6 意大利HCNG现状

意大利大约有60万辆天然气汽车，而且有80多年的使用经验。2008年意大利建立了1000万欧元的氢气平台基金，其中就有HCNG发展应用项目。HCNG被认为是未来氢能源技术和建立有效提供HCNG混合气体燃料加注站间的桥梁。这个单一计划缺乏灯塔式项目，而且需要建立加注站网络。在2010年2月米兰开始试验加注站的建设。实验室测试显示，HCNG的前景是非常好的。意大利菲亚特公司推出可使用30%氢的HCNG燃料汽车，在2010年德国埃森第18届世界氢能大会（WHEC）上展示了新研发的HCNG轿车（图6-14）。

6.4.7 加拿大HCNG现状

加拿大早就开始了HCNG发动机的研发，且已将其应用于大巴汽车（图6-15）。在加拿大的HCNG项目中，还有2辆使用50%氢HCNG燃料的小货车。温哥华清洁能源公司为了向大容量摆渡车提供HCNG燃料而建立了一个加注站。新设计的加注站可加注从100%压缩天然气到100%氢气之间任何比例的混合气体燃料。该项目使用的是含20%氢和80%压缩天然气的混合燃料，不仅降低了污染物排放，而且与压缩天然气汽车兼容。

图6-14　菲亚特HCNG轿车

图6-15　使用HCNG的加拿大大巴

6.4.8 中国HCNG现状

氢-天然气混合燃料汽车和纯天然气汽车间几乎看不到什么差别。目前我国有300多万辆天然气汽车在运行，已有的运行经验和基础设施都有利于HCNG混合气体燃料的推广。因为HCNG燃料内燃机汽车是现有汽车和零排放燃料电池汽车间的实用和可行的连接桥梁。在中国，最早的HCNG项目是北亚集团与美国合作在中国玉柴重型发动机（型号YC6G260N）（见图6-16）上进行的HCNG燃料试验。后来，国内有多家单位研究HCNG发动机，一致认为HCNG与纯天然气燃料相比有其独特的优点，应该予以推广。在科技部“863”项目支持下开展“高效率低排放天然气掺氢燃料（HCNG）发动机关键技术”研发，获得丰硕成果。例如，氢能华通公司联合清华大学先后研发出4辆HCNG城市公交车，累计运行里程超过1.5×10^4km（图6-17）。使用HCNG后NO_x排放减少50%，烃类排放减少56%，CO_2排放减少7%（图6-18）。图6-19和图6-20中显示的是使用HCNG燃料的东风重卡和长城SUV（运动型多用途汽车）。2014年12月，国家发改委批准在吉林示范风电场生产氢掺和天然气混合燃料，生产的车用HCNG燃料推动了我国HCNG混合气体燃料的发展。

图6-16 我国首次使用HCNG发动机图

图6-17 中国研发的HCNG大巴

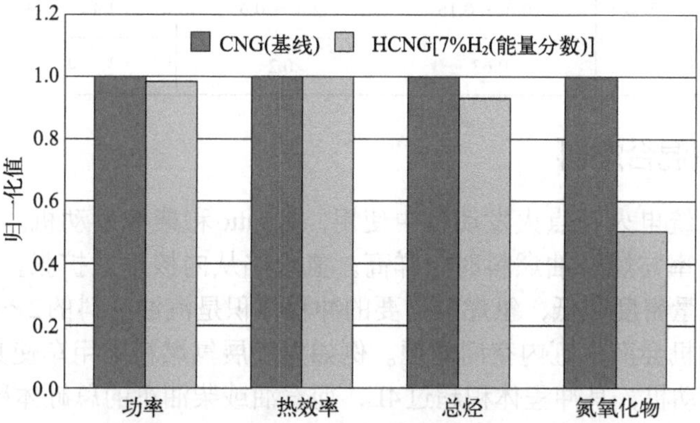

图6-18 使用HCNG发动机的试验结果

图6-19 使用HCNG的东风重卡

图6-20 使用HCNG的长城SUV汽车

6.5 车用氢-液体混合燃料

由于常用的液体燃料与氢气有很大差别，因此掺氢后获得的混合燃料效果肯定是不一样的。在表6-7中给出了氢燃料与常用燃料性能间的比较。可以看到，氢气的点火能量是最低的，火焰传播速度是最快的。氢的这些特点使混氢后燃料在启动、均匀燃烧等方面发生很大改变。前面一节已讨论了氢与气体燃料的混合燃料，本节讨论在液体燃料中掺氢的混合燃料。

表6-7 氢和常用燃料性能比较

项目	氢	甲烷	一氧化碳	汽油
低热值/(MJ/kg)	141.91	49.80	14.59	44.0
低热值/(MJ/m³)	10.79	35.82	12.64	
燃点/K	820～870	920～1020	900～950	740～800
燃烧温度/K	2500	2300	2640	2470
火焰传播速度（最大值）/(m/s)	3.10	约0.34	0.42	1.2
最小点火能量/mJ	0.02	0.28		0.25
按可燃极限计算的过量空气系数	10.0～0.15	2.0～0.6	2.94～0.1	1.35～0.3
扩散系数/(cm²/s)	0.63	0.2	4	0.03

6.5.1 汽油-氢混合燃料

氢燃料可在传统电火花点火发动机中使用，如Otto和柴油发动机。氢燃料燃烧时发动机产生动力，其效率与燃烧油燃料时一样高。氢火焰从内核迅速扩张。但由于氢气在活塞缸压力范围内的能量密度较低，氢燃料需要的冲程体积是汽油燃料的2～3倍。因此使用氢燃料的乘用车发动机会产生缸内空间问题。例如为发展氢燃料乘用车使其有可接受的性能，试验了8或12缸发动机，其冲程体积超过4L，而汽油或柴油车的总缸体积仅1.2L。

汽油-氢混合燃料对发动机功率的影响很大。实验证明，燃纯氢的发动机，如采用缸外混合其输出功率仅有原发动机的85%；采用缸内混合功率反而可达118%。如果采取在缸内掺氢后的油氢混合燃烧，功率反而有所提高。使用汽油-氢混合燃料的污染物排放情况如下：①混合燃料的氢碳比提高，足够空燃比下烟度降低，最大值不超过2.0 BSU（烟度单位）；②燃油掺氢后，因燃油可能推迟燃烧，排气温度提高；③氢高燃速有助于减少烃类的排出，提高内燃机热效率，但NO_x排放增加。因缸内高温持续时间短扼制了NO_x增加趋势；④在等热值情况下，掺氢后副室燃烧压力提高了，使涡流强度增加。

当发动机使用汽油-氢混合燃料时，因氢点火能量低使汽油易汽化，混合贫燃料易在发动机中燃烧，说明氢对燃烧可起促进作用。此外，因氢活化能低、扩散系数大，混合气体燃烧时间短，烟火传播速度快，混合气中双原子氢气体的含量增加，使发动机的实际循环比更接近于短燃烧时间的等容循环。氢的上述作用都有利于提高发动机热效率和降低污染物排放。试验结果也表明：①节油，汽油中添加5%氢可节约30%以上液体燃料；②降低污染物排放，因氢添加使烃类排放减少3/4以上，CO_2排放量也有显著下降，CO排放也显著降低（氢促进了CO到CO_2的转化）；③添加氢后，燃烧在贫燃区进行，有效降低了NO_x排放。对中低负荷下操作的内燃机引擎，汽油中添加氢的比例应该高些，以克服高油耗和高污染物排放的缺点；而高负荷操作时应少加氢气，以避免输出功率降低，保持其动力性能。

对汽油-氢双燃料发动机，其部分氢可用余热裂解甲醇来获得。对这类双燃料发动机性能试验结果表明：提高了发动机的功率和扭矩，燃油消耗降低了5.3%～7.5%，怠速时CO和烃类排放均有减少。使用掺氢汽油燃料的发动机性能和污染物排放受掺氢量的影响，如表6-8和表6-9所示。

表6-8 掺氢和不掺氢汽油对发动机特性的影响

项目	峰值功率 P_e（最大）/kW	最大扭矩 T_{tq}（最大）/N·m	燃油消耗率/[g/(kW·h)]
燃用汽油	61.7	162.7	325.3
掺氢汽油	63.4	172.3	308.2
变化率/%	2.8	5.9	5.3

表6-9 掺氢和不掺氢汽油对发动机怠速排放的影响

项目	CO/%	HC/ppm
燃用汽油	0.3	750
掺氢汽油	0.2	650
GB 14761.5—93要求	4.5	900

奥地利Alset公司已把使用氢-汽油混合燃料的技术商业化（Alset发动机）。发动机中配备了喷射氢-油双燃料的进气道，可以任意比例喷入氢-油混合燃料，而混合气进行的双重燃烧使CO_2排放有极大下降。这是目前把汽车发动机过渡到氢燃料发动机的一个最快的方法。Alset发动机操作系统按具体驾驶要求自动控制缸内燃烧，驾驶员无需改变其驾驶习惯，与现在汽油或柴油车操作方法完全一样。2013年Alset公司与英国豪华跑车制造商Martin公司合作，把Rapide S跑车改装为混合氢动力内燃机跑车。该氢动力跑车配置有四个35 MPa氢气储罐作为燃料和安全系统，对自然吸气的12缸发动机做了相应改动，可同时使用氢气和汽油燃料，另外两个集成汽轮增压器保证了440马力的输出功率（这是目前氢燃料汽车能达到的最大功率）。该氢动力跑车在氧气极高情况下顺利地完成了24 h比赛，证明了该汽车的主体系统性能、可靠性和低排放性，也证明了该技术的成熟性。同年5月，该跑车在德国纽柏林举行的同等级24h汽车竞赛中获胜。

6.5.2 柴油-氢混合燃料

使用氢与柴油混合燃料能够极大地改善柴油机的燃烧和排放特性。使用柴油-氢混合燃料柴油机获得的试验结果如下：在低负荷工况下，随加氢量增加缸内产生的最高爆发压力和时刻延迟降低，但持续时间延长；在高负荷时正好相反，最高压力上升、延迟时刻、提前持续时间缩短。具体是：①加氢量较大时，随发动机循环喷油量（发动机负荷）增加最高爆发压力点向前移，说明在急燃期缸内压力升高，速率明显提高；②如保持发动机最大平均有效压力不变，氢引燃柴油量及其在最大循环喷油量中的比例随发动机转速上升而增加；③进气中加氢可有效减少发动机的碳烟排放，加氢愈多排放烟度愈低；④在中低负荷操作时，NO_x排放随加氢量增加而减小；⑤高负荷时，NO_x排放随加氢量增加而增大。

6.6 氢燃料内燃机

6.6.1 引言

前面从燃料的角度较全面地讨论了常规燃料添加氢后产生的影响（正面和负面）。下面从发动机性能角度来讨论常规燃料添加氢后带来的影响。

从燃料角度看，内燃（IC）引擎可以使用汽油、柴油、天然气、氢气和生物柴油等多种燃料。其中氢是地球上仅有的无碳燃料，在追求低排放、环境友好清洁和更加持续的能源系统时，氢具有战略重要性。一些国家和国际组织认为，氢能源是未来最可行的能源、能量载体和车用燃料。人类选择氢作为满足基本需求的能源是很明智的。预测指出，在未来数十年中氢可成为能源网络系统中非常重要的组成部分，不仅能满足世界经济增长的需求，而且能确保能源和环境的安全。氢内燃机能够继承内燃机100多年发展积累的全部理论和经验，因此在技术上没有不可逾越的障碍。德国宝马（BMW）和奔驰、日本三菱、美国福特等国际汽车公司因受70年代第一次石油危机的启示，在20世纪70～80年代对氢内燃机进行了全面系统的开发研究。其中德国宝马取得的成果最令人瞩目：研制的氢内燃机轿车和公共汽车使用的是MAN公司生产的氢内燃机（排量12 L、140 kW），已成功运行多年，至今情况良好。随着加氢站的建立，BMW已拥有用液氢燃料的15辆大型高级轿车，并利用其汽车生产线生产了100辆氢内燃机车辆，形成的车队进行了环球巡游，以证明氢内燃机的可行性。

氢燃料引擎按燃料供应方法可分为：向汽缸内直接喷射燃料（高压喷射和低压喷射）压缩引发（CI）引擎和外部混合喷射（使用喷口或进气歧管）电火花引发（SI）引擎。最适用的操作模式是电火花引发（SI）引擎，这是因为氢有高的自引发温度。氢燃料比较适合于SI内燃引擎，因该类内燃引擎有较高压缩比，因此用氢燃料的SI引擎，效率比常规燃料高。

对氢燃料引擎，燃料引入模式是一个非常关键的因素。对SI引擎，可使用多种燃料引入模式：把氢烃混合燃料通过歧管连续喷入（CMI）、歧管计时喷射（TMI）和用喷口喷入（PI）。已经证实：使用氢的SI引擎不会发生用液体燃料（如汽油）时发生的问题，如蒸汽锁和冷壁淬灭。但是，试验也已证实，使用氢燃料的SI引擎会发生回火、功率降低和高NO_x排放等问题。为解决这些问题，对使用氢燃料IC引擎进行了广泛的研究，获得的主要结果如下：①氢引擎能在宽的空气-燃料比范围内操作；②氢作为SI引擎燃料虽然具有许多优点，但容易频繁发生预引发燃烧事件（特别是在高负荷条件下）；③因氢燃料密度低，在利用汽油引擎预混合或燃料喷口注入氢时，引擎体积效率几乎完全消失，致使发动机输出功率下降，使用增压或涡轮增压泵能够解决该问题，提高引擎体积效率。

6.6.2 氢燃料电火花引发（SI）引擎

以氢作为SI引擎辅助燃料不会有大的问题，相反能够提高热效率和降低污染物排放。问题是，如以氢预混燃料进气，则可能发生电荷引发氢燃料燃烧现象，使操作SI引擎可能在进气歧管中形成“回火”或“回焰”。这不仅会降低引擎体积效率和输出功率，而且会导致NO_x增加。已发展出的进气口计时燃料喷入技术和把燃料直接喷入气缸的技术都能够很好地解决这类问题。此外，还提出了燃料喷入的一些其它技术，如CMI、TMI和PI技术。比较研究指出，TMI是氢燃料SI引擎的最适合燃料喷入技术。电子控制燃料喷入也是可行的，它能优化引擎的总性能和提供必需的控制灵活性。现代微加工技术、线性数字执行机构和电磁操作喷射器，是现时SI引擎轿车燃料控制系统的基本概念，非常有利于氢燃料的使用。

氢燃料的喷射方法对性能有重要影响。通过深入研究、全面比较和评价后得出：①利用添加有60%氢的燃料，在进口直接喷射燃料能使引擎功率增加约5%；如使用添加有更多氢的燃料，对引擎性能的影响反而是负面的；②缸内直接喷射氢，引擎功率增加可达30%；③在氢-空气燃料进气歧管中引入水，能降低引擎的回火且能极大减少NO_x的生成；④使用

H_2-NH_3-空气混合燃料，可使NO_x的生成热（与纯氢-空气燃烧比较）降低。研究获得的部分结果见表6-10。从表中数据可以看出，在所获数据上并不一致，但似乎给出了与所用引擎材质有关的趋势。为使氢成为可接受的IC引擎燃料，必须对燃料和操作特征做进一步考察。

表6-10 氢燃料电火花点火内燃引擎的燃料供应和NO_x排放控制

研究项目	使用技术	产生的影响				结论
		回火	体积效应	功率	NO_x	
燃料供应系统	预混合	发生	降低	下降	增加	对氢燃料不合适
	计时模块喷入	部分被控制	部分降低	下降	增加	需要精确控制氢喷入参数
	缸内喷入	无回火	稍有改进	提高	增加	比较复杂，喷入系统不太可靠
NO_x控制	贫燃混合物燃烧	无回火	部分降低	下降	大幅降低	当ϕ<0.35时功率下降，需要超充，不点火或循环改变
	水引入	无回火	部分增加	下降	降低	润滑油可能被水污染
	尾气循环	降低	下降	下降	降低	输出功率下降和燃烧不稳定性增加

虽然氢内燃机使用的燃料性质与汽油和柴油燃料不同，但其结构和原理与传统内燃机没有本质的区别。氢燃料具有一些特殊性质，如易发生早燃、回火、爆燃，燃烧产物（水蒸气）易凝结等。为了解决这些特殊性质引起的问题，极有必要根据氢燃料特点对内燃机燃料供应系统和燃烧过程做必要的改进设计。例如，水蒸气凝结水很容易沿汽缸壁漏入机器底部，使机油乳化而失去润滑能力并锈蚀汽缸壁，解决此问题的一种选择是改用抗乳化且不会丧失润滑能力和不结冰的润滑机油。又如，火花塞受潮时会引起短路而不点火，解决方法是改进点火系统，使之具有抗短路及抗干扰的能力。总之，氢内燃机虽然有很多优点，如污染物排放少、系统效率高、发动机寿命长等，但也需要做必要的改进，以克服其带来的问题。常规内燃机和氢内燃机的技术经济指标比较见表6-11。

表6-11 氢和汽油内燃机技术经济指标比较

项目	汽油内燃机技术经济指标	氢内燃机技术经济指标
CO_x排放量/(g/MJ)	89.0	零
NO_x排放量/(g/MJ)	30.6	不加技术处理时28. 8
燃烧热/(MJ/kg)	44.0	141.9
系统效率/%	20～30	40～47
90#汽油零售价/(元/L)	3.00	2.46（折算等效汽油价）
发动机使用寿命/(万公里)	30	40

6.6.3 氢燃料压缩引发（CI）引擎

使用掺氢柴油燃料的压缩引发（CI）引擎愈来愈普遍。氢燃料是可压缩引发的，其自引发温度为858 K，远高于柴油的453 K。引发氢需要提供外部引发源，如热线点火塞或以柴油引发中间燃料或使用引发剂如二甲醚。在CI引擎中使用氢燃料有多种方法：①把含氢气体吸入空气中再喷入缸内；②用歧管喷入或喷口喷射方法在添加氢后吸入缸内的空气中；③用汽缸内的电磁驱动区域喷射系统，在进气阀关闭时把氢燃料直接喷入缸内（汽缸内喷射类型，方法1）、歧管内（喷口喷射型，方法2）或汽缸内喷射型（方法3）。进气方法导致的最明显差别是：高负荷时歧管内喷入型增强体积效率；高引擎输出时不发生回火，但在化学计量条件下产生高水平的NO_x排放；对汽缸内直接喷射燃料的氢引擎（因燃料喷射系统可能导致燃料混合不均匀）其热效率可能降低；在柴油引擎中使用氢，主燃烧时间增加，NO_x排放降低；如使用过氧化氢和水/柴油乳浊液，可使CI引擎污染物的排放降低。

6.6.4 氢燃料内燃引擎车辆

氢燃料车辆主要有两种：氢内燃汽车和氢燃料电池汽车。目前氢内燃机汽车仍处于示范阶段。氢燃料电池电动车辆有最高的效率和优良的性能，被认为是目前汽油车和柴油车的“终结者”。2015年被认为是氢燃料电池汽车元年，这将在氢燃料电池一章中介绍。下面介绍氢内燃机汽车。

在IC引擎车辆中提出使用氢燃料已经有很长时间了。运用氢内燃引擎（IC）进行操作的概念几乎与IC引擎本身的历史一样长。1807瑞典科学家发明了氢燃料IC引擎，首台氢引擎在1933年引入，它是把稍微加压的氢气直接喷入有空气或氧气的燃烧室中，而不是经化油器把氢-空气混合燃料引入引擎汽缸中。这也是第一辆氢燃料内燃动力汽车。用纯氢燃料替代氢-甲烷混合燃料时，仅需对引擎进行校正和微调，即对电火花点火和喷射时间做小的调整。氢是汽车的可行燃料，容易且可使用安全。氢内燃机汽车是以氢燃料内燃机为动力装置的汽车，也属于氢能汽车。使用氢燃料不会产生HC、CO、CO_2、颗粒物质排放，对大气环境不会造成污染，不会导致温室效应，NO_x排放极低甚至为零。因此要满足21世纪车辆排放要求，氢能汽车几乎是运输领域中的唯一选择。

已有的氢燃料车辆几乎都是对现有车辆的修改和调整，已在多个国家（如美国、日本、瑞士、苏联、澳大利亚等）进行了示范和运行。日本在1974年引入了第一辆氢燃料车辆（Musashi-1，4冲程氢引擎和高压氢储存），此后的改进是，使用氢歧管喷射和液氢储存。1977年出现了电火花引发2-冲程引擎，该引擎的燃料是直接喷射的氢。在大巴中使用的氢燃料是存储的液氢，氢经机械阀门间断进入喷进气口，试验结果说明液氢大巴在能量经济、性能、污染物排放和安全上是具有光明前景的。

早期的氢内燃机使用液氢燃料，现在的氢内燃机车辆一般使用高压气氢燃料。使用的氢燃料是利用烃类重整生产的，但似乎不那么成功。福特公司的氢内燃机（图6-21），空燃

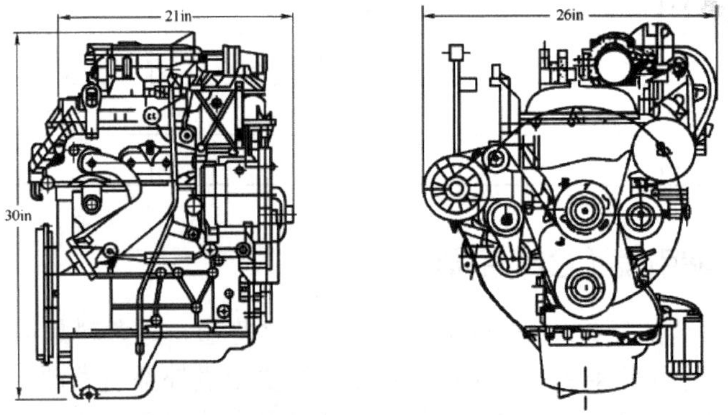

图6-21 福特公司氢内燃机

发动机型号：Ford 2.3L DOHC.14，压缩比9.7∶1，净重275 lb（1lb=0.45359237 kg），长×宽×高 = 21 in×26 in×30 in (1 in = 0.0254 m)，功率83 hp（1 hp = 745.7 W），3000 r/min，扭矩145 lbf ft（1 lbf · ft = 1.35582 N · m）。

比为（14～15）：1，接近于柴油机水平，热效率比现有汽油机高约15%，有可能提高到25%。氢内燃机通常采用贫燃技术以降低发动机最高燃烧温度，这样能使NO_x排放降低到极低水平。

在2003年的北美国际汽车展上，展出了多个品牌的新氢燃料汽车产品，其中的U型概念车是福特氢内燃机汽车，采用2.3 L四缸机械增压中冷氢内燃机混合动力系统，有很高经济性。每升液氢能行驶10.12 km，有近480 km的续驶距离，被认为是未来的氢能汽车。在图6-22中示出的是41座氢内燃机混合动力公共汽车：装备的是福特2.3 L氢内燃机，最大功率160 kW，扭矩1800 N·m，带刹车能量回收，氢储罐采用8个Dynetek公司W 205型耐压罐，压力25 MPa，可装28.8 kg氢气，一次充氢可行驶约300 km。福特公司的氢内燃机越野车示于图6-23中，采用2.3 L四缸氢内燃机，70MPa高压氢燃料，一次加氢可行驶500 km以上。图6-24中所示的是宝马公司的氢内燃机轿车。日本马自达公司的氢内燃机轿车样车示于图6-25中，采用的是RENESIS氢气转子发动机，可乘5人。氢内燃机汽车目前的困难在于没有强有力的车载储氢技术支持，液氢存储有不少缺点而高压携氢行驶里程不及传统汽车，且加氢站数量仍然很少。这些对氢内燃机汽车的广泛应用和普及造成了极大的限制。

图6-22 氢内燃机混合动力公共汽车

图6-23 福特氢内燃机越野车

图6-24 德国BMW公司的氢内燃机轿车

图6-25 日本马自达公司的氢内燃机轿车样车

6.6.5 对氢燃料车辆的评论和比较

为道路运输的可持续发展，全世界都在持续进行氢能源车辆的研发工作。德国Daimler-Benz、Stuttgart和Billings公司以及美国Utah公司都已成功推出配备氢化物储氢的车辆。图6-26是各种氢燃料示范试验车辆。宝马汽车公司对近零排放车辆特别关注，研发出以氢燃料引擎为动力的汽车：BMW氢7。这是世界上第一辆连续生产的氢动力休闲Sedan。它配备了阀定速和双-vanos的6.0升 V12引擎，采用直接汽油喷射和歧管氢喷入技术，具有典型BMW性能。双燃料引擎（液氢和汽油）带来了最大的灵活性和恒定的功率，利用现有加油站公用基础设施加注燃料。宝马公司纯氢内燃机轿车的基本参数示于表6-12中。印度与美国合作在2012年1月推出世界第一辆氢燃料三轮车辆HyAlfa，使用钢瓶压缩储氢，1 kg氢可行驶约85 km。

以液氢（LH_2）、压缩氢和氢化物形式携带的氢为燃料的车辆和拖拉机见图6-26。对使用LH_2、压缩氢、氢化物和汽油的车辆，其成本、燃料存储、储存重量、行驶里程范围、安全性和维护等性能指标比较见表6-13。表6-14给出了氢内燃引擎车辆和氢燃料电池车辆优缺点的比较。IC引擎是非常成熟的技术，已经建立有公用基础设施和制造工厂。在对氢燃料电池和氢内燃引擎车辆状态的评估中发现（表6-15），氢内燃（IC）引擎在运输部门具有很强竞争力和大的市场价值。

图6-26　氢燃料车辆

（a）液氢轿车；（b）氢化物试验车辆；（c）氢燃料大巴；（d）Jacobsen拖拉机

表6-12　宝马纯氢BWM750HL轿车的性能

项目	性能指标	项目	性能指标
发动机参数 汽缸 燃料类型 容积 功率	12/2 液氢或汽油 5379 mL 150 kW	燃料罐容积 续驶里程 燃料来源 排放	140 L 350 km 无限制 无
整车性能 0～100 km/h加速时间 最高速度	9.6 s 226 km/ h	车载电力供应 发电设备 电力输出	燃料电池 5 kW/42 V
燃料参数 平均燃耗	2.8 kg（氢）/100 km		

表6-13　不同燃料存储系统比较

判据	车辆的氢存储系统			
	液氢	压缩氢	氢化物	汽油
存储系统重量	高	非常高	中等	低
存储燃料质量与存储系统质量之比	非常小	非常小	小	大
行驶里程	中等	短	短	长
需要的安全性	高	非常高	中等	低
燃料存储系统的维护	周期性	周期性	基于氢质量，周期性	低
燃料存储系统成本	非常高（因容器需冷却）	高	高	低

表6-14 氢燃料和氢燃料电池车辆的比较

车辆类型	优点	缺点
氢燃料内燃车辆	已知的成熟技术、热量管理 已有硬件/技术、好的功率密度	要控制和后处理NO_x、效率低 有回火和安全风险、引擎修改和操作耐用性
氢燃料电池车辆	比氢燃料内燃车辆有显著燃料经济利益、零污染物排放、安静操作、可供应电力系统和辅助单元的功率	车辆/功率链重和成本高、池整套水管理、较高启动时间、在白天和冷气候中的操作、贵金属催化剂和成本、服务成本、复杂性和公用基础设施系统寿命

表6-15 氢IC引擎车辆和氢燃料电池车辆的现时状态（到2013年）

车辆类型	特征	可接受性	
		燃料电池车辆	IC引擎车辆
技术方面	功率/重量	不	是
	功率/体积	不	是
	效率	好	差
	成本	不	是
	最终排放	优秀	差
	耐用性（寿命）	不	是
	行驶范围（里程）	不	是
	服务能力	不	是
	启动应答时间	好	好
气候相关方面	冷启动	不	中等
	热舒适性	不	不
	向环境释放热量	不	不
市场方面	公用基础设施	不	是
	二手市场	不	是

相同一代的氢燃料IC引擎技术状态要高于PEM燃料电池电动引擎。燃料电池电动车辆（FCEV）是高效和无排放的，但成本较高；IC引擎是成熟技术，可以双燃料［汽油和可再生能源（RES）生产的氢气］进行操作。这一优点对向氢经济市场过渡具有相当大的重要性。小规模时氢车辆的竞争性更强，可显著降低单位能耗。但从纯经济观点看，2030年前可再生能源资源产氢在运输部门将变得具有吸引力。

6.7 氢燃料飞行器

6.7.1 引言

汽车给城市带来的污染人们很重视，但对万米高空飞行机队对地球大气的污染往往被人们忽视。在联合国气候变化委员会（IPCC）最新资料中指出，在人类活动产生的总温室气体排放中有3.5%来自飞机尾气，特别是飞机在大气对流层中排放的污染物和温室气体都在加速全球气候的变暖。地面至12000 m的高空属于地球大气层中的对流层，对地球气候变化的影响很大。飞机在低对流层排出的氮氧化物催化臭氧生成，而臭氧的温室效应是CO_2的1000倍。飞机在高对流层排出的氮氧化物反而会破坏该层中的臭氧层，削弱其过滤太阳紫外辐射的能力。曾有人统计过，大型飞机由降落到再一次起飞，发动机空转产生的废气排放相当于汽车行驶6400 km排出的量。一架波音747飞机每次飞行要消耗的燃料超过200t，这相当于6600辆小汽车消耗的油量。英国皇家环境污染控制委员会发表的通报也指出：1994 ～ 1997年间，航空飞行造成的环境污染程度比过去增加了一倍。因此，为了保护环境和减少对化石燃料的依赖，对超声速飞机和远程洲际客机使用氢燃料已经关注和研究了多年，这是由于氢燃料质量轻和燃烧特性优异。不难预计，氢有可能成为飞机的理想燃料。

6.7.2 氢航空器发展历史

18世纪70年代首次放飞了氢气气球。20世纪初期又飞行了第一个氢燃料飞艇。1937年成功运行了使用氢燃料的气体透平，在军用飞机上试验了推力为250 磅的氢燃料涡轮喷气引擎。1956年美国空军对多项试验性LH_2燃料航空器进行了试验：对改进的航空引擎J57试验研究了液氢（LH_2）燃料的可行性；在3架涡轮喷气飞机（J-47,J-65-B-3和J71-A-11）上进一步进行了飞行高度试验；设计建造了第一个用液氢燃料飞行的航空器以验证航空器中使用LH_2的可靠性，该航空器是安装有独立氢供应系统J-65涡轮喷气引擎的双引擎空军飞机，飞行试验成功；把发展出的氢动力涡轮喷气发动机安装在B-57轰炸机的一侧机翼上，获得了氢燃料飞行首批数据。1973年美国宇航局（NASA）开始研究设计超声速和亚声速液氢飞机，使用的是液氢发动机与常规燃气涡轮发动机。美国洛克希德公司对氢燃料商业飞机进行了系统的设计研究，其中包括航程为780 km 130座的短程飞机、航程5560km 200座的中程飞机和航程9265km 400座的远程飞机。液氢燃料被储存在飞机机翼或机身中。

1974年后，氢燃料飞机的试验更为活跃，其最重要的关注点是可直接应用于飞机的氢燃料发动机。早期试验的液氢飞机是波音B57轰炸机（1957年）、图-154飞机（1988年）和近期的空客A310客机。因为当飞行高度在10 km以上时，水蒸气吸收太阳辐射导致的温室效应更加显著。因此，对使用氢燃料的飞机，其飞行高度应该较低以降低其排出的氮氧化物和水蒸气对环境气候的影响。试验研究的液氢常规涡轮风扇燃气轮机，用于飞行速度相对较低的航空器；使用LH_2燃料的冲压式火箭发动机航空器，飞行速度可超过3马赫。这些研究试验工作推动了飞行速度从零到5马赫（5倍声速，1.22×10^6m/s）飞机的设计。

自此，美国启动的空军计划和空间航天计划全都改用液氢燃料，如CL-400飞机的研发。除了军用项目外，美国通用电气（GE）和NASA从70年代就开始探索研究氢燃料在气体透平中的使用。1988年8月，实现了只使用氢燃料引擎飞机的试飞，也就是在起飞、飞行和降落阶段都使用氢燃料，但该飞机飞行时间仅持续了36 s。2001年4月美国宇航局用B-52挂载X-43A氢发动机进行飞行试验。与此同时，多家航空公司对使用氢燃料的民航喷气式发动机设计方案进行了研究，有代表性的液氢飞机设计方案见图6-27。

1988年，苏联把TU-154飞机（新命名为TU-155，与波音727飞机相当）中的一个引擎改用氢燃料。在TU-155飞机的试验飞行中，起飞和降落时使用喷气燃料引擎，而在飞行过程中改用氢燃料引擎。采用氢燃料引擎的载人飞机在莫斯科附近进行了试飞。俄罗斯还曾研制出名为TU- 204的全氢燃料引擎超声速载人飞机。在氢燃料引擎飞机试飞后两个月，1991年苏联和德国合作试验在商业飞机样机（类似于亚声速A310）中使用液氢燃料，由俄罗斯和德国合作企业提供储液氢容器设计。存储液氢主容器建在机身顶部，另一个储氢容

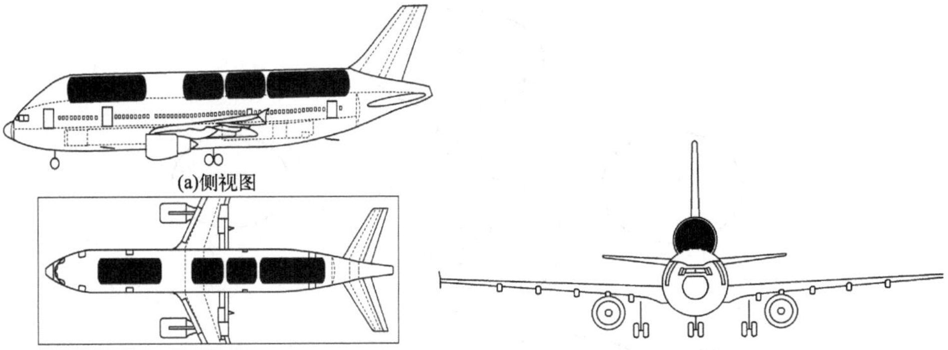

图6-27 液氢飞机的设计图

器（少量液氢）置于机翼上，这样设计的目的是降低机翼大小。该商业飞机载客400位，巡航速度0.85马赫，航程5500海里。而在NASA项目中，使用两个球形储氢容器，目的是降低表面体积比。在航空工业中使用氢燃料的历史见图6-28。

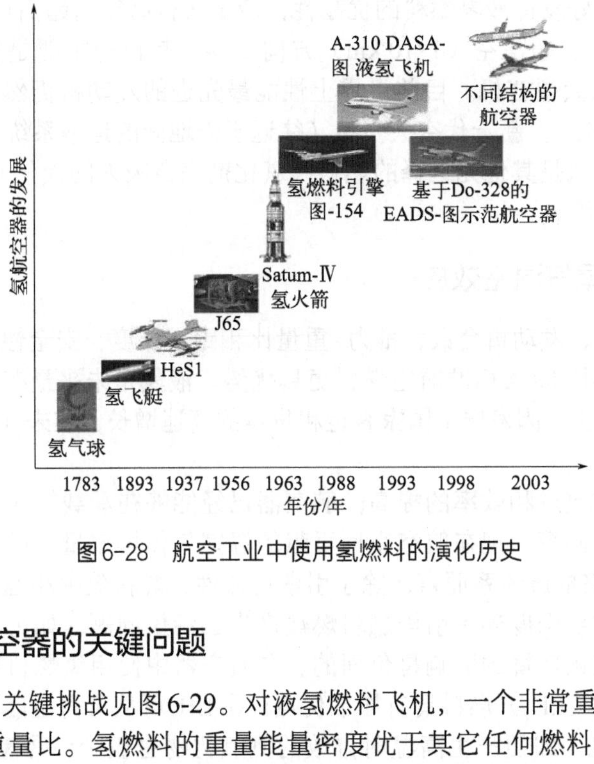

图6-28 航空工业中使用氢燃料的演化历史

6.7.3 氢燃料航空器的关键问题

航空推进面临的关键挑战见图6-29。对液氢燃料飞机，一个非常重要的关键参数是起飞总重量与液氢燃料重量比。氢燃料的重量能量密度优于其它任何燃料，因此虽然有低温存储问题但也是值得的。航天器的运行模式有两种：在地球大气层巡航或逃逸地球引力的宇宙航行。航天器选用的发动机可以是燃气轮机也可以是火箭发动机，它们都可使用液氢燃料。由于地球大气层外没有空气（或氧气），太空火箭除携带液氢燃料外还必须携带氧化剂液氧。火箭发动机用喷嘴喷出推进剂，燃烧产生的高温气体提供所需要的推力。为使飞行器能够重复使用，需要依据不同燃料（液氢和固态烃）试验获得的数据来设计和开发新的高性能喷嘴，还需要对液氢、液氧最佳的喷射位置进行实验和模拟研究。

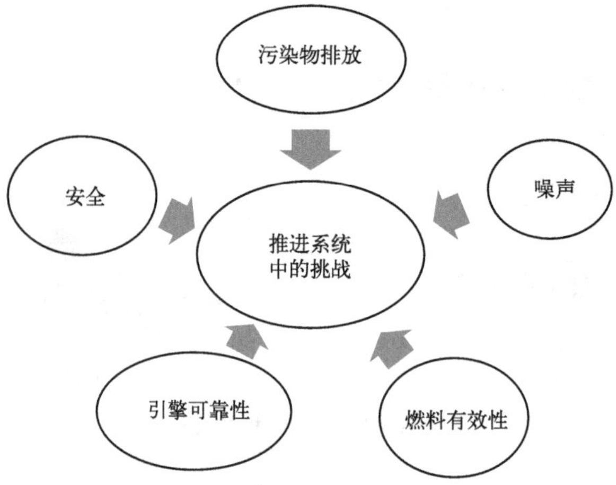

图6-29 航空推进面临的关键挑战

在飞机上使用液氢燃料的主要问题是：需要有4倍大的储罐来存储氢燃料，且储罐的大表面积使能耗增加9%～14%，于是飞机的总燃料成本增加4%～5%。

研究指出：为更好发挥液氢燃料的优越性，液氢飞机必须向超高声速（马赫数>6）、远航程（1×10^4km以上）、超高空（3×10^4km）方向发展，其目标主要是替代航速低、飞行时间长和航煤油耗多的大型客机。目前世界上性能最先进的发动机仍然是氢氧发动机，因为它的推进比冲达到 391 s。新一代空天飞机（往返于天地间的运输系统）可能成为21世纪的新型运输工具，而液氢是其优先选择的燃料（氧化剂来自吸入的大气）。同样在没有空气的高空必须使用机载的液氧。

6.7.4 航空燃料尾气温室效应

对飞机燃料消耗、发动机台数、推力-重量比和跑道长度、安全性、噪声等方面的综合研究表明，液氢燃料比Jet A标准航空燃料更具优势。液氢是未来最有希望的航空燃料。专家预测（图6-30）指出，因发展中国家客运和货运的高速增长，在未来数十年航空工业将有高速持续的增长。

由于推进性能的改进和效率的提高，航空器已经能够在承载较大有效载荷下以较高速度飞行较长距离。据测算，现在航空交通贡献的温室气体排放量（虽然是变化的）约占总排放量的3%。对航空推进体系而言，除了引擎可靠性、燃料效率和运输安全等重要性能指标外，需要考虑的主要问题还有引擎燃料燃烧产生的污染问题，如污染物的排放和产生的噪声，它们对全球气候环境的影响是负面的。在航空器中使用氢燃料可以缓解和克服这些问题。这是由于液氢（LH_2）燃料具有如下优点：①LH_2可从可再生能源和水生产；②氢燃料燃烧仅生成水蒸气，即便产生高温时排放的氮氧化物也极少；③氢的单位质量含能高，这有利于降低巡航载荷或增加飞行里程（可参阅图6-31中所示的等能量LH_2与煤油燃料的质量和体积比）。此外，携带液氢可采用不同构型储罐设计。

排放的CO_2和氢燃烧时生成的H_2O都是温室气体，它们都对全球变暖有贡献。表6-16中给出了不同温室气体（CO_2、H_2O和NO_x）的全球变暖潜力（GWP）随高度的变化。当高度低于10 km时H_2O排放的影响可以忽略，此后随高度增加其影响缓慢增加，但水蒸气的影响是短暂的。但是，水蒸气的贡献是使飞机形成凝结尾。氮氧化物对环境的影响在5 km以

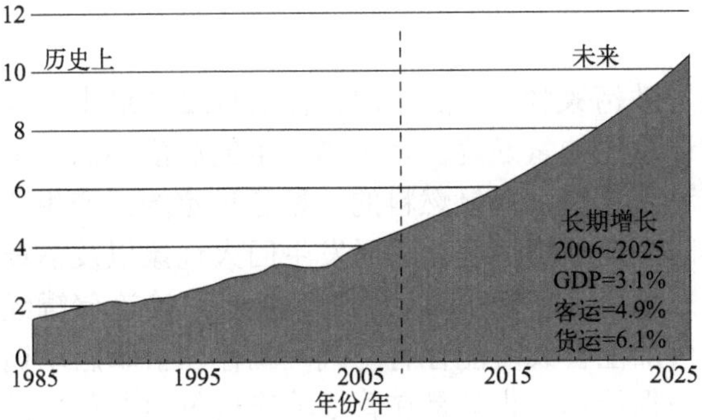

图6-30 预测的航空工业增长

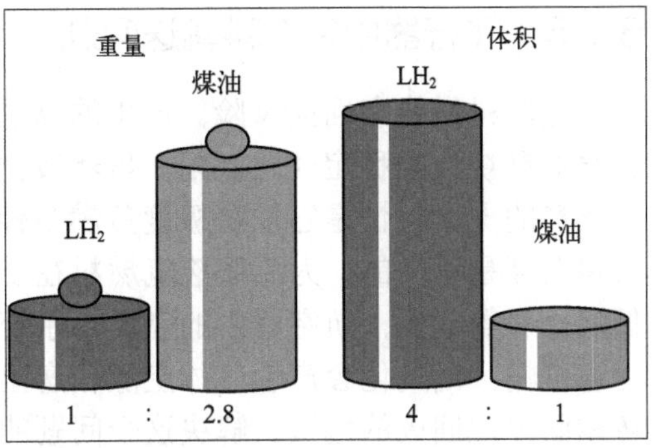

图6-31 等能量的液氢和煤油的质量体积比较

上急剧增加，在10 km时达到最大，然后快速下降。这说明水和氮氧化物的温室效应都与高度密切相关。此外，CO_2和H_2O的存留时间也有很大不同，CO_2存留时间超过100年且不受高度影响，而水蒸气在海平面上仅能存留304天，在同温层的存留时间为6～12月。水蒸气的温室效应可通过优化巡航来消除。凝结尾对全球变暖效应也是有影响的，因其辐射力大于CO_2。然而，随高度稍微降低，水蒸气的温室效应也随巡航优化而消除。上述讨论说明，氢燃料飞机产生的环境问题与地面使用氢燃料引擎产生的环境问题是不同的。

表6-16 三种排放物全球变暖潜力随高度的变化

高度/km	CO_2温室效应潜力（GWP）	H_2O温室效应潜力	NO_x温室效应潜力
0	1	0.00	−7.1
1	1	0.00	−7.1
2	1	0.00	−7.1
3	1	0.00	−4.3
4	1	0.00	−1.5
5	1	0.00	6.5
6	1	0.00	14.5
7	1	0.00	37.5
8	1	0.00	60.5
9	1	0.00	64.7
10	1	0.24	68.9
11	1	0.34	57.7
12	1	0.43	46.5
13	1	0.53	25.6
14	1	0.62	4.6
15	1	0.72	0.6

氢和常规燃料都产生NO_x排放，这取决于温度和在高温的停留时间。生成NO_x的反应是需要吸热的，当温度超过1800K时生成量显著增加。因氢燃料不含碳，燃烧时排放NO_x的潜力很低，因此氢燃料航空器可认为是零碳排放的燃烧器。

6.7.5 飞行器中氢燃料输送问题

氢燃料燃烧有回火风险，产生的高温会导致污染物NO_x的排放。在图6-32中给出了氢和煤油燃烧火焰稳定性的极限。虽然按化学计量比的氢燃烧，其火焰产生的温度很高，但氢燃料的一个特性是它能在极度贫燃条件下稳定燃烧，即氢燃料的贫燃是稳定的，产生的火焰温度是不高的。为克服液氢燃料在燃烧时火焰传播速度高和易发生回火现象以及需要低温冷冻等问题，航空器中的氢燃料系统必须可靠且留有余量。例如，液氢从冷冻储罐经管道传输，因气化会产生气体空隙和逸出，再加上管线可能存有空气，就存在引擎启动循环期间出现回火的危险。解决这个问题的办法很简单，也就是在管线输送液氢前必须先用惰性氮气彻底清扫。同时，也必须防止氢气体被液氢冷冻而引起燃料流动发生改变。因此为安全计，不仅在启动时而且在停机时也必须用氮气清扫输送管线，氮清扫方法的可靠性已获得实验证明。另外，必须确保液氢从冷冻储罐能以最大流速流出和在进入燃烧室前必须完全气化和预热。为有效和安全地实现这些要求，通常需要由额外的热交换器来提供所需的热量，这些热量能从尾气排管、透平区域、燃烧室或高压压缩机获得。完成传输和交换热量的热交换器必须放置于远离引擎热区域。不推荐在引擎热区域放置燃料管线，因为可能的氢燃料泄漏会引发更大的燃烧危险。正确的做法是从热引擎区域取出可供利用的热量，用于确保液氢燃料在喷入前完全气化。这样做的优点还包括热效率的提高、组件寿命的增加、使温度更具弹性和充分发挥热储槽的潜力。在引擎启动期间通常用电加热来增加喷入燃料的温度。引擎启动和达到怠速后，就可启动热交换器。为了调节引擎的输出功率，必须配备计量系统来测量和调节液氢和气氢的流速。

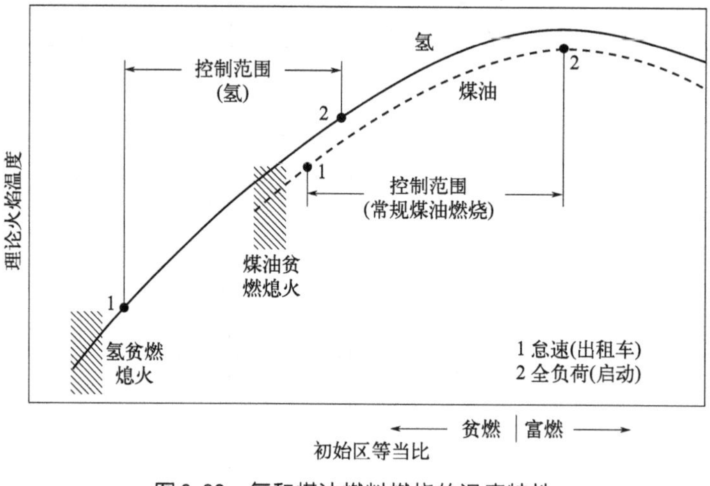

图6-32 氢和煤油燃料燃烧的温度特性

6.7.6 氢燃烧器

氢燃烧过程是复杂的，与燃烧室几何形状密切相关。对常规燃烧器，燃料中添加氢能提高其性能，虽然纯氢燃料没有常规燃料的性能好。这是由于常规燃烧器的几何形状不能有效地使氢和空气混合。在常规燃烧器中氢燃烧形成的是大扩散火焰，在化学计量比附近氢燃烧产生的火焰温度非常高，有高的NO_x污染物排放。为避免氢的不合理燃烧，必须综合考虑氢燃烧火焰稳定性、燃烧效率、声学及其它重要参数。由于氢燃烧具有很大改进潜力，很有必要研究新燃烧概念和设计新燃烧器。为设计出性能最好的氢燃烧器构型，必须精心和全面思考氢燃烧的所有方面，从燃烧方法到燃烧器制造方法。消除所有回火危险的最好方法是使主空气和燃料流保持分离和完全独立。由此产生了两类氢燃烧器的概念：贫燃料直接喷入（LDI）和微混合燃烧器。对它们进行的试验验证结果说明：两种设计都能极大地增加氢-空气的混合强度，同时避免了产生高NO_x排放大扩散火焰的生成。混合强度增加、火焰长度缩短、停留时间降低和提早完成燃烧等因素使NO_x污染物的排放降得非常低。已确认燃料的有效喷入是关键因素，为此对氢燃料喷入特性进行了进一步的研究。

6.7.6.1 贫燃料直接喷入（LDI）

贫燃料直接喷入（图6-33）对避免回火非常有效，获得的结果与先进Jet-A LDI燃烧器一样出色。图6-33（a）显示的是NASA N1喷射器，每个入口有两个以180° 分开齐整直径0.5mm的孔，该设计使用了十字交叉流动的氢喷嘴；图6-33（b）是为火箭推进系统设计的喷射器C1，其中心有一个十字交叉流动的氢喷嘴，围绕其的八个空气喷嘴使喷出的空气与氢混合非常完全；图6-33（c）所示的设计类似于N1喷射器中的C2喷射器，配备了三角导轨，且增加了另一个H_2喷射器以增强主氢气流的混合强度；图6-33（d）中所示的C3设计是带有中心燃料喷射器的常规喷射器。C4设计是无漩涡的改进型喷射器，H_2的喷入是由四个径向喷射器（降低了压力损失）完成的。使用不同设计氢喷嘴的氢燃料燃烧试验是在NASA GRC RCL-23设施上进行的。对结果所做的分析表明：①因有大循环区域和长停留时间，NASA N1喷射器排放的NO_x是最高的；②虽然C3设计是安全、简单和耐用的，但也有相当高的NO_x排放（类似于Jet-A LDI）；③C4设计非常类似于C3，但当温度低于2500 ℉时，NO_x排放非常低，压力损失也很低（因无旋流器），说明它是具有快速混合特征的耐用型设计；④C1和C2设计似乎是最好的，因NO_x排放很低，仅有Jet-A的一半；⑤独特的C2设计有非常快速的混合，但冷却和耐用性却是中等的，增加混合均匀强度的实验也失败了；⑥对C1喷射器，在试验的压力范围内没有完成试验，失败了。必须指出，在LDI的另一套试验中，其表现是非常稳定的：LDI喷射器降低了NO_x排放，没有发生回火或自动引发现象。但综合考虑复杂性、耐久性和低NO_x排放后，认为C4性能是优异的，当量比低于0.3时可达到非常低的NO_x排放，且其复杂性和制造成本都不高。但是，在温度高于2500 ℉时，该设计的NO_x排放快速增加。如能改进冷却使C2和C3构型复杂性降低，它们在高温下具有低NO_x排放的潜力，对高功率情形这是非常有效的LDI喷射器。

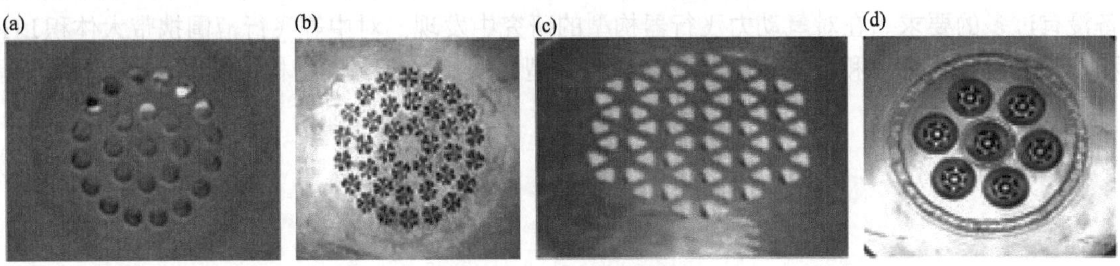

图6-33 LDI喷射器

6.7.6.2 微混合燃烧器

研究微混合燃烧器的最初目标是安全使用氢燃料替换A320 APU GTCP 36-300常规燃料，设计氢燃烧器的目标是增加总混合强度。由于氢燃烧大扩散火焰现象会形成温度非常高的区域，使热生成的NO_x在1800 K以上呈指数增加，设计中非常重要的一点是要极力避免这种情况发生。为此提出了用微型区域混合来增加快速燃烧的概念。在微混合燃烧器设计中，有很多燃料/空气进口，一方面要使扩散最小，另一方面要使其形成众多小扩散火焰来替代大扩散火焰，同时以3%～4%的标准压力降来限制气体入口的数目。混合的增强导致湍流的形成，使旋涡破裂和局部火焰的总停留时间降低，同时避开化学计量条件的形成。微混合燃烧器的截面图见图6-34，而与之对比的A320 APU GTCP 36-300燃烧器见图6-35。对微混合燃烧进行了大量研究，获得的主要结果有：①当氢燃料在常规燃烧器中以化学计量比条件燃烧时，产生的NO_x污染物排放最大（因高温）；②在微混合燃烧器中，由于提高了局部混合强度和避开了化学计量比燃烧条件，排放的NO_x低；③在微混合燃烧器的试验中也成功避免了回火现象的发生，采取了安全引发氢燃料燃烧的措施。采用计算流体动力学（CFD）对微混合燃烧进行了类似的深入模拟研究，获得的结果进一步说明降低NO_x排放是可能的，微混合燃烧器燃烧性能的进一步提高也是可以实现的。

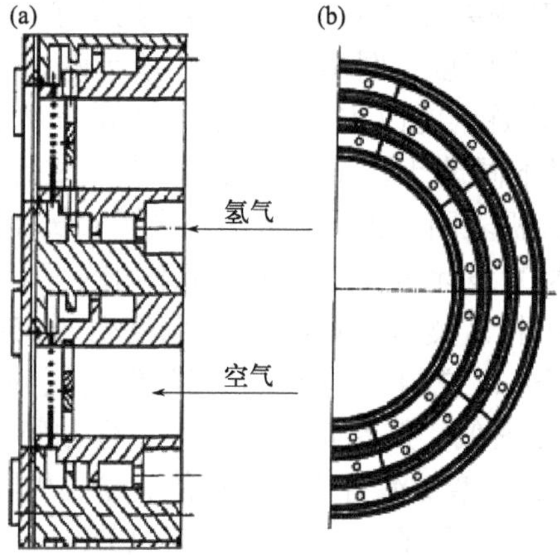

图6-34　微混合燃烧器截面图

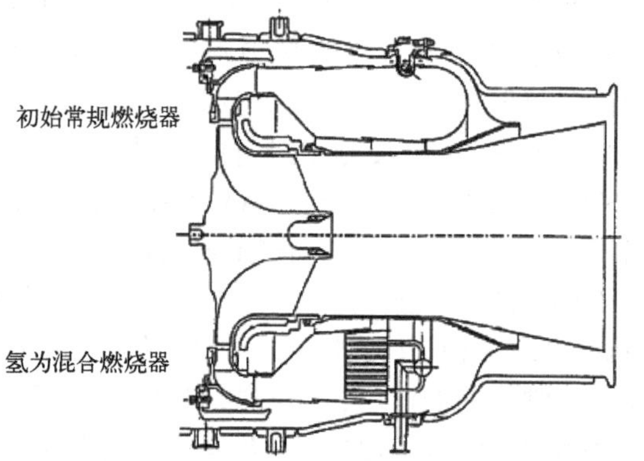

图6-35　A320 APU GTCP 36-300燃烧器

6.7.7　氢燃料航空器构型

用氢燃料发动机提供动力的飞行器，需要满足航线典型的操作性能和引擎管理的要求。飞行器的实际构型不仅应该与现时的航空工业要求一致，而且应对公用基础设施和地面装备没有过多的要求。在对氢动力飞行器构型的研究中发现，对中等飞行范围携带大体积LH_2和使其具有优化性能和成本最小，最合适的构型是双尾吊杆和尾槽构型（图6-36）。对双尾

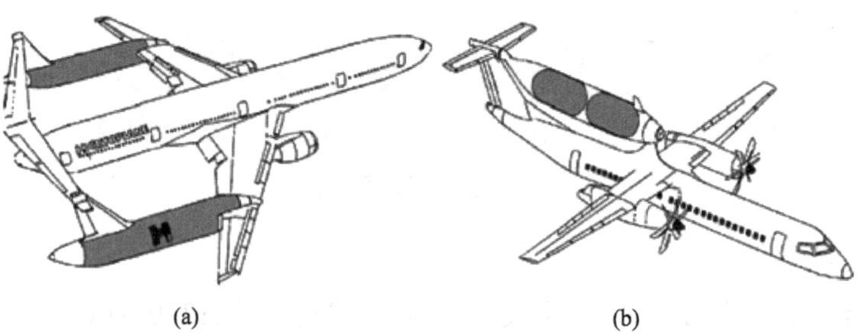

图6-36　双尾吊杆（a）和尾槽构型（b）

吊杆构型，外面的细长吊杆既是氢储槽也是连接机翼和尾翼表面结构的吊杆。对尾槽构型，置于机身上面的氢储槽与飞行器是分离的，用在机身上的桥塔连接氢储槽和水平尾翼。图6-37给出了使用存储LH_2的三种不同构型容器的飞机：氢储罐置于机身后上部和尾端的飞机［图6-37（a）］、氢储罐置于机身前后部和末端的飞机［图6-37（b）］和氢储罐置于机身上部和末端的飞机［图6-37（c）］。

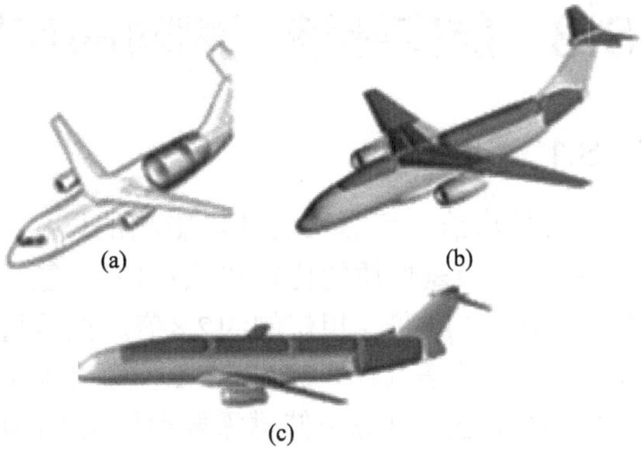

图6-37 携带不同构型液氢储罐的飞机

6.7.8 航空器的安全问题

氢是未来航空器使用的非常优异的燃料，在降低污染物排放和性能方面是优异的。对多数情形而言，氢燃料的安全性是最好的，毁灭性是最小的。但是，与其它燃料一样，氢燃料也具有可燃性，且还有一些固有缺点，使其使用具有高危险性。由于氢是轻气体，有一些关系到氢压缩和从密封容器逸出等方面的问题，但最关心的是其能量损失而不是安全问题。因为只要正确放空氢气，其慢释放和快消散（逸出氢很快扩散上升进入大气中）特点不会导致燃烧和爆炸危险的发生。在对氢和煤油泄漏所做的比较研究发现，虽然两种燃料的泄漏都导致燃料的分散，但因煤油是液体，其溢出是要充满尽可能多的空间；而氢是气体，泄漏仅局限于很小的区域，且快速上升进入大气中。如果试验是在航空器上进行，煤油泄漏的着火危险性是极端高的，会导致生命和财产的巨大损失。对这样致命性的危害，要恢复它经济上是不可行的。但氢泄漏的着火危险相对很小，航空器仍能保持完整，仅需要对燃料储罐和局部结构进行维护，航空器就能经济快速地投入再服务。

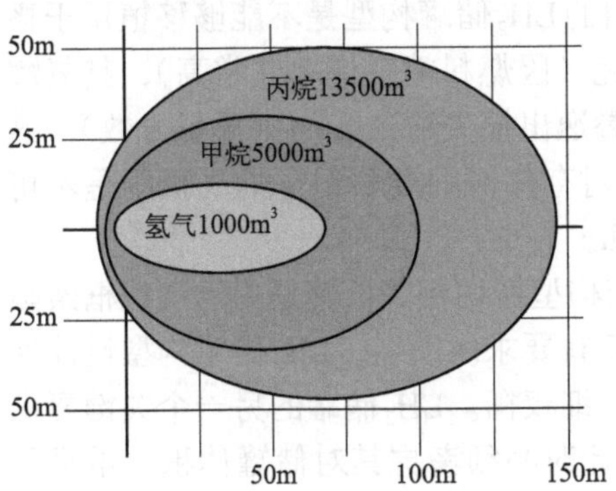

图6-38 液体燃料逸出气体的危险区域

尽管液氢泄漏的危害要大于气氢，但其危害性仍然要比其它液体燃料小很多（图6-38）。只要系统确实安全有效，氢燃料的安全性要比常规燃料高很多。为确保氢燃料安全有效且可靠地燃烧，氢燃料系统必须配备可靠的计量系统，并在启动、停车时必须用惰性气体先行清扫。惰性气体清扫系统是氢燃料飞行器中非常重要的系统，为避免回火危险必须组合进入氢燃料系统中。与其它燃料一样，氢燃料管线的放置位置也必须进行仔细选择和布放，要确保管线远离高温和其它引发源。

扑灭氢气着火的最有效方法是立刻截断氢气流。必须扑灭火焰时推荐使用干粉灭火剂。仅扑灭明火而没有截断气体流动，有可能形成可引发的混合物，产生更严重的次级灾害（可由热表面或其它引发源再次引发）。灭火的实践经验告诉我们，要防止着火区域扩散，就必须让氢气燃烧直到耗尽。在使用氢燃料地区，应配备有干粉灭火剂和灭火毯。对地区消防部门应考虑管理产品的性质，为扑灭氢着火应立刻使用最成熟有效的方法。

6.8 航空器液氢燃料的存储

6.8.1 引言

氢是清洁、可靠和低环境影响的燃料。大气压下温度低于20.4K时氢以液体状态存在（压缩氢和液氢性质的比较见表6-17）。氢含能很高，是优良的冷却介质。氢的冷却容量是Jet-A燃料的4.9倍，甲烷的约2.8倍。按重量计氢含能是煤油2.8倍以上，但按体积计氢体积是煤油的4倍多（图6-31）。在航空器中应用的氢必定是液氢（LH_2）。为使氢保持在液态，存储LH_2的圆柱或球形储罐需要满足相应的压力和绝缘要求，为此存储LH_2的储罐常采用非常规构型。在航空器中，管控LH_2的关键因素是氢储罐，制造重量轻、耐用和绝缘优良的LH_2储罐是目前面临的挑战之一。

表6-17　压缩氢和液体氢气性质的比较

性质	压缩氢	液氢
操作压力	高	低
沸腾逸出	中等	高
冷却容量	低	高
体积	中等	高
储罐成本	中等	高
绝缘	中等	高
氢渗透	高	中等
液化过程	不需要	需要
体积容量	0.030 kg/L	0.70 kg/L

虽然在空间火箭和飞船中已经使用LH_2，但其使用的LH_2储罐构型是不能够移植用于飞机的。其主要原因是飞船中LH_2在短时间内就被使用完（因燃料消耗速率非常高），其氢燃料的沸腾损失是可以接受的。例如，在1h内LH_2的沸腾逸出损失达到1.6%（质量分数），这样高的沸腾逸出损失速率对飞船应用是可接受的。但对存储时间要长得多的飞机则是不可接受的，对飞机应用可接受的沸腾逸出速率低于0.1%/h。

飞机上应用的LH_2储罐构型与飞机框架和推进系统构型密切相关，这是由于飞机框架限制了储罐形状和尺寸，而推进系统也对储罐数量和长度有要求。所以，LH_2储罐构型设计涉及许多方面，如储罐形状、体积、绝缘和构型等，应仔细权衡。LH_2储罐的另一个关键要求是沸腾逸出氢的数量。为了补偿液氢的沸腾逸出，设计时必须考虑其对储罐体积、重量和成本的影响。从安全和成本角度考虑，氢的沸腾逸出必须最小或没有。为降低或避免沸腾逸出，LH_2储罐必须有很多层好的绝缘层，且尽可能降低绝缘层体积。下面分别介绍应用于飞机的LH_2储罐的形状、体积、绝缘和安全问题。

6.8.2 储罐形状和体积

LH_2密度非常低，储罐体积相对较大。储罐形状主要取决于机身、储罐材料和类型等因素。储罐分为非整体型和整体型两类。非整体型储罐可置于机身外边，需要把其焊接在机身/机翼/框架结构中，设计中的主要限制是航空动力学效应和集成问题。其储存氢燃料的容量有限。整体型储罐和飞机框架结构是一个整体，抗应力能力强（如机身轴向、弯曲和飞机复合产生的剪应力），设计中的主要问题是储罐几何尺寸（直径）受机身限制。图6-39为非整体型和整体型LH_2储罐的飞机。

对宽体飞机，整体储罐构型似乎是唯一的可行选择，LH_2储罐可置于机身上面或机翼上。LH_2加载量的增加势必增加储罐壁厚和重量，因此有必要进行加固。为满足加压和易固定的要求，储罐形状只能采用球形和圆柱形，它们的直径与机身直径相等。球形LH_2储罐有最小的体积表面积比，在空间飞行器中已有应用。对球形储罐，进入的被动热量流相对较少，氢的沸腾逸出也比较少。球形储罐的问题是有较大的前锋面积，一些问题常出现在制造中。圆柱形储罐制造容易，易集成在机身内部，有较高的体积效率，可以优化方式使用机身内部空间，其触感内压力分布是均匀的。但是，它的表面积体积比高，被动热量流进入较多，为此常被设计成端面是半球形的（图6-40）。这样的圆柱形储罐兼具球形和圆柱形储罐的优点。

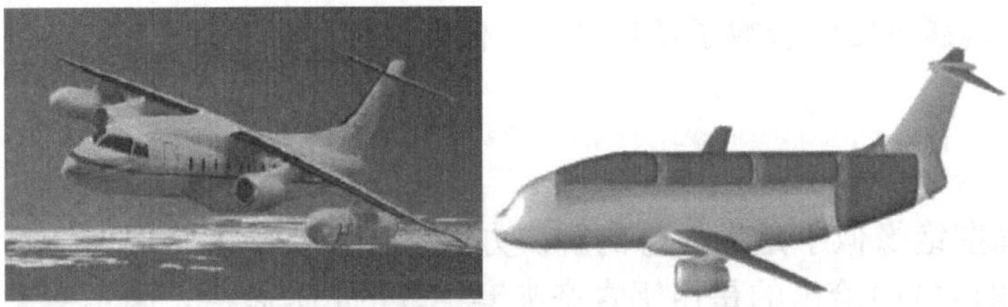
(a) (b)

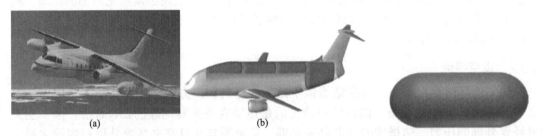

图6-39 非整体型（a）和整体型（b）LH_2储罐飞机

图6-40 有半球形端面的圆柱形储罐

携带LH_2的量由航空器所承担的任务确定。一旦确定了所需LH_2量，就必须按此进行设计和计算储罐体积。在储罐设计中，必须在长度和机身可利用空间之间进行权衡，以最终确定储罐的形状和尺寸。

6.8.3 绝缘方法和材料

储槽绝缘分为两类：内绝缘和外绝缘。内绝缘，绝缘层总是暴露处于冷冻温度的LH_2中。因外部热量传入LH_2而蒸发形成的气氢（GH_2）有可能扩散进入储罐壁，导致绝缘层热导率增加，绝缘性能变差。内绝缘的另一个问题是必须防止GH_2的渗透逸出。外绝缘的主要问题是：储槽随温度变化发生膨胀和收缩，使绝缘层连接和结构系统发生问题，且储槽尺寸也相应增加。外绝缘还容易受到机械伤害。尽管外绝缘有这些缺点，但都是能够被解决的，因此存储液氢的储罐一般采用外绝缘方法。对内绝缘和外绝缘系统的进一步研究仍在进行中。

对LH_2存储，其关键挑战是沸腾逸出（boil-off）导致的氢燃料损失。影响LH_2沸腾逸出的主要因素是热绝缘和储罐几何形状。为使沸腾逸出最小，首先是储罐要有有效的绝缘，而LH_2储槽的设计是由LH_2温度、操作压力和绝缘层厚度等参数决定的。可利用的绝缘方法有三类（图6-41）：多层绝缘（MLI）、真空绝缘和发泡体绝缘。

6.8.3.1 多层绝缘

多层绝缘（图6-42）是指在垂直于热流方向覆盖多层屏蔽热辐射的材料，通常包含有储

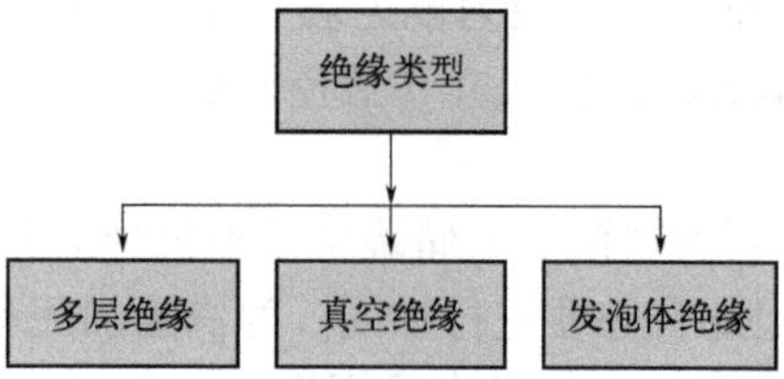

图6-41 不同的绝缘方法

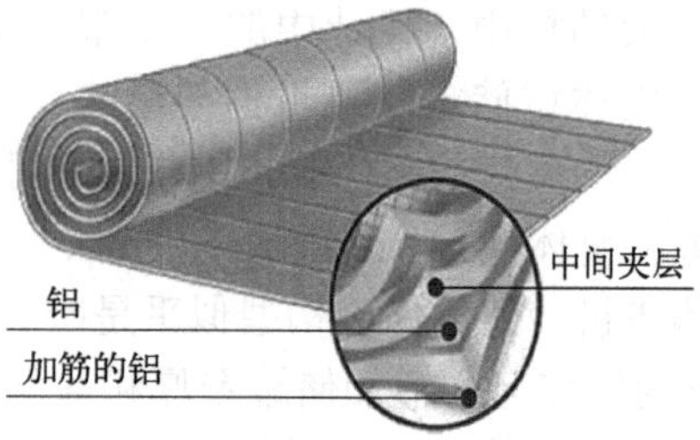

图6-42 多层绝缘系统

槽壁外边的反射箔（使辐射传热最小）。屏蔽辐射一般采用金属箔，为避免金属-金属接触在其间夹有薄层绝缘材料，如玻璃纤维、聚酯等。但是热屏蔽层数目的增加，会产生相应的热传导传热。对绝缘层进行优化的结果表明：在约有60 ～ 100绝缘层时达到的效果最好。MLI绝缘的性能密切关系到残留在绝缘层中气体的类型和压力，当压力高于0.001 mbar时绝缘性能快速下降。MLI性能对绝缘层密度是非常敏感的，制造期间必须避免局部的压缩。航空工业中使用的MLI绝缘系统，其最重要的参数是低热导率、低发散性和低密度。LH_2多层绝缘储槽产品相对比较重。

6.8.3.2 真空绝缘

为使氢的沸腾逸出最小，真空绝缘似乎是最理想的解决办法之一。实际上，要保持真空必须配备额外的抽空设备。图6-43中给出的是用铝真空夹套绝缘的LH_2储槽。因真空夹套要经受外部的压力，储槽壁的厚度必须足够。通常要求在真空夹套壳外壁和内壁之间设置强化筋条（增加了储槽重量）。必须用密封材料来隔离LH_2和空气，防止空气进入储槽系统的内部，在氢流动管线中存在的空气会阻塞LH_2的流动。为吸纳空气和保持真空室中的压力，需要附加外设备。对空间应用，LH_2储罐采用真空绝缘技术。实践证明，真空是解决LH_2槽罐绝缘的可行办法。真空绝缘是成熟技术，但储槽重量较重，为实现和保持真空的温度和压力也是昂贵的。

6.8.3.3 发泡体绝缘

发泡体绝缘材料的密度和热导率一般都非常低。发泡体绝缘储槽示意见图6-44。刚性发泡体绝缘用于槽罐内外壁，一般需要有薄金属壁包绕以保持发泡体的结构稳定性，承受

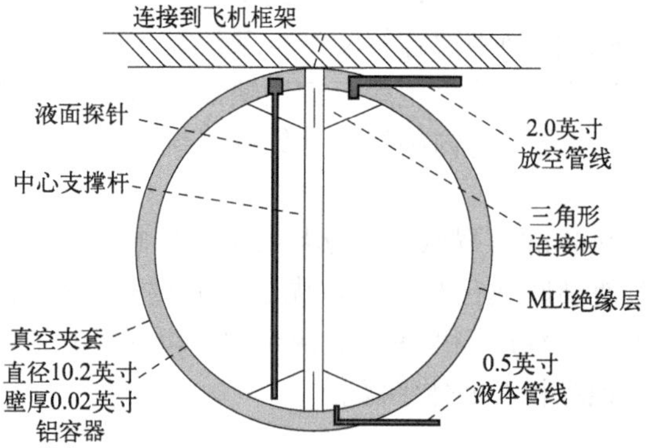

图6-43 真空绝缘系统的储槽

1英寸=0.0254米

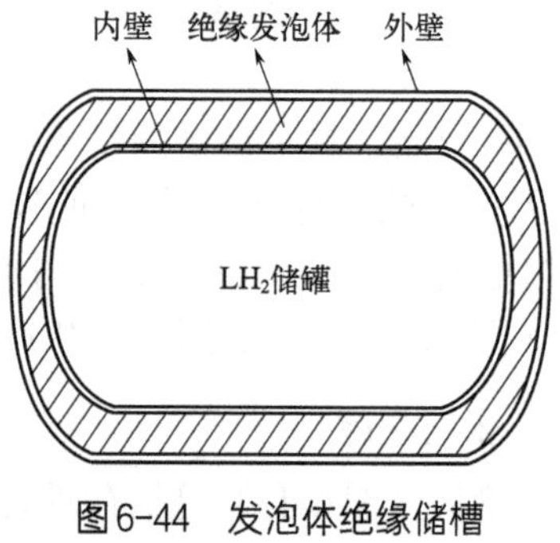

图6-44 发泡体绝缘储槽

和保护其不被外力伤害。对灾难性失败，发泡体绝缘的抗击能力高于真空绝缘夹套。发泡体绝缘层厚度与绝缘材料性质、容器大小、可允许沸腾逸出速率和槽罐许可总重量密切相关。发泡体绝缘的优点是低成本、易实现和轻重量，发泡体绝缘发生灾难性失败的概率较小。

6.9 氢燃料火箭

6.9.1 引言

早在第二次世界大战期间，氢已被用作A-2火箭发动机的液体推进剂。1960年首次使用液氢作为航天动力燃料，1970年美国发射的“阿波罗”登月飞船中使用了液氢燃料起飞火箭。

氢的能量密度很高，是普通汽油的3倍，这意味着燃料的自重可减轻2/3，这对航天飞机绝对是非常有利的。对现代航天飞机而言，减轻燃料自重、增加有效载荷非常重要。今天的航天飞机以氢作为火箭发动机的推进剂，以纯氧作为氧化剂，液氢装在外部推进剂舱内，每次发射通常需要1450m^3，重量约100t。现在正在研究使用“固态氢”的宇宙飞船。固态氢既作为飞船的结构材料又作为飞船的动力燃料。在飞行期间，飞船上所用非主要部件都能作为能源被“消耗掉”。这样，飞船在宇宙中就能飞行更多时间和距离。对超声速飞机和远程洲际客机，使用氢作为动力燃料的研究已进行多年，现在已进入样机和试飞阶段。

6.9.2 我国的氢火箭发动机

我国自行开发了一系列运载火箭用于航空航天，包括长征三号和在海南文昌发射的“胖五”火箭。下面介绍由中国运载火箭技术研究院研制的长征三号系列运载火箭［包括长征三号、长征三号A（图6-45）、长征三号B和长征三号C］。它们都是三级火箭，其中第三级的推进剂是液氢和液氧，由YF-75氢氧发动机、输送系统、增压系统、推进剂利用系统、推进剂管理系统和其它系统组成。氢发动机可以多次启动。

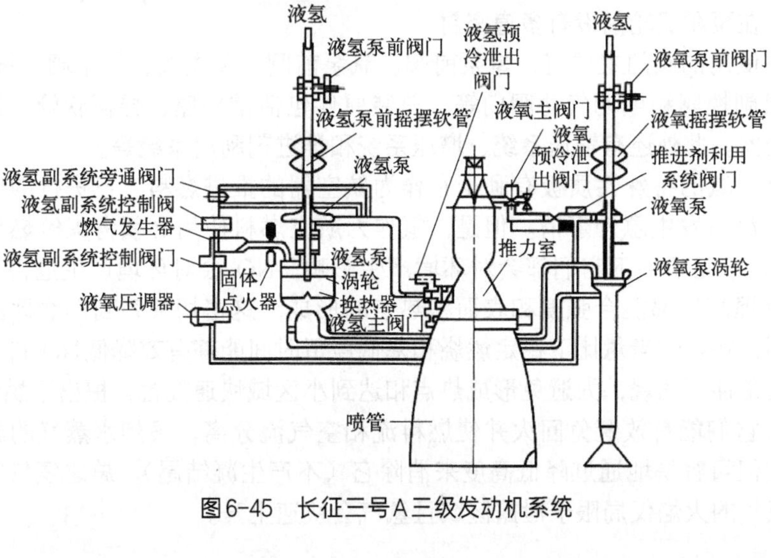

图6-45 长征三号A三级发动机系统

6.9.3 YF-75氢氧发动机

YF-75氢氧发动机由推力室、燃气发生器、涡轮泵、各种阀门和总装原件构成，其主要参数示于表6-18中。新研制的发动机由两台单机通过机架并联构成。每台单机自成系统独立运行，可进行双向摇摆，最大摆角40度。发动机采用燃气发生器循环方式，由两台气动串联的涡轮泵分别为推力室供应液氢和液氧。用固体火药启动器作为涡轮泵的启动能源。推力室用固体烟火点火器点火。两次启动之间的滑行时间不受限制。

表6-18　YF-75发动机主要参数

项目	性能参数	项目	性能参数
真空推力	78.45 kN	推力室压力	3.67MPa
真空比冲	4315 N · s/kg	液氢泵转速	40000 r/min
质量混合比	5.0	液氧泵转速	20000 r/min
液氢流量	3.08 kg/s	干质量	245 kg
液氧流量	15.15 kg/s	外廓尺寸	2805 mm×3068 mm（高×直径）

推力室包括头部、身部和延伸喷管三部分。头部采用同轴式氢氧喷嘴单元，氧喷嘴是离心式的。所用的多个喷嘴单元都是相同的，并按同心圆排列。身部采用锆铜合金的沟槽内壁，用电铸镍作外壁。延伸喷管采用螺旋管束式结构，用排放的氢作为冷却剂。燃气发生器头部采用离心式氧喷嘴，带有围绕的六十个氢喷嘴和扰流装置，身部单层壁不带冷却结构。

涡轮泵包括氢涡轮泵和氧涡轮泵两部分。两者为非共轴气动串联系统。两台涡轮泵分设在推力室两侧。燃气发生器供应的燃气首先驱动氢涡轮，然后再驱动氧涡轮。氢涡轮泵主要由氢涡轮、氢泵、上支座、下支座、动密封和轴承等组成。氢涡轮转子为超临界柔性转子，采用轮盘、叶片、主轴的整体结构。氢涡轮为超声速、轴流、速度复合涡轮。氢泵采用离心泵，泵与涡轮间设有动密封。轴承为滚珠轴承液氢冷却。从氢涡轮排出的燃气经过换热器后进入氧汽轮。氧汽轮泵由氧涡轮、氧泵、上支座、下支座、密封和轴承等组成。氧涡轮泵转速低于一阶临界转速。氧涡轮泵为轴流速度复合涡轮。氧泵采用离心泵。轴承为滚珠轴承，在泵和涡轮间设有多道密封。

每台单机使用的阀门主要有：氢泵前阀、氧泵前阀、氢主阀、氧主阀、推进剂利用阀、氢副控阀、氧副控阀和电动气动阀门等。总装原件包括常平座、摇摆软管、换热器、点火器和火药启动器。此外还有输送系统、增压系统和推进剂利用系统等。

总而言之，氢的特殊性质极有利于它作为航空器的推进燃料，已进行的所有飞行试验都是成功的，没有发生意外事情。但是，氢作为航空燃料使用必须考虑氢燃烧排出的产物H_2O和NO_x，在一定条件下它们都会对环境产生影响。NO_x会对环境产生危害，降低其排放的仅有方法是提高局部混合强度和表面积热点的形成，这密切关系到燃烧器的设计和燃料等当比的控制，在贫燃当量比下稳定燃烧和降低停留时间能够有效降低NO_x排放。鉴于氢能在很大贫燃比条件下燃烧，为避免形成热点和达到小区域快速混合，提出了燃烧氢的LDI和微混合概念，它们能有效避免回火并使燃料流和空气流分离。虽然水蒸气的凝结尾对环境也产生影响，但可容易地通过降低高度来消除它（不产生凝结尾）。总之氢气的使用是安全的，因泄漏氢气的火焰仅局限于泄露区域且氢气会快速上升。

航空用氢燃料的最大挑战之一是，为保持合理的能量密度，需要以液氢形式存储。因此，需进一步研究获取最可行的绝缘材料，包括储存构型和绝缘材料。航空器设计除必须考虑氢燃烧性能、尽可能多地降低NO_x排放外，还必须确保存储液氢燃料的重量最小和最少的沸腾氢逸出数量。为在航空中有效使用氢，现时需要进一步研究的可行冷冻策略是：使需要存储的液氢重量最轻、沸腾逸出的氢数量降低到最小和降低引擎污染物的排放。这将很可能有必要对现时航空器设计进行大的修改，并提出未来非常规航空器的概念。

6.10 氢燃料的其它应用

6.10.1 引言

在一些黑色金属切割、有色金属焊接、首饰加工、广告、医药、电子元件加工、汽车配件加工和保养等行业也都需要利用高能气体，如乙炔气和氢氧混合气。因乙炔气在生产过程中要产生有害物质，在发达国家和我国大城市中已严令禁止使用。与其它大规模使用能量行业不同，这类火焰加工行业具有使用范围广、地点分散、每次使用能源量小等特点，普遍存在的问题是能源效率低、严重污染环境、安全性差、难以整体规划。解决这些问题的方法之一是使用氢燃料。氢氧混合气是一种高能燃料，具有清洁燃烧的特点，且能够避免氢气制备、存储、运输等弊端，近年来已被火焰加工行业认可和接受。氢氧混合气经一段时间的发展，推出了用专门电解槽生产的氢氧混合气作为火焰加工能源，可在多个领域中应用。

6.10.2 切割领域

由于我国是钢铁生产和消费大国，火焰切割连铸胚正在逐渐替代传统液压或机械剪切机。这是因为火焰切割投资少、维护费用低、钢坯断面质量好和有利于进一步加工。氢氧焰因不含碳，因此比乙炔焰、烃类焰等更具优势，包括在经济成本、安全、节能、环保等方面。就焊接而言，氢氧焰具有快速、精度高、焊点光滑美观、产生快捷方便等优点。除钢铁领域的切割应用外，氢氧焰也广泛应用于首饰、电子、汽配、汽保和制冷等行业。现在已大量制造用于切割金属的氢氧切割机。我国生产的氢氧切割机参数示于表6-19中。

表6-19 我国生产的中型氢氧混合发生器性能参数

项目	HGQU-1000(2000)/200(315)	项目	HGQU-1000(2000)/200(315)
输入电源	AC50/60H_2 220V±15%单相（380V±15%三相四线）	气焊割工作介质	纯净水
		环境温度/℃	−20 ～ 40
额定容量/kV·A	6.3（11.3）	相对湿度/%	≤90
电源功率因数(cosϕ)	≥90	耗水率/%	约0.6
电源效率/%	≥85	火焰温度/℃	1000 ～ 3000
气焊割额定功率/kW	3.5(6.8)	切割厚度/mm	≤100(≤150)
气焊割工作电流/A	0 ～ 120	工作气压/MPa	0.1 ～ 0.2
气焊割工作电压/V	20 ～ 30	额定产量/(L/h)	1000(2000)

续表

项目	HGQU-1000(2000)/200(315)	项目	HGQU-1000(2000)/200(315)
电弧焊额定功率/kW	6(10)	电弧焊暂载率/%	80
电弧焊电流范围/A	5～200(315)	外形尺寸($W\times H\times L$)/mm×mm×mm	650×480×750
电弧焊空载电压/V	55～85	质量/kg	48(80)

6.10.3 医疗制药领域

安瓿瓶拉丝封口一般使用液化气，其缺点是成本高、封口合格率低、药品易受污染等。为克服这些缺点，现已采用氢氧混合气燃料来封口安瓿瓶，优点如下：①成本显著降低，可节约50%以上；②药品质量提高，满足了GMP认证和产品出口要求；③药品封口速度和合格率提高，达99%以上。

6.10.4 汽车发动机积碳的清除

车用发动机长期使用烃类燃料会出现碳的沉积，需要定期清除。使用具有助燃、催化和高温特性的氢氧混合气能够对发动机积碳进行全面、彻底的清除，使汽车发动机的动力得以恢复。使用氢氧混合气不仅不会对发动机造成伤害而且能够避免传统化学除碳剂的不足，是汽车养护领域的一次质的飞跃。氢氧混合气除碳具有的优点如下：①避免拆开发动机，快捷安全；②能清除发动机核心部分的积碳，使发动机“呼吸顺畅”；③改善发动机燃烧环境，使动力提升；④改善和降低排放尾气，节能环保，使净化的“三元催化剂”寿命延长；⑤可省油5%左右。对用氢氧混合气清除汽车发动机积碳，我国已颁布了国家标准，对该技术术语、分类、检验规则、标识、使用说明、爆炸运输、储存等均作出了明确规定。

6.10.5 焚烧领域

氢氧混合气也可应用于煤的清洁燃烧、危险废物的焚烧处理和工业加热炉助燃等领域，不仅具有显著节能降耗、环保等优点，而且还具有强化燃烧、促进完全燃烧的功能。这是催化燃烧利用的一个全新市场。

6.10.6 脉冲吹灰

在锅炉上一般都安装有吹灰系统。虽然已研究发展出多种吹灰系统，如蒸汽吹灰、高压水吹灰、钢珠清灰、压缩空气吹灰、声波吹灰、燃气脉冲吹灰等，但氢氧混合气吹灰是新技术，可单独与燃气混合使用，效果更好。氢氧混合气脉冲吹灰系统是革命性的换代新产品，具有安全可靠、低能耗、低污染、效能比高等优点，而且具有很好的兼容性。

6.10.7 窑炉和锅炉节能

虽然在燃煤锅炉中加入氢氧混合气可产生明显的经济效益和一定的社会效益，但仍然没有实际的案例。但试验已证实，在窑炉中添加氢氧混合气可获得明显效果。为了保证氢氧混合气的安全使用，已经发布的《氢氧发生器安全技术要求》，突出了安全要求，并在

2018年作为国家标准实施。

总之，鉴于环境生态保护、节能和可持续发展的迫切要求，为开发氢氧混合气清洁能源带来了机遇和挑战，作为替代传统能源的氢能源，其开发利用是具有现实性和可行性的。例如，氢氧混合气可以作为家庭取暖和烹饪燃料，它不仅热值高而且是理想的清洁燃料，它不像天然气那样燃烧时要排放二氧化碳。但人们对氢氧混合气应用的认识还远远不够，需要进一步普及和接受。当然，关键是成本和安全问题。

7 氢燃料电池技术

7.1 引言

把氢作为清洁能源使用是相对近期的事情。氢能源属于非碳基能源体系，是未来的清洁燃料。氢能类似于电力是一种次级能源，也是优良的能量载体，可以通过洁净和绿色能源生产。氢燃料电池在未来碳中性能源体系中将起关键作用。氢作为能量载体和在燃料电池中把其转化为电力，被认为是对现时能源系统的一大突破。氢能源除了替代化石燃料在引擎中以直接燃烧方式提供能量使用外，在燃料电池中直接产生电力（和热能）的方式非常适合于作为分布式电源广泛使用，也可替代电网电力在固定和车辆中应用以及作为电源在便携式应用中广泛使用。氢在引擎中直接燃烧和在燃料电池中进行电化学转化生产电力，是本质上完全不同的两种电力产生方式。在不久的将来，世界能源混合体中可再生和可持续能源（RSE）占主要地位是趋势，而利用丰裕的RSE资源生产氢气则是获得清洁环境的最好能源政策。以低成本和环境友好的方法产氢在未来氢经济发展中起着关键性的重要作用。由于环境压力和燃料电池技术的发展，“氢经济”很有可能在21世纪中后期实现，世界将进入氢经济时代。

燃料电池是一种电化学装置，能把燃料的化学能直接转化为电能（和热能），基本燃料是氢气。氢燃料电池是指以氢为燃料在燃料电池中进行能量转换生产电力（和热量）的装置，其能量转换方式是经电化学反应直接完成从燃料到电力的转换，这与燃料燃烧产生热量再转换为电力的间接方式（先产生热能再经机械能生产电能）在原理上是不同的。单步的燃料电池能量转换过程与引擎燃烧的多步转换过程比较，具有若干独特优点。燃烧过程对环境可能产生的有害影响导致多个全球效应的发生，如气候变化、臭氧层破坏、酸雨、植被覆盖下降等，而且要消耗有限的和不断减少的化石燃料。相反，燃料电池以有效和清洁的方式把氢燃料化学能转化为电能（热能），其副产物仅有水，不产生环境污染物，消耗的氢燃料可利用可再生资源可持续和安全地生产。因此氢燃料电池技术是可持续的清洁能量转换装置。此外，燃料电池技术还具有安静性质，即操作十分安静无噪声或无振动，其结构是模块化的，因此生产模式简单。同时，它还具有宽功率和多类型等特征。氢燃料电

池技术在多个领域和市场中保有很大的竞争潜力，作为发电和电源（热能）装置，其应用范围非常广泛，从便携式装置到固定和移动运输单元，包括从踏板车到大规模联产发电厂。从理论上看，氢燃料电池技术可满足任何能量需求装置的要求。

目前，燃料电池在便携式电子设备、固定电力装置和运输部门中的应用正大幅向着商业化迈进。据统计，在2008～2011年间燃料电池销售增加了214%，而在2010～2014年间增长104%。燃料电池在通信网络市场、材料管理市场、机场地面支持设备市场和备用电源市场中已成为新涌现的竞争者。全球燃料电池工业市场在2020年达到了1920亿美元，年安装功率在2014年就达到1.5GW。例如，美国在2003～2010间年增长速率超过10.3%。氢燃料电池已直接应用于汽车部门，也广泛应用于飞机、船舶、火车、公交车、小汽车、摩托车、卡车和牵引车等运输工具中，在自动售货机、真空吸尘器和交通信号中的应用也已经开始，在手机、平板电脑和便携式电子装置领域应用的市场也在不断增长，电功率较大的燃料电池也已应用于医院、公安局和银行等领域和建筑物设施，在水处理工厂和废物垃圾场中燃料电池也开始利用废弃物进行发电（以废物生产的甲烷气体为燃料）。不过现在氢燃料电池的价格仍然偏高，其应用仍然受限。

总而言之，氢燃料电池技术是洁净、有效的，可能是最灵活的化学能到电能的直接转换装置。毫无疑问，氢燃料电池是21世纪新的二次能源装置，能缓解和最终解决能源利用效率低和环境污染的双重问题，是人类文明可持续发展的有效手段。氢燃料电池是所谓“氢经济”的主要发电系统，是未来氢经济发展的主要推进技术。氢燃料电池不仅是电能发生器且伴生热量的产生。因氢燃料电池属于化学能量转换装置，其结构特征非常类似于能量存储装置（电池），但它们的操作模式不同，且电池只是一个能量存储单元。

氢燃料电池技术是多学科的，组合了电化学、热力学、工程经济学、材料科学与工程和电力工程等学科。为了解氢燃料电池技术及其广泛应用的范围，促进燃料电池技术快速商业化，在此简要介绍燃料电池的操作原理、特点、优点和应用（总结于表7-1中。），尽管这方面已有大量文献做了详细介绍（如《进入商业化的燃料电池技术》和《固体氧化物燃料电池：材料、制作、市场和展望》）。

表7-1 燃料电池操作原理、优点、特色和主要应用领域间关系

原理	特色		应用
操作原理		高且恒定的效率	推进系统 轻牵引车辆 辅助功率单元 分布式发电
电化学能量转换	高且恒定的效率 降低/消除有害排放 高能量密度 瞬时跟踪负荷 降低/消除噪声	降低/消除有害排放	推进系统 轻牵引车辆 辅助功率单元 分布式发电
能量转换次数少	高且恒定的效率 降低/消除有害排放 瞬时跟踪负荷	长操作循环	推进系统 轻牵引车辆 辅助功率单元 应急备用电源

续表

原理	特色		应用
只要有燃料供应就运行	长操作循环 高能量密度	高能量密度	便携式应用 推进系统 轻牵引车辆 应急备用电源
添加池扩展到池堆和/或系统	模块化 与可再生能源的高集成性	瞬时跟踪负荷	推进系统 轻牵引车辆 辅助功率单元 分布式发电
纯氢运行最好	降低/消除有害排放 与可再生能源的高集成性	模块化	便携式应用 辅助功率单元 分布式发电
安静操作没有运动部件	模块化 降低/消除噪声	降低/消除噪声	推进系统 轻牵引车辆 辅助功率单元 分布式发电
重整燃料选择	降低/消除有害排放 长操作循环 燃料灵活性	燃料灵活性	便携式应用 分布式发电 应急备用电源
直接醇燃料选择	长操作循环 瞬时跟踪负荷 燃料灵活性	与可再生能源的高集成性	推进系统 分布式发电

7.2 氢燃料电池

7.2.1 原理

氢燃料电池由三个活性组件组成：燃料电极（阳极）、氧化剂电极（阴极）和夹在它们之间的电解质。电极由覆盖有催化剂层（在PEMFC中通常是铂）的多孔材料构成。图7-1为典型PEMFC中的基本操作过程。被配送到阳极的分子氢在其表面上发生电化学氧化反应生成氢离子（质子）和电子（图7-1）；质子在酸性电解质中迁移，电子被强制通过外电路，它们最终都到达阴极；在阴极电子和质子与外部进气流供应的氧在表面发生电化学还原反应生成水。燃料电池使氢和氧完成总电化学反应生成水的同时提供了反应热和电功率。为保持氢燃料电池进行连续等温操作和稳定地产生电功率，产物水（蒸汽）和副产热量必须连续地移去。这说明，对燃料电

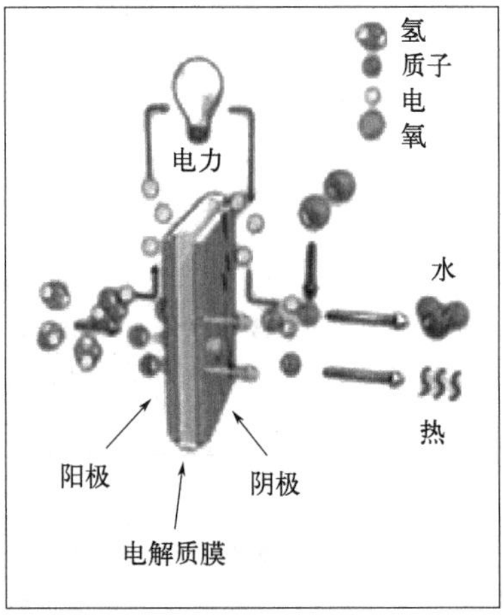

图7-1　典型氢燃料电池的操作

池的有效设计和连续稳定操作而言，最关键的是要妥善地管理好产生的水和热量。由于单个燃料电池的电压和电流通常不能够满足需求，为获得满足要求的有用电压和电流，需要把单个电池进行串联和/或并联组合成池堆；而且为使池堆能够进行连续的电化学反应，需要匹配必要的组件形成系统。燃料电池堆工作的基本原理见图7-2。

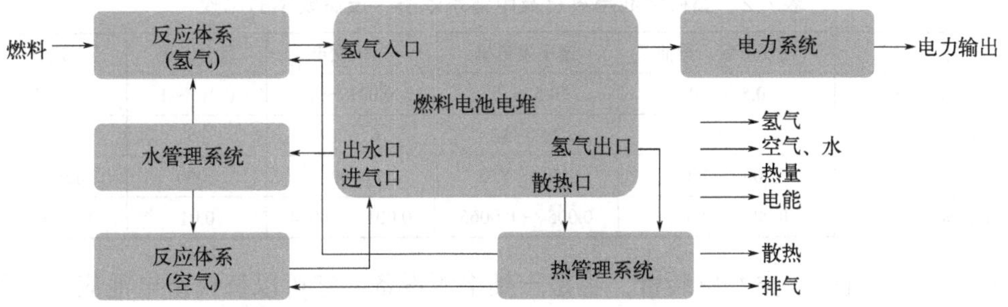

图7-2　燃料电池堆进行电化学反应的基本工作原理

7.2.2　能量转换技术的比较

燃料电池是一类发电技术（作为能源），而在市场上可利用的成熟发电技术有多种，如内燃引擎、气体透平以及它们的多种组合。应该说，基于电化学转化的燃料电池是转换能量非常有效和洁净的技术，氢燃料电池是一个更洁净、更有效和最高效的化学能到电能的转换装置（表7-1）。在第4章的图4-3中已给出了现有各种发电技术的电效率与装置功率间的关系。从该图可清楚地看到，燃料电池及其组合技术具有的效率是最高的。在图7-3中对多种发电技术的㶲效率做了进一步的比较。比较的发电装置包括：光伏电池板、热太阳能发电厂、废物焚烧、气体透平、柴油引擎、汽油引擎、兰开夏循环、组合兰开夏循环、核

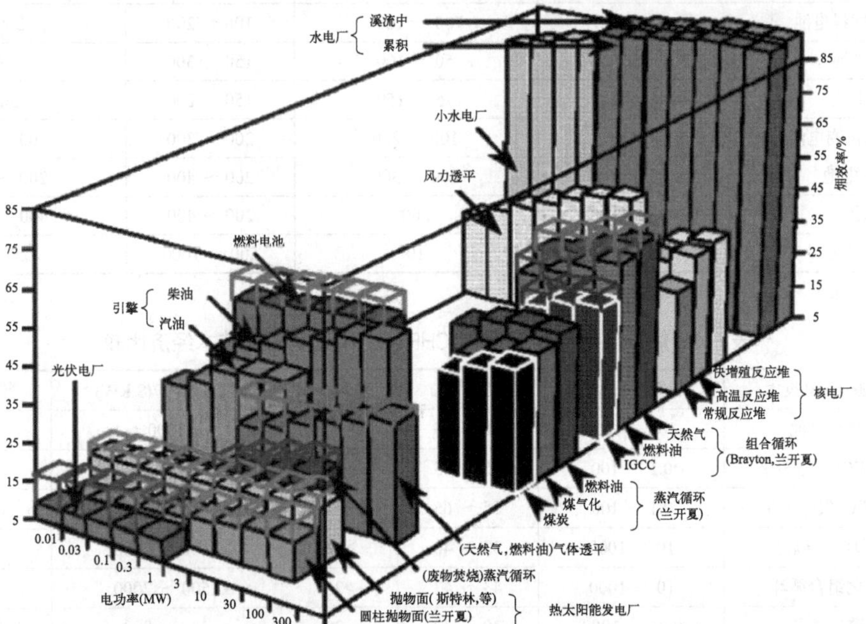

图7-3　主要能量转换装置的㶲效率

发电厂、风力透平、水力发电厂以及燃料电池。该图清楚地指出，在所有比较的能量转换装置中，燃料电池的㶲效率是最高的。在表7-2中对不同发电技术的效率和投资成本做了比较。这些比较数据再加上燃料电池可使用可再生氢为燃料的特点（是具有可持续性的安全能源）以及前述的许多优点，能够清楚地证明燃料电池是未来能源转换的关键装置。

表7-2 燃料电池与其它发电体系效率、投资成本的比较

项目	往复引擎：柴油	透平发电机	光伏发电	风力透平	燃料电池
容量范围/MW	0.5～50	0.5～5	0.001～1	0.01～1	0.2～2
效率/%	35	29～42	6～19	25	40～85
投资成本/($/kW)	200～350	450～870	6600	1000	1500～3000
O&M成本/($/kW)	0.005～0.015	0.005～0.0065	0.001～0.004	0.01	0.0019～0.0153

氢燃料电池既是一类发电装置，也是一类电源设备，它可以替代蓄电池应用于便携式电器，替代多种能源设备应用于固定和运输领域。在便携式、固定和移动运输应用中，氢燃料电池与其它技术的技术经济比较分别见表7-3～表7-5。在图7-4中分别给出了燃料电池、热引擎和电池在不同应用中需要进行的能量转换步骤。从这些图表给出的数据中不难看出，燃料电池技术在便携式应用中具有重量和体积密度上的优势；在固定应用领域具有高效率和高容量因子的特点；在移动运输应用领域中具有高效率和高燃料弹性的优点。但是，氢燃料电池技术也有劣势，如目前的成本过高。因此，为使燃料电池成为经济可行的发电装置和进一步增强氢燃料电池的竞争力，必须进一步降低其成本，这是氢燃料电池目前最主要的挑战。氢燃料电池、热引擎和电池的一般结构比较见图7-5。下面分述氢燃料电池与热引擎和电池间的比较。

表7-3 燃料电池与便携式电源部门中竞争者的技术进经济比较

便携式电源技术	质量能量密度/(W·h/kg)	体积能量密度/(W·h/L)	功率密度/(W/kg)	投资成本/[$/(kW·h)]
直接甲醇燃料电池	>1000	700～1000	100～200	200①
铅酸电池	20～50	50～100	150～300	70
镍镉电池	40～60	75～150	150～200	300
镍-金属氢化物电池	60～100	100～250	200～300	300～500
锂离子电池	100～160	200～300	200～400	200～700
飞轮	50～400	200	200～400	400～800
超级电容器	10	10	500～1000	20000

① 单位$/kW。

表7-4 燃料电池与固定电源/CHP部门中竞争者的技术经济比较

固定电源/CHP技术	功率水平/MW	效率①/%	寿命/年	投资成本/($/kW)	容量因子/%
磷酸燃料电池	0.2～10	30～45	5～20	1500	高达95%
组合MCFC/气体透平	0.1～100	55～65	5～20	1000	高达95%
组合SOFC/气体透平	0.1～100	55～65	5～20	1000	高达95%
蒸气循环（煤炭）	10～1000	33～40	>20	1300～2000	60～90
集成气化组合循环	10～1000	43～47	>20	1500～2000	75～90
气体透平循环	0.03～1000	30～40	>20	500～800	高达95%
组合气体透平循环	50～1400	45～60	>20	500～1000	高达95%

续表

固定电源/CHP技术	功率水平/MW	效率①/%	寿命/年	投资成本/($/kW)	容量因子/%
微透平	0.01 ～ 0.5	15 ～ 30	5 ～ 10	800 ～ 1500	80 ～ 95
核电	500 ～ 1400	32	>20	1500 ～ 2500	70 ～ 90
水电	0.1 ～ 2000	65 ～ 90	>40	1500 ～ 3500	40 ～ 50
风力透平	0.1 ～ 10	20 ～ 50	20	1000 ～ 3000	20 ～ 40
地热	1 ～ 200	5 ～ 20	>20	700 ～ 1500	高达95%
太阳能光伏	0.001 ～ 1	10 ～ 15	15 ～ 15	2000 ～ 4000	<25

① 从能量输入到电力输出。

表7-5 燃料电池与运输推进部门中竞争者的技术经济比较

运输推进技术	功率水平/MW	效率/%	比功率/(kW/kg)	功率密度/(kW/L)	车辆行驶范围/km	投资成本/($/kW)
质子交换膜燃料电池（车载加工）	10 ～ 300	40 ～ 45	400 ～ 1000	600 ～ 2000	350 ～ 500	100
质子交换膜燃料电池（离线氢）	10 ～ 300	50 ～ 55	400 ～ 1000	600 ～ 2000	200 ～ 300	100
汽油引擎	10 ～ 300	15 ～ 25	>1000	>1000	600	20 ～ 50
柴油引擎	10 ～ 200	30 ～ 35	>1000	>1000	800	20 ～ 50
柴油引擎/电池混合	50 ～ 100	45	>1000	>1000	>800	50 ～ 80
汽油引擎/电池混合	10 ～ 100	40 ～ 50	>1000	>1000	>800	50 ～ 80
铅酸或镍金属氢化物电池	10 ～ 100	65	100 ～ 400	250 ～ 750	100 ～ 300	>100

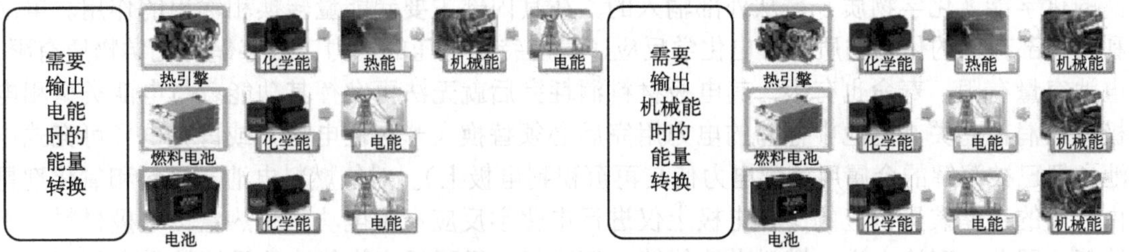

图7-4 燃料电池、电池和热引擎中的能量转换

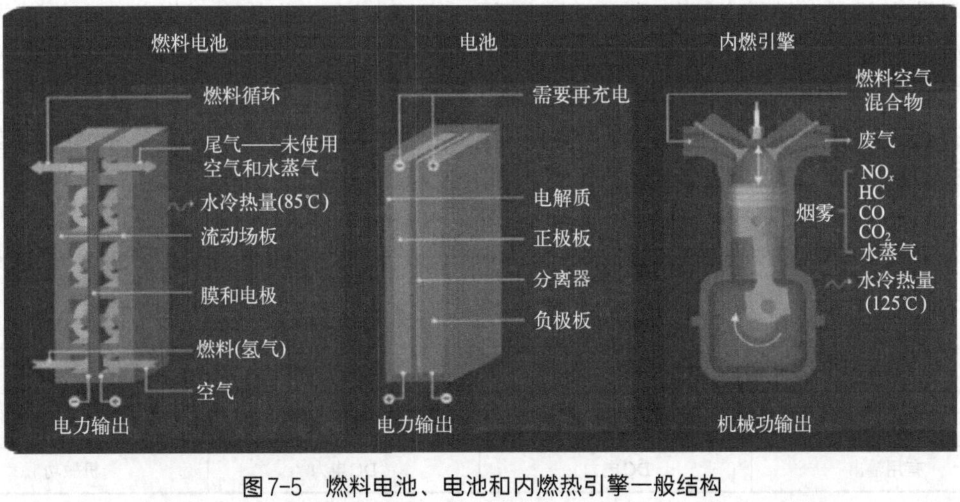

图7-5 燃料电池、电池和内燃热引擎一般结构

7.2.2.1 氢燃料电池与热引擎的比较

氢燃料电池使燃料和氧化剂在其内进行电化学反应，直接把化学能转化为电能。而热引擎是以燃烧反应方式使燃料和氧化剂组合把燃料化学能转化为热能、热能再转换为机械能、通过带动连接的发电机把机械能转化为电能，即其发电需经多个转换步骤。很显然，系统的转换效率随能量转换过程的增加而降低，热引擎还受卡诺理论效率的限制，因此氢燃料电池有高的理论和实际效率，其电效率要高于热引擎。氢燃料电池一般利用的是无碳的氢，其电化学反应的产物仅有水，因此本身几乎不产生污染物的排放；而热引擎通常利用的是烃类燃料，燃烧排放的产物中不仅有温室气体（CO_2）而且有多种类型的污染物，即热引擎产生显著的污染物排放。与氢燃料电池堆的安静操作相比，热引擎有许多运动部件（例如活塞和齿轮），产生的噪声和振动难以避免，该动态性质使它们的应用受到限制。

7.2.2.2 氢燃料电池与电池的比较

燃料电池与电池都是电化学装置，其结构非常类似，都由两个电极夹着电解质构成，操作原理也很类似，都经内部的氧化-还原电化学反应把燃料化学能转换为直流电力。但是，这两个电化学装置的电极组成和作用有着显著的差别：电池电极一般是金属（例如锌、铅或锂），浸在温和的酸（电解质）中；而燃料电池电极由催化剂层和气体扩散层构成，其中包含了质子传导介质、碳负载催化剂和电子传导纤维，电解质一般是固体。燃料电池是发电装置，而电池仅是电能的存储装置。电池的能量存储在池内的化学物质中，化学物质转换释放存储的能量，因此电池既起存储能量作用也起转换能量的作用；而氢燃料电池转换的化学能（化学物质）是从外部输入的，在其内部主要起能量转换和输出的作用。电池利用内部存储的化学物质进行电化学反应，供应特定电压的电力，因存储的化学物质有限，电池容量有限，寿命也有限，其电极材料消耗完后就无法再发挥其功能。与电池类型和电极材料消耗有关，电池中存储的电力用完后必须替换（一次性电池）或再充电（可充式电池：把已被溶解的金属用外部电力使其再沉积到电极上）。对氢燃料电池，燃料和氧化剂是由分离的存储装置供应的，在电极上仅进行电化学反应产生电功率和热量，电极材料并不消耗。因此，理论上讲，燃料电池能够一直运行，只要反应物能连续足够地供应和产物被连续及时地移去。当然操作的燃料电池系统必须配备有燃料和氧化剂存储和供应系统，它们一般被合并进入燃料电池体系。对电池而言，即便不在工作状态下化学反应仍以非常慢的速度进行着（自放电），这会缩短电池的使用寿命；对可充电电池而言，有不少技术问题限制了它们的应用，如电力存储和电位恢复、荷电深度和充放电循环次数等。而燃料电池并不存在这些问题。燃料电池不使用时，其组件不会像电池那样有泄露或腐蚀的问题。在图7-5和表7-6中，总结了燃料电池、热引擎和电池间的异同。

表7-6 燃料电池、电池和热引擎间的异同

能量转换类型	燃料电池	电池	热引擎
功能	能量转换	能量存储和转换	能量转换
技术	电化学反应	电化学反应	燃烧
典型燃料	通常是纯氢	存储的化学能	汽油、柴油
有用输出	DC电力	DC电力	机械功

续表

能量转换类型	燃料电池	电池	热引擎
主要优点	高效率 降低有害物排放	高效率 高度成熟	高度成熟 低成本
主要缺点	高成本 低耐用性	低操作循环 低耐用性	显著的有害物排放 低效率

7.3 氢燃料电池类型、特征、优势及挑战

7.3.1 氢燃料电池类型

目前在市场上有多种类型燃料电池可以利用。燃料电池通常按照它们使用的电解质材料分类。不同类型燃料电池的功率输出、操作温度、电效率和典型应用领域是不同的。质子交换膜燃料电池（PEMFC）因其具有极大灵活性而应用范围最大。对于运输领域应用，PEMFC是最可行的燃料电池，因其具有高功率密度、快速启动、高效率、低操作温度和容易安全掌控等特点。但目前PEMFC的价格仍然偏高，需要进一步降低成本以增加其竞争能力或经济可行性。碱性燃料电池（AFC）有最好的性能但需用非常纯的氢和氧进行操作，其对杂质耐受性（特别是碳氧化物）很差，使用寿命也短，因此现在几乎只应用于宇航等远离地面的装置中，在地面装置中一般不应用。磷酸盐燃料电池（PAFC）可能是商业化发展最好的，操作在中等温度范围且有较高效率，主要应用于热电联产（CHP）装置，但其成本的进一步降低有难度。熔融碳酸盐燃料电池（MCFC）和固体氧化物燃料电池（SOFC）是高温型燃料电池，适合应用于热电联产和组合循环发电系统。MCFC对甲烷到电力的转化效率最高，其功率范围在250kW到20MW。SOFC最适合作为基础负荷公用发电装置，以煤炭气化产物为燃料，其热电效率在理论上是最高的。但是其技术成熟程度不及PEMFC和PAFC。表7-7总结比较了在市场上可利用或仍处于发展阶段的几类燃料电池。

7.3.2 氢燃料电池特征

与常规燃烧基发电系统相比，燃料电池的许多固有优点使它们有可能成为未来能量转换装置的最强候选者，虽然它们也有一些固有缺点需要进一步研究和发展。表7-8对氢燃料电池的优缺点进行了简要描述和讨论。

7.3.3 氢燃料电池的优势

7.3.3.1 有效降低污染物排放

在氢燃料电池堆中，释放能量（热量和电力）的电化学反应生成的产物只有水。当氢燃料利用可再生能源生产时，其排放的污染物为零；当利用化石燃料生产氢燃料时，排放的污染物包括温室气体，仅来自其重整制氢阶段。近年来，用纯氢燃料的氢燃料电池的耐用性和可靠性已有非常显著的提高。已经多次表明，氢燃料电池是非常洁净和高效的能量转换器。为确保真正的零排放，应大力推动利用可再生能源电力电解水产氢技术（替代常规重整产氢技术）。人们希望的和正在努力实现的未来能源产业就是要集成完全用可再生能源电力产氢与燃料电池技术，因为这才是真正的清洁能源生产和转换系统。

表7-7　按电解质分类的燃料电池

燃料电池类型	典型的电解质	典型的阳极/阴极催化剂	典型的连接器材料	使用的典型燃料	电荷载体①	主要污染物①	操作温度/℃	优点	缺点	电效率/%	技术成熟程度②	研究活跃程度③
低温质子交换膜燃料电池	固体Nafion	阳极：负载在碳上的Pt 阴极：负载在碳上的Pt	石墨	氢气	H^+	CO、H_2S	60～80	大多数应用高度模块化；高电流密度；结构紧凑；因低温操作启动快；优良动态应答	复杂的水和热量管理；低等级热量；对污染物高度敏感；昂贵的催化剂	40～60	4	H
高温质子交换膜燃料电池	① 固体Nafion ② 掺杂磷酸的聚苯咪唑（PBI）	阳极：负载在碳上的PtRu 阴极：负载在碳上的PtRu	石墨	氢气	H^+	CO	100～180	简单水管理；简单热量管理；加速的反应动力学；高等级热量；高污染物耐受性	加速的池堆降解；催化剂昂贵	50～60	3	M
固体氧化物燃料电池	固体钇稳定氧化锆（YSZ）	阳极：镍-YSZ复合物 阴极：掺杂钪的镁酸镧（LSM）	陶瓷	甲烷	O^{2-}	H_2S	800～1000	高电效率；高等级热量；高污染物耐受性；可以内重整；燃料灵活；催化剂便宜	慢启动；低功率密度；严格的材料要求；高热应力；密封问题；耐用性问题；高制造成本	55～65	3	H
熔融碳酸盐燃料电池	在铝酸锂（$LiAlO_2$）中的液体碳酸碱金属盐（Li_2CO_3、Na_2CO_3、K_2CO_3）	阳极：镍铬（NiCr） 阴极：锂化氧化镍（NiO）	不锈钢	甲烷	CO_3^{2-}	硫化氢、卤化物	600～700	高电效率；高等级热量；高污染物耐受性；可以内重整；较低材料要求；燃料灵活；催化剂便宜	慢启动；低功率密度；电解质腐蚀和蒸发损失；金属部件腐蚀；空气横穿渗透；催化剂在电解质中溶解；阴极注入二氧化碳要求	55～65	4	H
磷酸燃料电池	在碳化硅（SiC）中的浓液体磷酸	阳极：负载在碳上的Pt石墨 阴极：负载在碳上的Pt	石墨	氢气	H^+	CO 硅烷 H_2S	160～220	技术成熟可靠；水管路简单；对污染物的耐受性好；高等级热量	相对慢的启动；低功率密度；对污染物高度敏感；昂贵的辅助系统；电线缆少；系统相对较大；电解质磷酸损失；昂贵的催化剂；高成本	36～45	5	M

续表

燃料电池类型	典型的电解质	典型的阳极/阴极催化剂	典型的连接器材料	使用的典型燃料	电荷载体[①]	主要污染物[①]	操作温度/℃	优点	缺点	电效率/%	技术成熟程度[②]	研究活跃程度[③]
碱性燃料电池	① 氢氧化钾（KOH）水溶液 ② 阴离子交换膜（AEM）	阳极：镍 阴极：负载在碳上的银	金属线	氢气	OH^-	CO_2	低于 0～230	高电效率；宽范围的操作温度和压力；便宜的催化剂；催化剂灵活；相对低的成本	对污染物极度敏感；操作需要纯的氢气和氧气；低功率密度；高度腐蚀的电解质导致密封问题；移动电解质系统复杂；管理昂贵	60～70	5	L
直接甲醇燃料电池	固体Nafion	阳极：负载在碳上的PtRu 阴极：负载在碳上的Pt	石墨	液体甲醇水溶液	H^+	CO	室温～110	结构紧凑；单键的系统；高燃料体积能量密度；燃料容易存储和配送；液体甲醇系统的热量管理简单	低池电压和效率（由于差的阳极动力学）；低功率密度；对甲醇氧化缺乏有效的催化剂；燃料和水横穿；复杂的水管理；高催化剂负荷；高成本；需要将二氧化碳移去；燃料毒性	35～60	3	H
直接乙醇燃料电池	① 固体Nafion ② 碱介质 ③ 碱-酸介质	阳极：负载在碳上的PtRu 阴极：负载在碳上的Pt	石墨	液体乙醇水溶液	H^+	CO	室温～120	结构紧凑；燃料环境友好；高燃料体积能量密度；相对低的燃料毒性；相对高的重量能量密度；燃料容易存储和配送；热量管理简单	低功率密度；对CO高度敏感；低池电压和效率（由于差的阳极动力学）；缺乏乙醇直接氧化催化剂；高成本；燃料和水横穿	20～40	2	L
直接乙二醇燃料电池	① 固体Nafion ② 阴离子交换膜（AEM）	阳极：负载在碳上的Pt石墨 阴极：负载在碳上的Pt	石墨	液体乙二醇	H^+	CO	室温～130	结构紧凑；高燃料体积能量密度；低挥发性（由于低的蒸气压和高沸点）；燃料容易存储和配送；简单热量管理；简单水管理；已经有公用基础分布设施	低功率密度；低池电压和效率（由于差的阳极动力学）；缺乏乙二醇直接氧化的催化剂；低燃料重量能量密度；耐用性问题；高成本；燃料横穿	20～40	2	L

续表

燃料电池类型	典型的电解质	典型的阳极/阴极催化剂	典型的连接器材料	使用的典型燃料	电荷载体①	主要污染物①	操作温度/℃	优点	缺点	电效率/%	技术成熟程度②	研究活跃程度③
微生物燃料电池	离子交换膜	阳极：负载在碳上的生物催化剂 阴极：负载在碳上的Pt	N/A	有机物质、废水	H^+	阴极生物细菌	29～60	燃料灵活性；生物催化剂灵活性；无需分离、抽提和制备酶催化剂；生物催化剂相对高的寿命；酶自再生的能力和容量	电子从微生物代谢物到燃料电池阳极的传输机理存在问题；相对低的能量密度（由于使用微生物活性的能量）；非常低的功率密度；低库仑得率；没有灵活性的操作条件	15～65④	1	M
酶燃料电池	① 细胞膜 ② 离子交换膜	阳极：负载在碳上的生物催化剂 阴极：负载在碳上的生物催化剂	N/A	有机物质（如葡萄糖）	H^+	酶催化剂的外部物理和/或活性暴露		小型化的能力（例如植入式医疗微尺度传感器和设备）；结构简单；高应答时间	酶催化剂快速衰减（由于在外环境中操作）；对酶中毒的高度敏感性；电子从商务催化剂的反应中心到燃料电池电极的传输机理存在问题；低的功率密度；非常低的库仑得率；低燃料灵活性；没有灵活性的操作条件	30④	1	M
直接碳燃料电池	① 固体钇稳定氧化锆（YSZ） ② 熔融碳酸盐 ③ 熔融氢氧化物	阳极：石墨N/A或碳基材料 阴极：掺杂钪的镁酸镧（LSM）	N/A	固体碳（煤、焦、生物质）	O^{2-}	灰、硫	600～1000	高电效率；高体积能量密度；燃料灵活性；没有PM、NO_x和SO_x排放；结构简单；高的碳封存能力和容量	排放二氧化碳；快材料腐蚀和降解；耐用性问题；对燃料杂质的敏感性；低功率密度	70～90	2	L

续表

燃料电池类型	典型的电解质	典型的阳极/阴极催化剂	典型的连接器材料	使用的典型燃料	电荷载体①	主要污染物①	操作温度/℃	优点	缺点	电效率/%	技术成熟程度②	研究活跃程度③
直接硼氢化物燃料电池	① 固体Nafion ② 阴离子交换膜（AEM）	阳极：负载在碳上的Au、Ag、Ni或Pt 阴极：负载在碳上的Pt	石墨	硼氢化钠（$NaBH_4$）	Na^+	N/A	20～85	结构紧凑；高燃料利用效率；高燃料重量氢含量；无二氧化碳排放；低毒性和环境友好操作	燃料横穿；高成本；低功率密度；缺乏模型化分析技术（由于未知硼氢化物氧化反应机理）；昂贵的催化剂；膜和催化剂的化学不稳定性；无效的阴极还原反应；无效的阳极氧化反应（由于硼氢化物水解的氢氧化和燃料电子的部分释放）	40～50	2	M
直接甲酸燃料电池	固体Nafion	阳极：负载在碳上的Pd或Pt 阴极：负载在碳上的Pt	N/A	甲酸	H^+	CO	30～60	提高了阳极氧化反应动力学；高燃料利用效率；限制了燃料横穿；燃料容易存储和配送；高功率密度；阳极氧化反应不需要水；结构紧凑简单	燃料毒性；组件腐蚀问题；低燃料重量和体积能量密度；高燃料成本；低温操作	30～50	1	L

① 仅对第一种电解质。
② 1表示相对于其它燃料电池成熟度最低，5表示最高。
③ H：高；M：中等；L：低。
④ 库仑得率：从基质到阳极传输电荷库仑数与所有基质被氧化产生的电荷库仑数之比。

表7-8　氢燃料电池主要优缺点

优点	缺点
很少或没有污染	不完善的氢公用基础设施
高热力学效率	对污染物的敏感性
高部分负荷效率	昂贵的铂催化剂
模块化和放大简单	热量和水管理复杂
优秀的负荷应答	依赖于烃类重整
少能量转换次数	复杂和昂贵的BoP组件
安静和稳定	长期耐用性和稳定性问题
水和热电联产应用	氢气安全问题
燃料灵活性	投资高
应用范围很广	系统较大和较重

应该注意到，对利用化石燃料重整所产的氢气为燃料的氢燃料电池系统，排放的污染物可能比热引擎系统还要多。由于产氢的化石能量消耗大于所产氢所含能量，因此该技术虽然是经济可行的，但是是不科学的。美国Argonne国家实验室的研究结果证实，用化石能源电力电解水生产100万BTU氢气需要消耗300～500万BTU化石能源。这充分说明和必须再次强调，使用可再生能源电力电解水产氢的极端重要性。

7.3.3.2　高效率

对热引擎，转化为有用功的能量受限于理想可逆卡诺循环效率：

$$\eta_{卡诺} = (T_i - T_e)/T_i$$

其中，T_i和T_e分别是引擎进出口的热力学温度。而以电化学方式运行的燃料电池并不受卡诺循环效率限制，其进行的是等温氧化而不是燃烧氧化。理论研究指出，燃料电池的最大转换效率（可逆效率）仅受限于燃料的化学能含量［吉布斯（Gibbs）自由能］：

$$\eta_{可逆} = \Delta G_f/\Delta H_f$$

其中，ΔG_f和ΔH_f分别为转换期间电化学反应的Gibbs自由能和生成焓变化（以低热值LHV或高热值HHV计）。例如第4章图4-3清楚地指出，对轻型车辆输出功率范围，氢燃料电池车辆的效率几乎是内燃引擎车辆的两倍。为什么氢燃料电池的能量转化效率高于内燃引擎装置？部分原因是燃料电池过程转换能量步骤少，即发生于燃料电池内部能量转换的次数要比任何燃烧基装置少，特别是当要求是电力输出时。因为随着能量转换过程中转换次数的增多，转换过程的能量损失也增多；系统总效率降低。很明显，当要求输出的是电功率时，燃料电池的能量转换次数明显少于热引擎，因此效率较高。但当要求输出的是机械功时，燃料电池在能量转换次数上与电池和热引擎是相当的。

7.3.3.3　模块化

燃料电池具有优良的模块化性质。原理上，变更池堆的池数量和/或系统的池堆数目就可确定和控制燃料电池系统的总输出功率。与燃烧引擎装置不同，燃料电池效率不随系统大小或负荷因素而有大的改变，也就是说，不像常规发电厂那样效率随负荷变动而有大的改变。对燃料电池发电装置，部分负荷时的实际效率与全负荷时基本相同。这对大规模发电系统是一个显著优点，因为系统通常都是在部分负荷而不是全负荷下运行的。此外，燃料电池高度模块化意味着小燃料电池系统有着与大系统类似的效率。燃料电池系统（一般利用的是氢燃料）的这一特点使其能够在未来小规模分布式发电系统中广泛应用和集成，因此有巨大应用潜力。应该特别提醒的是，化石燃料重整加工器是不能够像燃料电池堆那样模块化的，而这也是为何要用可再生能源电力产氢的一个原因。

7.3.3.4 对负荷变化快速应答

燃料电池系统有很好的跟随动态负荷的特征，部分原因是燃料电池内发生的电化学反应是快速的。但当燃料电池系统包含有燃料重整步骤时，系统跟随负荷的性能显著降低，因重整在性质上是一个慢过程。

7.3.3.5 安静无噪声操作

由于其电化学特征，燃料电池堆是一个非常安静的装置。这个非常重要的特点使其特别适合于便携式设备与辅助功率和分布式发电应用，因为这些应用都需要有安静的操作。燃料电池系统仅有很少的运动部件，因此几乎没有振动。这使燃料电池的设计、制造、装配、操作和分析要比热引擎简单。不过对使用压缩机（而不是风机）供应氧化剂的燃料电池，噪声水平会显著增加，为此燃料电池设计趋向于避免使用压缩机，因为它伴随功率负荷消耗，会产生噪声，成本、重量、体积和复杂性远比风扇和风机大。城市中公交车的大部分噪声是由柴油引擎产生的，当公交车中的柴油引擎用安静的燃料电池动力装置替代时，其噪声水平显著降低（燃料电池系统配套组件也是相对安静的）。例如，在对PAFC动力和柴油引擎公交车的比较研究中发现，在2.75m处前者产生的最大噪声为75分贝，而后者的噪声达82～87分贝。使用PEMFC替代PAFC时噪声有所增加，因PEMFC使用了空压机。为使燃料电池系统能够真正安静操作，发展有效简单的配套设施是非常重要的。研究发现，PEMFC公交车在10m处产生的噪声为70.5分贝，天然气公交车为76.5分贝，而柴油公交车为77.5分贝。与竞争技术如热引擎、风力透平和集中太阳能发电厂（CSP）比较，燃料电池系统的安静性质也在低维护需求上得到了体现。

7.3.3.6 应用范围广和燃料灵活性大

由于具有模块化、安静性质和燃料来源可变等特征，氢燃料电池的应用范围非常广泛，从小于1W功率输出的微功率系统到很多MW级的主力发电厂。氢燃料电池的这些性质特征意味着，它完全有能力替代电子设备中的电池和作为车辆辅助功率源使用；也能替代运输和发电领域应用的热引擎。低温燃料电池需要的加热时间很短，特别适合应用于便携式和紧急功率设备中。而对中高温燃料电池，废热利用能使系统总效率增加，其产生的热量可供民用热水和民宅取暖以及工业的热电联用应用，使有用功率输出大为增加。

重整产氢可使用的燃料包括甲醇、甲烷和烃类（如天然气和丙烷等）。这些燃料经重整过程转化为氢气或直接作为燃料供燃料电池使用。例如，直接（甲）醇燃料电池就是直接使用醇燃料运转的。虽然燃料电池最好使用水电解生产的氢运行，但使用天然气重整物的燃料电池也具有比常规技术有利的特点，而且这可能是氢经济社会过渡时期必须采用的技术。

7.3.4 氢燃料电池面临的挑战

氢燃料电池在过去几十年中已有快速和显著的发展，虽然其固定的热电联用家庭小规模装置已经商业化，但对大规模运输车辆应用的氢燃料电池仍然尚未达到完全商业化。除了多个技术和社会政治因素外，氢燃料电池的成本和耐用性是其最主要挑战，导致其在能源市场上的经济竞争力仍然不够。氢燃料电池完全市场化面临的主要挑战分述于下。

7.3.4.1　高成本

现在的燃料电池仍然是昂贵的。专家估计，每千瓦燃料电池的成本必须下降约90%才能使其完全进入能源市场。现时低温燃料电池成本高有三个主要原因：使用贵金属铂催化剂、池膜的精致烧制技术和双极板涂层及其所用材料。而在系统水平上看，配套组件如燃料供应和存储子系统、泵、风机、电力、控制电子设备和压缩机的成本占整个燃料电池系统成本的约一半。特别是现时可再生能源电力产氢或烃类产氢系统的配套装备，其成本也远不是有效的。为烃类产氢配套的污染物有效去除技术成本在燃料电池系统成本中也占有不小比例。虽然其制造和装配需求一般要少于其它技术如热引擎，但为使燃料电池能成功进入大规模商业化生产阶段，要求其成本必须有显著的下降。

7.3.4.2　低耐用性

为使燃料电池能够长期替代现时市场上可利用的发电技术，要求燃料电池的耐用性是现时状态的5倍以上。也就是，对固定分布式发电应用寿命至少要达到60000h（对移动应用如车辆寿命至少5000h）。为能够达到该耐用性目标（解决燃料电池耐用性问题），很有必要进行实验研究和理论分析，以了解燃料电池内组件的降解机理和失败模式，同时也需要研究空气污染物和燃料杂质污染燃料电池的机理，以发展出能缓解和防止降解和失败的方法。

7.3.4.3　氢公用设施

燃料电池商业化面临的除上述技术挑战外，还有一大挑战是现时生产氢气的96%仍然来自烃类重整过程。在燃料电池中利用来自化石燃料（主要是天然气）的氢气经济上是很不合算的：氢气产生的每千瓦电力成本远高于直接用化石燃料生产电力的成本。可行的解决办法是大力促进向可再生能源产氢（可再生氢）转移，即利用可再生能源电力经济地替代化石燃料生产氢气。另一大挑战是需要发展有效、经济的储氢方法以及氢的公用基础设施建设。因氢气非常轻且高度可燃，易从常规容器中泄漏，因此发展的储氢技术必须是非常安全的。在发展的储氢技术中，金属化学氢化物存储技术似乎要比传统压缩和液氢存储方法更安全、更有效。但是，需要有更多研究和发展，以降低氢化物存储技术的高成本和进一步提高其性能。

7.3.4.4　水平衡

水（水蒸气）传输（特别是对PEMFC）几乎发生于燃料电池的每个区域：入口气流带入的水、由阴极反应产生的水、从一组件到另一组件迁移的水、出口气流带出的水等。一般来说，一个成功的水管理策略既能保持电解质膜有很好的水合，又不会引起水在膜电极装配体（MEA）或流动场中任何部分的累积和阻塞。因此，PEMFC在不同操作条件和负荷需求下保持精致的水平衡是主要的技术困难之一，需要科学和工程技术界协同来完全解决它。PEMFC中水管理面临的问题包括：膜中水泛滥或膜的干燥；在气体扩散层（GDL）、流动场孔道和通道中的水累积；池内残留水的冷冻；关系到热量、气体和水间的管理；进料气体的湿度控制等。最重要的是它们全都是细微的且相互依赖的。对水的不适当管理将导致池性能损失和耐用性降低，这是因为水渗透和干燥会使膜离子电导率下降、产生不均匀电流密度分布、组件分层和反应器饥饿。在PEMFC水管理策略范围中也包括了水直接注入池内到反应物气流的循环。要完成水管理技术性能的评估，必须有长期的经验累积，使液体水流动分布可视化，在宏观规模上进行数值模拟。很显然，极其需要对水在燃料电池内部传输基础问题的了解，建立起完整的水传输模型，以便按照应用要求和操作条件来发展优化组件设计和MEA材料以及移去残留水的方法。

7.3.4.5 伴生负荷

辅助运转的配套组件（BoP）需要消耗伴生负荷，从而使系统总效率下降，这是因为辅助运转的BoP组件如空气压缩机、冷却剂泵、氢循环泵等需要的功率都被包括在效率计算中。此外，为了使燃料电池能在运输车辆中广泛应用且与某些小规模应用兼容，燃料电池系统的重量和大小仍需要进一步降低。

7.3.4.6 编码、标准、安全和公众醒悟

氢系统特别是燃料电池的国际编码和标准总的来说是缺乏的，这从侧面反映了公众接受氢能源的疑虑。如果对氢能源在支持设计、安装、操作、维护设备上有最好的实践且有一致的安全标准作依据，那么政府官员、政策制定者、商界领导者和做决策者就会放心地支持氢能源的早期阶段项目。要让一般公众感受到，在许多方面（虽然有某些不同）氢燃料是（与常规燃料一样）非常方便的。如能合适地掌握和执行规范，氢燃料与任何其它常规燃料比较并没有直接的安全性问题。对氢能源系统的编码和标准的编制，需要在连续收集大量项目试验和实验室试验获得的真实数据基础上，在政策框架和政府指导下进行规范化梳理分析，整理出能被职业社会遵守的编码和标准。对燃料电池系统，在其安全、编码和标准的制定中，美国能源部扮演了至关重要的角色。

从表7-8中总结的氢燃料电池优缺点可清楚地看出：氢燃料电池具有的高能量和高功率密度以及燃料灵活性的特点，恰好是便携式应用所追求的；而它的低污染物排放和高模块化特点则是固定发电应用极其希望的；它的高效率和对负荷变化快速应答的特征正是运输车辆应用所必需的。对氢燃料电池的应用领域及其市场，将在7.5和7.6中简要介绍。

7.4 氢燃料电池主要组件、单元池、池堆和系统

氢燃料电池是一个相当复杂的系统，由若干子系统集成。在表7-9中，对燃料电池堆的主要组件及其功能做了简要介绍。电池堆再配上燃料和氧化剂供应、产物排出系统以及必需的配套系统（BoP）就形成了燃料电池系统。下面对若干主要组件如膜电极装配体（MEA）、池堆和系统作简单介绍。

7.4.1 膜电极装配体（MEA）

单元池是燃料电池系统的心脏，基本的电化学反应都在其中发生。构成单元池的构建块称为膜电极装配体（MEA），如图7-6所示。一个MEA由电极、夹在两个电极间的电解质膜以及两个气体扩散层（GDL，也称多孔传输层，PTL）和气体扩散介质（GDM）构成。每个电极是搭连在膜或扩散层上的薄电催化剂层，通常是沉积在碳粉末载体上的金属铂。

这个微观催化剂电极层是燃料电池完成电化学反应的场所。在该层中，借助于电极层中的电催化剂，来自GDL的反应物分子与来自外电路的电子和穿过电解质膜的质子聚集在一起发生相互作用，进行电化学反应。

7.4.2 池堆（电堆）

单元池的电位一般在0.5～0.8V之间，它对大多数实际应用来说太小了。因此，若干单元池串并联连接形成所谓的燃料电池堆，如图7-7所示。燃料电池堆显然比单一单元池复杂，需要满足电流收集、热管理、水管理、气体湿化、池和气体分离、结构载体、燃料和氧化剂分布等多个要求。池堆中除MEA外，还需要再加上加热和冷却板、电流收集器、端板、夹紧螺栓、垫圈、绝缘体和双相流场板等以满足上述要求。PEMFC氢燃料电池堆中的这些主要组件（图7-8）都有其特定的功能和作用（表7-9）。池堆和构型设计与策略使池堆工程（包括材料工程）成了实现燃料电池商业化的一个最关键和最具挑战性的课题。

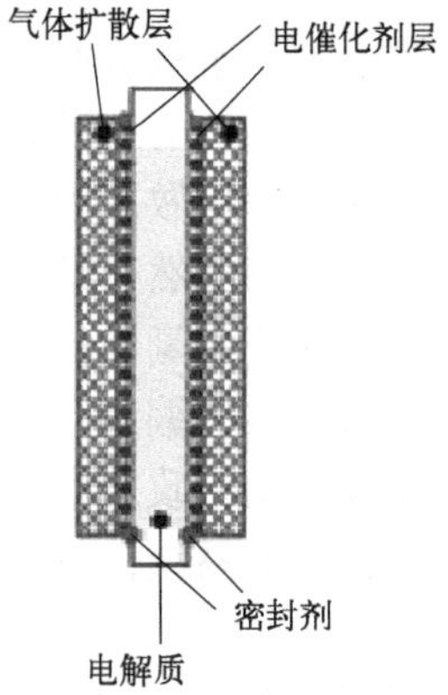

图7-6　单元池

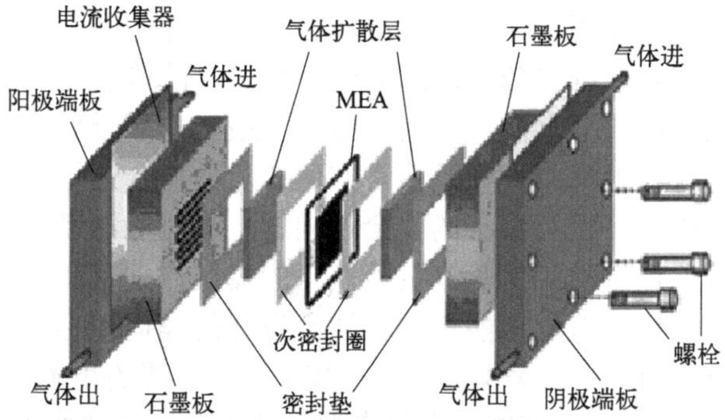

图7-7　单元池和电堆

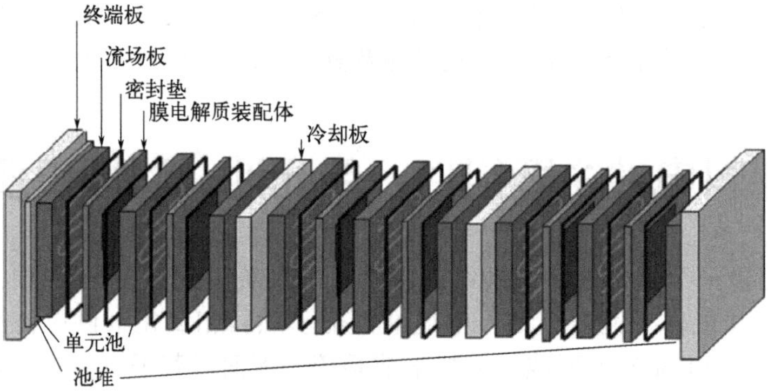

图7-8　氢燃料电池堆中的主要组件

表7-9　PEMFC池堆组件以及各个组件的功能

组件		功能
MEA	质子交换膜（电解质）	能够使质子通过它从阳极传输至阴极
		作为氧化和还原半反应的膜壁垒层
	电催化剂（电极）	催化燃料的氧化反应和氧化剂的还原反应

续表

组件		功能
MEA	气体扩散层	允许氢气和氧气直接且均匀地扩散到催化剂层（电极）
		允许催化剂层的电子传导（进入或出去）
		允许阴极上生成的水传输出去
		允许催化剂层中因电化学反应产生的热量传输到外部
		为“脆弱”的MEA提供结构支撑体
流动场（双极）板		通过流动通道使氧气和氢气到达电极
		经由流动通道使水和热量离开燃料电池
		收集和以串联显示传导电流
		分离邻近池中的气体
		形成燃料电池内支撑结构
垫片		帮助保持反应物气体在每一个池的各自区域
电流收集器		收集电流和与外电路相连接（允许流出或流进）
端板		提供池堆以足够的压力防止反应物泄漏和使不同层间的接触电阻最小
加热和冷却板以及歧管		当池堆比较大时，内部使用加热和冷却板（每2～4池之间）以保持池堆的温度接近于优化的操作温度
反应物气体歧管		池堆内中每一个池以外部或内部沸石进料氧气和燃料

7.4.3 氢燃料电池系统

完整的氢燃料电池系统是燃料电池堆再加上工厂平衡（balance of plant,BoP）（或称为系统配套组件）的子系统。BoP是配合性的互补组件，提供氧化剂和燃料供应和存储、热管理、水管理、管理调节和燃料电池系统的仪表和控制（图7-9）。表7-10中列举了PEMFC系统的BoP子系统及其作用和功能。在图7-10中示出了一个完整氢-空气PEMFC系统的布局。氢燃料电池系统的复杂性随燃料电池池堆大小增加而增加，因温度、压力、水和热量等问题变得比较复杂。美国DOE对燃料电池系统商业化目标的建议见表7-11。

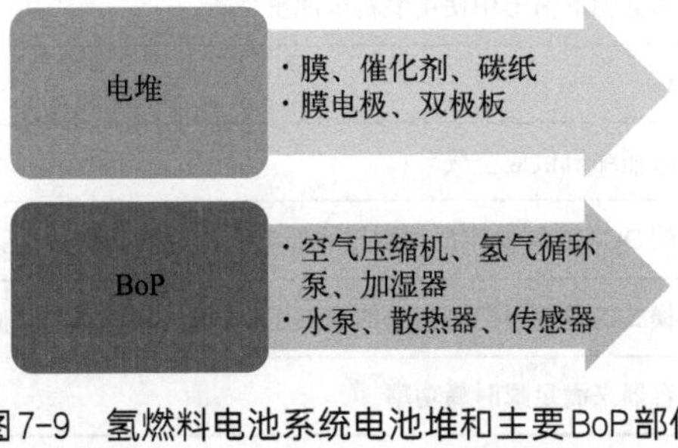

图7-9 氢燃料电池系统电池堆和主要BoP部件

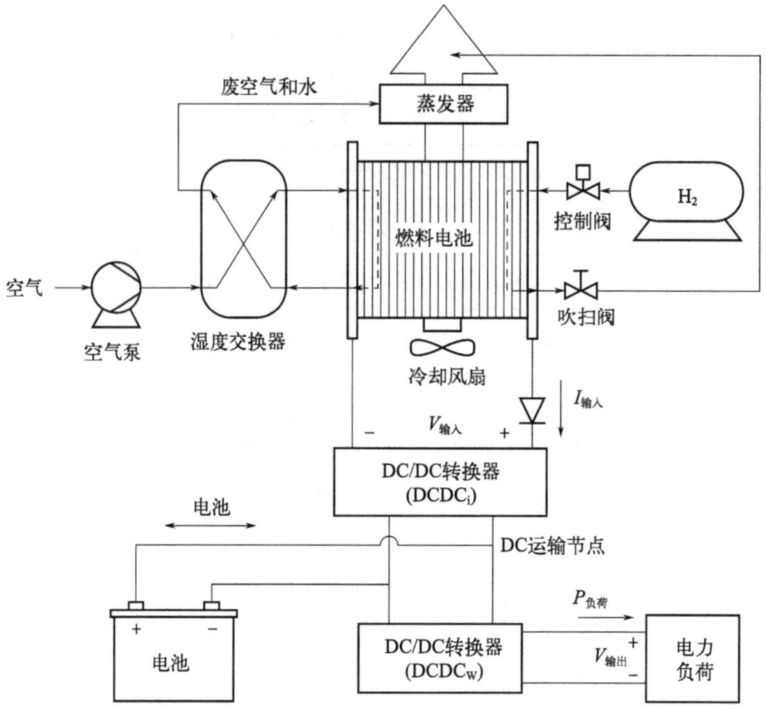

图7-10　完整的氢-空气燃料电池系统

表7-10　PEMFC的工厂平衡子系统

子系统	功能
水管理	确保燃料电池所有膜部件足够水合而不水泛滥
	湿化进入的反应物气体（特别是对阳极）
	确保阴极水的合适移去
	为移去阳极累积的水采用吹扫循环和背压调节器
热管理	使用风扇使活性空气冷却
	使用泵使冷却水通过冷却板循环
	如果需要在冷气候条件下提供加热
气体管理	应用合适存储机理存储氢气（带减压阀）
	在使用烃类燃料作为氢源的情形中使用燃料电池重整器
	使用泵进行氢气循环
	应用风扇、吹风机或压缩机供应空气
功率调整	当需要时使用装备的DC-DC转换器把可利用的低电压DC输出转换为能够使用的DC功率
	当需要时通过切换模式的逆变器把可利用的低电压DC输出转换为能够使用的AC功率
	应用电池或超级电容器来满足瞬时峰功率

表7-11 燃料电池商业化的目标

市场	特征	单位	现时状态	未来目标
80 kW汽车运输[1]	电效率[2]	%	59	60
	功率密度	W/L	400	850
	比功率	W/kg	400	650
	成本[3]	$/kWe	49	30
	−20℃冷启动时间[4]	s	20	30
	−20℃冷启动能量[5]	MJ	7.5	5
	20℃冷启动时间[4]	s	<10	5
	20℃冷启动能量[5]	MJ	N/A	1
	耐用性[6]	h	2500	5000
1～10 kW小住宅CHP[7]	电效率[8]	%	30～40	>45
	CHP效率[9]	%	80～90	90
	成本[10]	$/kWe	2300～4000	1500
	动态应答时间[11]	min	5	2
	20℃冷启动时间	min	<30	20
	降解速率[12]	功率损失%/1000 h	2	0.3
	耐用性[13]	h	12000	60000
	可利用性[14]	%	97	99
100～3000 kW中等CHP[15]	电效率[8]	%	42～47	>50
	CHP效率[9]	%	70～90	90
	天然气燃料等当成本[16]	$/kWe	2500～4500	1000
	生物气体燃料等当成本[16]	$/kWe	4500～6500	1500
	寿命时间中断停运数目[17]	—	50	40
	耐用性[18]	h	40000～80000	80000
	可利用性[14]	%	95	99
<2W微便携式电源[19]	比功率	W/kg	5	10
	功率密度	W/L	7	13
	比能量	W·h/kg	110	230
	能量密度	W·h/L	150	300
	成本[20]	$/系统	150	70
	耐用性[21]	h	1500	5000
	MTBF[22]	h	500	5000

续表

市场	特征	单位	现时状态	未来目标
10～50 W小便携式电源[19]	比功率	W/kg	15	45
	功率密度	W/L	20	55
	比能量	W·h/kg	150	650
	能量密度	W·h/L	200	800
	成本[23]	$/系统	15	7
	耐用性[21]	h	1500	5000
	MTBF[22]	h	500	5000
100～250 W中等便携式电源[19]	比功率	W/kg	25	50
	功率密度	W/L	30	70
	比能量	W·h/kg	250	640
	能量密度	W·h/L	300	900
	成本[24]	$/系统	15	5
	耐用性[21]	h	2000	5000
	MTBF[22]	h	500	5000
1～10 kW APU[33]	电效率[25]	%	25	40
	功率密度	W/L	17	40
	比功率	W/kg	20	45
	制造成本[26]	$/kWe	2000	1000
	动态应答时间[11]	min	5	2
	20℃冷启动时间	min	50	30
	备用启动时间	min	50	5
	降解速率[27]	功率损失%/1000 h	2.6	1
	耐用性[28]	h	3000	20000
	可利用性[29]	%	97	99
摆渡公交车	等当里程[30]	每加仑柴油当量英里数	7	8
	维护成本[17]	$/mile	1.20	0.40
	操作时间[30]	h/周	133	140
	功率系统成本[31]	$	700000	200000
	公交车成本[32]	$	2000000	600000
	可利用性[33]	%	60	90
	功率系统耐用性[33]	h	12000	25000
	公交车耐用性	年	5	12

① 对直接氢PEM燃料电池系统排除氢存储、功率电子设备和电驱动在2011年的状态和为2020年设置的目标。
② 定义为在额定功率25%下的DC输出能量与氢LHV之比。
③ 计划每年生产50万单位。
④ 到50%额定功率。

⑤ 定义为基于其LHV从冷启动到50%额定功率的能量消耗。
⑥ 定义为燃料电池堆损失其初始电压10%所需的时间。
⑦ 燃料电池系统以管道输送天然气操作（在典型分布压力下），在2011年时的状态和为2020年设置的目标。
⑧ 定义为调节AC输出能量与燃料LHV之比。
⑨ 定义为调节AC输出能量加上有用热能回收与燃料LHV之比。
⑩ 计划每年生产水平5万单位，系统平均AC输出5 kWe，同时系统运行成本包括所有CHP系统组件和等当量（含税收和利润）。
⑪ 定义为系统应答额定功率10%～90%的需求变化所需的时间。
⑫ 其中瞬态操作效应包括在降解试验中。
⑬ 定义为系统损失初始净功率>20%所需要的时间。
⑭ 定义为需要实际操作可利用时间的百分数（系统因维护等不可利用）。
⑮ 燃料电池系统，包括燃料加工器和辅助设备，以通过管道配送的天然气在典型分布下操作。
⑯ 其中现时成本——额定每年生产30MW，未来成本目标是计划针对100MW每年，都不包括安装成本。
⑰ 计划的和强制的。
⑱ 定义为系统损失初始净功率10%所需的时间。
⑲ 2011年时的燃料电池系统（技术和热量中性）和为2020年设置的目标。
⑳ 每年生产水平为5万单位的计划，包括安装成本。
㉑ 定义为系统损失原始净功率的20%所需的时间（对应用仍然是多少可利用的），其中在耐用性试验中包括瞬态操作效应和离线降解（试验是针对特定应用的）。
㉒ 失败间隔平均时间（MTBF），由于系统中任何组件的失败，在试验中包括了瞬态操作效应和离线降解。
㉓ 在系统每年生产25000单位时的预计成本，包括安装成本。
㉔ 在系统每年生产20000单位时的预计成本，包括安装成本。
㉕ 定义为调整的DC输出能量与燃料LHV之比。
㉖ 在输出为5 kW的系统每年生产50000单位时的预计成本，包括生产完整系统的材料和劳动力成本。
㉗ 降解试验中包括了日常备用循环、星期中断循环、暴露于振动和可变操作条件。
㉘ 定义为系统损失其初始净功率的20%所需的时间，在耐用性试验中包括了日常备用循环、星期中断循环、暴露于振动和可变操作条件。
㉙ 定义为系统实际操作可利用时间的百分数（由于计划维护不可利用的系统不可利用）。
㉚ 燃料电池（包括辅助系统、功率电子设备和氢存储）和电池混杂系统，在2012年的状态和为商业化阶段设置的目标。
㉛ 为燃料电池系统和电池系统定义。
㉜ 在每年生产水平700单位时的预测。
㉝ 以超低硫柴油运行的燃料电池系统在2011年的状态和为2020年设置的目标。

7.4.4　国内外氢燃料电池性能比较

国内PEMFC燃料电池目前达到的性能与国际先进水平的比较示于表7-12中。从表中可以看到，氢燃料电池研发已经进入商业化发展阶段，国内也紧跟趋势发展该技术和扩展其应用范围，尽管一些关键组件的核心指标与国际水平仍有一定差距。

表7-12　PEMFC系统国内外性能比较

领域	技术指标	国内先进水平	国际一流水平
燃料电池电堆	额定功率等级	36kW（在用）	60-80kW
	体积功率密度	1.8kW/L（在用）	3.1kW/L
		3.1kW/L（实验室）	
	耐久性	5000h	>5000h
	低温性能	−20℃	−30℃
	应用情况	百台级别（在用）	数千台级别
核心零部件	膜电极	电流密度1.5A/cm²	电流密度2.5A/cm²
	空压机	30kW级实车验证	100kW级实车验证

续表

领域	技术指标	国内先进水平	国际一流水平
核心零部件	储氢系统	35MPa储氢系统-Ⅲ型瓶组	70MPa储氢系统-Ⅳ型瓶组
	双极板	金属双极板：试制阶段；石墨双极板小规模使用缺少耐久性和工程化验证	金属双极板技术成熟、完成实车验证；石墨双极板完成实车验证
	氢循环装置	氢气循环泵：技术空白。30kW级引射器：可量产	100kW级燃料电池系统用氢气循环泵技术成熟
关键原材料	催化剂	铂载量约0.4g/kW	铂载量达0.2g/kW
		小规模生产	产品化生产阶段
	质子交换膜	性能与国际相当，中试阶段	产品化生产阶段
	碳纸/碳布	中试阶段	产品化生产阶段
	密封剂	国内尚无公开资料和产品	产品化批量生产阶段

数据来源：中国氢能联盟。

7.5 氢燃料电池的便携式和固定应用

7.5.1 引言

氢燃料电池系统是新一代电源，其应用领域非常广泛，不仅因其具有一些非常优秀的特征，且其过程电效率超过40%。它们主要被应用于运输、固定和便携式装置三大领域，可安装在消耗大量电力的人口稠密地区（城市市区）。随着氢燃料电池技术的不断突破和成本的持续快速下降（图7-11），其应用范围也在不断扩展。在图7-12中，对氢燃料电池在便携

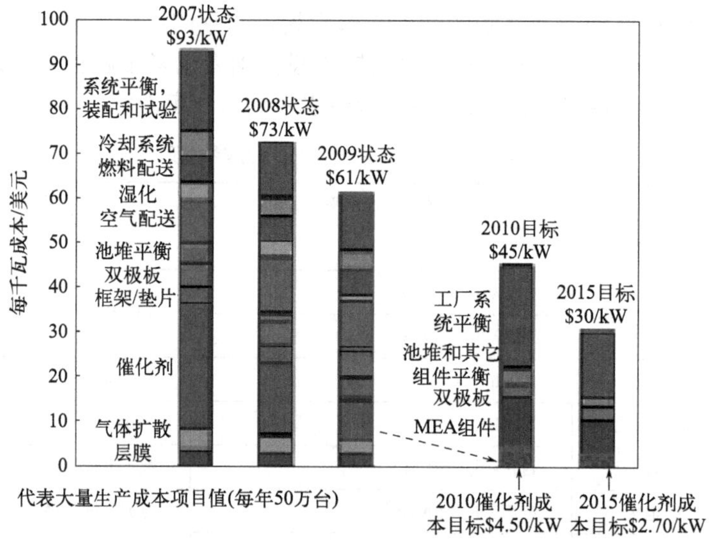

图7-11 2009 ~ 2013年期间氢燃料电池成本快速下降

式、固定和运输部门中的主要应用做了分类总结，图7-13中对不同功率燃料电池产品做了分类总结。

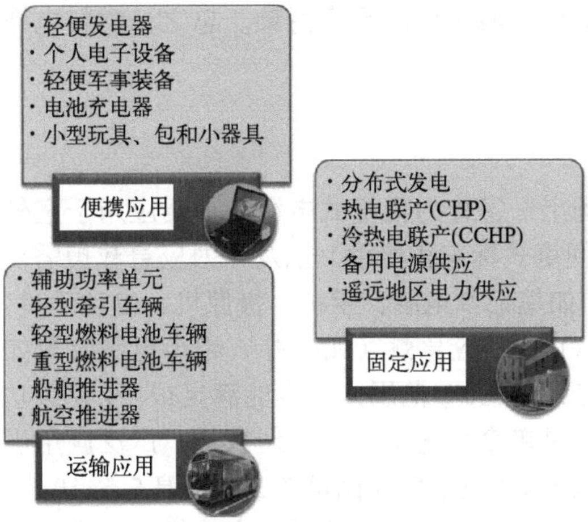

图7-12 燃料电池应用分类总结

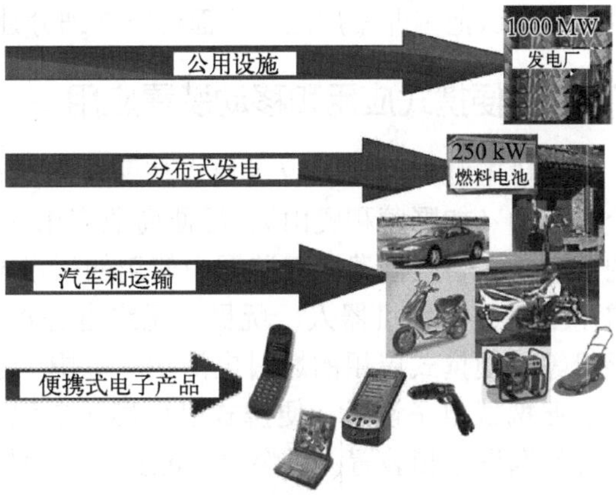

图7-13 不同功率燃料电池产品示例分类

在固定应用领域，燃料电池系统副产的热量能被用于区域供暖，这类热电联产（CHP）系统可使能量利用效率达到85%，大幅降低了能源消耗。氢燃料电池系统非常适合于较大规模的医院、公众场所和银行使用（提供电力和热能）。燃料电池发电系统可与主电网相连接为机构和单位提供电力；也可作为不与主电网连接的分布式发电系统，为偏远或孤立地区提供电力（或热能），即分布式发电装置。

众所周知，电信、计算机、互联网和电信互联网对人类来说已经是必需和基本的，因此必须有非常可靠的电力供应。实践证明，燃料电池供电的可靠性可达99.999%，特别适合于在这些信息领域中的应用。例如，对电功率范围在1～5kW之间且位于电网不可接近的偏远地区通信系统，燃料电池完全能与电池竞争（实际上竞争已经开始）；对电信交换节点、输电塔或其它电子设备，利用燃料电池供应DC电功率是非常有利的。氢燃料电池将改变通信世界，具有比电池长很多的寿命［运行时间比锂电池长两倍（同等大小），而充电仅需要10min］。燃料电池完全能作为支持系统的电源使用（直接供电或为电池充电）。燃料电池系统也能为那些无法与电网连接的地方提供电力，如户外的度假地（野营地），它们能完全替代柴油发电机，而且还能避免有害污染物的排放，包括噪声污染，有利于保护环境。

多家国际大公司的实践已经证明，燃料电池能作为多种通信设备的电源如手机、平板、笔记本电脑，以及便携式设备的电源如寻呼机、视频重播机、助听器、烟雾探测器、安全警报或评论计数器等。燃料电池也正在被作为支持单元使用，例如在可持续（不间断）电源和军事方面的应用。燃料电池比电池轻很多且耐用得多，这对军事领域是很重要的，在战争期间则更加重要。

参与燃料电池研发和商业化工作的制造商很多，它们涉及的应用领域有很大不同。除了上述固定应用和便携式电子设备应用外，燃料电池系统也已广泛应用于运输领域中，几乎所有国际大车辆制造商都在对燃料电池车辆进行研究、发展或试验，被应用于各种类型汽车、航空器、船舶、火车、公交车、摩托车、大货车和铲车等运输工具中。洛杉矶汽车展销会成了世界上燃料电池车辆的第一个展销平台，现在已能提供各种类型的燃料电池车辆商品。多种类型的燃料电池大客车已在世界各大城市行驶，因它是高度有效的，即便使用化石燃料生产的氢气，仍然能够降低在行驶区域的CO_2排放，如用可再生能源生产的氢气将是完全零排放的。此外，燃料电池车辆也能降低大城市中的噪声污染。总之，燃料电池的应用领域范围非常广泛。下面进行详细分述。

7.5.2 便携式应用和移动装置应用

燃料电池的便携式应用重点在两个主要市场上：①作为便携式电源，主要应用于室外个人活动（如野营和爬山）、轻便商业应用（如便携式标志和检测）以及作为应急救援需要的电源；②替代消费电子装置中使用的干电池，如笔记本电脑、手机、摄像机、电动玩具、常用工具、车船机器人、玩具、无线电遥控器（RC）、应急灯（如矿井）和小电子装置如手机等。便携式应用的燃料电池功率范围一般在5～500W范围，但也能满足很多kW级功率的便携式电子设备。便携式应用燃料电池一般是单个装置形式，以便携带，广泛应用于各种便携设备和装置。氢燃料电池具有的模块化和高能量密度（比可充式电池高5～10倍）特点使其在便携式个人电子设备应用中具有很强的竞争力。而其具有的安静操作、高功率和能量密度以及轻重量（与电池比较）的特点使其在便携式军事装备领域的应用也快速增长。便携式燃料电池除了重量轻和能量密度高的特点外，无需充电电源的优点使其在未来便携式市场上比电池更具优势，尽管在成本和耐用性上目前与设定目标尚有一定距离。

另外，因便携式电子装置应用范围和数量的快速增长，其对电源的需求不可能像现在这样完全由干电池来满足。干电池的缺点是能量功率、容量低且需要长充电时间，而使用便携式微型燃料电池（如PEMFC和DMFC）就不会存在这类问题，因此其在全球便携式应用领域持续快速增长。在便携式领域应用的微型装置燃料电池，其主要类型是PEMFC，占2/3以上。在图7-14中给出了实际使用的微型PEM燃料电池单元池（b）、实际单元池照片（c）、池堆（d）和双极板示意图（a）。这类微型燃料电池装置具有不同的峰功率，如：82mW/cm²、50mW/cm²、30mW/cm²、42mW/cm²、76mW/cm²和40～110mW/cm²等。在对其阴极通道几何形状进行改进后，效率可增加约26.4%。燃料电池在便携式装置中应用是快速增长的领域和市场，其中包括便携式电池充电器、小型示范和教育远程控制(RC)汽车、玩具、工具和设备等。它们正在逐渐替代原来使用的电池。统计数据也证实，配备燃料电池的便携式装备数量非常巨大，约在2008年占售出燃料电池单元数量的一半，尽管其功率容量在销售总功率中所占份额仍然小于1%。

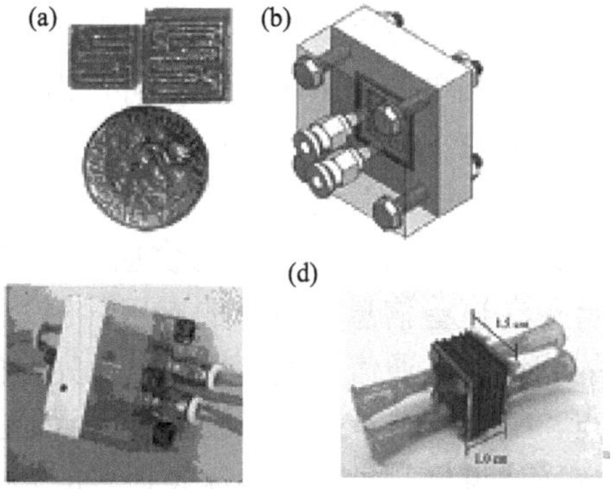

图7-14 微型PEM燃料电池

（a）双极板；（b）单元池示意图；（c）实际单元池；（d）池堆

在便携式应用领域取得更重大进展前，微型燃料电池仍然有很多问题需要处理和解决，包括散热、排放物分散、噪声、集成燃料存储和配送、冲击和振动、耐久性、峰值重复和波动应答时间、多种条件下的操作、对空气杂质的耐受性、燃料容器循环使用和暴露于氧化空气的面积等。为使不同功率范围燃料电池进入便携式应用大规模商业化市场，美国能源部提出了要达到的主要技术指标，如表7-11所示；对2011年（已达到）、2013年和2015年要求的性能指标见表7-13。在便携式应用的电源领域，微燃料电池的主要竞争者是电池（铅酸电池、镍-镉电池、镍-金属氢化物电池、锂离子电池等）、超级电容器和飞轮。这些电源的技术经济性能示于表7-14中（燃料电池以直接甲醇燃料电池为代表）。从这些指标的比较可以看出，燃料电池具有的竞争力确实是非常强的。

表7-13 对不同功率范围便携式燃料电池电源DOE的性能指标

特征	单位	2011年状态	2013年目标	2015年目标
技术目标：针对<2E, 10～50W, 100～250W范围便携式燃料电池电源系统				
比功率	W/kg	5,15,25	8,30,40	10,45,50
功率密度	W/L	7,20,30	10,35,50	13,55,70
比能量	W·h/kg	110,150,250	200,430,440	230,650,640
能量密度	W·h/L	150,200,300	250,500,500	300,800,900
成本	$/W	150,15,15	130,10,10	70,7,5
耐用性	h	1500,1500,2000	3000,3000,3000	5000,5000,5000
失败间的平均时间	h	500,500,500	1500,1500,1500	5000,5000,5000

表7-14 燃料电池和它们的竞争者在便携式电源方面的技术经济比较

便携式电源技术	质量能量密度/(W·h/kg)	体积能量密度/(W·h/L)	功率密度/(W/kg)	投资成本/[$/(kW·h)]
直接甲醇燃料电池	>1000	700～1000	100～200	200①
铅酸电池	20～50	50～100	150～300	70
镍-镉电池	40～60	75～150	150～200	300
镍-金属氢化物电池	60～100	100～250	200～300	300～500
锂离子电池	100～160	200～300	200～400	200～700
飞轮	50～400	200	200～400	400～800
超级电容器	10	10	500～10000	20000

① 单位$/kW。

7.5.3 氢燃料电池固定应用

燃料电池的固定应用，即应用的燃料电池装置安装后是固定不再移动的。由于燃料电池除产生电能外同时还副产热量，因此可广泛应用于很多领域。其固定应用范围非常广，主要包括：①作为主发电站机组为主电网提供电力，燃料电池可很容易地与常规发电技术集成，从而能够进一步提高燃料电效率和热量利用效率；②燃料电池是很好的分布式应急备用电源（EPS）（也称为不间断电源UPS）；③作为分布发电装置为遥远地区供应电力（RAPS）；④作为分布式热电联产CHP或冷热电三联产（CCHP）中的主发动机。燃料电池分布式发电装置的特征不仅是电力脱中心化的主要手段，而且可广泛应用于居民区、商业和工业部门中，发挥其独立于电网的分布式电力系统的作用，也可作为辅助电源为电网供应电力。目前，燃料电池在固定式发电领域的应用主要是分布式电站、家用热电联供系统、备用单元等。按总燃料电池市场计，固定应用的功率（MW）现在约占年燃料电池销售量的70%。例如，超过300台200 kW的磷酸燃料电池（PAFC）已安装于全球19个国家。作为中心发电站累积操作时间超过1000万h，有的系统操作已超过50000h。

对氢燃料电池的固定应用，在经过一段快速增长后已进入稳步增长，特别是热电联用领域。功率小于10kW的固定应用燃料电池系统主要安装于家庭、商业单元和遥远地区作为不间断电源和备用电源，其中约95%是PEMFC，三分之二在北美制造。必须提及的是，自2008后在日本销售安装的家庭用小燃料电池（电功率1kW）热电联供系统大幅增加，到现在已销售安装达数十万台。也必须注意到其它类型燃料电池，特别是熔融碳酸盐燃料电池（MCFC）和固体氧化物燃料电池（SOFC），它们具有高效率、低成本和燃料灵活性等特点，是满足较大发电需求的燃料电池技术。它们的缺点是相对慢的启动和差的动力学特性。

燃料电池在住宅、商业和工业部门的固定发电应用中起的是整体作用，可独立于电网供电和热量，也可以辅助电网的形式供电。下面分述如下固定应用领域：应急备用电源（EPS），也就是不间断电源（UPS）；遥远地区电力供应（RAPS）和分布式电源或CHP热电联产应用。

7.5.4 应急备用电源（EPS）

燃料电池具有高能量和功率密度、高模块化、结构紧凑和能在有害环境中操作等特点，其操作时间比现时使用的铅酸电池长2～10倍，在EPS市场中正在成为电池的非常有力的竞争者。例如在通信市场中应用的EPS，虽然需求的容量不高且无需长操作时间，但必须具有非常高的可靠性，这使燃料电池特别具有竞争力，成为燃料电池最成功的市场之一。这类应用选用的主要是PEMFC和DMFC。除通信市场外，EPS也广泛用于医院、数据单位、银行和政府等场所。因为在所有这些市场中总有电源不可利用的时候，为保持供电电源的连续性，必须配备功率在2～8 kW之间的EPS单元。由于燃料电池EPS产品具有效率高、环境友好、应答迅速、占地面积小、运行稳定可靠、寿命长等优点，在通信、电力、IDC机房、医疗和公用事业部门的应用潜力巨大。国外通信用燃料电池EPS已是成熟的商业化应用，其规模数以万计。在国内电信领域，累计应用的燃料电池EPS产品也已超过千台，功率等级在3～5kW之间，可待机时间超过4万天，可操作的时间超过了4000h。

7.5.5 遥远地区电力供应（RAPS）

总会有一些电网无法或尚不能到达的地区，如遥远农村、岛屿、沙漠以及度假休闲地区，它们需要的电力供应可能会成为问题。因为地势不平（森林、山脉等）或孤立太过偏远和遥远，延伸电网供电是不现实的，主要是经济原因：延伸电网线路很昂贵和农村地区电力的低负荷密度、高传输损失和建立公用电网设施的高成本。对离网农村地区，特别是在发展中国家，使用RAPS电源能够获得很多好处。同样，在城市地区的离网家庭也可用RAPS来满足其对电功率和热量的需求。现在，RAPS电源已成为独立电力生产源，是增加能源总系统效率的一种好选择，因为使用RAPS的额外投资成本比延伸电网线路更为经济有效。类似地，对离网轻工业和商业应用，如污染物处理、水泵和医疗中心，也可采用RAPS解决方法。

通常采用柴油引擎作为RAPS的能量转换装置。但是，柴油引擎的缺点是高碳排放和操作产生噪声。而利用燃料电池替代柴油引擎作为RAPS的能量转换装置就能够避免柴油引擎的问题，且可提高效率和利用地区性资源。应该注意到，如果用管线或其它方法配送化石能源时，这样的替代对农村和遥远地区的吸引力是不大的。如果利用地区性的可再生能量资源（如水力、生物质、太阳能、风能等）且配备储能（电力）单元（铅酸电池、锂离子电池、氢系统），其形成的集成能源系统（特别是集成有氢燃料电池的系统）将是非常理想的独立和可持续的RAPS解决方法。对这类非常适合于广大农村地区应用的集成可再生可持续RAPS系统，中国和印度的研发和应用处于全球领先地位。预测指出，到2030年PV基RAPS系统数量将达到130 GW，其中约一半容量应用于工业和商业部门，另一半应用于住宅建筑部门。

利用可再生能源的独立氢燃料电池RAPS系统，主要由水电解器、储氢单元和燃料电池三大子系统构成。氢系统用于解决补偿可再生能源电力的波动间断性问题，使整个系统能够持续可靠稳定地运行。因此在应用PV电力的RAPS系统中，氢燃料电池是常用电池的非常有力的竞争者。对应用于RAPS中的电池和氢系统进行比较发现，在经济性能上电池似乎优于氢系统（因其高成本和低总效率），但是实践结果证明，在季节性角度能量存储上氢燃料电池系统的RAPS 是极为有利的。为在经济上可行，需要进一步降低氢燃料电池系统的成本，只有这样可再生电力氢燃料电池才能有竞争力地进入RAPS市场。例如对太阳能PV电力，如果水电解器成本降低50%和储氢成本降低40%，使氢燃料电池系统成本降低到300€/kW ，则它在经济上就能优于常规电池。对风能电力氢燃料电池系统的研究也得到类似的结论。对无电网供电地区需要用可持续且可靠的RAPS电源，不过仍然需要进一步降低其成本、提高总效率和使用寿命等。

7.5.6　分布式电源和CHP（热电联产）应用

分布式燃料电池电站具有模块化、性能强、应用领域适应性广、可扩展性能好等优势。规模不超过100MW的可作为主电网的补充，也可作为海岛、山区、偏远地区的独立发电站。目前全球的燃料电池电站主要分布于北美、韩国和日本。中国仅辽宁营口在2016年投产了2MW PEMFC燃料电池发电系统，热电联供总效率达到75%。大多数家庭和城市楼宇应用采用1～5kW小型热电联供装置，以天然气为燃料且能充分兼容现有的公用设施；也可与分布式光伏发电制氢集成建造零碳建筑物。日本和德国对家用燃料电池系统的推广较为积极，尤其是日本的EneFarm系统已经成功部署数十万套。中国目前仍缺乏相应的鼓励政策，市场化产品开发少。

燃料电池技术是能使电力系统从大规模中心发电方式向脱中心化的分布式发电方向转移的有力手段。燃料电池的安静性质、低排放、优良快速负荷应答和高效率特征使其可作为住宅区电源以及家庭或大住宅区块热电联产分布式电源。日本是分布式电力和CHP应用市场的领头羊，已经有数十万的家庭使用分布式燃料电池CHP系统来满足自家的电力和热量需求。在住宅区应用的燃料电池CHP系统能同时提供电力、空间取暖和供应日常生活用热水，其电功率容量取决于目标负荷，从数个到数万千瓦。制冷需求也能加到该类燃料电池多联供（电力和热量）系统中，此时称为制冷、供热和发电三联供（CCHP）系统（图7-15）。制冷所需能量是利用了燃料电池堆产生的废热。可利用废热制冷的装置有吸收制冷器、热驱动热泵或其它合适技术，把它们集成到系统中可进行供热/制冷循环的双模式操作。CHP和CCHP系统的能源利用总效率可达80%以上，尽管仍需进一步研究解决相关的技术挑战和降低投资成本。对家庭使用的燃料电池CHP系统，使用的主要是PEMFC和PAFC。对容量较大住宅区的燃料电池CHP系统，选用高温型如MCFC和SOFC是比较适合的。

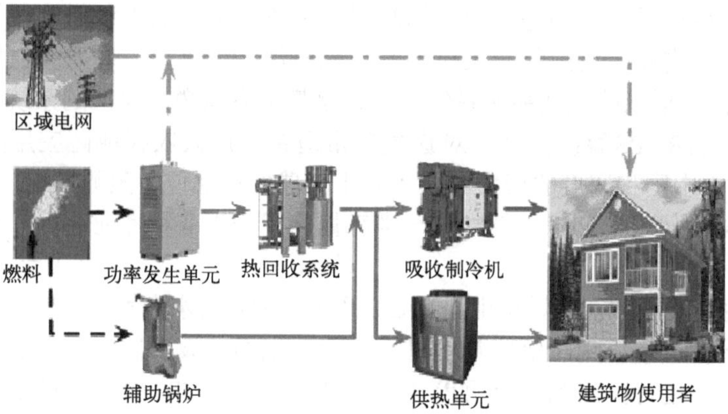

图7-15 典型的CCHP系统

作为CHP发电主机使用的燃料电池系统，可设计成独立于电网或电网辅助的操作模式运行。对独立于电网的CHP系统，其复杂性和成本都有相应的增加，因为必须能对动态负荷波动做出快速应答，这对家庭应用可能是比较困难的事情。对较大燃料电池系统，与电池银行/超级电容器集成是解决这个问题的两个办法，但也都会使成本和系统复杂性增加。而对电网辅助的CHP系统，能够在低负荷时把多余电力输送给电网，而在峰负荷时从电网获取电力。为能在这两种情形下有效操作CHP系统，需要有相应的储能单元。燃料电池系统能有效降低有害污染物的排放。例如，对燃料电池主机的CHP系统进行的生命循环评估指出，当以天然气为燃料的MCFC和PAFC CHP系统与燃烧引擎主机CHP系统比较时，NO_x排放降低了78%～88%，颗粒物质（M10）降低60%，CO减少90%～99%。

除了应用于住宅区的CHP系统外，用组合燃料电池循环生产能量和化学品的工业过程也在发展之中。但应该注意到，固定应用的CHP燃料电池系统仍然存在较难克服的技术挑战，尤其是燃料电池系统的使用寿命，该目标值定为80000h。

7.6 氢燃料电池技术在运输领域中的应用

7.6.1 引言

运输部门是主要耗能大户之一，每年排放的温室气体占全球的17%。这是由于在运输部门目前仍然大量使用化石燃料，以在引擎中燃烧的方式来获得需要的动力。为有效降低污染物排放，以环境友好清洁的能源转换技术替代热引擎中化石燃料的燃烧技术是必需的，因为只有在运输部门使用清洁能源而不是化石能源才能显著降低有害污染物的排放。随着燃料电池技术的不断发展成熟和进入商业化应用阶段，它在汽车、船舶、轨道交通等交通运输领域逐步推广应用是必然趋势，这不仅可降低使用化石能源产生的污染物和碳排放，而且提高了能源利用效率。对某些国家还能降低能源的对外依存度。把发展的燃料电池技术与数字化技术相结合，能够在无人驾驶、军用单兵、深海装备等诸多领域中发挥重要作用。

实际上，燃料电池效率（在53%～59%之间）几乎是常规内燃引擎的两倍，再加上它具有的操作安静、燃料灵活性、模块化和低维护需求等优点，是替代运输领域中燃烧引擎的理想技术。它在耐用性和寿命、成本、氢公用设施、技术等各个方面都能满足未来对运输车辆的目标要求。鉴于此，许多国际汽车制造商都在大力研发以氢燃料电池为动力的各种运输车辆，尽管现时的重点放在轻型客车上，但已成为燃料电池研发的主要推动力量。例如，日本的发展计划为：到2025年要部署200万辆燃料电池电动车辆（FCEV）和建立1000个氢燃料充气站。2011年，世界上卖出与运输相关的燃料电池占总卖出单元（台）的35%和总功率（MW）的25%，主要是PEM类型的燃料电池。在运输领域应用的燃料电池市场主要包括辅助功率单元（APU）、轻型牵引车辆（LTV）、轻型燃料电池电动车辆（L-FCEV）、重型燃料电池电动车辆（H-FCEV）、航空推进动力、航海推进动力等。

7.6.2 辅助功率单元（APU）

车载辅助功率单元（APU）不是车辆的推进动力，而是为了满足车辆各种非推进功能的电功率消耗。休闲车辆和船舶等运输工具消耗的非推进电功率一般由外带的便携式发电装置提供，但也可使用置于车辆内的APU。对不同运输车辆需求的APU功率是不同的，小至轿车用的1kW大到商业飞机上的500 kW。在车辆、船舶、太空船、机车、飞机、货车、公交车、潜艇、空间飞船、军用车辆等运输工具中，为了乘员的舒适和一些功能性设备的顺利运行，都需配备空调、制冷、娱乐、取暖、照明、通信和其它车载电器等多种装置，它们消耗的电力都由车载APU承担。为了优化整个车辆的能耗，把APU与主推进动力系统分离的策略是一个好的选择。实践和分析都表明，最可行和最可能的APU市场是休闲游艇、飞机、汽车、重型卡车、公用事业和服务车辆、执法车辆和制冷车辆等领域，这是因为它们对车载电能的要求很高。其中特别是休闲和娱乐车辆，车载APU电功率容量要求一般要大于38kW。例如，在表7-15中给出了2000年豪华休闲车辆对APU电功率的需求。随着对车辆舒适性要求的提高和电器设备数目的增加，需求的APU总功率在不断加大。

表7-15 休闲客运车辆的APU需求

辅助项	功率/W	辅助项	功率/W	辅助项	功率/W	辅助项	功率/W
后雨刷	90	挡风雨刷	300	电动窗	700	加热前座	2000
信息电子	100	空气泵	400	电扇	800	加热天窗	2500
挡风泵	100	加热门锁	400	后除霜	1000	催化剂加热	3000
加热方向盘	120	引擎冷却泵	500	电动座位	1600	电机械阀控制	3200
电动天窗	200	防锁制动系统（ABS）泵	600	线控方向盘	1800	空调	4000
车闭合器	200	灯光	600	线控刹车	2000	主动悬架	12000

目前市场上占支配地位的APU系统主要有三种：车载电池、配带烃类燃料发电机和从主推进系统抽取电力。燃料电池APU系统的优点是能显著降低污染物排放、安静无噪声操作、短启动时间和高效率。图7-16为用于休闲游艇燃料电池APU系统（以液化石油气为燃料的PEMFC）的结构和主要组成单元，其容量为450 W。

燃料电池APU降低污染物排放的预测得到了美国实验研究的支持：与从柴油主推进引擎抽取电力和车载分离柴油发电机APU比较，车载燃料电池APU降低颗粒污染物（PM10）排放达65%，NO_x排放降低95%，CO_2排放降低60%以上。实际行车经验也表明，为空调和电器操作以及为引擎准备，重载卡车在不行驶时引擎仍需保持运转（怠速），其运转时间一般占引擎总运转时间的20%～40%，即一天约6h。怠速模式每小时消耗约1加仑柴油，而

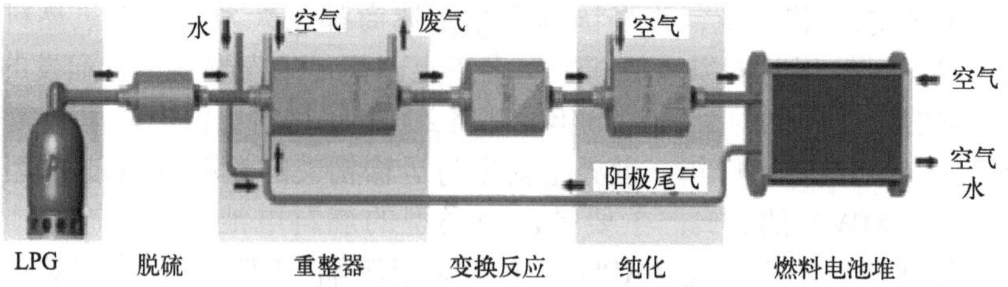

图7-16　车载改进的450 W PEM燃料电池系统休闲车APU

APU取出的电力仅占怠速消耗能量的3%。这说明在能量和热量上有巨大浪费，引擎的这一额外负担成为有害污染物排放的主要来源，这导致相关部门出台了卡车在人口密集区域限制/禁止怠速运转的法规。

已证实，车载APU系统都可以应用PEMFC、DMFC和SOFC等类型的燃料电池，其使用的燃料可以是氢气、天然气、LPG、汽油、甲醇和柴油等。对需要高电功率等级APU的其它类型运输工具，如商业飞机和集装箱船舶，高温燃料电池（SOFC和MCFC）可能是其好的选择。

7.6.3　轻型牵引车辆（LTV）

属于轻型牵引车辆（LTV）范围的车辆包括摩托车、轮椅、电动自行车、机场摆渡车、滑行艇、高尔夫球车、物料掌控车辆和设备等。在物料掌控车辆和设备中主要是叉车、拖车卡车、托盘卡车等。燃料电池在运输部门中应用最成功的范例是叉车，叉车也是燃料电池最成功的证明之一。叉车、物料掌控车辆和设备在仓储和分销行业中有很广泛的使用，仅在北美运行的叉车就在250万辆以上，我国快递行业中使用的叉车数量更是巨大。现时（常规）叉车使用的动力（一般配备再生制动能量回收装置）主要来自可充式铅酸电池或燃烧引擎（柴油压缩引发引擎或汽油、LPG、压缩天然气或丙烷电火花点火引擎）。氢燃料电池动力叉车具有很多优点：快速充燃料，加注氢仅需2～5 min，而电池充电（或换电池）需15～30 min；操作时间长于电池（<8h）；对环境温度较少敏感（特别是冷藏仓库）；没有自放电、自降解现象；占用空间小；有害污染物排放极少；室内室外都能操作；能量效率高；具有快速和优良的负荷应答性能；较高操作效率和低维护需求等。因此，燃料电池具有替代叉车常规动力的巨大潜力。更重要的是，应用于叉车上的燃料电池到加氢站充燃料远比车载重整制氢或产氢系统简单且实际（自带制氢装置不仅会显著增加对动态负荷做出应答的时间，且增加叉车自身重量）。为比较使用不同动力叉车的燃料循环温室气体（GHG）排放，对采用柴油引擎、汽油引擎、LPG引擎、从美国电网充电电池、从加州电网充电电池、从简单天然气循环发电厂充电电池、从组合天然气电厂充电电池、以甲烷蒸汽重整氢气为燃料的氢燃料电池、以焦炉气重整氢气为燃料的氢燃料电池、以风电电解氢为燃料的氢燃料电池为电力的叉车，计算温室气体（GHG）排放，结果示于图7-17中。在GHG排放的计算中包括了上游排放［初级能源转化成叉车可用能量形式时产生的排放、使用点的排放（仅应用于燃烧引擎叉车）］和系统产生的排放，说明使用燃料电池动力的叉车GHG排放最少。

现时在美国市场上有超过1300辆燃料电池动力叉车，使用的是容量5～20 kW配备有超级电容器（支持瞬时功率应答）的PEMFC（或DMFC）燃料电池动力。在物料掌控市场

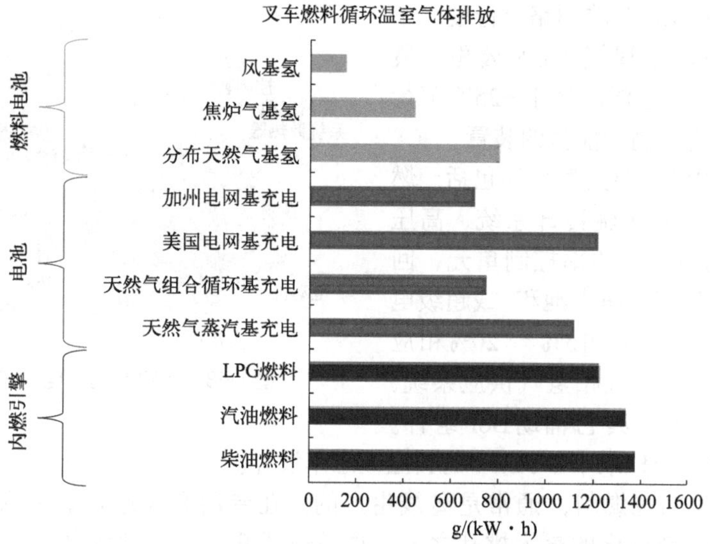

图7-17　ICE、电池和燃料电池功率叉车的燃料循环排放

上以插入式电力为动力的车辆最多。使用燃料电池功率的滑行艇和电动自行车也在快速发展中，因能避免交通拥堵，对短途和中距离旅行是很理想的，且能保护环境和不用昂贵的烃类燃料。对于摩托车、滑行艇和电动自行车应用，对功率、总重量、可利用速度和旅行距离的要求排序是逐渐降低的：滑行艇需求功率4～6kW，旅行距离200公里；电动自行车功率要求低于1 kW，旅行距离小于数公里。电动自行车是人力和电池摩托的组合。基于叉车同样原因（如污染物排放、操作耐久性等），滑行艇和电动自行车也适合于以燃料电池替代燃烧引擎和电池为动力。

7.6.4　轻型燃料电池电动车辆（L-FCEV）

轻型燃料电池电动车辆（L-FCEV）利用燃料电池动力作为推进系统。与内燃引擎车辆比较，L-FCEV具有如下优点：安静操作、有效能量使用（是内燃引擎的两倍）、油井-车轮能量效率>30%、显著降低甚至零GHG排放（氢气来自可再生能源）、车辆设计和包装的灵活。与轻型电池电动车辆（L-BEV）比较，L-FCEV具有行驶距离长、添加燃料时间短（<2min）、冷天气耐受性好和重量较轻等优势。但是，主要是由于生命循环成本、池堆耐久性和寿命，L-FCEV尚未完全商业化。另外，还有其它技术壁垒需要解决，包括系统重量和大小、空气压缩系统、非常冷和冰冻条件的启动、车载储氢、热损耗、催化剂对电压循环的耐受性、频繁启停循环寿命、膜湿化和氢安全标准。

在对L-FCEV研究、发展和示范工作中，最常使用的燃料电池类型是质子交换膜燃料电池（PEMFC），因其固有的一些优点如启动时间短、好的动态应答、合适的车载温度（80℃左右）和系统大小等。在L-FCEV商业化道路上（都以燃料电池作为主推进系统且都与电摩托相连接），一些国际大汽车企业如General Motors、Toyota、Mazda、Daimler AG、Volvo、Volkswagen、Honda、Hyundai、Nissan等，都取得了各自的稳步进展。例如，2013年2月26日，韩国现代汽车公司宣布建成了大批量生产L-FCEV IX35的装配线，成为燃料电池工业历史上的里程碑事件。其第一款17 L-FCEV销售给丹麦和瑞典，每辆总成本5万美元。到2015

年有超过1000辆IX35在欧洲路上行驶。车辆一次充氢的行驶里程接近600公里，最高时速160公里，能在温度低于-25℃下行驶，配备有回收再生制动能量的装置。

在L-FCEV中的主要典型部件包括：燃料电池堆、电摩托、传输冷却系统、高压储氢容器、电动机、主功率控制单元、回收再生制动能量的高电压电池和/或超级电容器（可使行驶里程增加5%～20%和应答瞬时功率飙升）、空气和氢气供应系统、功率调节电子设备、其它辅助BoP组件。在图7-18中示出了一种未来L-FCEV的典型概念车设计。

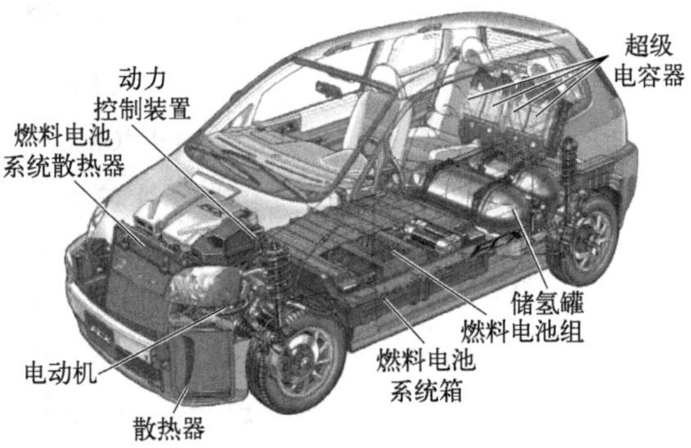

图7-18 氢燃料电池电动车辆概念设计

运行L-FCEV的氢燃料，通常是离线生产的，在专用充氢站把氢注入车载氢储罐中。车载储氢是FCEV商业化的最大挑战之一，也是最活跃的研究领域之一。对压缩氢、液态氢、金属氢化物、化学氢化物和其它储氢新技术，都在评估和努力研发之中。与固定应用的燃料电池系统不同，在运输应用中储氢系统是非常重要的，而且具有高约束性（没有灵活性）。对车载储氢技术的要求，除了低成本、高效率和低伴生负荷（例如压缩、冷却或排放）外，还有质量和体积能量密度、碰撞安全性、与车辆空间和形状相适应的系统以及系统简单性等多个约束。新近的研究表明，在可利用的储氢技术中，到目前为止实际上尚未有一种技术能满足未来L-FCEV长期目标的要求。但是在研究结论中也指出，如果有能力解决其中的一些技术挑战，则有一些技术具有很大潜力能够满足未来储氢目标，包括冷冻压缩储氢、硼氨化学储氢和三氢化铝（铝烷）金属氢化物储氢。应该注意到，由于无法克服大小、重量、启动时间和安全限制，车载重整（或其它）产氢方法目前仍然是不实际的。但随着重整和产氢技术的发展，车载产氢方法有可能成为可行技术。

虽然L-FCEV和L-BEV各有自己的优缺点，但人们期望能从纯电池电动车辆（L-BEV）逐渐向轻型燃料电池电动车辆（L-FCEV）过渡。这两种车辆都高度依赖于初级能源资源（化石、可再生、生物质等能源）、能量转化链（如氢气生产、运输和存储机制）和设计要求（最大速度、行驶距离、载客容量等）。对其在能量和环境特征方面进行的比较研究结果表明，组合电池和燃料电池优点的轻型混合电动车辆（L-HEV）可能是一个很好的临时解决办法，直到其中一种技术显著优于另一种。这是由于使用的PEMFC和锂离子电池目前仍都不是很成熟的，都在快速发展中［现时L-BEV市场上使用的电池是锂离子电池，正在快速取代镍-金属氢化物（Ni-MH）电池］。

在L-HEV中配备有燃料电池和电池，其推进动力可由这两个功率系统分别提供，一个满足整体平均功率需求，另一个满足瞬时加速波动需求。L-HEV设计的主要优点在于：增加了燃料电池寿命和避免了过大的燃料电池系统（避免了重复的电压循环）。用计算机模拟方法对以锂离子电池、Ni-MH电池、深度放电铅酸电池和PEM燃料电池为动力的车辆进行了比较研究，获得的结论是：利用天然气或生物质所产氢气为燃料和要求车辆一次加燃料持续行驶距离大于600 km的条件下，从车辆质量、存储体积、增值车辆成本、增值生命循环成本、GHG排放、添加燃料时间和油井-车轮能量效率等方面综合评估，L-FCEV要优于L-BEV。而从模型计算的温室气体排放量和消耗石油能源数量的角度，对使用不同推进动力

(氢燃料电池、电池、柴油燃料、汽油燃料、纤维素乙醇、玉米乙醇和天然气) 的L-HEV中型客车进行了比较研究，结果示于图7-19中。从图中数据可清楚看到，未来中型L-BEV中电池电力来源（电网或可再生能源电力）对其GHG排放和石油使用数量有相当显著的影响。模型计算中使用技术的水平采用2035～2045年预期的计划水平，构造模型和计算中做了假设和参考值，其中不包括车辆制造和公用基础设施建设产生的生命循环效应（GHG排放和石油使用量）。在图7-19中的可再生能源是指无碳的太阳能、风能和海洋能技术。对使用电池、氢燃料电池、纤维素乙醇和玉米乙醇燃料的L-HEV，其排放的GHG要比使用其它技术的车辆低很多，其中以电池、氢燃料电池和天然气为动力源时，在GHG排放和石油使用量上有很大的优越性。但是必须指出，用可再生能源氢的L-FCEV仍然有赖于氢气生产、存储和配送技术上的进展；而利用天然气和生物质所产氢的L-FCEV，很快就能成为实际使用的轻型运输车辆。

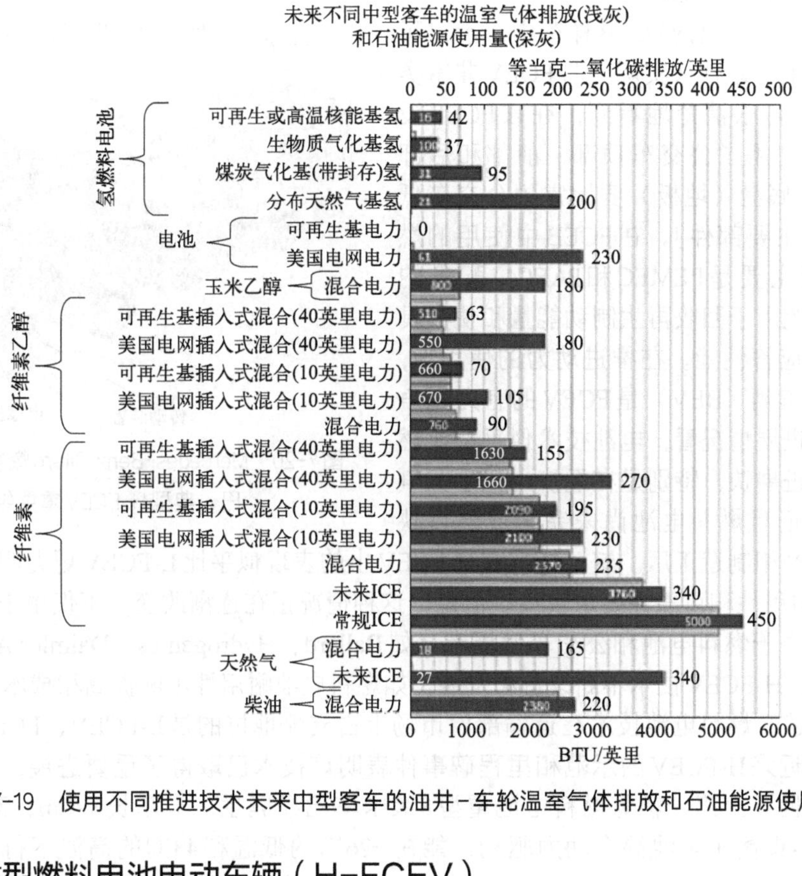

图7-19 使用不同推进技术未来中型客车的油井-车轮温室气体排放和石油能源使用量

7.6.5 重型燃料电池电动车辆（H-FCEV）

H-FCEV是以燃料电池为电动推进系统的重型车辆，包括公交车、重载卡车、机车、货车、公用卡车、服务车队等。已发展的燃料电池公交车中，欧盟有30多种，美国有25种。燃料电池电动公交车（FCEB）是最大众化的客运工具之一，也是燃料电池技术最吸引人的应用之一，它已作为燃料电池运输工业的研发数据源。

首先，为了降低在市区排放的有害物质、向清洁公交系统迈进和避免私家车带来的交通拥挤，人们愈来愈希望有更多的公共运输系统。与常规柴油机公交车比较，氢燃料电池电动公交车（FCEB）具有非常低的污染物排放甚至零排放、安静操作和较高燃料效率等优点，这些优点有利于公众和政策制定者选用它们。其次，由于公交车路线是相对固定的，对储氢系统重量和大小的约束相对比较灵活。第三，城市公交车在功率容量上允许有较灵活的设计和包装，对氢公用基础设施的要求也相对较少。因此，世界上许多国家（包括美国、加拿大、西欧、日本、中国、澳大利亚和南非等）的政府和私人部门都积极资助和部署FCEB。例如，澳大利亚的可持续运输能源项目（Sustainable Transport Energy Programme，STEP）、欧洲的欧洲清洁城市运输（Clean Urban Transport for Europe，CUTE）和 HyFLEET:CUTE项目（世界上最大的FCEV示范项目，部署33种FCEV）、加拿大的氢燃料电池示范项目（Hydrogen Fuel Cell Demonstration Project）、中国的城市道路公交车施行项目（Urban-Route Buses Trial Project）；巴西的巴西燃料电池公交车项目（Brazilian Fuel Cell Bus Project）、美国的加州零排放湾区（Zero Emission Bay Area ，ZEBA)示范项目等，都是投资和部署FCEB的国家项目。

在图7-20中给出的FCEB样车中，示出了其组成中的主要组件（实际上与FCEV非常类似）。从图中可很清楚地看到，在该FCEB设计中灵活地利用了公交车顶部、前部和后部[因公交车的底盘（地板）要比常规公交车低且没有放置主要部件]。在FCEB中使用的燃料电池类型主要是PEMFC和PAFC，配备的高压电池系统用于回收再生制动能量和使其具有好的动态应答性能。在推进动力的使用上，纯电池电动车辆（BEV）是FCEV的有力竞争者。从当前进展情况看，电池技术似乎要比燃料电池技术进展快，特别是在经济上似乎竞争不过电池，而且燃料电池尚未完全成熟且缺乏大规模生产和制造工厂。这一情况在H-FCEV上的表现似乎比L-FCEV更为明显，因为对H-FCEV的耐用性和可靠性要求较高。但是，这种情况正在逐渐改变，不仅由于示范项目数目的增加也由于燃料电池和公交车发展者（如Ballard、Hydrogenics、Daimler AG等）的协作共同努力，H-FCEV技术不断改进和发展，如燃料电池耐用性不断提高和成本不断下降。

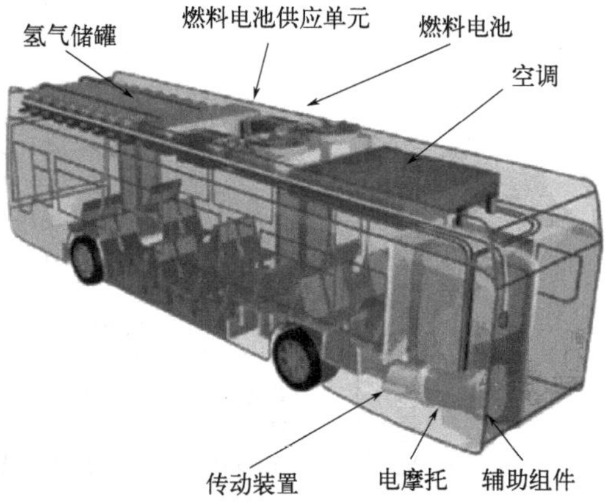

图7-20 Mercedes-Benz Citaro燃料电池生态大巴，典型H-FCEV重要组件

如前所述，燃料电池技术在运输部门市场上占支配地位的是L-FCEV、FCEB和燃料电池APU。但近来H-FCEV的示范和里程碑事件表明该技术已取得了重要进展，商业化愿景已经显现。世界上第一辆氢燃料电池重型8级卡车已经诞生：卡车长8.4 m、高2. 9m，以氢燃料电池-锂离子电池混合动力驱动，能在−26℃的低温和43℃的高温下行驶，峰功率约400 kW，最高速度105 mile/h（英里/小时），车辆总重超过36 t。其中燃料电池系统输出65 kW，行驶距离大于360 km，充氢燃料时间4 ～ 7 min，总售价2700万美元。德国发展了柴油引擎和燃料电池混合动力重型卡车。柴油引擎用于推进而燃料电池用于废物收集、管理和分散等作业。制造了使用SOFC电力、铅酸电池和超级电容器混合功率推进系统的道路机车，获得的试验结果说明，使用能调节负荷分配的控制策略，能满足机车功率需求且有高的效率。在实践中发现，机车单独使用1200 kW燃料电池发电机比耦合辅助储能装置的混合燃料电池设计更加有效。其原因可能是：对强大的机车而言，满足复杂瞬态功

率的需求并不难，因为其牵引功率的限制因素不是可利用的峰功率而是车轮与路轨间的连接。此外，对系统再生制动能量的回收潜力低，这反而增加了混合设计的复杂性、体积和重量。

7.6.6 中国氢燃料电池车辆

燃料电池电动车、纯电池电动汽车和混合动力汽车是中国五年规划确定的新能源汽车的“三纵”技术路线。其中，纯电动汽车的锂离子动力电池系统较为简单，经多年的产业化发展，经济性较好，技术成熟，每年商业化销售数十万辆。但电池储能密度较低，适用于小功率、短续航的车辆。对氢燃料电池车辆，系统较为复杂但氢储能密度高，更适合大功率、长续航车辆使用。由于成本较高，目前仍处于示范运行阶段。

在2008年北京奥运会和2010年上海世博会上，中国累计有200多辆燃料电池电动车辆进行示范运行，里程达10万多公里。尽管在成本、寿命等方面仍然有待进一步改善，但整体上已与国际水平接轨。目前中国已基本掌握了车用燃料电池核心技术，具备了进行大规模示范运行的条件。现在国内运行的氢燃料电池车累计已达3896辆，其中客车1374辆、专用车2390辆、乘用车132辆。2020年运行的燃料电池车辆已达到7000辆。在北京、河北张家口和广东佛山等地开展了燃料电池客车商业化示范运行，累计运行超过100万公里。燃料电池货车在上海、辽宁新宾等地也已进行商业化示范运行。具体而言，上汽集团在2005年推出了第四代荣威950型燃料电池车，续航里程400公里，具备小批量生产能力。与国际上具有先进水平的丰田Mirai、本田Clarity和现代NEXO相比（见表7-16），该燃料电池车在动力性能、综合训练、电堆功率和耐久性等基本性能指标方面仍有差距。大功率、长续航商用车最适合以燃料电池为电力系统，在使用环节上与燃油车具备了初步竞争的能力，能在环保刚性约束强的区域如京津冀等地率先突破。

表7-16 国内外主要氢燃料电池乘用车间的比较

技术参数	荣威950	MIRAI	CLARITY	NEXO	MODEL 3
车辆尺寸/mm	4996×1857×1502	4890*1815*1535	4895*1877*1478	4670*1860*1630	4690* 1930*1440
车重/kg	2080	1850	1875	1860	1611
百公里加速时间/s	12	9.7	8.8	9.6	5.6
最高车速/(km/h)	160	175	165	179	209
续航里程/km	430	502	589	609	354
燃料电池堆功率/kW	45	114	130	120	
电堆功率密度/(kW/L)	1.8	3.1	3.1	3.1	—
低温冷启动性能/℃	−20	−30	−30	−30	
储氢容量/kg	4.2	5	5.5	6.3	50 kW · h（锂电）
补贴售价/元	500000	390000（美国加州）	402827（美国加州）	440000（德国）	237496（标准后驱）

数据来源：中国氢池联盟。

在市场方面，目前燃料电池车、电动车和燃油车分别处于导入期、成长期和成熟期。虽然制造成本方面燃料电池车最高，但使用成本方面它在个别领域已初步具有经济性。就乘用车而言，国产燃料电池乘用车制造成本约在150万元人民币左右，国外售价已降至5.5万～6万美元。政府补贴后可与B级中高端纯锂电动汽车相当，终端售价3.5万美元。B级中高端燃油车在国内市场售价在20万～30万元。按照市区工况百公里电耗15～18 kW·h和油耗6～10升汽油测算，燃料电池车用氢成本需控制在30～45元/kg之间方具竞争力。就商用车而言，载重3 t的燃油物流车整载成本约11万，同级别纯锂电动物流车成本约20万。工信部在《新能源汽车推广应用推荐车型目录》里指出，载重3.5 t的燃料电池物流车制造成本约在80万～100万。按照市区工况百公里油耗13.8升、电耗40～60 kW·h和氢耗2kg计算，使用成本分别为100元、75元和104元。在考虑国家和地方补贴的情况下，燃料电池物流车整体经济性已经显现。未来，随着氢能和燃料电池技术自主化和规模产业化，用氢和制造成本将迅速下降，全生命周期的成本优势将持续扩大。

7.7 燃料电池车辆的发展状态

根据中国氢能联盟发布的《中国氢能源及燃料电池产业白皮书》，国际上对于燃料电池电堆关键部件的技术研究已取得一些进展。目前国际先进水平的电堆功率已达到3.1 kW/L，乘用车系统使用寿命已达5000 h，商用车达20000 h。截至2018年底，全球氢燃料电池的装机量已超过2090.5MW，乘用车销售累计约9900辆，其中2018年全球销售氢燃料电池车达4000辆，比2017年增长了56%。2017～2018年全球一些国家销售的氢燃料电池示于图7-21中。燃料电池车辆已初步实现商业化应用。下面简述一些国家的燃料电池车辆发展状态。

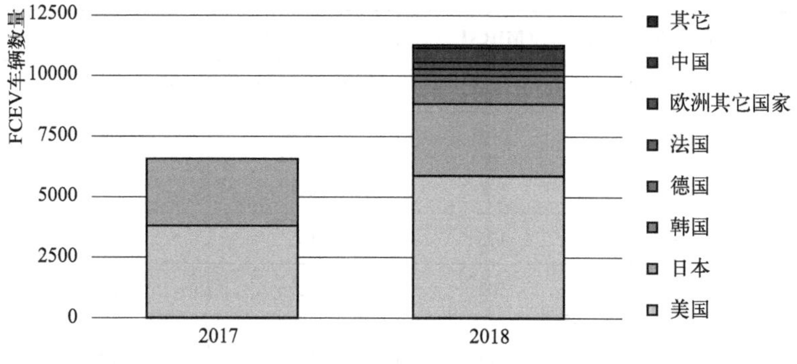

图7-21 2017～2018年全球一些国家销售的氢燃料电池车辆数量图

7.7.1 美国

美国不仅是最早将氢燃料电池作为国家能源战略组成部分的国家，而且现在已将它作为美国优先战略能源，对其的资金支持已远超16亿美元。美国在氢能及燃料电池领域拥有的专利数位居世界第二，液氢产能和燃料电池乘用车保有量居全球第一。截至2018年底，美国燃料电池乘用车数量达到5899辆，燃料电池动力叉车运营量超过23000台，多个州均在使用或计划使用燃料电池客车，全年固定式燃料电池安装超过100MW，累计固定式燃料电池安装超过500 MW。

7.7.2 欧盟

欧洲将氢能作为能源安全和转型的重要保障。在2014～2020年期间，欧盟燃料电池与氢能联合行动计划项目对氢能及燃料电池的研发推广提供的资金支持将达到6.65亿欧元。截至2018年底，欧盟部署燃料电池乘用车约1080辆。德国是欧洲发展氢能最具代表性的国家，于2006年启动了氢能和燃料电池技术国家创新计划（NIP）。2007～2016年第一阶段共投资14亿欧元，2017～2019年第二阶段工作计划投资2.5亿欧元，目前德国在全球氢能及燃料电池领域占据领先地位，可再生能源制氢规模全球第一，燃料电池的供应和制造规模位居全球第三。

7.7.3 日本

日本是全球拥有氢能和燃料电池专利数最多的国家，目前已经实现燃料电池车和家用热电联供系统的大规模商业化应用。日本丰田推出的Mirai燃料电池车是目前全球销量最大的燃料电池乘用车，占全球燃料电池乘用车总销量的70%以上。截至2018年底，日本燃料电池乘用车保有量已达到2839辆。根据日本政府规划，预计2025年保有量将达到20万辆，2030年80万辆，2040年实现燃料电池车的普及。

7.7.4 韩国

韩国政府自2008年以来持续加大对氢燃料电池技术研发和产业化推广的扶持力度，先后投入了3500亿韩元，未来5年再投入2.6万亿韩元，提出在2030年进入氢能社会。2018年，韩国现代汽车正式发布第二代燃料电池车Nexo，电堆最大输出功率达到95 kW，续航里程可达800公里。截至2018年底，韩国燃料电池乘用车保有约300辆，计划保有量2025年15万辆，2030年63万辆，到2040年分阶段生产620万辆。

7.7.5 中国

根据用途和运行特性，中小型商用车适合采用纯电动，中型以上更适合采用氢燃料电池动力。而对中国商用车，必须有氢燃料电池车。主要原因是：①商用车数量虽然不是很多，但油耗高、排放高，替换效果显著；②氢燃料电池车相比锂电池车在大载重、长续驶、高强度交通运输体系中具有先天优势，更适合商用车领域的应用；③目前我国氢燃料电池商用车已处于示范运营阶段，具备了实现商业化的初步条件。例如我国宇通、福田等公司已开发出多款氢燃料电池客车，东风特汽、中国重汽等也开发了氢燃料电池物流车、牵引车等专用车。在2018年中国销售的1527辆氢燃料电池中，客车1418辆（占93%），货车109辆（占7%）。2016～2018累计销售3054辆。在图7-22中给出了中国2016～2018年氢燃料电池销售走势。

根据我国《节能与新能源汽车技术路线图》，氢燃料电池车发展目标为2020年达到5000辆（实际已达7000辆），2025年达到5万辆，2030年燃料电池车辆保有量达到100万辆。主要目标是商用车（商用车与乘用车比4∶1）。国内外商用车与乘用车使用电堆的功率分别为100kW和120kW。使用的主要燃料电池为质子交换膜燃料电池（PEMFC）和固体氧化物燃

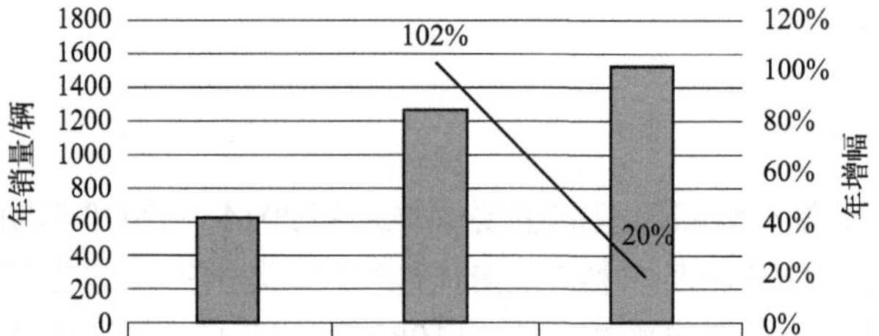

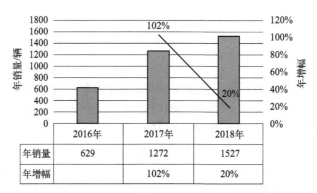

	2016年	2017年	2018年
年销量	629	1272	1527
年增幅		102%	20%

图7-22　中国2016 ~ 2018年氢燃料电池销售走势

料电池（SOFC）。我国的氢燃料电池技术取得了一定进展。就PEMFC而言，膜电极、双极板和质子交换膜等已具有国产化能力，但生产规模较小；电堆产业发展较好，但辅助系统关键零部件产业发展较为落后；系统及整车产业发展较好，配套厂家较多且生产规模较大，但大多采用国外进口零部件，对外依赖度高。国内外氢燃料电池车辆技术发展状态和车辆性能分别见表7-17和表7-18中。从表中的数据不难看到，国内外氢燃料电池车辆技术差距是存在的，且差距不算小，需要国内的科学家、工程师努力快速赶上，当然也国家也要加大政策支持力度。

表7-17　国内外氢燃料电池车辆技术发展状态

领域	技术指标	国内先进水平	国际一流水平
燃料电池电堆	额定功率等级	36kW（在用）	60 ～ 80kW
	体积功率密度	1.8kW/L（在用）	3.1kW/L
		3.1kW/L（实验室）	
	耐久性	5000h	>5000h
	低温性能	−20℃	−30℃
	应用情况	百台级别（在用）	数千台级别
核心零部件	膜电极	电流密度1.5A/cm^2	电流密度2.5A/cm^2
	空压机	30kW级实车验证	100kW级实车验证
	储氢系统	35MPa储氢系统——Ⅱ型瓶组	70MPa储氢系统——Ⅳ型瓶组
	双极板	金属双极板——试制阶段；石墨双极板小规模使用缺少耐久性和工程化验证	双极板技术成熟，完成实车验证；石墨双极板完成实车验证
	氢循环装置	氢气循环泵——技术空白；30kW级引射器——可量产	100kW级燃料电池系统用氢气循环泵技术成熟
关键原材料	催化剂	铂载量约0.4g/kW	铂载量达0.2 g/kW
		小规模生产	产品化生产阶段
	质子交换膜	性能与国际相当、中试阶段	产品化生产阶段
	碳纸/碳布	中试阶段	产品化生产阶段
	密封剂	国内尚无公开资料和产品	产品化批量生产阶段

表7-18 国内外主要氢燃料电池车辆性能比较

乘用车厂商	丰田	本田	现代	商用车厂商	美国 Van Hool	美国 New Flyer	德国戴姆勒奔驰	日本丰田和日野	佛山飞驰
型号	Mirai	Clarity	ix35	燃料电池功率/kW	120	150	2×160	2×114	88
充能时间/min	3	3	3	燃料电池厂家	US FuelCell	Ballard HD6	AFCC	Toyota	上海重塑
电堆/电池容量/kW	114	103	95	电机功率/kW	2×85	2×85	2×80	2×110	90
电堆/电池功率密度/(kW/L)	3.1	3.1	1.65	氢气气瓶	350bar，8个	350bar，8个	350bar，7个	700bar，8个	350bar，8个
电堆/电池体积/重量	37L, 56kg	33L	60L	氢气量	40kg	56kg	35kg	480L，18kg	25kg
续航里程/km	502	589	415	耐久性/h	18000	8000	12000	未公开	10000
百公里加速时间/s	9.6	8.8	12.5						
电机参数	113kW	120kW	100kW	续驶里程	300英里	300英里	250km	未公开	400km
	335N·m	300N·m	300N·m						

7.7.6 氢燃料电池车辆成本

车用氢燃料电池制造成本逐年下降的趋势是显著的，如图7-23中所示（图中的实线部分是实际数据，而虚线部分是预测值），不难看到成本下降的速度是相当快的。近年来，随着燃料电池技术的发展和生产规模的扩大，美国能源部（DOE）对车用氢燃料电池制造成本做了总结分析，特别是对最先进日本氢燃料电池轿车成本做了分析。2017年丰田Mirai的销售价格为57500美元。在年产规模为1000套和3000套时，对氢燃料电池整车构成成本进行了测算，如图7-24中所示。当规模为3000套/年时，成本构成：①氢燃料电池系统16204美元，占整车成本28.6%；②储氢系统成本6168美元，占总成本10.9%；③两个系统的间接生产费用3803美元，占总成本6.7%；④车辆其它部件成本17600美元，占总成本31.2%，其

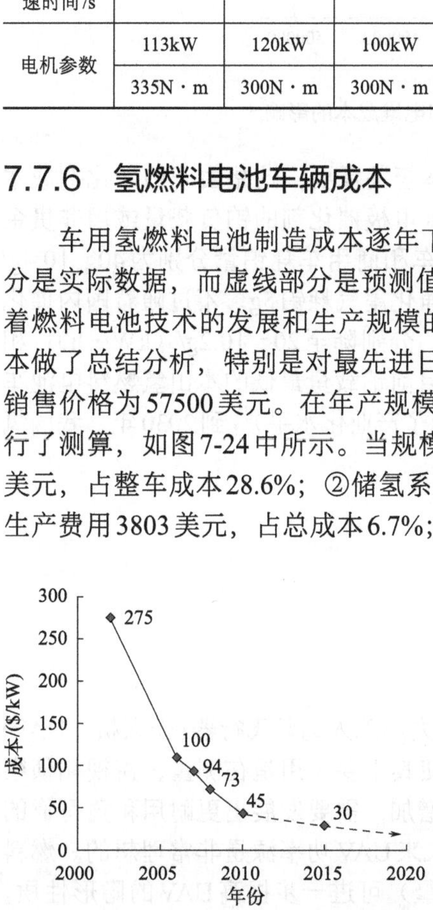

图7-23 车用氢燃料电池需要制造成本

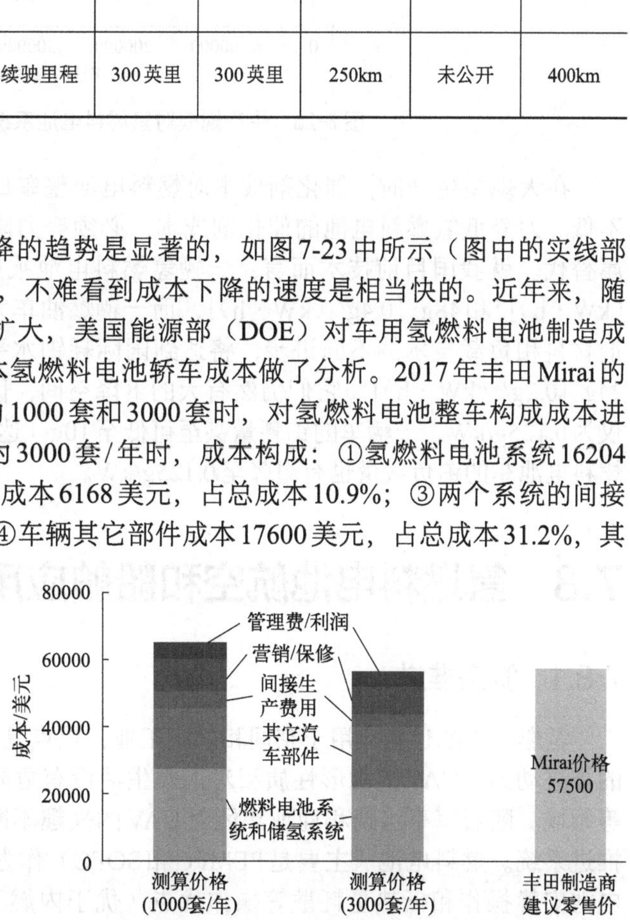

图7-24 氢燃料电池整车成本构成

中包括电力牵引电机、逆变器、齿轮箱、滑翔机、再生制动和加热系统、通风和冷却系统等；⑤市场营销和保修费用为8755美元，占比15.5%；⑥企业管理费用和利润为3940美元，占比7.0%。电堆成本很大程度上决定着燃料电池系统成本，进而影响整车成本。因此，降低燃料电池电堆成本对于燃料电池车辆应用和推广至关重要。规模效应、催化剂铂负载量、双极板材料等均是影响成本的重要因素。在上述影响因素中，发展初期规模效应最为显著，例如年产量由1千套增加到1万套时，电堆成本降低65%。如图7-25中所示，年产量1000套/年时，燃料电池系统成本215美元/kW，电堆成本153美元/kW；当达到1万套/年时，系统成本降至93美元/kW，电堆成本降至53美元/kW（降低65%），系统成本降低57%。产量增加到10万套/年时，系统和电堆成本分别降至59美元/kW和31美元/kW；当产量达50万套/年时，系统和电堆成本分别降至53美元/kW和27美元/kW。

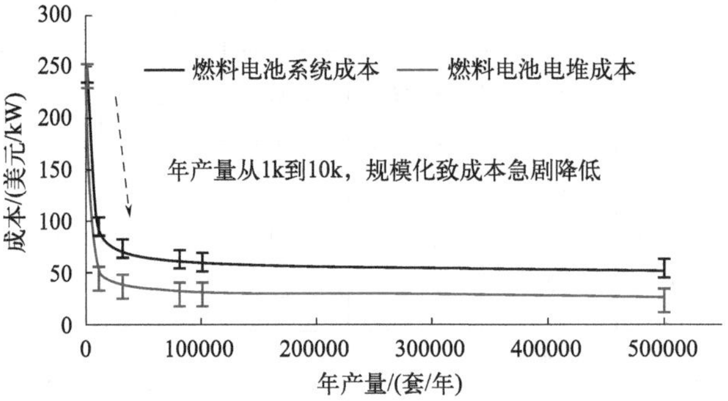

图7-25 生产规模对氢燃料电池系统和电堆成本的影响

在大规模生产时，催化剂成本对燃料电池整车成本至关重要，这是由于铂催化剂成本不低。为降低氢燃料电池的催化剂成本，必须努力降低电极催化剂的铂负载量或用非贵金属替代。就我国目前技术而言，一辆氢燃料电池乘用车和商用车耗铂量分别为40g［0.4g/（kW·h）］和48g［0.4g/（kW·h）］，而一辆燃油车为净化尾气耗铂5g。不过随着国内催化剂材料和负载技术的不断进步，将达到国际耗铂水平，分别降至20g［0.2g/（kW·h）］和24g［0.2g/（kW·h）］。它们仍然有大的下降空间，因目前铂载量最低的本田氢燃料电池车仅为0.125g/kW。一辆车的铂耗量甚至可低至10g（达到了产业化水平）。到2030年，我国氢燃料电池车的铂负载量也有望降至0.125g/kW。

7.8 氢燃料电池航空和船舶应用

7.8.1 航空推进

氢燃料电池也能应用于空间和航空工业，重点是作为小无人驾驶飞行器(无人机，UAV)的推进动力。UAV的隐形性质和对人类生活没有危险使其主要应用是在测量、监视和侦察等领域。随着军事当局和商业集团对UAV的兴趣不断增加，需要发展出更耐用和更可靠的推进系统。燃料电池（主要是PEMFC和SOFC）作为未来UAV功率源是非常理想的。燃料电池安静操作和低热量耗散等操作优点（优于内燃引擎）可进一步提高UAV的隐形性质。燃料电池的高能量密度和较轻重量使其在UAV应用中更优于电池，因为这能使UAV可执行较大范围的任务和具有较长耐久性（留空时间高达24h，电池UAV平均为1h）。此外，燃料电池的模块化特征使它们更适合于小规模的UAV应用（小规模燃烧引擎是低效率的）。到目前为止，已示范的燃料电池UAV数量已有不少。对5个不同大小UAV推进系统比较研究获得的结论（图7-26）表明，在任务范围和耐久性方面，具有最高潜力的是以压缩氢为燃料的PEMFC系统。与之比较的其它4个系统是：丙烷SOFC、锂-聚合物电池、锌-空气电池和小内燃引擎。

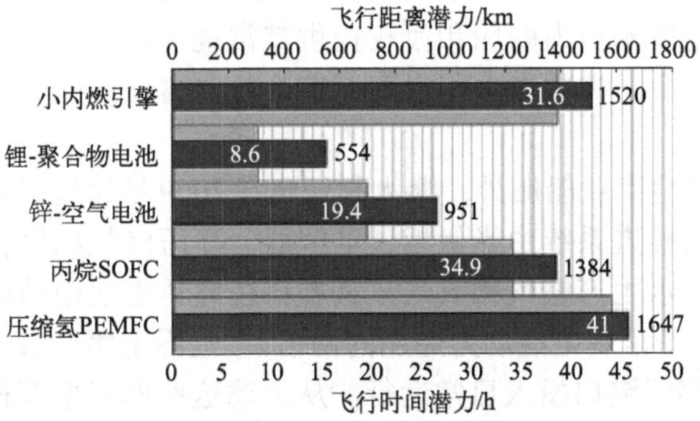

图7-26 小规模UAV推进系统飞行时间（浅灰）和距离（深灰）的比较

为进一步提高性能，提出了在UAV中使用燃料电池-电池混合推进系统的方案：燃料电池满足巡航期间稳态电力需要，电池-燃料电池组合满足起飞和飞行启动时的高电力需求。试验获得的结论是：对UAV长时间飞行，燃料电池系统比燃烧引擎更有效。提出的另一个高效新UAV概念是NASA的Helios UAV：为在高空（高海拔地区）长时间长途飞行，使用由光伏电池、可逆氢燃料电池和电池构成的混合推进系统。可逆燃料电池具有作为发电机发电和作为电解器产氢的功能，白天用光伏电力产氢，夜间由燃料电池用氢燃料发电。此外还有一些其它UAV示范项目，例如Energy Or Technologies公司建造的燃料电池功率UAV，能长期耐久飞行超过10h。在国内也已逐步开展燃料电池无人机的设计和试飞工作，但要大规模商业化应用还需要进一步突破储氢密度的瓶颈。

由于军事航空和商业航空器应用必须满足高能量密度、高功率密度、高耐用性和高可靠性要求，单独以燃料电池为推进动力显然是不切实际的。尽管如此，波音公司在2008年仍然试验了以氢PEMFC-燃烧引擎和锂离子电池混合系统为推进动力的一架小飞机，获得了成功。此后，仍有人试验了燃料电池动力飞机，例如，德国DLR试验了以单一氢燃料电池系统作为动力的飞艇，飞行距离达750km、耐久性5h、燃料电池效率52%。日本某研究组已成功设计、模拟和试验了以燃料电池为功率的高海拔气球。应该指出的是，空间工业是首先采用燃料电池的领域之一。例如，美国NASA在20世纪60年代就在人造飞船计划中使用了AFC和PEMFC类燃料电池。在对空间部门应用燃料电池所做的评论指出：燃料电池的空间应用是有吸引力的，因为它们在多个方面优于其它功率产生技术，对空间应用更有吸引力的是燃料电池电化学反应生成的副产物是人生活必需的水，因为空气、水和食物在空间中极其重要。

7.8.2 船舶推进

随着不同国家的公约和法规对船舶排放要求日趋严格，燃料电池系统所具有的零排放、高转化效率、低噪声、模块化设计等特点，使其成为船舶工业动力市场的新宠儿。欧洲、日本、美国的船舶用燃料电池技术起步较早，已在渡轮、工程船只和渔船上进行了示范和应用推广。虽然在船舶工业中燃料电池技术目前使用最普遍的是在渔船和游艇船载APU领域，但是未来在船舶推进动力市场领域应用燃料电池的可行性是存在的，例如作为潜艇、渡轮、水下车辆、船、游艇甚至货船的推进动力。早在2003年，德国就把混合PEMFC-铅凝胶电池系统配备用作船舶推进动力和作为APU应用，并进行了成功的示范。该船舶是世界上第一艘使用燃料电池动力的商业客船，可搭乘100名旅客，效率是常规柴油船舶的两倍。燃料电池技术可为船舶和渡轮提供其常规优点，如低排放、高效率和安静操作，但对于可靠性、寿命、抗冲击力和耐海上空气盐分腐蚀性能等问题仍需进一步改进和提高。

除了德国的燃料电池商业船舶外，澳大利亚也在2009年建造了另一艘新的自供应氢燃料电池船舶。该船舶的推进系统由光伏板、电解器、高压储氢和燃料电池系统构成（太阳能电力在电解器中电解水生产氢气和氧气，氢燃料在燃料电池中转换为电力作为船舶推进动力），可行驶80km（是常规电池动力船舶的两倍）。世界上第一艘以氢燃料电池为推进动力的渡轮于2011年在德国港口投入日常运行。从上述这些例子中获得的结论是：为使燃料电池成为商业船舶上的推进系统，可在船上用重整常规船用燃料来生产氢气，以克服氢燃料低体积密度的弱点。生命循环评估（包括制造、燃料生产、操作和退役）指出，在能量效率和环境利益上，船载重整MCFC系统并不优于常规柴油引擎系统，主要原因是MCFC尚不成熟，耐用性（约5年）不够长，使用的强化材料和制造工艺缺乏商业化生产等。对能应用于为船舶产生电力的两种燃料电池构型（甲醇重整-PEMFC和甲醇重整-DMFC）的㶲分析结果说明：两个系统的㶲效率是类似的，但在热力学分析中需要考虑经济因素。

使用氧/氢燃料电池推进动力且能满足辅助负荷需求的潜艇也已经成功部署。例如，德国和意大利海军发展出由PEMFC-柴油发动机和高压电池构成的混合系统，不仅为潜艇提供推进动力而且也提供了所需的辅助功率。应用燃料电池系统的潜艇，具有若干显著优点（与常规柴油电潜艇比较）：潜在水下不上浮（为再加燃料）的时间要长很多（德国以存储的氧气和氢气为燃料的潜艇能够潜在水下数个星期，而柴油潜艇潜水时间仅两天）；因纯氧替代空气作为氧化剂，效率可高达70%，热和磁性特征较低，几乎不产生噪声（与核或柴油潜艇比较）。这些优点使燃料电池潜艇很难被检测到和被发现，这些特征对满足现代军事任务要求是很理想的。因此，意大利、希腊和韩国海军对燃料电池潜艇很感兴趣且愿意继续投资。

信息化条件下的高技术战争需要有充足的能源供应。燃料电池所具备的能量转换效率高、系统反应快、运行可靠性强、维护方便、噪声很低、散热和红外辐射较少等“先天优势”，使其有望在军用单兵装备、舰艇、潜艇、航天器及后勤保障领域获得广泛应用。

在我国，2018年就已开展“高技术船舶”课题研究和实施“300客位燃料电池渡轮”项目。在国家《“十三五”节能减排综合工作方案》、交通运输部《关于全面深入推进绿色交通发展的意见》以及中国船级社《船舶应用替代燃料指南2017》等文件中，均积极鼓励船舶行业利用绿色环保动力系统，探索开展燃料电池技术的应用。但目前，国内对民用船舶燃料电池系统研究仍然主要集中于高校和部分科研院所，而应用领域是中小型游船和部分军用舰船。这些都说明应该加强政策引导与补贴推进政策，推动其在内河航运试点应用。

7.9 氢燃料电池技术现状和展望

7.9.1 引言

在过去一二十年中，氢燃料电池工业确实已获得和经历了多个里程碑事件和成就。例如，用于电动车辆的燃料电池系统成本在2002～2012期间降低了83%，从\$275/kW降低到\$45/kW（年生产50万台，当年产1000台时该值为\$219/kW，说明大规模生产对成本的显著影响）。燃料电池成本降低的主要原因是：因电化学制作和纳米技术的快速发展使铂催化剂中负载量大幅下降达两个数量级。下面简述燃料电池技术的现状和展望。

7.9.2 氢燃料电池系统耐用性和寿命

寿命、可靠性和耐用性是燃料电池商业化推广使用最大限制因素之一。为与其它发电技术竞争，固定应用燃料电池的寿命目标大于40000h（10年）。现时PEMFC池堆功率损失速率为每操作1000h在0～5%范围内。对以燃料电池为主发动机的CHP技术，一般是规律性间歇操作而不是连续操作，现时的低温PEMFC技术已能够满足寿命和停车-启动操作的目标要求。与以内燃引擎ICE和斯特林引擎SE为主发动机CHP装置寿命分别为50000 h和30000h比较，日本的低温PEMFC寿命可确保60000 h，CHP产品保证寿命80000 h，EneFarm CHP家用产品系统的无维护保修时间为10年，不仅完全满足了固定应用市场的要求，而且也说明燃料电池CHP技术已经是成熟技术，具有强的竞争力。现在燃料电池及其池堆技术已处于与操作目标相称的水平上。但对高温PEMFC，报道的最长寿命在稳态操作条件下为18000 h；对SOFC池堆，已证明的寿命为30000 h，而池寿命已达90000 h。对欧洲和其它地方的类似产品，保证寿命为10000～20000 h，低于日本产品；对PAFC，工业操作已超过十年，现时系统的保证寿命80000～130000 h（12～20年，每年6500 h）；而MCFC仍在为达到长寿命努力（因腐蚀性很强的池堆化学和电解质泄漏），希望能操作10年，如替换池堆则需要15%的附加成本。在图7-27中给出了近15年来PEMFC和SOFC使用寿命的提高，它们的寿命分别平均每年增加22%和16%。

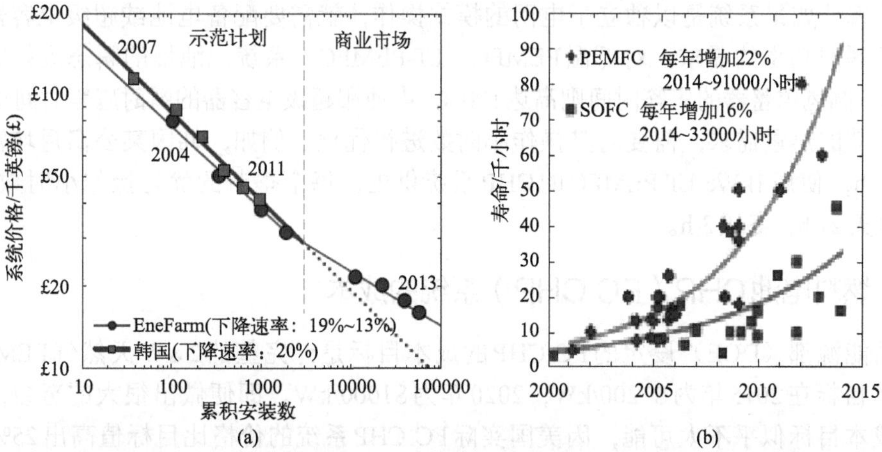

图7-27 日本和韩国住宅PEMFC价格曲线（a）和过去15中燃料电池寿命的提高（12个PEMFC和9个SOFC系统的数据）（b）

由于氢燃料电池中移动部件很少，池堆需要的定期维护工作非常少，但对燃料电池系统必需的一些辅助设备是需要维护的。例如，对SOFC池堆，现需要每5年更换一次。燃料电池系统现在达到的可靠性与气体锅炉相当。PAFC和MCFC技术相对成熟，可靠性相对较高，平均可利用性超过95%（常规发电站可利用性上限），与商业CHP引擎相当。随着更多燃料电池CHP单元大量进入市场和不断增加的场地试验和商业应用，预计其可靠性将进一步提高。

7.9.3 系统启动时间

燃料电池系统的启动时间主要取决于制氢的重整过程和燃料电池堆的预热时间。室温启动时间一般可小于30min（2015年对启动时间的要求降低到10min）。PEMFC池堆要比SOFC池堆启动时间短得多。SOFC池堆启动时间现在是2.5 ～ 20 h，与美国DOE设定的60min目标差距还很大。对高温PEMFC系统，可用冷却阴极时被加热的空气流来启动池堆，可缩短启动时间。为缩短启动时间，也可用附加装置来加热池堆。

7.9.4 性能降解

燃料电池在运行过程中有多种因素会使其性能降解。因此，必须采取措施使池堆的性能降解速率保持在可接受的水平，以使燃料电池在整个操作寿命期间性能保持在可接受水平。燃料电池性能降解的主要原因来自其主要组件如催化剂、膜以及电极中发生的各种物理-化学反应。一个子系统性能的下降可引发其它子系统的性能降解。某些因素可导致降解现象的加剧，如温度循环、参数（如功率负荷、电位、电压和电极氧化负荷）波动等。燃料电池系统降解的主要表现是：输出池电压下降0.5% ～ 2%/1000h，功率输出和电效率下降2.5% ～ 10%/年。目前低温PEMFC的降解速率已降低到0.1% ～ 1.5%/年；SOFC已降低到1.0% ～ 2.5%/年。如果把“操作寿命结束（EoL）”定义为功率输出比初始值下降20%，燃料电池的EoL一般可达10 ～ 20年。而对SOFC的EoL，观察到的电效率下降达35% ～ 40%。

7.9.5 瞬时应答特性和优化操作时间

如果燃料电池系统与电网连接，以与电网平行模式操作时，电网能够补配操作期间的瞬时电功率；如果系统是以独立于电网的模式操作，就需要配备电池或超级电容器以满足操作期间瞬时功率的需求。对低温PEMFC（LT-PEMFC）系统，池堆的瞬态应答时间一般小于10 s，制氢重整器的应答时间则高达100 s，电池和超级电容器的瞬时应答时间小于10 s。因不同季节的热量需求，需要对其操作小时数进行优化。例如，韩国某公寓月均需求电力370 kW · h，使用1kWe LT-PEMFC的CHP系统供电，每个季节的优化操作小时数为春天、秋天和夏天21 h，冬天3 h。

7.9.6 燃料电池CHP（FC CHP）系统的成本

美国能源部（DOE）设定的FC CHP的成本目标是：完整的2 kW天然气PEMFC CHP系统成本目标在2015年为$1200/kW，2020年为$1000/kW。即便做出很大的努力，要实现这样的成本目标似乎不太可能，因美国实际FC CHP系统的价格比目标值高出25% ～ 50%（3年前就已大量生产）。因此，有人建议对1 ～ 2kW FC CHP系统的长期成本目标设定为3000 ～ 5000美元，但在经济上恐怕难与现有技术竞争，这样降低目标也就没有多大意义了。

对示范项目，日本Panasonic EneFarm 品牌1kWe PEMFC CHP单元的零售价格在2009年为42464美元，而2011年新推出型号的价格下降到33650美元，在2013年又降低到21000美元。Panasonic公司仍然认为价格还能进一步降低25%。确实到2015年其价格已降到5608美元。对EneFarm项目日本政府计划逐步取消其产品补贴，而在EneFarm示范期间为顾客补贴后成本从73609降低到26990美元，再到2010年的15949美元。现已实现大规模生产，所有补贴已被取消，但其实际成本已有实质性降低，顾客已经能够负担得起。这成为燃料电池技术发展的重要里程碑，是真实的商业化产品。

由于SOFC系统仍然缺少实质性的商业发展，现时住宅建筑物用SOFC CHP系统价格$25000/kW，如CFCL的1.5kWe SOFC CHP的现时标价为21968美元（约21312 $/kW）。但是一旦大规模生产，CFCL预计成本会下降至约8012 $/kW。许多商业发展者乐观认为，未来便宜的燃料电池技术是SOFC系统，因无需昂贵的铂催化剂。

在试验工作中，1kWe微CHP系统价格仅3382欧元左右，也有价格低至1300～2000 $/kW的，这个价格与ICE CHP（内燃引擎ICE）系统的340～1600 $/kW是可比较的。但应该注意到，前者是整个CHP系统而后者仅是主发动机数据。现在清楚的是，对同样的1kWe，SE（斯特林引擎）和ICE的成本比燃料电池要低得多，因燃烧技术发展时间很长，技术已非常成熟。 可以设想，随着燃料电池技术的进一步发展，成本将会下降到与SE和IEC可以竞争的水平，尤其是低温SOFC技术。从前述的数据能够清楚看到，燃料电池成本仍在不断地快速下降。

总而言之，随着时间推移和燃料电池CHP单元生产数量增加，它们的价格将不断下降，更广泛地被采用。在这方面，日本EneFarm项目对销售经济学起着领头推动作用。

7.9.7 未来目标

为了达到世界范围商业化的长期目标，氢燃料电池工业仍然有很长的路要走。重要的是要使燃料电池技术不断全面地发展，包括产氢、储氢和氢配送技术。我们确实仍然需要在材料工程、纳米技术、传输现象、电催化、池堆工程、测量技术、分子过程模拟、辅助组件等方面有大的进展，并在多个学科中取得基础和技术的突破。只有这样才能降低燃料电池成本和增加其耐用性，满足未来目标要求。例如，对PEMFC，液体水调节和相互作用能确保池内水的有效平衡和表面流动分布，增强燃料电池的性能和效率。在表7-19中给出了第二代和21世纪固定应用以及第一代车辆应用氢燃料电池要达到的性能目标。现在氢燃料电池工业产品与此目标仍有一定差距。氢燃料电池工业和学术界研发重点领域：①确证、模型化和缓解MEA降解机制；②发展能在宽温度和湿度范围内保持恒定电导率和稳定性的电解质材料；③降低催化剂的贵金属负载量或发展非贵金属催化剂；④使膜和催化剂对杂质有最大耐受性；⑤确保在电压和湿度循环中膜和催化剂的稳定性；⑥发展低压降、小体积和轻重量的双极板设计；⑦发展能在高温操作的耐久性密封、双极板和MEA；⑧发展低噪声、低成本和低伴随负荷的空气掌控技术；⑨基于对水传输现象，更好地发展出能在宽操作条件范围内的水管理掌控技术；⑩改进和简化燃料重整方法；⑪改进通用的加速试验标准；⑫为瞄准市场与更新状态报告一起进行成本分析。

在表7-20中详细地给出了美国对燃料电池各领域的研发目标和总结美国为燃料电池技术设置的未来目标，包括大规模燃料电池市场。这是燃料电池的大规模生产和广泛商业化的实际目标而不是乐观的指标。

表 7-19　固定和运输应用燃料电池的性能目标

项目和应用	参数	目标值
固定应用第二代燃料电池	效率①/%	50 ～ 60
	成本 /(\$/kW)	1000 ～ 1500
	目标年份	2003
21 世纪固定应用燃料电池	效率①/%	70 ～ 80
	成本 /(\$/kW)	400
	目标年份	2015
第一代车辆项目的运输应用目标	50kW 汽油燃料加工器	
	能量效率 /%	80
	功率密度 /(W/L)	750
	比功率 /(W/kg)	750
	毒物耐受度 /ppm	10(CO)，0（硫）
	排放	<EPA Ⅱ期
	启动到满功率时间 /min	0.5
	寿命时间 /h	>5000
	成本 /(\$/kW)	10
	50kW 重整物燃料电池次系统效率	25% 峰功率时 60%
	铂负荷 /(gPt/kW)	0.2
	启动到满功率时间 /min	0.5
	成本 /(\$/kW)	40
	功率密度 /(W/L)	500
	CO 耐受度 /ppm	100（CO）
	寿命时间 /h	>5000
	目标年份	2004
	到 2004 年 50kW 汽油基燃料电池系统	
	能量效率	25% 峰功率时 48%
	比功率 /(W/kg)	300
	启动到满功率时间 /min	0.5

① 指基于燃料高热值（HLV）计算的效率。

7.9.8　中国氢燃料电池发展目标

表 7-21 ～表 7-23 是在《中国氢能源与燃料电池产业白皮书（2019 版）》中给出的中国氢能和燃料电池产业总体目标、技术发展近中远期目标和政策保障体系。对中国，未来燃料电池系统技术发展的四个方向是：①持续开发高功率系统产品；②通过系统结构设计优化提高产品性能；③提高策略优化，提高产品寿命；④提高零部件优化以及规模化效应，持续降低成本。预计 2050 年系统的体积功率密度将达到 6.5kW/L，乘用车系统寿命将超过 10000h，商用车将达到 30000h，固定式能源的寿命将超过 1×10^5h。低温启动温度将降至 −40℃，系统成本将降至 300 元 /kW。

表 7-20　氢燃料电池研发目标

研发重点领域	研发目标
电解质	发展在宽温度和湿度范围具有改进电导率的电解质材料（聚合物，磷酸 / 固体酸，固体氧化物，熔融碳酸盐，阴离子交换）

续表

研发重点领域	研发目标
电解质	发展在宽温度和湿度范围具有改进机械、热和化学稳定性的电解质材料（聚合物,磷酸/固体酸,固体氧化物,熔融碳酸盐,阴离子交换） 发展在宽温度和湿度范围具有降低（或消除）燃料横穿的电解质材料（聚合物,磷酸/固体酸,固体氧化物,熔融碳酸盐,阴离子交换） 设计可放大制作工艺的离子交联聚合物膜 设计低成本的离子交联聚合物膜 设计在宽温度和湿度范围具有改进机械、热和化学稳定性的离子交联聚合物膜 评估膜对空气、燃料和系统杂质的耐受性 评估膜在相对湿度循环下的机械稳定性 确证电解质机械和化学降解机理并发展缓解的策略 在反应器中除去硬件、管线、传感器和控制器
催化剂	为低、中和高温燃料电池发展低（替代）贵金属负载量催化剂 发展高比活性和比质量活性的催化剂 发展在电位循环下高稳定性的催化剂 发展能耐受空气、燃料和系统杂质的催化剂 为PEM和阴离子交换膜燃料电池发展非贵金属催化剂 增加催化剂利用率 发展高活性和高耐用性的高温燃料电池催化剂 降低对催化剂载体的腐蚀 发展低成本的催化剂载体材料和结构 发展高负载量和厚度的非贵金属催化剂载体 优化催化剂/载体相互作用和微结构 发展非氢燃料电池的阳极催化剂
GDL	改进GDL孔结构、形貌和物理性质 为更好水管理和更稳定操作改进GDL涂层 发展低面积比电阻的GDL材料和结构 确证GDL腐蚀和降解机理
MEA和单元池	优化催化剂/载体/离子交联聚合物/膜机械和化学相互作用 最小化MEA界面电阻 把膜催化剂和GDL集成到统一的MEA中 集成高温燃料电池催化剂载体和电解质 解决MEA冷冻和解冻问题 扩展MEA操作温度和湿度范围 提高在电压和湿度循环下MEA和池的稳定性 发展空气、燃料和系统杂质影响的缓解策略 对制作和操作前、中和后的MEA和池做表征
密封（垫片）	发展高温燃料电池的密封材料和垫片
双基板和连接器	为高温燃料电池发展连接器 为磷酸燃料电池发展电解质储库板材 降低双极板的重量和体积 发展能缓解和消除腐蚀的双极板 发展低成本双极板材料和涂层 确证双极板机械和化学降解机理 发展缓解双极板机械和化学降解机理的策略

续表

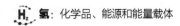

研发重点领域	研发目标
池堆水平操作	模型化池堆杂质效应 模型化池堆耐用性和降解 模型化池堆冷冻和解冻效应 模型化提级池堆组件性能 使用实验确证池堆长期失败模式 模型化池堆传质和使用实验数据证实 优化池堆水管理
BoP组件	降低固定应用中化学和温度传感器的成本 提高固定应用中化学和温度传感器的可靠性和耐用性 使固定和运输应用中的空气管理满足包装、成本和性能要求 最小化固定和运输应用中空气管理机制产生的伴生负荷 降低固定应用中管理机制的噪声水平 发展具有低电子电导率的非毒性冷冻剂 增加运输应用中湿化器的效率、耐用性和可靠性 为运输应用发展湿化器材料和新湿化概念 最小化运输应用中湿化器的伴生负荷 发展运输应用中的低成本、轻重量湿化器材料
燃料重整	发展灵活燃料重整器 发展产富氢气体的重整催化剂和硬件 最小化燃料重整成本 提高重整器对杂质的耐受性 发展低成本气体净化技术 集成燃料重整器的子系统 集成燃料重整器热负荷 集成反应器的硬件、管道、传感器和控制器
系统水平操作	模型化池堆杂质效应 模型化池堆耐用性和降解 最小化二氧化碳在碱性燃料电池中的迁移 改进高温燃料电池的启动时间和稳定性
性能表征	为汽车和大巴运营进行成本分析 对新出现的应用进行成本分析，包括辅助功率单元（APU）、应急备用系统和材料管理系统 报告年度提级技术状态 在额定功率和效率间进行权衡分析 在启动能量和启动时间间进行权衡分析 在轻质量、燃料电池性能和耐用性间进行权衡分析
试验和诊断	使用试验方法决定长期池堆失败模式 用试验方法决定系统的排放水平 用试验方法表征操作前、中和后组件和池堆的性质 为固定应用的耐用性发展加速试验机制

表7-21 氢能和燃料电池产业总体目标

产业目标		现状（2019年）	近期目标（2020～2025年）	中期目标（2026～2035年）	远期目标（2036～2050年）
氢能源比例/%		2.7	4	5.9	10
产业产值/亿元		3000	10000	50000	120000
装备制造规模	加氢站/座	23	200	1500	10000
	燃料电池车/万辆	0.2	5	130	500
	固定式电源（电站）/座	200	1000	5000	20000
	燃料电池系统/万套	1	6	150	550

表7-22 氢能和燃料电池技术近中远期目标

技术指标		现状（2019年）	近期目标（2020～2025年）	中期目标（2026～2035年）	远期目标（2036～2050年）
技术路线	氢能制取	氢气用化石能源制取，主要用于工业，平均成本不高于20元/kg	因地制宜发展制氢路线，积极利用工业副产氢，大力发展可再生能源电力电解制氢。平均成本不高于20元/kg	积极发展规模化可再生能源电力电解制氢和煤制氢，集中式供氢。平均成本不高于15元/kg	持续利用可再生能源电力电解制氢，大力发展生物质制氢、太阳光光解制氢、“绿色”煤制氢技术，平均制氢成本不高于10元/kg
	氢能储运	35MPa气态存储；20MPa场馆拖车运输	70MPa气态、低温储氢、固态储氢；45MPa场馆拖车、低温液氢、管道（示范）运输；储氢密度4.0%（质量分数）	低温液态、固态储氢；液态氢罐、管道运输：储氢密度5.5%（质量分数）	高密度、高安全储氢；氢能管网；储氢密度6.5%（质量分数）
	燃料电池系统	比功率：3kW/L； 寿命：>5000h 环境适应性：−20℃ 成本：>8000元/kW	比功率：3.5kW/L； 寿命：5000h(乘用车)、15000h（商用车）、20000h（固定发电） 环境适应性：−30℃ 成本：4000元/kW	比功率：4.5kW/L； 寿命：6000h(乘用车)、20000h（商用车）、50000h（固定发电） 环境适应性：−30℃ 成本：800元/kW	比功率：6.5kW/L； 寿命：10000h(乘用车)、30000h（商用车）、100000h（固定发电） 环境适应性：−30℃ 成本：>4000元/kW

表7-23 氢能和燃料电池产业政策保障体系

保障体系			现状（2019年）	近期目标（2020～2025年）	中期目标（2026～2035年）	远期目标（2036～2050年）
政策体系保障	标准体系	氢能	缺乏体系化的氢制取、储运和加注标准	45 MPa气态运输、Ⅳ型瓶组；加氢站安全、技术验收标准；液氢民用标准	氢气燃料标准：有机液体燃料等储运标准；管道输配标准	
		燃料电池	燃料电池系统标准已基本形成，需持续细化和完善	根据交通、工业和建设等终端领域，持续完善标准体系，拓展并跟进新应用场景的标准制定		

续表

保障体系			现状（2019年）	近期目标（2020～2025年）	中期目标（2026～2035年）	远期目标（2036～2050年）
政策体系保障	法律法规	氢能	加氢站主管部门缺位；氢气仍作为危险化学品延伸管理	明确加氢站管理部门；统一加氢站建设规划和运营补贴补助	明确氢能作为能源产品的相关法规系统；持续完善氢能管理相关法律法规	
		燃料电池	现在法律法规集中于车用领域的购置环节，缺乏系统性，补助较为单一	在技术持续提升的前提下，保持燃料电池产品购置补助力度（补贴持续至2025年），及对燃料电池终端用户的运营补贴或税收等政策奖励，提升市场需求；增设除车用来源外的其它领域的科技专项		
全域性国家级试验示范区域			缺少规模化的商业化示范运营项目和运营经验	6～10个城市开展试点，对氢能制取、加氢设备及终端用户进行补贴，推动全产业链技术自主化	形成多个省城氢能示范区，推动完善氢能基础设施	全国范围内形成氢能供应网络，氢能及燃料电池应用场景极大丰富

8 未来智慧能源网络与氢能源

8.1 传统能源网络和未来能源网络

人类社会的发展和文明的进步离不开能源。初级能源资源储量的分布在世界上是极不均匀的，而且与人口相对集中的能源使用地非常不一致。对这个问题的解决办法有两个：一是建立运输线，例如产于中东的石油和部分天然气（冷冻液化）利用大轮船经海路运输到使用地东亚和美国，距离较短时通过管道进行输送，例如俄罗斯天然气经管道输送到欧洲，中亚天然气经管道输送到中国；二是初级能源转化成常规次级能源（电力）后再外送，例如中国西北的煤炭转化为电力后再经电网输送到中国的东南部，美国的煤炭也在产地发电后再把电力外送。由于高质量、方便使用的二次能源电力受到用户的极大欢迎，世界各国都已建立起全国性的发电和供电网络系统；为满足运输车辆对二次能源油品的需求，世界上许多国家也都已建立了炼油和供油（汽油、柴油和煤油）管网系统；为满足住宅用户对气体燃料的需求（取暖、供热水）也已建立了天然气管网。但它们是各自单独运行的，尚未形成统一的国家能源网络系统。

对一个完整的能源网络系统，不管是现时使用还是未来使用，都应该是能够传输和分布的三种形式的基本能量：电能、燃料和热量，它们之间不一定是彼此独立无关的，而应该是可相互转换和替代的。

8.1.1 现时的传统能源网络系统

由于人类社会使用的主要能量形式是电能、燃料和热量，现时已建立了最完整的电网，其次是燃料（天然气和煤气）管网，最差的供热网络，基本上仍然是局部性的如北方城市各自的供暖管网。现时能源网络系统中一般不包括除天然气外的初级能源的供应使用。但是，在完整的能源网络系统中也应该包括初级能源供应和使用的网络，它应该由初级能源供应和使用网络、电网、燃料网、供热网络以及各种类型的顾客用户构成。

现在全球能量供应主要依赖于初级能源中的化石燃料。如果继续现在的能量供应和使用模式，因人口膨胀和经济增长，化石燃料将在可预见的时间内耗尽。使用化石燃料的另一个严重问题是排放影响环境的大量污染物和温室气体如CO_2、SO_2、NO_x及颗粒物质等。因为这些排放物已经对气候变化和城市空气污染产生了显著影响，被认为是人类面临的环境和经济的双重挑战。对发展中国家如中国和印度，因能量需求随经济增长快速增加，面临的重要问题是能源供应安全和城市污染问题。而对于世界上的发达国家，老化的电力网络公用基础设施对安全、可靠和高质量的供应形成的威胁在不断增加。上述挑战已经强烈要求每一个国家和经济体为智能能源网络的研发以及为以利用可再生能源为主的可持续能源采取更积极的具体行动。

以三大化石能源资源（石油、煤炭、天然气）为主的传统能源网络系统示意见图8-1。由于三大化石燃料都是含碳能源，因此传统能源网络是一个碳基能源网络系统。化石燃料的使用是不可持续的，与人类社会期望的可持续发展战略相悖。含碳化石能源资源的大量消耗不仅存在资源耗尽的问题，而且其排放的污染物已经带来了严重的环境问题。因此，必须改变思维方式，用低碳或无碳能源网络系统逐渐替代碳基能源网络系统。

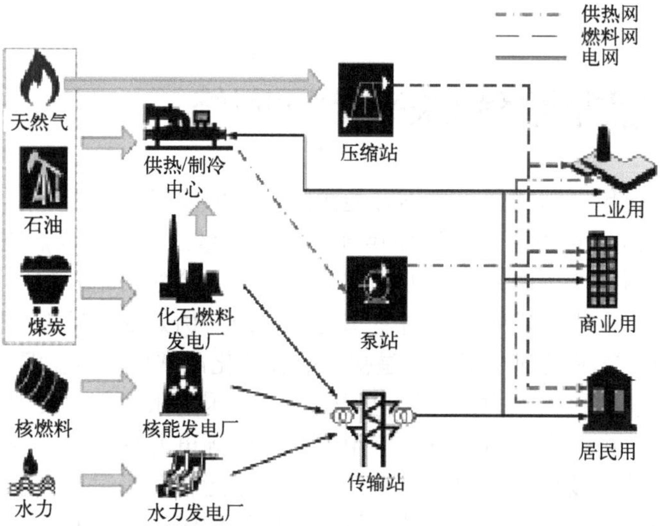

图8-1 传统能源网络结构：电网、供热网和热量网

传统能源网络中的电网以中心发电站为基础，容易受到潜在不友好事件的攻击，导致发生大面积的停电事故（如几年前纽约的大面积停电）。为避免这类灾难性的能源事故，要求电力系统（生产传输和供应）必须是高标准和高可靠性的，对建立背景牢靠的能源网络系统的需求强烈。所谓的背景牢靠实际上就是指在能源网络系统中设置很多分布式发电装置，改变原来的中心化为脱中心化的能源网络系统（大幅减少对中心发电站的依赖程度）。为缓解和解决使用能源产生的环境问题，必须在能源网络系统中逐渐用可再生能源资源替代化石能源资源，直到最终完全替代形成可持续的清洁能源网络系统。这对实现“碳中和”目标是最基本的。

现时传统电网的基本特征是：①一个严格的分级系统，能量流动是单方向的，从发电机到用户。②能量发生器（发电厂）没有接收到有关负荷变化的实时信息。之所以会这样是由于发电厂的电力输出一般是按照预测的最大需求计划建造的，而发电机的调节至多只能是中度的。③由于电网系统的稳定性对变化源（生产和负荷）是高度敏感的，公用电网公司已经引入了不同水平上的命令和控制功能，如数据采集与监控系统。这样的系统仅能使公用电网公司对其上游的功能变化进行控制，而分布网络仍然保持在其实时控制之外。

21世纪初期提出和发展的信息技术（IT），包括通信、数据处理、智能表计量、控制和软件等，为精确管理控制和调节脱中心能源网络系统中的大量能量供应源甚至包括传输分布和能源负荷变化的控制应答，提供了很好的机遇和方法。IT技术有可能使脱中心能源网以更加有效、可靠、灵活、持续和成本有效的方式进行操作和运行。发展的燃料电池电源技术固有的高可靠性、高灵活性、零排放和高效性等优势，能够帮助能源网络系统成为分布式（较少中心化）和较多（最终完全）利用可再生能源资源的能源网络系统。

8.1.2　未来能源网络系统

为解决能源安全使用和环境污染的两难问题，已经指出必须改造现有传统能源网络系统，也就是必须用可再生能源资源逐步并最终完全替代化石能源资源，逐渐向未来能量网络系统过渡。未来能源网络系统的示意见图8-2。图8-2与图8-1的比较不难看出，传统和未来能源网络系统虽然都含有电力网、燃料网和热量网，但在使用初级能源资源上，未来能源网络系统中使用的能源资源全部是可再生的低碳和无碳能源资源，不再出现不可持续的石油、煤炭和天然气等含碳能源资源。低碳和无碳可再生的初级能源资源主要包括太阳能、风能、水力能、地热能、海洋潮汐能、生物质能等，它们都是可持续和清洁的。应该特别注意到，在未来能源网络系统中出现了新的氢能源、燃料电池和储能装置，它们是未来电网、燃料网和热量网系统中必不可少的重要组成部分。因此，未来能源网络系统的主要组件（子系统）包括：利用可再生能源资源的分布式发电装置、分布式热力装置、运输动力装置、电力存储装置、热量存储装置、电力网络、气体燃料网络和热量网络等，特别要提到的是氢能源子网络系统。包括微电网和热电联用装置的未来能源网络系统示意见图8-3。

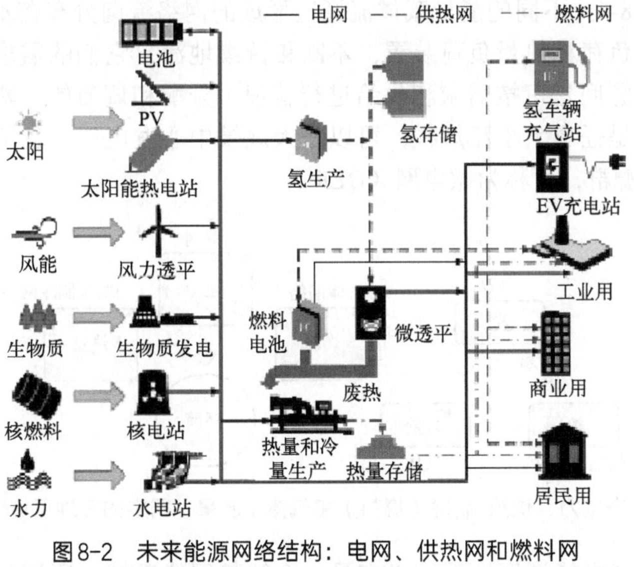

图8-2　未来能源网络结构：电网、供热网和燃料网

实际的未来能源网络是一个非常复杂的系统，集成了巨大数量的在地理上非常分散的能源资源及其转换装置和终端使用装置，还有必需的也非常复杂的能量存储装置和传输线路网络。这些能源资源及其转换装置和终端使用装置的能量流全都是通过电力传输线路、

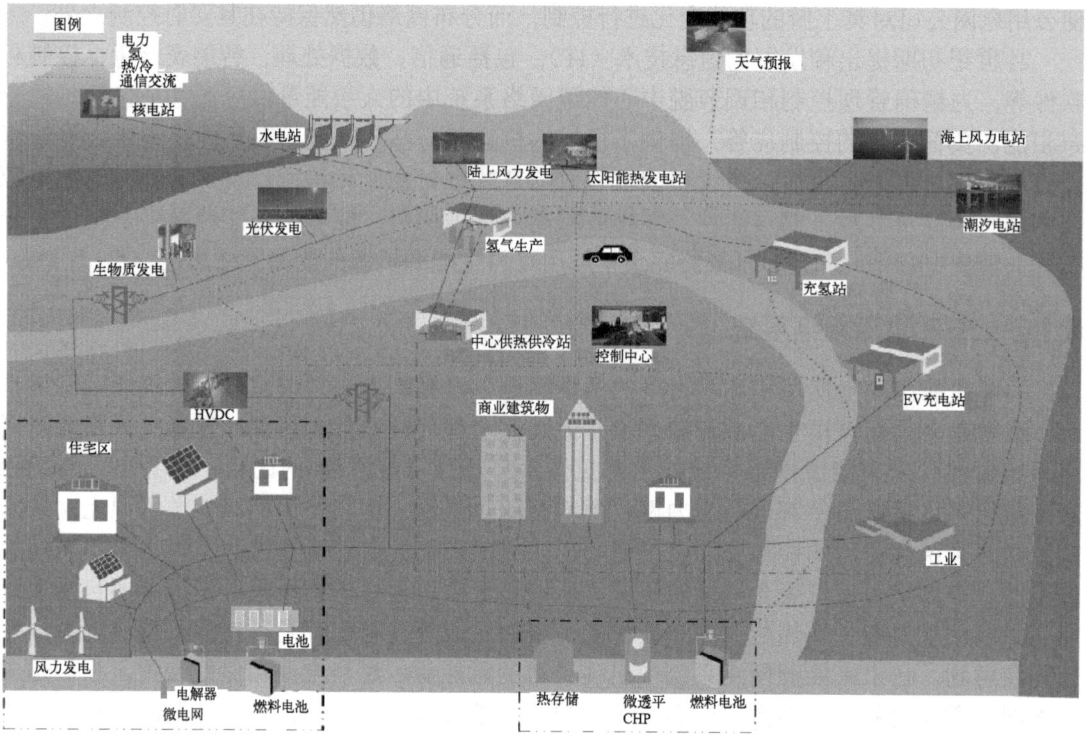

图8-3 未来能源网络结构示意

燃料和热量传输管道进行复杂和可循环的相互连接，形成了所谓的相互连接的庞大的电网、燃料网和热量网网络系统。三种可传输的能量形式电力、燃料（气体）和热量与储能装置相互连接示意见图8-4。不同的能量载体流通过形成的网络流向分布在不同地区和位置的大量功率负荷、燃料负荷和热量负荷装置，不断和持续地满足它们的需求。系统内的能量流在网络内和不同能源间是可按需求和供给进行管理、分配和调节的。能源装置的大小和规模没有限制，可以是任意大小和规模，可以是大规模中心发电厂、也可以是小规模的分布式能源和分布式能源群，可称为微电网（DER）。

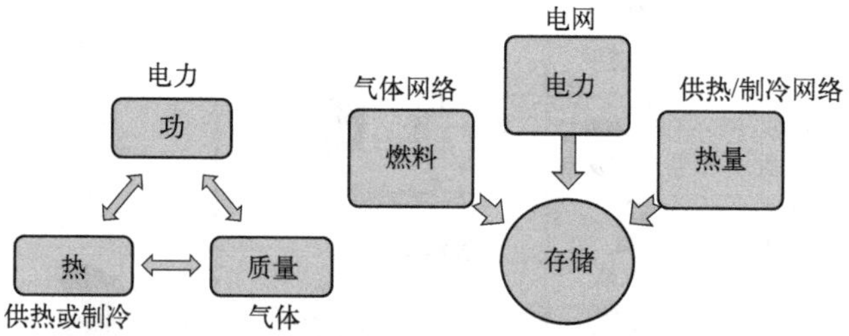

图8-4 在电力、供热/制冷（燃料）和气体（质量）网中的三种可传输的能量

很显然，这类未来能源网络系统必定是一个智慧网络系统。所谓智慧网络意味着：在终端和终端间也有完整的通信系统，使数量巨大的能量发生者和消费者可利用能量管理系统发生相互作用，并能够基于系统要求进行实时的调整操作。具有普遍控制特征的高智能能源管理系统和AMI分布命令&控制策略能够在所有网络节点上进行，使用区域和分布存

储容量能够完全补偿和克服可再生能源电力的间断性和波动性，保证了整个能源网络系统可靠稳定地运行。

在未来能源网络系统中，所有活跃者都凭借“虚拟能源工厂”和“即插即用”形式被包含在内。已经为实现这样一个复杂和先进的能源网络系统进行了大量和持续的研究，以解决因巨大系统集成带来的必须解决的新技术挑战。应该进一步强调指出，为大量使用可再生能源资源，在能源网络系统发展和向未来智慧能源网络系统过渡的时期，必须大力发展利用可再生能源生产电力的技术以及氢能源和燃料电池技术。利用可再生能源电力产氢技术的发展必须伴随储能技术的发展。利用氢燃料电池技术作为储能技术（即逆燃料电池技术，燃料电池-电解器组合技术）不仅能够使氢燃料转化为电力，而且也能把剩余（或不稳定）电力用于电解水生产氢气。也就是说，在未来能源网络系统中有三种可传输能量的形式，即电力、燃料（包括氢燃料）和热量，它们间的相互作用及其转换要比传统能源网络系统要复杂和强大得多（图8-4）。

未来能源网络系统具有合作网络的特征，允许能量（包括电力、燃料和热量）在供应者和使用者之间双向流动。当具有变化和不稳定特征的可再生能源电力高渗透进入能源网络系统时，需要加入一个活跃和合作的能源转化单元来解决由它们带来的系统波动和不稳定性。使用电力电子系统和先进控制模块，能够增加智慧能源网络系统中不同组件和装置间的循环通信灵活性。例如，为解决引入变化和不稳定可再生能源导致的电网不稳定，电力电子转换器承担了两个管理任务：①在源侧，它控制和转换负荷特征使其能够从源抽取最大功率，这能保证最大电功率的传输并控制和调节电力流，即能同时限制功率的输出；②在电网连接侧，它控制主动功率的注入和确保不会有低谐波失真、低电磁干扰和漏电现象，进行的是主动/反应性功率控制和电力质量控制。在未来智慧能源网络系统中还结合和使用多个先进技术，例如用于预测、需求应答、电网增强和源聚集的技术，它的使用增加了系统的灵活性，因此提高了系统容量并解决了集成不稳定变化的可再生能源电力源带来的挑战。

8.1.3 过渡时期的能源网络系统

从现时的传统能源网络系统向未来能源网络系统过渡，需要很长时间，数十年甚至数百年，因此过渡时期是相当漫长的。在这个过渡时期，使用的初级能源资源是有限的化石能源资源（石油、煤炭、天然气）和可再生能源资源（如太阳能、风能、地热能、潮汐能、生物质能等）以及核能，而可再生能源的占比愈来愈大，化石能源的占比愈来愈小。在过渡时期，必须解决好使用可再生能源电力固有的供应间断性和波动性问题，这是有效和可靠地利用可再生能源并持续增加其占比的关键问题。解决此问题的一个好的方法是发展使用可靠有效的储能技术，特别是低碳、无碳的氢能源和燃料电池技术。它对未来能源网络系统的有效稳定运行可能是必需的。随着时间的推移，储能技术会不断成熟和完善，在未来能源网络系统中可再生初级能源资源也将逐渐完成对不可再生化石能源的替代。很显然，在过渡时期的能源网络系统（图8-5所示）既不同于传统能源网络系统也不同于未来能源网络系统，实际上它既包含了传统能源网络系统的主要组成单元也包含了未来能源网络系统的主要组成单元，即是两个能源网络系统的组合（图8-1和图8-2或图8-3的组合）。过渡时期的能源网络系统虽然变得更为复杂，但是从传统能源网络向未来能源网络系统过渡的必需过程。在整个过渡时期及其以后，氢能源和燃料电池/电解池技术对电网、热网和燃料网络的能量流分配作用变得愈来愈重要。为成功过渡，必须配套有技术和商业的重大革新和革命，特别是氢能源和燃料电池技术。未来智慧能源网络系统中另一个必需技术是可再生能源电力-气体技术，其示意框图见图8-6。

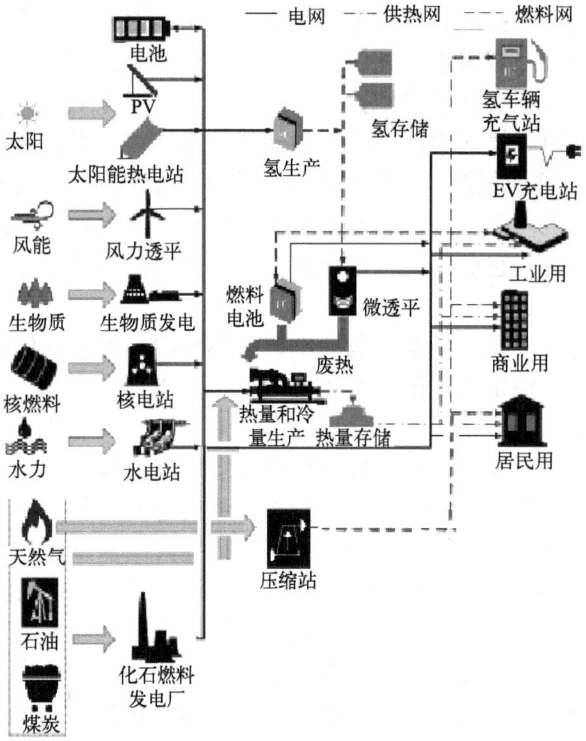

图8-5　过渡时期能源系统结构示意

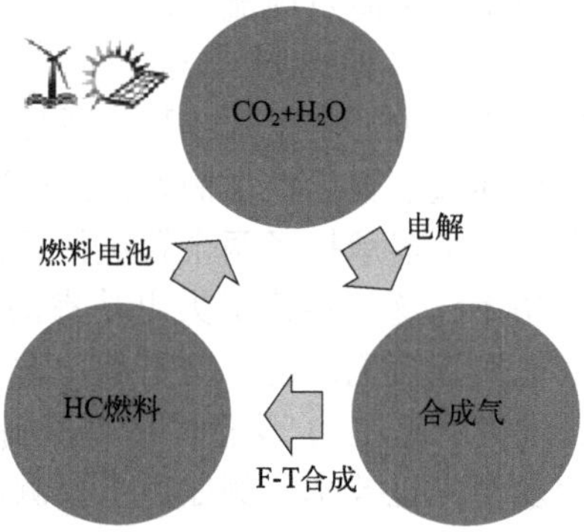

图8-6　利用可再生能源的电力-气体技术

已多次指出，可再生资源如风、太阳和潮汐的输出电力具有固有的间断性和波动性。因其产生能量的高度波动导致系统操作参数的变化。这些波动不稳定的可再生能源电力高渗透进入智慧能源网络系统需要克服一些壁垒，包括成本-有效性、技术和市场壁垒等。对可调节的能源（如氢气、水电、生物质和核能），其发电装置的功率输出可根据应答负荷变化进行有效调控和计划。在可再生能源电力渗透水平不高时，涉及系统的主要技术问题是供能安全性、设备保护和服务质量（如AC波形的畸变等），这些都能在硬件界面上获得基本解决。但在高水平渗透时，会使系统有电压和功率的大幅波动，使其稳定和可靠运行成为主要问题。也就是说，为达到未来能源网络中可再生资源电力的高渗透，必须解决系统运行的稳定性、可靠性、供能安全性、设备不受损坏和高服务质量的挑战。一般来说，只要可再生能源电力渗透率超过15%～20%，保持传统常规电网运行的稳定性和可靠性就成为一个问题，这是由于可再生能源电力的间断和波动性对常规电网构架及其灵活性会产生很大影响。多个评估指出，当在现代欧洲电网中引入和渗透进入10%～20%的风电，在技术层面可能发生问题。而未来智慧能源网络系统是建立在新电网构架之上的，利用了先进控制和管理电网的程序（预测和实施响应需求并进行能量的调度），配备有智能传感、计量和通信系统以及高效储能和先进电力电子器等装置，能够很容易地解决可再生能源电力高水平渗透带来的问题。

如上所述，引起能源网络系统不稳定的主要原因是引入具有波动、间断性特征的可再生能源电力，以及在时间上可再生能源电力与电力需求间无法达到同步。具有缓冲输出输入能量功能的储能单元是缓解或解决可再生能源电力固有不稳定性（可变性）的有力工具。因此，在能源网络系统中使用能存储足够燃料的储能单元（盈余时间收获和缺乏时间供应）就能有效解决可再生能源电力高渗透引起的问题。人们已经充分认识到，使用储能单元是使可再生能源在未来能源智慧网/微网或混合系统中达到高渗透水平的必要前提。在技术层面上，它能用于支持电网电压、支持电流频率和电网相角的稳定、均衡负载、调峰、转动备用、确保电能质量和功率可靠性、支撑穿越和补偿不平衡负载。储能系统的设计密切关系到可再生能源特征、负荷场景和可再生能源渗透水平等技术-经济问题。

8.1.4 能源网络系统小结

由于对化石燃料消耗带来的环境问题以及能源安全性问题的关注逐渐增强，发展清洁和可持续能源系统的研究在过去几十年中已有显著的增长。今天，在能源系统从以化石燃料为主向生态可持续系统过渡的问题上，发达国家和中国都已有实质性的进展。为过渡提出了“智慧电网”的概念，其要求是电网以自动方式节约能源和提高效率，具有高可靠性、经济性和可持续性。智慧电网能够容纳高度分散的分布式能源，支持大量和大规模利用清洁和可再生能源资源，如风能、太阳能、水能等。解决可再生能源电力间断不稳定性的方法是在网中以氢燃料形式存储能量并利用氢燃料电池技术调节电力。智慧电网的这类发展使从化石燃料经济向氢经济过渡变得更加实际可行。为以氢燃料形式储能，高效的燃料电池/电解池系统对未来能源网络系统的发展是极为重要的关键技术，虽然不同国家对燃料电池/电解池技术的发展持有不同观点和实施不同的能源政策，在产业界支持者和反对者间的争论也很大。但是不管怎样，从技术前景看，燃料电池/电解池技术系统对未来智慧能源网络系统发展和完善以及逐步向氢经济过渡中的重要作用是毋庸置疑的。大量的讨论和研究已经确认，它们在智慧能源网络系统中是不可或缺的关键性技术。

8.2 可持续能源网络的特征

8.2.1 智慧电网

未来智慧能源网络的概念是一个完整的使用分布式源和多联产产品的能量网格系统，它由数以千计甚至数十万计的具有不同操作特征和容量的能量源（电源、燃料源和热源）与耗能单位群（不同类型工业、农业、商业企业、机构单位、建筑物和住户）构成。与传统电网比较，未来能源网络在结构和拓扑总体上是新的和复杂的，需要利用新的技术或方法来管理网络中的能量流和新能量载体。已经认识到，由基础电网、热网和燃料网构成的智慧能源网络系统（包括氢能源系统所必需的关键技术，如燃料电池、电解器、储氢单元、氢管道系统、局域性热量/冷量管道系统、能量智慧计量控制系统、IP基通信系统和能量管理系统等）具有若干显著优点。未来智慧能源网络系统的发展需要有“系统性思考”和“对能量全面思考”的思维。从整体观点看，整个未来智慧能源网络系统是多学科和多工程领域的综合和集成，是一个相互关联和关系错综复杂的网络和大量单元的集成网络，而不是仅由简单的单个网络和少量元素构成。现时对发展以智慧方式集成的电网、热网和燃料网构成的完整能源网络，正在做巨大努力且具有加强的趋势。例如，在一些地区正在大力建设公用事业规模的能源网络系统和电力-气体能量储存装置，研发计划也在积极进行中。

如前所述，要大量有效利用可再生能源电力（如太阳能电力和风电）必须克服如下挑战：①供应电功率的高度波动和间断性问题；②由于可再生能源电力供应分布是高度分散的，它们的引入会显著改变传统电网的拓扑结构；③对可再生能源电力生产、传输和分布，要求电网有精确的控制系统和新的拓扑结构。显然，为满足终端用户变化的电力需求，就要求对未来能源网络系统（电网、燃料网和热量网）的控制和管理智能化。在智慧电网中使用数字和其它先进技术来跟踪和管理网中的所有发电装置、传输和分布系统，统筹管理所有的发电机、电网操作者、终端使用者和电力市场利益相关者，只有这样才能满足它们对电功率的不同需求和容量，且要求尽可能以最高效率、最低成本和最小环境影响来操作运行整个能源网络中的所有系统，保证系统具有最大可靠性、灵活性和稳定性。智慧电网是未来可持续能源网络系统中的最重要组成部分，它们完全能够应对上述挑战。为此，自2009年以来全世界对智慧电网系统的研发工作显示出少有的主动性，对其投资也在持续快速地增加。

8.2.1.1 智慧电网是特殊的电网

未来能源网络是集成了电网、燃料网（氢气网）和热网的智慧能源网络系统。已经有向这个方向移动和发展的一些明显趋势。智慧能源网络的概念需要“系统性的思考”，即考虑整体能源（电力、燃料和热量）的供应和需求而不仅仅只考虑电力供应和需求。在智慧能源网络系统中传输分布和利用的能量形式有三种：电力、热量和氢燃料。不同载体的能量流按照控制需求在网络中进行转换和流动。智慧电网是智慧能源网络系统中具有一定特殊性的电网。

8.2.1.2 智慧电网的建设

例如中国，国家电网公司（SGCC）计划投资6010亿美元提级国家范围的电力传输网络，其中在2009～2020期间投资的1010亿美元专用于发展智慧电网技术。投资1860亿美元用于建设全国性传输电网。在最近的数年中，加速投资高电压传输线路，特别是超高电压传输系统。1000多亿美元用于安装智能电表。2009年第一条1000kV超高压交流输电线路（UHVAC）正式运行，2010年第一条800kV超高压直流输电线路开始运行。

又如美国，2007年通过的《能源独立和安全法》使智能电网建设成为联邦政策。有近100亿美元（联邦投资40亿美元，私人投资56亿美元）的投资用于智能电网技术。在欧洲，对智能电网技术研发投入的资金也是很大的。欧洲联盟（EU）在2008～2012期间对智能电网的投资保持在每年2亿欧元（2011年5亿欧元）。欧盟在智能电网上持续投资，在2010～2020期间达到了565亿欧元。

在亚太地区，包括日本、韩国、澳大利亚、泰国和新加坡等，也大力推动对智能电网的研发。如日本正在发展并入太阳能发电装置的智能电网，政府投资超过1亿美元；韩国政府已经为智能电网投资6500万美元；澳大利亚政府投资1亿澳元用于“智能电网，智能城市”的商业规模智能电网示范项目。

显然，智能电网属于电力网络。尽管电能是能量供应系统中最广泛使用的能量形式，但在实际应用中还有两种能量形式（即热量和燃料）需求也是非常普遍的。因此对完整的能源网络系统而言，应该有机地包含电网、热网和燃料网三种形式，它们之间存在有必要的相互转化和协同作用。为达到良好的协同，氢能源和燃料电池技术是至关重要的组成部分。因此很有必要进一步探索考察氢燃料电池/电解池技术在无碳氢基智能能量网络系统中的关键作用。

8.2.1.3 燃料电池/电解池

燃料电池/电解池技术的进展对智慧网的发展和建设是必需的，智慧能源网络系统由具有可调配（相互转换）能量流量的电网、热网和燃料网组成。对智慧能源网络系统而言，使用的初级能源资源必须是可再生、可持续的且能够满足所有对能源的需求。解决可再生能源固有的高波动性和高间断性特征的方法是智慧网络必须配置具有调配不同网间能量能力的储能单元和装置。众所周知，利用可再生能源最有效的方法是首先它们可转化为方便通用的电力（例如风能发电、光伏发电等）或热能（如太阳热浓缩器）。目前最常用的储能单元是高容量电池。但是在网络层面上，能为能源网络提供可靠和成本有效的储能单元是燃料网而不是电池。

氢是燃料也是能量载体，而燃料电池可把氢的化学能转换为电能和热能，电解技术（逆燃料电池）则可把可再生能源电力或热力转换为氢化学能，氢是可以大规模存储于燃料网中的燃料。也就是说，燃料电池能够为未来智慧能源网络系统提供氢到电力的高效转换，而电解池能够进行从电力到气体（氢燃料）的高效转换。从这个意义上看，燃料电池/电解池技术能够对电网、燃料网和热网相互联系和相互转化起关键作用。电力-气体（电解）技术在构建氢公用基础设施中也是很重要的，现在它是部署燃料电池电动车辆面临的一个重要挑战。由燃料电池和电解池创生的不同能源载体间能量转换和调配，是成功实现智慧能源网络的关键技术，特别是在集成可再生能源和插入式车辆以及进行有效和可靠的能量管理方面。

8.2.2 可持续能源网络的特色

传统电网中的电力源是相互连接的大中心发电站，电力传输主要通过高电压传输系统，它把供应的高电压电力传输给使用地区的低压线路，再进入低压电路分布系统。现在，这些大中心发电站在使用碳基化石燃料（如煤炭和天然气）生产电力的同时，排放大量污染物（包括温室气体CO_2）。因存在化石燃料耗尽和价格上升以及对环境造成的巨大污染等问题，正在大力激励和推动利用清洁可再生能源生产电力，如太阳能、风能、波浪能和水力等，不仅兴趣在不断增加，政策力度也在不断加码。低碳和无碳可再生能源资源更适合用于接近终端用户的小规模分布式发电（DG），也完全能用于远离需求中心的大规模发电装置。当把很大数目且具有高度波动和间断性的小规模地区性分散发电装置连接到现有电网中时，对电网操作将形成严重挑战，如电力流动反转与线频率和区域网低压等大幅波动（可导致灾难性停电）。克服该问题的可能途径之一是对集成可再生能源发电的电力网络进行新的拓扑与控制设计。另外，在加入DG的同时应该利用信息技术，这有利于用户与电网间积极的相互作用，提高能量使用效率。因此，可持续能量网络系统具有的最主要特色是可再生能源、能量效率和清洁。

对可再生能源资源，如在初级能源资源一章中已经指出，完全有潜力为我们提供足够的可持续的能量供应。在传统能源网络向未来能源网络过渡时期，可再生能源资源将逐步替代化石能源生产的电力（见图8-5）。与传统电网比较，未来能源网络系统中集成了很多可再生能源的发电装置，如太阳能电力、风电、波浪能电力、潮汐能电力、水电和生物质电力等。这在保证能源安全性的同时也降低了对化石燃料资源的依赖，并为缓解温室气体对环境影响提供了解决方案。

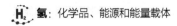

关于能量效率，在未来可持续的能源网络系统中，其能量转换和利用效率是非常高效的，并在确保能量密集型产品公平可利用性的同时能够以动态、和谐和协调的方式为所有人提供服务。未来可持续能源网络系统（图8-2和图8-3）的一个显著特点是，靠近用户地点安装部署的大量分布式电源都被集成到统一的能源网络系统中。在未来可持续的能源网络系统中包含有燃料电池、电池、光伏（PV）发电、太阳能热电、建筑物集成光伏、微透平、风力透平、小水电机组、潮汐发电站等不同类型提供电功率的装置，当然除很大数量分布式电源外，也配置有规模很大的中心发电站，如IGCC或IGFC、生物质发电、太阳能集热发电、风电农庄、水电和核电等发电装置，它们在能源网络中也具有非常重要的作用。

关于清洁能源，利用可再生能源资源的小规模分布式装置提供的电力是清洁零碳的，被集成的中心发电站使用的技术也都是“清洁的”。因此，未来可持续的能源网络系统是清洁的，不产生污染物的排放，对地球是生态的和环境友好的。

8.2.3 智能电网和未来能源网络系统的基本特征

尽管要把利用可再生能源资源的发电技术集成到常规电网构架中是一个具有挑战性的任务，但是使用了电力电子器、储能、控制和信息等多种先进技术的智能电网，是完全能够支持和部署这些“清洁”发电技术的。智能电网能够根据电网实时系统信息在电网系统水平上进行有效的操作，并使发电机、用户和操作者都能主动提供电功率，满足自己的电力需求和对电力质量进行管理。这样在确保电网稳定和平衡运行的同时大大增加了系统的灵活性。

美国能源部（DOE）为智能电网和未来能源网络系统列举了七大基本特征，分述于下。

8.2.3.1 用户参与

这是智能电网区别于常规电网的最重要特征之一。在常规电网中，用户几乎很难与电网相互作用，仅有的作用是使用电功率。但在智能电网中，用户也可以是电功率的提供者，在能源网络系统中不仅使用电功率也起电源的作用。用户是能够获得电网状态信息的，能对卖出电力（给电网）和购买电力（从电网）的时机做出最好的选择。因此顾客和电网两者都获得了实实在在的好处：用户节约了电费的支出，电网得到的是提供了高质量的电力和电网的稳定操作。

8.2.3.2 容纳所有种类的电源和储能方式

智能电网集成的是高度分散的能源资源，可容纳大量利用可再生能源资源生产的清洁电力，而且是以简单方便的“插入和拔出”方式进行连接。对未来智慧能源网络系统的结构，包含有很大数量的分布发电机组、储能和微电网单元以及多个中心发电站。储能装置可存储化学能（例如电池、氢）、热能（例如热量存储）、机械能（压缩空气）和重力能（泵出水能）等多种形式的能量。

8.2.3.3 提供新的产品、服务和市场

未来能源网络系统对所有发电机组提供的是开放可接入的市场，能够智能地确认和清

除废源和无效单元，同时提供新的绿色电力产品和新一代电动车辆供用户选择。这样的开放竞争环境市场对小容量发电机组是非常有利的。未来能源网络系统自身能进行很有效的配送分布，降低了电力传输线路的拥塞和损失，进一步提高系统的可靠性和有效性。

8.2.3.4 为数字经济提供高质量的电功率

快速发展的数字经济表明，在家庭和商业部门使用电子设备达到了非常广泛和普及的程度，它们需要有高质量的电力供应。电力质量是计量和测量配送电力有用性的关键指标，智能电网提供的电力质量是高水平的，能够帮助用户主动跟踪、诊断和应答电力质量存在的缺陷。因此用户能够更好地管理自有家用电器和能量的使用，不仅避免或降低了可能的损失而且降低了能量使用成本。电力质量差受损失的是用户。

8.2.3.5 优化资产利用和有效运作

智能电网使用信息和通信技术，以自动方式收集信息并利用，使操作者能实时优化系统的可靠性、资产利用性和安全性，达到以最小成本、更少设备失败和更安全地操作电网运行。

8.2.3.6 自愈能力（自身预测对系统的扰动和作出应答）

在无需技术人员干预情况下智能电网能够进行连续的自我评估，检测和分析电网单元及其发生的扰动并作出应答。在无需任何明显载荷截断情况下，智慧电网系统能自行通过检测故障组件并离线确定和替换故障组件。智慧电网的这个特征能使系统的可利用性、生存性、可维护性和可靠性达到最大化。

8.2.3.7 自我保护能力

自我保护（系统具有抗攻击和抗自然灾害的能力，并具备操作弹性）是建立可靠信誉的一种能力。它在两个方面预测、检测和恢复受攻击后产生的影响：配备有对由恶意攻击或级联故障（自我修复措施未被纠正的）引起相关问题的防范系统；能够基于传感器早期报告预测问题并为避免或缓解问题采取相应的措施。

未来智慧电网的成功发展和部署能够为未来能源网络系统在可靠性、经济性、效率、环境、安全和保障等方面带来实质性的好处。在未来能源网络系统构成中，最重要的组成部分之一是氢能源子系统。氢能源与燃料电池组合的系统是未来能源网络系统中不可或缺的关键单元。氢是一种重要的气体燃料，也是重要的能量载体，在未来能源网络系统中有其自己的生产、存储和输送分布系统以及相应的电力和热量市场与分布使用系统。这些系统不仅起到辅助电力的作用，也起到补足电池储能短板的作用。更为重要的是，解决了可再生能源电力的波动和间断性这个极为重要的关键问题。氢能源的重要作用将在后面进行介绍。

8.3 未来能源网络系统中的运输部门

交通运输部门是耗能大户，约占全部能源消耗的15%～20%。因此，它们必须被集成进入未来能源网络系统，成为其重要的组成部分。未来能源网络系统为分散的运输部门提供所需的大量燃料和电力以及储存大量能量。因此，在能源网络系统能量（电功率、燃料和热量）传输和协调分配中必须包括运输系统，并且必须考虑它们自身以及与系统其它重要组件间的相互作用。为有利于把运输系统集成到未来智慧能源网络系统中，必须发展以燃料电池、电池和氢内燃引擎为动力的功率链，以为运输部门车辆提供所需电力和燃料。

在运输部门中，最重要的是对各种运输工具特别是车辆的使用。为在未来能源网络系统中使用，现在已经研发出的交通运输产品包括纯（电池）电动车辆（BEV）、燃料电池车辆（FCEV）、空中和海上运输用的电池和燃料电池系统。它们或多或少都与氢能源和燃料电池技术有关。鉴于BEV和FCEV在交通运输领域不仅具有代表性而且愈来愈重要和可能大规模普遍应用，下面对其做深入的专门讨论。

BEV的优点是简单、能利用现有的电网电力。但其短板是行驶距离短、充电时间长、温度适应性差、重量比功率低、生命循环成本高以及环境分散成本高等，这些不足使其相对于FCEV的竞争力减弱。如果不能够缓解和解决BEV技术的这些短板，长期而言FCEV将可能在旅客轿车市场中占据较大优势，也就是说从技术角度看，在未来交通运输上FCEV似乎有更好的前景。已经证实，基于现时技术的BEV性能受使用地区环境温度影响很大，一般不推荐在极端寒冷地区大规模部署BEV，而是优先推荐FCEV或混合动力电动车辆（HEV，如电池/PEMFC 或电池/氢ICE）。但是，众所周知的是电池是非常重要的储能技术，具有简单方便、技术成熟且具有高的电力-车轮效率。对气候温暖地区，如我国江南地区，例如广东、广西、福建和海南岛等地区，大量部署BEV应该优先得到支持。

新发展的电池电动车辆（BEV）和氢燃料电池车辆（FCEV）都是低或无污染排放车辆。只要为电池充电电力和产氢使用的能源是零排放的，也就是利用的是可再生能源电力、核电或有碳捕集封存（CCS）的化石燃料电力，就都被认定为未来低碳（无碳）运输系统的最好技术。BEV拥护者对FCEV的批评集中于高成本和公用基础设施缺乏。BEV的现时成本确实低于FCEV，但仍然要比内燃引擎动力轿车高。由于使用的电力来自已存在的非常完善的电网，因此比FCEV便宜和方便得多。BEV拥护者认为，FCEV不是一种未来运输系统中的清洁和经济的技术，而BEV则是。但从科学角度看，未来运输系统中能替代汽油车辆起主要作用且潜力更大并比较可行的是FCEV。研究已经证明，FCEV具有的优点比BEV更多，如行驶距离长、体积和重量比功率较高、生命循环成本低、充燃料时间短、气候适应性强等。而且FCEV在车辆市场中的大规模渗透所受限制较少，它有潜力替代所有类型车辆，包括大巴和重载卡车等，而BEV一般仅限于小型车辆。有关 BEV和FCEV间的争论，焦点集中于如下三个方面：效率、储能和成本。虽然它们之间是密切相关不可分离的，但为叙述方便仍然分开做单独的讨论。

8.3.1 效率

表面上看，使用可再生能源电力的BEV能量效率高于FCEV，短期（数天）存储的往返能量效率可达到80%。而对FCEV，电解器能量效率一般在90%（基于HHV），储能效率95%，燃料电池能量效率（HHV）50%，FCEV的可比较往返能量效率仅有43%。由于这个很低的往返效率，使人们选择了BEV，但是，人们早已知道，电池有自放电现象，长时间放置导致的能量损失非常大。因此，当BEV长时间不使用时，其往返效率会快速下降，数月后甚至可能下降到零。在考虑了电池自放电能量损失后，BEV的总往返能量效率很可能趋向于与FCEV效率相似。另外，BEV系统从电网获得电能是需要较长时间的。

FCEV效率不高的依据之一是出现了使用电网充电的插入式BEV。但是，这个理由缺乏系统的观点，无视能源网络系统的整体效率。当在计算车辆能源效率中考虑极端气候下的热负荷（加温取暖）时，BEV的较高油井-车轮效率就有问题了，因为BEV很难处理好温度适应性。在极端低或高的温度时，一方面电池能输送的功率远低于正常温度（图8-7），BEV最好的行驶温度范围为15～24℃；另一方面电池的充电能力也大为下降（例如，对锂离子电池，温度低于冰点时可能就无法充电了。只能电池温度上升到中等温度时再进行充电，电池温度上升必定要消耗额外的能量）。而且，为车内取暖也会消耗电池存储的能量。这意味着，BEV要在极端温度条件下行驶必须进行加热或冷却，这样必然导致其行驶里程的显著降低。相反，为FCEV供热和制冷所需的热能可由燃料电池副产的热量提供。因此，从技术层面上说，在未来交通运输系统中，FCEV的潜在机会要比BEV好很多。电池虽然是能源网络系统中的重要储能设备，但在未来交通运输市场中它很可能仅起次要的作用（限于在正常气候城市中使用的小汽车）。

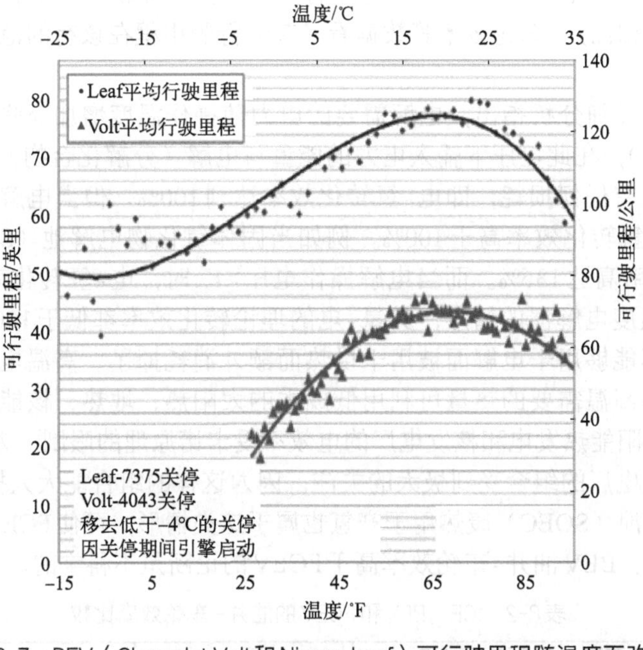

图8-7 BEV（Chevrolet Volt和Nissan Leaf）可行驶里程随温度而改变

1英里＝1.609 km

表8-1 氢FCEV和BEV间的比较（行驶里程320 km）

项目	FCEV	BEV
车辆重量/kg	1259	1648
存储体积/L		
70 MPa	179	382
35 MPa	382	
燃料成本/（美分/km）[电力，6美分/(kW·h)氢，3.3 $/kg]	3.36	1.23
加注燃料成本/($/车辆)	955	878
需要的风电/kW·h	164.9	90

续表

项目	FCEV	BEV
加注燃料时间/h		
24V，40A，单相，7.7kW	0.07	11
480V，三相，150kW		0.55
校正寿命循环成本/$	133380	16187

在技术层面上，最关注的当然是能量利用效率。不言而喻，运输车辆上必定有相当数量的热能需求，尤其在寒冷地区，热能负荷是非常高的。如采用组合热电（CHP）设备，在FCEV中的能量损失是很小的，即其油井-车轮效率是比较高的。在表8-1（行驶距离320km）和表8-2中给出了对FCEV和BEV多种性能的定量比较。从表中给出的数据不难看出，当电功率是来自天然气、煤炭或生物质时，从重量、体积、生命循环成本、充燃料时间、温室气体排放和油井-车轮效率等数据看（车辆行驶里程在该有的范围内），FCEV显示的优势是很明显的。

对电解化学的详细分析指出，电解需要的电力随操作温度增加而降低，存在一个所谓的热中性电压（V_m），在此电压下输入电力的能量与电解（分解化合物）反应需要的总能量精确匹配，电力没有任何损耗，即电-氢转化效率达到100%。但当电解水需要的理论分解电压低于V_m，电-氢转化效率高于100%。例如当固体氧化物电解池（SOEC）在1000℃操作时电-氢转化效率高达136%。而当电解操作电压>V_m时，电-氢转化效率低于100%，这是大多数低操作温度电解器的情形，其氢-电的理论转化效率都低于100%，这是因为输入电力的部分能量不能够用于电解而被用于供热而额外消耗掉了。高温电解产氢的另一个突出优点是，为保持高温需要的热量可利用低成本的太阳热、地热、核能热和工业过程废热等。例如，聚光太阳能热发电和核发电厂的电效率受卡诺原理的限制，为此SOEC和聚光太阳能热发电或核发电厂的组合受到极大的关注，因为这样的组合能大大提高能量利用效率。把固体氧化物电解池（SOEC）废热用于产氢也属于这类情形，可使FCEV效率进一步提高。因此不难得出结论，BEV油井-车轮效率高于FCEV的论断是不科学的。

表8-2　ICE、BEV和FCEV的油井-车轮效率比较

初级能源	燃料生产		分布	零售	车辆		油井-车轮效率
原油	汽油	86%	98%	99%	ICE	30%	25%
	柴油	84%	98%	99%	ICE	35%	29%
	电力	51%	90%		BEV	68%	31%
	电力→氢	34%	89%	90%	FCEV	56%	15%
	氢气	51%	89%	90%	FCEV	56%	23%
天然气	CNG	94%	93%	90%	ICE	30%	24%
	柴油[①]	63%	98%	99%	ICE	35%	21%
	电力	58%	90%		BEV	68%	35%
	电力→氢	39%	89%	90%	FCEV	56%	18%
	氢气	70%	89%	90%	FCEV	56%	31%

续表

初级能源	燃料生产		分布	零售	车辆		油井-车轮效率
煤炭	汽油[①]	40%	98%	99%	ICE	30%	12%
	柴油[①]	40%	98%	99%	ICE	35%	14%
	电力	50%	90%		BEV	68%	30%
	电力→氢	34%	89%	90%	FCEV	56%	15%
	氢气	41%	89%	90%	FCEV	56%	18%
生物质	乙醇	35%	98%	99%	ICE	30%	10%
	生物柴油	35%	98%	99%	ICE	35%	12%
	电力	35%	90%		BEV	68%	21%
	电力→氢	24%	89%	90%	FCEV	56%	11%
	氢气	31%	89%	90%	FCEV	56%	14%
可再生能源电力	电力	100%	90%		BEV	68%	61%
	电力→氢	68%	89%	90%	FCEV	56%	30%
铀	电力	28%	90%		BEV	68%	17%
	电力→氢	19%	89%	90%	FCEV	56%	8%

① 汽油、柴油经F-T合成生产。

8.3.2　储能

交通运输中所有车辆运行的能量都来自储能单元存储的能量。燃油车辆利用的是油料存储的化学能，BEV利用的是电池存储的化学能，燃料电池车辆利用的是氢的化学能。因此对运输部门的交通工具，关键是携带能量的储能装置。对未来交通运输应用，储能同样是最关键的技术。在未来，首先排除的是油品储能（燃油车），可利用的储能介质主要是氢（氢燃料电池车辆FCEV和氢内燃车辆）和电池（纯电动车，BEV）。

显然，决定储能性能的最关键因素是储能介质以及系统质量能量密度和体积能量密度。对BEV和FCEV车辆储能性能的讨论，实际上是储氢储能和电池储能的讨论，此时把储氢储能值转换成等量电能［假设燃料电池效率50%（HHV)］。不过应该注意到，在不同储氢材料能量密度计算中并不包括燃料电池及其相关设备的质量和体积；类似地，在电池能量密度的计算中也不考虑系统其余部分的质量和体积。对储氢材料性能，美国DOE给出的目标是：质量能量密度2010年为0.89 kW · h/kg（对应于4.5%），2015年为1.09 kW · h/kg（5.5%）；体积能量密度目标2010年为0.55 kW · h/L（对应于28g-H_2/L），2015年为0.79kW · h/kg（40 g-H_2/L）。对电动车辆用电池（最可能是锂离子电池），美国先进电池联盟提出的质量和体积能量密度目标分别是0.15 ～ 0.20 kW · h/kg和0.23 ～ 0.30 kW · h/L。而报道的最好锂离子电池，已达到的质量和体积能量密度分别为0.12 kW · h/kg（目标的80%）和0.14 kW · h/L（目标的80%）。但近来发展的A123锂离子电池包（即电池系统）的质量和体积能量密度分别为0.057 kW · h/kg和0.098 kW · h/L。应该注意到，美国能源部为固体储氢（金属氢化物）设置的2015年质量和体积能量密度目标正好分别为插入式油电混合电动车辆电池设置目标（64 km范围）的3.5倍和1.8倍。

压缩储氢是最简单方便且常用的储氢方法，其储氢的能量密度随压力增加而增加。对运输车辆应用而言，只要存储压缩氢的容器耐压且重量轻（易加工），就有可能达到或接近美国DOE提出的能量密度要求。压缩储罐储氢技术仍然需要克服如下壁垒：①压缩氢气时的能量损失，例如把氢压缩到70MPa时损失的能量可达储氢能量的15%；②需要建设昂贵的加注高压氢的燃料站；③公众对压缩氢的安全性仍有担忧等。

应该注意到，液氢存储的质量能量密度已能满足美国能源部提出的2015年目标（1.09 kW · h/kg）。液氢的质量能量密度在1.0 ～ 1.3 kW · h/kg范围，对应的体积能量密度范围在0.64 ～ 0.69 kW · h/L，超过了2010年体积能量密度目标（0.55 kW · h/L），接近于2015年体积能量密度目标（0.79 kW · h/L）。对冷冻压缩液氢的测试显示，其质量和体积能量密度分别为1.46 kW · h/kg和0.89 kW · h/L，均已超过美国DOE 2015年的目标值。但是，为使氢保持在液体状态，需要的冷冻温度低于22 K，为此消耗的能量是存储液氢能量的30% ～ 40%，而且超低温冷冻储槽本身也是非常昂贵的。因此，液氢虽然是最实际的替代燃料，极有可能应用于宇航飞行器如飞船和其它飞行器中；但对一般车辆和其它运输应用是不实际的，因为太昂贵了。

固体储氢的主要优点是安全和压力远低于压缩氢。已生产的金属氢化物，储氢质量密度达0.30 ～ 0.47 kW · h/kg（1.5% ～ 2.4%）范围，体积能量密度在0.35 ～ 0.47 kW · h/L范围，分别达到美国DOE提出的2010年质量能量密度目标0.89 kW · h/kg的35% ～ 50%和体积能量密度目标0.55 kW · h/L的65% ～ 87%。已经发现具有较高质量能量密度（0.55 ～ 0.65 kW · h/kg）和体积能量密度（0.45 ～ 0.61 kW · h/L）的固体和液体氢化物，分别达到了美国DOE 2010目标的63% ～ 74%和83% ～ 94%。但它们都未能达到70MPa压缩氢钢瓶的质量能量密度，而体积能量密度超过了35MPa压缩氢，与70MPa压缩氢相当。如果固体储氢材料（金属、活性氢化物）能赶上70MPa压缩氢的质量能量密度和超过其体积能量密度，就能在无需高压力下充氢和储氢。

考虑到现有的储氢容量和未来可能的延伸，在运输车辆应用中固体金属氢化物在质量和体积能量密度上具有显著的优势（其行驶范围与汽油/柴油车辆类似）。而在其它条件等同时，这个优势意味着氢燃料电池车辆将有长得多的行驶里程，可达到电池电动车辆的2 ～ 3倍（给定体积和质量的存储系统）。但是，在可持续能源战略中运输部门使用氢燃料有一个必备的条件：储氢储能比电池储能（即质量和体积能量密度）具有显著的实质性优势。对与现今汽油/柴油车辆具有等同行驶里程的储能系统（达到所需能量）进行优化后，其最好的系统很可能是氢-电池的组合系统：氢系统提供大容量储能，电池提供辅助启动和加速时的高能需求，缓冲燃料电池应对的负荷变化，能够延伸系统使用寿命。这个互补形式的氢-电池储能系统已经被Honda公司在其FCX Clarity氢轿车中实施。目前，这个组合系统是商业上数量有限的可实用的功率系统。氢-电池互补储能功率系统的使用能够使运输车辆的行驶里程范围获得很好的延伸，解决了电池行驶里程短的问题。

8.3.3 成本

FCEV成本高的主要原因在于：燃料电池堆必须用昂贵的贵金属催化剂、氢燃料生产成本因过程耗能高而不便宜以及储氢也需要相当的成本等。近些年来，燃料电池技术取得了很大进展，使其在大小、重量和成本上都有显著降低。因此，自2009年以来FCEV成本开始快速持续下降。例如日本丰田的FCEV销售价格已降至5万美元，比有同样行驶里程的Tesla BEV还便宜。随着技术进展，储氢单元的质量和体积能量密度（容量）自2007以来已提高了50%。现在，FCEV怀疑者对其前景的批评或怀疑已逐渐停止甚至对其更为看好。当然，对氢燃料公用基础设施、成本以及产氢储氢中的能量损失问题和挑战仍然有待进一步解决。

虽然BEV和氢燃料车辆（包括氢内燃引擎车辆和FCEV）都面临高成本问题，对FCEV还有缺乏公用基础设施的问题，但可以肯定，随着技术的快速进展FCEV和BEV的成本都将会有很大下降。表8-3是基于专用的工业数据，估算的BEV、FCEV、混合电力车辆（PHEV）和ICE车辆成本。从表中数据可以看到，燃料电池系统成本到现在已经降低了90%；BEV组件降低了80%；氢燃料成本因公用基础设施的逐步完善、规模经济和利用率提高，预计到2025年能够降低至现在的70%。按工业数据学习曲线给出的年度降低速率来估算，配备85kW功率中等大小的FCEV成本在2015年为5万欧元；2020年为3.09万欧元；到2030年FCEV的销售价格（顾客购车总价格，TCO）会低于PHEV和BEV；到2050年将低于ICE。但在较小的轿车领域，BEV的成本优势要大于FCEV。虽然不同机构单元对FCEV成本的估算不尽相同，但到2020年所有估算成本都落在3.2万～5万美元之间，而对BEV每kW·h电池成本，预测值都在300～500美元之间。对FCEV、BEV、PHEV和ICE车辆，把预设的维护、燃料和公用基础设施运行成本也包括在内的购车价格（TCO）进行完整彻底的研究和评估，获得结果指出，在2020年FCEV和BEV的TCO将分别下降到ICE-汽油车成本的1.29～1.6和1.19～1.32倍范围。到2030年有进一步的下降后将达到可比较的1.07～1.28和1.1～1.21倍范围。

表8-3　不同功率链车辆的计算成本

车辆功率源	车辆来源	2015	2020	2026	2030
FCEV（美元）	McKinsey		30900（欧元）①		25700（欧元）②
	橡树岭国家实验室	62500③	33200④		
	Hyundai		50000		
	IEA				7000(优化后)，14060（最差情形）
	NRC	75000	32000	27000	
	NHA	80023	45000	27346	
BEV（电池）[$/(kW·h)]	McKinsey		28900（欧元）①		26300（欧元）②
	IEA				6200（优化后）9530（最差情形）
	2007 ARB Panel	425～525	300～350		
	AAB	500～700	375～500		
	BCG		360～440		
	Deutsche Bank		325		
	Pike Research		470		
	Electrification Coalition		550		
	阿贡国家实验室		150～200		
	ICCT		300～400		
	DOE Recovery Act		150		
	中国制造商	295，500	150,365		

① 2020跑车。
② 2030跑车。
③ 基于每年生产2万辆。
④ 基于每年生产20万辆。

8.4 氢燃料与可再生能源利用

在前面3、4章中分别介绍了地球上的初级能源资源和最主要的次级能源电力及成熟技术，在第5和第6章则分别讨论了氢燃料在固定领域和便携式装置以及运输部门中的广泛应用。明确指出，利用的能源资源正在由化石含碳不可持续能源逐渐向低碳/无碳可持续能源资源过渡的必然发展趋势。在这个发展的大趋势中，氢能燃料的重要性在不断增加。

世界对能源的需求持续快速增长，特别是在发展中国家，因为它们要实现工业化和使经济不断增长。据预测，全世界对能源的需求在2050年达到600 ～ 1000 EJ。煤炭、石油和天然气三大化石能源资源满足了全球现时能源需求的约80%，其中交通运输领域消耗的石油就占全球石油总消耗量的60%。按现时石化能源资源的消耗速率，总有一天会消耗殆尽，石油、天然气和煤炭三大化石能源可使用的年限有所不同，从几十年到几百年。化石能源储藏在世界各地的分布是很不均匀的，其消耗速率和数量也是不同的。使用含碳化石能源的另一更严重问题是，它们的大量消耗伴随着产生大量污染物和温室气体CO_2排放进入大气，其中运输部门占全球排放量的五分之一。这已引起了严重的环境问题，如污染环境和全球平均气温上升。因此，全世界都对利用可再生和碳中性能源资源的关注度不断增加。据预测，可再生能源占全球总能源需求的份额将由2025年的36%增加到2050年的69%。氢能源和燃料电池技术在全球能源系统中所起的作用不断增加，将在未来能源网络系统中起重要作用。如果氢能源和燃料电池技术能够获得中等或强力的支持，氢能源的份额将由2025年的11%增加到2050年的34%。而石油和煤炭在2030年的份额将分别下降为40.5%和36.7%。

8.4.1 氢能源与可持续能源战略

面对不可逆气候改变和不确定石油供应的挑战，氢能源将是可行的解决办法，因它确实是非常适合于作为21世纪全球可持续能源战略的能源。在可持续能源战略中，可再生能源资源将成为利用的最主要初级能源。为有效提高可再生能源的能量利用效率，氢能源将在解决其固有的波动、间断性弱点中起关键性的作用，虽然这个作用不是独一无二和排他性的。氢能源与电力一样都是次级能源，都可以在广泛的应用领域（固定和便携式应用以及运输领域应用）中起重要作用。例如，在运输部门中的公路、铁路、内河和海洋航运中既可使用电功率的也可使用氢燃料动力的车辆和船舶：在航空运输中使用液氢燃料动力；短距离运输中使用插入式电动车辆。

氢次级能源的生产、存储和配送运输与用户地区间的空间分布一般具有层次结构特征，因此，氢能源对利用地区性能源资源是特别有利的，因能够避免昂贵的长距离输送管道系统的建设。在必备的储能系统中可进一步看到氢能源和电力这两个最主要次级能源和能量载体间的强互补性。对未来能源网络系统所依赖的可再生能源电力和可再生能源资源的高效利用，都需要有长期季节性的储能系统来克服其供应的波动性和间断性问题。这是因为可再生能源电力的可持续大量供应绝对离不开大规模的能量存储装置，而氢能源是能够完成大规模战略性能量存储的，因其具有能长期存储大量能量（化学能）的特点。在大规模能量储存库中存储的氢能够确保全球能源安全和稳定连续地供应。

8.4.2 与氢能源的竞争技术

缓解和解决我们面临的三大威胁（不可逆气候改变、能源供应需求缺口和总污染水平不断上升）的最好办法，是在能源网络系统中大幅增加可再生能源使用比例，这将必须有极大能量容量的存储单元来解决其固有的波动性和间断性问题。电力和氢都是次级能源，在应用范围上氢能可能不及电力，但在大容量储能方面电力不及氢能源，而在应用和存储能量领域它们之间具有互补性。既然是互补就避免不了竞争。氢能除了电力竞争外，在运输部门应用中与氢能源竞争的技术还有电池（储能）和生物燃料（运输燃料）等。

电池技术的快速发展，特别是锂离子和锂聚合物电池（质量和体积能量密度高于常规铅酸电池）技术的成熟，大大促进了电池电动车辆（BEV）大规模商业化过程。但是，要使电池电动车辆达到真正的零排放，其使用的电力必须是可再生能源电力、核电，或有碳捕集封存的化石燃料电力。对氢燃料也只有使用可再生能源电力电解水生产的氢（所谓的绿氢）才是真正零排放的。对电池储能的优势和弱点以及可能的应用领域，已经在4.9节中做了讨论。在本章前面对BEV和FCEV车辆的优势和弱点包括它们使用的储能介质（电池和氢燃料）做了比较和讨论，这里不再重复。

另一个替代氢能源作为运输燃料的是生物燃料，包括生物乙醇、各种生物油料和生物柴油。只要生产和分布这些生物燃料的能量是从可再生资源获得的，它们就是碳中性的，就是温室气体净零排放的。使用生物燃料对现有引擎和分布燃料的公用基础设施改造相对较小。当使用氢燃料时，确实需要建设全新的燃料分布、存储和分散的公用基础设施，对车辆设计和动力功率链系统也需要有根本性的改变（表观上这是一个困难的挑战）。

鉴于对氢能源的新研究成果和上述问题，对氢能源有如下看法：虽然不能够把氢看作未来的唯一运输燃料，但已确认：它在可持续能源战略中的每个重要部门都起重要特殊作用；与它竞争的是电力和电池技术，但它们间的互补性似乎更强；氢能源在未来能源网络系统中是能够起显著和至关重要的作用；在协同安排中氢能源是不可或缺的有效大容量的能量存储工具，与电池技术不仅是竞争对手也是互补性很强的密切伙伴。

8.4.3 氢能与电力间的互补作用

早期提出使用氢能和发展氢经济的设想是基于对有限化石能源资源耗尽的担忧。但随着经济的发展和扩大以及氢能技术的发展，使用氢能（发展氢经济）就不再仅仅是应对化石储量耗尽的担忧。氢是化学品，长期以来一直被大量广泛使用。氢是可燃气体，是燃料，因此也具有能源和能量载体的特征，它在未来能源网络系统中将起主要作用，可以与电力互补，缓解和克服电力的不足（互补作用）。由于氢能是极好的储能介质，能够在能源网络系统大量长期存储能量，缓解利用可再生电力带来的波动性和瞬时性冲击，氢能储能能够填补电池不足，与电池储能相互补充，起互补作用。也就是说，氢能源能够在运输、工业、商业和住宅建筑物等规模经济部门的不同领域广泛应用。虽然不是每个部门中唯一和排斥性的次级能源和能量载体，但它是未来能源网络系统中必备的储能单元。

如前所述，在传统能源网络系统中是没有氢能和燃料电池组件和系统的。但是，为了有效地扩大可再生能源资源的利用，并逐步替代化石能源资源向未来能源网络过渡，必须在能源网络系统中大量地增加利用可再生能源的发电装置。为有效解决增加可再生电力装置带来的挑战，配备氢能和燃料电池系统是必须的，因为氢除了能够作为清洁、无污染、可持续能源使用外，还具备了所必需的大规模长期能量的特征。因此氢能燃料电池系统的应用对能源资源的过渡是关键性的。在未来的可持续能源网络系统中，能量效率和管理需求是同等重要的也是必须强调的。为此在未来可持续能源系统中必须配备有存储期较长的能量存储单元。氢能作为能量储存载体可在可再生能源电力中心电网中使用，也能作为战略能量储库的存储介质（长期存储大量可再生能源电力），为提高能源网络资源利用率（能量效率）和运行效率（重点是解决可再生能源电力固有的波动性和间断性问题）做出贡献，确保全球清洁能源的连续、稳定、安全供应。

人们非常关心能源供应的长期性和安全性。长期使用碳基能源肯定是不行的，不仅大量消耗而有储量枯竭的一天，而且更严重的是会带来大量污染物和温室气体CO_2的排放，导致严重的环境问题。因此，碳基能源系统必须改变，现在也确实正在发生明显的变化：为完全实现未来智能能源网络系统过渡。向清洁低碳和无碳能源网络系统的过渡正在不断加速，而低碳或无碳能源是可持续发展战略中必不可少的重要组成部分。在未来智慧能源网络系统中，其最重要特征不仅是容纳且广泛部署相互连接的巨大数量的清洁无碳能源（主要是可再生能源），而且要采用广泛的智能管理技术（因此是智慧能源网络系统）。在实现未来智慧能源网络系统及其发展的过渡时期中，氢能和燃料电池/电解池技术将发挥愈来愈关键的作用，成为低碳和无碳能源系统的最关键部件。由于氢燃料电池技术的大规模商业化应用仍然在成本、氢能市场和运输等方面存在巨大挑战，因此世界各国对此采用和实施的政策是不同的。总之，氢能和燃料电池系统对能源网络系统向未来能源网络和氢经济社会过渡是必不可少的，起着关键性的作用。在相对长的过渡时期内，随时间推移氢能和燃料电池系统容量和占比会愈来愈大，并最终过渡到低碳和无碳清洁可持续的能源网络系统。

应该了解的事实是：氢能既可利用化石能源生产也可利用可再生能源生产。当使用的氢燃料是用化石燃料（天然气、生物质或煤炭）生产时（所谓的“灰氢”），氢燃料电池技术是否为真正环境友好是有疑问的，这是因为利用化石燃料产氢不仅效率低而且仍要释放大量污染物和CO_2。但当使用的氢燃料是利用可再生的清洁能源生产时（如利用太阳能、风能和核能电力）（所谓的“绿氢”），氢燃料电池技术不仅是环境友好的而且是真正无碳的。氢燃料电池/电解池技术还是解决可再生能源电力间断性和波动性问题的最好方法。事实上，世界上有愈来愈多的国家在转向使用可再生能源来满足本国能源需求的同时也就完成了降低温室气体排放的目标。例如，德国可再生能源发电量已经从1990年的3.1%增加到2012年的22.9%。如果计入热量和燃料消费，欧盟（EU）可再生能源对总能量消费的贡献在2010年为12.4%。

2020年欧盟可再生能源在能源消费总量中所占份额达到22%，[比欧盟委员会有关促进可再生能源使用的2009/28/EC 号指令所设定目标（20%）高出两个百分点]。在欧盟27国中，奥地利和瑞典可再生能源电力消费占总用电量份额最高，分别为78%和75%，丹麦紧随其后，为65%，葡萄牙、克罗地亚和拉脱维亚均达50%以上。中国2018年清洁能源占总消费的22%，到2020年4月新能源电力的装机容量占总装机容量46%。

8.4.4 可再生能源利用现状

联合国环境规划署(UNEP)2019年9月5日发布的报告《2019可再生能源投资全球趋势》中给出了可再生能源投资增长的数据：中国近十年（2010～2019上半年）中投资了7580亿美元，美国3560亿美元，日本2020亿美元，欧洲6980亿美元（德国1790美元，英国1220

美元）。在过去十年，全球可再生能源产能(大型水电除外)从414 GW增长至1650 GW，2019年的水平已经是2010年的四倍。

在对可再生能源的投资中，对太阳能的投资额达到了1.3万亿美元，占全球可再生能源投资总额2.6万亿美元的一半（图8-8是中国青海省一太阳能光伏发电厂的照片，图8-9是一风电农庄的照片）。到2019年底，全球太阳能发电容量是2009年的26倍多，即从25 GW增长至663 GW。仅2018年这一年中，全球对可再生能源产能的投资额就有2729亿美元，是对化石燃料发电投资的3倍。2018年可再生能源发电量占全球发电总量的12.9%，因此二氧化碳的排放减少了20亿吨。该报告同时指出，可再生能源的成本竞争力也在这10年中不断增强。例如，自2009年以来，光伏发电每度电的成本下降了81%；陆上风电下降46%。联合国环境规划署官员指出："过去10年间可再生能源发展有'火箭般'的增速，投资可再生能源就是投资可持续和可盈利的未来"。该官员也提醒说："但我们不能躺在功劳簿上洋洋自得。要知道，过去10年全球电力行业碳排放量增加了约10%。很明显，如果我们要实现全球气候和发展目标，还需加紧步伐向可再生能源转型。"中国正在身体力行，在2021年中国承诺：在2030年实现"碳达峰"和在2060年达到"碳中和"。为实现这个宏大目标，中国政府加大了扶持可再生能源开发利用的力度，2021年燃煤电力占比要降低到56%以下。

图8-8 中国青海省海塔拉滩生态太阳能光伏发电厂和发电农庄的照片

图8-9 某风电农庄的照片

8.5 氢是良好的能量转换介质

8.5.1 氢燃料

氢作为燃料能够在燃烧引擎中燃烧和在燃料电池中进行电化学转化，产生所需要形式的能量包括电能和热能，可应用于非常广泛的不同领域。在前面几章中较为详细地介绍了氢在固定、便携式和移动运输领域的应用，这里不再重复。

前述的电力-气体技术就是利用低峰时的多余电力电解水生产氢气的技术。生产的氢气可进入天然气管道网络中作为气体燃料，也可单独分布到需要氢气的场合（如作为化学品用于合成生产化学品与作为燃料和能量载体在广泛领域中使用）。电力-气体技术在德国有很成功的示范装置，我国新疆也做了很好的实践。除了利用可再生能源电力电解水产生气体氢气外，也可用于电解水蒸气-二氧化碳混合物生产合成气（图8-6），合成气可作为F-T合成过程的原料生产合成产烃类燃料，再经分离获得多种类型的气体燃料和运输车辆用的液体燃料。

氢气的最主要应用之一是作为还原介质转化为不同的化学品，氢作为能量载体到气体和液体燃料的转化，也可认为是转化为特殊的化学品（燃料），氢作为化学品使用合成许多化学品的内容在第1章已做了介绍，不再重复。

尽管现时因经济原因，大部分氢气来自甲烷蒸汽重整，但对电解水“绿色”产氢工艺技术的兴趣愈来愈强烈，因为不久的将来有大量低碳和零碳（可再生能源）电力可用于电解水产氢。未来的氢燃料都将来自清洁可再生能源。除了利用低碳和零碳电力电解水的方法外，还有多个不同的产氢方法在发展中，包括利用热量的热化学产氢工艺。其中可能对未来氢供应链重要的产氢方法有：①高温水电解，为使工艺更加有效，可以利用核反应器或浓缩太阳能的热量和电力；②光催化水分解，直接用太阳光获得氢气的工艺；③热解，使用核或太阳能的极端高温分解水产氢；④生物质直接发酵产氢工艺。可持续的清洁产氢工艺将在下一章做较详细介绍。

8.5.2 氢燃料的电化学转化——氢燃料电池技术

利用氢燃料的燃料电池发电技术（氢燃料电池）已进入初始商业化阶段，其应用范围非常广泛，包括分布式电源、热电联产、车辆功率和便携式电源应用。对氢燃料电池的便携式、固定和运输中的应用，笔者在《进入商业化的燃料电池技术》一书中已经做了详细介绍，在本书第7章中又做了重点讨论，不再重复。

总之，氢燃料是能源网络系统中的重要组成部分，不仅是清洁燃料而且在各种形式的能量（也包括化学能）转换中起着重要且不可或缺的介质作用。次级能源氢气可通过不同类别含氢资源（包括各种能源资源）生产，可容易地转化为人们需要形式的能源产品，如电力、热能、化学品、气体和液体燃料与热能。在未来智慧能源网络及向其过渡的过渡时期，它既是主要组分又是介质载体，能用于平衡调节和稳定能源网络，且能以最高效率和最好服务的模式运行。因此氢是平衡调节和稳定未来智慧能源网络的最主要手段之一。

8.6 氢能量载体用于储能

电能的存储相对比较困难，而热能的存储时间通常也少于24h。氢气所含的是化学能，而化学能是能够长期无损失存储的；再者，相对而言氢的运输配送要比运输热量或冷量容易。因此氢是很好的储能介质和能量载体。氢能很容易地与其它能量集成，为获得高的能源利用效率，已经提出（在装备水平上）并实施了与氢相关的多联产概念。对集成了电能和氢能单元的多联产系统示范研究实践结果显示，系统的总性能（效率）有相当的增加。这是因为回收利用了系统产生的所谓“废能量”，使工厂对不同能量的产生和利用实现了高度耦合。

在未来的智慧能源网络系统中必须配置次级氢能源子系统，在网络内具有完整的氢生产、存储、输送、分布和广泛应用领域的单元。在未来智慧能源网络的氢能系统中，氢燃料是利用可再生初级能源资源生产的。其中只有生物质初级能源可经气化净化直接生产氢气，而绝大多数可再生能源（如太阳能、风能、潮汐波浪能、地热能等）都首先被转化为最广泛使用的电力，利用电力电解水生产氢气。由于可再生能源几乎都具有固有的波动性和间断性特征（它们生产的电力必然存在随季节、日夜和时间波动甚至间断的现象），为有效利用它们并获得高效率的平均值，对其波动不稳定现象的控制和调节是必须的。这只能利用大容量储能（电力）装置或介质来完成。电池是存储电能最常用的装置，优点是转换效率高，操作方便，损耗小。但要大容量储能对电池是一大挑战，而且储能电池一般都有自耗能现象（放置不用时自动消耗电功率），因此其长期存储能量是困难的。克服电池储能装置缺点的一个好办法是利用氢作为介质储能。这是因为氢气存储的化学能不仅不会有电池的自损耗而且可长时间储存。利用氢气作为存储电能的介质，其一般程序是：用电解器（逆燃料电池）利用可再生能源盈余电力（高峰时期，超过电网需求的电力）电解水生产氢气和氧气，并把其分别存储于储氢和储氧的容器中；在电力需求高峰时期，为补充电网供电的不足，让存储的氢气和氧气强制通过燃料电池，让其生产电力，回送给电网。虽然氢气到电力的转换效率没有电池高且操作也相对复杂，但较为安全可靠，且可无损耗地长期储能（化学能）。

8.6.1 储氢储能系统

要高效利用可再生能源，储能是关键。已发展的可应用的储能技术主要有蓄电池储能、压缩空气储能、泵抽水储能及氢储能等技术。通过比较发现，氢储能技术在成本得到控制后具有非常明显的优势。如上所述，储氢储能系统是通过将新能源发电（太阳能、风能、潮汐能等）产生的多余电力电解水制氢，将氢气储存，在需要时通过燃料电池发电满足峰电需求。目前已有许多国家开始用储氢技术解决可再生能源利用问题，以便扩大可再生能源的利用。氢能存储系统主要由燃料电池/电解器、存储燃料的容器、电力逆变器、连接的管道系统和控制系统等组成。其中燃料电池/电解器是核心单元。

有多种类型的燃料电池/电解器，一般按照使用的电解质和燃料进行分类。理论上，具有化学被氧化能力的任何物质都可以作为燃料电池阳极燃料产生能量（当然氧化剂也必须连续供应给阴极）。但氢燃料在燃料电池阳极有最高的反应活性，而且它能通过几乎所有含氢物质使用多种方法生产。"绿色"无污染物排放的产氢方法有多种，例如最重要的水电解。氧化剂通常是氧气，一般来自空气。最普通的燃料电池/电解池是：质子交换膜燃料电池/电解池（PEMFC/PEMEC）、碱性燃料电池/电解池（AFC/AEC）、磷酸燃料电池/电解池（PAFC/PAEC）、熔融碳酸盐燃料电池/电解池（MCFC/MCEC）、固体氧化物燃料电池/电解池（SOFC/SOEC）。能够看到，燃料电池与电解器在结构组件和操作上非常相似，实际上有的燃料电池可反向作为电解器进行操作，即作为消耗电力生产氢气的逆燃料电池。

氢电力具备能量来源简单、丰富，存储时间长而灵活，转化效率高，几乎无污染物排放等优点。氢是一种应用前景广泛的储能及发电介质。储氢储能（发电）可用于解决：电网削峰填谷，稳定可再生能源电力和并网，提高电力系统的安全性、可靠性、灵活性，大幅降低碳排放，推进智慧电网和节能减排，支持可持续发展战略。此外，还可以作为分布式电站的应急备用电源，应用于城市配电网、高端社区、示范园区、偏远地区、主要活动场所等场合。

8.6.2 储氢储能技术的发展

在储氢技术领域，欧洲的发展相对成熟，有完整的技术储备和设备制造能力，有专用的储氢储能系统的制氢、储氢和燃料电池设备，有多个配合新能源接入使用的储氢储能示范项目在实施。例如，2011年德国推进的P-G（Power to Gas）项目，提升了可再生能源的消纳能力；2013年，法国在科西嘉岛实施的MYRTE项目建成了储能容量为200 kW、3.5 MW · h的氢储能系统，提高了光伏电力的利用率，满足了电网高峰时的用电需求，达到了通过调峰和平稳光伏电厂负载来稳定电网的目的；意大利正在实施的INGRID项目（欧盟资助储能项目）配备1MW 电解槽和储氢容量39 MW · h的氢储能系统。世界上其它发达国家如加拿大、美国、英国、西班牙、挪威等都有氢储能技术的示范项目。相继建立了配备氢储能单元的（质子交换膜、磷酸和熔融碳酸盐）燃料电池工厂，配置在公共电力部门中作为分布式发电装置使用，并对效率、可运行性和寿命进行了评估。我国也在可再生能源资源利用中实施了氢储能的示范项目。例如，2010 年年底在江苏沿海建成了首个非并网风电制氢示范工程，利用1 台30 kW 的风电直接给新型电解水制氢装置供电，日产氢气120m^3（标准状态）；2013年11 月河北建投集团与德国迈克菲能源公司和欧洲安能公司签署了关于共同投建河北省首个风电制氢示范项目的合作意向书，其中包括建设100MW 的风电场、10MW 的电解槽和氢能综合利用装置。迈克菲公司的固态储氢及风电制氢技术，可有效解决河北省现有运营风场的低峰弃电等问题。

运用氢储能技术可巧妙地解决可再生能源电力的波动性和间断性问题，并促使氢能技术的协同发展。这与当前人们追求高效利用可再生清洁能源资源的大趋势是一致的。但是，氢储能技术当前的主要挑战在于：高投资成本和关键装置燃料电池、氢气储运设备间的配置与优化等。随着各个环节技术的进一步发展和制氢成本最终得到控制，氢储能技术巨大的发展潜力将得以发挥，成为能普遍使用的既经济又环保的储能技术（包括制氢和发电）。另一简单的方法是将制得的氢气直接送入现有天然气管网进行输运分布，这大幅降低了氢燃料的输运和存储成本。例如德国利用电力-气体技术把可再生能源盈余电力用于电解水制氢，所产氢直接输入已有的天然气供应基础设施管道系统中存储和利用。氢能量载体作为储能介质不仅能推动扩大可再生能源资源的大规模高效利用，也极有利于推动氢能的大规模使用和氢经济的快速发展。

8.6.3 储氢和燃料电池技术能提高能源的利用效率

效率管理是使智慧能源网络系统具有超过传统能源系统的最重要的优点之一。技术上，智慧能源网络是智能型能源网络系统。它是具有两路数值信息和通信功能的公用基础设施，其中绝大多数技术都基于网络技术。网络使每一个装置都能被传感并收集其数据，并与能源管理中心进行数据交换。能源管理中心依据技术经济优化过程确定形成的长期（大于1h）操作计划来控制分布广泛且散布于整个网络的每个节点，并按既定策略负责组织实现能量的调度和满足全网变化的需求。确定的能量调度和应答需求的策略能有效地确保洁净能源的生产和配送，并确保具有更高的能量效率。

为提高燃料的能量利用效率，在能源网络系统中大力建设和部署热电联产（CHP）或冷热电三联产（CCHP）单元是非常有效的策略。在CHP和CCHP系统中使用的能量有多种形式，其中的关键挑战是所包含的冷量、电力、燃料与热量间的相互作用。建设这些系统的主要目的是提高能源的利用效率，要尽可能利用生产电力时产生的废热（生产电力的装置主要是气体透平、内燃引擎、蒸汽透平、太阳能热发电和燃料电池等）。在这类系统中，同一初级能源生产的电力流和热量流是高度耦合的，其总能量效率很强地取决于热能-电能负荷比和热量的回收效率，因此其灵活性是受限的。为增加这类联产系统的灵活性，最好的办法是把电力生产和热量生产分开，这样能更有效地利用和集成可再生能源产生的能量。在这样的联产系统中，氢能和燃料电池能够起至关重要的作用。虽然不同类型燃料电池具有不同的特性，其效率因系统大小、燃料类型和操作条件（如温度和压力）等因素可能有改变，但对大多数燃料电池系统而言，一般都能达到40%～60%，远高于ICE效率。以纯氢为燃料运转时，达到的效率最高。磷酸和熔融碳酸盐燃料电池（PAFC和MCFC）适合作为大于50kWe和200kWe容量的发电装置；固体氧化物燃料电池（SOFC）有很宽的发电容量，从2kWe到100MWe。PAFC的操作温度（150～210℃）高于PEMFC，PAFC-CHP系统能达到的能量效率约85%，适合应用于商业建筑物作为分布式发电装置（DG），如医院、酒店和学校等。MCFC和SOFC有高的操作温度，分别为600～700℃和600～1000℃，更适合作为固定发电装置。虽然它们的启动时间较长，但MCFC-透平组合系统的电效率高达65%，MCFC-CHP系统能量效率大于80%；SOFC能达到的电效率是最高的。例如，在2009年Ceramic Fuel Cells有限公司宣布，其天然气燃料电池作为家用热电联用装置，其电效率达到60%，可为电网输送电力。SOFC-气体透平组合系统，以天然气为燃料时效率超过60%，但仍具有电效率达到70%的潜力，SOFC-CHP系统的能量效率能够达到85%。

8.7　氢燃料电池在可持续清洁能源网络系统中的作用小结

① 涵盖能源和化工领域的氢能源利用是推动氢经济全面发展的重要途径，氢能够在清洁燃料、能源载体和化工原料3大方面发挥巨大的作用。首先，氢作为清洁燃料的应用是当今世界上发展最快、环境效益最佳的氢能源利用途径，也是目前推动氢能快速发展的主要动力；其次，氢作为能量载体在消纳可再生能源电力、提高利用效率方面已在全球推广，因有助于可再生能源和氢能应用的协同发展，前景广阔；最后，氢气作为重要化学品的合成原料，需求量巨大，是现有条件下加速氢规模化利用的关键之一。

② 氢的制取与储运、燃料电池性能的提高与成本的降低以及加氢站建设等问题，是目前制约以氢燃料电池为核心的新兴氢能产业发展的主要因素，解决这些问题是实现氢燃料电池大规模商业化应用的关键。

③ 氢能够助推可再生能源资源利用技术的发展，也是经济地解决产氢和大规模输运的关键。其中把利用可再生能源电力生产的氢气掺入现有天然气管道的输送方式被认为是现阶段最简单有效的输氢方式，但适宜的掺氢体积分数的确定受多种因素影响，因地而异。

④ 当利用可再生能源产氢的成本得到控制后，把获得的氢气作为化石能源清洁利用的原料，是具有明显环境效益和成本优势的。

8.8　未来能源网络中氢能的区域性问题

在前面几节中讨论了氢能在未来能源网络系统中的主要作用。建设的氢能网络与燃料网、电力网和热量网密切相连。由于不同国家或同一国家不同地区的条件不同，例如在可利用资源、可再生能源资源分布以及能源（氢能）消费能力等方面。人们总希望氢能源产品能够在其消费中心附近生产，因此对氢能源而言，其分布式可持续生产、存储和分布以及消费中心等都是地区性很强的。这导致氢能源中心结构具有特定的地区性质，也就是氢能中心结构是具有层次性的。虽然每个国家或每个地区的氢能中心层次结构不尽相同，但可以把其分为几种基本中心类型：离岸、岸边、陆地和自治区域，如图8-10所示。

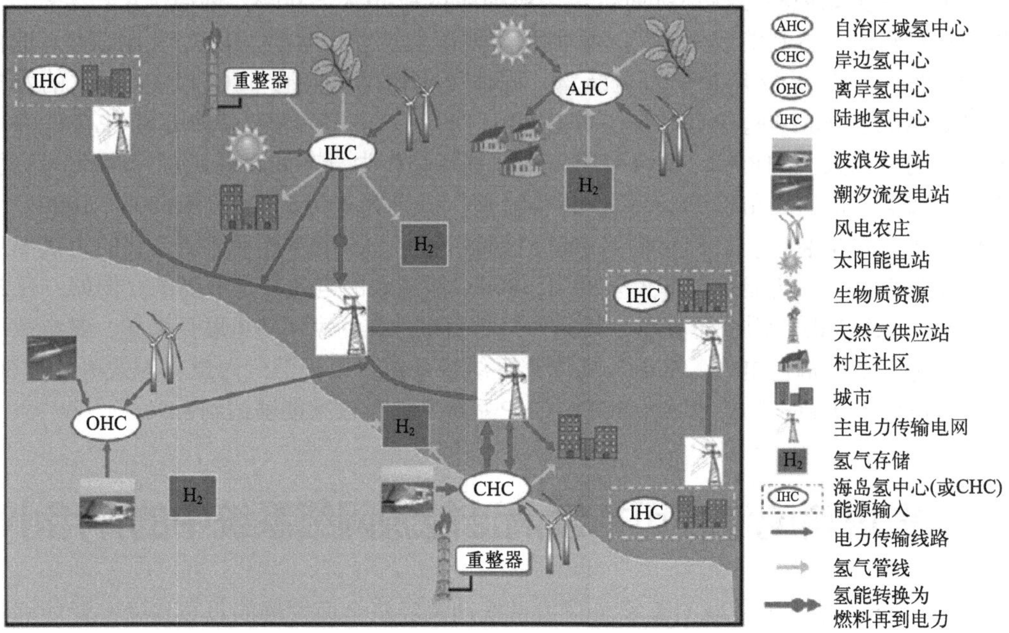

图8-10　可持续能源系统中氢能分层结构示意

8.8.1　离岸氢中心（OHC）

该类氢能中心集成了如下几个子系统：波浪、潮汐流和/或风力等多类可再生能源电力生产装置、大规模海水电解产氢单元、能以季节-季节方式调节的储能装置、大规模燃料电池发电站以及相应配备的控制调节用电力电子设备。OHC的主要功能是：把生产的备用电力输送给中心电网，把生产的部分氢经管道输送给岸上的储氢设施或即时使用。由于储能（储氢）装置的调节功能，可以确保全年都能够利用具有波动、间断特征的可再生能源电力作为主电力源向中心电网稳定输送电力，且具有了在化石能源耗尽时满足全部能源需求的潜力。对该OHC中心而言，仅波浪能全球的理论潜力估计达9 TW，可开发利用的约2 TW，接近于全世界2008年电力的总消费量。为确保运输部门和中心发电站能有可连续使用的氢能，在离岸和岸边设施中配置有大存储容量储氢单元（其作用是至关重要的），供集中大规模使用。这是因为对未来可持续能源网络系统，其不断增加的总初级能源需求全部都将由可再生能源资源来满足。而大容量储氢单元的另一个更为关键的重要作用是，能够作为世界不同国家或地区所必需的能源储备库，确保能源供应的安全性和可持续性。

8.8.2　岸边氢中心（CHC）

该类中心的氢能位于海岸边的陆地上。为主电网供应电力的是风能和波浪能发电站。为了满足运输部门不断增加的需求，可再生能源的部分电力用来电解水以大规模生产氢气，这可为OHC和其它部门提供氢气源。也需要配备以长期（季节）方式存储能量的装置（储氢单元），用以克服可再生能源电力供应的波动性和间断性，确保全年能源的连续供应。在电力需求的高峰，燃料电池发电厂利用存储的氢燃料生产，供给中心电网大量电力（备用电力）。对CHC中心，采用的储氢方式可以是把压缩氢存储于有很大容量的地下储库中（原来是用于存储天然气或存储石油的含水层、采石后和水溶的洞穴等）。该技术是可行的，存储大量氢气时成本很低。

8.8.3 陆地氢中心（IHC）

该类氢能中心使用的可再生能源资源主要来自光伏和太阳热发电系统提供的电力和热量，也能利用风力、生物质、地热资源生产的电力和热量。这类氢能中心一般位于城市和工农业生产中心附近，它为城市和人口聚集中心地区的运输部门（包括公路车辆、铁路车辆和航空器）提供所需的氢气，也为地区内燃料电池发电厂供应氢燃料。它能够为中心电网提供电力，也可作为备用电力使用。这样设置的氢能中心能够避免从遥远生产储存中心到用户间建设氢输送管线（受区域氢分布管网限制）。

8.8.4 自治区域氢中心（AHC）

该类氢能中心是分布式的，主要为新住宅、商业、工农业发展单独提供电力和燃料供应，因中心电网无法提供服务。所有末端使用者所需的能源都将由可再生能源直接供应（只要可能），也需把超过需求的盈余电力用于电解水生产氢气。生产的氢除了为该地区的运输提供能量和燃料（公路车辆、农业和工业可移动机械）外，其余部分作为小规模燃料电池发电厂的燃料，为用户、建筑物和工农业企业提供备用的电力和热量（如需要的话），确保能源的连续供应。这类氢能中心适用于中心电网完全无法延伸或是延伸成本太高（例如澳大利亚大部分地区每公里大于10000美元）的情况。所以在距离电网超过一定距离（可能仅若干公里）时，可建设AHC氢中心。

8.8.5 未来能源网络系统中的氢能源网络

设计可持续氢能源的最重要原则是在未来能源网络系统总体框架内使国家（或州/省）范围内所需要的氢能分布网络最小，这是因为建设氢能分布网络的成本是高的（发展氢能的一个壁垒）。毫无疑问，建立全新氢能存储和分布网络需要有巨大的资金投入。这已使一些持有偏见的政策制定者认为：应该利用现有的电网（已存在有公用基础设施）电力而反对使用氢燃料替代目前运输部门使用的燃料。很明显，要使氢管道网络最小化，氢能中心的设计必须具有按地理分布的氢能中心框架结构，尽可能使氢能中心输出的氢只在该地区使用，包括车辆使用的氢燃料。因此，氢能的位置应尽可能与未来能源网络系统中电网和热网系统储能位置保持同步。虽然从实际和经济可行的角度看，可再生能源资源的长距离输送和分布，最好通过生产的电力来实现。但是，理论分析和实践经验已经证实，过度集中的中心化能源生产系统不仅投资可能变得很大，而且对安全稳定运行也是一个不利因素。为此已经提出和推行脱中心化的电力生产（分布式发电装置），目的是克服过度中心化的电力生产带来的一些问题。分布式电力生产布局的思路也在氢能系统建设中推行，提出了类似的分布式产氢模式：在住宅或商业建筑物附近建立脱中心化产氢中心，供应燃料电池产生电力和热量所需要的氢，也为运输车辆提供氢燃料。一个比较理想的氢能管线分布系统，完全能够满足地区性（城市）需求并能把大量氢气通过储氢设施进行输送，这与离岸、岸边或陆地氢中心密切相关。对中等大小网络储氢位置的氢气配送：①氢按需求输送（开始时最可能使用的是道路槽车）到加氢站后再为道路运输车辆（轿车、商业车辆和卡车）注氢；②氢按需求输送到（为满足飞行器需求）液氢生产工厂（每个主要城市仅可能有1～2个液氢工厂），按液氢的配送方式再输送到液氢加氢站；③氢按需求输送到主要港口码头的储氢装置后再为氢燃料船舶充氢；④氢按需求输送到燃料电池站，用氢燃料生产的电力供应补充电网电力或为国家紧急时间供应电力；⑤氢按需求输送到位于主要铁路站的储氢单元，由它们为长距离货车和旅客火车充氢燃料。

8.8.6 屋顶上的发电装置

利用可再生能源资源的发电装置［如光伏板（PV）］可位于建筑物和地区内，这样做有双重目的：①降低非可再生化石能源消耗；②降低污染物和温室气体的排放。但由于可再生能源电力的供应不仅在小时（短期）尺度上而且在季节（长期）尺度上是不稳定和间断性的，与需求的时间是极端不匹配的，因此只能把电力的大部分输送给电网，而不是用来降低局部能量消耗。解决该问题的最好办法是，自己存储电力再供自己需要时消耗。这样就有可能利用屋顶发电装置为地区提供额外的商业机会，使融资更加稳定、灵活和可靠。

在建筑物屋顶安装的太阳能板是一种可再生能源资源的利用方式，也是一种分布式电力生产装置。这类分布式发电技术能够在如下多个方面做出贡献：发电技术的发展、避免和减少新传输线路的建设、为顾客需求的电力增加可靠性、电力市场的开发、环境影响的降低等。在这类利用地区性可再生能源资源的发电设计一般并不考虑总的电力需求，其主要目的是降低化石能源资源的消耗或降低地区的电力峰负荷。这类分布式发电的间断性和季节性问题通常可通过电网平衡来解决，这创生出多个新的商业机遇：买卖电力、为电网提供辅助服务、为可移动车辆提供能量（氢气）。

屋顶发电装置和能量存储方法，对不同地区进行个例研究获得的结果说明：使用短期和长期组合储能方法能使屋顶生产的电力利用率达到100%；氢燃料电池的操作时间主要是冬季和高电力需求时；储能系统可提高电网和分布式发电装置的可靠性。由此获得的结论是：电池和储氢技术的组合是储能的最好办法；在优化条件下地区碳排放可降低22%；操作成本降低的同时也增强了电网和系统的可靠性。

9 可持续产氢技术

9.1 引言

人类社会的进步和现代化过程正在消耗大量能源资源，世界能源需求的主要部分一直以来都是由化石能源资源供应的。世界的能源需求一直在增长，特别是在发展中国家。有预测称，到2050年世界总需求能量在600～1000 EJ。现在，化石燃料资源，如煤炭、原油和天然气，供应的能量约占全球总需求能量的80%，但它们在世界上的分布并不均匀，例如石油资源主要集中于某些特定地区如中东。按现在的化石燃料消耗速率，预计不久将可能消耗殆尽。

联合国政府间气候变化专门委员会（IPCC）第四次评估报告（AR4）指出：20世纪中期以来人为排放增加的温室气体（GHG）平均浓度加剧了全球变暖。也就是说，对能源需求的快速增加不仅导致化石能源的快速消耗而且也使气候变化前景变得模糊。因此控制GHG排放成为强烈和紧迫的要求，目的是尽可能降低其对环境产生的负面影响。现时经常发生气候灾害事件如干旱、热浪、洪水和飓风，这是自然给人类发出的警告，要求我们更加关心全球气候变化。自然发出的全球加速变暖现象警示我们必须考虑把利用的能源资源重点从现时的化石能源（不可再生资源）转移到清洁可再生的能源资源，未来能建立起一个环境友好的能源体系。因此需要尽快发展和建立碳中性（碳中和）的能源体系。碳中性能源体系的目标是：在满足世界对能源需求和支持经济健康发展的同时，必须确保大气中GHG（如CO_2）浓度保持在可接受的水平。分析预测指出，为在2050年实现大气中CO_2浓度稳定在5.5×10^{-4}、4.5×10^{-4}和3.5×10^{-4}的目标，需要建设的无碳电力分别为12 TW、25 TW和30 TW。因此，需要在能源的生产、转化、存储和分布技术上有革命性的进展。

氢燃料是清洁的，其燃烧和转化产生能量时不会有任何污染物的排放。氢燃料可在内燃机中燃烧也可在燃料电池中经电化学转化生产电力和热量。鉴于氢燃料的清洁无污染特征，在能源部门作为次级能源和能量载体的应用愈来愈广泛，其作用愈来愈大。如前所述，虽然氢能源仍然面临很多挑战，但由于其应用领域非常广泛，如工农业、运输、生活等，受到世界各国的关注，强度不断加大，已成为各个国家能源政策中的关键。应该认识到，氢是无碳能源，为缓解和解决碳排放问题，替代碳能源是必然的，因为氢不仅是化学品，也是未来不可或缺的重要能源和能量载体。

氢虽然在地球上并没有单独存在，但含有氢的化合物资源是极其丰富和巨大的。因此氢是需要利用初级能源资源和含氢化学品生产的。长期以来，氢一直作为化学合成原料使用，通常是从化石能源和燃料生产的，它也是某些工业的副产物。当把氢气作为能源和能量载体使用时，其与作为化学合成原料使用操作有显著的差别：数量巨大，更重要的是必须具有可持续性。因此，氢能源必须利用可再生能源可持续产氢技术生产，逐步替代目前相对经济的利用化石能源产氢的方法。利用有限化石燃料产氢的技术已经在第2章中做了详细讨论，本章主要介绍和讨论（作为能源和能量载体使用）氢的可持续生产技术，利用的原材料和能量是可持续和可再生的，包括利用废弃物作为原料。

9.2 产氢能源和原料

氢是地球上最丰富元素之一，化学活性很高，能够与很多元素形成化合物。在地球上天然存在的只有氢与其它元素结合的化合物，如水、烃类、金属氢化物和各种类型的有机材料等，其中的一些含氢资源在地球上是非常丰富的。原理上讲，所有含氢物质都能用于生产氢气，但需要以热（气化、热解）、电（电解）和光（光解）的方式输入能量，从含氢原料中分离出氢。例如，1 kg水经电解能够产生的氢气是0.1119kg，含能13.428 MJ。这说明，1 kg汽油的能量等于电解3.2394 kg水产生氢气的能量。

现在已经使用和正在发展的使用不同资源产氢的方法有许多种，从产氢资源到末端使用氢的路线图简要总结于图5-7中。在范围广泛的产氢技术中，只有部分能工业规模应用，有一些仅能在实验室规模上使用。在图9-1中，给出了利用不同含氢原料（水、天然气、生物质和煤炭）生产氢的工艺链。目前，主要作为合成原料使用的氢气，约95%是利用甲烷重整和煤炭气化方法生产的。在中国，目前用于生产氢气的原料占比见图9-2，图中醇类原料主要指的是来自煤炭和甲烷的甲醇。这里明确指出目前生产氢气所利用的基本都是不可再生的化石能源，因此是不可持续的。虽然利用电力电解水产氢是成熟的技术，但目前仅

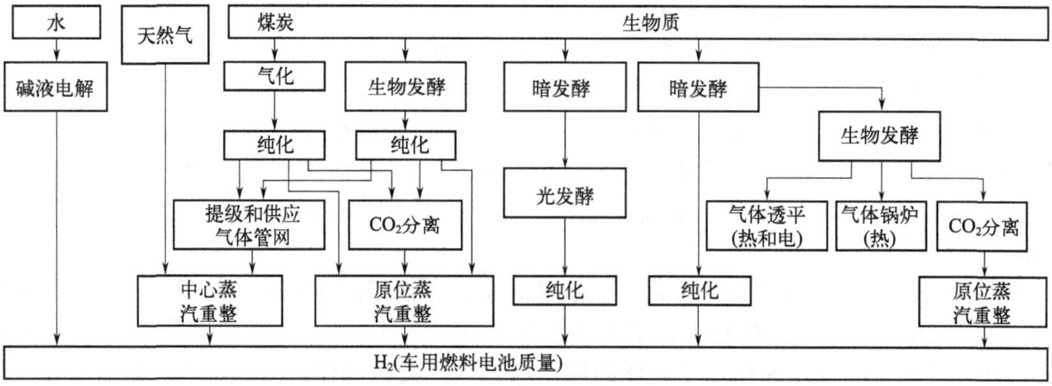

图9-1 水、天然气、生物质和煤炭生产氢气的工艺链

占产氢总量的很小一部分，主要用于生产有特殊需求的少量高纯氢气。水电解所产氢气可分为两类：当消耗电力是由不可再生化石能源生产时，所产氢是清洁的但是不可持续的，称为“灰氢”；当消耗可再生能源电力时，所产氢不仅是绿色清洁的而且是可持续的，称为“绿氢”。

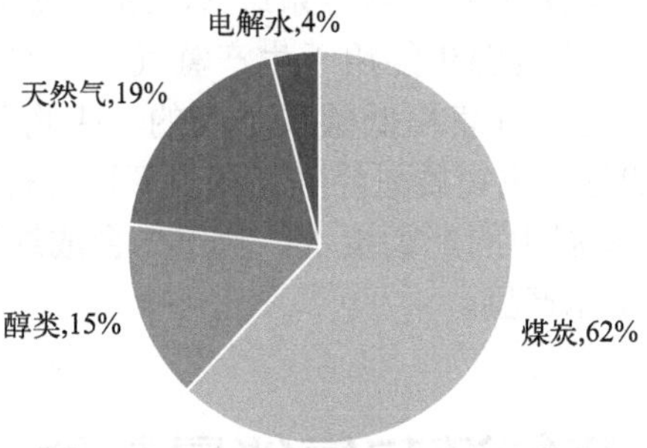

图9-2 目前中国产氢使用原料的比例

在图9-3中总结了氢能的生产、存储、运输和利用路径。图9-3的右半部分给出了目前占优势的以化石能源（煤炭、石油和天然气）为原料的生产技术，包括（气体或液体）烃

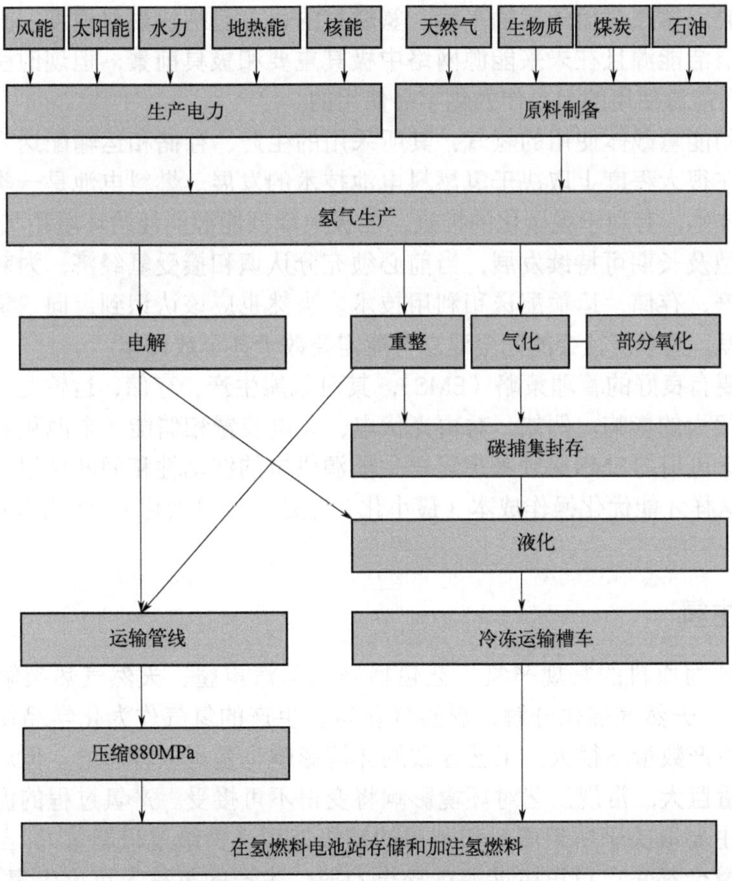

图9-3 氢的生产、存储、运输和利用途径

类重整特别是天然气蒸汽重整、含氢固体气化特别是煤炭气化；而图9-3的左半部分给出的是利用低碳和无碳能源资源生产氢气的技术，特别是利用可再生能源、生物质和核能电力电解水的产氢技术。尽管目前电解水和生物质气化产氢量仅仅占4%和1%，但这是生产氢能的长远理想目标技术。对从传统能源网络向未来智慧能源网络的过渡时期，为降低碳排放，利用化石燃料产氢时最好配备碳捕集封存系统（CCS）（成本大幅度增加）。

除利用水为原料外，生物质能源也能用于生产氢气。生物质能源被认为是可再生的和碳中性的，因此所产氢气也是可持续和低碳或零碳的。生物质产氢可利用的技术有多种（参见图9-1）。其中最主要的是：生物质先经气化和热解再进行蒸汽重整、生物发酵和暗发酵并纯化。另外，还有若干发展中的产氢技术：利用光合成细菌如绿藻、蓝藻等的代谢活动产氢，它们利用光能量分解水产氢。

9.3 氢化学品、氢能源和氢能量载体

氢气是一种极为重要的化学原料，广泛应用于化学、食品、冶金、石油化学和电子加工等工业领域。其中约49%用于氨的合成，约37%用于油品炼制，8%用于甲醇合成，6%用于小体积产品如精细化学品的生产。现在仅有小部分氢是作为能源和能量载体使用的。例如，作为内燃引擎燃料用于运输车辆。氢燃料的优点包括快燃烧速度、无毒物排放和高效。虽然氢是清洁能源且在未来能源网络中极其重要和极具前景，但现时生产的绝大部分氢气并不是作为能源使用的而是作为化学品使用的。

作为能源和能量载体使用的氢气，其所采用的生产、存储和运输配送方法具有一些特点，氢能发展在很大程度上取决于氢燃料电池技术的发展。燃料电池是一类更清洁和更高效的能量转换技术，有利于脱碳化的推进，能极大降低能源消耗给环境和气候带来的影响。为支持经济转型及长期可持续发展，当前必须充分认识和接受氢经济，为刺激其发展必须变革氢能的生产、存储、运输配送和利用技术。当然也应该认识到，向“氢经济”的过渡是一个长期过程，氢经济社会的完全建立可能需要数十甚至数百年。

对能量需要有良好的管理策略（EMS），其对氢能生产、存储、运输配设利用过程的总效率和成本有很大的影响。例如，对由光伏电、风电装置和储能（电池和氢存储）单元构成的系统，实际可用的EMS必须考虑可再生能源供电的波动性和间断性以及需求电力的不确定性，只有这样才能优化操作成本（最小化）和效率（最大化），使成本降低并增加储能效率。

9.3.1 可再生氢

以化石能源为原料的常规产氢工艺包括甲烷蒸汽重整、天然气热裂解、重质油热分解（部分氧化）、天然气催化分解、煤炭气化等。生产的氢气作为化学品使用时其成本是可接受的；因生产数量不很大，工艺导致的环境影响也是可以容忍的。但对氢燃料和氢能量载体，因数量巨大，常规工艺对环境影响将变得不可接受。产氢过程的温室气体排放和其它环境影响主要取决于所用原料和利用的初级能源（供给过程能量）。当产氢过程所用原料和所需能量全都来自可再生能源或核电力时，生产的氢称为可再生氢（绿氢），污染物和温室气体几乎是零排放的。已经证实可再生氢生产技术在经济上是可行的。分析预测

指出，到2050年可再生初级能源资源（风能、波浪能、水电、地热能、光伏和太阳热电力）能够为全球可持续能源经济提供需要的所有能量，可再生氢也能满足运输部门需求的燃料。

可再生氢的生产必须利用可再生能源资源（包括生物质），现在利用生物质能源的首要工作是生产运输燃料生物柴油与联合生产电力和热量。在向未来智慧能源网络系统的过渡期及其以后，可再生和可持续能源供应的能量将占据主导地位，利用丰富可再生能源生产的氢是清洁环境友好的“可再生氢能源”。因此，对未来智慧能源网络系统的发展和完善，发展利用低成本、环境友好产氢技术是关键。生产氢能利用可再生能源是最理想的，如生物质、太阳能、地热能和风能等。这不仅仅是因为有限化石能源资源可能耗尽，更重要的是其产氢过程不排放温室气体CO_2。如果从可持续战略层面看，可持续的产氢工艺只包括：以水为原料利用可再生能源电力的电解水、热化学水分解、光电解和生物光解产氢以及以生物质为原料的气化、热解和发酵产氢技术。随着氢能技术的发展以及利用领域和数量的扩展，可再生氢（如利用太阳能电力的水电解制氢）所占比例将快速增加。例如，从2018～2020年和2020～2100年（预测值）中国利用不同产氢技术所产氢气在总产氢量中所占比例的变化曲线（图9-4）中可以清楚地看到。在可持续的产氢技术中，只有水电解和生物质气化热解产氢技术是能够大规模生产的成熟技术，其余技术只能小规模应用或仍处于研究发展阶段。

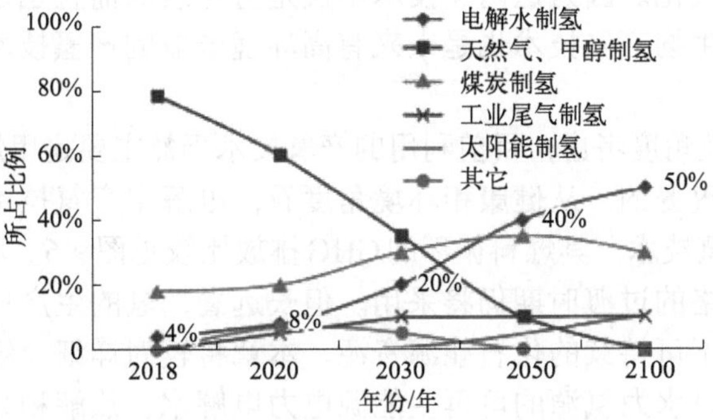

图9-4　2018～2020年和预测的2020～2100年不同制氢技术的占比

9.3.2　产氢工艺分类

产氢原料基本上可分两大类：可再生原料和不可再生原料（化石能源）；按产氢利用的能量可分四类：化学能、热能、电能和太阳辐射能，这些可来自可再生能源资源、不可再生化石能源资源和核能。按这个思路进行组合可形成的产氢工艺有多种，如图9-5所示。主要有部分氧化（POX）、水热解（WT）、甲烷热裂解（TC）、甲烷蒸汽重整（SMR）、煤炭气化（CG）、生物质经气化、重整和生物过程产氢（HB）、水电解（HE）、光解（PHE）、光生物过程（PHB）等。可再生能源（RES）包括生物质、太阳能、风能、水力及其组合。这样获得的主要产氢路径包括：①可再生能源电力电解水路线，生产的是氢气和氧气，包括光伏电力水电解（PV-EL）、风电水电解（W-EL）和水电水电解（H-EL）；②生物质的热解和气化路线，生产的是H_2、CH_4、CO、CO_2和N_2的混合气体（合成气），再用变压吸附（PSA）或膜分离技术分离出氢气；③以水为原料除电解水以外还有其它路线，如光解、热分解或热解、光化学、光电化学和光生物分解水产氢、生物产氢和若干集成组合过程。

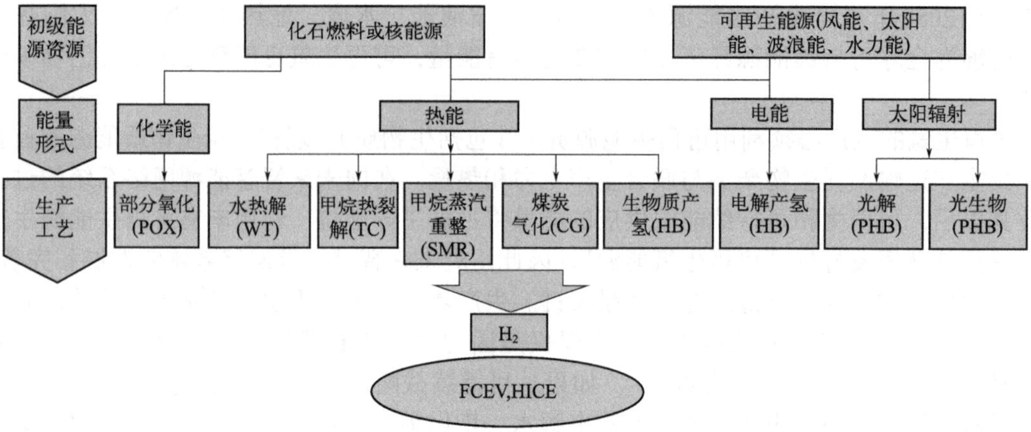

图9-5 氢生产工艺分类

考虑到短期目标和成本有效性，在能源系统的整个过渡时期仍然离不开利用化石燃料生产氢气（如图9-4中所示），即便到2100年中国氢产量的约30%仍然来自煤炭原料和能源。虽然利用煤炭生产氢气存在污染物排放和消耗化石能源资源的问题，但当配置CO_2捕集封存或利用技术时，可以大幅减少或消除GHG的排放。未来使用的产氢技术主要是可再生能源电力电解水和生物质气化。因为这两类技术不仅是可持续的而且也是清洁环保的。利用太阳光源的光化学和光生物产氢技术也是未来有高环境效益的产氢技术，但仍需要有一段研发时间来发展和完善。

从成本和经济利益角度考虑，目前利用的产氢技术仍然主要是甲烷蒸汽重整（约95%），这在近期几乎是难以改变的。从健康和环境角度看，电解水产氢技术是不二选择。对使用不同燃料电力源的产氢技术，其燃料循环的GHG排放比较见图9-6。不言而喻，用化石燃料产氢在向未来能源网络的过渡时期仍将采用。但长远看，氢的生产只能利用可持续的可再生能源而不可能依靠不可持续的化石能源资源。本章将较为详细介绍利用可再生能源的可持续产氢技术，包括以水为氢源的可再生能源电力电解水、热解和光解，以及以生物质为氢源的产氢技术。

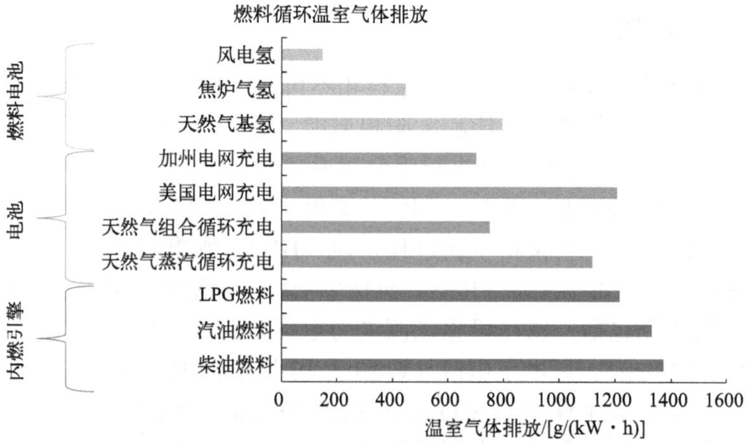

图9-6 不同动力源燃料循环温室气体排放

9.4 水电解制氢

9.4.1 引言

水分子由两个氢原子和一个氧原子构成，把其分解就可获得氢气和氧气。分解水分子所需的能量可以是电能或热能。利用可再生能源热量或电力分解水获得的氢是清洁的可再生氢（绿氢）。例如，利用浓缩太阳能热或核热能热分解生产的氢气；利用太阳能电力或风电电解水生产的氢气。当然，分解水产氢所需的热量和电力也可利用来自化石能源生产的热量和电力。但很显然，利用可再生能源电力和热量来生产作为燃料和能量载体的氢气是最理想的，因为此方法是清洁可持续的，也就是利用核电、风电、太阳光伏电和热电来电解水生产氢能的技术。除了电力外，电解水还需要有电解质的帮助（用于传导质子或羟基离子）。实际使用的电解质可以是质子交换膜或碱液。在电解水生产高纯氢气的同时，其副产物随所用电解液不同而有所不同，副产物可以是氧气、氯气、NaOH等。如前面已经指出的，如在高温下电解水蒸气产氢时，电解过程的电效率远比常规电解过程效率高。

9.4.2 水电解的原理和优点

水电解制氢具有绿色环保、方便灵活、氢纯度高（通常在99.7%以上）和副产高附加值氧气等优点，单位能耗约在4～5 kW · h/m^3（H_2），电价占总制氢成本的70%以上。水电解过程中包含的电化学反应分别是阴极上的氢演化反应和阳极上的氧演化反应。反应式可分别表示如下。

$$\text{阴极（还原）：}2H_2O(l)+2e^- \longrightarrow H_2(g)+2OH^-\text{（水溶液）} \tag{9-1}$$

$$\text{阳极（氧化）：}2H_2O(1) \longrightarrow O_2(g)+4H^+\text{（水溶液）}+4e^- \tag{9-2}$$

$$\text{总反应：}2H_2O(1) \longrightarrow 2H_2(g)+O_2\text{（气体）} \tag{9-3}$$

在25℃和1 atm条件下，水电解总反应和标准平衡电极电位（$E^{\ominus}$）如下：

$$H_2O = H_2 + 1/2O_2 \qquad U^{\ominus} = E_a^{\ominus} - E_c^{\ominus} = 1.23V \tag{9-4}$$

水被可再生能源电力分解成O_2和H_2是环境友好过程，按如下总反应：

$$H_2O + 2F \longrightarrow H_2 + 1/2O_2 \tag{9-5}$$

式中，F是Faraday常数，产生1 mol氢气所需电力（96845 C）。反应（9-5）的逆反应能够应用于在氢燃料电池（HFC）中利用氢生产电力。

$$H_2 + 1/2O_2 \longrightarrow H_2O+2F \tag{9-6}$$

对利用反应（9-5）产氢，原料水的成本一般可以忽略不计，电解水产氢成本实际上是由所耗电力的成本决定的。为增加水电解时的产氢总速率，必须增加水的电导率。因此，实际的电解过程中，使用的水是添加有电解质的液体水，称为电解质溶液。添加的电解质可以是酸也可以是碱。实践操作表明，碱性电解质比酸性电解质在成本上更有优势，因为前者电极催化剂是非贵金属。当前实际商业使用的碱性电解系统（AES），应用的电解质一般是30%KOH溶液、温度80℃（KOH可回收再使用）。

低温商业电解器系统的现时效率在56%～73%［70.1～53.4 kW·h/kg（H_2），25℃，1atm］之间。电解器电解水生产高纯氢气可在高压（> 7 MPa）下进行，这可节约昂贵的氢气压缩费用。对使用陶瓷微孔分离器和镍电极（阴极、阳极分别有铂和锰氧化物表面涂层）的AES系统，其效率在55%～75%之间，生产纯氢耗电为4.49 kW·h/m^3。

在中国，如使用市电，制氢成本每公斤氢约为30～40元。由于国内火电占比很大，还面临有碳排放问题。如按当前中国电力平均碳强度计算，制1kg氢的碳排放为35.84 kg，该值是化石能源（甲烷）重整制氢碳排放量的3～4倍。而当电价低于0.3元/（kW·h）（谷电电价）时，制氢成本与化石能源制氢成本接近。之所以要大力发展利用可再生能源电力制氢，一是可降低碳排放甚至达到零排放；二是制氢成本能够随可再生能源电力成本持续下降而下降。我国可再生能源发电装置，现在某些地区有相当数量的弃电，特别是风电和光伏电装置。如利用弃电生产氢气，则经济性较高，可提供的制氢量目前可以达到约263万吨/年。为提高可再生能源电力利用的可靠性和效率，产电装置需配备大容量的储能单元以解决可再生能源电力固有的波动性和间断性问题，并可实现可再生能源高渗透率和用于调峰，国家实施支持高效利用廉价且丰富的可再生能源制氢［最高电价低于0.3元/（kW·h）］的政策。我国利用电解水制氢的成本随电价和规模的变化见图9-7。

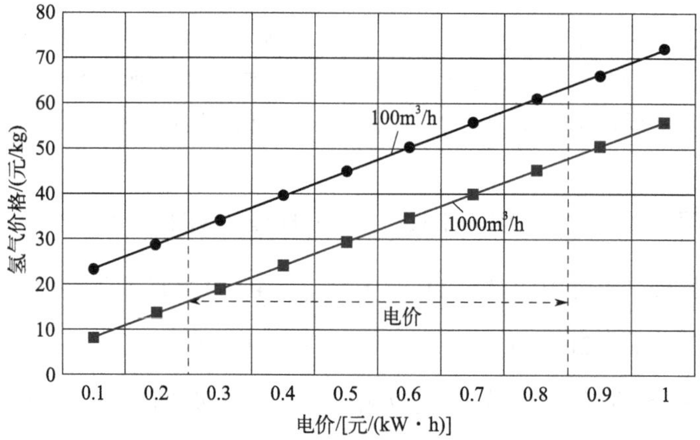

图9-7 我国电解水制氢成本随电价和规模的变化

虽然目前利用化石燃料生产氢气在经济上具有优势，但其产氢和配送的总效率仅有50%。生物质产氢总效率为40%，气体燃料产氢总效率为53%。对利用可再生能源产氢的技术，采用生命循环评估方法对其进行评估后表明：①利用可再生能源电力产氢是完全可行的；②虽然长距离运输产生能耗，但其污染物和温室气体排放仍然是很低的（图9-6）。但也应该指出，水电解产氢需要耗用大量的脱盐水和电力。例如，当日产氢50000 kg，效率为80%时，需要的电功率和脱盐水分别为105 MW和28 m^3/h。为液化，所产氢气又要消耗25400 kW（主电功率）电力和155 kW控制电功率。例如对瑞典航空，如完全使用氢燃料，到2050年其所需氢的数量是巨大的，采用水电解产氢需要耗用的电力达20 TW·h（包括液化耗能），该值约为2000年瑞典总电力供应的12%。这说明航空工业增长可促进可再生能源发电事业的发展，利用低谷电力产氢，同时也能够带来巨大的环境效益。

9.4.3 可再生能源电力电解水产氢

9.4.3.1 风电产氢

用风能生产电力，对环境的负面影响最小。2012年约28.2275万MW电力是由风能产生的，占世界总电力需求的2%。中国、德国、西班牙和印度占世界年度风电总量的73%以上，2019年中国风电装机2.1005亿kW，发电量0.3577亿kW·h。为了最大限度利用风电功率，应该智慧管理复杂的风电工厂，如提高电网传输容量，安装一个额外提供备用电力的发电装置。风电是可再生能源电力，具有大的波动性和间断性，为平衡必须增加容量并对所需电功率进行频繁控制。利用风电电解水制氢（风→氢，WTH）是解决此问题的一个策略。利用其盈余电力制氢并把其存储起来。在电力供应不足的低风电或电网电需求高峰时期，再把存储氢转换为电力以满足需求。风电工厂和氢能的协同是缓冲风电波动性和间断性的一种有效机制。另外，容量巨大的WTH系统所产氢气完全能够满足车辆对清洁氢燃料的需求，从而也缓解了GHG排放速率带来的压力。图9-8是利用风电组合产氢及其应用的集成系统。

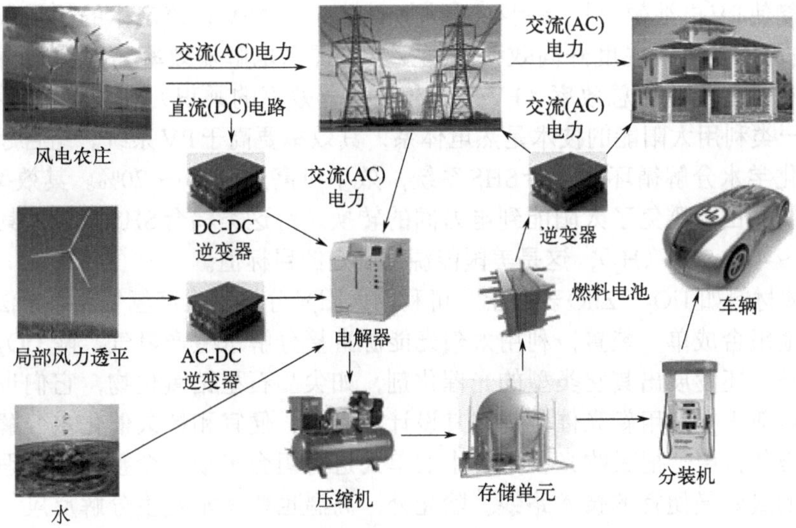

图9-8 风电产氢应用集成系统

9.4.3.2 太阳能电力产氢

太阳能毫无疑义是清洁的可再生能源资源，地球表面每年平均接收的辐射能量在120000 TW左右。约50年前就出现了太阳能发电设备，先是光伏发电（PV）技术而后是太阳能热发电技术。太阳能发电的发展速度极快。虽然太阳能是地球上最大的能源资源且最近几年快速增长，但其实际供应的电力在全球总电力需求中所占份额仍然是不大的。2018年占世界总装机容量的2.2%，预计到2040年占比达18.7%，共计7200 GW。2020年中国的风电装机容量2.8亿kW，太阳能电力装机2.5kW，分别占世界的34%和33 %。2019年中国太阳能发电装机容量达2.0468×10^{8} kW，占总装机容量的3.1%，发电量1.172×10^{7}kW·h比2018年增加了13.5%，占总发电量的1.6%。2021年一季度，中国风电产量1.4006×10^{11}kW·h，占总发电量7.35%，太阳能电力产量3.877×10^{10}kW·h，占总发电量2%。

为解决对化石能源资源的依赖和降低污染物排放，太阳能电力能够采用类似于风电制氢的策略。已经发展出太阳能电力产氢系统（SHS）：利用白天太阳辐射在PV装置上生产的盈余电力在电解器中电解水生产氢气和氧气，当晚上没有太阳照射可利用时再应用存储的氢气和氧气用燃料电池生产电力。第一个SHS公用基础设施于1995年在美国加州 EI Segundo建成，其PV装置和电解器日产氢约50 ～ 70 m^3。此后为验证太阳能电力产氢技术的可行性，又建设了多个SHS，目标是找出经济可行的SHS技术。实际结果证实了该技术是经济可行的。中国利用西北地区的富太阳辐射资源建设了大型太阳能电力产氢装置。例如，宝丰能源集团在宁夏宁东能源化工基地建设2×10^5kW光伏发电和$2\times10^4 m^3/h$电解水产氢装置，配备全球最大的1000m^3/h电解槽。

电解水可应用的电力可以是单个太阳能PV电力，它直接为产氢PEM电解系统供应电功率；也可以是PV-电解器技术与其它产氢技术（如甲烷蒸汽重整）的组合，因这更有利于商业应用。对商业硅基太阳能电池，现时的SHS效率在8% ～ 14%之间，电解水系统的能量效率在70% ～ 75%之间。对太阳能电解水产氢技术的商业化应用，目前最重要的障碍是SHS系统的低效率和PV电池的高成本。但是，可以预计，随着电解器系统和PV电池技术的发展，SHS的效率将逐年提高，可以达到25% ～ 30%甚至更高。例如，利用发展的捕集太阳光定向技术能使PV电池效率提高到40%以上；又如，对PV系统产生的热量做有效利用既可保持PV电池的温度（温度升高效率降低）又可提高电解器效率（温度升高效率提高），可使SHS系统的能量转化总效率（PV效率和电解器效率的乘积）有较显著的提高。除PV装置外，另一类利用太阳能的技术是热电体系，其效率要高于PV系统。组合超高温太阳能浓缩器和热化学水分解循环的耦合SHS系统，效率可高达60% ～ 70%。其效率高于PV-电解器组合系统是由于避免了太阳能到电力间的转换。对这类耦合SHS系统，其产氢成本可降低至2.00 ～ 4.00 \$/kg（H_2），这是美国能源部制定的目标值。

在半导体材料如TiO_2、ZnO表面上，可利用太阳光分解水生产氢气。该方法把半导体材料和水电解池组合成单一装置，利用太阳光能源直接分解水生产氢气。除TiO_2和ZnO半导体光催化剂外，还发展出其它类型的光催化剂，如尖晶石型钴氧化物，它们也能把水分解生产氢气。目前正在利用新光催化剂把其设计成有效、便宜和持久催化水分解反应的产氢装置。在该类装置中，把吸收光和分解水的单元进行组合形成一个整体。从理论上讲，这可能是产氢的最好最便宜的技术路线。除光外，高温也能使水发生分解反应，例如利用太阳热分解水就属于高温分解水方法。把太阳光的热能强化聚集起来可以使温度升得非常高，可达到发生水分解产氢热化学反应所需要的高温。

为评估和比较不同产氢技术的效率和GHG排放，对可再生能源电力（风电和太阳能电力）产氢技术和用不可再生能源天然气和汽油产氢技术进行了完整的生命循环评估（LCA）。获得的主要结果如下：①可再生能源电力产氢（可再生氢或绿氢）的成本高于天然气重整产氢；②当氢燃料电池车辆（FCEV）效率为内燃引擎车辆的2倍时，在FCEV中用风电氢（WTH）替代汽油产氢是经济的，还能有效缓解GHG排放；③WTH的高成本主要是由于新安装装置的高成本和转换过程的能量损失。为证实LCA评估所获得的结论，美国国家可再生能源实验室资助并进行了中试规模（100 kW）的WTH试验［采用聚合物电解质膜（PEM）和碱液电解质电解器，日产氢20 kg］。汽油产氢技术成本约5.50 \$/kg，当改用先进风力透平电力时氢成本降低至2\$/kg（美国DOE 2017年的目标值）。试验的结果已经完全证实了LCA评估的结论。但必须注意到，只有当WTH系统成本下降到0.015 \$/（kW・h）时，其产氢成本才有可能与汽油重整产氢成本竞争。

9.4.3.3　地热能产氢

地热能源也是具有环境友好特征的能源，已应用于供热、制冷和发电等领域。地热能释放的热量是稳定的，容易转换为电力，且成本较低，可利用性高。因此，利用地热资源产氢是很有吸引力的。世界上已有许多国家利用地热资源来发展氢经济。利用地热能量产氢的工艺有混合循环或地热电力电解水两类。有时，只需经必要的净化步骤就能直接从地热蒸汽中分离回收氢气。火山区域的地热资源温度是很高的，所产高温蒸汽已用于生产电力或推动热泵。对利用地热能产氢，冰岛国家电力公司对不同深度深井进行的研究说明，深度为4～5 km深井中抽取500～600℃蒸汽生产氢气应该是没有问题的。虽然现时打深井的目的是研究利用其大规模产氢的可能性，但未来十年内它很有可能成为产氢的可行技术。在日本和冰岛，已经有实现了利用地热能产氢的项目。在美国夏威夷，研究了两套地热产氢方案：一是利用地热能生产的电力为容量2600 kW的电解器供电，可日产氢462 kg；二是为容量1900 kW电解器供电，可日产氢347 kg。在葡萄牙Terceira岛上，也实施了用可再生能源资源生物质、风能和地热能及其组合生产可再生氢的项目。对低和中等温度的地热资源，虽然并不适合用于快速透平机发电，但可被热电联产装置利用。因此这类低和中等温度或废弃的地热资源仍有可利用的价值，用于产氢也是可行的。在图9-9中给出了利用地热能产氢工艺路线图。

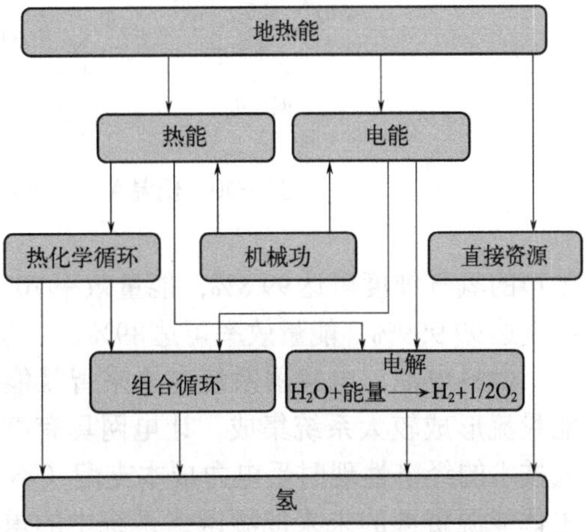

图9-9　地热电力产氢过程路线图

9.5　水电解反应器——电解器

9.5.1　引言

电解水是利用电功率分解水生产氢气和氧气（重量比1∶8，体积比2∶1）的装置，所使用的反应器称为电解反应器，简称电解器。理论上讲，电解反应器是以消耗电力的方式逆向操作燃料电池，因此电解器（逆燃料电池或电解池）与燃料电池有很多相似性。电解反应器由连接外电路的两个中间隔着电解质的电极构成，为此电解反应器（电解池）可按所用电解质进行分类：碱电解池（AEC）（使用的电解质是碱液），聚合物电解池（PEMEC）（使用的电解质是聚合物膜）、固体氧化物电解池（SOEC，使用的是固体氧化物膜电解质）和无膜电解池。其中低温操作的电解池有AEC、PEMFC和无膜电解池。低温电解池技术操作原理见图9-10。在各类电解反应器中，AEC技术最为成熟，生产成本较低，中国国内单台最大产氢量为1000m^3/h。PEM电解池流程简单、能量效率较高，现国内单台最大产氢量为50 m^3/h，但因需用贵金属电催化剂成本偏高。固体氧化物电解池（SOEC）电解的是水蒸气，高温操作，能效最高，目前国内尚处于实验室研发阶段。

商业电解器的能量效率目前处于55%～75%水平，产氢过程没有GHG排放。碱电解器

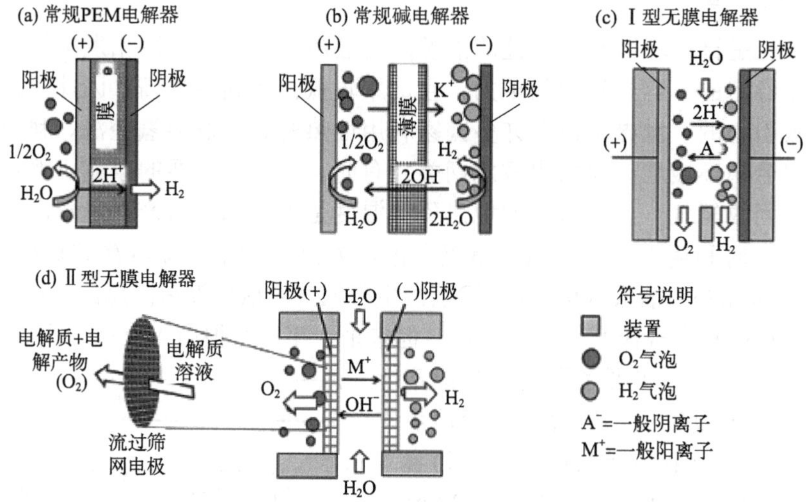

图9-10 低温AEC、PEMEC和无膜电解器的操作原理示意

生产的氢气纯度可达99.8%，能量效率70% ～ 80%（HHV），质子交换膜电解器生产氢气的纯度达99.999%，能量效率可达89%。

燃料电池、电解器系统在未来智慧能源网络中所起的作用是使电网和燃料网间分配的能量流形成较大系统集成，让电网具有高的稳定性、灵活性和能量总效率。虽然水电解产氢技术的经济性现时受电力成本支配（不同地区有不同的电力成本），但它在可再生能源为主体能源资源的未来能源网络系统中的重要性愈来愈大，因为其可利用价格非常低的可再生能源电力，且利用电力制氢（几乎）是零碳排放的技术。

虽然水电解制氢具有不少优点，但现在其产氢仅占世界总氢量的很小部分。除了成本因素外，最主要原因是现时的氢气主要作为化学品使用（用作氢能源的比例很小）。如前述，水电解产氢成本主要来自电力消耗成本。目前，甲烷蒸汽重整（SMR）过程生产氢气的价格为1.59 $/kg，水电解产氢成本远超SMR产氢成本（即便电解器效率为100%）。图9-11给出了水电解制氢的经济性与电力价格和工厂容量间的关系。图9-11（a）中示出了不同电解器效率下电力成本与电力价格间的关系，并标出了SMR制氢成本线以及工业电价和太阳能电力价格点；图9-11（b）中给出了在不同单位电力投资成本范围下电解制氢工厂投资成本范围与容量因子（利用因子）间的关系。可以看到，现时的美国要使水电解产氢成本与SMR技术竞争，电力的价格要低于2 ～ 3 €/(kW · h)。而幸运的是，太阳PV电力和风电的成本在不断地下降，虽然要降到≤3€/(kW · h)尚需时日。但毫无疑问，当可再生太阳能电力和风电达到非常高的市场渗透时，其电力价格将是非常低的甚至可能是免费的。一个值得注意的事实是，现在世界很多地区都存在可再生电力的弃电现象，例如新疆每年丢弃的风电和太阳能电达1000亿kW · h。实际上这为电解水经济地生产氢气创造了巨大的机遇。对此也要注意到，一天中可用的低成本或免费电力仅仅是在很短的有限时间段，因此使用这类可再生能源电力操作的电解池，其容量因子（利用因子）可能是很低的，产氢的数量也不会很多。在这样的条件下，当电解器使用寿命为10年，容量因子为≈20% ～ 40%时，如图9-11（b）中曲线所示，现今商业聚合物（PEM）电解器系统的投资成本支出（capex）将是非常大的，达到1000 ～ 1500 $/kW范围。这一分析说明，为使用便宜的电力和在低容量因子情形下使用电解器系统，降低电解器的投资成本是极端重要的（技术-经济分析也获得同样的结论）。对使用电网电［价格7€/(kW·h)］的PEM电解器，当容量因子为97%时所产氢气的成本为6.1$/kg（$H_2$），而当利用太阳能电力（容量因子为20.4%）生产氢气成本为12.1 $/kg（计算值）。图9-11（b）中的曲线和上述分析结果所要强调的关键信息是：为使投资成本大幅下降，必须以颠覆性思维来发展电解器技术。只有这样，才有可能使利用可再生能源电力的水电解产氢成本与SMR技术竞争。

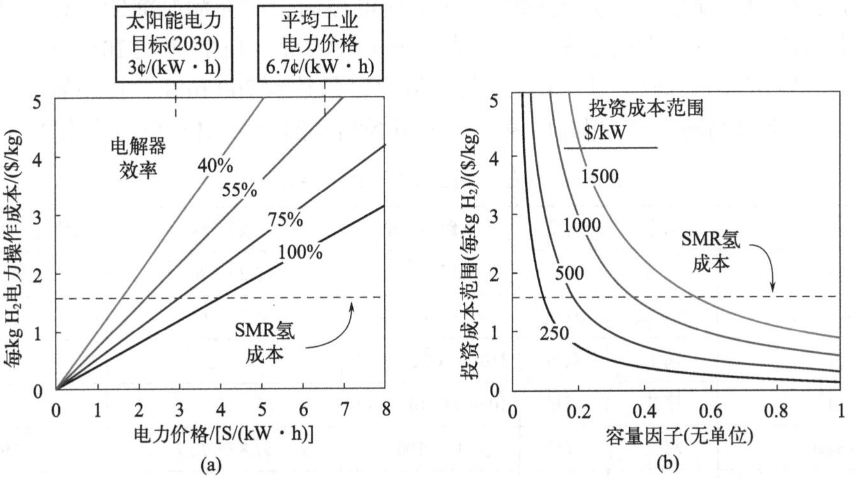

图9-11 水电解制氢的经济性

（a）操作成本与电力价格间的关系；（b）电解器（1.5A/cm^2，电解器效率为78%）系统投资变化范围（归一化到等同的产氢数量）

在水溶液电解质（通常是KOH溶液）中电解水（需用昂贵的涂铂电极）产氢速率是比较高的，纯度可达99.9%，能量效率可达75%，每立方米氢气消耗的电力达4.49 kW·h。为降低电解氢气的成本（电力消耗），需要进一步发展替代昂贵铂（特别是阴极）的电极材料（如磷酸钴）。对微生物电解池（MEC）而言，应用多孔镍发泡石墨烯阴极可使细菌获得更好的呼吸，生产更多氢气。总而言之，利用可再生可持续能源电力产氢是理想的，因能量成本降低了，这包括微和小风电（<50 kW）、光伏电、太阳能光电、太阳热、光生物电力、太阳光活化微藻和蓝藻等。

下面介绍几种重要的水电解反应器（池）。

9.5.2 碱电解池（AEC）

AEC是成熟技术，在工业中已普遍应用。在电解产氢过程中，水在阴极分解为H_2和OH^-，OH^-迁移穿过电解质溶液和隔膜到阳极放电释出O_2［参考图9-10（b）］。发生的电化学反应为：

阴极 $H_2O + e^- \longrightarrow H_2 + OH^-$

阳极 $OH^- \longrightarrow O_2 + e^-$

总反应 $H_2O \longrightarrow H_2 + 1/2O_2 \qquad \Delta H = -288\ kJ/mol$

碱电解池一般由电极、多孔分离器（膜）和电解质水溶液（30%KOH或NaOH溶液）构成。阴极最普遍使用的材料是涂铂的催化剂；而阳极材料是涂有镍或铜层的（锰、钨或钌）金属氧化物。液体电解质在电解反应中是不消耗的，但长时间操作会有损失（蒸发和被带走），需及时补充。电解池中产生的氢与碱液一起离开电极，于外置的气液分离器中分离移去水。在AEC操作中电流密度一般在100～300mA/cm^{2}之间，温度80～90℃，压力0.1～3MPa。但现在已有在200℃和4 MPa下操作的碱电解池。

电解池可串联（双极）或平联（单极）形成池模束，把其置于方形容器中。单极AEC布置简单、可靠、灵活；双极AEC的优点是欧姆损失低且布置紧凑。碱电解池中的多孔隔膜相对便宜，但对杂质的阻塞是敏感的。由于在电极间含有充满气泡的液体间隙，多孔隔膜的欧姆电阻高，因此操作电流密度不可能大于0.4 A/cm^2。自20世纪20年代以来，已有多个功率数百MW规模的AEC工厂成功运营，最大容量达到760 m^3/h。较小容量工厂（低于100 m^3/h）能够提供高纯度或/和高压氢气。现市场销售的若干AEC单元见表9-1。

表9-1 现在市场上销售的若干AEC单元

制造商	国家	类型	容量/(m^3/h)	效率/%	氢纯度（体积分数）/%
Avalence	美国	单极	0～4.6	65.2～70.8	99.7
Hydrogenics	加拿大	双极	1～3,4～60	65.5～68.1	99.9
IHT	瑞士	双极	110～760,3～330		
NEL	挪威	双极	10～337,10～485		
Accagen	瑞士	双极	1～100	52.8～72.7	99.9
Teledyne	美国	双极	2.8～11.2,28～56	无数据	99.999
Idroenergy	意大利	双极	0.4～80	47.2～75.2	99.5
Stuart Energy	加拿大	双极	3～90		99.997
Claind	意大利	双极	0.5～30	无数据	99.7
ELT	德国	双极	3～330, 100～760	76.9～82.3,76.1～82.3	99.8～99.9
Erredue	意大利	双极	0.6～21.3	59～69.8	99.3～99.8
Hydrogen Technologie	挪威	双极	10～500	82.3	99.9
H2 Logic	丹麦	双极	0.66～42.62	64.9～70.8	99.3～99.8
Idroenergy	意大利	双极	0.4～80	47.2～75.2	99.5
Industrie Haute Technologie	瑞士	双极	110～760	76.1～82.3	99.3～99.8
Linde	德国	双极	5～250	无数据	99.9
Sagim	法国	单极	1～5	70.8	99.9
Teledyne Energy Systems	美国	双极	2.8～56	无数据	99.999

9.5.3 质子交换膜电解器（聚合物电解池，PEMEC）

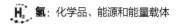

PEMEC中发生的电化学反应是PEMFC的逆反应，水被电力分解成氢气和氧气。在电解器中使用固体聚合物电解质的目的是克服碱液电解质的缺点。PEMEC具有若干优点：高电流密度、高电压效率、部分负荷条件下使用性能好且范围宽、快速系统应答和高气体纯度。其缺点是：电解质膜使用寿命有限和成本较高。PEMEC池堆容量通常低于MW，因此特别适合与分布式可再生能源电力组合。PEMEC技术的可行性已由瑞士发展的两个100 kW

产业工厂获得成功证明。第一个的设计容量为20 m^3/h，压力0.1 ～ 0.2MPa，于1987年在瑞士成功投产。第二个是德国的Solar-Wasserstoff-Bayern (SWB)氢项目示范工厂。SWB项目的目的是在工业规模示范装置上试验如下技术：太阳光伏电力电解产氢和燃料电池用氢生产电力间进行操作循环。装置在1990 ～ 1996年间累计操作时间2000 h。表9-2中列举的是世界各国主要的PEMEC制造商，日本、英国、德国、美国等国家的某些制造商并未包括在内。

表9-2 主要PEMEC制造商

制造商	国家	容量/(m^3/h)	效率/%	操作压力/MPa	氢纯度（体积分数）/%
Proton	美国	0.265 ～ 30	48.5 ～ 61	1.4,1.5,3	99.999
Helion	法国	20	60	3.5	99.9995
Siemens	德国	约250	55	55.0	无数据
Giner	美国	3.7,5.6	65.5	8.5,2.5	无数据
Treawell	美国	20 ～ 170	无数据	7.6	99.999
H-Tec System	德国	0.3 ～ 40	60	3.0	无数据
Hydrogenics	加拿大	1 ～ 2,30	49.2	2.5,1.0	99.99
ITM power	英国	0.6 ～ 35	62	1.5	99.99

PEMEC是在PEMFC技术基础上发展建立的，需要贵金属如Pt、铱、钌和铑等作为电极催化剂，使用的电解质一般是Nafion膜。在PEMEC的电解过程中，在阳极引入的水分子被分解为质子、氧和电子（进入外电路）；质子扩散通过电解质膜到达阴极并与外电路送来的电子结合生成氢气［参考图9-10（a)]；氢气与未反应水自动分离（无需分离单元）。取决于对氢的纯度要求，进入气液分离单元分离水后的氢气可能还需在干燥器中除去残留的水蒸气。

PEMEC的离子电阻很低，可在较高电流密度（>1500mA/cm^2）下操作，有高的效率55% ～ 70%。在PEMEC阴极和阳极上发生的电化学反应分别为：

$$\text{阳极}\quad H_2O \longrightarrow O_2 + H^+ + e^-$$

$$\text{阴极}\quad H^+ + e^- \longrightarrow H_2$$

$$\text{总反应}\quad H_2O \longrightarrow H_2 + 1/2O_2 \qquad \Delta H = -288\ \text{kJ/mol}$$

对商业PEMEC，一般使用“零间隙”膜电极装配体（MEA）设计。MEA是两个多孔性电极层片紧夹着传导质子的固体聚合物Nafion膜的一个整体，可在高电流密度下操作（0.6 ～ 2 A/cm^2)，电解水生产氢气的纯度很高。在PEMEC中的聚合物电解质膜，除了传导质子外还起着使氢气和氧气产品分离的作用。尽管传导质子的聚合物在PEMEC操作中起着至关重要的作用，但也带来了若干缺点：需要复杂的MEA构架且存在装置失败的潜在风险（因杂质在膜上沉积或被降解）。电解质膜除了直接影响装置寿命和增加维护成本外，其较短的耐久性也影响电解器系统的投资成本，因对水纯度和系统使用材料有若干严格要求。例如，为抗腐蚀，PEMEC若干组件需要使用昂贵的钛材。

9.5.4 固体氧化物电解池（SOEC）

SOEC中发生的过程基本上是SOFC中的逆过程。因在高温下操作，不仅降低了阳极、阴极过电位，而且有可能用热能替代电解所消耗的部分电能（参见图9-12)，因此在理论上

SOEC的电效率是所用类型电解器中最高的。例如，当操作温度从375 K增加到1050 K时，热量替代的电力占总需求电能约35%。SOEC中实际发生的电解过程类似于AEC，只是氧离子替代质子移动穿过电解质，同时把氢留在了未反应的蒸汽流中。在SOEC电解过程中，发生的电化学反应（类似于AEC）为：

阴极　$H_2O + e^- \longrightarrow H_2 + OH^-$

阳极　$OH^- \longrightarrow O_2 + e^-$

总反应　$H_2O \longrightarrow H_2 + 1/2O_2$　　$\Delta H = -288\ \text{kJ/mol}$

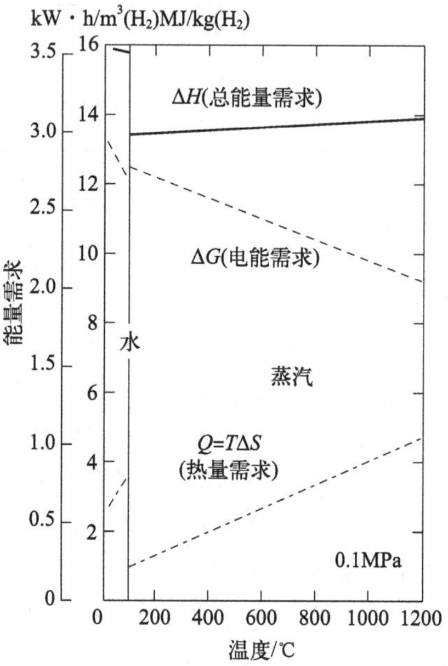

图9-12　水和蒸汽分解需要的能量

SOEC的主要组件是固体氧化物电解质及其两边的电极、电流分布器和产品气体收集器。常用的电解质一般为钇稳定氧化锆（YSZ），阳极材料选用Ni/YSZ，阴极为金属掺杂的镧氧化物。SOEC的操作温度在500～850℃，压力可为常压也可加压。分析研究表明，高温下电解反应电能利用效率高，也就是SOEC过程的电效率高。如图9-12所示，电力利用效率可达到非常高的程度，85%～90%。一般来说，热量比电力要便宜，因此从经济角度看，用SOEC产氢比传统低温电解更合算。SOEC技术非常适合于有热源可利用的情形，如浓缩太阳能热、地热和核能等，与SOEC组合电解水可获得高的能量效率。高温电解的效率取决于温度和热源，当把热源也包括在效率计算中时，效率值显著下降。例如，利用先进高温核反应器操作的SOEC效率能够达到60%。除了使用常规燃烧或核能产生高温外，也能利用太阳热产生的高温。

在标准条件下，电解水的理论输入电压阈值为1.48V，等当于每标准立方米氢气需要的电量为3.54 kW · h。而对高温操作的SOEC电解器，例如在900℃下电解水，需要的池电压仅为1.1 V，对应的输入比功率仅为2.63kW · h/m^3(H_2)，比要求的理论输入电能3.54 kW · h少了75%（由供应的热量补偿了）。因此，当效率按消耗电能定义时，低温电解效率至多能达到85%，而高温SOEC则可高达135%。在高温电解的实践中，德国 HOT ELLY的SOEC

系统达到的电效率为92%。由于电解产氢成本中约80%是电力成本（最关键因素），因此SOEC的高电效率是非常重要的优势。除高效率外，SOEC还具有两大优点：固体电解质没有腐蚀性和无液体及其流动分布的管理问题。但也有缺点：需要高温热源、高成本的材料和制作方法以及高温密封问题。

表9-3 工业应用中需要的代表性氢容量（电解器大小）

应用工业领域	珠宝、实验室和医药过程	冷却发电机	充氢站	BWR水化学	浮法玻璃生产保护气	电子工业	冶金	食品工业	军事和宇航
电解器典型大小/(m^3/h)	0.005 ～ 0.500	5 ～ 10	5 ～ 60	50	50 ～ 150	100 ～ 400	200 ～ 750	100 ～ 900	<15

SOEC技术尚未完全商业化，但已在实验室规模进行了单池和多池池堆示范。例如，美国爱达荷国家实验室进行了15 kW实验室集成装置的示范，产氢速率0.9 m^3/h；2008年该实验室又制作和安装了另一套由三个SOEC模束［每个模束由4个池堆（60个10cm×10cm单池）构成］组成的15 kW SOEC实验室装备，并连续试验了1080 h，平均产氢速率1.2 m^3/h，峰值> 5.7 m^3/h（等当于18 kW电解电功率）。中国科学院宁波材料技术和工程研究所（NIMTE，CAS）进行了30个单元池（有效表面积70cm^2）板式SOEC池堆的示范，产氢速率0.993 m^3/h。这些示范装置的结果有力地说明，SOEC是高效和有合理产氢速率的可行技术，放大进行大规模产氢的潜力很大。电解装置已经成功地应用于不同的工业领域，在表9-3中给出了不同产氢容量的电解器在不同工业领域的应用。

虽然燃料电池和电解池在构造上非常类似，建造的整体式可逆燃料电池（URFC）系统重量轻、体积小，这对运输车辆和航天应用非常有利，但是通常不会建造URFC，而是把电解器和燃料电池分开建造。因为使一套装置具有燃料电池和电解器两种功能对其长期高温操作是不利的，因标准燃料电池的反向操作会使池性能以更快速率降解，而且电极的极化也变得比较高。当然，如果建造URFC中使用特殊电极，具有可接受的性能——可逆能力和稳定性，就能达到有效和稳定的循环操作。URFC技术仍处于发展的早期阶段，美国NASA资助PEM基URFC，安装于Helios的URFC额定功率18.5 kW，在2003年的试验飞行期间进行了车载试验。最近的许多研究都是希望能够发展出能与可再生能源组合的URFC系统，如已提出了以SOEC和SOFC的组合系统联产氢和电力。该组合系统使用同一池堆和同一燃料天然气，SOFC和SOEC发挥了各自的功能：SOEC生产氢气、SOFC生产电力。在小的池堆中进行的试验证明效率可达69%，但燃料利用率比较低仅40%。URFC系统除了SOEC面临的挑战外，结焦也是一个严重的问题。

9.5.5 无膜电解器

由于PEMEC和AEC存在这样或那样的不足，特别是需要使用隔膜，因此希望发展不使用隔膜的电解器，而对这类无膜新电解器的兴趣正在不断持续增长。在无膜或无隔膜电解器中，产物的分离利用了池内流体的流动或浮力而不是膜。实验证明，可以凭借强制流体水平对流和/或浮力来分离电解产品氧气和氢气。无膜电解池可以按电极上的流动类型来进行分类，通常被分为两类：Ⅰ型［图9-10（c）］和Ⅱ型［图9-10（d）］。Ⅰ型无膜电解池的结构类似于层流燃料电池和流动电池：池内的溶液电解质以平行于两个电极表面做层流流动进入下游通道，使携带的电化学产物氢气和氧气得以分离。由于在操作Ⅰ型无膜电解池期间，电解质溶液中存在气泡，导致了不同的流体动态学。当在特殊饱和条件下操作Ⅰ型电解器时，会产生所谓的SeGre-Silberberg效应：流体流动的速度梯度有助于在电极表面针孔释放气泡［图9-10（c）］。在Ⅱ型无膜电解池中采用的是流通型电极，液体电解质以穿过多孔电极的方式流动，在流动形态上与Ⅰ型是不同的。例如，在图9-10（d）中的Ⅱ型无膜电解池，两个面对面放置的圆形电极是由金属筛网制成的。新鲜液体电解质从外部加压室强制流入电极间隙分流流体，液流中携带的阳极产物氢气流过间隙进入分离通道。Ⅱ型无膜电解器的操作电流密度可达约4 A/cm²，产品氢纯度>99.83%。近来新出现的Ⅱ型无膜电解器设计是：在电解池中使用了用绝缘挡板分开且有一倾角的筛网溢流电极，这使电解池主体变得极为简单，甚至可3D打印成单一的独居石组件。

9.5.5.1 无膜电解器的优点

无膜电解器的基本组件很少，仅有阳极、阴极和装置体。比较而言PEMEC要复杂得多，组件包含膜、阳极和阴极催化剂、气体扩散层、双极板、垫片、离子交联聚合物、电流收集器等，在表9-4中列举了PEMEC中成本最高的组件（低成本组件被归在“其它池堆”组）。一般来说，组件数量和类型少的装置制造成本较低，简单装置在设计和结构材料上更简单灵活，可采用简单的制造技术。例如，积木式制造（additive manufacturing, AM）为无膜电解器制作提供了快速样机化的机会。当然，用AM方法低成本制造的商业装置，其可行性要高度依赖于特殊装置设计和AM技术的发展。因此，无膜电解器的第一个优点是极大地降低了投资成本，因不再使用膜材料，且装配成本也降低了。

表9-4 典型PEMEC系统的组件投资成本

组件①	双极板①	电流收集器①	MEA制造①	膜①	阳极催化剂①	阴极催化剂①	其它组件①	功率电子设备	气体调节	工厂平衡组件
系统成本/%	30.6	10.2	6.0	3.0	3.6	1.2	5.4	15.0	10.0	15.0

① 2014年数据，该组件是电解器池堆的一部分。

无膜电解器的第二个优点是耐用性好、操作寿命长、对杂质有高耐受性、操作弹性较大、不会有电解器膜带来的问题（例如，不锈钢部件对引入的杂质如Fe^{3+}是敏感的，对膜或电催化剂有负面影响），可用自来水操作，无需水的纯化成本，系统平衡组件可用低成本材料。

无膜电解器的第三个优点是，可应用广泛的水溶液电解质进行操作，只要其有足够的导电性。原因在于液体电解质中离子的移动几乎不受溶液pH和离子类型的影响，即不管是酸性、碱性还是中性的电解质溶液，都可以使用。虽然强酸或强碱电解质环境是比较理想的，但对使用中性电解质溶液的兴趣非常大，因为：①中性电解质比较安全；②可使用低成本的催化剂和/或结构材料。另外，利用无膜电解器电解非水物质也具有很大的吸引力，例如电解CO_2和盐类生产特殊类型的酸和碱等。为了解在无膜电解器内发生的现象，可使用高速摄像机、中子衍射和其它原位表征技术。

9.5.5.2 无膜电解器的经济性

利用提出的电解池技术-经济模型，对无膜电解器产氢与操作电流密度间的技术-经济数据进行分析的结果指出，电流密度是有效产氢的最重要因素。在恒定效率75%（HHV）、

10年寿命和20%容量因子（CF）条件下，不同电力价格的面积归一化投资成本（CC_A，单位$/$m^2$）随操作电流的变化（直线）示于图9-13（b）中，在图中也标出了产氢目标成本1.59$/kg($H_2$)。在图中，不同电力价格的直线指出，$CC_A$随电力价格增加而下降；而在恒定电力价格下，随操作电流增加CC_A呈直线增加。因此，为在产氢成本上能够与其它产氢技术竞争，要求在高电流密度下操作时投资成本必须小于某一阈值。但是，也应该注意到该分析并没有考虑电力价格非常低和低CF条件的情形，此情形下较高欧姆和/或动力学损失是完全可以接受的。这是因为在电力成本很低甚至为零时，电解池效率对产氢成本的影响实际上几乎没有，而且在低于允许值下增加电流密度不会降低产品氢的纯度和/或电解装置的寿命。但对较高电流密度下的间断操作，影响的是电解装置的操作寿命，需要仔细考虑。在高电流密度下的频繁切断操作，所付出的代价是降低了电解质装置的服务寿命，这对低CF操作装置是可能的。

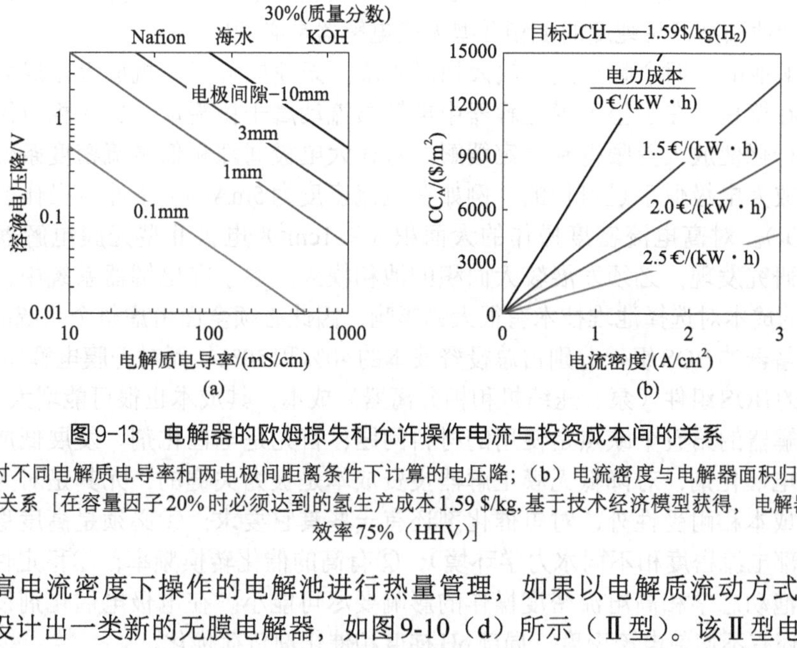

图9-13 电解器的欧姆损失和允许操作电流与投资成本间的关系

（a）0.5A/cm^2时不同电解质电导率和两电极间距离条件下计算的电压降；（b）电流密度与电解器面积归一化投资成本（CC_A）间的关系［在容量因子20%时必须达到的氢生产成本1.59 $/kg,基于技术经济模型获得，电解器寿命10年效率75%（HHV）］

必须对高电流密度下操作的电解池进行热量管理，如果以电解质流动方式移去装置内的热量则可设计出一类新的无膜电解器，如图9-10（d）所示（Ⅱ型）。该Ⅱ型电解池的应用电压为3.5V，操作电流密度可达4A/cm^2，效率为42%（HHV）。这是一个令人鼓舞的结果，也证实了无膜电解池是可以在高电流密度下操作的，这也可能是其一大优点（与常规碱电解器比较）。

9.5.5.3 无膜电解器的缺点和挑战

无膜电解器尽管有上述一些优点但也有若干不可忽视的缺点和挑战。第一个缺点（与PEM电解器比较），高操作电流密度（约0.5A/cm^2或更大）下的低电压效率，这是因为离子移动的距离较长使电解质溶液总欧姆电阻和欧姆电压损失较高。例如在图9-13（a）中能够看到的，以0.5A/cm^2进行电解（浓碱液中）操作，离子在电解质中传输（间隙距离为5 mm）的欧姆电压降达400mV。而对PEM电解器，在以1.5A/cm^2电流密度操作时，离子穿过100μm Nafion膜的欧姆电压降也才约400mV。第二个缺点是，获得产品氢的纯度较低，能达到的压力也较低。作为比较，商业PEM电解器因有分离产品气体的膜存在，所产氢气的纯度很高，一般为99.99%，还且能够在高压下操作获得高压氢（15MPa），而无膜电解器因两电极间不可能承受明显的压力差，因此所产氢气不能够被压缩。尽管有可能采用加压液体电解质生产高压氢气，但这一优势被加压成本和溶解度较高部分抵消。Ⅰ型和Ⅱ型无膜电解器所产氢的纯度分别为99.4%和99.8%。虽然这样高纯度的氢已远低于其爆炸限（点火上限），但对某些有更高氢气纯度要求的应用，仍然需要进一步提纯。

无膜电解池的第三个缺点是，存在安全风险。因此对所有无膜电解器的设计都需要考虑可能的安全问题。其中最根本的是要对操作电流密度、电极上产物热解损失、逆反应产品损失和产品纯度间进行必要的权衡和折中。在无膜电解池中，除了可能存在的氢/氧横穿外，在电极间还可能会产生电火花，因此必须避免可能造成对极小电极间隙上施加高电压的操作条件。为确保操作的绝对安全，在设计无膜电解器时必须采用传感器、联锁和失败-安全的一些解决办法：①电解器必须在安全操作条件下运行；②即便在电解器发生故障时也能确保产品氧和氢的分离。为此，很有必要进一步利用模型化、原位图像化和实践经验研究，以深入了解和研究组合多相流动态学、传质以及这些体系间的电化学耦合。这些对设计最大安全性和高产品纯度的Ⅰ和Ⅱ型无膜电解器是必须的。

无膜电解池的第四个缺点是，放大相对困难。无膜电解器样机放大已成为该技术商业化的一个潜在壁垒。在Ⅰ型无膜电解器中电解质流动属于微流动，放大相对困难，虽然有可能通过平行化使放大受限得到一定缓解。对在大电极间隙和低电流密度条件下操作的无膜电解器，放大电极似乎是可行的，例如在电流密度为5mA/cm^{2}条件下操作的平行板电解池（电解CO_2）。对高电流密度操作的大面积（≥1cm^2）电极Ⅱ型无膜电解器，为大规模应用进行的研究发现，必须发展较大面积的池和模束。由于在电解器系统中，工厂平衡组件（BOS）的成本对选择池堆技术有很大的影响，因此必须全面考虑整个系统的成本。商业PEM和碱电解器的BOS组件分别占总投资成本的40%和50%。而对无膜电解器的投资成本，由于有较高的BOS组件（泵、压缩机和相分离器）成本，其成本也很可能增大。

无膜电解器的第五个缺点是使用的材料问题，首先是电催化剂。发展低成本和对杂质耐受性高的电催化剂，对降低无膜电解器投资成本是极为关键的，尤其是对大规模的产氢工厂。除了成本和耐受性外，对电催化剂还有一些其它要求：①必须是高度稳定的（因有非常高的局部电流密度和不同水力学环境）；②有高的催化转换频率；③稳定性和活性受流体流动、气泡动态学和高电流密度操作的影响要尽可能小。在电极电催化剂设计中，需要考虑的因素还有不均匀电流密度、局部pH梯度和催化剂负荷优化。

从利用间断性可再生能源和组合电解器的角度考虑，应该说无膜电解器代表着未来的产氢技术。对无膜电解器，必须首先考虑的是应该有非常低的投资成本。这要求在该领域中必须取得显著的进一步发展。为此，需要有多学科的科学家和工程师共同努力，解决大跨度时长和尺度的复杂问题。当上述缺点被克服和挑战被解决时，无膜电解器技术必将在未来可持续可再生能源网络系统中起重要作用。

9.6 热解和光（电）解水产氢

对利用水分解制取氢气和氧气已进行了长期和大量的研究，实际上可追溯到19世纪90年代。分解水需要的能量可由电、热和光及其组合提供。因此，按使用能量的类别可把水分解制氢技术分类为电解、热解、光电解、生物光解及其组合等多种。水电解已经在前面做了详细讨论，下面简要介绍尚未成熟的热解、光电解和生物光解制氢的原理和方法。

9.6.1 热化学水分解

水中氢氧原子是以共价键结合的，有很高的键合能，因此需在2500℃的高温才能够把水分解为氢和氧。只利用热能来分解水分子的产氢过程称为热化学水分解，该制氢过程的总效率可达50%。

$$H_2O（液）+ 热量 \longrightarrow H_2（气）+ O_2（气） \tag{9-7}$$

要在这样高温度下进行热化学反应，必须使用稳定性足够的材料且能够保证热量持续供应，这不是一件容易的事情。为降低热分解水的温度，提出了添加额外化学试剂的热分解水方法。该类研究早在20世纪60～80年代就已经开展，但到80年代中期就基本停止了，直至最近又被重新提起，对热分解水进行研发。对添加额外试剂的水分解，提出的循环超过300个，过程操作温度都远低于2500℃，但常需要高压。进行了可行性研究且得到证明的循环仅25个。Br-Ca-Fe循环和硫-碘（S-I）高温循环是其中最可行的，一个好的低温循环是铜-氯（Cu-Cl）。对热化学分解水产氢过程，操作温度是最关键的。为获得高的能量转换效率，最根本的是要优化热量的流动。

对热分解水产氢循环过程的选择应满足如下条件：①在所考虑的温度范围内，各反应的ΔG必须近似为零，这是最重要的条件；②反应步骤应尽可能少；③各步骤反应速率必须很快且彼此比较接近；④反应产物中不含其它化学副产物，这样产物分离成本和能量消耗可达到最小；⑤中间产物必须是易于管理的。下面的例子是基本达到上述条件的两个热分解水产氢的循环，分别是二氧化硫-碘-氨热裂解和氧化热裂解。

二氧化硫-碘-氨（Ispra-Mark-10）循环包含的反应有：

$$2H_2O + SO_2 + I_2 + 4NH_3 \longrightarrow 2NH_4I + (NH_4)_2SO_4 \qquad T=50℃ \tag{9-8}$$

$$2NH_4I \longrightarrow 2\,NH_3 + H_2 + I_2 \qquad T=630℃ \tag{9-9}$$

$$(NH_4)_2SO_4 + Na_2SO_4 \longrightarrow Na_2S_2O_7 + H_2O + 2NH_3 \qquad T=400℃ \tag{9-10}$$

$$Na_2S_2O_6 \longrightarrow SO_2 + Na_2SO_4 \qquad T=550℃ \tag{9-11}$$

氧化热裂解反应在有高温燃料供应时发生，反应式为：

$$M_xO_y \longrightarrow xM + y/2O_2 \tag{9-12}$$

$$xM + yH_2O \longrightarrow M_xO_y + yH_2 \tag{9-13}$$

该过程无需进行氧和氢的分离。在氧化热裂解反应中，最出色的两个例子是锌-氧化锌（ZnO/Zn）铁氧化物和蒸汽循环。前者包含的反应为：

$$ZnO \longrightarrow Zn + 0.5O_2 \qquad T=1800℃ \tag{9-14}$$

$$Zn + H_2O \longrightarrow ZnO + H_2 \qquad T=475℃ \tag{9-15}$$

后者（冶金过程）包含的反应为：

$$2Fe_3O_4 + H_2O \longrightarrow 3Fe_2O_3 + H_2 \tag{9-16}$$

$$3Fe_2O_3 + CO \longrightarrow 2Fe_3O_4 + CO_2 \tag{9-17}$$

虽然还发现了若干能够满足上述5个条件的其它产氢循环，但它们最关键的问题是，循环过程成本和效率仍然无法与其它产氢技术竞争。此外，这些循环过程还包含和使用了高度有害的腐蚀性物料。美国能源部计划资助了其中的几个产氢循环，要求其研究的重点放在提高材料性能、降低成本和提高效率上。如能克服面临的挑战，发展出耐高温、耐高压和耐腐蚀且有高过程热效率的新材料，使投资成本下降、热力学损失降低和过程热效率提高，从而降低产氢成本，则将是有希望的。

9.6.2 光（电）分解水产氢（光电电解池）

除利用太阳能电力电解水产氢外，太阳能本身就具有使水还原和氧化产生氢气的能力，这被称为太阳光直接光分解水产氢或称为光电解产氢。在光（电）解产氢技术中，使用的材料类似于光伏发电中使用的半导体材料。这类材料能利用太阳光直接光（电）解水产氢，也就是使用的半导体材料能够在太阳光辐射下使水直接分解生成氢和氧（不产生任何有害副产物）。光电解可使用的两类材料是掺杂的n型和p型半导体材料，把它们放在一起会形成所谓的p-n结。在p型和n型材料的p-n节上，电荷进行重排形成一个永久电场。当有能量大于半导体材料带隙的光子照射到p-n节上并被其吸收时，p-n节释放出电子并产生空穴。由于p-n节上存在电场的推动，空穴和电子被强制沿相反的方向移动，如连接有外负荷时就会创生出光生电流，它有电解水的潜力。如果把光阴极（有过量空穴的p型材料）或光阳极（有过量电子的n型材料）浸入电解质溶液中，将会有能够电解水的电流产生（图9-14），溶液中的水被电分解生成氢气和氧气。

半导体产氢速率随其量子产率增高而增大。在半导体光催化剂材料中最有效的是TiO_2，它具有的最小带隙为1.23V（pH=0）。半导体光催化剂中添加铂作为共催化剂能使其产H_2的速率显著增加。把该材料浸入NaOH溶液中，受到太阳光（特别是紫外光）的照射时，溶液中的水分子就能被分解生成H_2和O_2。n型半导体光活性池在太阳光照射下发生的能量变化见图9-15。为找到有高光（电）解速率和效率的半导体材料，对很多半导体材料进行了研究。研究过的光阳极材料（薄膜）包括WO_3、Fe_2O_3、TiO_2、n-GaAs、n-GaN、CdS和ZnS；

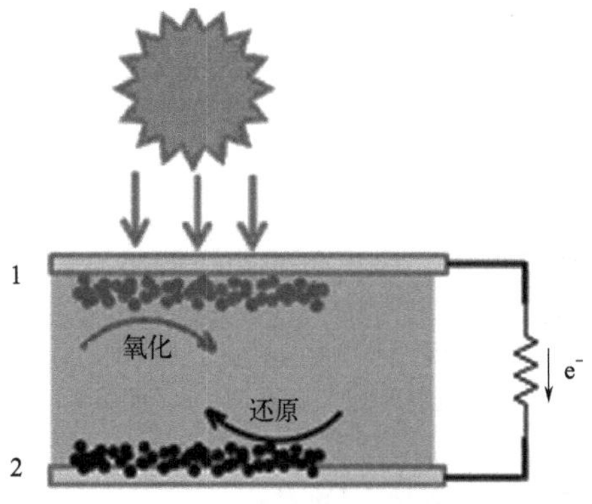

图9-14　光电解池示意图

1—光阳极（纳米结构光催化剂电极）；2—光阴极（纳米结构光催化剂电极）

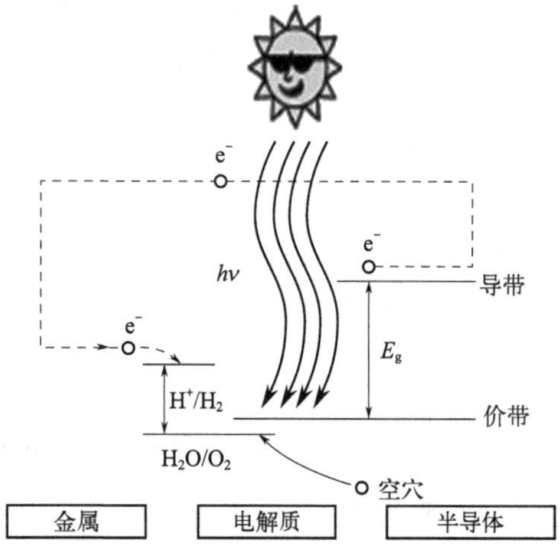

图9-15　n型半导体光活性池的能量图

研究过的光阴极材料有ClGS/Pt，p-InP/Pt和P-SiC/Pt等。半导体基质和光电极材料的特性决定了光（电）解系统的性能，而它们的产氢效率一般受限于其晶体结构的非理想性、光电极本体和表面性质、材料的抗（电解质溶液）腐蚀能力及其对分解水反应的活性。为使光电解过程效率达到最大，其光电极上的电化学反应能量学必须与太阳光辐射光谱相匹配，只有在太阳光辐射波长达到与材料能量学很好匹配时，才有可能产生光生空穴和光生电流。必须注意，半导体材料表面被氧化时会在电极表面形成阻塞空穴和电流传输层或者会使电极产生溶解腐蚀。

现在已开发的光电极在水溶液中是稳定的，但光子的产氢效率低。对利用太阳能光电解直接产氢效率的目标值是大于16%。为达到有效的光转化，材料必须具有如下一些特征：①对太阳光光谱具有最大的吸收，材料的带隙能量范围应尽可能利用太阳光光谱中的光子。例如，对单一光电极池1.6 ～ 2.0 eV；对串联池堆配置的顶/底池，能量范围为1.6 ～ 2.0 eV/0.8 ～ 1.2 eV。②只有在吸收带具有高量子得率（> 80 %）时，才能使光电解装置有现实可行的效率。③半导体材料的导带和价带缘应分别位于氢和氧半反应的氧化还原电位的两端。材料的导带和价带缘确定了它是否能够超越水氧化还原电位的能量，为克服光电解过程中固有的一些能量损失，这个带缘还需要有足够的能量余量。光电解效率与半导体的带隙E_g（导带底和价带顶之间的能量差）密切相关，必须发展出有合适E_g和带缘位置且成本有效和耐久性好的光电催化剂。为使串联配置的光电池达到最高的效率，还必须达到“电流的匹配”。为提高光电解系统的效率，需要利用这样的催化剂以及其它一些表面增强方法，包括使水电解的表面过电位最小、增加反应动力学和降低系统的电损失。为此，非常有必要进行基础研究来深入了解反应过程机理和寻找性能优异的光催化剂。

基于上述分析，光阳极材料系统发生的光解产氢过程可总结如下：①能量大于材料带隙的光子碰撞阳极表面创生出电子-空穴对；②空穴在阳极的前表面把水分解产生氢离子和气态氧，电子从阳极的背表面流出到达与电连接的阴极；③氢离子通过电解质到达阴极并与电子反应生成氢气。光电解是在单一光电化学池（PEC）中分解水直接产氢的过程，其需要的能量来自太阳光辐射的光子。对光电解产氢系统，获得的最高效率现在仅为12.3%，而且这还只是试验单元生产非常少量氢气时的结果。尽管这样，光电解产氢仍然是一个非常活跃的研究领域。由于该技术远未成熟，因此尚未对其商业产氢的成本进行计算。

9.6.3 生物光解产氢（光助微生物分解水）

利用生物学工艺中微生物转化水产氢的过程称为生物产氢工艺，它分为直接生物光解水、间接生物光解水和光发酵产氢等。

光生物直接产氢过程在一定程度上类似于光合成过程，利用的微生物是流动的细菌、海藻或蓝藻。这是利用一类微生物光合成系统直接分解水产氢的生物学工艺，把光能形式的太阳能直接转化成为氢形式的化学能。在光合成过程中，藻类如叶绿素利用太阳能把二氧化碳和水转化为碳水化合物和氧气。在生物光解产氢中，微藻和蓝藻光合成系统利用太阳能分解水分子生成氢气，也就是把太阳能直接转化为氢形式的化学能，这个生物学转化产氢工艺被称为直接生物光解水过程，该过程的示意图见图9-16。理论上，这类过程的产氢效率虽然可达到25%，但实际上今天能达到的效率仍然是非常低的，而且生产的是氢和氧的混合气体，必须配备分离单元。

某些微生物（细菌）把过量太阳能用于水直接光解过程，产生的是“放空”氢气。对绿

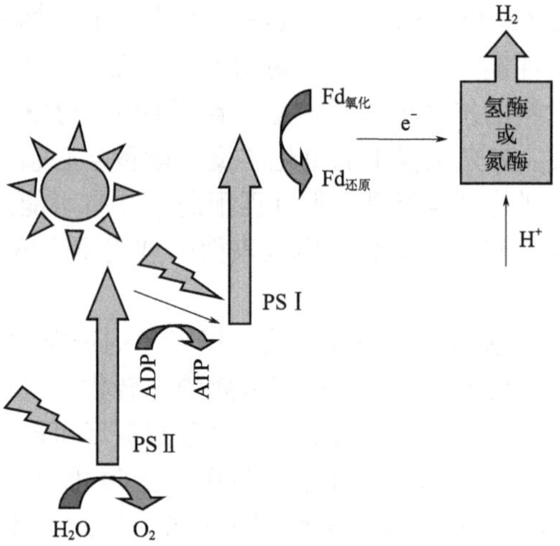

图9-16　绿藻或蓝藻的生物光解

藻或蓝藻利用太阳光的光解水反应，可表示为：$2H_2O$ + 太阳能 ⟶ $2H_2 + O_2$。研究者试图工程化这些藻类和细菌，在让它们利用太阳能生产氢气的同时也让它们生产足够的碳水化合物。

水的直接光解产氢过程以多个步骤进行，过程发生于有两个光系统的类囊体膜中（图9-17），利用绿藻光合成能力生产氧和氢离子。具体步骤如下：利用太阳辐射进行水分解反应生成氧的同时，产生的氢被键合形成质体醌（plastiquinone，PQH_2）分子(Sorensen 30-35)；PQH_2被传输给膜中的细胞色素b_6f，并把存储在PQH_2中的能量传输给质体蓝素（PC），而释放出的PQ循环回到光系统Ⅱ中；另有一些太阳辐射被光系统Ⅰ所吸收，用于使NADP转化为$NADPH_2$，而$NADPH_2$利用本森-巴斯海-开尔文（Benson-BassHam-Calvin）循环把CO_2转化成碳水化合物。

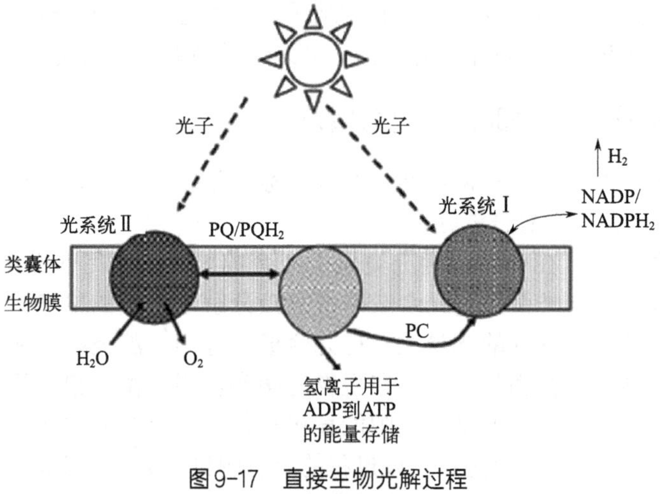

图9-17　直接生物光解过程

间接生物光解产氢过程也需要经历若干转化步骤：①光合成产生生物质；②生物质浓缩；③厌氧暗发酵生成葡萄糖，每mol藻类产生4mol氢，同时产生2mol乙酸；④2mol乙酸再转化为氢气。在该过程中同时还生成了铁氧化还原蛋白和氢酶或氮酶，它们对氧是非常敏感的。该类间接生物光解产氢经历两类完全不同的过程：其中一个过程与光密切相关（光发酵过程，见图9-18），另一个与光无关（暗发酵过程，见图9-19）。

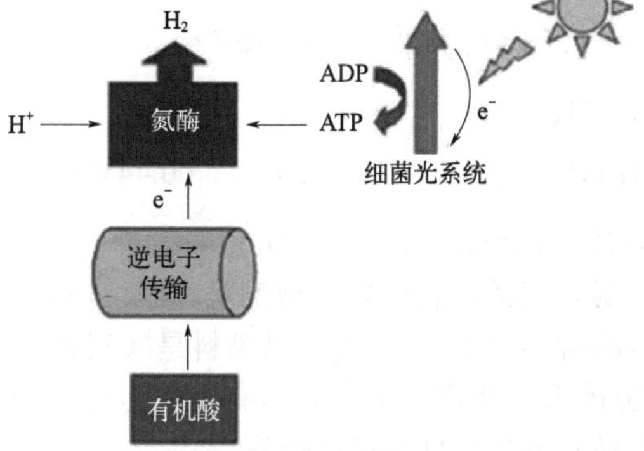

图9-18　光合成细菌光发酵过程

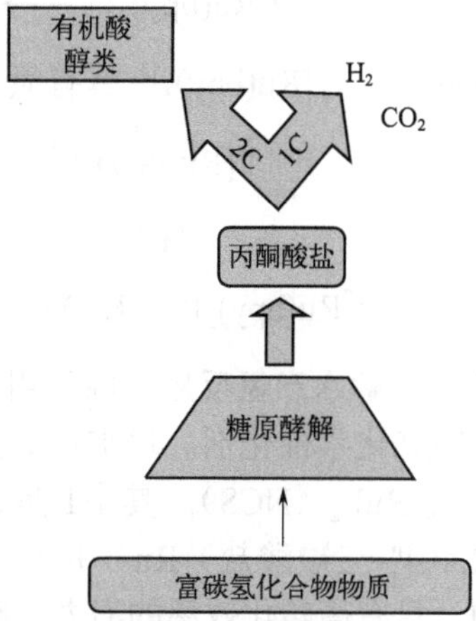

图9-19　暗发酵

光发酵是在多种光合成细菌作用下发生的有机物质的发酵转化，是以太阳光为能量把有机化合物转化成氢气和二氧化碳的过程（图9-18）。

但是，在厌氧条件下或当过程捕集能量过多时，某些微生物会释放出过量的电子，经氢酶放电把氢离子转化成氢气。该技术的优点是以水为产氢原料，水是在任何地方都可利用且很便宜的原料。生物光解产氢技术的问题在于：如何增大为捕集足够太阳光所需要的大表面积。遗憾的是，这类微生物在产氢的同时也产氧。如果微生物对氧敏感，则产氢过程就会马上停止。现在正努力克服这些问题，进行微生物工程化研究，用以获得：①对氧较少敏感的微生物；②能使氢和氧进行分离的循环；③改进光合成的呼吸比（耗氧量）以防止氧的累积。研究已发现，在溶液中添加硫酸盐可限制对氧的敏感性并使产氧量减少，但遗憾的是这也限制了产氢。由于生成的是氧和氢混合气体，因此除了增加分离需求外更重要的是安全问题。

新近的研究结果指出，光的利用效率已经从5%大幅增加到15%。在自然界，珊瑚礁上生物质的光合成效率大于2%，而全球平均仅0.2%。光合成产氢的最大理论效率仅约1%，在2007年已达到的光-氢效率约为0.5%。支持生物质光解产氢技术的科技人员认为，经工程化后的微生物能够更加有效地利用太阳能，效率可达到10%～13%。生物质光解产氢工艺的另一个挑战是：要求在有氧条件下连续地生产氢气。总之，该技术具有重要性和可行性，但其面临的挑战也是巨大的。

为增加光分解水的能量利用效率和增加产氢速率，使用光敏剂$[Ru(bby)_3]^{2+}$是有效的。光敏配合物在室温下对光敏感，且一般都具有很强的氧化性能和还原性能。在溶液中利用光敏剂$[Ru(bpy)_3]^{2+}$的产氢反应步骤如下。

在太阳光作用下形成激发态：

$$2[Ru(bpy)_3]^{3+} + 2e^- \longrightarrow [^*Ru(bpy)_3]^{2+} \tag{9-18}$$

激发态阳离子具有还原水的电位：$2[^{*}Ru(bpy)_3]^{2+} \longrightarrow 2[Ru(bpy)_3]^{3+} + 2e^-$ （0.86V） （9-19）

$$2e^- + 2H_2O \longrightarrow 2OH^- + H_2 \quad (-0.41V) \tag{9-20}$$

$$[^{*}Ru(bpy)_3]^{2+} \longrightarrow [Ru(bpy)_3]^{3+} + OH^- + H \quad (0.45V) \tag{9-21}$$

反应中产生的$[Ru(bpy)_3]^{3+}$具有氧化水的能力：

$$2[Ru(bpy)_3]^{3+} + 2e^- \longrightarrow 2[Ru(bpy)_3]^{2+} \quad (1.26V) \tag{9-22}$$

$$H_2O \longrightarrow 1/2O_2 + 2H^+ + 2e^- \quad (-0.82V) \tag{9-23}$$

$$2[^{*}Ru(bpy)_3]^{2+} + H_2O \longrightarrow 2[Ru(bpy)_3]^{2+} + 1/2O_2 + 2H^+ \quad (0.44V) \tag{9-24}$$

对光(电)解水产氢反应，除了用半导体催化剂如ZnO、Nb_2O_3和TiO_2外，也可用悬浮的金属配合物光化学催化剂。增加产氢速率最可行的两种染料光敏剂是N3染料和黑染料。N3染料是顺式-RuL_2（NCS），其中L是2,2'-联吡啶-4,4'-二羧酸；黑染料是（三氰基-2,2'2''-三联吡啶-4,4',4''-三羧酸盐）Ru（Ⅱ）。该类体系（使用光敏剂）具有的优点是：使用材料是低成本的，具有高转化效率的潜力，缺点是光吸收低且稳定性较差。

在表9-5中对水生物产氢工艺的优缺点做了比较。在表9-6中列出了若干以水为原料的产氢工艺的优缺点。在表9-7中列举了若干产氢技术及其所用原料、效率和技术成熟程度。

表9-5　以水和生物质为原料的生物产氢工艺比较

产氢技术	输入	强项	弱项
直接生物光解	水+绿藻或蓝藻+太阳光	高理论效率；无需添加营养物质；水是原料，太阳能是能量源；不必要生产ATP；即便在低光强度下、绿藻在厌氧条件下，在固定CO_2过程中使用氢作为电子授体仍能转化几乎22%的光能	固氢酶对氧气敏感；需要光照；受O_2阻滞；光转化效率低
间接生物光解	水+绿藻或蓝藻+太阳光	机理简单和低成本；微生物在含简单矿物质环境中生长；以水为原料；有固定氮的能力	高能量成本；需要光照；需要ATP；产生气体中含CO_2
光发酵	水+光合成细菌+太阳光	对O_2演化无活性；使用的光谱范围宽；能利用来自废物的有机物质；能使用不同废物和流出物中的物质；能使用长波光谱；有机酸废物完全转化为H_2和CO_2	低太阳能转化效率；需要用暴露于太阳光的厌氧光反应器；生产气体中含CO_2；高能量成本；固氮酶有高能量需求；需要昂贵的不透氢光生物反应器
暗发酵	有机化合物+厌氧微生物	不需要光照射；厌氧过程与O_2无关；可生产有商业价值的副产物有机酸；基质范围宽；生产有价值代谢物；厌氧过程不受O_2阻滞；比其它生物方法产氢高；能利用低价值废物作原料；反应器技术简单	生产的生物气体含H_2、CO_2、CH_4、H_2S和CO；为防止污染环境需要处理发酵残留物；低H_2产率；产生大量副产物

表9-6　以水为原料的电化学产氢技术优缺点

产氢技术	输入	强项	弱项
电解	水	过程已非常清楚	高耗电；与烃类重整比较，相对低效率和相对高生产成本
光还原	水	是转化太阳能或太阳光为清洁可再生氢燃料的有效方法 产氢最可行和可再生方法	在光砷电极中生产产物有毒性；利用太阳能的活性和温度催化剂的发展面临巨大挑战；在TiO_2表面H_2演化的大过电位；为产氢TiO_2变成了非活性的
水热解	水	水单一步骤热分解；选用非常高温度	热能分解水中结合的氢和氧；能量学上是不利的

表9-7 产氢技术总结表

产氢技术	原材料	效率	技术成熟程度
蒸汽重整	烃类	70% ~ 85%①	已商业化
部分氧化	烃类	60% ~ 75%①	已商业化
自热重整	烃类	60% ~ 75%①	近期
等离子重整	烃类	9% ~ 85%②	长期
水相重整	碳水化合物	35% ~ 55%①	中期
氨重整	氨	NA	近期
生物质气化	生物质	35% ~ 50%①	已商业化
光解	太阳光+水	0.5%③	长期
暗发酵	生物质	60% ~ 80%④	长期
光发酵	生物质+太阳光	0.1%⑤	长期
微生物电解池	生物质+电力	78%⑥	长期
碱电解器	水+电力	50% ~ 60%⑦	已商业化
PEM电解器	水+电力	55% ~ 70%⑦	近期
固体氧化物电解器	水+电力+热	40% ~ 60%⑧	中期
热化学水分解	水+热	NA	长期
光电化学水分解	水+太阳光	124%⑨	长期

①热效率（HHV）。②不包括氢纯化。③太阳能分解水到氢，不包括氢纯化。④每摩尔葡萄糖最多产4 mol氢。⑤太阳能到氢，不包括氢纯化。⑥总能量效率，不包括氢纯化。⑦输入能量除以产氢能量（LHV）。⑧考虑了燃料的效率，如只考虑电力，电力超过90%。⑨太阳能到氢，不包括氢纯化。

注：NA不可利用

9.7 生物质热化学产氢工艺

9.7.1 引言

生物质是叶绿素吸收太阳光能量用CO_2和水合成的物质。生物质涵盖范围很广，是一类范围很大的有机物，如木头、森林残基、花生壳、消费后的废物如塑料、捕集油脂、混合生物质、油菜籽和农业残基等。由于含氢它们都可以作为生产氢气的原料。生物质是一类可持续的能源资源，这是因为合成它的原料和利用的能量都是取之不尽的CO_2和H_2O以及太阳辐射，其可持续性显而易见。按照碳属性分类，生物质属于碳中性的含碳资源，其燃烧产物CO_2和H_2O又可再被用作合成原料，综合结果是不会使大气环境中碳氧化物含量增加。

生物质的平均含氢量（质量分数）约6% ~ 6.5%。为利用它生产氢气，其所含的氢必须经热化学和生物化学转化过程提取释放出来。图9-20为以生物质为原料的主要产氢路径，生物和热化学工艺是两类最主要的生物质制氢工艺，也是最主要的生物质产氢转化过程。转换过程的能量效率在41% ~ 59%（HHV）之间。以生物质为原料的生物化学产氢工艺中，最熟知的是光发酵、暗发酵以及组合集成反应工艺等，这与利用多个光合成细菌的直接光解水产氢（光生物产氢）工艺稍有不同，主要是利用原料不同，前者的产氢原料是生物质而后者是水。但它们都借助了微生物（绿藻和蓝藻）。生物质生物化学转化制氢工艺在前面已经做了讨论。本章重点介绍生物质热化学制氢工艺。

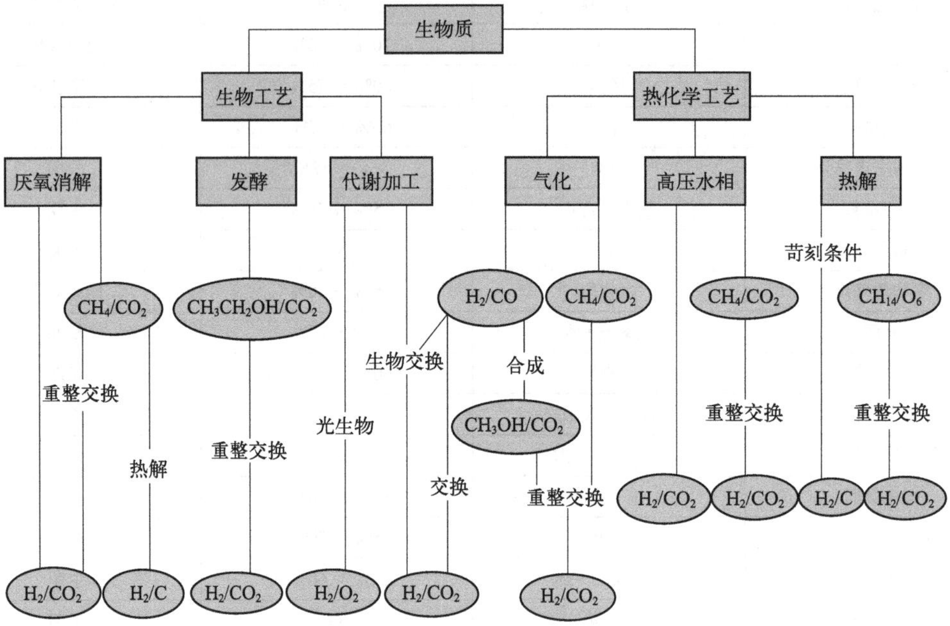

图9-20 生物质产氢技术路线

生物质的热转化产氢过程与化石能源热转化产氢过程类似，使用的工艺也主要是蒸汽重整（SR）、部分氧化重整（POR）、自热重整（ATR）、水相重整（APR）、超临界水重整（SCWR）、生物油蒸汽重整、气化和热解等。生物质的热化学转化通常在特定反应器内进行，理论上可使用多种类型的转化反应器。但为提高生物质产氢速率并克服在热化学转化过程中因焦和焦油沉积导致的性能下降问题，较理想的反应器是流化催化反应器。

由于生物质原料种类繁多，不同类型的生物质原料应采用不同的产氢工艺。实践已经表明，为确定合适的生物质产氢工艺，需要在实验室预先进行试验和优化。首先要了解所用生物质的性质（主要是研究组分的化学结构及含量），并了解希望获得的主要产品（氢、气体或液体燃料）的特性。生物质主要由四类组分构成：纤维素（约占40%～50%）、半纤维素（占25%～30%）、木质素（占15%～20%）和萃取物。前三个组分的主要参数是分子量（这很重要），而萃取物一般是小分子，含量也不多。对木头和植物性生物质，最丰富的组分是纤维素（这也是城市生活和工业废物生物质的主要组分）。高分子量的纤维素是高结晶度的聚合物，通常由互连的$\beta \longrightarrow$ 1,4-D-葡萄糖线型同立结构单元构成。

生物质热化学产氢工艺的优势在于其低成本和高效率（达52%）。如果按干生物质重量来计算，氢的得率是比较低的（16%～18%）。加工生物质的超临界水气化（SCWG）工艺（直接使用湿生物质原料）的效率要高于蒸汽重整或空气气化工艺（因省去了干燥生物质消耗的能量），而其最主要的缺点是过程中生成了难以处理的焦油和焦炭组分。在表9-8中给出了若干生物质产氢工艺的氢得率和能量效率（氢气能量/生物质能量）。从表中数据可以看到，热解-催化重整工艺产氢为12.3%。利用生物质气化工艺获得氢是所谓的生物氢（先生成H_2和CO的混合气体），可直接作为氢燃料使用。这不仅降低了温室气体排放而且也降低了对非可再生能源的需求。

下面分述生物质热化学制氢的主要工艺过程。

表9-8 生物质热解、气化和蒸汽重整产氢技术氢得率的比较

工艺	氢得率（质量分数）/%	[氢含能（HHV）/生物质含能]/%
热解-催化重整	12.3	91
气化-变换反应	11.5	83
生物质+蒸汽+外热（理论最大）	17.1	124

9.7.2 生物质热解产氢

热解是利用可热解物质生产气体、液体（焦油和其它有机物）和固体（焦炭）等燃料的一种成熟加工工艺。按升温速率快慢，热解可分为快速热解和常规（慢）热解两类。快速热解过程生产低温焦油和高温气体，慢速热解过程有利于焦炭的生成。生物质快速热解获得的产物包括：气态产物CH_4、H_2、CO、CO_2和其它气体；液体产物焦油和油类，如醋酸和丙酮等；固体产物主要是焦炭、炭和若干惰性物质。热解过程获得的油类产物按其在水中的溶解度可分为水溶性和非水溶性两类。水溶性副产物能用于生产氢气，而非水溶性油类可用于生产黏合剂。

对生物质热解，其一般工艺条件是：隔绝空气、温度625～775 K、压力0.1～0.5 MPa。生物质热解过程已经被用于生产生物燃料。利用生物质生产氢气，理想的热解条件是高温和极短停留时间，也就是进行高温快速热解和（有足够停留时间）分解挥发分的组合操作。生物质热解产氢的反应式可表示为：

$$\text{生物质} + \text{热量} \longrightarrow CH_4 + CO + H_2 + \text{其它产物} \tag{9-25}$$

控制生物质热解过程产氢得率的最重要参数是催化剂类型、温度、加热速率和停留时间。这些参数的调整可通过选择反应器类型和传热模式来进行。高温、快速升温和挥发分长停留时间对生产氢气是至关重要的，Ni催化剂能使热解产氢得率显著增大，配合的蒸汽重整和水汽变换可使氢得率进一步增加。图9-21为生物质快速热解产氢流程图。

可用于生物质热解加工的反应器有四类：绝热固定床、流化床、循环流化床和载流床。其中流化床反应器具有高传热速率和快速加热等特点，很适于氢气的生产。试验结果发现，无机盐如氯化物、铬酸盐和碳酸盐对热解反应具有催化作用，可显著增加热解的速率。例如，为了克服热解产物焦油难气化的问题，可添加廉价白云石和CaO催化剂或相对高效的Y-沸石、Ni、K_2CO_3、Na_2CO_3、$CaCO_3$等催化剂，它们对断裂焦油烃类分子具有高的催化活性。其它金属氧化物催化剂如Cr_2O_3、Al_2O_3、SiO_2、ZrO_2、TiO_2等也具有分解焦油分子的高活性。

利用生物质热解产氢工艺的经济性分析说明，生物质热解产氢成本显著低于风电和光伏电力电解水的产氢成本。

9.7.3 生物质气化产氢

气化是利用生物质生产氢气的另一类重要的成熟热工艺，也是利用可再生能源产氢的加工工艺之一，具有环境友好、高容量、高效、大规模生产等特点。生物质气化是经济可行、环境友好、高氢得率和可大规模产氢的技术，在氢能源经济中很可能起重要作用。气化技术是非常成熟的商业化技术，应用广泛。对生物质气化产氢工艺，除气化器设备外的

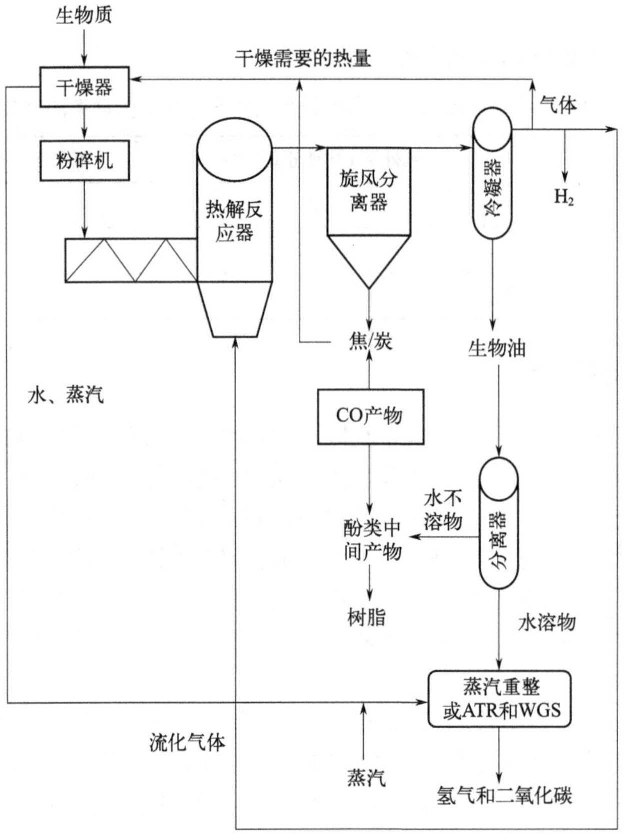

图9-21 生物质热解产氢流程示意图

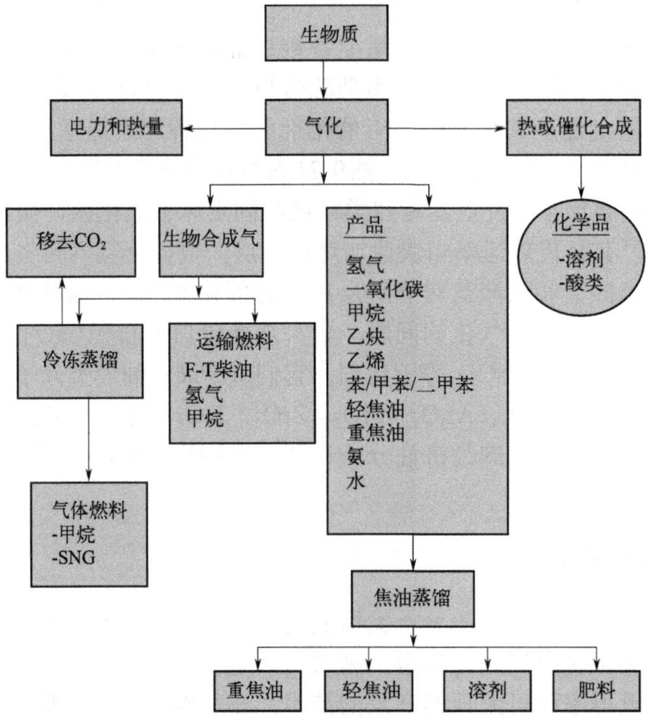

图9-22 生物质气化产物

所有设备都可利用商业上已非常成熟的设备。气化过程可以看成是燃烧和热解过程的综合，也可看成是较高温度的热解。其中燃烧反应为吸热热解反应提供所需要的热量。为增加气体的生成速率，气化过程通常需要高温。为使生物质气化，通常需要添加气化试剂，通用的气化试剂是空气或氧气或水蒸气或它们的混合物。生物质气化过程的第一步是纤维素、半纤维素和木质素的热分解生成挥发性物种和焦炭，焦炭进一步气化生成气体产物。在气化温度875 ～ 1275 K下固体生物质与气化试剂间发生复杂的热分解反应，生成大量气体产物和少量固体焦炭。气体混合物中的主要成分是H_2、CH_4、CO、H_2O、N_2和CO_2等，含氢量在6% ～ 65%。生物质气化过程中发生的总反应可表示为：

$$\text{生物质} + O_2\text{（或}H_2O\text{）} \longrightarrow H_2O\text{、}CO\text{、}CO_2\text{、}CH_4\text{、}H_2 + \text{其它烃类} + \text{焦炭} + \text{焦油} + \text{灰} \quad (9\text{-}26)$$

在图9-22中给出了生物质气化产物及其进一步加工能够获得的产品（包括氢气）。影响产品气体组成的气化过程参数主要有：生物质原料组成、气化试剂和气化工艺。如生物质气化在800 ～ 1000℃之间的高温下进行时，气体产物中通常会含显著数量的焦油。为了除去焦油和净化提级气体，通常需要使用添加煅烧白云石或镍催化剂的二级反应器。为降低生物质气化时焦油的生成数量，也可在气化过程中使用$Rh/CeO_2/M$（M= SiO_2、Al_2O_3、ZrO_2）催化剂，但该类催化剂成本太高。因此，需要有能降低焦油生成且便宜的催化剂。

使用纯氧作为气化剂是比较理想的，而使用纯氧需要有低成本且有效的分离氧气的装置。使用纯氧气化剂对小规模工厂是不现实的，因为生产纯氧的成本很高。因此，通常的生物质气化反应器只能使用空气作气化剂，但其产品气体中会含有大量氮气并会伴有污染物NO_x。

生物质蒸汽气化产氢过程，影响氢气得率的重要工艺参数有多个，主要是加热速率、温度、水-原料比（W/S）、停留时间、原材料性质（如物理性质、组成、反应性和结构）、催化剂等。总的说来，高温增加氢气得率；蒸汽气化氢得率高于热解；广泛应用的镍、白云石、碱金属氧化物催化剂能大幅提高产氢率。但是，由于生物质中含氢量不高、含氧量却很高（约40%），因此氢得率一般不会太高。

生物质气化过程热效率比较低，因必须蒸发生物质中所含水分。气化过程同样可使用上述四类热解反应器。对固定床或流化床气化器，可使用或者不使用催化剂。流化床气化反应器的气化性能较好，具有好的灵活性。例如，可采用蒸汽或氧气作为气化剂；能在床内进行蒸汽重整生产H_2 : CO比为2 : 1的合成气可供F-T过程使用生产高级烃类，也可经水汽变换反应（WGS）生产更多氢气。

为使生物质气化过程达到较高能量效率（35% ～ 50%，LHV），多使用规模很大的气化反应器。但规模大就需要有大量生物质原料以保持连续操作，因此必须收集巨大数量的生物质并将其运输到中心加工厂。这样的物流成本是很高的，致使大规模生物质气化反应器的使用受到限制。生物质产氢，据估算日产氢5×10^4 kg需要的干生物质量为4.9×10^5 kg，年需179×10^6 kg。很显然，比较现实的方法是发展有效较小的分布式生物质气化产氢工厂且应以成本有效的方式操作。不管是热解还是气化，这类生物质热化学产氢过程最先获得的都是合成气，为提高氢气得率很有必要把其中的CO经水汽变换过程得到氢气。

但研究发现，某些光合成细菌，它们在黑暗中仅消耗CO原料进行生长并释放H_2，即在低温下进行所谓的水汽变换反应（WGS）。在低温和低压下进行的这类酶催化反应，在热力学上非常有利于CO转化为H_2和CO_2，更重要的是其转化速率与其它生物转化过程相当。

9.7.4 生物质超临界水气化（SCWG）产氢

液态和气态水的性质，在低于或高于水临界温度和压力点时差异是很大的，但这种差异随着偏离临界点愈来愈近而逐渐缩小，当温度高于水临界温度374℃和压力高于临界压力22 MPa（水处于超临界状态）时，“气态”和“液态”水就具有等同的性质。超临界水具有的这一特殊的特性，能引发某些特殊的化学反应。例如，生物有机物在低于水临界条件时是不溶于水的，更不会与生物质发生反应；但是在超临界水中，生物有机物不仅能够溶解于水，而且水也能以反应物或催化剂的角色参与生物质分解的基元反应。试验结果指出，在超临界水条件下生物质能在数分钟内完成气化（被分解为气体分子）过程，这被称为超临界水气化（SCWG）。在SCWG反应过程中包含有三类主要反应：

$$\text{蒸汽重整}\qquad \text{生物质} + H_2O \longrightarrow CO + H_2 \tag{9-27}$$

$$\text{水汽变换反应}\qquad CO + H_2O \longrightarrow CO_2 + H_2 \tag{9-28}$$

$$\text{甲烷化反应}\qquad CO + H_2 \longrightarrow CH_4 + H_2O \tag{9-29}$$

其中蒸汽重整是生物质与超临界水间的反应，生成的产物是H_2和CO的混合物。生成的产物CO可再与超临界水进行水汽变换反应生成H_2和CO_2。生成的CO和H_2也能进行甲烷化反应生成甲烷和水。对生物质制氢过程而言，甲烷化反应是不希望的，为限制甲烷化可用液体水替代蒸汽并添加催化剂。图9-23为生物质超临界水产氢工艺流程。

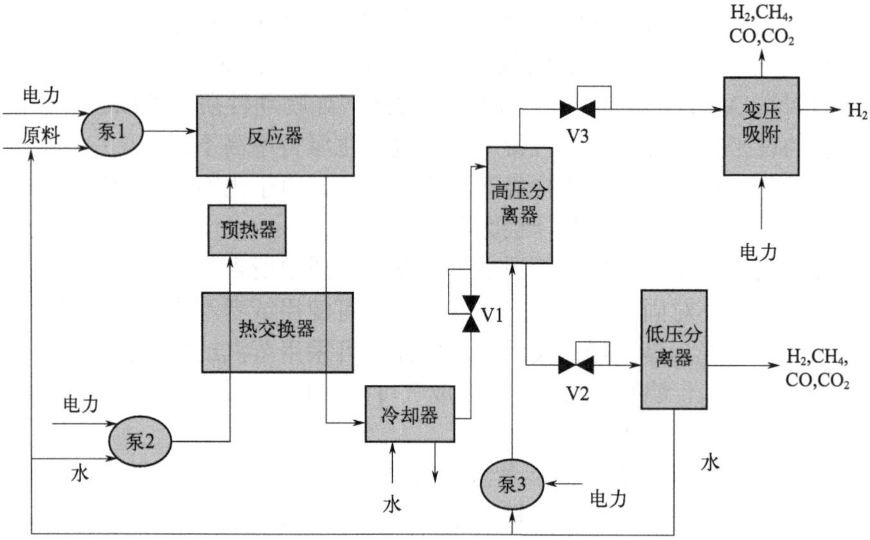

图9-23 生物质SCWG产氢工艺流程

利用生物质的SCWG产氢工艺具有若干非常重要的优点。第一，高湿含量的生物质（甚至超过50%）可直接在SCWG中使用，避免了高成本的干燥步骤。第二，生物质SCWG技术能够极大地降低焦油和焦炭的生成。第三，由于氢气是在高压的SCWG过程中生成的，节省了进入储罐时必需的压缩耗能。与蒸汽气化或空气气化工艺比较，SCWG生物质加工工艺操作温度较低且有高的效率；而与其它常规产氢工艺比较，生物质SCWG产氢可能会成为一种成本有效的产氢工艺。

9.8 生物质生物化学工艺产氢技术

前述的热化学转化生物质，获得的是含氢的气体混合物，需经分离提纯才可获得纯氢气。生物质热转化通常副产生物油，为获得更多氢气它需再经热重整生成合成气，进一步经变换、转化、分离、提纯获得额外的纯氢气。生物油重整制氢与天然气重整制氢工艺极为类似。

生物质的生物化学转化是正在发展中的技术，就现时市场可行性而言虽然可行，但其产氢速率仍然太低。为此，下面对生物质生物化学产氢过程做简要介绍。

9.8.1 生物氢

生物工艺和热化学工艺是生物质产氢的两类主要技术。图9-20中的左半部分给出了以生物质为原料产氢的主要技术路径。热化学过程的优势是低成本和高效率（可达52%），但产氢得率相对较低（基于干生物质重量为16% ～ 18%,）。生物质生物化学产氢（生物氢）技术的优势是工艺条件温和，可利用废物资源作为原料（如农业残留物、食品废物、废水等）生产氢气。在处理废物的同时生产次级能源氢，因此对生物化学产氢方法做了很多工作。

主要的生物化学产氢技术是：绿藻和蓝藻直接和间接（催化）分解水工艺、有机物质光发酵、厌氧细菌发酵工艺及其组合（再加水汽变换）。自然界具有产氢功能的天然微生物很少，具有产氢功能（或提高了产氢功能）的多数微生物都是对原有微生物经改性后获得的。不同生物化学产氢工艺利用的氢源是不同的，光解过程以水为氢源，而发酵过程以生物质为氢源。以水为氢源的产氢技术和以生物质为氢源的热转化产氢技术在前面都已做了较详细的讨论。本节中重点讨论以生物质（有机物质）为氢源的生物发酵产氢工艺：暗发酵、光发酵、微生物电解池和组合暗-光发酵生物技术等。

现在对“零废物”概念极为重视，因此更加重视能避免和降低废物产生的技术，当然把废物作为资源利用的技术远优于处理废物的技术。废物资源化利用是人们面临的重要但严峻的挑战。微生物具有变废物为资源的能力。为发挥微生物如细菌的这一潜力，人们首先大力研究和示范了在细菌作用下生物质原料发酵生产生物氢的技术，而后延伸生物质到废物包括农业残留物、食品工业废物、废水和城市固体废物等。研究结果显示，液端产物和发酵路径决定了葡萄糖产氢的数量。发酵终端产物一般含80%以上的醋酸和丁酸。例如，葡萄糖发酵产氢时，以醋酸和丁酸为终端产物时的反应式为：

$$C_6H_{12}O_6 + H_2O \longrightarrow CH_3COOH + H_2 + CO_2 \qquad \Delta G^{\ominus}=-206.0\text{kJ/mol} \tag{9-30}$$

$$C_6H_{12}O_6 + H_2O \longrightarrow CH_3(CH_2)_2COOH + H_2 + CO_2 \qquad \Delta G^{\ominus}=-254.0\text{kJ/mol} \tag{9-31}$$

在微生物室温发酵过程中，藻类微生物（蓝藻、微藻和绿藻）的转化酶处于还原状态，其中固氢酶是具有产氢能力的。

$$H^+ + X_{\text{还原态}} \xrightarrow{\text{固氢酶}} H_2 + X_{\text{氧化态}} \tag{9-32}$$

利用有机物发酵产氢的过程效率约10% ～ 20%。已经证明，有机废物（如农业和城市废物以及废水和废浆液）厌氧消化产氢过程是可持续的，但厌氧发酵（即便使用的是最简单蔗糖原料）过程的产氢得率是很低的，而且生物质中痕量重金属如铜、镍、锌、镉、铬和铅等对该产氢过程有严重的阻滞作用。从实验数据获得的结论指出，有机物厌氧发酵产氢过程尚不能实际应用。但比较幸运的是，组合暗发酵和光发酵的两段混合系统对提高产氢总得率是非常有效的。该组合过程的第一步是厌氧细菌分解淀粉或葡萄糖（经由醋酸发酵微生物新陈代谢），第二步是在另一个反应器中利用光合成细菌把醋酸转化为氢气。与单一暗发酵比较，组合过程的氢气得率倍增。图9-24为光发酵和暗发酵产氢过程的示意图。

9.8.2 暗发酵

对利用厌氧细菌暗发酵产氢的研究始于20世纪80年代，该工艺具有很好的环境友好特征且耗能较少。可用于发酵产氢的微生物有三类：发酵细菌、厌氧细菌和蓝藻细菌。生物质发酵产氢是可行的可持续产氢方法之一，有利于未来可持续氢经济的发展。

暗发酵是指以有机废物和生物质为原料在厌氧和无光照的条件下发酵（酸解）生产生物氢的过程［图9-24（b）］，其代谢的末端液体产物是醋酸、丁酸和乙醇等。该发酵过程复杂，包含不同群落细菌催化的一组生物化学反应（图9-25）。其氢得率和液体产物组成与微生物（甲酸酶或铁氧蛋白氧化还原酶）代谢路径密切相关。暗发酵与其它生物产氢方法（如光合成和光发酵）比较，有若干非常重要的优点：具有连续产氢能力、无需光照、产

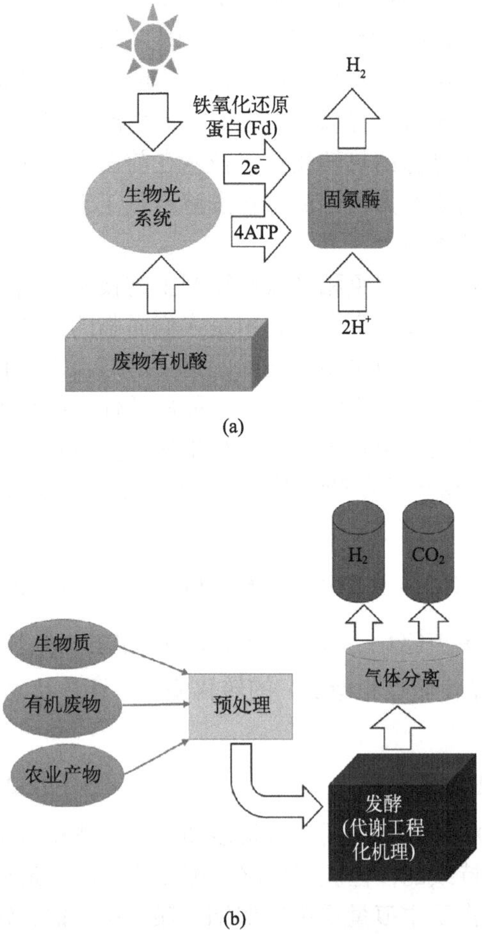

图9-24 光发酵（a）暗发酵（b）

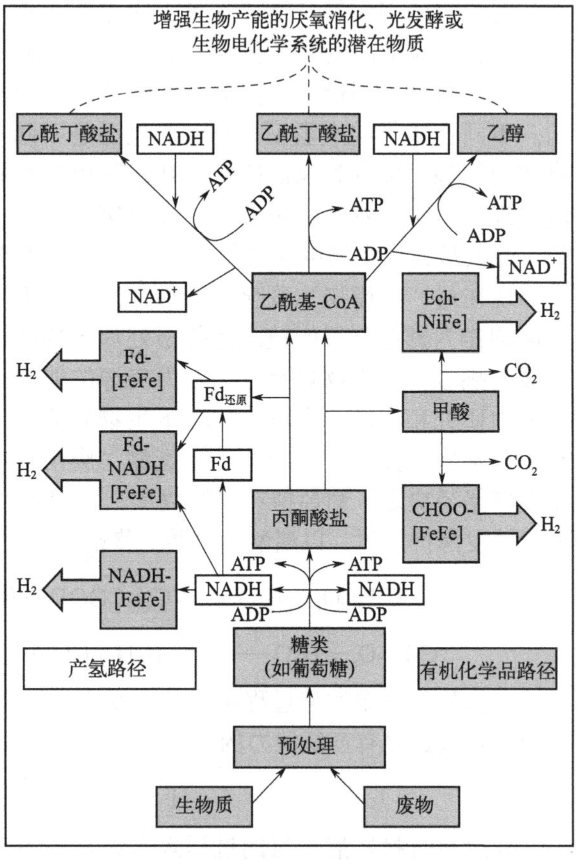

图9-25 暗发酵生物产氢的代谢路径

主要终端代谢产物为醋酸、丁酸和乙醇。NADH：烟酰胺腺嘌呤二核苷酸；ATP：三磷酸腺苷（ATP）；ADP：二磷酸腺苷；Fd：铁氧化还原蛋白；$Fd_{还原}$：还原态Fd

氢速率高、工艺简单、需要输入的能量少且可以低价值废物为原料。对厌氧细菌产氢工艺，易利用的主要废物见表9-9。在厌氧微生物暗发酵产氢过程中发生的总反应可表示为：

$$C_{12}H_{22}O_{11} + 9H_2O \longrightarrow 4CH_3COO^- + 8H_2 + 4HCO_3^- + 8H^+ \tag{9-33}$$

表9-9 厌氧细菌生产生物氢容易利用的生物废物

生物质物料	评价
淀粉类农业和食品工业废物	必须先把废物水解为葡萄糖和乳糖，再被转化为有机酸和氢
纤维素类农业和食品工业废物	必须经精细研磨和脱木质素，然后进行如淀粉那样的加工
富含碳水化合物的工业废物	为营养平衡和除去不希望物质可能需要预处理，然后再进行如淀粉那样的加工
废水处理工厂的废物污泥	可能需要预处理，再转化为有机酸，最后转化为氢

虽然也能使用藻类，但暗发酵工艺主要利用的是厌氧细菌，它在富碳水化合物基质上能够在无光条件下生长。因此能利用大量低廉的高碳水化合物含量的生物质（包括废物），使其降解。对纯的简单糖类如葡萄糖和乳糖，降解很容易，作为发酵产氢原料是比较理想的，但这些糖类可利用的数量相对较少且比废物贵很多。

厌氧发酵产氢的路径取决于所用细菌类型。在标准发酵路径中，1 mol葡萄糖最大产氢数量是4 mol。对实际使用的发酵工艺，现在达到的是1 mol葡萄糖产氢在2.4～3.2mol之间。用分子工程技术改变发酵路径，可使产氢增加，1mol葡萄糖产12mol氢。厌氧发酵产氢过程产生的是H_2、CO_2、CH_4、CO和H_2S的混合气体。为获得高纯氢气，需要有分离单元。随氢分压增加，暗发酵工艺产氢速率降低，解决此问题的最好方法是立刻移去产生的氢气。暗发酵过程微生物代谢终端产物是醋酸、丁酸、乙醇和其它有机酸，这也可能是一个需要解决的重要问题。因为这些终端产物有可能改变微生物的代谢路径（向生成有机化学品的方向），使氢得率降低。另外，还必须处理暗发酵过程产生的污水，这使系统成本和复杂性增加。现时改进该技术的重点是使产氢最大化、降低生成的污染物、简化工艺，或者与多个生物工艺集成以发挥各自的优势。

9.8.3 光发酵工艺

光发酵工艺（图9-26），也称为光合成细菌产氢。这是利用光合成细菌中钴固氮酶的功能，在光照射和无氧贫氮环境中生产氢气。该工艺中利用了光辐射和有机酸电子授体，无

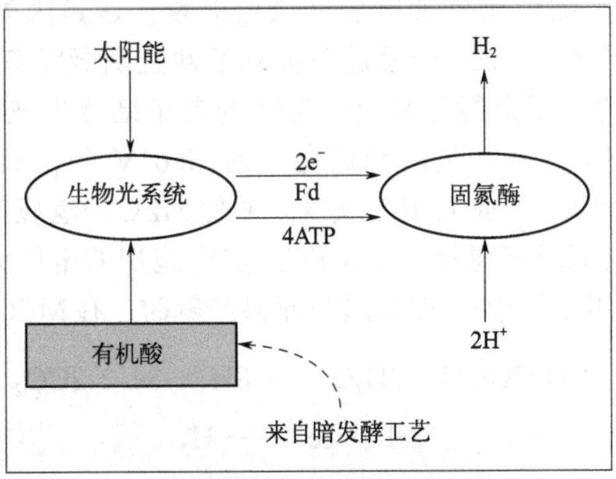

图9-26 光发酵过程示意图

硫紫色细菌捕光色素（如叶绿素、类胡萝卜素、藻胆素）捕集光能量，产生的电子传输给由微生物藻类产生的三磷酸腺苷（ATP）；利用太阳光把水转化为质子、电子和O_2；微生物中的固氮酶催化剂能够使质子和电子与氮和三磷酸腺苷（ATP）发生反应生成氨、氢和三磷酸脱氢腺苷（二磷酸腺苷，ADP）等产物。这类光发酵工艺的总产氢反应可表示如下：

$$CH_3COOH + H_2O + 光能 \longrightarrow H_2 + CO_2 \qquad \Delta G^{\ominus}=+104.6\ kJ/mol \tag{9-34}$$

$$C_6H_{12}O_6 + H_2O + 光能 \longrightarrow H_2 + CO_2 \qquad \Delta G^{\ominus}=+3.2\ kJ/mol \tag{9-35}$$

其中固氮酶的催化活性易受氧的阻滞，但蓝藻类能够使固氮酶在空间和时间上与产生的氧分离，因此可防止失活。细菌利用固氢酶使副产氢成为其它需能步骤的燃料。为提高氢的产率，有必要改性细菌基因使进行的光发酵过程能利用太阳光的红外光，并在缺氮条件下进行，这样能够降低有机酸的生成。改进后的光发酵工艺不仅具有不受氧阻滞的优点，而且可在更广泛条件下应用。光发酵能够采用的不同工艺如间歇和连续工艺，以及不同模式负载方式如连续培养和卡拉胶固定化、琼脂凝胶、多孔玻璃、活化玻璃、聚氨酯发泡体，进行不同模式的操作。但也存在缺点：有机酸的利用有限、固氮酶的转化速率慢、需要相对高能量输入、所产氢可能被再氧化。为增加固氮酶的活性和降低能耗，需要使用有合适碳氮比的营养素。目前正在发展的酶工程化技术能降低固氮酶对氮营养素的敏感性，而微工程化技术（使细菌中固氢酶部分失活）能够解决氢再氧化问题。细胞的生长能够通过固氢酶循环和固氮酶所产氢来支持。最后应注意到，光合成微生物自身是不能够收集太阳能的，因此系统收集的平均（白天和晚上）能量流仅有约100～200 W/m^2。按照美国DOE发的文件，光发酵技术的最高理论效率可达68%，而现时达到的效率仅1.9%左右。鉴于光合成细菌具有能以有机酸作为电子授体产氢的特点，它极有利于利用暗发酵液体产物作为光发酵过程的原料。实际上也已发展出组合光发酵-暗发酵的产氢工艺，以及暗发酵产氢微生物和光合成细菌共培养的单步工艺。

9.8.4 微生物电解池

在微生物辅助的电解池（MEC）（也称为生物电化学辅助微生物反应器，BEAMR）中，利用电产氢酶直接降解有机物，把生物质转化为氢气。MEC源于微生物燃料电池（MFC）。在MFC阳极的产电菌（特殊微生物）把有机物分解成二氧化碳、质子和电子［式（9-36）］；产生的质子通过半透膜迁移到阴极，与来自外电路的电子和氧进行电化学反应生成水。而MEC为把有机物转化为氢需要有外加电压来供应能量，这是因为在标准条件下有机物在MEC中的分解不能自发进行。MEC一般是在厌氧条件且阴极没有氧供应的情况下操作的，穿过半透膜来到阴极室的质子只能与来自外电路的电子结合生成氢气［式（9-37）］。中性pH（pH=7）条件下的MEC，其产氢的理论电位为−0.61V（V_{Cat} vs.Ag/AgCl），而在阳极上的产电菌电位仅约V_{An}=0.5V。因此为生产氢气，要使MEC产氢应施加的最小电位为0.11V。例如，对以醋酸有机物为原料产氢操作的MEC，实际施加的电压大于0.3V，这是为了克服电极过电位和欧姆电阻的电压损失。以醋酸为原料产氢时，在MEC中的电化学反应为：

$$CH_3COOH + 2H_2O \longrightarrow 8H^+ + 8e^- + 2CO_2 \tag{9-36}$$

$$2H^+ + 2e^- \longrightarrow H_2 \tag{9-37}$$

建造MEC系统开始时使用的组件类似于质子交换膜燃料电池组件如平板型电极，此时膜表面会被产电菌覆盖产生高的欧姆电阻。为解决此问题和降低欧姆电阻，新近的MEC设计利用石墨刷作为产电菌基体（阳极），不再使用分离膜但添加了气体扩散层。这种设计使MEC产氢需要施加的电压可下降到1.0V；如采用Nafion分离膜，需要施加的电压进一步降低到0.5V；如改用无膜MEC设计，实际需要施加的电压仅为0.4V。对上述这些微生物电解池（MEC）设计，在产氢速率为3.12 m^3/（天・m^3）时的能量效率分别为：添加气体扩散层设计的效率可增加到23%；利用Nafion分离膜设计的效率可增加到53%；无膜MEC反应器设计的能量效率则能达到76%。对这类MEC，在有利于产氢的同时，生产甲烷的速率也增加，平均达到气体产品总量的3.5%。为控制产甲烷菌，已提出的改进措施有：间歇排放、暴露空气和原位曝气。但为进行这类操作，系统复杂性和维护成本都将增加。对利用MEC产氢，除控制产甲烷外，还有一些问题需要解决，包括：如何进行连续操作、降低pH、控制碳排放、增加微生物对杂质的耐受性和对不同原料的适应性。

9.8.5 生物产氢工艺的集成

为了达到最大产氢和原料的最大利用，组合产氢系统是一个可行方法，也就是多个生物产氢技术组合起来形成一个组合系统。最先组合成功的产氢系统是集成暗发酵和光发酵产氢技术的组合系统。按这个思路，后来又出现了由三个甚至四个微生物产氢工艺集成的组合系统，于是形成了有不同的集成多步产氢组合工艺。图9-27为由四个产氢工艺集成的组合产氢系统：绿（蓝）藻直接间接分解水产氢、利用光合成细菌的有机物光发酵产氢、厌氧细菌暗发酵产氢和微生物电解池（MEC）产氢工艺。在生产生物氢的光发酵—暗发酵—光解—光发酵—微生物电解池的多步产氢工艺集成系统中，其物质流和能量流是这样的：从开始利用生物质的光发酵反应器出来的部分残留生物质首先进入暗发酵反应器，其中的微生物把有机物进一步分解为富氢气体和富含有机酸的液体；暗发酵反应器的流出液（含水和机酸的液体产物）进入蓝（绿）藻光解反应器作为原料，藻类利用有机酸受电子特性解决了光发酵面临的挑战；蓝（绿）藻光解反应器利用的是可见光，而在光发酵反应器中微生物利用的则主要是红外光，因此让太阳光首先直接照射蓝（绿）藻光发酵反应器，滤掉可见光后的红外光再照射光发酵反应器；在暗发酵反应器中生成的含有机酸的小分子液体则分别进入蓝（绿）藻光发酵反应器和第四段的MEC，它们被再次利用生产氢气。MEC不需要光但要消耗电力，能够在夜里或低光照下进行操作。虽然多个产氢的组合

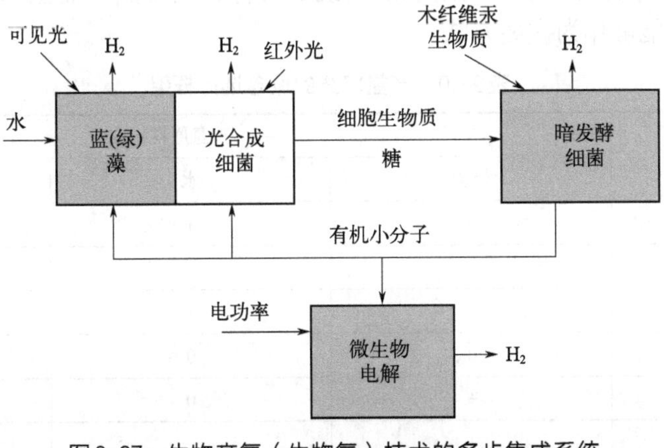

图9-27 生物产氢（生物氢）技术的多步集成系统

系统是理想的，但对这类集成组合系统必须注意如下问题：从暗发酵反应器流出的液体中含有氨，它对蓝（绿）藻光解反应产氢具有阻滞作用，因此在进入前需要稀释中和并把进料溶液的pH调节到7；更为重要的是，对多个生物技术集成的组合产氢工艺系统，面临如下严重挑战：反应器工程、系统设计、工艺设计和操作维护等。其中仅就光解共产氢和氧而言，其所面临的严重挑战就有：①光合成（耗氧）和呼吸（产氧）容量比（P/R）的调节。当$P/R \leqslant 1$时，光解反应器中的绿藻和蓝藻处于厌氧状态。此状态下，光合成氧化产氢使用的是水而不是淀粉，光合成还原产生的氧被微生物呼吸消耗生成CO_2；为使过程处于$P/R \leqslant 1$状态，系统需要处于贫养（缺乏营养）条件，这会降低光合成的量子得率。为此现在的研究重点是，在保证光合成量子得率不变条件下达到所希望的P/R值；但仍需要进一步研究的是因质子浓度梯度降低导致的速率限制和在厌氧条件下细菌利用外源性碳源的培养能力。②共培养平衡。发现和培养光产氢微生物，使其吸收的光谱能延伸至红外光区（700～900nm）；研究光合成细菌（微生物）在共培养和不产氧条件下吸收利用可见光（400～600nm）的可能性，使其能与绿藻竞争；需要测量和保持两（多）种微生物（因悬浮在同一培养液中）分散合适的生物质比；研究两个微生物在同样介质中对有机碳基质的竞争。③在反应器中生物质浓度的优化和加工。在集成系统中，绿藻/蓝藻或光合成细菌都利用的是生物质，而生物质也是暗发酵过程的基质。绿藻和蓝藻微生物壁的大部分由类糖蛋白（含糖蛋白质）组成，富含糖类（如阿拉伯糖、甘露糖、半乳糖、葡萄糖）。而在紫色光合成细菌生物壁中所含的是肽聚糖（蛋白质交联碳水化合物聚合物和碳水化合物、蛋白质和脂质的聚合物），为使其适合于暗发酵工艺，必须对微生物生物质进行预处理。微生物浓度优化和加工方法与所用微生物类型和如何研究生物系统是密切相关的。

9.8.6 生物工艺产氢速率的比较

生物产氢工艺具有环境友好和低能耗的特殊优点，因整个过程主要由光合成或发酵微生物控制。高纯氢气能用电力电解水生产，而电力可来自可再生能源资源，如太阳能、风能、水力等。但电解过程慢且高能耗，当耗用不可再生化石能源生产电力时是不可持续的。在表9-7中给出了不同产氢技术的能量效率及其技术状态；表9-10从可利用性、可持续性、污染物排放、安全性、效率、成本等方面给出了可利用的可持续产氢技术对所用原料的选择。表中给出了三类原料：不可持续的化石燃料以及可持续的生物质和水。从总的可行和不可行结果角度获得的结论是：利用水的路线是可行和主要的，而生物质产氢路线从可持续发展角度看也仅能够作为次要方法。

表9-10 产氢路线的概念选择框架

因素	产氢原料		
	烃类	水	生物质
可利用性	0	+	−
可持续性	−	+	+
低污染	−	+	+
安全性	0	0	0
效率	+	0	0
成本	+	−	0

续表

因素	产氢原料		
	烃类	水	生物质
"可行"总和	2	3	2
"不可行"总和	−2	−1	−1
总计	0	2	1
可持续性	否	是	次要方法

在表9-11中对不同生物工艺的产氢速率做了比较。其中的数据是在近似相同反应器中计算的产氢情况。尽管近来有一些进展，但差别也不会太大。从表中数据可清楚地看出，对生物产氢技术，最大的挑战可能是其慢的产氢速率。例如，能为住宅提供足够电力的5kW PEMFC，需要的氢气约119.5 mol/h（利用率95%，效率50%）。而为获得该数量的氢气需要的生物质数量达1700 m^3/h，而这还没有包括系统中控制和工厂平衡需要的电力。

表9-11　各种生物技术产氢速率的比较（2004年）

生物产氢系统	产生氢的速率（给出单位）	氢合成速率（转化单位）	为供5kW PEMFC需要的生物反应器体积/m^3
直接光解	4.67 mmol/180h	0.07 mmol/(L · h)	1707
间接光解	12.6mmol/(μg · h)（蛋白质）	0.335 mmol/(L · h)	337
光发酵	4.0mL/(mL · h)	0.16 mmol/(L · h)	747
WGS	0.8 mmol/(g · min)	96 mmol/(L · h)	1.24
暗发酵	可变的	8.2 ～ 121 mmol/(L · h)	1 ～ 14.75
MEC	3.12 m^3/(m^3 · 天)（反应器）	5.8 mmol/(L · h)	21
组合工艺	无数据但假设高于单个步骤		

9.9　产氢技术比较

表9-12中简要总结了使用化石能源（不可再生）和可再生能源资源的9类产氢方法的技术经济信息。在表9-13和表9-14中分别给出了主要产氢技术使用的原料、效率和技术成熟程度以及成本（表中一些数据有重复，这是由于数据来源不同或所述技术层面有所差别）。应该注意到，有些产氢工艺，如甲烷蒸汽重整（SMR）、电解、加氢裂解等，是非常成熟的。SMR工艺可利用的原料包括生物质、废物和其它物质等；电解工艺使用的电力可来自化石能源和可再生能源（即太阳能、风能和水力）；其它一些产氢技术，如不同发酵工艺、热解、光解等，仍处于发展阶段。在利用可再生能源产氢技术中，除电解、生物质热解和气化产氢技术外，其它工艺仍处于研发或示范阶段，商业使用非常有限，其中的一个原因是可再生能源供应具有间断性和波动性。

在表9-12中产氢技术1 ～ 5项都以含碳资源为原料，因此有温室气体（GHG）排放。理论上GHG排放，煤气化工艺和SMR工艺，每产1kg氢分别排放CO_2 11kg 和7.05kg；甲烷部分氧化技术的CO_2排放，如不考虑使用能源产生的排放，每1kg氢少于3kg。以生物质为原料时，每产1kg氢排放5.43kg CO_2。但从碳全循环角度看，其排放的CO_2被植物吸收又长出生物质，因此生物质产氢过程是碳中性的。甲烷热裂解工艺本身并不排放GHG，如果全部利用清洁能源，它是零排放的。但与SMR相比，单位质量甲烷生产的氢气数量较少。在所列产氢工艺的第6和7项，是以水为原料的，因此过程对环境影响仅取决于所用的能量资源，使用可再生能源时不产生GHG排放。产氢技术8和9也是不排放GHG的，但这些工艺仍处于研发阶段。

表9-12　不同产氢方法的技术经济信息

序号	技术	原料	原料产氢率/%	消耗的主要能源	温度/℃	氢纯度/%	1kg氢CO_2排放量/kg①	能量效率/%②	生产成本/($/kg)③
1	甲烷蒸汽重整	CH_4+蒸汽	25	天然气（热）	700～100	70～75	7.05	60～85	2.3～5.8
2	甲烷热裂解	CH_4	25	热	1600	纯氢	与热源有关④	45（对太阳能16）	3.1～4.1
3	生物质转化（热化学或生物化学）	生物质	6～6.5、4%（热解）	热	600	—	5.43⑤	>30,41～59,45～50	2.3～3.3⑥
4	甲烷部分氧化	烃类（CH_4）	25	化学能（燃烧）	1200～1500	—	≤3⑤	71～88.5	—
5	煤气化	煤+蒸汽	13	热	900	90	11⑤	60, 67	1.8～2.9
6	电网电水电解	水	11.2	电力	80～150	98～99.999	与电网GH强度有关	25～38	3.6～5.1⑦
	风电水电解	水	11.2	电力	80～150	98～99.999	0	13～20⑧	6～7.4
	PV电水电解	水	11.2	太阳辐射	80～150	—	0	10,16⑩,20	6.3～25.4⑨
7	热解	水	研发	热	1927～2500 <1000	>99	与热源有关⑤	约50	研发
8	光解（PHE）	水	研发早期，短寿命	太阳辐射	低温	>99	0	7.8～12.3	研发
9	光生物	水	D&R早期	太阳辐射	低温		0	约10,<1	研发⑪

① 排出结构设备的排放。②能量效率定义为氢含能（HHV）/（原材料含能+过程输入能量）。③价格调整到2014年美元。④GH影响与热源有关，使用太阳热GH为0。⑤基于反应方程的理论化学计量。⑥每天500t干生物质。⑦基于电力成本0.039～0.057$/(kW·h)。⑧对电网电估算效率为45%，对风电值为24%。⑨与PV系统成本有关。⑩光电解理论效率可达35%。⑪仅包括90%的产氢成本。

表9-13　产氢技术能量效率和技术状态

产氢方法	原料	能量效率/%	技术状态
流化床膜反应器	各种烃类	75～90	商业化早期
甲烷蒸汽重整	甲烷	70～85	完全成熟
石油裂解	石油，重烃类	60～75	完全成熟
煤气化	煤炭	60～75	完全成熟
生物质气化	生物质	35～50	完全成熟

续表

产氢方法	原料	能量效率/%	技术状态
电解	水	30 ～ 60	完全成熟
光化学水分解	水	5 ～ 12	商业化早期
热化学水分解	水	1 ～ 5	发展早期
生物海藻	水	0.1 ～ 1	发展早期

表9-14 不同产氢工艺的产氢成本

工艺	甲烷重整	甲烷重整 $+CO_2$捕集	煤气化	煤气化+ CO_2捕集	风电水电解	生物质气化	生物质热解	核热水分解	汽油重整（参考）
产氢成本/(\$/kg)	1.03	1.22	0.96	1.03	6.64	4.63	3.8	1.63	0.93

表9-13是技术现时状态下的能量效率。其中流化床膜反应器可达到的最高效率为90%；利用化石燃料的SMR效率非常高，达85%；生物质气化产氢效率在30% ～ 50%之间，该效率能与多个其它技术竞争；光解现在达到的最大效率为12.3%，而大多数实际试验体系仍低于8%；对光生物产氢工艺，宣称的效率已达10%；微生物电解池（电力+生物质）技术的效率可达78%；使用浓缩太阳热或核热能的水热解产氢工艺，效率可达60%。应该注意到，多种技术仍处于研发阶段，尚无商业生产应用，包括甲烷热裂解。

在表9-12和表9-14中还给出了不同工艺生产1 kg H_2的成本（在近期有所降低），表9-12是以2014年美元计，表9-14则是近期的成本。实际的制氢成本取决于多个因素，如输入原材料数量和性质、运输成本、加工能耗、能量效率、工厂规模（容量）和年利用率以及地理位置等。因此，给出的成本值仅具有指示性意义。在表9-12中也给出了不同产氢技术产生的温室气体CO_2排放，这反映了技术应用的不同条件及其不确定性。以天然气和蒸汽为原料的SMR，产氢成本在2.3 ～ 5.75 \$/kg之间（表9-14中给出的值仅有约一半，1.03 \$/kg），其中天然气（甲烷）成本最为关键。目前SMR是产氢的最有效方法，现时天然气价格的降低是有利的。甲烷热裂解的产氢成本为3.1 ～ 4.1 \$/kg。从长期观点看，SMR和甲烷部分氧化都不是真正可持续的产氢技术，因为使用的是化石能源且不是零排放的。就目前的产氢成本，煤气化技术在1.8 ～ 2.9 \$/kg范围，与SMR技术是完全可以竞争的，但该方法排放的CO_2是最高的。当配备碳捕集封存单元时，煤气化产氢技术也是零排放的，但成本提高了，但仍能与SMR竞争（见表9-15）。

表9-15 我国不同产氢技术的经济性比较

能源利用类型	制氢转化途径	成熟度/稳定性	环保性	能源价格	生产成本/(元/t)	生产地点	运输成本
清洁煤	煤气化	成熟/稳定	耗水，不环保	550元/t	8300 ～ 12500	集中式	高
天然气	甲烷蒸汽重整	成熟/稳定	较环保	3元/m^3	10400 ～ 18100	集中式或分布式	高或低
甲醇	甲醇蒸汽重整	成熟/稳定	较环保	2750元/t	25000 ～ 30000	集中式或分布式	高或低

续表

能源利用类型	制氢转化途径	成熟度/稳定性	环保性	能源价格	生产成本/(元/t)	生产地点	运输成本
石脑油	催化重整副产分离	成熟/稳定	耗能，较不环保	6000元/t	10000～18000	集中式	高
副产物	工业副产分离	成熟/稳定	较环保	—	8000～14000	集中式	高
电解水	低谷电	成熟/稳定	环保	0.3元/(kW·h)	20000	分布式	低
	大工业用电			0.6元/(kW·h)	38000	分布式	低
	可再生能源弃电	较成熟/不稳定	环保	0.1元/(kW·h)	10000	分布式	低
	风能	较成熟/不稳定	环保	—	22300	分布式	低
	太阳能	不成熟/不稳定	环保	—	36600	分布式	低
核能	S-I热化学循环	不成熟/稳定	环保	—	12800	集中式	高
	Cu-Cl热化学循环	不成熟/稳定	环保	—	22300	集中式	高
生物质能	生物质气化	较成熟/不稳定	环保	—	9700	分布式	低

以生物质为原料的产氢成本（有热化学和生物化学两类工艺），不同表格给出的氢成本是接近的，在2.3～4.63 \$/kg之间，稍高于SMR和甲烷热裂解。如无天然气管网基础设施，生物质产氢成本是很有竞争性的，但大规模使用生物质来生产氢气是不实际的，因受原料收集和运输的很大限制。

水电解是最普遍使用的产氢工艺。在美国和欧洲已经建立原位电解制氢的氢气站。虽然该方法目前的耗能和成本都高(耗电成本占总成本的75%)，但是最清洁的产氢工艺，无GHG排放，而且其消耗电力可来自可持续的可再生能源电力，有很大灵活性。用美国电网电，成本为3.6～5.19 \$/kg；用风电，成本为6～7.4 \$/kg，光伏电有类似的成本6.3～25.4 \$/kg，甚至更低（表9-13中的数据上限明显偏高）。其它三个工艺（热解、光解和光生物）因仍处于研发阶段，尚无法估算工业产氢成本，表9-15中给出的是计算数据。

中国的情形与国外有所不同，我国不同产氢技术目前的经济性，其中煤气化的产氢成本是最低的；当利用可再生能源的废弃电力时，其水电解产氢成本是非常有竞争力的。

10 氢的存储

10.1 概述

为人类社会发展提供所需巨大可持续能量的同时又不对环境产生有害影响的解决办法是，利用可再生能源（RE）替代化石能源和大幅提高能源利用效率（EE）。因为RE为消费者提供的能量是低（零）碳、清洁、安全和可靠的。随着社会文明的发展，天然能源资源形式的直接使用日益减少，愈来愈多的是使用从它们转化而来的次级能源，特别是电力。现在对同样是次级能源的氢燃料兴趣不断增加，因为氢能源与电力一样，不仅清洁无污染和不排放温室气体（GHG），也是很好的能量载体。氢能源和电力在未来能量网络中的作用具有互补性，其关键要求是用于生产它们的初级能源资源是可再生可持续和无污染的。影响可再生能源大量利用的障碍除了投资成本高外，更主要的是其固有的能量供应的间断性（季节性）和波动性特征，因这是与消费者需求极端不匹配的。缓解和解决这个问题的方法是利用和发展能量存储技术。利用可再生能源比例愈大储能问题就变得愈来愈重要。

未来智慧能源网络系统构成了完整的分布式能源网络系统，涵盖了电网、燃料网和热能网，相互连接了许多可再生能源发电系统（如太阳能PV、风能等）、氢能源子系统（包括燃料电池堆、电解器和氢储槽等），能源网络和使用能源的领域形成大量子系统。对微能源网络系统所做的完整评估指出，其中的氢能源系统主要是作为优良的储能介质和清洁能源使用的。

可再生能源如太阳能、风能发电装置生产电力具有大的间断性和波动性，使其供应的电力在一段时间内严重过剩而在另一段时间内严重短缺。如能把盈余时的电力转化为氢化学能存储起来，在电力短缺时再使用存储的氢在燃料电池堆中转化为需要的电力和热量以补充供应的不足，这样的能量存储不仅能使电力供应服务质量更高，而且可大幅降低污染物的排放。要充分利用可再生能源资源发展经济，储氢技术是极其重要和非常关键的。未来智慧能源网络系统中的主要储能即储氢系统，可以有不同的模式操作：恒定和改变功率的模式操作。在对存储能量的电解器-燃料电池系统的不同操作模式进行分析后指出：改变燃料电池-电解器功率的操作模式效率更高，但成本也高，有时甚至是不可接受的；而以稳定功率模式操作，成本低但效率也低。因此，从技术和实践角度看，对这类储能系统必须恰当选择可实现的实际操作模式。

氢能是清洁能源，存储的氢能很方便地被燃料电池或氢燃烧引擎用于生产电力（和热量）。燃料电池技术作为电源有很广泛的应用领域，但其应用离不开储氢技术。特别是在移动运输领域中的应用，因为储氢对发展使用燃料电池动力体系的运输应用是关键性的。成本和能量有效的原位储氢对便携式和移动应用以及整个氢运输网络也是极为重要的。储氢技术对氢气生产、加氢站和动力配置是必需的和强制性的要求，因需要对所产氢气有缓冲的储备，在氢气的运输和配送中需要有储氢容器才能把氢燃料保质保量地供应给所有的终端使用者。

储能和储氢都属于存储能量的技术，它们虽然密切相关但仍稍有差别。储能的范围更大，其中也包括了储氢，因氢也是能源。一般概念中的储能是特指电能的储存，如在第4章中所详细讨论的。可再生能源电力几乎都具有大间断性和波动性特征，与需求极不匹配，它们的大量高效利用和最终取代化石能源离不开储能技术的发展。与机械、热和电磁储能比较，储氢是能够解决电能（能量）的大量和长期储存的最可行技术，这是其最大优势。这是因为氢是含能化学品（燃料），而含能化学品（燃料）是能够大量长期存储能量的唯一介质。例如，氢气可直接存储于巨大的燃料网中，直接作为气体燃料使用，也可经燃料电池提供电能进入公用电网和作为分布式电源使用。鉴于储能和储氢的重要性，下面以欧盟的储能和储氢发展为例进行讨论。

欧盟（EU）未来能源网系统的目标是：至少20%电力来自可再生能源。为解决RE电力的间断性和不稳定性问题及保持整个电网的稳定性，必须匹配并部署大量储能装置。EU分析和试验了多种可利用的解决办法，结果都不能令人满意。为此，推出了储氢储能技术，现在它不仅被高度关注而且已逐渐成为最有竞争力的技术。先不管储氢技术是否成熟和其优点，储氢作为能源领域中新出现的过程和发展中的技术，需要考虑一些社会和经济方面的问题。对新的储氢技术，除了其本身组件和技术标准外，仍然需要政策的支持，特别是欧洲能源政策的支持。在社会和经济发展中使用新氢能源技术得到了公众的支持，但有公众的支持还不够，也应让他们了解发展氢能社会可能带来的风险，即氢能技术发展存在某些技术-科学或经济或社会的瓶颈。因此极需发展更多实用的氢能技术，为形成体系需要采用系统性的方法。

为在能源网络系统中使用能实现中长期储能的储氢技术，进行完整技术-社会-经济的研究和评估所获得的结果表明：技术上，储氢体系能在工业需求不平衡的关键时期（时刻）稳定整个电网的操作，使电网的电力质量和稳定性得到全面提高；经济上，储氢寿命20年的全部费用是完全能够接受的，特别是当把存储的氢用于发电供电网内使用时。所以，欧盟委员会最终决定在电网系统中引入储氢技术以确保其能量效率、可靠性和安全性，并达到降低碳排放的目的。

10.1.1 储氢系统的优势

需要用系统认证方法来论证氢为解决储能问题带来的好处和利益，除了考虑常用标准如性能、市场、环境和社会影响等因素外，还需要考虑服务和社会方面的因素，而且还要考虑与其它方法的比较竞争。在实际的论证中最有用的是综合了服务、技术、组织和金融的商业模型（STOF）。该模型能够把储氢技术转换成具有具体价值的目标技术，因此用STOF商业模型来分析储氢能给系统带来的好处和利益是特别兴趣的。用它可从顾客价值角度考虑服务的定义，也可作为使用任何其它商业模型的出发点。储氢系统现在已是一个成熟的选项，不仅是由于它能使电网系统在生产-需求不平衡时确保电力供应的稳定，而且从氢能源电力可获得多重的好处和经济利益。例如，在地方局部地区生产的氢能源可直接卖给国家电网或以压缩氢钢瓶卖给运输领域氢车辆用户或进入微电网中。

10.1.2 固定应用部门中的氢能存储单元

由于利用分散性可再生能源生产电力，其电力源类型和位置不仅是分散的而且每个电力源都有其自己的随机分布，再加上可再生能源电力固有的间断性和可变性特征，使组合这些电力源的电网随机性变得很大。因此，对利用可再生能源电力的这类电网系统，它能保证连续、可靠和稳定供应的电功率低。这说明众多分散可再生能源电力供应在连续性、可靠性和稳定性问题上确实与数量少的大中心发电站的电力供应有较大的不同。为有效和最大限度利用再生能源资源（获得环境利益和能源供应的可持续性），电网系统中必须发展并配置可靠高效的储能子系统。为研究储氢在储能领域中所起的重要作用，确保可再生能源电力能够连续、恒定地为负荷供应需求的电力，已研发出多种储能技术。在已发展的储能技术中，短期能量存储技术（从秒到数星期）有电池、超级电容器和热存储技术。它们对按日循环的可再生能源电力是可以胜任的，但对按季节改变地区性可再生能源电力则必须改用有较长存储期的储能系统，如储氢储能子系统。只有配备了合适容量的储能子系统才能使大电网的电力供应是安全且经济有利的。其中抽水电站储能技术是一个实用有效的选项，但它受地理位置限制太大且体积能量密度（0.273 W · h/L）要比储氢（金属氢化物-燃料电池，0.47 kW · h/L）低很多。对利用储氢解决太阳能电力供应季节性问题，利用无因次分析方法对在供应电力容量不变条件下有无储氢系统和需要安装多少太阳能电力容量进行了比较。结果指出，①安装和利用储氢储能子系统极有利于提高太阳能电力的利用效率，是很有利的选项；②采用配置储氢（储能）系统时需要安装的太阳能电力容量比没有储氢系统时有很大的节约，即初始安装太阳能电力容量有大幅下降。为进行比较需要提供储氢容量与太阳能电力的合适比例以及所谓的“太阳能比”（一年中日输入太阳能的最小值与最大值之比）的数据。利用该无因次模型对位于5个不同纬度陆地上的78个城市太阳能-氢系统所做的完整技术经济评估指出：在往返能量效率45%和基本单元成本占55%条件下储氢系统是经济科学的，储氢的经济可行性一般（虽然不是总是）随城市纬度增加而增加。当往返能量效率上升到50%和/或单元成本进一步降低时，除接近赤道的城市外（因太阳能比非常高，超过80%），太阳能电力储氢系统在绝大部分城市都是经济可行的。

10.1.3 运输部门应用的储能单元

在未来的运输应用中，两类储能技术即电池和储氢的作用都是极为重要的，两者具有相当的互补性。对实际的运输应用，储能技术的选用与装置的质量能量密度和体积能量密度密切相关。美国能源部（DOE）发布了在车辆上应用储能技术的质量能量密度和体积能量密度目标：2010年和2015年的储能技术质量能量密度目标分别为0.89 kW · h/kg（对应于4.5%）和1.09 kW · h/kg（5.5%）；体积能量密度目标分别为0.55 kW · h/L（对应于28 g/L）和0.79kW · h/kg（40 g/L）。对储氢储能，已把其能量值转换为等量电能（设定的燃料电池

HHV效率为50%)，但燃料电池及其相关设备的质量和体积没有考虑在能量密度计算之内；对电池储能，也没有把系统其它部分考虑在能量密度计算之内。

10.1.3.1 储氢储能

就压缩储氢而言，压力很高的氢储罐能量密度很接近于车辆应用的DOE目标。但在车辆中应用压缩氢燃料，遇到的挑战包括昂贵的充氢燃料站、安全性问题和压缩带来的能量损失（压缩到70 MPa时能量损失达储能的15%)。对液氢储能技术，现时达到的质量能量密度在1.0 ～ 1.3 kW · h/kg范围、体积能量密度在0.64 ～ 0.69 kW · h/L范围。前者满足2015年DOE质量密度目标值1.09 kW · h/kg，后者超过DOE 2010年体积目标值0.55 kW · h/L，但稍低于2015年的体积目标值0.79 kW · h/L。对冷冻压缩液氢储能技术，试验已经证明其质量/体积能量密度值都超过了DOE目标值1.46 kW · h/kg和0.89 kW · h/L。但是，为把氢气液化，需要把其冷冻到22 K的低温，冷冻压缩消耗的能量占存储氢能量的30% ～ 40%，而且存储冷冻液氢的储槽也是非常昂贵的。冷冻液氢可能是未来航空飞机和飞行器最实际的替代燃料，但它太过昂贵，对一般汽车和其它运输应用是不实际的。

对固体介质储氢技术，主要优点是安全性很高，所需压力远低于压缩氢气。对金属氢化物，已达到的质量能量密度值在0.30 ～ 0.47 kW · h/kg（1.5% ～ 2.4%)、体积能量密度值在0.35 ～ 0.47 kW · h/L，仅有DOE 2010年质量能量目标值的35% ～ 54%和体积能量密度目标值的65% ～ 87%。但也已经发现一些化学氢化物（固体或液体形态）具有较高质量能量密度（0.55 ～ 0.65 kW · h/kg）和体积能量密度（0.45 ～ 0.61 kW · h/L)，分别达到DOE 2010年目标的63% ～ 74%和83% ～ 94%。这也就是说，现时金属和化学氢化物的质量能量密度和体积能量密度值虽已超过35MPa但没有达到70MPa压力压缩氢钢瓶所达到的值。但不管怎样，固体介质储氢无需用很高压力充氢，而且有理由相信：在超DOE 2010年目标值基础上再经努力完全有可能达到70MPa储氢的质量能量密度值并超过其对应的体积能量密度值。

10.1.3.2 电池储能

美国先进电池联盟对电动车辆电池的目标，质量能量密度0.15 ～ 0.20kW · h/kg和体积能量密度0.23 ～ 0.30kW · h/L。最有可能达到目标值的是锂离子电池，现在锂离子电池最好已达到的质量能量密度为0.12 kW · h/kg(目标值的80%)，体积能量密度为0.14 kW · h/L(目标值的80%)。而且锂离子电池技术在新近又有很大的进展。近来新发展的A123离子电池包（系统）的质量能量密度仅为0.057 kW · h/kg，体积能量密度仅0.098 kW · h/L。

10.1.3.3 运输车辆应用储能技术进展

DOE为车辆技术进展设置的目标中，2015年储氢技术的质量能量密度目标是插入式混合电动车辆电池质量能量密度目标值的3.5倍，体积能量密度值是电池的1.8倍。因此，储氢技术（未来可能延伸）在现时车辆中使用时，其质量能量密度和体积能量密度比电池具有显著的优势（在行驶里程类似于汽油和柴油车辆条件下）。如果其它条件等同，其能量密度上的优势意味着氢燃料电池车辆的行驶里程可以远很多，比电池电动车辆可能远2-3倍（给定体积和质量的储能系统）。就满足可持续能源战略运输中应用的必要条件而言，储氢储能比电池储能的优势非常明显，有较高的质量能量密度和体积能量密度。为使车辆的行驶里程与汽油/柴油车辆相同，储能子系统的优化是非常必要的。从实用角度考虑，储氢和电池储能形成的混合储能系统可能是非常有利的方案。在这类混合储能系统中，储氢系统提供大容量能量储存，电池作为补充使燃料电池能够自如地应对和缓和负荷变化，并延长储能系统的使用寿命。在实践中，这类互补形式的储氢储能和电池储能系统已被应用于Honda的FCX Clarity氢燃料电池车辆中。储氢和电池储能互补，能够很好地解决运输车辆的行驶里程问题。

只要为纯电动车辆（BEV）电池充电的电力和燃料电池车辆（HFCV）的氢燃料是使用可再生能源、核能或有碳捕集封存的化石能源生产的（都是零排放技术），BEV和HFCV都是零排放的运输车辆。但只有使用可再生能源电力和可再生氢时它们才是可持续的。表面看，BEV的能量效率要远高于HFCV。因为短期（到数天）电力存储的往返能量效率可达80%。由于电解器能量效率为90%（HHV）、储能效率为95%，燃料电池的能量效率为50%（HHV），HFCV的往返能量效率可能仅有43%。80%对43%的比较，使人认为没有必要关注HFCV了。但是，这样的比较太过片面，如在第8章中研究指出的，当BEV有一段时间不用时，动力电池的自放电现象使其往返效率会快速下降，数月后甚至下降到零；同时，BEV电池容量随环境温度降低也会有相当的降低，车辆中使用的供暖和空调设备也使效率有相当的降低。因此，当考虑这些能量损失时（氢燃料的充放没有这类损失），BEV的总往返能量效率应该与HFCV效率相当。

10.2 储氢技术概述

10.2.1 引言

对储氢技术的研究世界范围内正大规模地进行着，目标是发现和发展安全、可靠、紧凑和成本有效的储氢方法，而且存储的氢应用于燃料电池技术也很容易。像所有产品一样，氢必须被包装、运输、存储和输送，从生产地到最后使用地。实现氢经济最主要的技术问题之一是氢的存储，到目前为止，成本有效的储氢方法仍然是一个难以克服的挑战。储氢单元必须有足够高的能量密度，以便能在交通运输领域中应用。

为了尽快解决储氢领域的挑战，全球科学家正在努力研究储氢的新技术。目前可使用的储氢技术主要有三类：气态储氢、液态储氢和固体介质储氢（表10-1）。高压气态储氢已经得到广泛应用，低温液态储氢在航天等领域也已实际应用，有机液态储氢尚处于示范阶段，金属氢化物储氢技术也在快速发展中。图10-1为现时和未来的储氢方法及其达到和要求的体积密度和质量密度。发展安全、持久和成本有效的储氢技术，且使它们能够在氢能源广泛领域获得应用，是一个具有挑战性的任务。

表10-1 氢存储技术类型

储存方式	类型
气体存储	压缩氢
液体存储	液态氢
化学存储	氢化镁（MgH_2）、氢化钙（CaH_2）、氢化钠（NaH）
物理存储金属有机框架	PCN-6、PCN、多孔配位网络

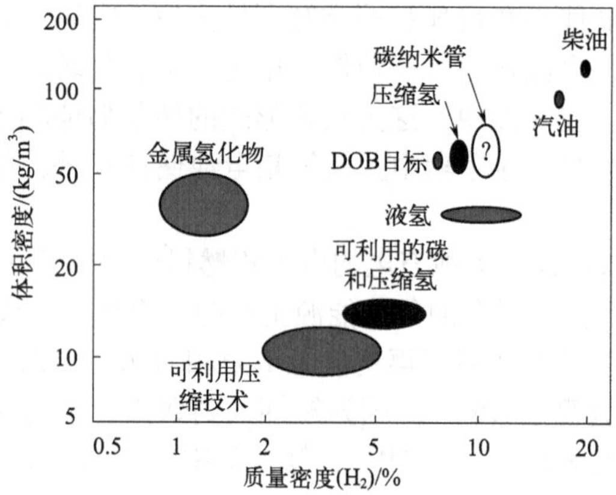

图10-1　现时和未来存储氢能方法

储氢材料捕集氢通常包含如下过程：分子吸附、扩散、化学键合、范德瓦耳斯吸引和解离吸附；在释放氢中包含的步骤有脱附、扩散、脱键合和解吸等。氢能以分子/离子形式吸附于材料表面，可利用压力、温度和电化学位来控制氢在材料表面吸附和键合强度。对在固体介质材料中的气固储氢过程，要求满足的基本条件包括：适宜的热力学、快速动力学（快存储和释放）、高质量/体积能量密度，对存储的安全性能掌控管理。

应用储氢装置的场所可分为两个主要类别：固定场地和移动单元应用储氢装置。前者指存储氢气的装置位置是固定不变的；后者则是指存储氢气的容器被固定在使用氢气的交通工具上随车辆移动而移动，使用的氢气是在移动状态下逐渐释放出来的。使氢释放存储的能量主要是使其氧化或燃烧，例如在氢内燃引擎或燃料电池装置中，它们能够把氢转化为需要的能量形式如机械能或电能。

作为引擎燃料的氢具有如下特点：高热值（HHV值）141.8 MJ/kg（是甲烷的2倍多）、可在很宽化学计量比下特别是极度贫燃的条件下燃烧（空气/氢燃料比可达34.33）、能在非常低燃料消耗条件下燃烧、具有非常宽的可燃范围。氢燃料的缺点：氢体积密度非常低（0.054 kg/m^3），这意味着用传统存储燃料的方法来存储氢燃料是困难的。为达到有效使用目标常需要对氢进行压缩或液化来缓解或解决低密度问题。氢燃料能作为发电厂燃料使用，也是引擎领域中很有吸引力的“添加剂”。例如，在柴油或天然气燃料中添加氢不仅能增加引擎性能，而且更重要的是能够降低污染气体（包括烟雾）的排放，这对柴油或天然气引擎满足最新排放标准是根本性的。但是，应该了解，使用氢燃料的最好方法是让它在燃料电池中转化（替代内燃引擎）。

在传统工业领域中，氢气是应用很广泛的化学品，化学品氢气的生产和使用的位置都是固定的。化学品氢可利用区域性原料（如天然气）原位建生产装置进行生产或通过管道连续供应。氢化学品的临时存储通常由大气柜来完成。生产氢气虽然可使用范围广泛的原料，但在作为化学品使用时，考虑的主要因素是经济利益，对其生产装置占用的空间和重量大小一般是很少考虑的。因此，多以化石燃料（尤其是天然气）为原料，或直接利用某些工业部门副产的氢气。但当把氢气作为重要能源和能量载体使用（尤其未来情形）时，特别是在移动装置如车辆上应用时，不仅需要从环境和可持续性角度考虑选用何种氢生产技术，而且对储氢和连续供应问题需要予以特别的重视，因这将可能成为成功实现氢经济的关键。为在移动单元中安全广泛地使用氢能源，除了有完善的氢配送公用设施和加氢站外，使用的储氢单元装置也必须具有足够的容量和安全性。在移动单元如车辆上，现在配备的一般是高压容器（存储压缩的氢）。高压储氢带来的问题是：除携带数量可能不够外，高压储氢罐还存在安全危险性，另外储氢高压容器的材料也可能成为问题。

但是，不管怎样，在氢能源系统中储氢单元是其非常重要的组成部分。应该说，氢能源大规模使用的一个巨大挑战是氢的储存。虽然按质量计氢具有高能量密度，但按体积计其能量密度很低，远低于一般烃类燃料。为使车辆一次添加燃料能够行驶500公里以上，必须发展经济可行的储氢储能系统。对实际可行储氢单元的要求包括：高质量/体积存储容量、重量轻、成本低、循环可利用性能好（对储氢材料性质的要求）。为此，美国能源部提出，2015年车辆储氢单元的目标是：容量5.5%和40g(H_2)/L，寿命1500个循环。

10.2.2 储氢技术分类和简述

如前所述，可以多种形式和方法来存储氢燃料，例如氢吸收、吸附和化学反应储氢。储氢单元通常是配有合适安全警示的特殊容器。管道储氢也是一种有效储氢的方法。

存储气体燃料的传统方法常用的是压缩存储和液化存储两种。用于存储天然气的盐穴也可转而用于存储压缩氢气。因氢是可压缩气体，储氢的常规方法是压缩存储，即在高压下储氢或在高压冷冻条件下以液氢形式存储。把氢气压缩再存储在容器中的储氢技术，高压储氢提高了它的体积能量密度，能够满足有空间限制的车载储氢使用。普通的氢气钢瓶存储的氢气压力一般在20 MPa以下，一般为12 ～ 15 MPa。而在车辆中使用的高压容器，为获得足够的行驶距离，目前采用的储氢压力分为35 MPa和70 MPa两种。为满足高压储氢钢瓶的强度和轻重量要求，需要利用特殊材料和设计成一定结构，如图10-2所示。尽管35 MPa的压力已经很高了，但单位重量含能（密度）仍然偏低。为此存储压力增加到70 MPa。虽然储氢密度提高了，但其压缩成本和耗能也显著增加了，而且高压容器还会带来副作用。在对气态和液态储氢比较中发现：从体积能量密度角度看液态存储方法更好，但液态存储需要配备保持氢在液态的冷冻系统，使温度保持在20.4 K的低温。很明显，这样的低温不仅热损失不可避免而且液化氢冷冻保存成本也是很高的，因此液氢存储过程的效率是不高的。

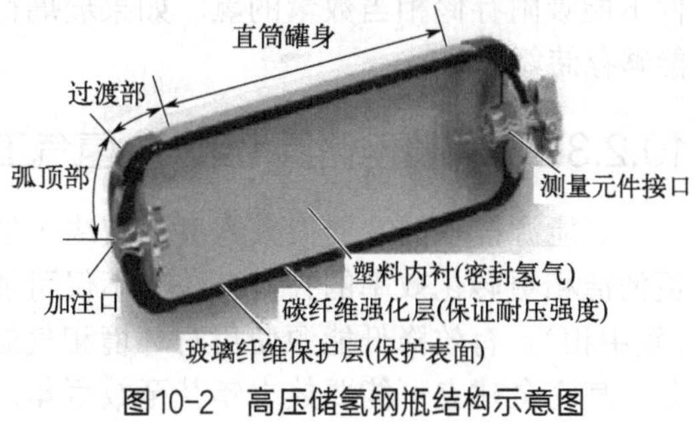

图10-2 高压储氢钢瓶结构示意图

除压缩和液化储氢外，已发现了多种能够储氢的介质。用这些介质储氢时，其储氢量一般仅占单元总重量的约2%，某些金属氢化物吸收氢的容量可达5% ～ 7%。已发现的储氢介质一般是固体材料，介质材料的性质特性决定了其储氢容器的成本、安全、有效和可靠性。有许多固体材料具有储氢能力，如金属、合金、碳材料、多孔材料（如多孔金属氧化物）等。

在金属储氢介质中，镁是最可行的储氢材料，因具有高容量、低成本和轻重量的特征。例如，20 nm厚的Mg膜显示有超级氢吸收性能，饱和氢含量可达5.5%（298K和728 kPa H_2）。但是镁基储氢材料的缺点是缓慢的释氢动力学（最主要原因是氢黏滞系数小且在钝化层中扩散速率很慢），这限制了其在车辆中的实际应用。一些合金氢化物储氢介质材料对氢显示有化学吸着能力且其储氢很安全，如铈-镧-镍合金（Ce-La-Ni）、硼氢化镁$Mg(BH_4)_2$、镁-氧化锆氢化物等。氢能够在金属氢化物中存储是由于在气态氢和固体材料之间能够发生热化学反应形成氢化物，在形成氢化物的氢吸附（脱附）期间发生了金属晶格结构的改变。因此其储氢性能（氢吸着潜力）取决于合金组成和电子结构构型。例如，铑-银合金（Ag_xRh_{1-x}, $0 \leqslant x \leqslant 1$）储氢材料。一般而言，吸氢过程是放热的而脱氢过程是吸热的，吸脱氢过程速率取决于过程活化能、热导率、压力和温度等因素，因此金属氢化物储氢单元需配备有热控制系统。在与传统储氢方法比较时，金属（或合金）介质储氢技术是比较安全的，且服务成本低、装置较紧凑、有较高效率、吸放氢动力学相对快速、对变化的应答快。但是，金属（合金）氢化物储氢也有缺点：必须进行热管理、成本较高、单位质量储氢量不高等。金属（合金）氢化物与储热材料（相变材料，PCM）的组合可形成以潜热替代外部热源的储氢组合材料。在实际应用方面，戴姆勒-奔驰公司已把对金属（合金）氢化物储氢材料的研究成果进行转化，进行实际应用，推出了世界上第一辆应用组合氢化物储氢的电动车辆。该公司还进一步发展和发现了金属氢化物的多种可能应用。

在固体储氢材料中，除金属（合金）氢化物外还有一大类多孔性材料也具有储氢性能，如天然黏土、包合水合物、碳材料、玻璃微球等。天然黏土是一类多孔纳米材料，其特点是便宜、生物可降解、非常耐用和高储氢容量。例如，用六角形氮化硼纳米粒子（h-BN）掺杂且经酸处理的多水高岭土纳米管（A-HNT），储氢容量（质量分数）从原始的0.22%增加到2.88%（掺杂5%纳米粒子）。包合水合物是一类固体混合物，其晶体结构是由水分子形成的。特殊的晶体结构形成了可被特殊气体（分子量低于甲烷和二氧化碳的分子）充满的结构笼。固体状态的包合物在室温下可耐受高的压力。其储氢容量与结构笼的大小有关。各种碳纳米材料都具有好的储氢（吸附）容量，如碳纳米管、碳纳米花、碳纳米纤维、石墨烯等，这是由于碳微管道结构能促进在其微孔中存储氢分子。例如，碳纳米管在适当条件下能吸附存储相当数量的氢。如果玻璃微球（毫米到微米大小）床层具有合适的孔径也能够存储氢。

10.2.3 气体管网储氢（电力-氢气工厂）

氢能源技术的发展很大程度上取决于氢燃料电池技术的进展，氢能技术是使能源移向更清洁和更转化效率的关键方法，不仅可能导致能源体系的根本改变，且极有利于脱碳化（碳中和），有效降低能源使用对环境和气候的影响。虽然过渡到“氢经济”时代是长期任务，其完全建立可能要数十年甚至数百年，但在当前最需要的是接受氢经济技术带来的结构变化并对其长期发展给予支持。为此必须持续发展氢的生产、存储、运输、配送、应用技术，以促进氢经济时代的到来。

一些国家已经建立起配送天然气的管道网络，该管网是一个能够存储巨大数量氢的储氢库。已多次提到，为缓解和解决可再生能源电力供应的波动性和间断性问题，其盈余电力（或电网供电峰谷期的多余电力）可供电解器生产氢气，如果生产的氢气的数量巨大可把其输送和存储于有巨大存储容量的天然气管网中。所谓的“电力-氢气工厂”就是利用多余电力在电解器中电解水生产氢气（和氧气）的工厂，其生产的氢气可直接送入现有的天然气管网作为气体燃料，也可在电力短缺时让氢气在氢内燃引擎中燃烧或在燃料电池中进行电化学反应生产电力（以补不足）和热量。在世界范围内，这类电力-氢气试验工厂数量在不断增加，主要原因是它们能够利用波动不稳定的可再生能源电力生产氢气存储能量，为整个电网的可靠稳定运行做出贡献。为此把电力-气体工厂作为重要策略进行了研究，获得的结果说明：电力-氢气工厂生产的氢气既可用于发电也可直接进入配送燃气的管道系统存储和使用。欧洲的一些国家现在已经使用这个技术以氢气形式来存储电力。对大多数电力-氢气工厂而言，利用的可再生能源电力是风电和太阳能电力。一方面由于可再生能源资源的高效利用对储能单元的需求非常大，另一方面电力-氢气工厂又能以多种组合模式进行操作（既可与公用电网连接也可与燃气配送管网系统连接），因此发展前景极好。对不同的应用电力-氢气工厂可用不同组合来应对，即可按不同要求进行设计和分类。总而言之，电力-气体工厂在现时和未来的能源网络系统中都可能是重要的组成部分，有其特定的位置和作用，如图10-3所示。电力-气体工厂能够扩展延伸应用于不同领域，氢-电力-氢构成的整体能源系统（HHES）可作为偏远或孤立地区（农村、酒店、孤立区域和岛屿等）的独立能源系统。对有巨大可再生能源资源电力（如水电、太阳能电力、风电、地热电力）潜力的国家和地区HHES具有很大的发展空间。太阳能、风能资源丰富的国家有中国、美国和欧盟各国；水电潜力巨大的国家有挪威、巴西、加拿大、委内瑞拉、中国、美国等。研究结果显示，利用储氢储能比电池更为经济和安全。要替代现有储能技术，储氢技术需要发展高效安全的氢气生产、存储和使用的综合技术。

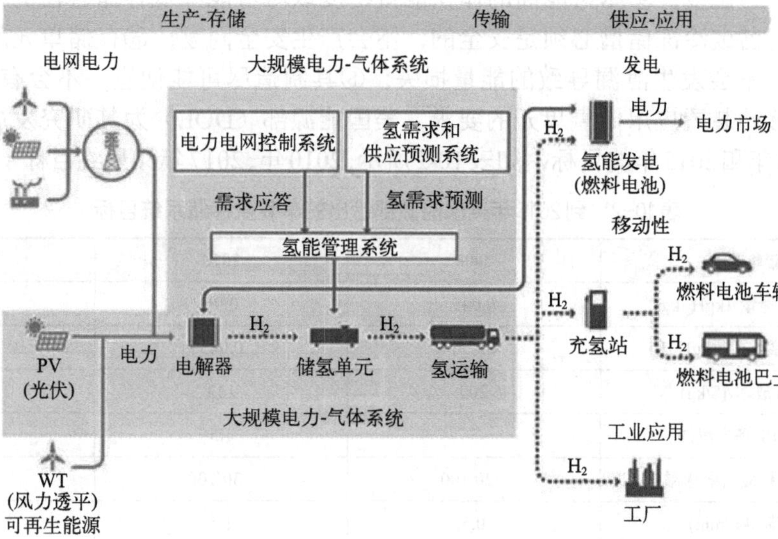

图10-3 电力-气体工厂在能源系统中的位置和作用

已多次强调，利用储氢来储能是离不开燃料电池技术发展的。燃料电池是一种电化学装置，能在单一步骤中把氢燃料化学能直接转化为电能和热量。它比燃烧热引擎（转换需多步）（化学能—热能—机械能—电能）有若干独特优点。一是氢燃料电池不仅有效而且非常清洁、非常安全和可持续。原因是燃烧烃类燃料获取热能不仅使有限化石能源不断减少，而且要排放多种对环境非常有害的污染物和温室气体，对全球气候变化、臭氧层破坏、酸雨（导致植被覆盖度下降）等产生很大影响。二是燃料电池与可再生能源资源和氢能量载体之间的兼容性非常好，必将成为未来能源转换的重要装置。三是燃料电池技术本身还具有一些突出优点，如安静操作（操作没有噪声或振动）、固态模块化制造、结构简单和应用领域广泛（便携式和固定应用，运输应用和发电单元）。总之，燃料电池是洁净、有效和最灵活的化学能到电能的转化技术。

10.3 移动应用氢燃料的存储

随着经济和社会文明的发展，运送货物和人员的流动快速增加，消耗的能源占比不断提高。因此在移动装置中使用的能量存储单元的重要性不断增加。在移动装置上（特别是车辆）的氢存储（车载储氢）是一项具有挑战性的任务，它对氢经济的成功实现有着极为重要的意义。在把氢作为运输燃料使用时发现，液氢的体积能量密度约为8.4×10^3 MJ/m^3，仅有汽油（3.27×10^4 MJ/m^3）的1/4，因此液氢储罐的体积将是汽油油箱体积的4倍。由于可用的化石燃料总有枯竭之时且其使用会排放大量污染物，为缓解、避免和解决问题，在移动应用领域改用无污染的氢能源似乎已成必然趋势，其关键之一是必须解决在移动装置上存储氢燃料。

为移动装置应用的氢燃料存储，虽然可使用压缩储氢和液氢存储的方法，但更理想的似乎是使用固体介质储氢。对移动领域中应用的“理想”气固储氢单元，应满足的要求如下：①能存储足够多数量的氢燃料，且在释放时无需再额外补充能量；②充氢和放氢过程必须是可逆的，能由消费者自行操作，操作所用时间应该是可以接受的；③尽可能低的充氢和放氢压力与温度；④尽可能高的体积能量密度以尽可能降低存储容器的体积；⑤存储单元的高压容器或冷冻储槽必须是安全的，不会产生安全问题；⑥存储单元所用材料与氢是兼容的；⑦不会发生泄漏导致的能量损失；⑧其制造尽可能便宜，不会有原材料问题。基于这些对移动装置应用储氢单元的要求，美国能源部（DOE）为其研究发展工作确定了2005年、2010年和2015年的目标，如表10-2所示，2010年、2017年和最终目标示于表10-3中。

表10-2 到2015年美国能源部给出的车载氢存储系统目标

存储参数	2005	2010	2015
H_2的可用比能量/(kgH_2/kg)	0.045	0.06	0.09
H_2的可用能量密度/(kgH_2/L)	0.036	0.045	0.081
存储系统成本/($/kg)	200	133	67
燃料成本/($/等当汽油)	3	1.5	1.5
容器中氢的最小和最大配送温度/℃	−20/100	−30/100	−40/100
充氢速率/(kg/min)	0.5	1.5	2
可用氢的损失/(g/h)	1	0.1	0.05

表10-3 车载氢存储系统2010年、2017年目标和最终目标

存储参数	单位	2010	2017	最终目标
系统重量能量密度	kW·h/kg	1.5	1.8	2.5
	g/kg（系统）	45	55	75
系统体积能量密度	kW·h/L	0.9	1.3	2.3
	g/L（系统）	28	40	70
燃料成本	$/加仑汽油当量	3～7	2～4	2～4
车载效率	%	90	90	90
油井-发电厂效率	%	60	60	60

续表

存储参数	单位	2010	2017	最终目标
充氢时间	min	4.2	3.3	2.5
每 kgH_2 的充氢时间	min	1.2	1.5	2.5
可用氢损失	g/h	0.1	0.05	0.05

实践已经证明，对摩托车辆和航空器，可用的储氢方法有三个（图10-4）：液氢存储、压缩储氢和固体介质储氢［如金属（合金）氢化物和化学氢化物］。储氢系统最主要的设计目标是最高存储容量和高充放过程总效率，储氢过程总效率是由输入/输出转换和存储期间的能量损失（如自放氢、氢气压力损失、泄漏、蒸发等）决定的（图10-5）。其中输入/输出和转换器效率决定了转换效率，存储效率是由存储过程中的能量损失决定的，包括自放氢、储库氢气蒸发泄漏、摩擦损失等。总的目标是转换或存储能量损失最小且存储方便和使用容易。

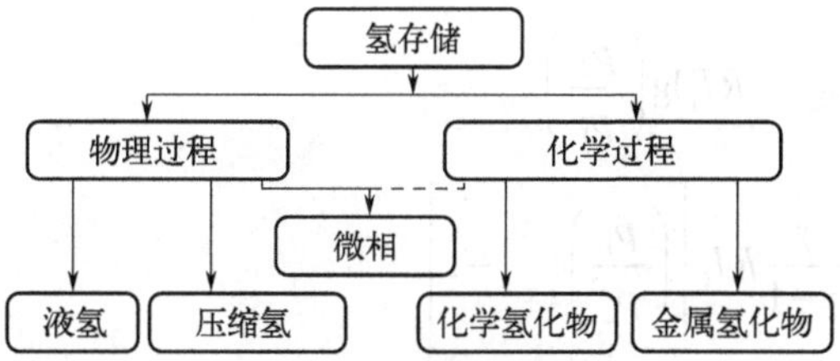

图10-4 氢能存储方法

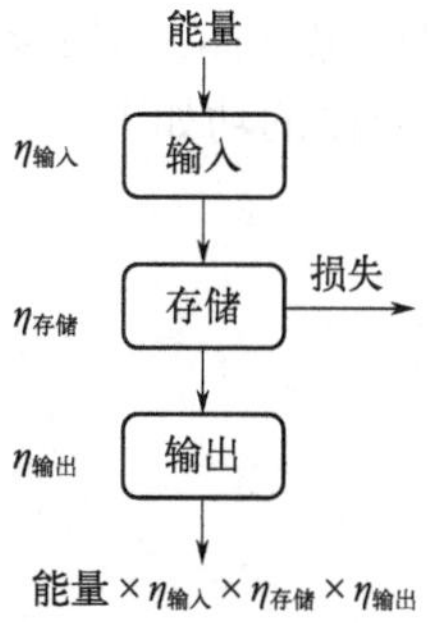

图10-5 氢能存储系统效率

10.4 气态氢存储

高压气态储氢具有充放氢速度快、容器（高压气瓶和高压容器）结构简单等优点，是现阶段使用的主要储氢方式。其中钢质氢瓶和钢质压力容器是最成熟、最常用和成本很低的储氢容器。20 MPa钢质氢瓶在工业中已广泛应用，而45 MPa钢质氢瓶、98 MPa钢带缠绕式压力容器都已在加氢站中使用。碳纤维缠绕高压氢瓶的开发，使高压气态储氢从固定应用扩展到移动应用（车载储氢），其中70 MPa碳纤维缠绕Ⅳ型瓶已成为国外燃料电池乘用车车载储氢的主流技术（图10-2），而35 MPa碳纤维缠绕Ⅲ型瓶目前仍是我国燃料电池商用车的车载储氢主要方式，但已有少量Ⅳ型瓶在我国燃料电池乘用车中使用。按使用材质和压力分类的不同类别高压储氢容器见表10-4。

表10-4 储氢容器分类

类型	Ⅰ型瓶	Ⅱ型瓶	Ⅲ型瓶	Ⅳ型瓶
使用材质	铬钼钢	纤维环缠绕钢质内胆	碳纤维全缠绕铝内胆	碳纤维缠绕塑料内胆
工作压力/MPa	17.5 ～ 20	26.3 ～ 30	30 ～ 70	30 ～ 70
应用场合	固定应用储氢如充氢站等		车载储氢	车载储氢

10.4.1 压缩储氢原理

压缩储氢是对氢气进行物理压缩后存储在高压储罐中的一种方法。氢作为燃料使用时，存储在较小空间中的氢仍保持其能源特性。储氢的体积能量密度随压缩压力增加而提高。对车辆携带的氢燃料，使用高压氢瓶或容器（例如30 ～ 70 MPa）是有利且是最简单的。高压容器一般是由金属或强化复合材料（例如玻璃纤维、碳纤维和Kelvar材料）制成的，类似于存储压缩天然气或液化石油气（LPG）的储气罐车。

氢气从常压到高压的压缩过程必须对氢气做功。压缩氢气消耗的能量（压缩功）可精确计算：

$$W=\int_{V_1}^{V_2} p\mathrm{d}V \tag{10-1}$$

式中，V是压缩气体的体积，m^3。等温可逆压缩过程消耗的压缩功最小，但其操作需要非常慢，实际上是不可能实现的。压缩过程的另一极端是不进行任何热交换的绝热压缩。假设氢气为理想气体，把1 kg氢以等温方式从压力p_1压缩到p_2（$p_1< p_2$）需要做的功，以及绝热压缩需要做的功如下：

$$W_{等温，理想}=RT_1\lg\left(\frac{p_2}{p_1}\right) \tag{10-2}$$

$$W_{\Delta S\to 0，理想}=\frac{\gamma}{\gamma-1}RT_1\left[\left(\frac{p_1}{p_2}\right)^{\gamma/\gamma-1}-1\right] \tag{10-3}$$

其中，T_1是氢在压力p_1时的温度；R是气体常数[4.124 kJ/(kg · K)]；γ是气体的热容比c_p/c_V。氢气的γ值为1.383（假设与温度无关）。由于绝热压缩过程是不可逆的，其与理想气体行为偏离可通过引入等熵压缩效率计算。于是压缩氢气实际需要的功为：

$$W_{实际}=\frac{W_{\Delta S\to 0}}{\eta_{绝热}} \tag{10-4}$$

式中，$\eta_{绝热}$是绝热过程效率，通常在75% ～ 80%之间。对等温、绝热和多熵压缩，压缩消耗的能量如图10-6所示。可以看到，压缩功和最后压力间的关系是非线性的。所以，给定压力区间的氢气压缩需要的功与初始（抽吸）压力有关；抽吸压力愈高压缩需要的能量愈低。换句话说，压力从35 MPa压缩到70 MPa需要的能量显著低于从常压压缩到35MPa需要的能量。该关系说明在加压条件下产氢（采用加压电解器和加压重整器）再配送能提高能量效率。35 MPa压力的储氢钢瓶几乎在所用国家都是商业可利用的，但70 MPa压力容器在大多数国家仍需要有新标准和新的认证，包括循环负荷、寿命、成本和使用者安全认知等重要方面。

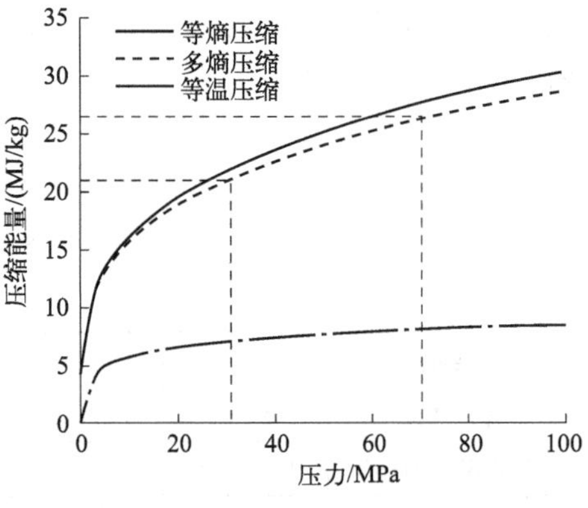

图10-6 压缩每kg氢需要的能量

10.4.2 压缩氢存储成本

尽管压缩氢在实验室和工业部门的使用是规范和令人满意的，但它并不很适合于车辆应用。主要原因是压缩储氢方法存在如下问题：体积大、重量重、有潜在安全危险和总成本高等，而且压缩时的高能耗也使压缩储氢体系的经济性不高。

与储氢100 kW的大容器（价格在1000 ～ 1500欧元/kW）比较，50 kW的小压缩储氢容器成本更高（5000欧元/kW）。压缩储氢对运输领域的商业化应用不是非常理想，因安装成本高，在材料选择、充电和劳动力等方面也需付出维护成本。压缩储氢成本随存储压力增高而增加，例如，存储压力从14 MPa增加到54 MPa时，储氢容器的操作成本也从400 $/kg增加到2100 $/kg。对应用于大巴的压缩储氢（40 kg），成本接近100 $/kg；轻载车辆的压缩储氢成本也高。试验结果指出，尽管复合物压力容器制造成本很高，但仍然比常规储氢钢瓶便宜很多；存储容量为1000 t的氢储槽，投资成本为204 ～ 1080 $/kg。为使压缩储氢技术能大规模商业使用，在存储效率、储槽设计和容器成本方面仍有进一步提高和改进的余地。为了达到DOE的目标，也可在抗高压的大容器中安装玻璃毛细阵列，以有利于移动应用中的氢安全灌装、存储和控制释放。该类毛细阵列方法与冷冻压缩方法的灵活组合，有利于达到DOE的储氢目标，其关键是要防止玻璃结构中出现缺陷如气泡、裂缝或凹槽。

10.5 液态氢存储

10.5.1 低温液氢存储

低温液态储氢需把氢气冷却到−253℃，获得的液氢存储于绝缘低温液氢罐中，其密度可达70.6 kg/m^3。液氢更利于存储、运输和配送，且装载液氢的容器能够利用卡车和铁路进行运输。但显然，氢的液化需消耗大量能量，约占液化氢能量的30%。除液化时的耗能外，存储液氢的容器也必须使用非常优秀的绝缘材料，其制造成本很高。由此可见，要发展可再生氢经济必须提高氢液工厂的效率以及提高液氢存储容器的效率和安全性。尽管液氢的能量密度有相当的提高，但为了保存液氢也必须提高存储容器的热绝缘性能。当把温度进一步降低到−259℃以下时可获得所谓“块状氢”，这类块状氢是氢的固液掺和物。虽然块状氢的应用极受限制，但在空间技术中其应用前景很好。液氢在国内外航天工程中已经成功使用。

为液化氢气，装置的一次性投资大，过程能耗高，存储过程中有蒸发损失。蒸发速率与储氢罐容积有关，大储罐的蒸发速率低于小储罐。在氢液化工厂的大量投资中，设备约占60% ，建设占30%，操作仅占10%。投资成本主要取决于日生产容量和工厂位置。现时液氢生产的电力消耗为0.89 ～ 1.06 kW · h/L。冷冻储氢投资成本在20 ～ 400 $/kg之间，比压缩氢容器成本低很多。如需要长期储氢一般选择冷冻存储，而对短期储氢压缩储氢更为有利。在20K时的液态氢（也称为泥浆氢）是无色的且没有腐蚀性，液氢密度通常小于冷冻储存氢密度（浓缩氢存储）。每升储罐能存储0.07kg液氢，而每升压缩氢储罐仅存储0.030kg氢。为了保持液氢的低温，储罐必须有很好的绝缘。现时的研究重点在于发展重量轻和强度高的复合材料储罐。从重量和体积角度看，液氢存储技术似乎是非常可行的。冷冻存储液氢有高的体积/质量能量密度，但尚需进一步解决沸腾逸出、传热、长期储氢和降低成本等问题。在表10-5中比较了压缩氢和液氢的某些特性。

表10-5　压缩氢和液氢性质比较

氢类型	操作压力	沸腾逸出	冷冻容器	体积	储罐成本	绝缘	氢渗透	液化过程	体积容量
压缩氢	高	中等	小	中等	中等	中等	高	不需要	0.030kg/L
液体氢	低	高	大	大	高	高	中等	需要	0.070kg/L

在研究试验中，存储液氢的容器被设计成双层壁和具有超级绝缘性的，这样能使传热速率最小，因此沸腾逸出损失量最小。对存储的液氢的取出，既可以是液氢形式也可以气氢形式，然后再配送给用氢装置如引擎。同样，为了最小化沸腾逸出，输送液氢的管道需配备有真空夹套，目的是使其具有尽可能优良的绝缘性能。即便这样，仍然会有热量输入导致液氢的蒸发。随蒸发量增加容器压力也增加。为避免压力增加，液氢存储系统需要连续排出氢气，致使氢有消耗性损失。

虽然已为车辆应用开发出存储液氢的储罐（Dewar，VLHD）及其充氢系统，但其安全性仍需进一步试验。为避免运输液氢时的燃料损失和避免分布液氢时的蒸发损失，可选择在加氢站建设小规模的液氢生产装置，但其经济性仍然需要深入研究。大规模生产和分布可降低液化成本。在图10-7中示出了液化器的固定和操作维护（O&M）成本与生产速率间的关系，从图中可清楚看到，氢液化成本在生产速率低于6000kg/h时随速率增加快速下降。

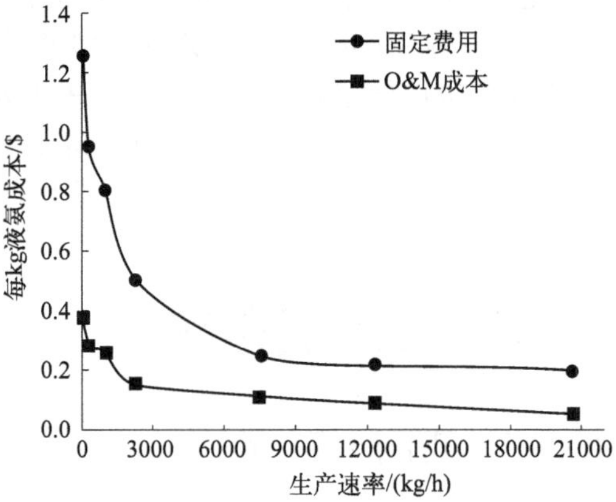

图10-7　氢液化器固定费用和操作维护成本

10.5.2　液体储氢

10.5.2.1　有机液体储氢

在液态氢存储类别中除低温液态储氢外，有机液体储氢和离子液体储氢也被认为是液态氢存储方式。某些富氢的低分子量有机液体能够作为储氢材料使用。有机液体储氢一般是指液体化合物的化学储氢。例如，一些不饱和有机物（烯烃、炔烃或芳烃）与氢气间可进行可逆加氢和脱氢反应，从而实现储氢和放氢的循环。该类化合物储氢方法的一个特点是，加氢后的有机液体氢化物非常稳定且安全性很高。其问题在于，加氢脱氢反应一般需要在高温且有催化剂的条件下才能进行，体积效率较低，催化剂易中毒。我国对有机液体车载储氢已经在燃料电池客车上进行了示范运营。

10.5.2.2　离子液体储氢

离子液体的定义是“熔点低于100℃的液态盐类”（通常解离成阳离子和阴离子）。离子液体的低熔点是由于大离子对和阳离子低对称性降低了晶格能量。离子液体具有可忽略的蒸气压、非可燃、高密度、高热稳定性等特点。离子液体在早期被认为是好的绿色溶剂，把其作为脱氢促进试剂和热解产氢载体的应用，在近二十年受到很大关注，这是因为离子液体的实际应用比较方便。这说明离子液体的独特物理化学性质（溶解性质和脱氢反应中的支持效应）对储氢应用（作为储氢材料或作为储氢体系的添加剂）是很有吸引力的。由于离子液体能够形成相对稳定的极化过渡态然后再快速分解，很有利于提高化学氢化物的释氢速率。当然，最重要的是要发现简单低分子量又富含氢的离子液体储氢材料，同时还需要考虑氢的释放速率、操作温度和释放氢的纯度等重要因素。为提高离子液体化合物储氢性能而进行的强化研究发现：甲基胍硼氢化物$[N_3H_8C]C\ ^+BH_4$在热和催化条件下可释放9.0 %H_2；胍阳离子和八氢三硼酸阴离子组成的胍八氢三硼酸的储氢容量达13.8 %；咪唑鎓盐离子液体在0.1 MPa压力下的体积储氢容量达30 g/L，是35MPa压缩储氢的2倍；胺功能化咪唑鎓盐（离子）液体不仅能够提高甲酸分解速率而且也提高了产物中的含H_2比例；应用固载化有多核Au-Pd纳米粒子的离子液体$[C_2OHmim][NTf_2]$溶剂能够使反应性能有相当的提高，但该体系遇到的问题是，在Pd/C催化剂下的脱氢温度为503 ～ 573 K，且离子液体的加氢需要很长时间。

把离子液体及其集成体系应用于储氢具有的优点是无需压缩或冷冻、反应时间短和氢得率高。但缺点是分解反应的成本高和重量容量（离子液体重量）低。

10.5.3 液体化合物化学储氢

在不同压力和温度条件下进行吸附或反应过程能够把氢存储在很多材料中。化学储氢是利用化学反应进行储氢和放氢的技术。可用于化学储氢的材料很多，其中容易实际利用的化合物有氨、金属氢化物、甲酸、碳水化合物、合成烃类和液体有机氢载体（LOHC）等。对世界产氢按使用原料的统计结果指出：天然气占48%，石油占30%，煤炭占18%，水（电解）占4%。美国能源部提出的车载储氢应达到的质量/体积密度值在2015年分别为9%和81 g/L；为满足车辆一次加氢行驶300 ～ 350英里的要求，车辆具有的储氢能力应达到5 ～ 6 kg。下面简要介绍可利用于产氢和储氢的若干主要化学化合物。

10.5.3.1 甲醇

在储氢和产氢领域，最广泛、最普遍使用的化学化合物是甲醇。因为甲醇一般是利用合成气（$CO+H_2$）生产的，它在重整器中能够重新分解，再经分离纯化后可获得纯H_2。由于使用的氢数量不大，甲醇制氢在精细化学品合成工业中有特别广泛的应用。该技术已在第2章做了详细介绍，不再重复。

10.5.3.2 氨（NH_3）

氨是世界上生产的最大通用化学品之一，其生产运输和分布的公用基础设施大且完善。氨的合成和分布是非常成熟的技术。氨易溶于水，形成的氨水以液体形式能够在室温和常压下储存。液氨储氢的密度高，且存储也仅需要稍稍冷冻的温度。氨重整催化分解生产氢气（氨合成的逆过程）也是容易的，没有有害废物排放。所产氢能与现有燃料混合进行有效燃烧。与醇类和烃类比较，氨催化分解产氢的优点是没有CO_2排放。以氨形式安全存储氢的进一步发展是以金属胺配合物形式利用氨。对金属胺配合物的密度泛函理论（DFT）计算说明，理论计算和实验结果有很好的一致性，说明DFT可作为设计和预测有特殊稳定性的新金属胺配合物的有用工具。但是，必须注意到，氨在环境温度和压力下是有毒气体，具有强烈的刺激性气味，移去残留氢气中痕量的氨也是很耗能的。

10.5.3.3 甲酸

甲酸（也称为甲醇酸，蚁酸）是最简单的羧酸，它是化学合成中的重要中间物。它天然存在于蜜蜂和蚂蚁的毒液中。含53g/L甲酸溶液的氢质量密度在室温和大气压下为4.3 %，满足了作为化学储氢材料使用的要求。甲酸的催化分解产氢也是相对容易的。例如，在水溶性钌催化剂存在下，甲酸（HCOOH）选择性地分解成H_2和CO_2（图10-8）。为使甲酸成为可行的储氢材料，需要进一步提高其在压力（0.1 ～ 60 MPa）下的稳定性，延长催化寿命，有效移去痕量CO。分解时生产的共产物CO_2可加氢再生产甲酸。

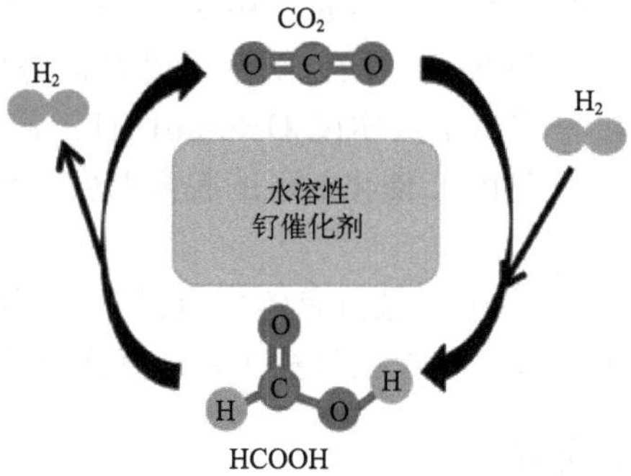

图10-8 在均相Ru催化剂上甲酸选择性分解产氢示意表述

10.5.3.4 碳水化合物

碳水化合物是最丰富的可再生生物能源，氢的存储密度高。因碳水化合物液体可在低压和低冷冻要求下存储，因此也是良好的储氢材料。研究结果指出，每摩尔葡萄糖（葡萄糖水溶液）能够成功地生产出近12摩尔的氢气。由于其可完全转化且反应条件中等，碳水化合物也可作为能量密度高的（14.8 %）氢载体使用。

$$C_6H_{10}O_5(l) + 7H_2O(l) \longrightarrow 12H_2(g)+6CO_2(g) \quad (10\text{-}5)$$

10.5.3.5 液体有机氢载体（LOHC）

这是有能力存储巨大数量氢的不饱和有机化合物，其质量储氢密度约为6%。例如，LOHC氢载体*N*-乙基咔唑能够可逆地进行催化加氢-脱氢反应。

10.6 固态储氢材料

10.6.1 引言

除了以气态形式和液态形式储存氢外，氢也可存储在固态介质中（固体储氢）。这里的固态储氢不是指极低温度下的固体（块状）氢，而是指使用固体材料（介质）的储氢。应该说，能够储氢的固体材料很多，如图10-9所示。主要包括金属（二元和多元合金）氢化物、化学氢化物、多孔或纳米（碳和有机金属骨架）材料等几类。这些固体材料储氢的机理大体上可分为化学吸附和物理吸附储氢。物理吸附材料以弱范德瓦耳斯力键合氢，键合能在4 ～ 10 kJ/mol，在高表面积材料（外部或内部）上物理吸着氢，提高温度和/或降低压力可使吸着氢释放。按这个机理储氢的固体材料包括碳纳米管、金属有机框架材料（MOFs）、复合氢化物、碳纳米纤维、金属有机复合物、螯合水合物、玻璃微球、液体氢化物（例如环己烷）和沸石&气溶胶等。化学键合氢是介质材料与氢形成了化合物，在加热时氢化物分解释放出存储的氢。例如，金属（合金）和有机氢化物以较强的化学键吸附氢，键合能在50～100 kJ/mol。对金属（合金）氢化物，氢分子首先在表面解离成氢原子，再扩散渗透进入金属（合金）晶格内部。以形成化合物储氢的材料包括氨、甲醇、化学氢化物、金属氢化物和复合氢化物等。

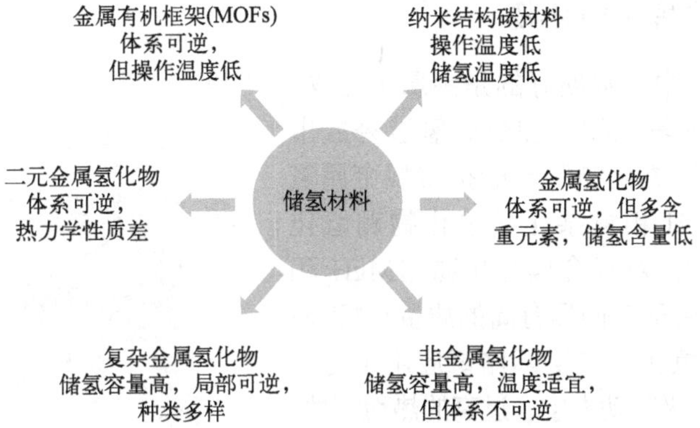

图10-9　各类固体介质储氢材料

物理吸附键合过程是可逆的，相互作用能低，吸脱动力学快，容易掌控。多孔材料（如沸石、多孔碳结构体和MOFs等）表面物理吸附的氢容量主要取决于材料的表面积、孔体积、工作压力和温度。对物理吸附材料，在冷冻温度（77 K）和高压下能够达到可接受的储氢容量；但在环境温度和5～10MPa压力下，吸附容量下降到低于1 %。由于要求在冷冻温度下操作，必须解决储氢材料的经济可行性问题。某些固体储氢材料的表面键合能可达10 kJ/mol，吸附6 kg氢释放的热量将达到30 MJ，如用液氮保持其吸附温度在77 K，就需要有5400 mol的液氮（150 kg，液氮蒸发热5.6 kJ/mol）蒸发带走释放的热量（用于冷却），这将给实际应用带来很大困难。氢化学吸附的吸附热一般较大，在高氢压下形成氢化合物时释放的热量很大，反过来当使氢化物分解则需要供给同等数量的热量。因此，利用化学吸附键合储氢时，最好在低压力下进行吸氢和放氢操作。压力低时，虽然材料储氢的数量降低了，但移热和供热仍然不可缺少。某些金属氢化物的可逆吸放氢操作可在环境温度附近进行，但此时的质量储氢容量都低于3 %。而另一些轻金属氢化物和复杂化学氢化物虽然具有高的储氢容量，如MgH_2(7.6 %)和$LiBH_4$(18 %)，但它们只有在高温下才能释放氢。例如，MgH_2的放氢温度约为573 K。复杂化学氢化物的释氢则需要在不同温度下进行多个反应步骤才能完成，致使储氢系统的热量管理变得复杂。

固体介质储氢具有若干优点：储氢密度高、储氢压力低、安全性好、释放氢气的纯度高等。但是实际上，它们的体积储氢密度虽然高于液氢，但其主流金属储氢材料的质量储氢率仍然低于3.8 %。而对储氢率高于7 %的轻质储氢材料，尚需解决吸放氢温度高、循环性能降解等问题。固态储氢技术已经在潜艇中有商业应用，在可再生能源分布式发电和制氢领域的应用也进行了规模化储氢的示范。

现在一致的看法是，固态介质（材料基）储氢是储能的长期解决办法之一。如把气体压缩和吸附储氢组合起来，提高钢瓶（在其内部装填固体储氢介质）储氢的体积容量是非常有可能的。在钢瓶中装填的储氢材料可以是多孔材料，也可以是金属（合金）/化学氢化物。

为研究储氢固体介质材料在环境温度下具有可接受的氢存储密度，可采用的策略有：对多孔材料物理吸附体系，重点应放在提高环境温度下的储氢容量；对金属（合金）/化学氢化物体系，重点应放在改进材料吸脱氢动力学和热力学以及研发新的材料和催化剂，使它们在相对低的温度下具有高的储氢容量。下面分别讨论几种重要的固体储氢材料。

10.6.2 金属（合金）氢化物

在固体储氢材料中，发展好的是金属氢化物。氢与金属结合能形成氢化物，加热时氢被释放出来（图10-10）。“金属氢化物”一般指常规金属氢化物Mg_2NiH_4、$LaNi_5H_6$和复杂化学氢化物硼氢化物、铝氢化物和胺类。对轻金属氢化物如MgH_2和$LiBH_4$的巨大兴趣是由于它们具有高的质量/体积储氢密度。金属/化学氢化物在实际储氢应用中有若干缺点：慢的氢脱附/吸附动力学、过高的热稳定性、不可逆储氢、释放的氢中伴有不希望的其它气体。

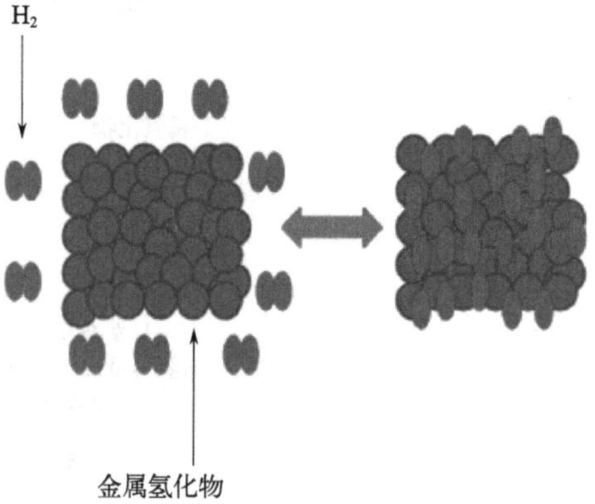

图10-10 金属氢化物储氢示意图

金属氢化物的储氢容量有可能高于8 %。对车辆应用的氢化物储氢单元，通常做成长而薄的中空圆柱体，紧密成束，氢被加压到约3.4MPa。一般使用冷却水来移去充装氢时释放的大量热量，而在进行逆向反应时需要的供热一般来自引擎废热。为确保氢的连续释放，供应的热量数量必须大于氢化物放氢所需的理论供热（$Q_{废热}>\Delta H_{氢化物}$）。

表10-6 部分氢化物的储氢燃料和释氢温度

复合氢化物	$Al(BH_4)_3$	$AlBH_4$	KBH_4	$Mg(AlH_4)$	$LiAl(BH_4)_4$	$LiAlH_4$	$Ca(BH_4)_2$	$Mg(BH_4)_2$	$Li(BH_4)$	$Na(BH_4)$
储氢容量/%	16.8	7.5	7.4	9.3	10.5	10.6	7.8	14.9	18.4	10.6
脱附温度/℃	44.5	100	125	140	150	190	>230	260	380	565

评价金属氢化物的主要标准有：低成本、高能量密度、低脱附或放氢温度、高氢吸收速率、气体杂质中毒的低敏感性和低的体积膨胀。在表10-6中给出了部分金属/合金氢化物的储氢容量和脱附温度。为保证金属氢化物的储氢容量和循环寿命，要求原料氢的纯度>99.99%，否则必须先进行纯化，这会使投资成本增加。表10-7给出了存储不同燃料时的体积-质量特征。

表10-7 燃料存储系统的体积-质量特征

燃料类型	燃料		储罐		燃料储罐总质量/kg
	质量/kg	体积/m^3	质量/kg	体积/m^3	
汽油	53.3	0.07	13.6	0.08	66.9
液氢	13.4	0.19	181	0.28	194.4
压缩氢	13.4	1.00	1360	1.53	1374.4
金属氢化物(MgH_2)	181	0.23	45.4	277	226.4

强键合氢后形成的氢化物一般需在约120 ～ 200℃时才能分解释放出键合的氢。实际应用选择的金属氢化物必须具有高安全性和高储氢密度。为满足车载燃料电池对氢燃料的需求，对储氢的金属氢化物进行了广泛深入的研究。虽然发现许多金属（合金）的储氢过程是可逆的，但绝大多数材料达到的质量储氢密度相对于实际应用太低了。能达到美国DOE为2015年设置的质量容量目标的金属氢化物仅有$NaAlH_4$、AlH_3、$LiBH_4$、$Mg(BH_4)_2$、氨硼烷（NH_3BH_3）、酰胺/酰亚胺体系、Li_2NH、Li_3NH、$LiAlH_4$、MgH_2、$NaBH_4$以及钛铝钠氢化物（$NaTiAlH_4$，Ti取代表面钠离子）和Mg_2NiH_4等几类。它们具有的特点是相对高的储氢容量、低成本、轻重量和低毒性，且都具有不一般的结构和键合性质。其中的硼氢化钠、锂铝氢化物和氨硼烷是具有高安全性和高储氢密度（>10%）的氢化物。钠硼烷和氨硼烷能以溶液形式储氢，但要获得希望的储氢密度需要有非常高的浓度。氨硼烷有毒性且可能发生聚合反应和产生不希望的中间物，因此并不适于作为储氢材料。硼氢化物储氢也有问题：需高温脱氢，可逆性差，慢的脱氢和氢化动力学，会产生二硼烷副产物。尽管MgH_2释氢无需高温，但缺点是慢的脱附动力学和与空气（氧）会发生反应。

硼氢化钠（$NaBH_4$）是可行的储氢材料，其实际可用的储氢容量高达10.8 %，稳定性和安全性也很高。$NaBH_4$在空气中是不稳定的，无催化剂时与水的反应缓慢，释放氢也慢。水溶液形式的$NaBH_4$，发生的水解反应可表示为：

$$NaBH_4 + 4H_2O \longrightarrow 4H_2 + NaB(OH)_4 + 热量（212.1kJ/mol） \tag{10-6}$$

$$NaBH_4 + 2H_2O \longrightarrow 4H_2 + NaBO_2 + 热量（212.1kJ/mol） \tag{10-7}$$

$NaBH_4$水解是非常慢的放热反应，但添加催化剂（一般是负载型贵金属和过渡金属及其合金催化剂，如Pt、Pd、Rh、Ru、Co、Ni及其合金）后不仅水解速度加快，而且其释放的氢气数量是氢化物本身含氢量的两倍多［式（10-7）］。催化反应释放的是高纯度氢气，其释放氢的速度是可控的，这极有利于实际应用。硼氢化钠水溶液的特点是稳定性高、无毒性和无可燃性等。研究也指出，硼氢化钠（$NaBH_4$）也能以固态形式储氢，可为车辆引擎提供动力（电力）。另外，生产硼氢化钠的原料硼砂是可循环利用的，因为其水溶液催化释H_2后的残留溶液可再回收利用生产硼砂。利用液体硼氢化钠产氢的优点是无需铂催化剂便能有效低成本地生产氢气。

为提高Mg金属的储氢性能，可对其进行合金化和进行合适的预处理。例如，在加入40 ～ 100nm氢化钇后，$Mg_{12}YNi$合金的储氢吸附/脱附动力学有显著提高。硼或氮基合金或化合物（如$LiNH_2$-LiH、Li/$NaBH_4$、N_2H_4等）的发现受到了较多关注，因它们含氢量高且重量轻、比表面积大（180 ～ 203 m^2/g）、储氢量也较高（2.5% ～ 3.0%）。例如氮化硼纳米管（BNNTs）的化学和热稳定性很高且能够有效储氢，这是因B-N键间偶极性质对氢产生强吸附；又如氮化锂/亚胺体系在温度高于150℃时能可逆吸脱附11.5 %的氢；硼烷具有化学储氢潜力，氢含量可高达19.6%，实际可用储氢容量也达到7.8%，适合于作为车载储氢介质。

金属氢化物本身的成本高，在4200 ～ 18400 $/GJ，与材料类型和储氢容量有关。它们的储氢成本在2.90 ～ 7.50 $/GJ，但随储氢量增加而降低。例如，存储1 m^3、10 m^3和100 m^3氢成本分别为400 ～ 1500欧元、200 ～ 750欧元和150 ～ 550欧元。金属氢化物的特点是低压储氢且具有合理的质量储氢容量，对短时间车载储氢是高度有效的。但仍需进一步研究来提高吸脱附动力学、能量密度、循环寿命、操作温度和长存储时间等问题。在表10-7中给出了为汽车提供418 km行驶距离时各种储氢技术的体积-质量特征。

当暴露于湿空气时金属氢化物会发生激烈反应，不仅使管理和循环变得麻烦而且会刺激皮肤和眼睛。这些问题使其应用受到严重限制。金属氢化物在吸氢时也会吸收杂质气体，致使使用寿命降低，因为杂质占据了本应是氢占据的空间。

10.6.3 复合氢化物

把两种或多种反应性氢化物混合可形成复合氢化物。形成的复合氢化物能显示如下优点：①改变储氢容量，例如把理论储氢容量为18.5%和7.6%的$LiBH_4$和MgH_2混合形成的复合氢化物，在单一步骤中释放的氢就能达到11.4%。②改善吸脱氢热力学，例如在0.1MPa下MgH_2的脱氢温度为300℃，而$LiBH_4$完全释氢温度超过400℃，它们再加氢的温度和氢压力条件则更为苛刻，但它们形成的复合氢化物，反应熵从单一时的−70 kJ/mol和−75 kJ/mol降低到复合氢化物的−45 kJ/mol，该值处于实际可行的可逆吸附氢热力学范围。③增加可行的释氢容量。例如用配位NH_2NH_2和$LiBH_4$合成的新储氢材料复合氢化物：硼氢化物联氨盐$LiBH_4·NH_2NH_2$和$LiBH_4·2NH_2NH_2$，$LiBH_4·NH_2NH_2$在140℃有催化剂Fe-B存在下能够释放的氢达13 %；经机械研磨等摩尔比NH_3BH_3和$LiBH_4$合成的$LiBH_4·NH_3BH_3$复合氢化物，在450℃时可释放氢达15.7 %；BH_4^-与螯合水合物混合能够形成复合氢化物储氢材料*n*-丁胺硼氢化物（$[n\text{-}C_4H_9]_4NBH_4$），具有高的储氢容量。总之，复合氢化物（反应性金属复合氢化物）可能为金属/化学氢化物研究领域展示新的发展前景。但是，也必须认识到，虽然一些材料在概念上是可行的，但至今仍然不能实现其储氢的实际应用。

10.6.4 氢化物材料中的纳米约束

虽然一些氢化物材料如$LiBH_4$和MgH_2有高的理论能量密度，但它们的储氢和释氢热力学和动力学对实际应用是不利的（如需要相当高的压力和温度条件）。为增强它们的充氢/放氢循环热力学和动力学，改进储氢材料基本特性（如结构框架、表面积和空间约束等）是必须的。纳米化是材料加工中众所周知的重要技术，氢化物粒子的纳米化可获得远大得多的反应活性表面。理论分析指出，当粒子2 ～ 3 nm时，材料显示的热力学性质与大块材料有很大的不同。因此储氢材料热力学（动力学）性质的改变可利用氢化物粒子的纳米化来达到，方法是把氢化物粒子约束在具有纳米尺寸的孔框架内，从而限制氢化物粒子的长大和聚集，达到纳米约束的目的。纳米化技术一般要比细化粒子的其它技术如高能球磨更有效。例如，利用碳和金属有机框架（MOFs）多孔材料对氢化物（如氨硼烷和二甲胺硼烷）施加纳米约束，实验研究获得的结果与理论预测非常一致。为把纳米约束技术付诸实际应用进行了试验（表10-8），获得的结果说明，实际可用的可逆储氢容量确实提高了。在表10-8中给出了对氢化物实施纳米约束的实验体系，包括使用的氢化物和多孔材料。氢化物纳米化（把其引入纳米多孔框架材料中）的一个实用方法是熔体渗透，用此方法获得的结果证实：表面积增大了，颗粒边界更多了，形成了纳米尺度的扩散距离。因此，材料的氢吸脱附动力学提高了。

表10-8 氢化物材料在不同孔框架中的纳米约束

氢化物	AB①	AB①	AB①	AB①	AB①	AB①	DMAB②
多孔框架	JUC-32-Y	Mg-MOF-74	Zn-MOF-74	MIL-101,Ni @ MiL-101	MIL-101, Pt@MiL-101	ZIF-8	ZIF-8

续表

氢化物	$NaAlH_4$	$NaAlH_4$	$NaAlH_4$	$LiBH_4$	$LiBH_4$	$LiBH_4$	$LiBH_4$
多孔框架	Ti@Mg-MOF-74	HKUST-1	MIL-125(Ti)	HKUST-1	MC-NbF_5	活性炭	Ni@C
氢化物	$2LiBH_4$-MgH_2	$LiBH_4$	$LiBH_4$/$LiAlH_4$	$LiBH_4$-MgH_2-$NaAlH_4$	$Ti(BH_4)_3$	$LiBH_4$-$Ca(BH_4)_2$	$LiBH_4$-Mg_2NiH_4
多孔框架	$ZnCl_4$@碳气溶胶	活性炭纳米纤维	纳米多孔石墨	纳米多孔碳	MOF	碳气溶胶	介孔碳
氢化物	$LiBH_4$	$LiBH_4$	$NaBH_4$	$Li_2Mg(NH)_2$	$LiBH_4$	AB①	AB①
多孔框架	致密化沸石模板碳	活性炭	石墨烯	薄膜中空碳球	改性碳纳米管	聚吡咯纳米管	UIO-66

①AB为硼烷（NH_3BH_3）。②DMAB为二乙胺硼烷（H_3B-NMe_2-H）。

10.6.5 碳基储氢材料

虽然有多种储氢技术可利用，但储氢方法的选择仍然是一个问题，因为它们没有一个能完全满足制造商和使用者的要求。现时可用的所有方法及材料都需进一步改进其性能和效率，降低成本，更安全地使用。与压缩、液化、冷冻和氢化物储氢技术比较，多孔材料的物理储氢显示的特殊优点是可逆吸氢快且可长期储存，虽然一般需要低温或高压条件（因发生的是弱物理相互作用）。在多孔材料中的氢吸脱附机理，目前仍然没有完全了解，需要进一步研究。在对多孔储氢材料的研究中，最热门的材料是碳材料（富勒烯，纳米管和石墨烯）、沸石、金属有机框架（MOF）、共价有机骨架（COF）、微孔金属配位材料（MMOM）、螯合水合物和有机过渡金属配合物等。下面对它们分别进行简要介绍。

表10-9 储氢技术经济性

储氢系统	压缩氢，35MPa	压缩氢，70MPa	冷冻压缩，5.6 g H_2	冷冻压缩，10.4g H_2	液氢，5.6 g H_2	液氢，10.1 g H_2	活性炭	MOF-74	氢铝酸钠
质量容量/%	4.0	4.8	4.0	7.1	5.6	6.5	4.8	4.0	2.3
体积容量/(g/L)	17.2	25.6	28.0	44.5	23.6	33.0	28.0	34.6	24.0
成本/[$/(kW · h)]	16.9	19.2	20.0	8.0	8.0	8.0	15.6	18.0	—

10.6.5.1 活性炭

活性炭一般具有很高的比表面积和合适的孔道结构，因此氢在高比表面积碳上的冷冻吸附被认为是车载储氢的一个可行方法。当温度冷却到150 ～ 165 K时，高比表面积活性炭（2000 m^2/g）能够吸附相当数量的氢，由于碳表面与氢之间发生了范德瓦耳斯键合（约6 kJ/mol）。碳的多孔结构不仅使其表面能够吸附分子氢，而且在其孔隙中也能存储压缩氢。温度升高吸附的氢被释放出来。

与压缩氢和金属氢化物储氢技术一样，碳吸附剂储氢技术也可作为车载储氢的可行方法。除了活性炭外，还有多种独特碳结构也具有高比表面积，如碳发泡体、碳纳米管、碳气溶胶和富勒烯等，它们的储氢体积密度通常较低，需要有很大压力才能达到足够的堆砌密度。在表10-9中比较了若干储氢方法的经济性。

10.6.5.2 富勒烯

富勒烯由五元或六元环组成。这些环产生一定的球形曲度形成了C_{60}分子。对负载有金属原子的碳富勒烯，C_{60}的高电负性促使电子从金属原子转移到C_{60}上，于是金属原子是以阳离子形式存在的，这使氢分子能经电荷极化机理被金属离子捕集。理论计算指出，钛原子在C_{60}上优先形成金属簇，但氢键合的性质并不取决于簇化，钛原子的簇化反而降低了储氢的质量容量（图10-11）。对沉积有锂的富勒烯（Li_2C_{60}），锂原子覆盖在富勒烯五元环平面上使簇稳定，于是能以分子形式存储氢，键合能为0.075 eV。其最低能量结构是锂原子覆盖在富勒烯的一个五元环上，转而再键合到富勒烯的六元环上。沉积碱金属和碱土金属（Li、Na、Ca和K）的富勒烯也能键合H_2分子，键合能约为0.1 ~ 0.2 eV，质量容量约8% ~ 9%。

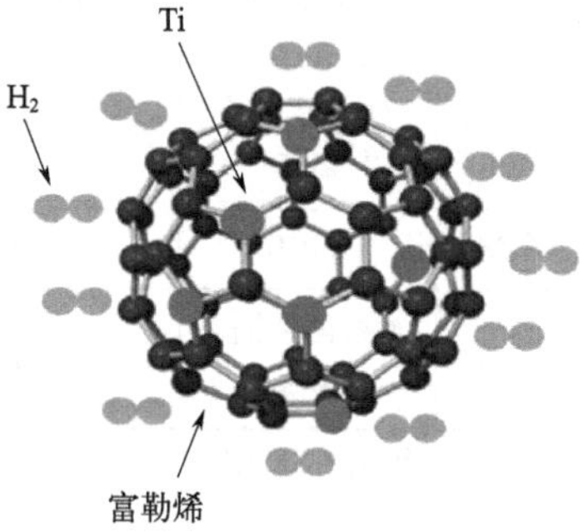

图10-11 掺杂Ti富勒烯储氢示意图

10.6.5.3 碳纳米管

碳纳米管（CNT）壁厚2 nm，在其微孔或管结构内部都能储氢（图10-12）。纳米管有单壁和多壁之分，具有多吸附位、高堆砌密度，其计算储氢容量（质量分数）达6 %。为增加氢分子的键合，可用过渡金属或碱金属改性CNT形成金属-CNT复合物。Li和K掺杂多壁纳米管（MWNT）的氢吸附容量分别达20 %和14 %，但K掺杂MWNT是化学不稳定的，而Li掺杂MWNT是化学稳定的。要获得最大吸附和脱附H_2，需要高温（473 ~ 673K）。用碳纳米管储氢的问题是：加工的不确定性、释放温度可变性、低纯度、金属簇化和材料不稳定性，因此它们的使用很有限。

10.6.5.4 石墨烯

改变石墨烯层间距或层片曲度或材料化学功能化，可调节氢与石墨烯间的相互作用，从而控制其对氢的吸附和脱附（图10-13）。氢被存储于石墨层之间，当温度升高到约450℃时储存的氢被释放。应该说，石墨烯比纳米管有效，不仅便宜而且安全和容易制备。

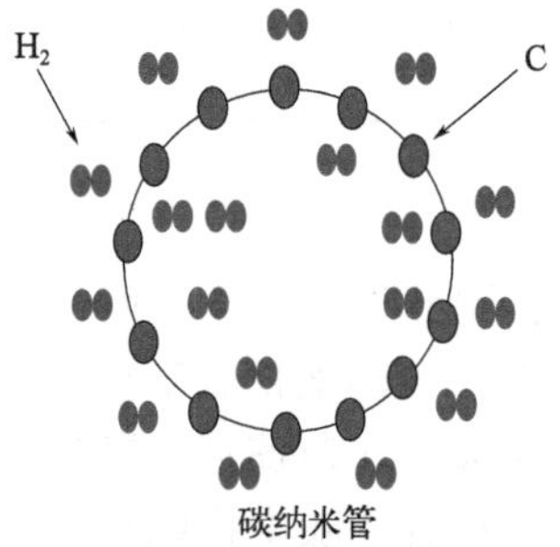

图10-12 碳纳米管储氢示意图

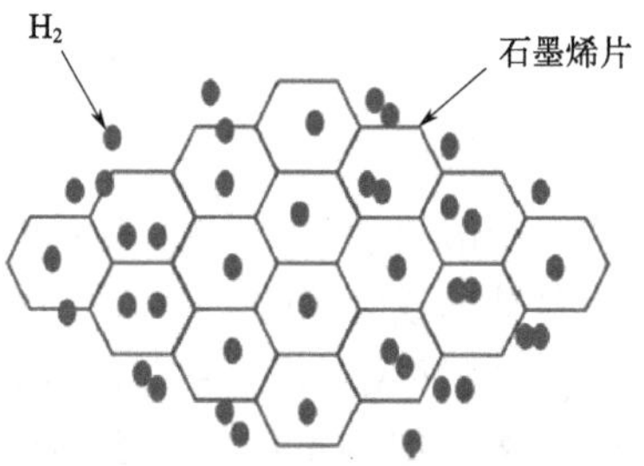

图10-13 石墨烯存储氢前示意图

10.6.5.5 有机过渡金属配合物

有机过渡金属配合物是含金属的碳基结构，也具有储氢容量，其优化的结构见图10-14。已知的这类储氢配合物有Ti-聚乙炔配合物、钪和钒基乙烯和丙烷配合物、烷烃配合物、Sc和Ti修饰的C_{60}和$C_{48}B_{12}$、铌基乙烯配合物、TM掺杂有机氧化硅配合物、金属掺杂巴基球和多层有机金属配合物等。它们与氢不仅有高的键合能而且氢吸脱附循环快。从热力学、动力学和键合能角度考察，多层有机金属配合物用于储氢是理想的。经电荷极化机理每个金属原子能键合6个H_2分子。有机金属体系中存在的缺p电子部分通过Dewar 配位与过渡金属发生强相互作用，过渡金属和二氢配体之间的Kubas相互作用都使氢被吸附。

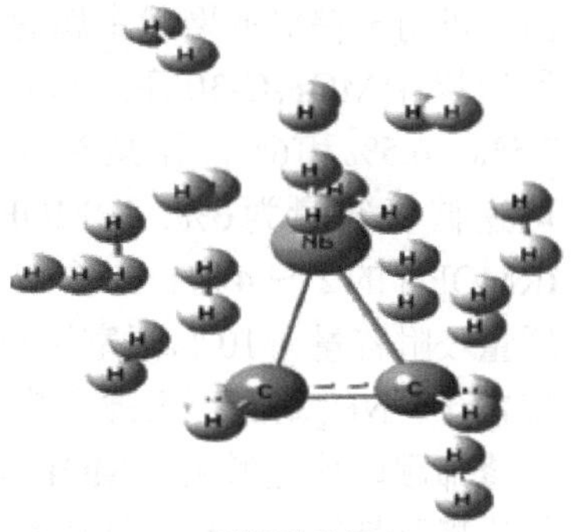

图10-14 C_2H_4Nb（14 H_2）配合物的优化结构

10.6.6 沸石材料

“沸石”一般是指具有规整孔道结构的结晶硅铝酸盐。沸石具有高的热稳定性、低成本和可调节的组成。当高温脱水后的沸石冷却到室温时，H_2被捕集进入它的笼内，当体系温度上升时释放出捕集的氢。研究指出，在573 K和10.0 MPa下，含方钠石笼沸石的储氢容量为9.2 cm³/g。

10.6.7 金属有机框架（MOF）

为了选择存储H_2的材料，必须了解它们对气体物质的吸附行为。一般而言，多孔材料的吸附行为与其表面积、几何形状和孔结构有密切关系（图10-15）。金属有机框架（MOF）是一种具有纳米孔结构的材料，它们由完全确定的构建块、极性金属氧化物中心和非极性有机配体连接而成。MOF具有好的结构稳定性，即其孔隙结构是热稳定的，具有高孔体积、大表面积，可调节孔大小，有确定的笼且其大小是可裁剪的。这些特性都说明其是热稳定性可接受的，且性质可控的多孔材料。由于材料的吸附行为与其孔结构性质（表面积、孔体积、孔形状和大小）密切相关，从孔结构角度看，MOF应该具有良好的氢吸脱附性质。自2003年发现首个MOF材料以来，对用MOF材料储氢的研究兴趣不断增长。文献研究指

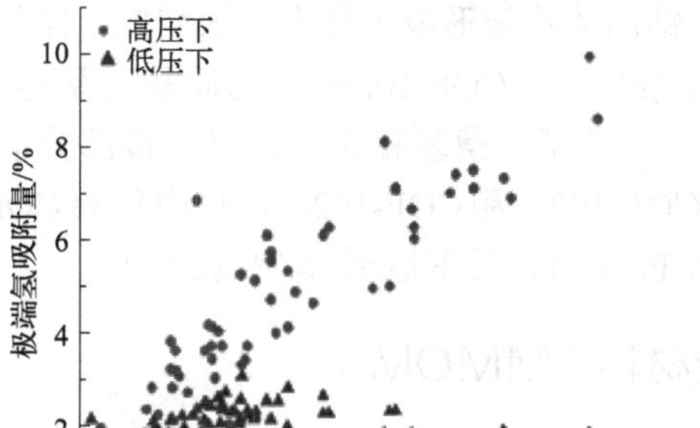

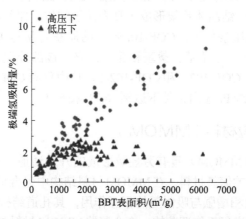

图10-15 77K下各种MOF的氢吸附容量与BET表面积间的关系

出，可用于储氢的网状金属有机框架（IRMOF）材料包括IRMOF-1、MOF-177、IRMOF-20和Li掺杂MOF-C-30等，它们的储氢容量（−30℃和5.0MPa氢压条件下）分别为1.3%、7.5%、6.5%和6%。用从头计算法理论计算获得了一些有趣的结果：铁修饰IRMOF-16的可逆储氢容量为6%；IRMOF-6和IRMOF-8（298 K和11.0MPa氢压条件下）的吸H_2量是IRMOF-1的2～4倍；Li掺杂MOF对氢分子的键合能是未掺杂MOF的3倍；在低温77 K时质量吸附容量为10 %而室温时仅4.5 %。在MOF（MOF-1、MOF-8、MOF-12、MOF-18）的1,4-位置含—NH_2基时，氢键合能增加（与含聚苯甲酸基结构如IRMOF-999和IRMOF-14比较）。钙修饰硼取代也增强了MOF与氢的键合能（因Kubas相互作用）。表面积、孔大小、框架材料连接及其结构和样品纯度都会影响MOF对氢的吸附。

用O-和H-授体混合配位配体合成的MOF具有层柱结构（MIL），这对储氢材料是非常有吸引力的，因它们重量轻、表面积大且有强的物理吸附能力。例如，用该类配体合成的MOF-177，其表面积高达4500m^2/g。为增强储氢性能，可在合成的MIL结构上负载贵金属如铂和钯。例如，在合成的MIL-101和MIL-53上负载掺杂20%的Pt/C或用碳桥接20% Pt/C后，其储氢容量在温度为293K时分别达到1.14%和0.63%。用水热方法合成的聚对苯二甲酸铁MOF-235具有高的表面积974m^2/g，很适合于分离甲烷和氢，因其对甲烷吸附远高于氢气。把TiO_2并合到聚对苯二胺结构中形成的聚对苯二胺-TiO_2复合物也有储氢能力，因TiO_2氧原子和聚合物N—H的氢原子间的配位键合使其储氢容量（−193℃）有显著增加。当TiO_2含量为1%、2%和4%时，储氢容量分别为2.7%、2.9%和3.0%。原因可能是复合物层柱结构的层间间隙存储了更多的氢。热解鸡羽毛纤维（PCFF）是环境友好的可再生生物材料，因其具有的微孔性质使其具有显著的储氢容量。在优化温度和时间条件下热解获得的微孔隙率可能是非常不同的，在77K和低于2MPa压力条件下的最大储氢容量为1.5%。氢在PCFF上的吸附热约为5～6 kJ/mol，处于物理吸附典型能量范围之内，因此吸附的氢是很容易脱附的。

10.6.8 共价有机骨架（COF）

由强共价键合（C-C、C-O、B-O、Si-C）而不是金属离子键合有机构建单元形成的材料，称为共价有机骨架（COF）材料。它们具有空隙率高、重量轻和晶体密度低的特点，由其碳原子构成的开放通道孔尺寸与氢分子直径是相当的。其中COF-1和COF-5具有二维（2D）结构，而COF-102、COF-108、COF-105具有三维（3D）结构。与其它多孔的轻质有机材料相比，3D-COF的优点是：结晶体骨架形成了高表面积结构，储氢容量是2D结构的3倍。例如，在77 K和10 MPa氢压条件下，COF-102吸氢的质量容量达9.95%。COF-102结构中的亚苯基基团可以是二苯基、三苯基、萘基和芘基，它们被部分取代后可得到有机骨架材料COF-102-2、COF-102-3、COF-102-4和COF-102-5。其中仅有COF-102-3的氢质量吸附能在温度77 K和300 K以及10MPa压力条件下达到26.7%和6.5%。

10.6.9 微孔金属配位材料（MMOM）

微孔金属配位材料（MMOM）具有芳烃碳形成的开放通道，其孔尺寸与H_2分子直径相当，因此有可能成为有效的储氢材料。在MMOM材料结构中包含有内表面容易改性的金属键合单元，为提高氢吸附量和增强与吸附氢的相互作用，其孔道结构（孔大小和曲度）也就是吸附氢的强度和容量是能进行系统调节的。含金属的MMOM材料与氢的键合强度虽然低于金属氢化物但比石墨碳要强很多。例如，[Cu-(hfipbb)(H_2hifpbb)$_{0.5}$] (H_2hfipbb)4,4-(六氟异丙基二烯)-对（苯甲酸）] MMOM复合物的储氢密度为0.0147 g/cm^3，明显高于MOF-5的0.0099 g/cm^3。

10.6.10 螯合水合物

螯合水合物是一类包合化合物，一般形成的是立方结构，可分为Ⅰ型、Ⅱ型和H^{16}型。每种结构具有各自的晶体学性质，且其含有的笼具有不同的形状和大小，这类多面体笼能够容纳客体分子如氢，形成键合有氢的水分子笼。Ⅰ型螯合水合物的单元晶胞含46个水分子，形成的是两个五元环十二面体（5^{12}）和六个六元环截断的偏方八面体$5^{12}6^2$笼；Ⅱ型螯合水合物单元晶胞含136个水分子，形成的是十六个5^{12}和八个$5^{12}6^4$笼；H^{16}型螯合水合物单元晶胞含36个水分子，形成的是三个5^{12}、两个$4^35^66^3$和一个$5^{12}6^8$笼。这些螯合水合物是一类大配合物，其中的螯合物是大分子，捕集的气体分子作为客体分子支撑着螯合水合物的结构。如没有它们的存在，结构将崩塌成液体水。2004年，科罗拉多矿业学院和Delft工业大学的研究者制备出含H_2的固体水合物，使用的方法是在环境温度下添加少量四氢呋喃（THF）。这些螯合物（也称氢固体水合物）的含氢密度在5 %或40 kg/m^{3}左右。这类螯合水合物也能在高压（约200MPa）和低温（约250 K）下以氢作为客体分子进行合成。理论计算指出，螯合水合物中的5^{12}笼结构能存储2个氢分子，而$5^{12}6^8$笼结构能存储6个氢分子。

10.7 固体储氢材料

10.7.1 引言

对氢在不同材料中的存储机理、热力学和动力学及其参数，进行过不少理论研究。在使用的理论中最常用的是密度泛函理论（DFT）。在DFT中，物种反应性的概念多使用电负性（χ，eV）、硬度（η，eV）和亲电性（ω，eV）等参数来描述，这参数也能用于预测储氢配合物的稳定性。例如，在储氢配合物中引入氢分子$C_2H_4Nb(nH_2)$能使其硬度增加、电负性（亲电性）降低，这表明配合物的稳定性和刚性都增加了。H_2分子在配合物上的吸附可利用Gibbs自由能（ΔG）与温度间的关系获得其优化的温度范围；而为确定氢分子的实际吸附位置，则需要用相互作用能随H_2分子吸附径向距离改变的路径图。过渡配合物结构的动力学稳定性在材料有效储氢中起着非常重要的作用，在理论上这关系到吸附配合物最高占据分子轨道与最低未占分子轨道（HOMO-LUMO）间的能量差。为有效地储氢，配合物动力学的稳定性应随H_2分子连续增加而有增加的趋势。

10.7.2 多孔材料上的物理吸附

多孔材料体系的储氢容量是可控的且可以增加。对储氢最有吸引力的多孔材料是金属有机框架（MOF）和多孔碳材料，它们的组合很有可能使储氢容量、热稳定性和储氢稳定性增加。目前对多孔储氢材料研究的重点是增加环境温度下的物理吸附氢性能。通常认为，高BET表面积和大孔体积对高储氢容量是有利的。为此制备出了具有很高BET比表面积的多孔材料，例如碳气溶胶和MOF-210的BET比表面积分别达到3200 m^2/g和6240m^2/g，而Nu109和Nu-100的BET比表面积是至今最高的，约7000 m^2/g。但是，已有的实验数据足以说明，在77 K和0.1MPa时的H_2吸附量与BET表面积间的正关联仅存在于表面积小于2000 m^2/g的情形；当表面积超过该值时就不再有正关联了，如图10-15所示。为此有人提出，在

77 K和0.1MPa氢压时氢分子并不能完全覆盖超过2000 m^2/g的比表面积，因为氢总优先键合在亲和力强的活性位上。最经典的蒙特卡洛［Grand Canonical Monte Carlo（GCMC）］模拟结果支持上述观点：材料表面存在三个吸附区域：在低压区域，与氢吸附量相关联的是氢吸附热（参见图10-16）；在中压区域（到3MPa），与氢吸附量相关联的是材料表面积（参见图10-17）；在高压区域（12MPa），与氢吸附量相关联的则是自由体积（参见图10-18）。在环境温度下，氢能够覆盖材料表面的程度要远低于低温77 K吸附时。材料BET比表面积超过2000 m^2/g后，虽然表面积仍有进一步增加但储氢容量并不显著增加。因此，一味追求超大比表面积材料的努力并不明智，这是因为影响材料氢吸附容量的不仅仅是比表面积还有多个其它因素。

其中多孔材料MOF具有特殊性，其氢吸附容量除受比表面积影响外也受其孔大小、金属活性位、配体功能化和联锁等因素的影响。下面的讨论主要针对MOF多孔材料。

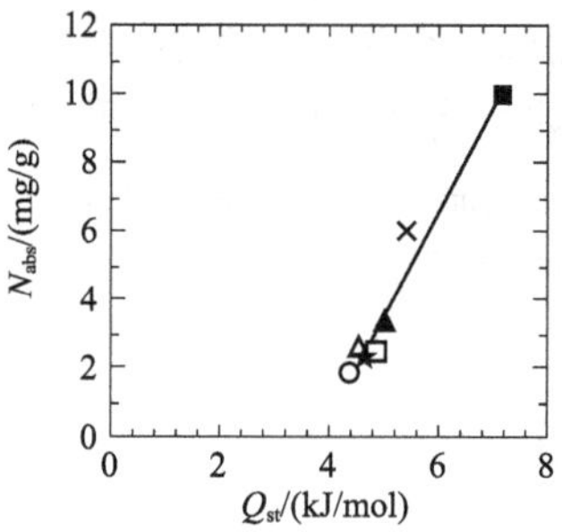

图10-16　10 kPa下吸氢量与等容吸附热间（Q_{st}）的关系

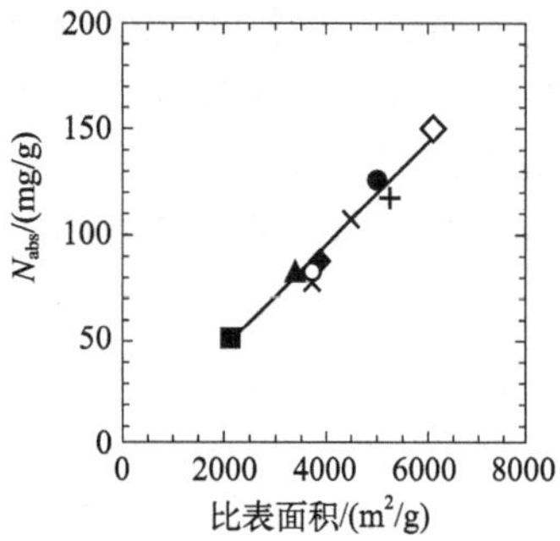

图10-17　3MPa下吸氢量与可接近表面积间的关系

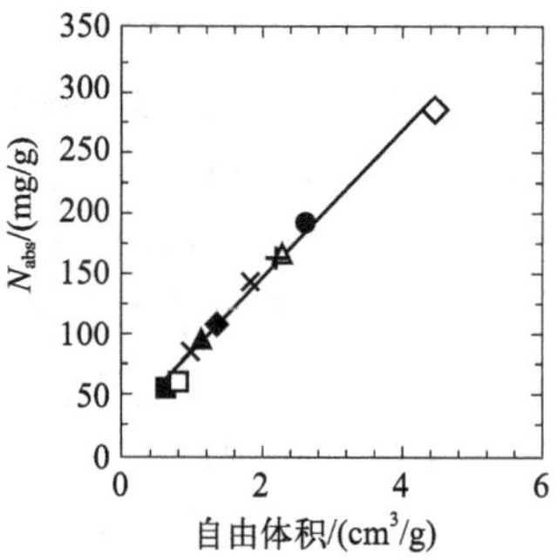

图10-18　12MPa下吸氢量与自由体积间的关系

注：图10-17～图10-19中不同符号表示不同样品数据：◆—IRMOF-1；■—IRMOF-4；▲—IRMOF-6；×—IRMOF-7；*—IRMOF-8；●—IRMOF-10；+—IRMOF-12；△—IRMOF-14；◇—IRMOF-16；□—IRMOF-18

10.7.3　MOF材料的氢吸附热（反应焓）

储氢材料吸附热或吸附焓的研究吸引了广泛的注意。已经认识到，对氢吸附焓太高的化学吸附材料，应用作为储氢材料是很不合适的。这是由于吸氢过程要释放大量热量，而且放氢过程需要高温和供应大量能量。相反的情形是，对氢吸附焓太低的物理吸附材料，在环境温度和压力下这些材料的储氢容量是很低的，为获得高储氢容量需要降低到很低的温度。多孔性的MOF和碳材料都有非常大的比表面积，但在常温下储氢容量都很低，因它们的氢吸附焓低，表面不能有效键合氢。只有温度低到冷冻温度时它们才显示出高的储氢容量。由于在中等温度和压力下氢分子与多孔碳和MOF材料表面间的相互作用很弱（弱范德瓦耳斯力），多种碳材料的可逆储氢容量仅有0.04%～0.46%，很多MOF材料的储氢容量都远不能满足美国DOE所定2020年的目标5.5%。如把吸附温度降低到冷冻温度时，它们的氢存储容量都有大幅增加。例如，在77 K和高氢压下，MOF材料的储氢容量与其自由体积密切相关，此时离DOE 2020年目标值就不远了。目前实践中普遍使用的储氢钢瓶，其工作条件是常温和15 MPa压力。为增加钢瓶储氢容量，可在内部装填吸氢多孔材料。但应该清楚，在钢瓶工作条件下多孔材料储氢容量应是与吸附热相关联的，因此有必要了解装填的多孔材料与氢吸附热间的关系。对MOF多孔储氢材料，收集到的一些储氢容量与氢吸附热数据示于图10-19中。从图中可以看到，大多数MOF材料的氢吸附热值在4～12 kJ/mol范围。当吸附热从4 kJ/mol增加到12 kJ/mol时，77 K下储氢容量与氢压力似乎没有大的关系。但是当温度增加到常温（298 K）和压力在1～9 MPa范围时，MOF材料的储氢容量似乎是随吸附热增加而增加的。当给定氢在MOF上的吸附焓为6 kJ/mol，而操作压力在0.15～10 MPa范围时，实验数据给出的优化储放氢操作温度为131 K。这表明，为了避免高成本和使用烦琐冷冻系统（即能在常温进行操作），必须增加氢与MOF材料表面间的键合能，使其大于6 kJ/mol。为此已探索了若干策略，例如Kubas键合、离子化、极化块体材料和使用辐照技术。下面分述之。

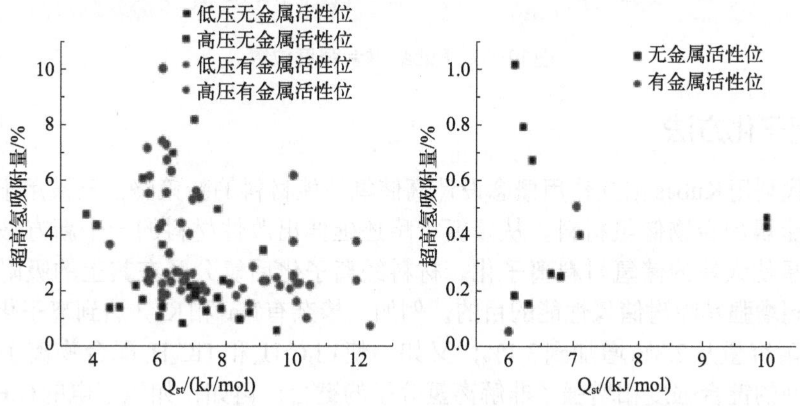

图10-19 高压下一些MOF材料在超高储氢量与氢等容吸附热间的关系

低压0.1MPa；高压范围1～9MPa

10.7.4 MOF材料中的Kubas键合

氢在多孔材料表面上的物理吸附热范围（4～10 kJ/mol）对于实际应用是弱的，使很多氢分子无法保持在材料表面上，导致低储氢容量；而氢在材料表面的化学吸附热（键合焓）一般在40～100 kJ/ mol范围，这对实际应用是太强了，使氢的脱附变得非常不容易，动力学可逆性非常差，不可应用。由此不难看出，要使储氢材料能真正实际应用，其氢吸附热最好能够介于物理和化学吸附热之间。对要在室温操作的储氢材料，其氢吸附热（键合焓）的最好范围是在20～30 kJ/mol之间，以使氢在材料表面的键合既有足够强度又不致键合太强，在释放氢时也无需高温和供应大量热量。预计对于这样的材料，既有可接受的储氢容量又降低了热量管理的复杂性。为使储氢MOF材料达到所希望的键合焓，建议尝试应用Kubas相互作用。所谓Kubas相互作用，如图10-20所示，在固体材料表面的吸附热（键合焓）处于物理吸附和化学吸附键合焓中间的过渡区域发生的相互作用。在Kubas相互作用中，既包含了氢分子从充满的σ成键轨道向过渡金属的未充满d轨道的σ转移，也包含了从氢分子充满d轨道向过渡金属空σ^*反键轨道的π反转移。Kubas相互作用正好满足了氢在固体材料表面的吸附既不太强也不太弱的要求。这将扩大对新储氢材料设计的范围，消除因物理和化学吸附机理导致的限制，因此它有潜力应用于在室温下操作的储氢材料体系的设计。

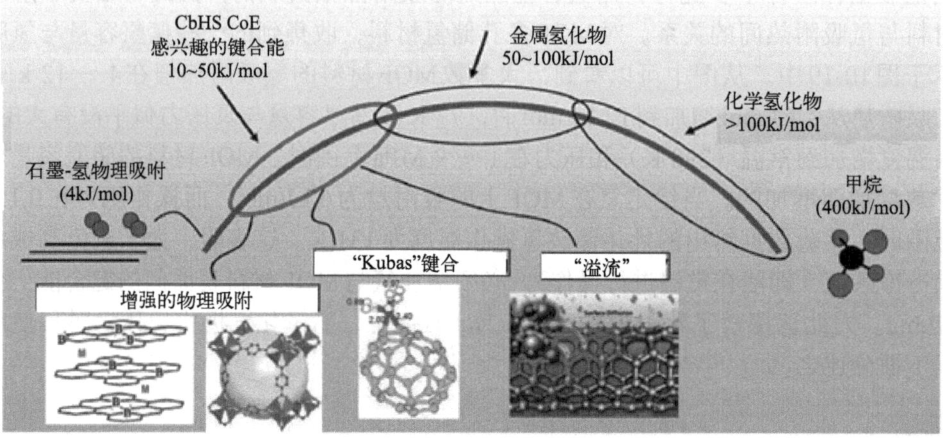

图10-20　Kubas键合强度位置

10.7.5　离子化方法

一个替代利用Kubas相互作用概念设计高储氢性能材料的新策略，已被用于设计有潜力的多个过渡金属配合物储氢材料。从该新策略还延伸出改性材料的一个新方法——离子化技术，也就是使大块的储氢材料离子化。材料经离子化后氢分子在其上的吸附热值变得适中，从而达到增强其吸附储氢性能的目的。例如，掺杂有Na^+和K^+（达到离子化）的改性富勒烯，氢吸附容量从2.8%增加到3.1%；又如，使$Li_2C_2H_4$和TiC_4H_4配合物离子化改性，提高了氢金属间的键合强度和增强了非解离氢分子的键合；再如，如以带电的$C_4H_4^+$作为Co和Ni原子的离子化改性剂，获得的CoC_4H_4配合物储氢容量从3.48%增加到5.13%。

这些例子足以说明离子化对增加材料的储氢容量确实有效。理论分析表明，C_{60}（Li_2F）具有在环境条件下吸附/脱附氢的能力，也就是材料键合氢分子的吸附热已处于预测的适中范围内，计算获得的理论质量/体积储氢密度值分别达到了10.86%和59 g/L。

10.7.6　储氢材料的极化

结构极化是进一步提高MOF多孔材料储氢性能的另一个有效策略。例如，利用密度泛函理论（DFT）对带电富勒烯键合氢分子能力进行的研究得出：带（正或负）电荷的富勒烯，其表面附近产生的高电场极化了材料，显著增强了表面与氢间的键合强度。因此使材料在环境温度下与氢的键合强度值在实际应用所希望的范围。从该例子的结果可以延伸扩展到应用外电场来极化储氢材料。对利用外加电场使材料极化，已用DFT理论计算证明，氢分子与发生了极化的材料表面间会产生静电相互作用，使其储氢性能有相当的增强。当移去了外电场后材料重新回到其原始状态（没有了极化），于是键合的氢就容易地脱附了。

这是非常有意思的事情，因为外电场能使储氢材料产生好的吸放氢可逆性和快速吸脱附动力学性能。实验研究结果也说明，外电场不仅可使储氢材料性能（热力学和可逆性）得到提高，而且也可直接应用于合成新的储氢材料（合成过程被简单化）。当然也已发现，暴露金属阳离子对准分子形式的吸附氢（储氢）是经由极化机理发生的（氢分子被离子电场极化）。

10.7.7 储氢材料的辐射照射（辐照）

在利用改变储氢材料反应行为来提高储氢容量的措施中，辐照是很有效的手段。可渗透辐照能够激发活化材料表面和改变其内部活性位的电子环境（调节其电子构型），使之形成能与准分子形式氢键合的活性位。这样的辐照激发机理得到了实验和实际应用结果的支持。例如，用γ射线辐照后，碳纳米管吸脱附氢容量增加达15%左右。又如，用氙（Xe）离子辐照MgH_2表面薄层，并对其结构变化进行表征获得的结果指出，控制离子轰击方法是有效控制储氢材料热力学参数的有用方法。

10.7.8 诱导氢溢流

溢流是催化中的重要表面现象之一。所谓溢流是指在负载金属上吸附的物种主动迁移到催化剂载体表面的现象。溢流是可逆的，也就是溢流到载体上的物种可反溢流回到负载金属上。易发生溢流的吸附物种主要是氢、氧等小分子。当溢流物种是吸附的氢时，称为“氢溢流”。例如，负载在多孔金属氧化物载体上的过渡金属，如Pd、Pt、Ni，在室温下很容易吸附氢，吸附的氢分子在金属表面一般被解离成氢原子（图10-21）。解离的氢原子能够容易地从金属表面迁移到载体表面，因氢溢流过程的活化能是很低的，小于10 kJ/mol。为使溢流氢脱附，载体上的氢原子通过反溢流迁移到金属表面再组合成氢分子进行脱附。对储氢材料而言，引入该概念的最吸引人的特征是能使储氢体系的操作温度在室温附近而不需要在冷冻温度（77 K）。从实际应用角度考虑，很希望储氢材料的吸放氢过程能在近室温条件下有效进行。

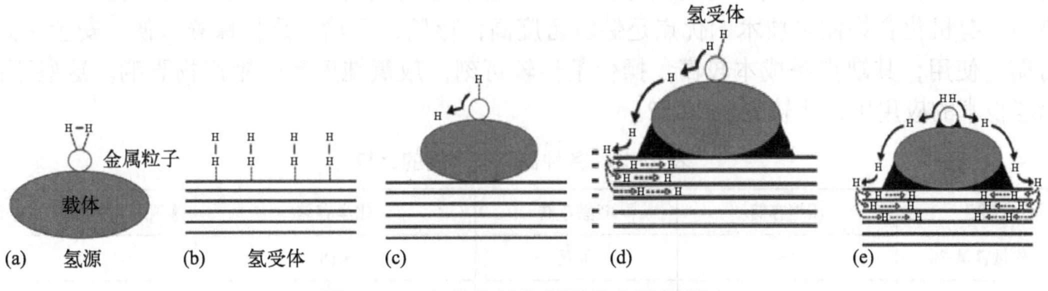

图10-21 在负载催化剂系统中的氢溢流

（a）氢在负载金属粒子表面的吸附；（b）低容量受体；（c）原子氢到载体的初始溢流；（d）物理桥接增强受体的次级溢流；(e)因接触和桥接改进增强的初始和次级溢流

正是为了使储氢体系能在室温下操作，才在对多孔材料合成策略进行的评估中提到了氢“溢流”。于是对遵从“溢流”机理的多孔材料储氢原理也进行了研究和评估。实验发现，负载有过渡金属的碳材料发生氢溢流较为容易，当氢分子在金属表面吸附并解离成氢原子时，其电子轨道从sp^2向sp^3杂化轨道过渡，即碳与氢原子间的键合有低的放热。对

MOF储氢材料，目前尚未有证实溢流现象的确切实验证据（由于实验很复杂，至今仍未有氢存储增强的结果），氢原子与有机单元间如何发生键合目前仍不清楚。但新近的实验中观察到，在含5% Pd/C催化剂的4-苯基安息香酸钠体系有氢溢流发生。也有报道说，载体表面官能团和氧含量能提高MOF材料的室温储氢容量，例如金属（如Pt、Pd、Ru和Ni）/高表面积碳材料与MOF的混合材料，储氢容量有显著增加，其原因被归结于氢的"溢流"效应（理论研究也指出MOF材料可能会有氢溢流）。但是，另一些实验研究证实，因溢流效应增强储氢容量的结果是不足信的，即便有也是极小的（如果低于实验检出限）。总之，到目前为止对溢流储氢的了解还是非常有限的。应该强调指出的是，在很多条件下不会发生溢流，也就是要把科学现象归结于溢流贡献前必须进行非常仔细的实验检验。

10.8 储氢技术的比较和小结

储氢技术是储能技术的一类，是为有效利用可再生能源资源替代化石能源资源而出现的。储氢的公用基础设施和应用方法仍然需要进一步提高和改进。储氢技术的应用与能量密度、存储容量、有效储氢体系、安全性要求和投资成本等因素密切相关。为了实现可持续的清洁可再生可持续能源经济的目标，需要考虑的因素虽然很多，但氢能源技术对实现这个目标是非常关键的。

前面已经介绍了可在固定和移动场合应用的多种储氢技术，特别是高压气态储氢、低温液态储氢、固体材料（物理和化学吸附）储氢和有机化合物（液体）储氢，以及简单、便宜、方便地利用原有天然气管网储氢的方法（电力-气体技术）。它们有各自的优缺点，来自不同文献的比较结果见表10-10～表10-12。高压气态储氢技术的主要优点是技术成熟、成本低、充放氢速度快、耗能相对较低；缺点是体积储氢密度低，安全性相对较低。低温液态储氢技术的主要优点是体积储氢密度较高，放出氢的纯度高；其缺点是液化过程耗能高，挥发损耗大，成本高。固体材料储氢技术的主要优点是体积储氢密度较高、无需高压容器、安全性好、释放氢的纯度高等；其缺点是质量储氢密度低，成本高，需要有热管理措施。有机化合物储氢技术的优点是储氢密度高；存储、运输、维护保养方便，安全性好，可循环使用；其缺点是成本较高，操作条件较苛刻，放氢纯度易受副产物影响。这些不同储氢技术的应用场合比较见表10-12。

表10-10　各种储氢技术间的比较

项目	压缩存储	液氢存储	化学存储	多孔材料物理吸附存储
质量容量/%	13	可变	<18	20
体积容量/(kg/m^3)	<40	7.08	150	20
温度/K	273	21.5	373～573	可变
压力/MPa	80	0.1	0.1	10
系统成本/[$/(kW·h)]	12～16	6	8～16	100/60
代表性单位	Quantum和Lincion	Linde	Ovenies/ECD,LLN/Sand, Millenium Cell,Hydrogenics	Hydrogen Research Institute, 空军氢研究所

续表

项目	压缩存储	液氢存储	化学存储	多孔材料物理吸附存储
优点	重量轻、燃料目的有利、占用空间小、能量效率高	体积和质量容量高、长期储氢	低反应性、短存储时间	过程完全可逆、杂质不累积、快循环寿命和充氢时间
缺点	需要高压容器、体积和质量容量低	需要压缩容器，因液化和沸腾逸出能量损失大，容器成本高	与湿气发生反应、掌控麻烦、吸收杂质、可逆性差、高温脱附、慢脱氢动力学	簇化问题、需要低温或超高压力、与氢相互作用弱

表10-11 主要储氢技术的比较

储氢方式	单位质量储氢密度/%	优点	缺点	备注
高压气态储氢	1.0 ～ 5.7	技术成熟、充放氢速度快、成本低、能耗低	体积储氢密度低、安全性能较差	目前车用储氢主要采用的方法
低温液态储氢	5.7	体积储氢密度高、液态氢纯度高	液化过程耗能大、易挥发、成本高	液氢主要用于航空航天领域，民用很少
固体材料储氢	1.0 ～ 4.5	体积储氢密度高、安全、不需要高压容器、具备纯化功能，可得到高纯度氢	质量储氢密度低、成本高、吸放氢有温度要求	未来重要发展方向
有机液体储氢	5.0 ～ 7.2	储氢密度高，储存、运输、维护保养安全方便，可多次循环使用	成本高、操作条件苛刻、有发生副反应的可能	可利用传统石油基础设施进行运输和加注

表10-12 主要储氢技术的优缺点、应用场合和发展愿景预测比较

储氢方式	高压气态储氢	低温液态储氢	固态储氢	有机液体储氢
单位摩尔原子储氢密度	0.0054	4.2	5.3	7.6 ～ 19.0
应用现状	目前最常用、最成熟的储氢技术	主要作为航天火箭推进器燃料，其储罐和拖车已在我国航天等领域应用	仍处于研究阶段，尚未实现商业化应用	研发阶段
优点	简单、压缩氢气制备能耗低、充装和排放速度快	储氢密度高、安全性较好	体积储氢容量高，无需高压及隔热容器，安全性好，无爆炸危险，可得到高纯氢	高质量、高体积储氢密度，安全，易于长距离运输，可长期储存等
缺点	需要厚重的耐压容器；要消耗较大的氢气压缩功；有氢气泄漏和容器爆破等不安全因素	液化成本高，能量损失大，需要绝热装置隔热	技术复杂、投资大、运行成本高	操作不易，成本高，脱氢效率低且易结焦失活
关键部件	厚重的耐压容器（钢瓶、复合材料气瓶、全轻质纤维罐）	冷却装置、绝热保护层	稀土等储氢材料制成的金属氢化物装置	催化加氢和脱氢装置
关键技术	氢气压缩技术	冷却技术，绝热措施	一定温度、压力下，能可逆地大量吸收、储存和释放氢气	脱氢反应需在低压高温非均相条件下完成

续表

成本	较低	较高	较高	昂贵
2020年占比	90%	9%	1%	0%
2030年占比	75%	20%	5%	0%
2050年占比	40%	45%	10%	5%
2100年占比	25%	55%	15%	5%

虽然近期对固体储氢材料和概念的研究已经取得显著进展，可至今仍没有找到能完全满足美国DOE提出的2020年目标的储氢体系。需要进一步发展耐用、低成本的储氢材料体系，不仅有高可用储氢容量而且有合适的动力学和热力学特征。

存储氢燃料时，压缩储氢技术是有利的选择，虽然需要高压容器限制了它们的使用范围。液氢存储能提供较高体积能量密度，但需要冷冻和热管理措施，否则存储能量损失很大，例如容器结冰和腐蚀导致热绝缘降低使液氢沸腾逸出损失大量能量。目前，金属氢化物储氢能提供的质量容量约14%，但生成氢化物和释放氢常需要高压和高温。而氢在多孔材料中吸附有可能达到高质量容量，快速氢吸脱附循环；但也存在不少问题，如需低温和高压，其与氢的弱相互作用也限制了它们的使用。

氢燃料和能量载体能够广泛应用于不同领域，如各种固定、移动和便携式应用。因此，储氢技术的应用范围同样也很广（固定、便携式和移动运输领域），重点是在运输领域中的应用。例如，氢燃料电池车辆（大巴士和轻载车辆）、在喷射引擎和透平机中作为燃料、便携式应用中替代大量使用的电池等。于是研究者面临的巨大挑战是，研究发现和发展理想的高储氢容量和在温和条件下快速吸放氢的储氢材料。已发现并可使用的固体储氢材料有多种：金属氢化物［铈、镧和镍的合金（Ce-La-Ni），硼氢化镁$Mg(BH_4)_2$，镁与氧化锆的氢化物和单壁碳纳米管］及其合金、多孔材料如活性炭、纳米材料、螯合水合物等。在对材料基储氢方法现时状态进行研究获得的关键结论是：

① 多孔材料（发展新多孔材料做了很多努力），具有较高比表面积和较大自由体积。在实验环境温度下多孔材料仅有小于1%的氢吸附容量（即便是高BET比表面积生物材料）；在77 K和环境压力下，当比表面积>2000 m^2/g后用增加比表面积的方法增加储氢容量收效很低。所以，重点应该放在把反应焓增加到约20 kJ/mol。按理论指导，通过利用Kubas键合、离子化、块体材料的极化和进行辐照以及诱导H_2溢流效应等方法，有可能提高材料的储氢性能。但最近10年Kubas键合和H_2溢流效应在储氢应用方面并没有实质性进展。

② 对金属/化学氢化物，关键是要增强氢释放和吸附热力学和动力学。在动力学方面，氢化物材料的纳米约束可能是一个有效方法，能降低材料粒子大小和裁剪充氢和放氢动力学。关于热力学，选择稳定性较低的氢化物可能是一个有意义的方向；另一个可行方法是发展比较先进的离子液体储氢材料或用离子液体作为催化/支持溶剂来使化学氢化物体系中产生协同效应。

③ 固态材料到系统的集成及其加工技术将是必需的，如成型和电纺过程。用以促进材料从实验室到实际使用的发展过渡。要注意的是，在固态储氢材料到系统集成加工中具有可应用能力的其它技术有可能会出现。

④ 提出以仲氢形式储氢的概念是由于仲氢的低能量状态。为在环境条件下长期储氢，已对正氢到仲氢转化器进行了概念证明和示范。

总之，储氢技术在不断发展，希望继续推动新概念的出现或新储氢方法的发展。

10.9 储氢固体材料的集成加工

使用最广泛和最简便液体方法获得的材料通常都是松散的粉末，对固体储氢材料的制备也不例外。为使储氢材料能在实际中应用，对粉末材料进行加工和集成是必须的。把粉末储氢材料加工集成为可实用的储氢单元，使其能够快速达到最大产氢速率，并在最短时间内充满燃料，必须考虑储氢材料在充-放氢循环中的热（放热和吸热）效应，进行有效的散热和供热（避免温升）管理。粉体状的固体对传热显然是不利的，这会为储氢体系的设计带来麻烦。热管理最普通的解决办法是利用热交换器，但这将毫无疑问地影响储氢系统的性能。因此，从提高热导率和提高储氢体系集成度的角度考虑，很有必要对粉体储氢材料进行加工/成型和集成，常用的加工集成技术有两类：粉体成型和电纺技术。

10.9.1 粉体成型技术

多孔材料的加工路线很多，包括发泡、涂层、模板化、滑涂层、抗老化、带铸、挤压、脉冲电流加工、机械/水力压制等，在表10-13中给出了加工储氢材料的主要技术。在选择粉体成型技术时，需要考虑它们的制备方法、织构性质和其它性质如湿气敏感性、热稳定性和化学稳定性等。就一般应用而言，必须确保有合适的机械强度以降低使用时的磨损，确保使用过程中的低压力降即具有小的流动阻力。当然，成型过程应该低成本和尽可能简单。例如，为了提高粉末材料的热导率，它常被按应用定向成型成可进行均匀堆砌的特定形状和结构，如珠、片或独居石。成型后能够获得的功能有：最大化本体密度、降低废空间和增强抗磨损。在实际应用中发现，高稳定性和高热导率的膨胀天然石墨（ENG）是很好的传热母体。因此，它常被用作成型时的添加剂。例如，在MOF粉末中添加10%ENG，成型后固体能被致密化，MOF-5/ENG复合物的密度大于$0.5g/cm^3$，其室温热导率从0.1 W/mK增加到0.56 W/mK。

表10-13 对可加工粉体材料潜在方法的评估

方法	模式	描述	产量	黏合剂
单轴压制	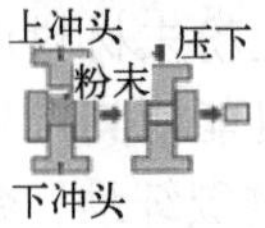	活性组分与黏合剂均匀混合再压入模子中	低	应用依靠
涂层	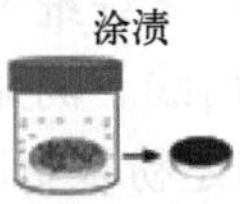	把涂层沉积在选用的基质上	中等	应用依靠
发泡法	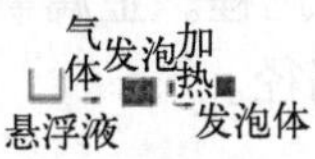	并合进入悬浮液中干燥进入发泡体	高	是

续表

方法	模式	描述	产量	黏合剂
模板法		使用固体/乳化液模板剂形成希望的形状和有序形貌	低	否
浇铸法	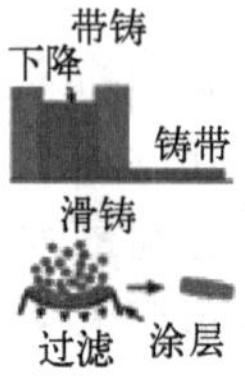	把颗粒浆液浇铸在不同的基质上	中等	是
造粒法		把活性组分和黏合剂混合造粒形成大的颗粒	高	是
挤条法		把活性组分和黏合剂混合挤条切割成不同希望长度	高	是
脉冲电流压制		加工粉体进入脉冲电流区产生压缩应力以形成强粉末体块	中等	否

10.9.2 电纺技术

电纺技术是一类纺织聚合物纤维的方法，使聚合物成为超长、可控空隙率、3D形貌和功能特征的纳米纤维。近来把其扩展到其它工业应用领域，如生物医药、过滤和吸附过程。图10-22是典型的电纺设备示意图。在强电场中，聚合物溶液被荷电射流喷入真空中形成非常细的纤维并被收集于阳极表面。电纺技术能够连续生产单丝或多丝材料，它们具有的织构性质与溶剂蒸发速率、溶剂-聚合物互溶性和应用的其它参数密切相关。通过调整这些参数能制作出多孔或核-壳形貌的纤维。

由于碳纤维具有碳材料良好的导热和导电性质，因此粉末材料用电纺技术加工时常结合碳纤维。电纺、碳化和活化过程不仅能稳定聚合物而且能使其产生多孔结构。到目前为止，研究过的储氢材料复合物有碳纤维、金属/金属氧化物碳纤维、金属-碳-氟体系、碳涂层Li_3N纳米纤维、共电纺Pd-涂层多孔碳纳米纤维和$LaNi_5$纳米纤维等。

总之，电纺技术是加工粉末储氢材料的一条有前景的路线。例如，有3D孔隙率的纳米纤维复合物能够通过MOF晶体的胶囊化产生。所以，电纺是粉末材料到储氢单元系统集成的一个可行选择。图10-23为电纺生产活性碳纤维的成孔过程。金属氧化物和孔道间的连接路径成为氢分子渗透进入纤维到达金属氧化物催化剂的路径。

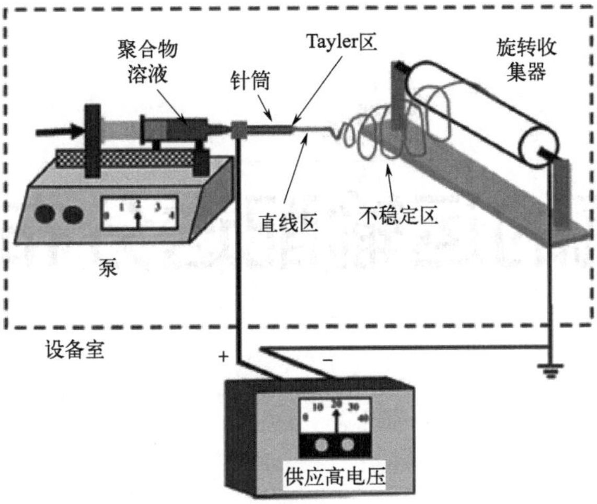

图10-22 一般类型电纺设备示意图

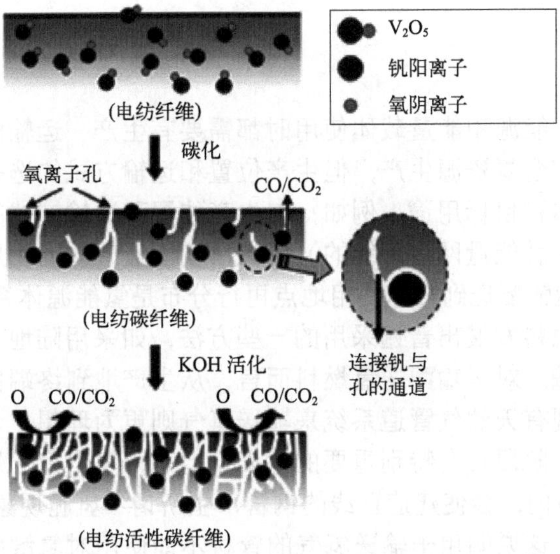

图10-23 电纺形成孔的过程示意图

HYDROGEN
CHEMICALS, FUEL AND ENERGY CARRIER

11 氢的运输配送分布和安全

11.1 引言

氢气作为化学品、能源和能量载体使用时都需要有生产、运输配送、分布和使用等环节。氢几乎可利用所有含氢资源生产，但生产位置和运输方式的选择和确定取决于多种因素，最关键因素是成本和目标用途。例如，在生产位置和运输方式的选择和确定上，作为化学品使用和（未来智慧能量网络系统的）能源（和能量载体）使用时就会有相当大的差别。以成本有效方式运输配送到实际使用地点再行分布是氢能源体系发展的关键要素之一。已为运输和配送不同燃料发展出普遍采用的一些方法，如采用陆地上的铁路、海上的船舶以及辐射管线进行运输。对运输配送氢燃料而言，从生产地到终端使用地的管线输送是很方便和便宜的，利用现有天然气管道系统来输送氢气则更为理想，该输送方式在向氢能源社会（氢经济）的过渡阶段具有特别重要的意义。但是，氢不同于烃类燃料，由于其分子小易扩散透入固体材料内，会使建造管线的钢管产生所谓“氢脆现象”，加速钢材的疲劳开裂，产生安全性问题。这说明用于输送氢气的管材不能使用对氢敏感的常规钢材制造。但可以使用添加有能阻止氢脆现象发生的阻滞剂的钢材，因此如果研究发现了有效的阻滞剂，利用原有天然气管网输送和分布氢就没有问题了。如果必须建设专用的输送氢气管网，投资将是非常大的，这极有可能推迟向氢经济社会的过渡。如前述的除利用管道运输氢外，氢也能以液体或气体形式存储在合适容器中再利用交通工具如卡车、罐车、火车和轮船从生产地运输配送到应用位置（用户）。

氢气除使用中心化生产模式外，它更有利于采用分布式的生产模式，这样可以有效缩短其运输配送分布链的距离。以分布式生产氢气时可采用的运输配送模式（路线）有：①道路（汽车和火车）运输，把氢以液氢或压缩气氢形式存储在合适容器中，在相对短的道路上进行小/大规模运输配送，在末端应用位置可以液-液、液-气和气-气方式充装氢气；②海上运输，装有液化氢的容器使用船舶进行相对长距离的运输，在向末端使用者配送时可使用管线和道路运输配送系统，管线系统配送的通常是气体氢；③利用现有的天然气公用基础设施管网配送，这可很方便地服务于所有部门。在天然气管网中配送的一般是掺和氢气的天然气，现允许氢的最大体积浓度为15%，因掺和此浓度的氢气用管道运输配送时不再需要投资改造原有管线和末端使用装置。

11.2 氢的运输配送分布方法

11.2.1 氢运输配送方法分类

11.2.1.1 按运输工具分类

采用何种氢运输配送分布方法与使用的储氢方法密切相关。一般来说，紧凑的储氢形式，其运输和分布相对比较经济，而松散储氢形式不仅体积大，输送也比较昂贵。运输液氢一般要比运输高压氢有效，尤其是当使用氢气量很大时。目前运输配送氢气最普遍使用的方法是把氢压缩存储在加压储槽中经由公路或铁路运输配送，压力范围在15 ～ 40 MPa之间。

按采用的运输交通工具分类可把氢的运输分为公路、铁路、航空、海上和管道运输等几种。①公路：这是短距离运输配送分布氢气时最普遍使用的方法。氢经压缩存储于耐压容器如钢瓶中，利用车辆把钢瓶运输到终端用户。公路运输也很适合于运输配送固体储氢材料。②铁路：适合于较长距离和较大数量氢气的运输，铁路运输的也是存储在高压储槽或冷冻液氢储罐中的氢或存储在固体介质中的氢，然后再配送分布给用户，与公路运输方法类似。③空运：空运非常适合于运输存储液氢的冷冻储罐，具有若干优点，如液氢体积小、配送时间很短、液氢的蒸发损失小（不再是一个严重问题）。出于对安全和重量因素的考虑，航空运输不运输装于容器中的压缩氢。④海运：氢通常被存储于冷冻的液体储槽中，船舶在海上运输的是这类液氢储槽。由于已经有利用船舶运输装有液化天然气（LNG）冷冻槽船的成功经验，在海上利用船舶运输液氢是不难的。但是应该注意到，为使液氢保持在冷冻状态，其储槽对冷冻绝缘的要求要比液化天然气高。这是因为氢的液化温度比天然气更低且保持冷冻需要的时间比空运长很多。幸运的是，蒸发损失逸出的氢气可收集作为船舶燃料使用，没有浪费损失。⑤气体管道：已多次指出，管道运输对氢的长距离运输和广泛配送分布是一个非常有效的方法。利用今天普遍使用的标准管材钢构建的天然气（即甲烷）管网用于运输配送分布含氢天然气（不大于15氢）是没有问题的。但要注意，当用于输送纯氢时可能因氢脆问题对使用寿命会有显著影响。长距离输送天然气的管网已经在全世界广泛建立，特别是对能源消费很大的国家和地区，如美国、欧洲和中国。从气田采集的天然气通过管道运输网把天然气燃料输送到精炼厂精制后，再把精制天然气输送到家庭和充气站。长期的实践经验证明，管道运输是非常安全和可靠的。利用现有技术和能力对这些输送天然气的管网进行很好维护的同时，用它来输送配送氢气不仅有效而且能为用户带来更大利益（使更多能量进入系统并配送给用户并在经济上得益）。这说明只要严格遵循工业技术和安全标准，对氢气运输配送和分布应该是很安全和可靠的。

当氢的运输配送距离增加时，运输成本将快速增加，不同形态氢的运输成本与输送距离间关系示于图11-1中。从图中直线可以清楚看到，液氢运输成本要低于压缩氢。分步稳妥地利用已有天然气管网公用基础设施大规模运输和配送分布氢气，不仅其前景可观而且有利于加快向氢经济的过渡。

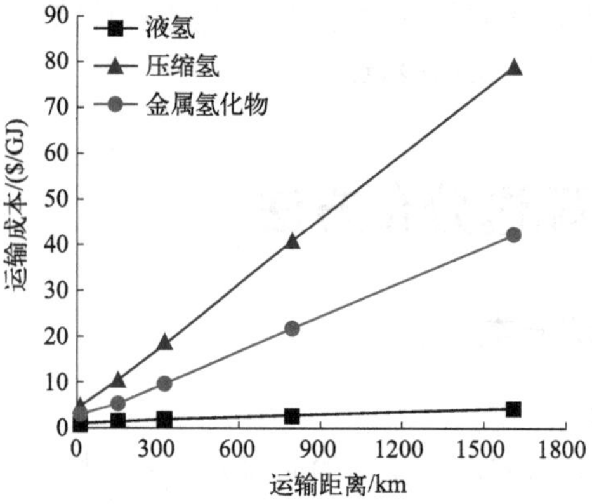

图11-1　氢运输成本与输送距离间的关系

为获得“最好”的燃料/能量载体和功率链，有多种能源系统可供选择，如已优化的烃类燃料、生物柴油、电力、氢气等，但必须从多方面进行综合考虑。如从油井-车轮效率角度看使用何种初级能源、初级能源利用效率、产生的温室气体排放以及现场区域污染的尾管排放、成本、可实践性、顾客可接受性等。但是，要对这些因素进行打分和排序是不容易的，因此做出正确预测更难。其中就运输配送产生的耗能这一点，在表11-1中比较了在道路上运输配送氢、丙烷和汽油的能耗。从表中数据能清楚观察到，压缩氢的运输配送能耗是比较高的。

表11-1　道路运输不同燃料的耗能比较

参数	压缩氢	液氢	丙烷	汽油
压力/MPa	20	0.1	0.5	0.1
对顾客的重量/kg	40000	30000	40000	40000
顾客用的重量/kg	39600	27000	20000	14000
配送重量/kg	400	2100	20000	26000
配送燃料的LHV/(MJ/kg)	120	120	46.3	44.8
卡车耗能（LHV）/GJ	48	252	926	1164.8
消耗的柴油/kg	79.6	57.9	60	54
柴油的LHV能量/GJ	3.38	2.46	2.55	2.30
相对于汽油的耗能（无因次）	35.77	4.96	1.40	1.00

11.2.1.2　按运输氢的相态区分

按氢相态区分运输类型，主要可分为三类：气态氢运输、液态氢运输和固体形式氢运输。

① 气态氢运输：运送高压气体可利用两种运输工具：长管拖车和管道。长管拖车是近距离运输高压气态氢的重要方式，技术非常成熟。在国内，长管拖车运送氢气的压力通常采用20 MPa，单车运送氢气的数量约有300kg；在国外，长管拖车运输的氢气通常装在纤维缠绕的高压气瓶中，压力可达45 MPa，单车运送氢气量可达700 kg。管道运输是实现大规模长距离运输氢的重要方式，其运行压力一般为1.0-4.0 MPa之间。管道运输具有的优势包

括：运送氢气的数量很大、能耗低、成本也低，但管道网建设的一次投资大。现在用于输送氢气的管道，美国有2500 km，欧洲有1598 km，我国仅有100 km。在氢经济发展的初期可积极探索利用天然气管道输送掺氢的天然气，这样能充分利用现有的管道网络公用基础设施。

② 液态氢运输：液氢输运适用于距离较远且运输量大的场合。对这类输运，液氢罐车的装氢容量一般大于7 吨。例如，铁路上运输的罐车装载液氢数量在8.4 ～ 14 t之间，而专用液氢驳船的运送氢的数量可达70 t。由于液氢罐车运送氢的数量大，不仅降低了车辆运输的频次且增加了加氢站的供氢能力。在日本和美国，液氢罐车运输是为加氢站输送氢燃料的重要方式。在我国，尚无民用液氢运送案例。

③ 固态形式氢运输：生产使用固态形式的氢目前不多。这里的固态形式氢是指存储于固体储氢材料中的氢，也就是说为运输存储的氢也必须运输存储用的固体材料。对轻质储氢材料（如镁基储氢），能达到高的体积储氢密度和高的质量储氢率，因此其运送氢的潜力较大。运输储氢固体材料通常无需高压，常作为车载储氢容器使用的是装有高密度固态储氢材料的低压储罐。储氢固体储罐释放的氢气在固定场合使用时，需要配备有进行热管理和提供加热和导热介质和装置，它们一般置于加氢站（加氢和灌氢）现场。这样有利于实现氢的快速充装和高密度安全运送，同时提高单车运氢数量及其安全性。

在我国，氢能源示范应用主要布局于副产氢气的工业工厂附近或利用可再生能源电力制氢产地附近（距离<200 km）。氢储运方式主要采用高压气态氢运输（灌注在钢瓶中）。在氢能源市场渗透前期，车载储氢压力以70 MPa气态氢为主，辅以低温液氢存储和固态储氢。运输氢的方式则要因地制宜和协同发展45 MPa的长管拖车、低温液氢、管道（示范）等方式的运输。在氢经济发展中期（2030年），车载储氢将以气态、低温液态为主，多种储氢技术协同。氢的输运将组合高压、液态氢罐和管道等输运方式，对不同细分市场和区域将同步发展。远期（2050年）氢气管网将密布于城市、乡村。车载储氢将采用更高储氢密度、更高安全性的储氢技术。

11.2.2　运氢技术参数和运输成本的比较

运送氢能源的关键问题在于哪种运输方式的经济效益最好。评价运输方式好坏可使用公用成本（UC）（指人员、货物和时间价值）进行判别；可考虑人工成本，从生产率和服务（没有货物或备件）经济损失来进行计算。道路运输对氢运输配送分布给终端使用者是比较方便的。对氢运输成本（TC）的估算可采用如下公式：

$$\mathrm{TC} = d \times \mathrm{TC_u} \tag{11-1}$$

式中，d是运送距离，km；$\mathrm{TC_u}$是每公里车辆行驶的运输成本。对航空运输，TC值高，对陆上运输，TC值为中等，对海运，TC值低。

如输送车队车辆使用的燃料是氢-天然气混合气体（18%的氢），就能够在无需大改造条件下利用现有的天然气公用基础设施。从长远市场容量角度看，氢运输燃料的最好生产模式是脱中心化（分布式）的产氢模式，因为这样能使运输分布氢的公用基础设施投资最小。另外也应该注意到，脱中心化产氢的效率一般要低于大规模中心化产氢。不管以何种方式运输氢能源，主要的技术参数是压力、输送氢数量、运输容器的体积、质量储氢密度、成本、能耗和运输的经济距离等。为比较不同的输氢方式，上述参数的比较见表11-2（国内情形）。作为比较实例，对用中心化和脱中心化生产的氢燃料，以不同方式运输配送到不同用户时，2015年和2030年（预测值）的技术经济性见表11-3。

表11-2　不同运输技术的比较

储运方式	运输工具	压力/MPa	载氢量/（kg/车）	体积储氢密度/(kg/m³)	质量储氢密度/%	成本/（元/kg）	能耗/(kw·h/kg)	经济距离/km
气态储运	长管拖车	20	300～400	14.5	1.1	2.02	1～1.3	≤150
	管道	1～4	—	3.2	—	0.3	0.2	≥500
液态储运	液氢槽罐车	0.6	7000	64	14	12.25	15	≥200
固体储运	货车	4	300～400	50	1.2	—	10～13.3	≤150
有机液体储运	槽罐车	常压	2000	40～50	4	15	—	≥200

表11-3　不同氢能配送技术在2015年和2030年（预测）的技术经济性

部门	技术描述	可利用因子/%	投资成本/[€/(GJ·a)]		固定成本（O&M）/[€/(GJ·a)]		可变成本/(€/GJ)		使用年限/年
			2015	2030	2015	2030	2015	2030	
中心化生产									
TRA	COMP+TR+LIQ+LSTORB+RTS+REFLG（大，有或没有地下存储）	75	38.71	27.39	2.02	1.43	0.95	0.65	20
TRA	COMP+TR+LIQ+LSTORB+RTS+REFLG（大，有或没有地下存储）	75	65.69	45.79	2.72	1.90	0.34	0.24	20
RSD&IND	COMP+TR+DP（大，有或没有地下存储）	70	34.04	30.29	1.78	1.57	0.36	0.32	20
TRA	COMP+TR+DP+REFGG（大，有或没有地下存储）	70	80.55	62.02	5.78	4.30	0.55	0.44	20
TRA	COMP+TR+DP+GSTORB+RTS+REFGG（大，有或没有地下存储）	80	66.00	47.16	5.02	3.53	0.27	0.19	20
中心化生产氢与天然气掺和									
所有部门	COMP+USTOR+TR+BLENDING	70	5.87	4.92	0.37	0.30	0.08	0.06	20
脱中心化生产									
RSD	LOCGSTORB+DP	70	51.84	43.58	2.50	2.11	0.28	0.25	20
TRA	LOCGSTORB+ONSITELIQ+REFLL（大）	70	144.84	98.93	8.99	6.09	1.78	1.20	20
TRA	LOCGSTORB+REFGG（小）	70	70.18	49.93	5.09	3.57	0.19	0.13	20

缩写：RSD住宅；COM商业；TRA 运输；IND 工业；COMP 压缩；TR 输送管线；DP深层位置；LIQ 液化；BLENDING掺混；ONSITELIQ 原位液化；LSTORB 大液体储存；LSTORB小液体储存；GSTORB 大气体储存；LOCGSTORB 地区大气体储存；GSTORB小气体储存（压缩的）；USTOR 地下存储；RTS 短距离道路运输；REFLL充液体到液体；REFLG充液体到气体；REFGG 充气体到气体。

11.3 配送氢的公用基础设施

11.3.1 氢分布网络

中国和世界各国一样，氢气化学品的生产一般是原位生产（可看成是分布式生产），即生产地位于合成化学品的工厂中。世界上氢化学品的生产和使用量都非常大，其中使用氢气量最大的合成化学品是合成氨、醇类（主要是甲醇）和加工烃类油品。氨和甲醇合成需要的大量氢气通常都是利用天然气重整或煤炭气化就地生产的。但是，对大多数精细化学品生产中所需要的氢气，由于每个工厂需要的氢气数量不多且生产厂家数量众多和非常分散，因此更多地利用化学品（如甲醇）原料经重整过程生产。如在附近有副产氢气的工厂，也有采用道路运输压缩钢瓶来获得氢气的。

氢气也是一种燃料，其燃烧产物仅有水。虽然对使用氢燃料的内燃机引擎和燃料电池进行了大量的研究，但对氢燃料的生产、运输和储存等技术，并没有为其大规模商业化应用做好准备。以成本有效和高效方法运输配送氢气到实际使用地点是发展氢能源系统的关键因素。有多种普遍使用的方法来运输配送不同燃料，例如公路、铁路、海运和管道运输。原则上氢燃料从生产地到末端使用地的运输配送最好采用管道网络。当生产氢气利用的是化石燃料时，就会有CO_2排放和高成本等问题。为能以安全方式生产和利用高质量氢气，从生产到终端使用（包括氢生产、存储和运输分布）的每一步都需要考虑安全、标准等因素。对利用可持续可再生能源资源生产氢气时，虽然这类生产氢气技术有许多有利因素推动和促进其（氢经济）的发展，但考虑上述因素对技术发展也是很重要的。

目前仍处于氢经济发展和过渡的初始阶段，作为燃料和能量载体使用的氢数量（在总能源中所占比例）正在稳步增长。为满足廉价和数量大的燃料使用要求，很有必要深入研究生产氢气的地域分布和运输配送分布的整体布局，可采用的布局方式有：中心化产氢方式为主或分布式产氢方式为主或两者的组合。首先必须清楚认识到的一点是，利用的初级能源资源发展趋势必然是可持续可再生能源资源逐步替代不可持续不可再生的化石能源资源。这也就是说，未来人类社会需要的巨大数量的能源最终是要由可持续可再生能源资源来满足和供应的，例如太阳能、风能、生物质能等。其次，利用可再生能源资源生产次级能源氢气的方式中，最有利的是分布式生产方式，这是因为可再生能源资源分布的地域性非常强，且其运输配送分布的局限性也很大。

设计可持续氢能源体系的最重要依据或基本立足点是：它是未来能源网络系统总体框架下［国家（甚至州/省）范围内］的次级能源网络子系统，而分布网络的建设成本是高的（发展氢能源的壁垒之一），因此设计建设的分布网络必须做到尽可能最小。例如，为最小化氢管道网络建设，需要避免其不必要的延伸，为此需要设计创生出有合适地理分布的产氢分中心，并为所在地区或位置配备容量足够的储能单元和装置，形成组合的电力和热能供应系统（为该区域供应足够的各类能量和为车辆加氢的氢燃料）。一般而言，利用可再生能源资源分布式生产的电力是能够进行长距离输送和分布的，但对利用可再生能源电力产氢采用脱中心化生产和输送的方式更为有利。因为这样的设计配置能克服公用基础设施建设的多个壁垒。

一般而言，氢气的中心生产方式要比分布式生产更为经济。但当同时考虑氢气的运输配送时，其中心式生产的经济优势将降低，因为与其紧密相关的有效运输配送也是昂贵的。前已指出，就氢气中心化生产而言，所有氢气运输配送方法中管道输送最为有效，不仅配送氢气量大而且与使用者紧密连接。对中心化生产氢以液态方式管道运输配送时，100～200英里（1英里＝1.609 km）的配送距离最为理想；当运输配送距离大于1000英里时，理想的是使用液氢容器道路运输或气体管线输送。更长距离的氢气运输配送，对氢气的中心化生产是很不利的，此时应该选择合理位置的分布式生产氢气和运输配送。

基于脱中心化生产和输送氢能源的思路，可把原位产氢位置布局于住宅或商业建筑物附近，以利于为氢电动车辆提供氢源或把氢气作为燃料电池生产电力和热量的燃料。于是氢分布系统仅需要有从城市大储氢设施到用户的输送氢管线，这是比较理想的情形。很显然，建立全新的储氢和分布网络是需要巨量投资的，这可能会使政策制定者反对在运输车辆中用氢能源替代现有化石基运输燃料的理由，毫无疑问这会使制定的政策有利于利用现有电网电（已存在有庞大且分布广泛的公用基础设施）的电池电动车辆的发展。

众所周知，热量的消费是非常巨大的，这需要供应数量巨大的燃料包括氢气。在对建设运输和配送氢燃料（能量载体）公用基础设施进行详细分析后指出：现在的氢燃料运输和配送常经由管道和利用钢瓶、罐车、冷冻储氢容器等道路运输来实现。例如，对较长距离运输，冷冻液氢燃料被保存在有超级绝缘的容器中以道路卡车或驳船进行运输配送，在到达用户位置后再蒸发成气体氢气供用户使用；对短距离运输，更方便的高压钢瓶运输配送方式更常用。利用已有管线网络系统输送氢燃料显然要比用大运输车辆大量配送经济。

为建立范围广泛的氢分布管线，可采用的方法有：①放大和扩展现有氢气管线网络；②建造全新配送管道网络；③转换和利用现有的天然气分布网络。采用何种路线运输配送氢气取决于各个国家及其特定的市场因素。对某些情形，组合上述三个方法可能是最优的选择。对已经建立有气体网络系统的市场，转换和利用现有网络来输送氢气是具有很大吸引力的，因避免了废弃旧的和再建全新的氢公用基础设施，可节约巨大投资（因其潜在成本可能是非常巨大的）。

11.3.2 已建成的氢气管线网络

在讨论储氢技术时已指出，现有的天然气管道网络系统是一个巨量的存储氢燃料的储库。只要天然气中含氢量不超过特定浓度（如15%），利用现有的天然气配送系统输送氢气不仅不会发生任何问题而且是很容易实现的，因此在向氢燃料过渡的初始阶段这是非常理想的可行技术。讨论中也指出氢含量（浓度）是很重要的参数，因为纯氢气对某些管道钢会发生“氢脆”的腐蚀作用，使钢管加速疲劳导致其裂缝生长。为防止可能的“氢脆”，可添加能够阻滞氢脆作用的阻滞剂，这样就有可能利用现有天然气管网来输送氢燃料。如必需建设专用输送氢气的管道网络，就需要增加投资成本，这可能延缓向利用氢燃料的过渡。

为有效方便地输送氢化学品，已投资建设了若干高压氢气管线，用于为工业生产者和消费者提供输送氢气服务。已有资料显示，全球已建成约3000 km的输氢管线。输氢管线的管材一般使用低碳钢，为防止腐蚀，在钢管表面涂有环氧树脂保护层。例如，在欧洲已有15个主输氢网络，氢气管线总长约1600 km，主要由Air Liquide、BOC和Sapio运行和操作。

要计算氢气管道成本是困难的，因受地质条件影响很大。取决于多种因素，包括地质、拓扑、管道路线选择、把其埋在地下的掘沟和安装，还有与购买其它能源如电或流体间的配合、在私人土地下安装管道的保护权利等。总体而言，氢气管道公用基础设施建造成本要比天然气管道大约10% ～ 20%。

11.3.3 现有气体管道网络输送氢气

利用现有气体管道网络输送氢气的潜力和作用，已经吸引了政府、学术和工业界的兴趣和广泛关注，在过去几十年中已经有不少公共和私人的投资。这是因为，已建成的气体管道网络为一个国家的低碳化未来提供了一条在过渡时期最便宜的转换路线。利用和转换现有气体管道网络来输送氢气能够避免建设全新（平行）氢能源公用基础设施，显著降低向氢经济过渡的成本（节约了建设新管道网络需要的大量投资）。这就能够为未来智慧能源网络系统利用氢能源作为部分供应燃料、热量和电力做好预先的准备，包括为区域供热或为匹配热泵电力分布网络的提级。

现有的天然气管道网络系统是成熟和广泛的，从根本上说完全有可能用来输送氢燃料，因为实际上它已解决了建设中需要解决的所有问题，如土地权利等。如果需要新建输送氢燃料的高压管道网络，就要求对其绝大部分投资能够立刻到位。如建造低压氢气管道利用的是聚乙烯材料，因其泄漏量非常小，对泄漏问题并不需要太多关注。但必须注意，如逸出氢气有可能累积于狭小空间如房子中时，应采取必要的措施加以解决。

虽然初看起来，用现有气体管道网络输送氢燃料似乎是容易的，但对这一转换必须注意到存在的一大挑战：在同样直径和压力降条件下输送氢气的能量容量要比天然气低20% ～ 30%，也就是降低了能够输送的能量。氢燃料电池CHP（热电联供）燃料消耗要比相应冷凝锅炉高25%。这进一步增加了对氢燃料的需求，因此要求增加氢气输送量是必然的。在要求输送同样能量容量时，输送氢气的管道要大于天然气管道。也就是为输送足够氢气量来满足需求，就需要对转换过程（用氢替代天然气）进行工程评估，以了解对现有气体管道网络需要进行何种程度的改造。在把现有天然气管网不仅改用于输送氢燃料而且也作为存储氢气的存储库时，则需要关注转换过程带来的另一个问题，也就是把气体管网作为能量存储介质使用以满足日常气体峰需求［称为管线充填量（linepack）］可能会发生困难，这是因为现有网络管线能充填氢燃料的容量要比天然气少四分之一（仅取决于氢和天然气燃料的相对体积能量密度）。幸运的是，这个问题（增加管道网络系统充填容量）能够容易地通过增加操作压力来解决。但要注意到，现在仍然不清楚的是，能否利用操作天然气的实践来操作氢气，以及是否必须增加额外存储容量来满足需求。

把现有天然气管道网络系统转换成输送氢气的管网，通常必须通过国家计划指令来实现。鉴于使用氢气存在安全性的原因，首先必须满足的条件是要为每个家庭用户配备氢传感器和计量表（精确测量氢气消耗）。对管网输送气体类别的转换早有先例，也就是把输送城市煤气的管网转换为输送天然气。但对利用现有天然气管道网络系统改用于输送氢气，其情况要比天然气-城市煤气转换情形复杂得多，这是由于现时天然气管网系统相互连接的程度要远高于城市煤气管网，而且还要考虑氢燃料的一些特殊性质，因此这一转换变得相对困难一些。例如，在转换期间管线供应长度可能受到限制，因在一些发达国家，国家计划的实行必须要把分散在不同地段的低压管线网络组织起来，并要给私人公司拥有的管道予以补偿。这说明输送气体的转换不仅是技术问题还涉及政治和政策方面的问题。

11.4 充氢基础设施——充氢站

充氢（灌注氢）基础设施是燃料电池车辆充装氢燃料的专门场所，这成为氢能源领域及其发展中的一个中枢环节。不同来源的氢气经压缩增压后储存在高压容器中，再由加氢灌注机为燃料电池车辆加注氢气。以商业模式运行时，乘用车加氢时间一般控制在3 ～ 5 min。

根据氢气的来源不同，加氢站分为外供氢加氢站（Ⅰ型）和站内制氢加氢站（Ⅱ型）两类。外供氢加氢站一般利用长管拖车、液氢槽车或者管道输运把氢从产地运送至加氢站，在站内完成压缩、存储、加注等操作。站内制氢加氢站由站内配套的完整制氢单元自行产氢和进行纯化、压缩、存储和加注等操作。加氢站内制氢单元使用的技术通常是水电解和天然气重整制氢技术。在站内自行制氢的优点是可省去相对高昂的运输成本，但这使加氢站系统的复杂性和操作运营步骤有很大增加。由于现时的氢气必须按照危险化学品进行管理，自行制氢的加氢站只能放在化工园区内。虽然世界上至今尚未有建成的完全站内制氢的加氢站，但有组合外供氢和站内制氢的加氢站，以外供氢为主原位产氢补充满足需求。

在使用原理上，加氢站与加油站几乎完全相同。氢先存储于储库中再转送给自动氢灌注机为氢动力车辆车载储罐加充所需氢气。高压氢自动灌注机类似于LPG或压缩天然气的自动充装机，而且其与车辆储罐的连接方法也是类似的。在图11-2和图11-3中分别示出了两个不同的真实加氢站（系统）的照片。

图11-2　代表性加氢站照片

图11-3　加州州立大学的加氢站

按存储氢相态的不同，也可把加氢站分为充气态氢和灌注液氢两类。在全球已建的369个充氢站中，30%以上为液氢灌注加氢站，主要分布于美国和日本。与气氢储运加氢站比较，液氢储运加氢站的占地面积小且存储量大，更适合于大规模的加氢需求。

11.4.1　Ⅰ型加氢站：外部供氢

对使用外部配送氢气的Ⅰ型加氢站，站内不产氢，氢气是由外部工业产氢企业供应的。运送氢的方式通常使用管线、道路或铁路罐车及船舶运送。一般来说，Ⅰ型加氢站包含有六个职能系统，如图11-4所示：①接收口岸，用于从槽罐或管线接收压缩氢或液氢；②控制系统，用于管理氢气的所有传输和储存，包括气动阀、泵、传感器，并监督总安全措施到位；③热交换器，在压缩前加热液氢把其蒸发为气氢，液/气氢分布系统由阀、管线、压力表和泄压装置等构成；④压缩机或升压机，为高压储氢，把氢气压缩到35MPa以上或

70MPa；⑤液氢储库（存储运送来的液氢）、低压氢储槽（存储气氢）、高压氢储罐；⑥自动灌装机，利用耐压35 MPa或70 MPa的接管从储槽获取高压氢气，并把氢气灌注到氢燃料电池电动车辆（HFEV）车载高压氢储罐中。高功率氢压缩机作为升压机使用，把要灌装的氢气升压到87.5MPa并把其存储于高压储罐中（储罐内压力一般为70MPa）。为使高压氢气在系统组件间顺利传输和分布并避免系统出现任何故障，所用部件如管线、阀和容器都必须使用合适材料制造，因它们都要与氢气直接接触。存储的高压氢气可使燃料电池车辆驾驶员能够在短时间内注满车载的氢储罐，所消耗时间几乎与汽油车辆加满油的时间一样，在3～5 min内。燃料电池车辆的灌注氢过程非常类似于为内燃引擎车辆充装天然气或丙烷燃料过程。它们的可靠性非常高，与汽车轮胎灌充压缩空气极为类似。

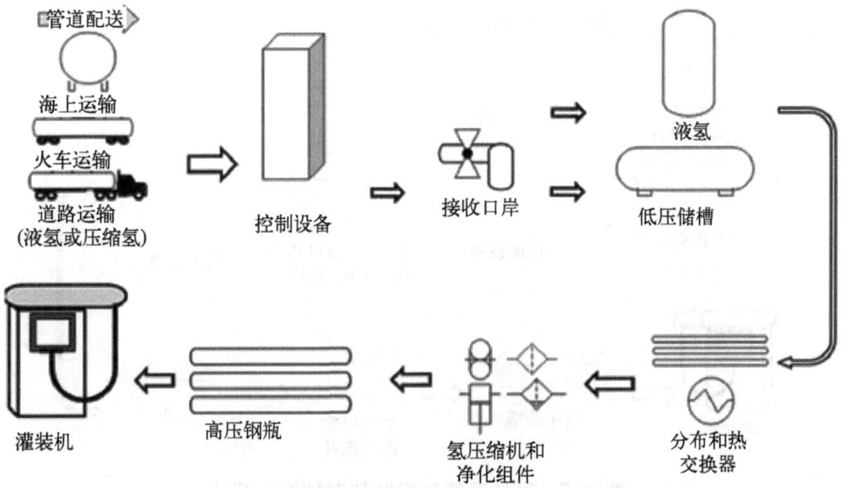

图11-4 使用外供氢燃料加氢站的主要系统

外供氢气以压缩气体或液氢形式输送到Ⅰ型加氢站。当外供的运输距离比较短时，压缩氢气形式的运输是理想的，可用卡车、铁路或短的管线来完成。对氢燃料的长距离运送，可以液氢或压缩气体形式利用道路、铁路或船舶储槽来输送。长距离（大于100 km）运输氢燃料时，使用管道输送是很合适的。

上述的压缩氢气是指存储于容器（抗氢脆材料做成）中的高压氢气（现时标准17～20 MPa）。输送压缩氢气的设备如管线、储库、钢瓶（储槽）和储氢容器已被权威行政当局认证过，与使用的氢气完全兼容。如美国，固定应用由美国机械工程师学会（ASME）认证，运输应用或配送使用由美国运输部（DOT）认证。

冷冻液氢储槽与许多LNG储槽具有普遍的共同特征，它们已被用作长距离海运运送冷冻存储液氢的运输储槽。这类容器具有非常级别的特别绝缘层，用以保持液氢所需非常低的温度（20 K）。燃料电池动力船舶当然可以使用所载的氢燃料。例如，日本Kawasaki重工业有限公司（KHI）建造了第一个装载液氢的氢能源船示范装置。装载液氢装置成本估计为6.1亿美元。该公司已经有两个氢容量为1.64×10^4 kg储罐的概念设计：圆形和棱柱型储槽（2×10^5 m^3）。其依据是现有的LNG储槽技术。

把中心工厂生产的氢气分布到其它地区也可选用冷冻液氢道路槽车。此时，在加氢站，液氢经小热交换器加热蒸发成气氢，然后再经压缩机压缩升压，最后以高压（35 MPa或70

MPa）氢气存储于储槽中（称为“H35”和“H70”），以便为热电联产车辆的氢燃料储罐灌装氢气。

11.4.2 Ⅱ型加氢站：站内原位产氢

在加氢站内自产氢气虽然可采用的生产方法有多种，但生产氢气的能源和原料（水、生物质、化石燃料或可再生能源）应尽可能产自本地区以节省运输成本。最终选择何种方法，主要取决于可利用的能源，因为不同产氢技术利用的能源和原料不尽相同，有的利用化石能源有的利用可再生能源（风能或太阳能）。但就站内自产氢而言，最主要也是最常用的技术是水电解和甲烷蒸汽重整两种。原位产氢加氢站需要的代表性子系统包括：产氢需要的能源和原料系统、控制系统、生产工艺系统、低压储罐和分布系统、氢压缩和纯化系统、高压储罐和自动灌装系统等，如图11-5所示。

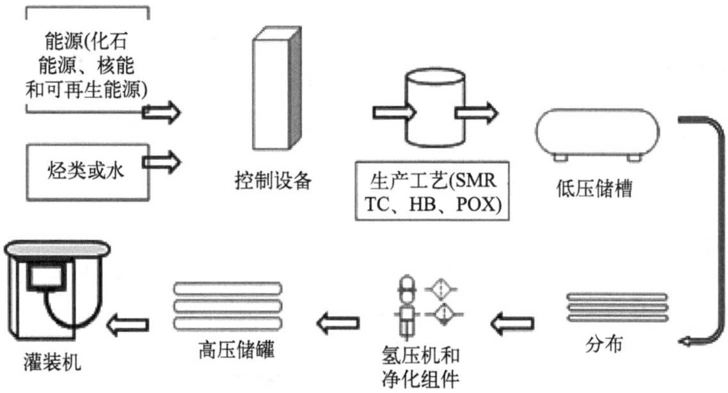

图11-5 原位产氢加氢站的典型组件系统

11.5 加氢站建设现状

11.5.1 引言

目前世界上已经建立的大多数加氢站是由大学、研究中心、政府或非政府组织等设计和管理的。每个加氢站设计参数的选择由参与者已有或要达到的目标决定。加氢站已经真正成为氢能源实际分布网络的一部分，其主要目标是为燃料电池电动车辆（FCEV）供应氢燃料。

在FCEV占有广泛市场份额和大量销售前，必须建设有足够数量的可利用加氢站，其位置应分布于接近用户家庭的地区，需要有足够的氢燃料容量来满足FCEV车载氢储罐所需的氢气。在氢能源商业化早期，有36个会员的加州燃料电池参与者联盟计划在西洛杉矶、Torrance、Irvine、Newport Beach和旧金山湾区建设由68个加氢站（到2013年）构成的供氢网络，能为10000～30000辆FCEV车辆提供加氢服务。数据显示，2018—2020年美国建成的加氢站数量呈上升趋势。截至2020年，美国共建成49座加氢站。根据《美国氢能经济路线图》发布的规划，到2030年，推广氢燃料电池汽车530万辆，预计在全美范围内建设5600个加氢站。欧洲的HYWays项目有两个完全相同的加氢站网络（2013年）。国际能源署

(IEA)数据指出，全球2020年有加氢站540座(2021年数据为685座)，其中数量最多的是亚洲，占比51%；其次是欧洲，占比35%(189座)，保有的燃料电池车辆超过40万辆。在亚洲，目前日本有159座加氢站在运行，是亚洲国家中数量最多的。其氢燃料电池战略路线图中提出，到2025年将新建320座加氢站，部署200万辆FCEV车辆，到2030年将新增900座加氢站。此外，韩国目前高速公路上43座加氢站运营中，到2023年将至少增加到52座，目前运行的FCEV车辆10000辆，是目前世界上燃料电池车辆最多的国家。

2018年全球建成和运行的加氢站见表11-4，主要国家(日本、德国、美国、中国和韩国)的加氢站在表11-5中给出。北美的加氢站数量是世界上最多的，美国81 个，加拿大13个，墨西哥仅有一个计划建造的站。欧洲的氢气站数量占第二位，在17 个国家中有77个加氢站。第三位是亚洲，在9个国家中有51个加氢站。在南美仅有评估用的加氢站，大洋洲尚没有加氢站，原有的一个于2007年关闭，就是澳大利亚的Perth加氢站。它是专门为支持Daimler Crysler氢燃料电池巴士在2004年8月到2007年9月运行特别建立的。氢燃料电池巴士一般使用Ballard Xcellsis HY-205燃料电池。由于在那个时期成功运行，排放的温室气体降低超过50%，因此公众接受了燃料电池巴士车队操作运行的可靠性。该巴士车队运行结束后该Perth加氢站也停止了运行，其原因是没有资金支持加氢站和燃料电池车队的操作运行。因此澳大利亚到现在仍然没有运行的加氢站。

表11-4　到2018年全球建成和投运的加氢站统计

国家	日本	德国	美国	中国	法国	英国	韩国	丹麦	其它	合计
数量	96	60	42	23	19	17	14	11	87	369
占比/%	26	16.3	11.4	6.2	5.1	4.6	3.8	3	23.65	100

表11-5　主要国家(日本、德国、美国、中国和韩国)2018年建成和计划建设加氢站数量和投资方式

国家	2018年底数量/座	规划	开发方式
日本	96	2020年160座，2025 年320座，2030年900座，到2050年逐步替代加油站	政府高额补助和企业联合开发
德国	60	2019年建成100座，2023 年建成400座	政府、工业界、科学界达成战略联盟，启动氢燃料电池技术国家创新计划
美国	42	2030年1000座加氢站，100万辆氢燃料电池汽车	DOE主导，多家企业为辅
中国	15	2020年100座加氢站，2025年300座，2030年1000座	政府、产业联盟和企业共同参与
韩国	12	2020年80座，2025年210座，2030年520座	企业开发为主

现时的加氢站，其氢气生产、压缩、存储和配送的压力一般使用35MPa或70MPa。加氢站的存储容量和日产氢速率是由所服务燃料电池电动车辆(FCEV)数量决定的。加氢站使用的压缩机有活塞型的也有离子型的，这类压缩机省电且维护成本低于其它类型氢压缩机。离子压缩机由五段活塞压缩机构成，离子液体在活塞顶部，以液体活塞形式工作和压缩氢气。压缩过程结束时，氢气经分离器分离氢气和离子液体，离子液体再回到系统中。利用电解器生产氢气的大多数加氢站，使用的电解器都是PEM电解器和隔膜氢压缩机，因为这些技术不仅具有高安全水平和低泄漏速率且没有污染物排放。加氢站中需要的电力有来自可再生能源如太阳能或风力透平生产的电力，但多数仍然依赖于电网电力；使用混合供氢模式时通常以外供氢燃料作为补充。在加氢站中使用可再生能源电力(部分)的仅有美国，主要是为了从不同方面和角度研究产氢技术。氢燃料外供加氢站的突出特征是，储

氢容量较高，服务的FCEV数量较多。为把氢燃料从外部运输到站内的氢储库中，外供氢燃料加氢站需要认证过的输氢管线或储罐槽车。

图11-6中给出的是按氢燃料来源分类的加氢站分布。连接电网原位电解器生产氢气是北美混合供氢加氢站使用最多的产氢技术，外供氢技术居第二位。而欧洲的加氢站，最普遍使用的是外供氢燃料技术，少量使用可再生能源原位产氢技术。文献报道的加氢站建设各组成部分的投资成本比例示于图11-7中。

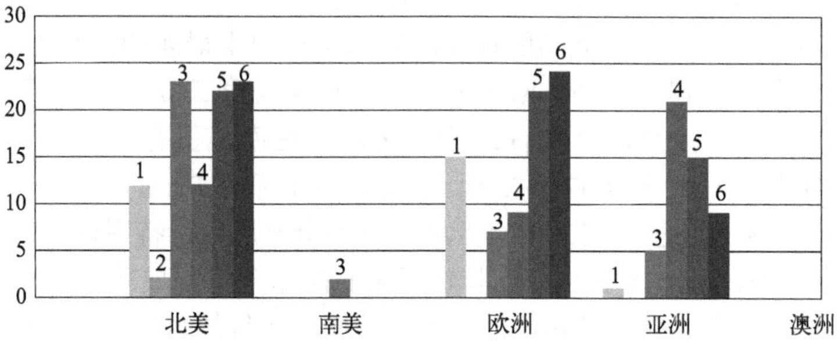

图11-6　世界范围使用不同产氢技术和外供氢燃料的加氢站

1—可再生能源；2—部分可再生能源；3—原位电解器（电网电）；4—重整；5—外供；6—未确定

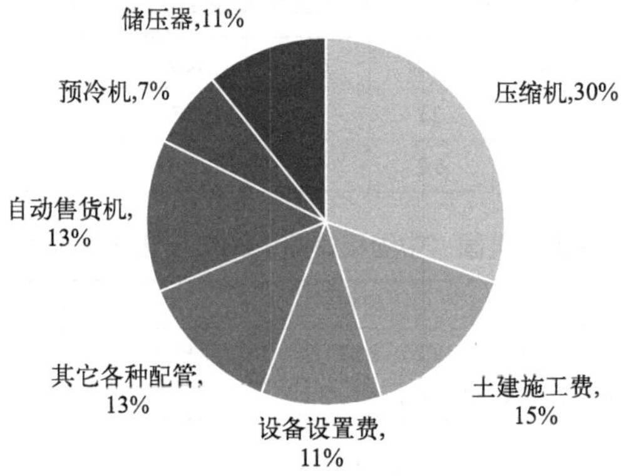

图11-7　加氢站建设各组成部分的投资成本比例

11.5.2　南北美洲加氢站

在表11-6中给出了2010年南北美洲的73个加氢站分布。其中约70%使用原位产氢技术，主要是小型的甲烷蒸汽重整或电解器技术。有约30%的加氢站是由外部供应氢燃料的，通常利用道路运输或管线输送。在73个加氢站中62个位于美国，其中使用原位产氢技术的有43个，其余都是由外部供应氢燃料的。

表11-6　南北美洲各国原位产氢和外供氢燃料加氢站统计（2010年）

充氢站类型	国家					
	美国	加拿大	墨西哥	巴西	阿根廷	总计
原位产氢	43	6	0	1	1	51
原位产氢加外供	19	3	0	0	0	22
总计	62	9	0	1	1	73

2003年美国总统布什宣布：政府支持氢能源研发，推进燃料电池电动车辆（FCEV）替代汽油内燃引擎车辆。FCEV具有零排放的突出优点，不污染空气，不影响人体健康（FCEV排出的废气仅有水蒸气）。在2012年，美国加州官员签字执行令B-16-2012，引导州政府支持和资助零排放车辆（ZEV）、插入式电动车辆（PEV）和FCEV的快速商业化。推进工作主要分为三个阶段：第一阶段到2015年，社会必须准备好与ZEV和FCEV配套的公用基础设施；第二阶段到2020年，加州政府要建立起支持100万辆ZEV的足够公用基础设施；第三阶段，到2025年使市场进一步扩展，在道路上行驶的ZEV要多于150万辆（BEV、PHEV和FCEV）。预计这些工作将使车辆从汽油时代稳步向氢和电时代过渡，并解决其带来的问题。为广泛使用FCEV和建成合理分布加氢站的公用基础设施，在2012～2025年间的主要目标是降低其建设成本、加快公众接受性和降低政府投资比例。

氢燃料替代化石燃料的最主要目的是降低温室气体排放和改善环境。为此，对加氢站按产氢使用能源类型和产生的温室气体排放进行分类统计是必要的。2010年南北美洲加氢站的分类见表11-7。从表中数据可以看到，多数站使用的是化石能源，产生高温室气体排放；利用可再生能源、产生低中等温室气体排放的加氢站数量相对较少，不到总数的20%。按温室气体零排放、中低排放和高排放（对环境产生影响）对南北美洲不同国家加氢站的分类见图11-8。美国有11个站是零排放的，2个使用部分可再生能源，加拿大仅有一个零排放站。在南美有两个原位产氢站（巴西和阿根廷），它们使用的都是化石能源（用电网电的原位水电解），因此有高的温室气体排放。

表11-7　按温室气体排放分类的南北美洲加氢站（2010年）

加氢站类型	国家					
	美国	加拿大	墨西哥	巴西	阿根廷	总计
零温室气体排放	11	1	0	0	0	12
低中等温室气体排放	2	0	0	0	0	2
高温室气体排放	49	8	0	1	1	59
总计	62	9	0	1	1	73

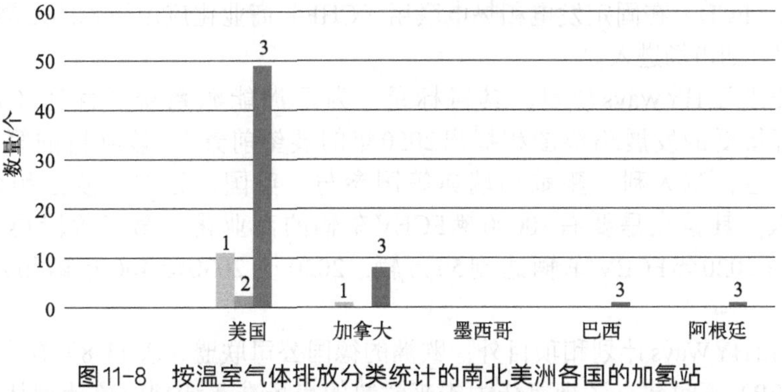

图11-8　按温室气体排放分类统计的南北美洲各国的加氢站

1—零排放；2—中低排放；3—高排放

以美国大洛杉矶地区和旧金山湾区的加氢站分布网络为例，对几个有代表性的重要加氢站做简要介绍。美国加州奥克兰有原位产氢最大的AC Transit加氢站，2006年启用，为燃料电池电动巴士提供氢燃料，产氢和储氢容量都为150 kg。产氢采用的是最成熟的天然气蒸汽重整（SMR）技术。该加氢站的储氢容量进一步扩大至366 kg（气氢）并配备了两套加氢装置，压力35MPa，每天加氢200 kg。建设该项目的主要目的是示范和收集有关氢公用基础设施和燃料电池车辆（FCV）方面的数据。AC Transit Emeryville加氢站是北美另一个加氢大站，配送容量每天达600 kg。该站由Linde集团设计、建造和运行。采用混合原位产氢（利用可再生能源）和外部供氢模式：510 kW DC太阳能光伏系统为PEM电解器供电，Linde公司提供外氢。可再生系统每天产氢60 kg，外供液氢存储于冷冻储罐中。使用活塞压缩机和离子压缩机压缩氢气。该站有能力在东海湾地区每天为32辆ZEV、20辆FCEV客车和12 辆燃料电池巴士充灌氢燃料。巴士每辆加充的氢压力为35MPa（数量30kg）；客车每辆充氢6kg，压力分为35MPa和70MPa两种。该项目的目的是示范氢燃料电池在公共运输工业商业应用的可行性。位于科罗拉多的Boulde加氢站是美国的零排放加氢站。该站于2009年建成，使用两类可再生能源电力（风电和太阳能电力）。使用了两类电解器：PEM电解器（HOGEN聚合物膜）和碱电解器（Teledyne HMXT-1000）。10 kW风力透平产生的交流电（AC）被转换为直流电（DC），然后供应两个电解器用于生产氢气。所产氢压缩到41.3MPa后存储于串联的两个130 kg储槽中，作为FCEV燃料和产生电力（在峰需求时间把生产的电力送入电网）之用。加氢系统以35MPa压力为四辆Toyota FCEV客车和摆渡巴士加充氢燃料。巴士加氢用时20 ～ 30 min。位于加拿大British Columbia的Whistler加氢站，于2010年开始使用。据宣称，它是当时世界上最大的氢燃料站，氢气由外部供应。它同时能为23辆巴士车队加氢（车队总计有28辆大巴）。由Air Liquid公司每天为加氢站运送1000 kg液氢，存储在冷冻储罐中。它是全世界由Air Liquid安装的40个加氢站之一。

11.5.3 欧洲加氢站

2013年，欧洲一些国家和欧盟联合推动燃料电池和氢能的年度实施计划（AIP）。这是燃料电池和氢联合作业领域的一个重要行动，目的是鼓励促进燃料电池氢能（FCH）技术的快速部署。AIP规定的执行行动必须按年度计划完成，以达到燃料电池氢能技术联盟（FCHJU）提出的总目标。该总目标由四个主要应用领域组成：①大规模示范FCEV，从2015年开始建立所需要的加氢公用基础设施；②发展氢生产、储存和分布技术；③支持燃料电池氢能源（FCH）在固定发电和热电联用（CHP）商业化应用技术的发展；④鼓励和支持FCH技术的早期市场进入。

欧盟也资助了HYWays项目，其目标是“为欧洲能源系统（直到2030年）给出坚实的能被很好接受的发展路线图和提出2050年的展望前景”。该项目的第一阶段仅有德国、法国、荷兰、意大利、挪威和瑞典等国参与；英国、芬兰、波兰和西班牙等国在第二阶段加入，其重点是要有10000辆FCEV车辆的商业化；第三阶段再分为三个次阶段：在2015 ～ 2020年FCEV车辆达到50万辆，2020 ～ 2030年400万辆和2025 ～ 2035年1600万辆。

除了AIP和HYWays计划和项目外，欧洲的德国公司联盟（表11-8）在自己的清洁能源合伙企业（CEP）下也建立了把氢作为未来燃料的市场准备计划。该计划从2011年到2016年分为三个阶段。CEP第一阶段的重点目标：①市场准备，顾客大规模使用FCEV；②对车辆效率、性能和可靠性进行优化；③让其它区域参与和CEP的进一步发展；④增加FCEV的数量；⑤继续发展加氢站网络；⑥大部分氢气利用可再生能源生产。

表11-8 德国的清洁能源参与者

石油公司	汽车公司	工业气体公司	其它公司和组织
荷兰皇家壳牌公司	BMW/Daimler	Linde	NOW
Total	通用汽车/Opel	Air Products	Intelligent Energy
ENI	丰田	Air Liquide	西门子
OMV	Nissan		Berliner Verkehrsbetriebe（BVE）
EnBW	福特		Hamburgger Hochbahn
Vatenfall Europe	Honda		
Statoil	Volkswagen		

图11-9是按氢气生产技术分类的欧洲53个加氢站，其中包括7个燃料电池巴士加氢网络，它们分布于17个国家，氢气是使用不同能源生产的。作为燃料电池氢能（FCH）技术的领头者，德国是拥有加氢站数量最多的欧洲国家，达22个（占42%），其次是英国4个（占7.7%），接着是挪威、丹麦和法国，都是3个站（占5.7%）。欧洲加气站中的28%使用的是零排放的可再生能源资源，如图11-10所示，它们分布于7个国家：5个在德国（共有22个站），挪威、英国和丹麦各有两个，希腊、瑞典和冰岛各有一个。46%的加氢站使用的是化石能源（有GHG排放），主要是甲烷蒸汽重整技术，也有使用其它化石能源转化过程的。

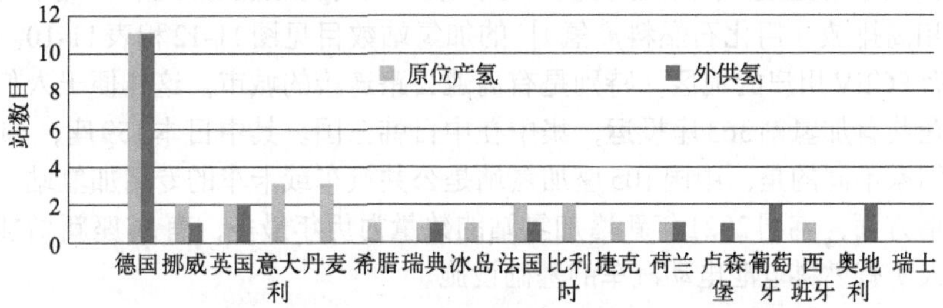

图11-9 按原位产氢或外供氢分类的欧洲各国的加氢站数目

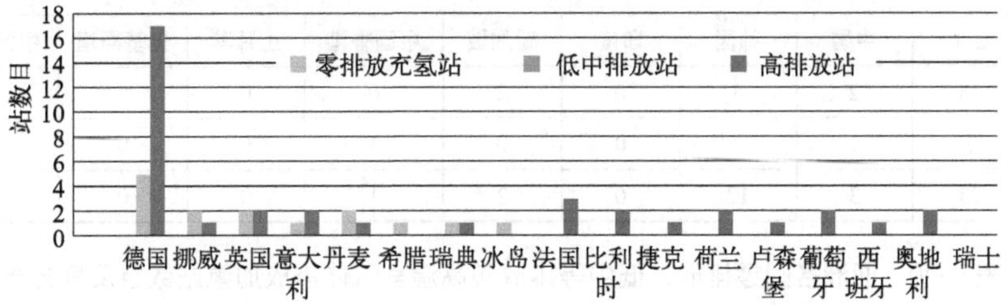

图11-10 按使用能源种类和产生的温室气体排放分类的欧洲各国家加氢站数目分布

欧洲重要的加氢站，如位于柏林的Sachsendamm加氢站，是欧洲最大的加氢站，2011年启用，由Linde外供绿色氢100 kg/h，存储于17.6 m^3的地下液氢储槽中。加氢站配备有两台冷冻泵和两台自动灌装机，其额定供应容量100 kg/h。该站每天能为约250辆氢燃料电池车辆加充灌装氢燃料。由于其主要目的仍是示范和研究，实际上每天仅为20辆左右示范车辆灌装氢燃料。欧洲第二大加氢站是位于德国柏林的Total-BVG。该站于2002年启用，组合外部供液氢与原位产氢（PEM电解器水电解）。该站为MAN和燃料电池巴士提供氢燃料。2007年，该站增建了汽油重整制氢装置，产氢量足够为7台巴士供应氢燃料。该站内配备有高压电解器、液氢储槽、液氢自动灌装机和压力为35MPa、70MPa的压缩氢钢瓶。位于英国威尔士Pontypridd的加氢站是零排放的，利用PV光伏电力电解水产氢。该站配备有20 kW Kyocera光伏模束，安装在加氢站屋顶，使用21.5 kg/天（10 m^3/h）的碱电解器。生产的氢气被压缩到20MPa后存储在35 MPa的储罐中。压缩氢为附近大学的燃料电池微小巴士提供氢燃料，也为12 kW PEM燃料电池提供氢燃料发电供应建筑物之用。该项目始于2008年，重点也是发展和示范氢能源技术，以证明氢是可以作为清洁和可持续能源使用的。位于挪威奥斯陆的HyNor加氢站是挪威氢能路线项目的一部分，于2003年建立，目的是降低奥斯陆地区噪声污染、提高空气质量和降低公共运输的有害排放物。该加氢站于2012年启用，使用零排放能源电解水生产氢气。该站配备有两台碱电解器，容量为每天供氢260 kg。生产的氢气使用两台平行的隔膜压缩机压缩后被存储在6个钢瓶中（44MPa时的总体积为12 m^3），为服务于公共运输路线的5台燃料电池巴士灌装35MPa氢燃料。

11.5.4 亚洲加氢站

到2013年，亚洲9个国家已建或计划建的加氢站42个。加氢站最多的亚洲国家是日本23个，韩国12个，中国3个、新加坡2个，中国香港、中国台湾和印度各有1个。土耳其和巴基斯坦也计划建设加氢站。在亚洲的加氢站中，原位产氢和外供氢站的数目和分布见图11-11和表11-9。按温室气体排放分类［零排放（用可再生能源产氢）、低中等排放（混合类型供氢）和高排放（用化石燃料产氢）］的加氢站数目见图11-12和表11-10。亚洲的加氢站都是建在有FCEV用户的地区，特别是有高速公路连接的城市，这样便于人们城市间的旅行。亚洲现在共有加氢站363座投运，集中在中日韩三国。其中日本159座，韩国95座。与大多数其它国家不同的是，中国105座加氢站是公共汽车或卡车的专用加氢站，并非对公众开放。在新增方面，韩国2021年新增加氢站的数量为历年最多，有36座新增加氢站，并且正在不断扩大所有燃料电池电动汽车的基础设施。

表11-9 亚洲各国原位产氢和外部供氢加氢站数目

充氢站类型	国家									
	日本	中国	韩国	印度	新加坡	中国香港	土耳其	巴基斯坦	中国台湾	总计
原位产氢	18	2	5	0	2	0	0	0	0	27
外部供氢	5	1	7	0	0	1	0	0	1	15
总计	23	3	12	0	2	1	0	0	1	42

表11-10 亚洲各国零排放、低中等排放和高温室气体排放加氢站数目及其分布

充氢站类型	国家								
	日本	中国	韩国	印度	新加坡	中国香港	土耳其	巴基斯坦	中国台湾
零排放	1	0	0	0	0	0	0	0	0
低中排放	0	0	0	0	0	0	0	0	0
高排放	22	3	12	0	2	0	1	0	0

日本在2010年提出了氢能燃料电池商业化阶段计划，重点瞄准市场和技术，到2026年实现完全商业化目标。这意味着2026年前FCEV和加氢站商业设施都能进入实际操作。实

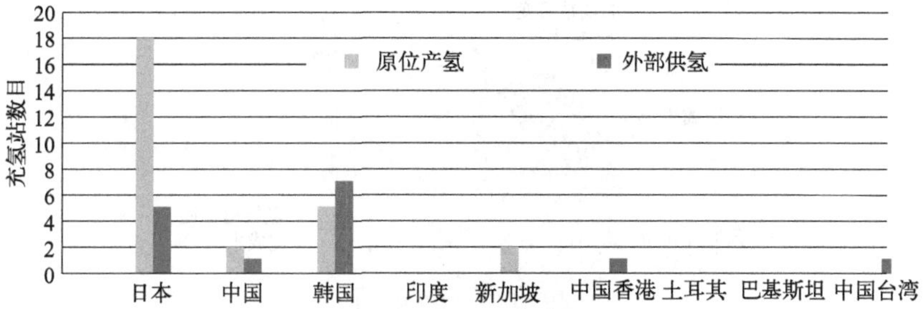

图11-11　按原位产氢和外供氢分类亚洲各国加氢站数目分布

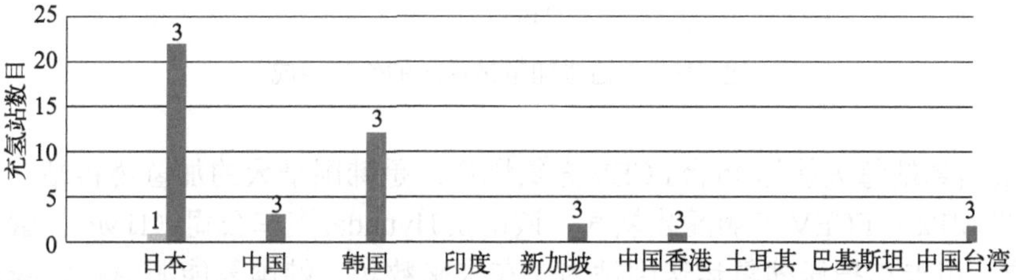

图11-12　亚洲各国按使用能源种类和对环境影响分类各国加氢站数目

1—零排放充氢站；2—中低排放站；3—高排放站

现该目标的一个重要进程是使公众和私人企业间有紧密合作，在技术发展法规制定和资金持续支持方面形成市场联盟。为此，日本政府在2012年公布和实施了部署氢车辆和氢公用基础设施的刺激计划：2015年FCEV商业化和基本建立氢公用基础设施（建成100个加氢站），有可持续的商业运作模式。与该计划配合，2014年9月在名古屋开始建设第一个商业加氢站，该站允许工业和学术机构参与发展新技术活动，并在制定氢能法规方面发挥重要作用。在几个重点城市如东京、名古屋、大阪和福冈建设相互连接的氢公用基础设施。作为对FCEV和氢供应公用基础设施的一个技术示范，Honda已建有一条FCEV生产线，Toyota推出了FCV-R概念车，从2015起在美国开始销售；而Toyota和Nissan以及其他13个日本公司合作为FCEV供应氢燃料。这向社会使用者进行了很好的示范和验证，使社会能接受FCEV在2016年商业化。例如，现在日本有三个氢燃料电池（HFC）巴士网络，2010年就建立并实现了商业应用（在东京市中心和Haneda机场之间）。Haneda加氢站是该巴士网络的组成部分，为Hino-FCH巴士供应氢燃料。该加氢站与天然气站相连，利用甲烷蒸汽重整技术原位产氢（配备有CO_2捕集装置）。该站利用18个300 L钢瓶存储压力低于40MPa的压缩氢气，利用35MPa的加氢系统为燃料电池巴士加充氢燃料。因此该站成为日本经济贸易和工业部建立氢能社会系统示范项目的一部分。日本第一个清洁加氢站是于2004年建成的Yakushima加氢站，原位水电电解水产氢，为Honda FCX FCV 充装35MP压力的氢燃料。这是Yakushima大学和Yakushima Denko公司零排放项目的一部分。文献给出的日本加氢站售氢的价格组成示于图11-13中。

经过几年对氢燃料电池技术在国家层面的研究发展，韩国在世界氢能源工业中确立了自己的优势位置。在过去一些年中，韩国政府和汽车工业对氢燃料电池领域的研发努力使其在氢动力运输领域处于国际领先地位。2006年建立的Daejeon加氢站使用低中温室气体排放（有环境效应）产氢方法，属于燃料电池车辆（FCEV）供氢公用基础设施的示范研究项目。其供氢容量每天65kg，每天以35MPa压缩氢气为20台FCEV灌装氢气。2008年建成

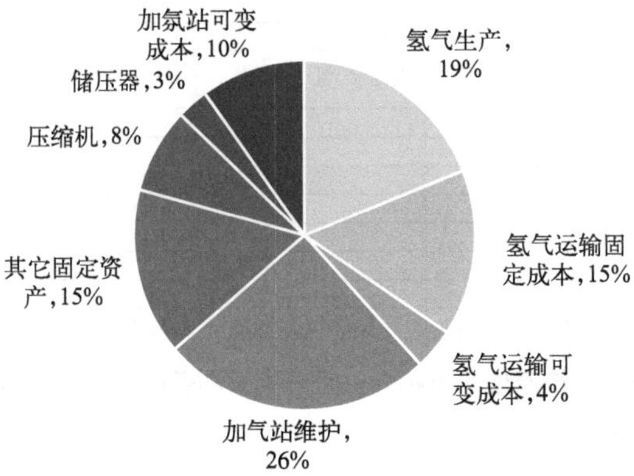

图11-13 日本加氢站售氢的价格组成

的Hwaseong加氢站每天能为45台FCEV充氢燃料，是韩国最大的加氢燃料站，可以用压力35 MPa和70 MPa为FCEV车辆灌装氢气。该站由Hyundai汽车公司（HMC）管理，所需氢气是外供的，用卡车把压缩氢运送到站内。在未来数年，韩国氢能源道路路线图中有一个三阶段计划，目的是鼓励促进和部署FCEV氢能源技术和氢公用基础设施。在加氢站建设方面，2015年建成43个，2020年168个，最后要达到500个。为在2030年完成部署并完全商业化FCEV的目标，韩国政府与两大汽车公司起亚（Kia）和现代（Hyundai）合作为FCEV初期加氢站网络建设投入了3.3亿美元。

11.5.5 中国加氢站

中国对氢气压力范围进行了等级划分，如表11-11。国内加氢站的供氢压力分为35 MPa和70 MPa两类。以35 MPa压力供氢时，氢压缩机和高压储氢容器工作压力为45 MPa，供一般乘用车使用。以70 MPa压力供氢时，氢压缩机和高压储氢容器的工作压力为98 MPa。

表11-11 中国加氢站等级划分

等级		一级	二级	三级
氢储罐容量/kg	总容量（G）	4000 ～ 8000	1000 ～ 4000	≤1000
	单罐容量	≤2000	≤1000	≤500

截至2018年底，中国已建成加氢站23座，约占全球比例6.23%。其中固定式11座，撬装站10座，厂内2座。加氢规模500 kg以上的9座，占39%。建站手续齐备的商业化加氢站6座（占26%）。多数加氢站的规划设计、工艺流程和设备配置、氢源选择、自动控制系统等尚不能够满足商业化运营的要求，耐久性验证较少。随着相关政策的逐渐完善、技术标准的逐步规范、制备技术的不断进步，中国加氢站建设将进入快速发展阶段。到2019年3月，国内已建成和在建的加氢站合计约40座（见表11-12）。

表11-12 中国加氢站建设情况（到2019年3月）

城市	北京	大连	潍坊	张家口、保定	上海	成都	盐城、南通、常熟、张家港	郑州	武汉、十堰	佛山、云浮、中山
数量	1	1	2	1	3	1	5	1	3	7

2010年建立的上海国际汽车城，位于上海西北部。在上海世博会（Expo）期间使用的加氢站是当时世界上公共运输系统中加氢能力最大的示范装置。设计为196辆FCEV灌装氢燃料，其中包括6辆FCEV巴士、80辆FCEV小客车和100辆FCEV观光车辆。配备有7个灌装口的4台自动灌装机，灌装氢燃料的压力为35MPa。压缩氢存储于15个43 MPa的钢储罐中，每个储罐可存储氢气300 kg，总计4500 kg。该加氢站的氢燃料由上海两个大量副产氢气的公司（上海宝山钢铁公司和上海焦化公司）提供。

现在国内加氢站的建设成本较高，其中设备成本约占70%。根据测算，不包括土地费用（因加氢站土地需要征地，而各地土地价格差异较大）时国内建设一座日加氢能力500 kg、灌装压力35 MPa的加氢站约需1200万元，为传统加油站成本的3倍。对于商业化运营的加氢站，除建设成本外，还需负担设备维护、运营、人工、税收等费用，因此加注1 kg氢燃料的总成本约在13～18元左右。中国加氢站售氢价格组成示于图11-14中。随着充氢量的增大或与加油/加氢、充气/加氢的合建，单位加氢成本会有一定的下降。

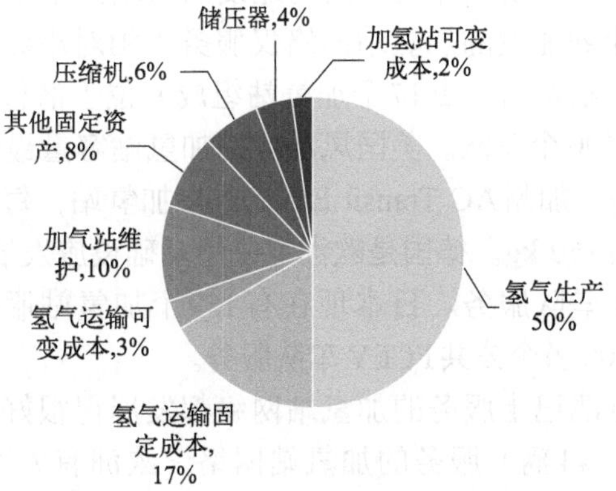

图11-14 中国加氢站售氢价格组成

11.5.6 小结

燃料电池电动车辆和加氢站是氢能源技术中的重要组成部分，能为降低温室气体（GHG）排放、全球可持续能源和能源安全做出重大贡献，为未来社会可持续发展提供很好的前景。

从现时的经济角度看，煤炭气化和甲烷蒸汽重整（SMR）是最普遍使用和最便宜的产氢工艺。煤气化产氢成本每kg氢为1.8～2.9 $，SMR为2.3～5.8$。但是，从环境角度看，它们都会排放不少的GHG，因此这两个产氢方法是不可持续的，也不是真正的长期和长远的选择。虽然利用可再生能源电力电解水产氢工艺从现时的经济角度看并不合算，太阳能PV电力产氢成本在6.3～25.4 $之间（取决于PV系统成本），风电产氢成本在6～7.4 $之间。但是，从环境角度看，水电解产氢技术不排放GHG和可持续的特殊优势使其成为必然的长远选择，将逐渐替代不可持续的产氢技术。

为比较产氢成本和汽油的成本，假设氢燃料电池和汽油内燃引擎的能量效率分别为50%（FCEV平均效率）和30%。在此条件下可再生电力产氢成本约1.7 $/L，而现在美国的汽油价格是1.14～2.57 $/L，不难看出，在不远的将来可再生源电力产氢与今天的汽油在价格上是完全可以比较的，在经济上其竞争性在逐渐增强。这是因为可再生能源电力成本具有进一步降低的很大空间。例如，有数据显示，中国的风电成本近2～3年中已降低了40%。而且也应该注意到，电解水关键技术如PEM电解器的成本也在不断下降（部分来自规模效应）。对原位产氢加氢站目前世界上虽然主要仍使用小的SMR和利用电网电电解水，但可以预计，用可再生能源电力产氢的加氢站比例将会持续增加。

2013年，世界上约有224个加氢站，分布在28个国家。其中约43%位于北美和南美，34%在欧洲，23%在亚洲，大洋洲没有。加氢站最多的国家有美国94个、日本23个、德国22个、韩国12个。其中约49%的加氢站是利用原位产氢技术，26%是外部供氢。有25%尚未认证过，仅有约13个站使用可再生能源电力产氢，这类零排放加氢站大多位于美国，有一个在欧洲，亚洲还没有。到2020年，世界加氢站（包括计划建造的）约540个，2021年达到685个，分布在各大洲的不同国家，大多数位于发达国家，但发展中国家如中国的加氢站数量增长很快。加氢站数量的快速增长与FCEV技术的进展和商业市场化是分不开的，因为常规加氢设施的可利用性与氢燃料电池车辆的引入和增长是密切相关的。一些汽车制造商宣布在2015年启动FCEV市场化计划。因此建设加氢站网络很可能是必然趋势。现在世界上若干城市已建立和计划建设的加氢站网络仅服务于相对小数量的氢燃料电池车辆。目前世界上最大的商业加氢站网络（由17个加氢站组成）位于洛杉矶和旧金山，其服务的氢燃料电池车辆总计约有1400个车队。美国凤凰城的加氢站容量最大，每天为超过40辆车灌注氢燃料合计超过160 kg。加州AC Transit Emeryville加氢站，每天为小汽车和巴士车辆灌注氢燃料分别为240 kg和360 kg。德国是欧洲氢公用基础设施发展最好的国家，共有108个加氢站，为数百个FCEV车队服务。日本现在有159个加氢站服务于100多个FCEV车队。韩国有95个加氢站，为100多个公共FCEV车队服务。

一般而言，为燃料电池巴士服务的加氢站网络都发展得很好。例如，北美不同区域有10个为氢燃料电池巴士（44辆）服务的加氢站网络；欧洲有7个为燃料电池巴士（26辆）服务的加氢站网络；日本有3个服务于燃料电池巴士（5个车队）的加氢站网络。

总之，世界范围内虽然已经启动服务于FCEV的加氢站网络建设，但现在它们服务的氢车辆车队规模仍然是非常小的。当市场完全接受氢燃料电池车辆时，对加氢站网络的需求将会大增。因此，从经济前景以及环境和社会角度看，扩大加氢站网络是非常有意义的。加氢站网络建设计划应该与增长的FCEV和氢燃料销售同时考虑。显然，与增加的FCEV数目需求在容量上相匹配才是理想的，应该有足够容量的加氢站来满足持续增加的FCEV对氢燃料的需求。

11.6 氢燃料的安全性

11.6.1 引言

氢气具有燃点低、爆炸区间范围宽和扩散系数大等特点，长期以来都是作为危险化学品进行管理的。氢气是密度最小的气体，比重远低于空气，扩散系数是汽油的12倍，发生泄漏后极易快速消散，不容易形成可爆性气雾，尽管其爆炸下限浓度远高于汽油和天然气。因此，只要空间是开放的，氢气的安全是完全可控的。但当氢气积聚于不同形式的受限空间（如隧道、地下停车场等）时，其泄漏扩散规律与开放空间间的关系仍有待更深入的研究。

氢气是可燃的，且容易着火，发生事故的可能性是存在的。氢气的安全事故很可能造成巨大损害和成为灾害，例如车主受伤或车辆毁坏。任何燃料的安全性特征必须与其使用的装备结合起来进行讨论。对氢燃料的安全性，必须考虑其独特性质进行量身定制。例如，氢燃烧引擎试验单元和氢燃料动力车辆的安全概念中需要利用补偿器。为保障氢燃料的安全等级与常规燃料相当，在环境条件下必须综合考虑氢燃料的不可见、无色无味、低密度、宽着火范围和其火焰特征等性质，采取应有的合适的预防措施。

氢的第一次重大事故发生于1937年，充氢飞艇着火毁坏了整个飞艇。这一事件后就把氢气认定为特别危险和引起爆炸的燃料，引发了对氢燃料安全性的担忧和质疑。不仅对这次灾难事件进行大肆谴责，而且不再把氢气作为飞艇浮力气体使用，致使氢燃料发展受阻。从此事件中推论，车辆中携带大量氢燃料也存在安全问题。这是由于氢着火的引发能量是最小的，仅有0.02 mJ，很容易着火。然而氢是最轻的气体，容器破裂逸出的氢气会快速扩散离去，最终产生的危害可能要比漏出的汽油轻很多。

11.6.2 氢和常用燃料安全性比较

为比较氢气和常用燃料如天然气（甲烷）和汽油的安全性，在表11-13中列出了它们与火灾相关的特性参数。从表中数据可获得如下结论：①低密度燃料可燃性弱，因密度小在空气中浮力大，极易在空气中扩散；②燃料及其产物的比热容大，可减缓燃料燃烧时的温升，因而比热容大的燃料更为安全；③对安全不利的特征参数有宽燃烧着火范围、低燃烧着火能量、低燃烧引发温度、高火焰温度、高爆炸能量和火焰大辐射能力。从这些不安全因素角度对氢气、汽油和天然气三种燃料进行比较时可发现：氢气的低密度、高比热容、低爆炸能量和低火焰辐射能力使其安全等级要比汽油和天然气高。基于燃料安全性参数，计算了汽油、甲烷和氢燃料三种燃料安全等级，结果见表11-14。此外，还能够从这些参数的安全等级来估算这三种燃料的安全因子（定义为与氢气安全级数的比值）。从对该估算值进行的比较看，氢气是最安全的，汽油是最不安全的，天然气介于两者之间。

表11-13　与火灾相关的燃料特性比较

特性	密度/(g/L)	空气中扩散系数/(cm^2/s)	比热容/(J/g·K)	空气中着火极限/%	空气中着火能量/mJ	着火温度/℃	燃烧火焰温度/℃	等当于1g TNT爆炸能量的质量/kg	燃烧火焰黑度/%
汽油	4.40	0.05	1.20	1.0～7.6	0.24	228～471	2197	0.25	34～43
甲烷	0.65	0.16	2.22	5.3～15.0	0.29	540	1875	0.19	25～33
氢气	0.084	0.610	14.89	4.0～75.0	0.02	585	2045	0.17	17～25

表11-14　燃料的安全等级

特性	毒性	燃烧产物毒性	密度	扩散系数	比热容	空气中着火极限	空气中着火能量	着火温度	燃烧火焰温度	爆炸能量	燃烧火焰黑度	总计	安全因子
汽油	3	3	3	3	3	1	2	3	3	3	3	30	0.53
甲烷	2	2	2	2	2	2	1	2	1	2	2	20	0.80
氢气	1	1	1	2	1	3	3	1	2	1	1	16	1.0

注：1—最安全；2—较安全；3—最不安全。

除了上述理论分析外，燃料安全性必须进行实验研究和比较。实验研究的一个例子是迈阿密大学进行的燃料安全性实验。在该实验中，研究比较了氢燃料和煤油泄漏产生的危害。实验中发现，泄漏的两种燃料都发生了分散和扩散；溢出的液体煤油试图充满尽可能多的空间，泄漏的氢燃料气体则仅局限于局部区域并快速上升进入大气中。实验过程照片见图11-15：左边车辆使用的是氢燃料，右边车辆使用的是煤油燃料。从图中可以清楚地看到，泄漏氢气的燃烧仅发生于控制区域内并持续直到存储的氢燃料泄完为止；相反，泄漏的煤油燃烧在数分钟内已波及整个车辆。实验结果证实了氢气的安全性高于煤油。

图11-15　氢燃料和煤油燃料着火能力比较

氢作为（未来）航空燃料具有非常突出的优势：提供优异动力性能的同时大幅降低污染物的排放。尽管氢燃料的一些固有特性使其具有高危险性，但多数情况下氢燃料是相对最安全和最小毁灭性的航空燃料。如果把上述在汽车中进行的对比试验移到航空器上进行，煤油燃料泄漏和着火产生的危险很显然是极高的，肯定会带来生命损失，如要重新修复在经济上是完全不可行的。而氢燃料泄漏和着火对航空器产生的危险要小很多，航空器仍基本保持完整，需要的修复和维护仅仅是燃料储罐和局部结构，因此航空器快速和低成本地再重新使用和投入服务是完全可能的。

但需要特别指出的是，液氢泄漏的分散区域要显著大于气氢。但当与其它燃料比较时（图11-16），只要有有效的安全系统，液氢泄漏的危害性仍然是相对最小的。因此仍能够认为，氢燃料的安全性比常规燃料要高很多。保证氢燃料安全性的有效措施主要是：为使氢燃料能有效可靠地燃烧，需要有可靠的计量系统，在启动/停车时必须用惰性气体如氮气清扫氢燃料管道。为避免发生回火和着火危险，清扫是一个非常重要的安全系统，它必须配置于氢燃料系统中。当然，像任何其它燃料一样，氢燃料管线的位置必须仔细布置，以确保管线远离高温和引发源区域。

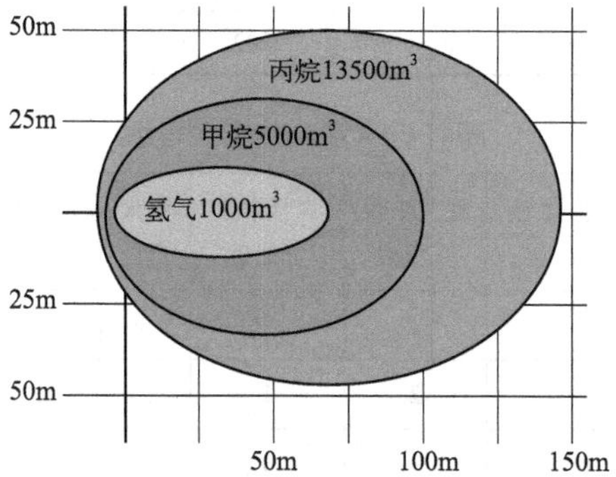

图11-16　液态气体燃料逸出的危险区域

11.6.3 安全使用氢气规范

氢气作为工业气体和化学品使用已有很长的历史。目前，化石燃料重整，包括煤气化和烃类重整，是全球生产氢气的主流技术，工艺非常成熟，国家标准非常规范完整。而这些标准规范已经涵盖了生产、运输和使用氢化学品所需要的材料、设备以及系统技术等内容。水电解制氢技术也已经历了百年的发展历史，在系统安全、电气安全、设备安全等方面已经形成了非常完善的设计标准以及实施推行和管理的规范，内容涵盖了供氢站、系统技术、国家标准（GB）电系统规范等，包括《压力型水电解制氢系统技术条件》以及《压力型水电解制氢系统安全要求》等规范也已颁布。

在安全使用氢气的实践中已经总结出了扑灭着火和火焰的有效方法。扑灭氢燃料着火的最有效方法是截断氢气流动，而扑灭氢火焰的推荐方法是使用干粉灭火剂。但必须认识到，如果火被扑灭了但没有切断氢气流动，则有可能形成引发爆炸的混合物，产生更严重的灾害（该混合物可被热表面或其它引发源引发）。灭火时一定要防止着火区域的分散扩大，在空中区域内让氢燃料燃烧耗尽。在使用氢燃料的地区必须配备有干粉灭火剂和常规灭火毯。

11.7 氢燃料在不同领域的安全性

11.7.1 氢燃料的有害性

与气体燃料（如氢气、汽油蒸气和天然气）安全性密切相关的特性比较见表11-12。就一些特征参数如爆炸极限、燃烧点能量、扩散系数和能量密度等而言，氢气的安全性要比汽油和天然气燃料高。但从其它一些特征参数看，氢燃料似乎比汽油更有害，例如，氢气与空气混合物的爆炸限浓度（体积分数）范围非常宽（4%～75%），较易引发事故；氢气的引发能量要远低于甲烷和汽油，仅需0.2 mJ就能引发氢燃烧或爆炸；虽然氢气的火焰颜色比较容易检测，但氢气无色无味且不可见，难于鉴别；氢火焰温度高，辐射热量多且不可见，定位比较困难。

11.7.2 低引发能量

氢的引发能量（0.2mJ）仅是甲烷的1/17。因此，一些常见的低能量引发源如静电放电，就足以引发氢的燃烧，即使对高速流动的氢气也极易被突然放电（如通过安全阀或破裂盘）引发燃烧。

11.7.3 氢燃料运输中的安全性

现阶段氢气储运方式以长管拖车为主。为确保从充装到运输的安全，必须全程配备完善的安全装置和详细的操作规程。为确保绝对安全，不仅储氢容器要受严格的国家规范约束，而且在过温报警、起火防护、过压保护、过流保护、氢气泄漏监控等诸多方面也同样需要配备同步防护措施。为避免和防止可能出现的“氢腐蚀”和“氢脆”安全风险，在实际工业装置和管道制造中必须选择使用抗氢腐蚀（氢脆）的合适材料。在国内，目前的车用储氢钢瓶选用的是铝内胆碳纤维缠绕材质，而输送氢燃料的管道多采用不锈钢材质，因为它们都具有良好的抗“氢脆”性能。同时应该注意如下两点：①在高温高压环境中使用一段时间后，钢材中的碳能够与氢反应生成甲烷，脱碳现象的发生导致在材料中形成微裂纹，使钢材性能发生不可逆劣化；②如氢深入金属内部且氢浓度达到饱和时，金属塑性降低，这也将诱发裂纹形成甚至产生撕裂。因此，对加氢站建设必须制定加氢站（包括液氢站）国家标准或技术规范。例如在我国，已对站址选择、充氢工艺和设施、消防与安全设施、电气站址、施工、安装和验收、氢气系统运行管理等方面制定了严格的执行规范要求。

11.7.4 储氢安全性

11.7.4.1 氢与材料的兼容性

为解决储氢体系固有的若干可靠性问题，如泄漏、磨损、耐久性和腐蚀，首先需要研究使用材料与氢之间的兼容性。例如，与氢接触的材料在使用前必须研究了解其机械性质，包括强度、硬度、可加工性。如前所述，碳钢长期暴露于氢气可发生氢脆现象（腐蚀钢材或形成裂缝），引起事故和故障，特别是在管道弯头和焊接点，因此管道连接需要用压缩配件和法兰替代螺纹连接，这不仅比较理想也能使氢泄漏最小。以不锈钢管替代碳钢管也是被推荐的。纤维强筋复合材料或非铁金属（如铝、铜和合金青铜、黄铜等）与氢是兼容的，不会发生氢脆现象。虽然所有高分子材料与氢是兼容的，但把它们作为输送氢的软管使用时，为防止氢泄露弹性高分子软管必须是无孔的。

11.7.4.2 位置选择

对氢生产和存储，位置的选择愈来愈重要。对氢生产和存储位置的选择可能需要考虑很多方面。在选择位置的最简单和最保守方法中，需要考虑的因素有：最坏情形事件、全体人员安置、脆弱敏感设备使用和无害区域范围。而在确定最后的选择时，必须研究可容纳潜在的氢释放、有害废物的填埋以及有进一步改进和提高的合理余地。选择位置的合理性和有害危险分析必须经当地行政部门批准。对人员保护和设备安全性，可用数量-距离方法来确定和划出应该排除的区域，而排除区域大小可由使用能源和材料数量及其安全操作来确定。

11.7.4.3 氢放空位置

在紧急情形下把存储的氢放空可能是必需的。一般采用安全阀来放空氢气，与安全阀连接的放空管道必须放置于远离人群、车辆、空气引入口和对电力系统安全的位置区域。

11.7.5 移动应用氢燃料的安全性

11.7.5.1 氢车辆的安全性

对IC引擎中使用氢燃料和装载在车辆上的储氢容器，都必须采取一些安全性措施。例如，为安全操作氢引擎，氢燃料管线系统中必须设置有防火焰的装置，如吹散氢气的吹风机，在特别情况下它也可吹灭火焰。氢管线中使用的应该是电磁阀，以便在引擎熄火和断电时及时关闭氢气阀。在引擎室中应放置氢传感器以及时发出呼叫。对输送氢的供应线，一个理想的安全措施是在管线上围绕防护层，以把可能的氢泄露及其造成的危险降低至最小。对所有易受攻击的部件必须保证其密封性以确保不发生氢泄漏。另外，所有管线和装备在安装使用前都要对其内部进行清洁，通常利用氮气吹扫氢燃料供应系统。在灌装氢气和开启系统时总是相对危险的，这是因为氢和空气在管道内接触的机会相对较高。在紧急时刻，必须在氢燃料入口处切断燃料的供应系统。应该把系统的操作程序以及相关图纸放置在其装备附近，以便让操作人员可经常看到操作规范和预防措施。

车辆中所有氢燃料管线和湿氢组件的材料必须与氢兼容。让车辆的氢管线暴露于外空间，应尽可能避免放置于封闭区域。在选择外部结构组件和管线材料时，必须考虑其外部腐蚀的敏感性（如在冬天撒盐和雨天道路上行驶）。为了有效抗击外力而不产生破损，选择的燃料输送管线应该具有柔软性，同时在设计时必须考虑到振动对线路和引擎产生的影响。

11.7.5.2 车辆充灌氢的安全性

为避免车辆灌装氢时发生可能的故障，很有必要采取如下安全措施：①为避免静电放电，车辆必须接有能与地连接的导线。为使充氢燃料车辆与地连接，通常采用三种方法，一是在灌装燃料地点道路设置垂直嵌入的接地金属线（长度约0.3 m）；二是灌装燃料前在车辆和地面间搭连接地的导线，使导线与地线互锁并与供氢及其接地系统连接；三是在设计制造时已经把接地导线直接放置在燃料软管内，这样在氢流动时或释放前就已经接地了。②车辆灌装氢燃料的操作应该在户外且车辆引擎熄火时进行，燃料分散系统应与接地互锁。必须做到泄漏检测与着火系统和自动熄火装置联锁使用。③必须避免在发生闪电时进行灌装氢燃料操作。④必须防止空气进入管线和储槽。为确保灌装气氢燃料时没有空气漏入，必须对连接软管或车辆管线采取合适的安全预防措施。

与其它燃料如汽油和柴油相比，氢燃料的存储是主要问题。对在市区运行的汽车，可选择便宜方便的压缩储氢技术。但对在道路上行驶的卡车，因压缩氢携带氢燃料数量有限需要频繁灌装氢燃料，这就需要建设很多灌装氢燃料的加氢站。但可以预计，未来随着先进技术（如氢燃料电池车辆）的发展，氢燃料系统将变得比较方便和能更安全地操作。

燃料电池车辆是氢能源的理想终端应用，其安全性主要涉及车辆及其车载供氢系统。美国、日本和我国就车载供氢系统（安全性）均有专门的技术要求，不仅规定了压力等级，同时也涵盖了应力、腐蚀、泄漏、震动等规范和在极端条件下的安全测试，可以保证供氢系统的安全运行。对燃料电池车辆的设计和运行，储氢钢瓶材料选择、储氢罐保护、氢系统管路和管道设计等是其关键环节。需要从技术设计和车辆选用上双管齐下，同时辅以严格的性能测试和密切的氢气监控体系，以确保整个车辆及其运行的安全。相关测试结果说明，在事故发生和极端条件下发生爆炸的可能性，燃料电池车辆要比燃油车和纯电动车更低一些，也就是安全系数相对高一些。

为了更加明确氢的危险性，必须从基础方面对氢安全事故后果和可能的预防措施进行研究，从而为相关标准和法规的制定提供可靠依据。这也是确保氢能技术可持续发展和应用的重要步骤。应该指出，氢安全问题一直备受政府重视。例如，中国已建立全国氢能标准化技术委员会、燃料电池委员会、气瓶标准委员会等多个标准化机构，长期致力于氢应用链上各环节安全技术标准的研究和制定工作。目前，中国已制定出涵盖氢制备、提纯、储存、运输、加注、燃料电池应用等各个环节的国家技术标准86项，行业标准40多项，地方标准5项。除标准体系和技术规范外，国内外氢能应用的实践也为氢的安全保障工作积累了丰富的经验。

11.7.6 氢安全编码和标准

对任何体系的利用，“按需”是最重要的要求。编码和标准已经反复地被确认，因为这是部署氢能源技术主要的工业壁垒之一。美国联邦、州和地方政府已经认识到，为使用户使用的氢能源产品商业化，需要同时发展新编码和制定技术标准。美国能源部DOE正在进行审查以确认这些编码和标准，努力促进它们的发展，支持可利用政策和认证工作的研究；同时也认识到集成发展这类编码和标准也是必需的。但是，至今仍然没有令人满意的特定针对氢燃料分布站的编码和标准，而这对储氢和加氢站的位置确定却是极其需要的。下面简述美国制定的相关编码和标准。

对氢分布站（加氢站）的安装和操作，可应用的主要强制性法规来自职业安全性和健康（OSHA）、联邦法规代码Title 29、第1910.103，氢。美国国家火灾保护协会（NFPA）使用了特别明确的标准：@NFPA 50A在顾客位置的气态氢系统；@ NFPA 50B在顾客位置的液氢系统；@ NFPA 70 国家电力代码。

OSHA 1910.119的要求（高有害化学品过程安全管理）和在环境保护署下的超级基金修正案和再授权法案（SARA）Title Ⅲ，可应用于有1万磅（1.69万加仑）或更多氢气的系统。压缩气体协会（CGA）制定了多种标准，可推荐作为制定氢操作实践标准的参考标准。例如，CGA G-5氢、CGA G-5.4标准已作为在客户应用区域的氢管线体系标准，CGA G-5.5作为氢放空系统标准。

按照NASA，可应用于氢的联邦法规主要包含在49 CFR（1995）、29 CFR（1996）、美国运输部（DOT）和OSHA中。DOT部分法规应用于氢的运输，OSHA部分法规应用于不同区域和地方的氢安全管理。DOT处理气态和液态氢时被分类在压缩、可燃气体中。在29 CFR（1996）中氢被分类在有害材料中。尚没有针对氢压力方面的特殊标准［定义于D-3c.（4）中］。而压缩气体协会制定了有关系统的标准［在D.3d.（CGA G-5.4 1992）中］。

美国国家标准研究所（ANSI）是行政部门，也是美国私人部门志愿标准体系的合作者。ANSI本身并不发展美国国家标准（ANS），而是帮助和促进不同组织间建立发展标准的共识。美国机械工程师协会（ASME）和ANSI在文件中通常使用相同的名称。ASME发展的标准在被ANSI证明前并不是ANSI的标准。针对液氢（LH_2）存储容器要求而制定的相关标准包括：@NFPA 50B-ANSI B31.3，化学工厂和石油炼制管线，材料满足操作温度低于244 K（−20 ℉）管线的第Ⅲ章的要求；@29 CFR 1910.103-ANSI B31.1-1967,加附录B31.1-1969，工业气体和空气管线，压力管线第2节，对操作温度高于244 K(−20 ℉）的GH_2管线；@ANSI B31.1-1966，石油炼制管线或ANSI B31.5-1966加附录B31.5a-1968，冷冻管线，对操作温度低于244 K（−20 ℉）的气氢（GH_2）管线和液氢（LH_2）管线。

11.7.7 检测氢的传感器

检测氢气有若干商业化技术可以利用，主要是电化学、催化、热导率、半导体和微电机械型传感器。设计氢检测系统必须考虑的因素有：氢鉴定器应答时间、检测范围、检测器寿命、检测器的维护和校正、潜在的交叉敏感度、放置位置和检测覆盖面积。

使传感器发生呼叫的氢浓度称为活化呼叫浓度，一般接受和普遍使用的浓度值是（空气中）1 %（氢的体积分数，相当于低着火极限的25%）。对一些氢检测系统使用的是渐近警告和呼叫限方法，在其低检测限时（例如低着火限的10%）警告操作者，而达到高呼叫限时会自动切断氢供应系统和试验装备。

使用高效TiO_2纳米管排列发展出的氢传感器，其制作方法是：在含NH_4F的乙烯醇溶液中使Ti基体阳极化。例如，用含Pt或Pt/Ti电极的两个传感器对5×10^{-4}氢进行应答测量，结果指出，在空气中的优良氢传感性能主要来自Pt/TiO_2界面的Schottky能垒的变化。

氢-空气火焰是无色的，任何可见火焰都是由杂质引起的。在低压下，可能出现淡蓝色或紫色火焰。激烈燃烧的氢火焰是由于泄漏逸出的氢气被引发。所以，为保护人员安全，需要有不同氢浓度水平的精确检测系统。氢火焰检测器是最常用的氢浓度鉴定器，广泛用于色谱仪器中。氢火焰检测器可分为：热火焰检测器、光学检测器和图像检测体系。对此类检测系统的选择，需要不仅能在合理距离内检测到氢火焰而且也能检测火焰的大小。此外，选择时也应考虑应答时间、对假呼叫的不敏感性以及可以自动进行周期检查等。

参考文献

[1] Veras T S, Mozer T S, Santos D C R M, et al. Hydrogen: Trends, production and characterization of the main process worldwide. Inter J of Hydrogen Energy, 2017, 42:2018-2033.

[2] Hosseini S E, Wahid M A . Hydrogen production from renewable and sustainable energy resources: Promising green energy carrier for clean development. Renewable and Sustainable Energy Reviews, 2016, 57: 850-866.

[3] Amirante R, Cassone E, Distaso E, et al. Overview on recent developments in energy storage: Mechanical,electrochemical and hydrogen technologies. Energy Conversion and Management, 2017,132: 372-387.

[4] Gallucci F, Fernandez E, Corengia P, et al. Recent advances on membranes and membrane reactors for hydrogen production. Chemical Engineering Science,2013, 92: 40-66.

[5] Liu W, Webb C J, Gray E M. Review of hydrogen storage in AB_3 alloys targeting stationary fuel cell applications. Inter J of Hydrogen Energy, 2016, 41: 3485-3507.

[6] Lu J, Zahedi A, Yang C, et al. Building the hydrogen economy in China: Drivers, resources and technologies. Renewable and Sustainable Energy Reviews, 2013, 23:543-556.

[7] Mondal P, Dang G S, Garg M O. Syngas production through gasification and cleanup for down stream applications——Recent developments. Fuel Processing Technology, 2011, 92:1395-1410.

[8] Xu C H, Donald J, Byambajav E, et al. Recent advances in catalysts for hot-gas removal of tar and NH_3 from biomass gasification. Fuel, 2010, 89:1784-1795.

[9] Woolcock P J, Brown R C. A review of cleaning technologies for biomass-derived syngas. Biomass and Bioenergy, 2013, 52:54-84.

[10] Aravind P V, Jong W. Evaluation of high temperature gas cleaning options for biomass gasification product gas for Solid Oxide Fuel Cells. Progress in Energy and Combustion Science, 2012, 38:737-764.

[11] Petersen K A, Dybkjær I, Ovesen C V, et al. Natural gas to synthesis gas —— catalysts and catalytic processes. Journal of Natural Gas Science and Engineering,2011, 3:423-459.

[12] Chauhan A, Saini R P. A review on Integrated Renewable Energy System based power generation for stand-alone applications: Configurations, storage options, sizing methodologies and control. Renewable and Sustainable Energy Reviews, 2014, 38:99-120.

[13] Tan Z H, Zhang C H, Liu P, et al. Focus on fuel cell systems in China. Renewable and Sustainable Energy Reviews, 2015, 47:912-923.

[14] Suberu M Y, Mustafa M W, Bashir N. Energy storage systems for renewable energy power sector integration and mitigation of intermittency. Renewable and Sustainable Energy Reviews, 2014, 35:499-514.

[15] Alazemi J, Andrews J. Automotive hydrogen fuelling stations: An international review. Renewable and Sustainable Energy Reviews, 2015, 48:483-499.

[16] Niaz S, Manzoor T, Pandith A H. Hydrogen storage: Materials, methods and perspectives. Renewable and Sustainable Energy Reviews, 2015, 50:457-469.

[17] Dutta S. A review on production, storage of hydrogen and its utilization as an energy resource. Journal of Industrial and Engineering Chemistry, 2014, 20:1148-1156.

[18] Bolat P, Thiel C H. Hydrogen supply chain architecture for bottom-up energy systems models. Part 2: Techno-economic inputs for hydrogen production pathways. Inter J of Hydrogen Energy, 2014, 39:8898-8925.

[19] Khandelwal B, Karakurt A, Sekaran P R, et al. Hydrogen powered aircraft : The future of air transport. Progress in Aerospace Sciences, 2013, 60:45-59.

[20] Angeli S D, Monteleone G, Giaconia A, et al. State-of-the-art catalysts for CH_4 steam reforming at low temperature. Inter J of Hydrogen Energy ,2014, 39:1979-1997.

[21] Li Y, Li D, Wang G. Methane decomposition to CO_x-free hydrogen and nano-carbon material on group 8-10 base metal catalysts: A review. Catalysis Today, 2011, 162:1-48.

[22] Amin A M, Croiset E, Epling W. Review of methane catalytic cracking for hydrogen production. Inter J of Hydrogen Energy, 2011, 36:2904-2935.

[23] Holladay J D, Hu J, King D L, et al. An overview of hydrogen production technologies. Catalysis Today, 2009, 139: 244-260.

[24] Armor J N. The multiple roles for catalysis in the production of H_2. Applied Catalysis A: General, 1999, 176:159-176.

[25] Nahar G, Dupont V. Hydrogen production from simple alkanes and oxygenated hydrocarbons over ceria–zirconia supported catalysts: Review. Renewable and Sustainable Energy Reviews, 2014, 32:777-796.

[26] 赵永志，蒙波，陈霖新，等. 氢能源的利用现状分析. 化工进展，2015, 34: 3248-3255.

[27] Zhang X, Chan S H, Ho H K, et al. Towards a smart energy network: The roles of fuel/electrolysis cells and technological perspectives. Inter J of Hydrogen Energy, 2015, 40:6866-6919.

[28] Salvi B L, Subramanian K A. Sustainable development of road transportation sector using hydrogen energy system. Renewable and Sustainable Energy Reviews, 2015, 51:1132-1155.

[29] Hua T, Ahluwalia R, Eudy L, et al. Status of hydrogen fuel cell electric buses worldwide. Journal of Power Sources, 2014, 269:975-993.

[30] Santarelli M, Call M, Macagno S. Design and analysis of stand-alone hydrogen energy systems with different renewable sources. Intern J of Hydrogen Energy,2004, 29:1571-1586.

[31] Benitoa M M, Agnoluccib P, Papageorgioua L G, et al. Towards a sustainable hydrogen economy: Optimisation based framework for hydrogen infrastructure development. Computers and Chemical Engineering, 2017, 102:110-127.

[32] Holgera S, Jana K, Petra Z, et al. The social footprint of hydrogen production——A Social Life Cycle Assessment (S-LCA) of alkaline water electrolysis. Energy Procedia,2017, 105:3038-3044.

[33] Kadier A, Simayi Y, Abdeshahian P. A comprehensive review of microbial electrolysis cells (MEC) reactor designs and configurations for sustainable hydrogen gas production. Alexandria Engineering Journal, 2016, 55: 427-443.

[34] Escapa A, Mateos R, Martínez E J, et al. Microbial electrolysis cells: An emerging technology for wastewater treatment and energy recovery. From laboratory to pilot plant and beyond. Renewable and Sustainable Energy Reviews,2016, 55:942-956.

[35] Xu X, Li P, Shen Y, Small-scale reforming of diesel and jet fuels to make hydrogen and syngas for fuel cells: A review. Applied Energy,2013, 108:202-217.

[36] Kolb G. Review: Microstructured reactors for distributed and renewable production of fuels and electrical energy. Chemical Engineering and Processing, 2013, 65:1-44.

[37] Ren J, Musyoka N M. Current research trends and perspectives on materials-based hydrogen storage solutions: Acritical review. Inter J of Hydrogen Energy, 2017, 42:289-311.

[38] Ouyang L, Huang J, Wang H, et al. Progress of hydrogen storage alloys for Ni-MH rechargeable power batteries in electric vehicles: A review. Materials Chemistry and Physics, 2017, 200:164-178.

[39] Esposito D V. Membraneless Electrolyzers for Low-Cost Hydrogen Productionin a Renewable Energy Future. Joule, 2017,1:1-8.

[40] Prasanna A, Dorer V. Feasibility of renewable hydrogen based energy supply for a district. Energy Procedia, 2017, 122:373-378.

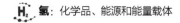

[41] Leicher J, Nowakowski T, Giese A. Power-to-gas and the consequences: impact of higher hydrogen concentrations in natural gas on industrial combustion processes. Energy Procedia, 2017, 120:96-103.

[42] Dodds P E, Staffell I, Hawkes A D, et al. Hydrogen and fuel cell technologies for heating: A review. Inter J of Hydrogen Energy, 2015, 40:2065-2083.

[43] Bossink B A G. Demonstrating sustainable energy: A review based model of sustainable energy demonstration projects. Renewable and Sustainable Energy Reviews. 2017, 77: 1349-1362.

[44] Andrews J, Shabani B. Where does hydrogen fit in a sustainable energy economy? Procedia Engineering, 2012, 49:15-25.

[45] Becherifa M, Ramadana H S, Cabaret K, et al. Hydrogen Energy Storage: New Techno-Economic Emergence Solution Analysis. Energy Procedia, 2015, 74:371-380.

[46] Sgobbi A, Nijs W, Miglio R D, et al. How far away is hydrogen? Its role in the medium and long-term decarbonisation of the European energy system. Inter J of Hydrogen Energy, 2016, 41:19-35.

[47] Kamali S K, Tyagi V V, Rahim N A. Emergence of energy storage technologies as the solution for reliable operation of smart power systems: A review. Renewable and Sustainable Energy Reviews, 2013,25:135-165.

[48] Hosseini S E, Wahid M A. Hydrogen production from renewable and sustainable energy resources: Promising green energy carrier for clean development. Renewable and Sustainable Energy Reviews, 2016, 57: 850-866.

[49] Chen S Y. Fuels and Processing Techniques of Solid Oxide Fuel Cells. 作者手稿, 2008.

[50] Murugan A, Brown A S. Review of purity analysis methods for performing quality assurance of fuel cell hydrogen. Inter J of Hydrogen Energy, 2015, 40:4219-4233.

[51] Fan X, Wang W, Shi R, et al. Hybrid pluripotent coupling system with wind and photovoltaic-hydrogen energy storage and the coal chemical industry in Hami, Xinjiang. Renewable and Sustainable Energy Reviews, 2017, 72:950-960.

[52] Dodds P E, Staffell I, Hawkes A D. Hydrogen and fuel cell technologies for heating: A review. Inter J of Hydrogen Energy, 2015, 40:2065-2083.

[53] Marcon P, Vesely I, Zezulka F, et al. The energy efficiency of a hydrogen circuit in a smart grid. IFAC-Papers On Line, 2015, 48(4): 386-391.

[54] Badeaa G, Naghiub G S, Giurcaa I. Hydrogen production using solar energy - technical analysis. Energy Procedia, 2017, 112:418-425.

[55] Bossink B A G.Demonstrating sustainable energy: A review based model of sustainable energy demonstration projects. Renewable and Sustainable Energy Reviews, 2017, 77:1349-1362.

[56] Cheng H, Lu C, Liu J. Synchrotron radiation X-ray powder diffraction techniques applied in hydrogen storage materials——A review. Progress in Natural Science: Materials International, 2017, 27:66-73.

[57] Sharma A, Arya S K. Hydrogen from algal biomass: A review of production process. Biotechnology Reports, 2017, 15:63-69.

[58] Hua T Q, Roh H, Ahluwalia R K. Performance assessment of 700-bar compressed hydrogen storage for light duty fuel cell vehicles. Inter J of Hydrogen Energy, 2017, 42:25121-25129.

[59] Simagina V I, Vernikovskaya N V, Komova O V, et al. Experimental and modeling study of ammonia borane-based hydrogen storage systems. Chemical Engineering Journal, 2017, 329: 156-164.

[60] Bundhoo M A Z, Mohee R. Inhibition of dark fermentative bio-hydrogen production: A review. Inter J of Hydrogen Energy, 2016, 41:6713-6733.

[61] Chakik F, Kaddami M, Mikou M. Effect of operating parameters on hydrogen production by electrolysis of water. Inter J of Hydrogen Energy, 2017, 42:25550-25557.

[62] Sikander U, Sufian S, Salam M A. A review of hydrotalcite based catalysts for hydrogen production systems. Inter J of Hydrogen Energy,2017, 42:19851-19868.

[63] Ma Y, Guan G, Hao X. Molybdenum carbide as alternative catalyst for hydrogen production——A review. Renewable and Sustainable Energy Reviews, 2017, 75:1101-1129.

[64] Garcia R, Freire F. A review of fleet-based life-cycle approaches focusing on energy and environmental impacts of vehicles. Renewable and Sustainable Energy Reviews, 2017, 79:935-945.

[65] Ren J, Musyoka N M, Langmi H W, et al. Current research trends and perspectives on materials-based hydrogen storage solutions: A critical review. Inter J of Hydrogen Energy, 2017, 42:289-311.

[66] Bae J, Lee S, Kim S. Liquid fuel processing for hydrogen production: A review. Inter J of Hydrogen Energy, 2016, 41:19990-20022.

[67] Chen G, Tao J, Liu C. Hydrogen production via acetic acid steam reforming: A critical review on catalysts. Renewable and Sustainable Energy Reviews, 2017, 79:1091-1098.

[68] Rai S, Ikram A, Sahai S, et al. CNT based photoelectrodes for PEC generation of hydrogen: A review. Inter J of Hydrogen Energy, 2017, 42:3994-4006.

[69] Eftekhari A, Fang B. Electrochemical hydrogen storage: Opportunities for fuel storage, batteries, fuel cells, and supercapacitors. Inter J of Hydrogen Energy, 2017, 42:25143-25165.

[70] Kumar S, Jaina A, Ichikawa T, et al.Development of vanadium based hydrogen storage material: A review. Renewable and Sustainable Energy Reviews, 2017, 72:791-800.

[71] Callini E, Aguey-Zinsou K F, Ahuja R, et al. Nanostructured materials for solid-state hydrogenstorage: A review of the achievement of COST Action MP1103. Inter J of Hydrogen Energy, 2016, 41:14404-14428.

[72] Zhang Z, Zhou X, Hu J, et al. Photo-bioreactor structure and light-heat-mass transfer properties in photo-fermentative biohydrogen production system: A mini review. Inter J of Hydrogen Energy,2017, 42:12143-12152.

[73] Luo Y, Zhang C, Zheng B, et al. Hydrogen sensors based on noble metal doped metal-oxide semiconductor: A review. Inter J of Hydrogen Energy, 2017, 42:20386-20397.

[74] Barma M C, Saidur R, Rahman S M A, et al. A review on boilers energy use, energy savings, and emissions reductions. Renewable and Sustainable Energy Reviews, 2017, 79:970-983.

[75] Khana N, Kalaira A, Abas N, et al. Review of ocean tidal, wave and thermal energy technologies. Renewable and Sustainable Energy Reviews, 2017, 72:590-604.

[76] Ashik U P M, Wan Daud W M A, Abbas Hazzim F. Production of greenhouse gas free hydrogen by thermo catalytic decomposition of methane——A review. Renewable and Sustainable Energy Reviews, 2015, 44:221-256.

[77] Ashik U P M, Wan Daudb W M A, Hayashi J. A review on methane transformation to hydrogen and nanocarbon: Relevance of catalyst characteristics and experimental parameters on yield. Renewable and Sustainable Energy Reviews, 2017, 76:743-767.

[78] Shafiee S, McCay M H. Different reactor and heat exchanger configurations for metal hydride hydrogen storage systems——A review. Inter J of Hydrogen Energy, 2016, 41:9462-9470.

[79] Rusman N A A, Dahari M. A review on the current progress of metal hydrides material for solid-state hydrogen storage applications. Inter J of Hydrogen Energy, 2016, 41:12108-12126.

[80] Lototskyy M V, Yartys V A, Pollet B G, et al. Metal hydride hydrogen compressors: A review. Inter J of Hydrogen Energy, 2014, 39:5818-5851.

[81] Mujeebu M A. Hydrogen and syngas production by superadiabatic combustion——A review. Applied Energy, 2016, 173:210-224.

[82] Eriksson E L V, Gray E M. Optimization and integration of hybrid renewable energy hydrogen fuel cell energy systems——A critical review. Applied Energy, 2017, 202:348-364.

[83] Alanne K, Cao S. Zero-energy hydrogen economy (ZEH2E) for buildings and communities including personal mobility. Renewable and Sustainable Energy Reviews, 2017, 71:697-711.

[84] Sadhasivama T, Kimb H, Jung S. Dimensional effects of nanostructured Mg/MgH_2 for hydrogen storage applications: A review. Renewable and Sustainable Energy Reviews, 2017, 72:523-534.

[85] Elmer T, Worall M, Wu S, et al. Fuel cell technology for domestic built environment applications: State of-the-art review. Renewable and Sustainable Energy Reviews, 2014, 42:913-931.

[86] Deniciaa E P, Luqueñob F F, Ayala D V, et al. Renewable energy sources for electricity generation in Mexico: A review. Renewable and Sustainable Energy Reviews, 2017, 78: 597-613.
[87] Parraa D, Swierczynskib M, Stroe D I, et al. An interdisciplinary review of energy storage for communities: Challenges and perspectives. Renewable and Sustainable Energy Reviews, 2017, 79:730-749.
[88] International Energy Agency. Medium-Term Renewable Energy Report, 2015.
[89] International Renewable Energy Agency. Renewable Energy Integration in Power Grids. Technology Brief, 2015.
[90] International Renewable Energy Agency. The transformative Power of Storage: Developing IRENA' s Electricity Storage Roadmap, 2014.
[91] International Energy Agency. Technology Roadmap: Solar Photovoltaic Energy, 2014.
[92] International Renewable Energy Agency. Battery storage for renewables: market status and technology outlook, 2015.
[93] International Energy Agency. Technology Roadma. Energy Storage. Paris, 2014.
[94] Grothoff J M. Battery storage for renewables: market status and technology outlook, 2015.
[95] International Renewable Energy Agency. Road Transport: The cost of Renewable Solutions, 2013.
[96] Mohammadia M, Noorollahia Y, Mohammadi-Ivatloo B, et al. Energy hub: From a model to a concept——A review. Renewable and Sustainable Energy Reviews, 2017, 80:1512-1527.
[97] Gallo A B, Simões-Moreira J R, Costa H K M, et al. Energy storage in the energy transition context: A technology review. Renewable and Sustainable Energy Reviews, 2016, 65:800-822.
[98] Goel S, Sharma R. Performance evaluation of stand alone, grid connected and hybrid renewable energy systems for rural application: A comparative review. Renewable and Sustainable Energy Reviews, 2017, 78: 1378-1389.
[99] Bundhoo Z M A. Coupling dark fermentation with biochemical or bio-electrochemical systems for enhanced bio-energy production: A review. Inter J of Hydrogen Energy, 2017, 42:26667-26686.
[100] Rahimpour M R, Samimia F, Babapoor A, et al. Palladium membranes applications in reaction systems for hydrogen separation and purification: A review. Chemical Engineering & Processing: Process Intensification, 2017, 121:24-49.
[101] Pang Y, Li Q. A review on kinetic models and corresponding analysis methods for hydrogen storage materials. Inter J of Hydrogen Energy, 2016, 41:18072-18087.
[102] Alazemi J, Andrews J. Automotive hydrogen fuelling stations: An international review. Renewable and Sustainable Energy Reviews, 2015, 48:483-499.
[103] Weia T Y, Lim K L, Tseng Y S, et al. A review on the characterization of hydrogen in hydrogen storage materials. Renewable and Sustainable Energy Reviews, 2017, 79:1122-1133.
[104] Bolat P, Thiel C. Hydrogen supply chain architecture for bottom-up energy systems models. Part 2: Techno-economic inputs for hydrogen production pathways. Inter J of Hydrogen Energy, 2014, 39:8898-8925.
[105] Alrazen H A, Abu Talib A R, Adnan R, et al. A review of the effect of hydrogen addition on the performance and emissions of the compression——Ignition engine. Renewable and Sustainable Energy Reviews, 2016, 54:785-796.
[106] Zhang F, Zhao P, Niu M, et al. The survey of key technologies in hydrogen energy storage. Inter J of Hydrogen Energy, 2016, 41:14535-14552.
[107] Chun D, Hong S, Chung Y, et al. Influencing factors on hydrogen energy R&D projects: Anex-post performance evaluation. Renewable and Sustainable Energy Reviews, 2016, 53:1252-1258.
[108] Amirante R, Cassone E, Distaso E, et al. Overview on recent developments in energy storage: Mechanical, electrochemical and hydrogen technologies. Energy Conversion and Management, 2017, 132:372-387.
[109] Cipriani G, Dio V D, Genduso F, et al. Perspective on hydrogen energy carrier and its automotive applications. Inter J of Hydrogen Energy, 2014, 39:8482-8494.
[110] Saeidi S, Fazlollahic F, Najari S, et al. Hydrogen production: Perspectives, separation with special emphasis on kinetics of WGS reaction: A state-of-the-art review. Journal of Industrial and Engineering Chemistry, 2017, 49:1-25.
[111] Sinigaglia T, Lewiski F, Martins M E S, et al. Production, storage, fuel stations of hydrogen and its utilization in automotive applications-a review. Inter J of Hydrogen Energy, 2017, 42:24597-24611.

[112] Marques J P, Matos H A, Oliveira N M C, et al. State-of-the-art review of targeting and design methodologies for hydrogen network synthesis. Inter J of Hydrogen Energy, 2017, 42:376-404.

[113] Dimitriou P, Tsujimura T. A review of hydrogen as a compression ignition engine fuel. Inter J of Hydrogen Energy, 2017, 42:24470-24486.

[114] Ali D, Gazey R, Aklil D. Developing a thermally compensated electrolyser model coupled with pressurized hydrogen storage for modeling the energy efficiency of hydrogen energy storage systems and identifying their operation performance issues. Renewable and Sustainable Energy Reviews, 2016, 66:27-37.

[115] Denicia E P, Luqueño F F, Ayala D V, et al. Renewable energy sources for electricity generation in Mexico: A review. Renewable and Sustainable Energy Reviews, 2017, 78:597-613.

[116] Parra D, Swierczynski M, Stroe D I, et al. An interdisciplinary review of energy storage for communities: Challenges and perspectives. Renewable and Sustainable Energy Reviews, 2017, 79:730-749.

[117] Gallo A B, Moreira J R S, Costa H K M, et al. Energy storage in the energy transition context: A technology review. Renewable and Sustainable Energy Reviews, 2016, 65:800-822.

[118] Al-falahi M D A, Jayasinghe S D G, Enshaei H. A review on recent size optimization methodologies for standalone solar and wind hybrid renewable energy system. Energy Conversion and Management, 2017, 143:252-274.

[119] Lianos P. Review of recent trends in photoelectrocatalytic conversion of solar energy to electricity and hydrogen. Applied Catalysis B: Environmental, 2017, 210:235-254.

[120] Abdin Z, Webb C J, Gray E M. Solar hydrogen hybrid energy systems for off-grid electricity supply: A critical review. Renewable and Sustainable Energy Reviews, 2015, 52:1791-1808.

[121] Messaoudani Z I, Rigas F, Hamid M D B, et al. Hazards, safety and knowledge gaps on hydrogen transmission via natural gas grid: A critical review. Inter J of Hydrogen Energy, 2016, 41:17511-17525.

[122] Kadier A, Simayi Y, Abdeshahian P, et al. A comprehensive review of microbial electrolysis cells (MEC) reactor designs and configurations for sustainable hydrogen gas production. Alexandria Engineering Journal, 2016, 55:427-443.

[123] Shuba E S, Kifle D. Microalgae to biofuels: 'Promising' alternative and renewable energy, review. Renewable and Sustainable Energy Reviews, 2018, 81:743-755.

[124] Budt M, Wolf D, Span R, et al. A review on compressed air energy storage: Basic principles, past milestones and recent developments. Applied Energy, 2017, 170:250-268.

[125] Gaida D, Wolf C, Bongards M. Feed control of anaerobic digestion processes for renewable energy production: A review. Renewable and Sustainable Energy Reviews, 2017, 68:869-875.

[126] Giovannini G, Bravo A D, Jeison D, et al. A review of the role of hydrogen in past and current modelling approaches to anaerobic digestion processes. Inter J of Hydrogen Energy, 2016, 41:17713-17722.

[127] Mollahosseinia A, Hosseini S A, Jabbari M, et al. Renewable energy management and market in Iran: A holistic review on current state and future demands. Renewable and Sustainable Energy Reviews, 2017, 80:774-788.

[128] Nahara G, Moteb D, Dupont V. Hydrogen production from reforming of biogas: Review of technological advances and an Indian perspective. Renewable and Sustainable Energy Reviews, 2017, 76:1032-1052.

[129] Garcia S I, Garcia R F, Carril J C, et al. A review of thermodynamic cycles used in low temperature recovery systems over the last two years. Renewable and Sustainable Energy Reviews, 2018, 81:760-767.

[130] Bhowmik C, Bhowmik S, Ray A, et al. Optimal green energy planning for sustainable development: A review. Renewable and Sustainable Energy Reviews, 2017, 71:796-813.

[131] Chintala V, Subramanian K A. A comprehensive review on utilization of hydrogen in a compression ignition engine under dual fuel mode. Renewable and Sustainable Energy Reviews, 2017, 70:472-491.

[132] Wang Y, Leung D Y C, Xuan J, et al. A review on unitized regenerative fuel cell technologies, part B: Unitized regenerative alkaline fuel cell, solid oxide fuel cell, and microfluidic fuel cell. Renewable and Sustainable Energy Reviews, 2017, 75:775-795.

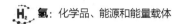

[133] Armor J N. Key questions, approaches, and challenges to energy today. Catalysis Today, 2014, 236:171-181.
[134] Pereira E G, Silva J N, de Oliveira J, et al. Sustainable energy: A review of gasification technologies. Renewable and Sustainable Energy Reviews, 2012, 16:4753-4762.
[135] Holladay J D, Hu J, King D L, et al. An overview of hydrogen production technologies. Catalysis Today, 2009, 139:244-260.
[136] Gondelach S J G, Saygin D, Wicke B, et al. Competing uses of biomass: Assessment and comparison of the performance of bio-based heat, power, fuels and materials. Renewable and Sustainable Energy Reviews, 2014, 40:964-998.
[137] 未来智库. 氢能源行业深度研究：氢能产业迎来政策、技术和市场机遇, 2019.
[138] Lucia M. Overview on fuel cells. Renewable and Sustainable Energy Reviews, 2014, 30: 164-169.
[139] Lu J, Zahedi A, Yang Ch Sh. Building the hydrogen economy in China: Drivers, resources and technologies. Renewable and Sustainable Energy Reviews, 2013, 23:543-556.
[140] Mahlia T M I, Saktisahdan T J, Jannifar A, et al. A review of available methods and development on energy storage; technology update. Renewable and Sustainable Energy Reviews, 2014, 33:532-545.
[141] Suberu M Y, Mustafa M W, Bashir N. Energy storage systems for renewable energy power sector integration and mitigation of intermittency. Renewable and Sustainable Energy Reviews, 2014, 35: 499-514.
[142] Angrisani G, Roselli C, Sasso M. Distributed microtrigeneration systems. Progress in Energy and Combustion Science, 2012, 38: 502-521.
[143] Maghanki M M, Ghobadian B, Najafi G, et al. Micro combined heat and power (MCHP) technologies and applications. Renewable and Sustainable Energy Reviews, 2013, 28: 510-524.
[144] Hua T, Ahluwalia R, Eudy L, et al. Status of hydrogen fuel cell electric buses worldwide. Journal of Power Sources, 2014, 269: 975-993.
[145] Ahmed A, Al-Amin A Q, Ambrose A F, et al. Hydrogen fuel and transport system: A sustainable and environmental future. International Journal of Hydrogen Energy, 2016, 41: 1369-1380.
[146] Peng S J, Li L L, Lee J K, et al. Electrospun carbon nanofibers and their hybrid composites as advanced materials for energy conversion and storage. Nano Energy, 2016, 22 : 361-395.
[147] Yang Y K, Han C P, Jiang B B, et al. Graphene-based materials with tailored nanostructures for energy conversion and storage. Materials Science and Engineering R, 2016, 102: 1-72.
[148] Wang Z J, Cao D W, Xu R, et al. Realizing ordered arrays of nanostructures: A versatile platform for converting and storing energy efficiently. Nano Energy, 2016, 19 : 328-362.
[149] 张明俊. 加氢站建设及运营浅析. 2016年两岸燃料电池技术与产业发展高峰论坛, 武汉, 2016.
[150] 何广利. 神华/低碳所氢能进展情况介绍. 2016年两岸燃料电池技术与产业发展高峰论坛, 武汉, 2016.
[151] 肖宇. 氢利用技术在全球能源互联网中的应用. 2016年两岸燃料电池技术与产业发展高峰论坛, 武汉, 2016.
[152] 徐冬. 国电新能源院氢能燃料电池发展计划. 2016年两岸燃料电池技术与产业发展高峰论坛, 武汉, 2016.
[153] 刘明义. 燃料电池车用氢能供应链建设与示范介绍. 2016年两岸燃料电池技术与产业发展高峰论坛, 武汉, 2016.
[154] 雷敏宏. 氢气供应关键的ABC——生产、纯化及输运与其经济. 2016年两岸燃料电池技术与产业发展高峰论坛, 武汉, 2016.
[155] 阎明宇. 电控盘应急电力与氨重组产氢. 2016年两岸燃料电池技术与产业发展高峰论坛, 武汉, 2016.
[156] 刘绍军. 不同条件下燃料电池汽车加氢方式介绍. 2016年两岸燃料电池技术与产业发展高峰论坛, 武汉, 2016.
[157] 何文. 加氢站建设、运营介绍. 2016年两岸燃料电池技术与产业发展高峰论坛, 武汉, 2016.
[158] Wang Y F, Leung D Y C, Xuan J, et al. A review on unitized regenerative fuel cell technologies, part-A: Unitized regenerative proton exchange membrane fuel cells. Renewable and Sustainable Energy Reviews, 2016, 65: 961-977.
[159] Zhang X W, Chan S H, Ho H K, et al. Towards a smart energy network: The roles of fuel/electrolysis cells and

technological perspectives. International Journal of Hydrogen Energy, 2015, 40 : 6866-6919.
[160] Gómez S Y, Hotza D. Current developments in reversible solid oxide fuel cells. Renewable and Sustainable Energy Reviews, 201, 61 : 155-174.
[161] Kadier A, Simayi Y, Abdeshahian P, et al. A comprehensive review of microbial electrolysis cells (MEC) reactor designs and configurations for sustainable hydrogen gas production. Alexandria Engineering Journal, 2016, 55 : 427-443.
[162] Escapa A, Mateos R, Martínez E J, et al. Microbial electrolysis cells: An emerging technology for wastewater treatment and energy recovery. From laboratory to pilot plant and beyond. Renewable and Sustainable Energy Reviews, 2016, 55 : 942-956.
[163] Rahimnejad M, Adhami A, Darvari S. Microbial fuel cell as new technology for bioelectricity generation: A review. Alexandria Engineering Journal, 2015, 54 : 745-756.
[164] Ortiz-Martínez V M, Salar-GarcíM J, de los Ríos A P, et al. Developments in microbial fuel cell modeling. Chemical Engineering Journal,2015, 271 : 50-60.
[165] Doherty L, Zhao Y Q, Zhao X H, et al. A review of a recently emerged technology: Constructed wetland- Microbial fuel cells. Water Research, 2015, 85 : 38-45.
[166] Pandey P, Shinde V N, Deopurkar R L, et al. Recent advances in the use of different substrates in microbial fuel cells toward wastewater treatment and simultaneous energy recovery. Applied Energy,2016, 168 : 706-723.
[167] Bullen R A, Arnot T C, Lakeman J B, et al. Biofuel cells and their development. Biosensors and Bioelectronics, 2006, 21 : 2015-2045.
[168] Hernández-Fernández F J, de los Ríos A P, Salar-García M J, et al. Recent progress and perspectives in microbial fuel cells for bioenergy generation and wastewater treatment. Fuel Processing Technology, 2015, 138 : 284-297.
[169] Radenahmad N, Afif A, Petra P I, et al. Proton-conducting electrolytes for direct methanol and direct urea fuel cells——A state-of-the-art review. Renewable and Sustainable Energy Reviews, 2016, 57 : 1347-1358.
[170] An L, Chen R. Direct formate fuel cells: A review. Journal of Power Sources, 2016, 320 : 127-139.
[171] Olu P Y, Job N, Chatenet M. Evaluation of anode (electro)catalytic materials for the direct borohydride fuel cell: Methods and benchmarks. Journal of Power Sources, 2016, 327 : 235-257.
[172] Watt G D. A new future for carbohydrate fuel cells. Renewable Energy, 2014, 72 : 99-104.
[173] Khandelwal B, Karakurt A, Sekaran P R, et al. Hydrogen powered aircraft : The future of air transport. Progress in Aerospace Sciences, 2013, 60 : 45-59.
[174] Varkaraki E, Lymberopoulos N, Zachariou A. Hydrogen based emergency back-up system for telecommunication applications. Journal of Power Sources, 2003, 118 : 14-22.
[175] 李振宇，任文坡，黄格省，金羽豪，师晓玉.我国新能源汽车产业发展现状及思考.化工进展，2017，36：2337-2343.
[176] Zou Z J, Ye J H, Arakawa H. Photocatalytic water splitting into H_2 and/or O_2 under UV and visible light irradiation with a semiconductor photocatalyst. International Journal of Hydrogen Energy, 2003, 28 : 663 -669.
[177] Milczarek G, Kasuya A, Mamykin S, et al. Optimization of a two-compartment photoelectrochemical cell for solar hydrogen production. International Journal of Hydrogen Energy, 2003, 28 : 919 -926.
[178] Miller E L, Rocheleau R E, Deng X M, et al. Design considerations for a hybrid amorphous silicon/ photo electrochemical multijunction cell for hydrogen production. International Journal of Hydrogen Energy, 2003, 28 : 615-623.
[179] Sinha A S K, Sahu N, Arora M K, et al. Preparation of egg-shell type Al_2O_3-supported CdS photocatalysts for reduction of H_2O to H_2. Catalysis Today, 2001, 69 : 297-305.
[180] Fierro V, Klouz V, Akdim O, et al. Oxidative reforming of biomass derived ethanol for hydrogen production in fuel cell applications. Catalysis Today, 2002, 75 : 141-144.
[181] Akkermana I, Janssenb M, Rocha J, et al. Photobiological hydrogen production: photochemical efficiency and bioreactor design. International Journal of Hydrogen Energy, 2002, 27 : 1195-1208.

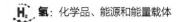

[182] Kogan M, Kogan A. Production of hydrogen and carbon by solar thermal methane splitting. Ⅰ. The unseeded reactor. International Journal of Hydrogen Energy, 2003, 28 : 1187-1198.
[183] Choudhary T V, Goodman D W. CO-free fuel processing for fuel cell applications. Catalysis Today, 2002, 77 : 65-78.
[184] Barretoa L, Makihiraa A, Riahi K. The hydrogen economy in the 21st century: a sustainable development scenario. International Journal of Hydrogen Energy, 2003, 28 : 267-284.
[185] Elama C C, Padro C E G, Sandrocket G, et al. Realizing the hydrogen future: the International Energy Agency’s efforts to advance hydrogen energy technologies. International Journal of Hydrogen Energy, 2003, 28: 601-607.
[186] Hosseini S E, Wahid M A. Hydrogen production from renewable and sustainable energy resources: Promising green energy carrier for clean development. Renewable and Sustainable Energy Reviews, 2016, 57 : 850-866.
[187] Alazemi J, Andrews J. Automotive hydrogen fuelling stations: An international review. Renewable and Sustainable Energy Reviews, 2015, 48 : 483-499.
[188] Santarelli M, Cali M, Macagno S. Design and analysis of stand-alone hydrogen energy systems with different renewable sources. International Journal of Hydrogen Energy, 2004, 29 : 1571-1586.
[189] Salvi B L, Subramanian K A. Sustainable development of road transportation sector using hydrogen energy system. Renewable and Sustainable Energy Reviews, 2015, 51 : 1132-1155.
[190] Hua T, Ahluwalia R, Eudy L, et al. Status of hydrogen fuel cell electric buses worldwide. Journal of Power Sources, 2014, 269 : 975-993.
[191] Angeli S D, Monteleone G, Giaconia A, et al. State-of-the-art catalysts for CH_4 steam reforming at low temperature. International Journal of Hydrogen Energy, 2014, 39 : 1979-1997.
[192] Li Y D, Li D X, Wang G W. Methane decomposition to CO_x-free hydrogen and nano-carbon material on group 8–10 base metal catalysts: A review. Catalysis Today,2011, 162 : 1-48.
[193] Amin A M, Croiset E, Epling W. Review of methane catalytic cracking for hydrogen production. International Journal of Hydrogen Energy, 2011 : 2904-2935.
[194] Dutta S. A review on production, storage of hydrogen and its utilization as an energy resource. Journal of Industrial and Engineering Chemistry, 2014, 20 : 1148-1156.
[195] Holladay J D, Hu J, King D L, et al. An overview of hydrogen production technologies. Catalysis Today, 2009, 139 : 244-260.
[196] Armor J N. The multiple roles for catalysis in the production of H_2. Applied Catalysis A: General, 1999, 176 : 159-176.
[197] Pena M ,A Gomez J P, Fierro J L. New catalytic routes for syngas and hydrogen production. Applied Catalysis A: General, 1996, 144 : 7-57.
[198] Nahar G, Dupont V. Hydrogen production from simple alkanes and oxygenated hydrocarbons over ceria-zirconia supported catalysts: Review. Renewable and Sustainable Energy Reviews, 2014, 32 : 777-796.
[199] Niaz S, Manzoor T, Pndith A H. Hydrogen storage: Materials, methods and perspectives. Renewable and Sustainable Energy Reviews, 2015, 50 : 457-469.
[200] 赵永志，蒙波，陈霖新，等．氢能源的利用现状分析．化工进展，2015, 34 : 3248-3255.
[201] 苏树辉，毛宗强，袁国林．氢能产业发展报告(2017)—清洁能源蓝皮书．北京：世界知识出版社，2017.
[202] 李国辉．氢与氢能．北京：机械工业出版社，2020.
[203] 吴素芳．氢能与制氢技术．杭州：浙江大学出版社，2014.
[204] 张世华．世界氢能与燃料电池汽车产业发展报告(2019). 北京：机械工业出版社，2020.
[205] 中国汽车技术研究中心有限公司荷兰皇家壳牌集团．中国车用氢能产业发展报告(2019). 北京：社会科学文献出版社，2019.
[206] 毛宗强．氢能——21世纪的绿色能源．北京：化学工业出版社，2005.
[207] 蔡颖，许剑秋，胡锋，赵鑫．储氢技术与材料．北京：化学工业出版社，2018.

[208] [英]特雷佛.M.莱彻.潘庭龙,译.新能源手册(原书第2版).北京:机械工业出版社,2018.
[209] [意]加布里埃莱·齐尼,保罗·塔塔里尼.李朝升,译.太阳能制氢的能量转换.储存和利用系统——氢经济时代的科学技术.北京:机械工业出版社,2016.
[210] 杨振中.氢燃料内燃机燃烧与优化控制.北京:科学出版社,2014.
[211] [美]Scott Grasman王青春.氢能源和车辆系统(国际电气工程先进技术译丛).北京:机械工业出版社,2014.
[212] 毛宗强.氢气生产和热化学利用.北京:化学工业出版社,2015.
[213] 中投顾问.2020—2024中国氢能行业投资分析及前景预测报告.2008年首次出版,2020年修订.
[214] 毛宗强,毛志明,余皓.制氢工艺与技术.北京:化学工业出版社,2018.
[215] 彭才德,易跃纯,何岩.中国可再生能源发展报告.北京:中国水利水电出版社,2020.
[216] 华东电力科学研究院有限公司.多能互补分布式能源技术.北京:中国电力出版社,2019.
[217] 王革华,欧训民,田雅林,袁婧婷.能源与可持续发展.2版.北京:化学工业出版社,2014.
[218] 周大地.迈向绿色低碳未来——整个能源战略的选择和实践.北京:外文出版社,2018.
[219] 廖益,白桦.能源与未来.北京:北京邮电大学出版社.2011.
[220] 瓦科拉夫·斯米尔.能源转型:数据、历史和未来.北京:科学出版社,2018.
[221] 中国标准化研究院全国氢能标准化委员会.中国氢能产业基础设施发展蓝皮书(2018)——低碳低成本氢源的实现路径.北京:中国标准化出版社,2018.
[222] 华志刚.储能关键技术及商业运营模式.北京:中国电力出版社,2019.
[223] 伊夫·布鲁内特.唐西胜,译.储能技术及其应用.北京:机械工业出版社,2018.
[224] 李建林,修晓青,惠东,等.储能系统关键技术及其在微网中的应用.北京:中国电力出版社,2016.
[225] [德]彼得·库兹韦尔.北京水力信息技术有限公司,译.燃料电池技术——基础、材料、应用、制氢.北京:北京理工大学出版社,2019.
[226] 中国氢能联盟.中国氢能及燃料电池产业白皮书.北京:机械工业出版社,2019.
[227] 隋升,郭雪岩,李平.氢与燃料电池——新兴技术及其应用.北京:机械工业出版社,2016.
[228] 翁史烈,章俊良,蒋峰景.燃料电池:原理关键材料与技术.上海:上海交通大学出版社,2014.
[229] 王志成,钱斌,张惠国.燃料电池与燃料电池汽车.北京:科学出版社,2017.
[230] 陈维荣,李奇.质子交换膜燃料电池发电技术及其应用.北京:科学出版社,2016.
[231] Baibir F. PEM Fuel cells: Theory and Practice. 2nd ed. New York: Academic Press, 2011. 李东红，连晓峰，译.PEM燃料电池:理论与实践.北京:机械工业出版社,2016.
[232] 王艳艳,徐丽,李星国.氢气储能与发电开发.北京:化学工业出版社,2017.
[233] 唐西胜,齐智平,孔力.电力储存技术及其应用.北京:化学工业出版社,2018.
[234] 李建林,惠东,靳文涛.大革命储能技术.北京:机械工业出版社,2017.
[235] 蔡颖.储氢技术与材料.北京:化学工业出版社,2018.
[236] 郑金堂.多孔碳材料.北京:化学工业出版社,2015.
[237] Bessarabor D , Wang H, Li H, Zhao N. PEM electrolysis for hydrogen production: Principle and Application. CRC Press ,2016.
[238] 于遵宏,王辅臣,等.煤炭气化技术.北京:化学工业出版社,2010.
[239] 上官矩,常丽萍,苗茂谦,等.气体净化分离技术.北京:化学工业出版社,2012.
[240] 陈诵英,王琴.固体催化剂制备原理与技术.北京:化学工业出版社,2012.
[241] 陈诵英,催化反应工程基础.北京:化学工业出版社,2011.
[242] 陈诵英,孙彦平.催化反应器工程.北京:化学工业出版社,2011.
[243] 陈诵英,赵永祥,王琴.精细化学品催化合成技术（下册）——催化合成反应与技术.北京:化学工业出版社,2015.
[244] 陈诵英,赵永祥,王琴.精细化学品催化合成技术（上册）——绿色催化技术.北京:化学工业出版社,2014.
[245] 陈诵英,孙予罕,丁云杰,等.吸附与催化.郑州: 河南科技出版社,2001.
[246] 黄振兴.活性炭技术基础.北京:兵器工业出版社,2006.

[247] Bell D A , Towler B F, Fan M H. Coal Gasification and its applications. Amsterdam: Elsevier, 2010.
[248] 中国能源研究会储氢专业委员会中关村储氢技术联盟. 储氢产业发展蓝皮书. 北京: 中国石化出版社, 2019.
[249] 中国化工学会储氢工程专业委员会. 储氢技术及其应用. 北京: 化学工业出版社, 2018.
[250] 可再生能源学会氢能专业委员会. 第17届全国氢能会议暨第9届两岸三地氢能研讨会论文摘要文集, 2017, 广西桂林.
[251] 国务院办公厅. 能源发展战略行动计划(2014—2020年), 2014.
[252] 国家发展改革委 能源局. 能源技术革命创新行动计划(2016—2030), 2016.
[253] 国家发展改革委 能源局. 节能与新能源汽车产业发展规划(2012—2020), 2012.
[254] 中国标准化委员会. 中国氢能产业基础设施发展蓝皮书, 2016.
[255] 中国标准化委员会. 加氢站与加油站-加氢站的合建技术规范, 2017.
[256] 中国标准化委员会. 燃料电池电动汽车整车氢气排放测试方法, 2018.
[257] BP世界能源统计年鉴(2019), 2020.
[258] Polymer electrolyte membrane fuel cells. Helsinki University of Technology. http://tfy.tkk.fi/aes/AES/projects/renew/fuelcell/pem_index.html.
[259] Space applications of hydrogen and fuel cells. National Aeronautics and Space Administration. http://www.nasa.gov/topics/technology/hydrogen/ hydrogen_2009.html.
[260] Hydrogen fuel cell engines and related technologies course manual. US Department of Energy. http://www1.eere.energy.gov/hydrogenandfuelcells/ tech_validation/pdfs/fcm04r0.pdf.
[261] Horizon Fuel Cell Technologies. http://www.horizonfuelcell.com.
[262] Heliocentris. http://www.heliocentris.com.
[263] Fuel Cell Application. Murdoch University. http://www.see.murdoch.edu.au/ resources/info/Applic/Fuelcells/.
[264] Clean Energy Patent Growth Index 2012 Year in Review. Hesl in Rothenberg Farley&Mesiti P.C. http://cepgi.typepad.com/heslin_rothenberg_farley_/2013/03/clean-energy-patent-growth-index-2011-year-in-review.htm.
[265] Energy and GHG Reductions in the Chemical Industry via Catalytic Processes. IEA, May 2013. www.dechema.de/industrialcatalysis.
[266] U.S. Energy Information Administration (EIA). Annual Energy Review, 2011, September 2012. http://www.eia.gov/totalenergy/data/annual/pdf/aer.pdf.
[267] Energy Technology Perspectives, OECD/IEA, Paris, 2012. http://www.iea.org/textbase/npsum/ETP2012SUM.pdf.
[268] BP Statistical Review of World Energy, 2013. http://www.BP.com/statistical review.
[269] Zhou M, World Energy Consumption to Increase 56% by 2040 Led by Asia. bloomberg.com, July 25, 2013. http://www.bloomberg.com/news/2013-07-25/world-to-use-56-more-energy-by-2040-led-by-asia-eia-predicts.html.
[270] US EIA. Annual Energy Review. DOE/EIA-0384(2011), September 2012 (Figure1.2). http://www.eia.gov/totalenergy/data/annual/index.cfm.
[271] Ernst & Young LLP. Renewable energy accounts for nearly 50% of added capacity in US in 2012, August 21 2013. http://www.ey.com/US/en/Newsroom/News-releases/2013-21.
[272] Lewis N, Slide packages on energy. http://nsl.caltech.edu/energy.
[273] IEA. WEO-2012: April 2012 edition of the World Economic Outlook. http://www.imf.org/external/pubs/ft/weo/2012/01/index.htm.
[274] DOE. International Energy Outlook. DOE report DOE/EIA-0484(2005), 2005. www.eia.doe.gov/oiaf/ieo/index.html.
[275] Silverstein K. Coal to gas moves are generating economic waves. Forbes Magazine, March 13, 2013. http://www.forbes.com/sites/kensilverstein/2013/03/13/coal-to-gas-moves-are-generating-economic-waves/.
[276] Meyer G. Gas export move to ship US glut to rest of world. Financial Times, June 2, 2011. http://www.ft.com/cms/s/0/34fbf112-8d39-11e0-bf23-00144feab49a.html#axzz2BLwD9ygH.
[277] DOE. EIA Weekly NG Prices. http://www.eia.gov/naturalgas/weekly/.

[278] http://www.americanchemistry.com/Policy/Energy/Shale-Gas.

[279] http://blog.thomsonreuters.com/index.php/global-shale-gas-basins-graphic-of-the-day/.

[280] http://www.renewableenergyworld.com/rea/news/article/2013/08/the-solar-pricing-struggle.

[281] http://water.epa.gov/type/groundwater/uic/class2/hydraulicfracturing/upload/hf study plan 110211 final 508.pdf.

[282] http://www.pacinst.org/wp-content/uploads/2013/02/full report35.pdf.

[283] http://water.epa.gov/type/groundwater/uic/class2/hydraulicfracturing/upload/hf study plan 110211 final 508.pdf.

[284] http://llchemical.com/technology.

[285] http://energy.gov/articles/renewable-boost-natural-gas.

[286] http://www1.eere.energy.gov/solar/sunshot/andhttp://apps1.eere.energy.gov/solar/newsletter/detail.cfm/articleId=386.

[287] An impressive listing of current global energy storage projects is available at http://en.wikipedia.org/wiki/List of energy storage projects.

[288] https://nam.confex.com/nam/2013/webprogram/Paper7482.html.

[289] The Math Works MATLAB Manual. http://de.mathworks.com/help/ (30.05. 2016).

附录

计量单位和转换系数表

10的幂指数①

前缀	符号	数值	前缀	符号	数值
atto (阿)	a	10^{-18}	kilo(千)	k	10^{3}
femto (飞)	f	10^{-15}	mega(兆)	M	10^{6}
pico (皮)	p	10^{-12}	glga(吉)	G	10^{9}
nano(纳)	n	10^{-9}	tera(太)	T	10^{12}
micro(微)	μ	10^{-6}	peta(拍)	P	10^{15}
milli (毫)	m	10^{-3}	exa(艾)	E	10^{18}

① G、T、P、E在欧洲称作milliard、billion、billiard、trillion，但在美国则称作billion、trillion、quadrillion、quintillion，M通称为兆。

SI单位

基本单位	名称	符号
长度	米	m
质量	千克(公斤)	kg
时间	秒	s
电流	安[培]	A
热力学温度	开[尔文]	K
发光强度	坎[德拉]	cd
平面角	弧度	rad
立体角	球面度	sr
物质的量①	摩[尔]	mol

续表

导出单位	名称	符号	定义
能量	焦[耳]	J	$kg \cdot m^2/s^2$
功率	瓦[特]	W	J/s
力	牛[顿]	N	J/m
电荷	库[仑]	C	$A \cdot s$
电压	伏[特]	V	$J/(A \cdot s)$
压力	帕[斯卡]	Pa	N/m^2
电阻	欧[姆]	Ω	V/A
电容	法[拉]	F	$A \cdot s/V$
磁通量	韦[伯]	Wb	$V \cdot s$
电感	亨[利]	H	$V \cdot s/A$
磁通量密度	特[斯拉]	T	$V \cdot s/m^2$
光通量	流[明]	lm	$cd \cdot sr$
光照度	勒[克斯]	lx	$cd \cdot sr/m^2$
频率	赫[兹]	Hz	cycle/s

① 0.012kg ^{12}C 中含有的原子数目。

转换系数

类型	名称	符号	近似值
能量	电子伏	eV	$1.6021 \times 10^{-19}J$
能量	尔格	erg	$10^{-7}J$(精确)
能量	卡(热化学)	cal_{th}	4.184J
能量	英热单位	Btu	1055.06J
能量	quad(短尺度万亿Btu)	q	10^{15}Btu(精确)
能量	吨油当量	toe	$4.19 \times 10^{10}J$
能量	桶油当量	bbl	$5.74 \times 10^{9}J$
能量	吨煤当量	tec	$2.93 \times 10^{10}J$
能量	天然气立方米		$3.4 \times 10^{7}J$
能量	甲烷千克		$6.13 \times 10^{7}J$
能量	生物质气立方米	kg	$2.3 \times 10^{7}J$
能量	汽油升		$3.29 \times 10^{7}J$
能量	汽油千克		$4.38 \times 10^{7}J$
能量	柴油升		$3.59 \times 10^{7}J$
能量	柴油/汽油千克		$4.27 \times 10^{7}J$
能量	1大气压氢气立方米		$1.0 \times 10^{7}J$

续表

类型	名称	符号	近似值
能量	氢气千克		1.2×10^8J
能量	千瓦时	kW · h	3.6×10^6J
放射性	居里	Ci	$3.7\times10^8 s^{-1}$
放射性	贝克勒尔	Bq	$1s^{-1}$
放射剂量	拉德	rad	10^{-2}J/kg
放射剂量	格瑞	Gy	J/kg
剂量当量	雷姆	rem	10^{-2}J/kg
剂量当量	希沃特	Sv	J/kg
温度	摄氏度	℃	T(K)−273.15
温度	华氏度	°F	9/5 T(℃)+32
时间	分钟	min	60s(精确)
时间	小时	h	3600s(精确)
时间	年	y	8760h
压力	标准大气压	atm	1.01325×10^5 Pa
压力	巴	bar	10^5 Pa
压力	磅力每平方英寸	psi	6894.757 Pa
质量	吨(米制)	t	10^3 kg
质量	磅	lb	0.45359237 kg
质量	盎司	oz	0.0283495 kg
长度	埃	Å	10^{-10}m
长度	英寸	in	0.0254m
长度	英尺	ft	0.3048m
长度	英里(法规)	mile	1609. 344m
体积	升	L	$10^{-3}m^3$
体积	美加仑	US gal	3.78541×10^{-3} m^3